《中华人民共和国职业分类大典》职业编码 6-12-03-00

国家职业技能鉴定评价教材（考试指导用书）

药物制剂工

（基础知识＋初中高级工）

国家中医药管理局职业技能鉴定指导中心 组织编写

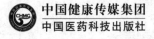

中国健康传媒集团
中国医药科技出版社

内 容 提 要

　　本书是由国家中医药管理局职业技能鉴定指导中心组织编写的国家职业技能鉴定评价权威辅导教材之一。全书突破传统教材的编写模式，按照理论知识考试、技能考核以及综合评审考核需要，以生产顺序和剂型两条主线，按生产顺序归纳出 7 个职业活动单元（包括制剂准备、配料、制备、清场、设备维护、验证、培训指导与技术管理）；按剂型相似或相近归类，设置"片剂的制备""注射剂的制备""液体制剂的制备""软膏剂的制备"等 17 个模块，便于考生选择模块进行报名和应试复习。本书适合参加药物制剂工国家职业技能鉴定评价考试的考试使用。

图书在版编目（CIP）数据

　　药物制剂工：基础知识、初中高级工 / 国家中医药管理局职业技能鉴定指导中心组织编写 . — 北京：中国医药科技出版社，2019.12
　　国家职业技能鉴定评价教材（考试指导用书）
　　ISBN 978-7-5214-1206-2

　　Ⅰ . ①药…　Ⅱ . ①国…　Ⅲ . ①药物—制剂—职业技能—鉴定—教材　Ⅳ . ① TQ460.6

　　中国版本图书馆 CIP 数据核字（2019）第 111019 号

美术编辑　陈君杞
版式设计　也 在

出版　**中国健康传媒集团** | 中国医药科技出版社
地址　北京市海淀区文慧园北路甲 22 号
邮编　100082
电话　发行：010-62227427　邮购：010-62236938
网址　www.cmstp.com
规格　889 × 1194 mm ¹/₁₆
印张　38 ³/₄
字数　921 千字
版次　2019 年 12 月第 1 版
印次　2019 年 12 月第 1 次印刷
印刷　三河市万龙印装有限公司
经销　全国各地新华书店
书号　ISBN 978-7-5214-1206-2
定价　198.00 元

获取新书信息、投稿、为图书纠错，请扫码联系我们。

版权所有　盗版必究
举报电话：010-62228771
本社图书如存在印装质量问题请与本社联系调换

编 委 会

主　审　金世元　张伯礼

主　编（按姓氏笔画排序）

王孝涛　王振宇　左　艇　任玉珍

李凌军　张世臣　陈　伟　周运峰

倪　健　高　靖　翟华强　濮传文

编　委（按姓氏笔画排序）

王　琼　王学丰　尹兴斌　田瑞华

白晓林　曲昌海　刘　艺　刘金平

刘雪梅　刘淑芝　孙　琴　孙铭忆

杜茂波　李　磊　李　霞　李大鹏

李荣生　李铁军　杨悦武　沈　硕

张秋英　张朝华　武惠斌　易　红

贺钢民　耿同全　桂双英　高　鹏

贾永艳　盛华刚　黄熙春　蒲清荣

窦　宪　蔡程科　廖永红　熊登科

编写说明

　　《药物制剂工》是贯彻落实《中华人民共和国中医药法》、国务院《中医药发展战略规划纲要（2016-2030）》《国家职业教育改革实施方案》《关于推行终身职业技能培训制度的意见》要求，配合国家职业技能工作的开展，由国家中医药管理局职业技能鉴定指导中心组织专家编写的国家职业技能鉴定评价权威辅导教材之一。

　　本教材依据《中华人民共和国职业分类大典（2015年版）》、人力资源和社会保障部与国家中医药管理局2019年4月共同颁发的《国家职业技能标准·药物制剂工》，结合《中华人民共和国药典》《药品生产质量管理规范》等法律法规，内容上体现"以职业活动为导向，以职业能力为核心"，结构上按照职业功能模块分级别编写，是国家职业技能鉴定评价推荐用书，也是药物制剂工职业技能鉴定评价国家题库命题的重要依据。本教材具有以下特点。

　　1. 创新性强。创新性突破传统教材的编写模式，按照理论知识考试、技能考核以及综合评审考核需要，对不同级别人员应掌握的知识点分别标注，并对难点进行详细论述，突出操作性和实用性，便于从业人员学习。

　　2. 结构明晰。以生产顺序和剂型两条主线，按生产顺序归纳出7个职业活动单元（包括制剂准备、配料、制备、清场、设备维护、验证、培训指导与技术管理）；按剂型相似或相近归类，设置"片剂的制备""注射剂的制备""液体制剂的制备""软膏剂的制备"等17个模块，便于考生选择模块进行报名和应试复习。

　　3. 涉及面广。教材编写专家多来自大中专院校、科研院所、生产企业、药品监督管理部门，涵盖药物制剂的理论、生产技术、生产设备、监督管理等各个领域，编写的教材紧贴生产实际，且内容通俗易懂。

　　本教材编写由北京中医药大学、山东中医药大学牵头，得到人力资源和社会保障部职业技能鉴定中心、化学工业职业技能鉴定指导中心、中国中医科学院、成都中医药大学、河南中医药大学、安徽中医药大学、天津职业大学、北京同仁堂股份有限公司、天士力医药集团股份有限公司等单位和企业专家学者的鼎力支持，在此一并谨示感谢！

由于时间仓促，书中难免有不足和错漏之处，敬请各位考生及其他读者在使用中对本教材提出宝贵意见，以便我们进一步修订完善。

国家中医药管理局
职业技能鉴定指导中心
2019 年 12 月

扫一扫看申报条件

目　　录

扫一扫看权重表

基础知识

初级工

中级工

第三章　制备 ·· 214

高级工

基础知识 >>>

扫一扫看大纲

第一章 职业道德

一、基本知识

社会主义职业道德是社会主义社会各行各业的劳动者在职业活动中必须共同遵守的基本行为准则。它是判断人们职业行为优劣的具体标准，也是社会主义道德在职业生活中的反映。《中共中央关于加强社会主义精神文明建设若干重要问题的决议》规定了现在各行各业都应共同遵守的职业道德的五项基本规范，即"爱岗敬业、诚实守信、办事公道、服务群众、奉献社会"。其中，为人民服务是社会主义职业道德的核心，它是贯穿于全社会共同的职业道德之中的基本精神。社会主义职业道德的基本原则是集体主义。因为集体主义贯穿于社会主义职业道德规范的始终，是正确处理国家、集体、个人关系的最根本的准则，也是衡量个人职业行为和职业品质的基本准则，是社会主义社会的客观要求，是社会主义职业活动获得成功的保证。

（一）道德

道德是一定社会、一定阶级调节人与人之间、个人与社会、个人与自然之间各种关系的行为规范的总和。这种规范是靠社会舆论、传统习惯、教育和内心信念来维持的。它渗透于生活的各个方面，既是人们应当遵守的行为准则，又是对人们思想和行为进行评价的标准。

（二）职业道德

职业道德就是同人们的职业活动紧密联系的，符合职业特点所要求的道德准则、道德情操与道德品质的总和，是人们在从事职业活动的过程中形成的一种内在的、非强制性的约束机制。职业道德是社会道德在职业活动中的具体化，是从业人员在职业活动中的行为标准和要求，而且

是本行业对社会所承担的道德责任和义务。

1. 特点

职业道德与一般的道德有着密切的联系，同时也有自己的特征。

（1）**行业性** 即要鲜明地表达职业义务、职业责任以及职业行为上的道德准则。

（2）**连续性** 具有不断发展和世代延续的特征和一定的历史继承性。

（3）**实用性及规范性** 即根据职业活动的具体要求，对人们在职业活动中的行为用条例、章程、守则、制度、公约等形式作出规定。

（4）**社会性和时代性** 职业道德是一定时期社会或阶级的道德原则和规范的体现，不是离开阶级道德或社会道德而独立存在的。随着时代的变化职业道德的内涵也在发展，在一定程度上体现着当时社会道德的普遍要求，具有时代性。

2. 社会作用

职业道德具有重要的社会作用。它能调节职业交往中从业人员内部以及从业人员与服务对象间的关系；从业人员良好的职业道德有助于维护和提高本行业的信誉；员工的责任心、良好的知识和能力素质及优质的服务是促进本行业发展的主要活力，并且对整个社会道德水平的提高发挥重要作用。

（三）社会主义职业道德

社会主义职业道德是一种新型的职业道德，是社会主义道德的有机组成部分，伴随着社会主义事业的实践而产生、形成和发展，是社会主义职业活动不断完善和经验的总结。

1. 基本特征

社会主义职业道德是建立在以社会主义公有

制为主体的经济基础之上的一种社会意识，是在社会主义道德指导下形成与发展的。人们不论从事哪种职业，都不仅是为个人谋生，而是贯穿着为社会、为人民、为集体服务这一根本要求。

2. 社会主义职业道德的产生是社会主义事业发展的客观要求

要保障社会领域中出现的各种职业、行业和事业的顺利发展，保持个人利益、职业集体利益和整个社会利益的基本一致，平衡各职业集体之间的关系，需要适用于不同产业、行业、职业的职业道德去调整。

3. 社会主义职业道德是在对古今中外职业道德扬弃的基础上逐步形成和发展起来的

社会主义职业道德是历史上劳动人民优秀职业道德的继承和发展，对以往社会统治集团和其他阶级职业活动中所产生的职业道德也有间接地继承，并批判地继承了西方职业道德的精华。社会主义职业道德亦是在同各种腐朽的道德思想不懈斗争的过程中建立和发展的。

二、职业守则

（一）遵纪守法，爱岗敬业

1. 遵纪守法

古罗马的西塞罗曾在《论法律》中说道："法律是根据最古老的、一切事物的始源自然表述的对正义与非正义的区分，人类法律受自然指导，惩罚邪恶者，保障和维护高尚者。"马克思在《马克思恩格斯全集》中曾说过："法典是人民自由的圣经。"古希腊哲学家亚里士多德曾说："法律就是秩序，有好的法律才有好的秩序。"我国规定12月4日是全国法制宣传日。从古至今，国内外将法律置于十分神圣的位置。法律与我们的生活息息相关，遵纪守法是每个公民应尽的社会责任和道德义务。

我们需要学法，懂法，用法，不犯法，才能像法国的泰·德萨米在《公有法典》中说的那样："这些神圣的法律，已被铭记在我们的心中，镌刻在我们的神经里，灌注在我们的血液中，并同

我们共呼吸；它们是我们的生存，特别是我们的幸福所必须的。"遵守法律法规和各项规章制度，是成为一名合格制剂工的前提。每一名制剂工都应认真学习和严格遵守《中华人民共和国药品管理法》《药品生产质量管理规范》《中华人民共和国药典》等法律法规、部门规章及国家法典。忠实履行岗位职责和行为规范，按制度、按规章办事，树立高尚职业情操，不弄虚作假，积极维护个人声誉和集体利益，敢于抵制各种违法乱纪行为，真正成为一名知法、懂法、守法的好公民、好员工。

2. 爱岗敬业

爱岗敬业是职业道德的基础和核心。只有爱岗敬业才能做好本职工作，促进行业发展，推动社会全面进步。雷锋日记中有这样一段话："如果你是一滴水，你是否滋润了一寸土地？如果你是一线阳光，你是否照亮了一分黑暗？如果你是一粒粮食，你是否哺育了有用的生命？如果你是最小的一颗螺丝钉，你是否永远坚守你生活的岗位？"这段话告诉我们，无论在什么样的岗位，无论做着什么样的工作，都要爱自己的岗位，都要发挥最大的作用，都要做出最大的贡献。

荀况在《荀子·议兵》中说："凡百事之成也，必在敬之；其败也，必在慢之。"；老子在《道德经》中说："民之从事，常于几成而败之。慎终如始，则无败事"；梁启超在《敬业与乐业》中说："苦乐全在主观的心，不在客观的事"。

爱岗敬业就是要用恭敬严肃的态度和认真负责的精神来对待自己的工作。坚信自己所从事的工作是最有意义的、最有价值的。主动勤奋、自觉地学习本职工作所需要的各种知识和技能；克服困难，不懈奋斗；不计较个人利害得失，无怨无悔；快乐工作；兢兢业业地做好每一项工作，办好每一件事情，在实现个人价值的同时，推进工作持续健康发展。药物制剂从业人员应该在自己平凡的岗位上默默奉献，在枯燥繁琐的工作中辛勤付出，在单调重复的日子里无怨无悔。"责任胜于能力，态度决定成败"，做事情无论大小，都应该有责任心、慎重，不可疏忽懈怠、敷衍了

事。用一种严肃、认真、负责的态度对待自己的工作，忠于职守，尽职尽责；干一行、爱一行、精一行，成为制剂专业的行家里手。

（二）精益求精，质量为本

1. 精益求精

在 2016 年的政府工作报告里，李克强总理指出了要大力弘扬工匠精神，厚植工匠文化，恪守职业操守，崇尚精益求精，培育众多"中国工匠"，点燃了人们对产品"精益求精、精雕细琢"的热情。"大国工匠"的气质，体现在凡事耐心雕琢、精益求精的工作态度上。"精"是工匠一生追求的目标，在不断追求中形成的精益求精的精神，即为工匠所具有的最常见、最核心的精神。精益求精是指求实严谨、注重细节、追求极致的工作态度。正如古人所云，如切如磋，如琢如磨，方可精之益精。

精益求精精神的内涵包括三个层面：一是精益求精精神在物化层面的显现，即劳动产品的不断改进；二是精益求精精神在个人行为层面的显现，即劳动过程的不断改进，也就是手工技艺的提升；三是精益求精精神在个人意识层面的显现，即通过对劳动产品和劳动过程的改进而达到对自我认识的不断加深。

"药王"孙思邈所著《备急千金要方》第一卷《大医精诚》，被誉为"东方的希波克拉底誓言"。它论述了有关医德的两个问题：

其一是精，要求医者有精湛的医术，医道是"至精至微之事"，医药人员必须"博极医源，精勤不倦"。

其二是诚，要求医者有高尚的品德修养，"见彼苦恼，若己有之"，以感同身受策发"大慈恻隐之心"。

清代医家刘仕廉有言"医之为道，非精不能明其理，非博不能致其得"。当今社会，多变的环境、快节奏的生活方式使人们越来越浮躁，而这正是静下心来精益求精的大忌，心不静难以凝心专注，难以恪守为医、为药之道。制药人员应具有求实严谨、注重细节与追求极致的工作态度。求实严谨是追求精益求精的基础，它要求工

作人员在生产过程中严格遵守标准要求。正所谓"失之毫厘差之千里"，在工作中求实严谨是不可缺少的标准和优秀的品质；制药人员要刻苦磨练、严谨对待工作，专注于自己从事的职业，沉下心来脚踏实地地做事，不可投机取巧，努力制造出质量过关的药物制剂；注重细节就是要求制药人员兢兢业业做事，认真落实工作要求，一丝不苟，把每一个细节都做到位；追求极致是精益求精的最高追求，制药人员需要不断学习专业知识与提高自身工作技能，将细节做到极致、做到完美，在原有基础上实现新的突破，这对一个企业的生存与发展具有重要的意义，是企业保持生命力的关键因素；制药人员要用求实严谨的态度对待工作，在工作中把细节做好，追求更好的品质。

2. 质量为本

质量是指为符合预定用途所具有的一系列固有特性的程度。药品质量是指为了满足药品的安全性和有效性的要求，产品所具有的成分、含量、纯度等物理、化学或生物学等特性的程度。药品的质量特性包括有效性、安全性、稳定性、均一性和经济性。药品的质量直接关乎着人们的生命安全与身体健康，也是社会关注的焦点。

制药企业要建立完善的制药质量体系，提高全体制药人员的质量安全意识和制药工艺水平，同时要加大质量监控力度，保证药物质量安全的生产与流通。

药品生产质量管理规范提出了"质量管理体系"（Quality Management System，QM）的概念，并将企业质量管理的具体要求提到了新的高度，包括：质量管理的原则、质量保证、质量控制、质量风险管理等。由此细化了构建实用、有效质量管理体系的要求，强化了药品生产关键环节的控制和管理，以促进企业质量管理水平的提高。而制定相关的药品质量标准对药品质量的控制及管理极其重要，药品质量标准是国家对药品质量、处方、制法、规格及检验方法所作的技术规定，是药品生产、经营、使用、监督共同遵循的技术标准，也是药品监管的法定技术依据，在

药品生产和质量监督中发挥着重要作用，代表国家药品质量控制水平。

随着制药工业的发展、科学技术的进步和国家对药品质量标准的重视，新药品和新检验方法不断出现，药品质量标准的数量大幅增加、内容不断更新。尤其是随着国家药品标准提高和国家药品评价性抽检工作的开展，我国药品标准管理体系不断完善，药品标准的整体质量大幅提升并逐步与国际接轨。标准化有利于稳定和提高药品质量，促进企业走质量效益型发展道路，增强企业素质，提高企业竞争力；保护人体健康，保障人身和财产安全；保护人类生态环境，合理利用资源；维护消费者权益等。严格地按标准进行生产，按标准进行检验、包装、运输和贮存，药品的质量就能得到保证。标准的水平标志着产品质量水平，没有高水平的标准，就没有高质量的产品。因此，制药人员应该以患者用药安全为己任，以药品质量为本，为药品质量负责，以标准操作规程为纲，认真做好自己的本职工作。

（三）安全生产，绿色环保

1. 安全生产

安全生产包括企事业单位在劳动生产过程中的人身安全、设备和产品安全以及交通运输安全等。也就是说，为了使劳动过程在符合安全要求的物质条件和工作秩序下进行，防止伤亡事故、设备事故及各种灾害的发生，保障员工的安全与健康，保障企业生产的正常进行。安全生产是国家的一项长期基本国策，关系到人民群众的生命财产安全，关系到改革发展和社会稳定大局。搞好安全生产工作，切实保障人民群众的生命财产安全，体现了最广大人民群众的根本利益，反映了先进生产力的发展要求和先进文化的前进方向。做好安全生产工作是全面建设小康社会、统筹经济社会全面发展的重要内容，是实施可持续发展战略的组成部分。安全生产关系到企业的生存与发展，搞好安全工作，改善工作条件，可以提高员工生产积极性；减少职工伤亡，可以减少劳动力损失；减少财产损失，可以增加企业效益，促进企业发展。安全生产的重要性决定了安全工作一定要制度化、规范化、持久化，对待安全生产，不能走过场，安全工作与生产发生矛盾的时候，生产必须给安全工作让路，任何人不能以任何借口阻拦安全工作。

纵观所有安全事故的发生，无不与工作人员存有侥幸心理及麻痹大意有关。大多数事故都是因为工作人员安全意识淡薄，在作业时，随意性大，不按规章制度办事，甚至还有违章指挥、违章操作的惯性错误，在作业过程中，缺乏监护管理及自我防护能力，最终酿成惨剧。因此，作为企业的操作者，既是安全生产的最后一道防线，也是最重要的一道防线，要加强自身安全教育，培养安全意识，提高专业操作技能，牢记安全操作规程，避免操作失误，杜绝违规操作；要掌握岗位隐患排查技能，将事故消灭于萌芽状态。

随着国民经济的高速发展，制药企业生产规模不断扩大，生产过程中的职业安全与健康问题日益突出，影响着我国社会经济的发展进程。医药行业状况复杂，多数企业都有原料药、化学合成药、生物制品、中药饮片等，生产时用的装置、大中型仪器设备多，各种有机试剂多，所涉及的危化品种类繁多，产生的废水、废渣、废气也较多，这就要求制药人员加强安全管理、掌握防火防爆知识、危化品储存管理知识、设备检修知识等，生产过程中规范各岗位工艺安全措施和安全操作规程，除了能够正常操作外，还应熟练掌握异常操作处理及紧急事故处理的安全措施和能力；工艺操作中，应正确穿戴防护用品，防止机械设备或高温介质、药品污染等造成人身伤害，避免一切因"人"而起的事故发生。

2. 绿色环保

自然环境是人类生存的基本条件，是发展生产、繁荣经济的物质源泉。随着人口的迅速增长和生产力的发展以及科技的飞速进步，工业及生活排放的废弃物不断增多，使得大气、水土污染严重，生态平衡受到破坏，人类健康受到威胁。当前我国经济社会发展不断深入，生态文明建设地位和作用日益凸显。建设生态文明是关系人民福祉、关乎民族未来的大计。走向生态文明新时代、建设美丽中国是实现中华民族伟大复兴中国梦的重要内容。

习近平总书记提出"我们既要绿水青山，也要金山银山。宁要绿水青山，不要金山银山，而且绿水青山就是金山银山"，可见保护环境对人类社会的发展具有重要意义。打好污染防治攻坚战是十九大明确的重要任务，也是企业、个人应当承担的责任。有关部门的数据显示，作为我国国民经济中发展最快的行业之一，医药行业中的企业较多，可以生产化学原料药种类繁多，是全球最大的化学原料药生产和出口国之一。制药行业在对我国经济总量增长做出重要贡献的同时，也产生了大量的"三废"，排放物成分复杂，造成了较严重的环境污染。生态环境部发布的全国污染源普查公报中，医药制造业赫然上榜。因此制药行业的结构调整、节能减排、清洁生产已经刻不容缓。做好环境保护工作不仅可以保护企业发展生产所需的自然资源及物质条件，使制药企业实现可持续发展；还可以使我国的制药企业提高企业形象和产品质量，从而走向世界，参与全球竞争。

目前我国已经制定实施了一系列环境保护法律、自然资源法律、环境保护行政法规以及国家环境标准等，就有关医药行业来看，与制药企业环保工作相关的法律主要有：《环境保护法》《环境影响评价法》《清洁生产促进法》《大气污染防治法》《水污染防治法》《固体废物环境污染防治法》等，使我国制药企业环保工作取得一定进展。但环保工作任重而道远，企业还应吸取西方"先污染后治理"的教训，建立完善的环保体系，严格控制生产过程中产生的废水、废弃物、有毒有害物质、噪声等对环境的污染，在产品开发、生产、包装材料使用和废弃物处置过程中逐步减少对环境的负面影响，积极推进清洁生产、绿色制药。将能源、原材料的消耗尽可能降到最低，从源头上减少污染的产生，同时强化资源循环利用的意识，使企业走上经济与环保协调发展的道路。要明确自己的社会责任，树立正确的发展观，提高自身环保意识，还后代子孙一个"碧水蓝天"。

（四）诚信尽职，保守秘密

1. 诚信尽职

从儒家思想："人而无信，不知其可也。大车无輗，小车无軏，其何以行之哉？""诚者，天之道也；思诚者，人之道也"，到社会主义核心价值观"富强、民主、文明、和谐，自由、平等、公正、法治，爱国、敬业、诚信、友善"。诚信自古以来一直是政治、经济、文化、司法、教育等活动中备受推崇的道德规范和行为准则。"诚，信也"，"信，诚也"，可见，诚信不仅要求我们做到诚实、诚恳，还要守信、有信。从哲学意义上说，"诚信"既是一种世界观，又是一种人生观和价值观，无论对于社会或是个人，都具有重要的意义和作用。对于国家、社会而言，"诚信"是立国之本；对于社会单位和社会事业而言，"诚信"是立业之本；对于个体而言，"诚信"是立身之本、处事之本。

作为一名药物制剂工，如果能够始终秉承着"诚信为本"的原则，将赢得公众对产品的信赖和良好口碑，赢得企业的长远发展，从而使个人的价值利益得到充分实现。相反，如果为了一己之私而弄虚作假，尽管也可能得利于一时，但最终必将身败名裂、自食其果。我们不仅要考虑自己的从业前途，同时也要为同行以及整个行业着想，希望所有制药人员能够恪守诚信，反对隐瞒欺诈、伪劣假冒、弄虚作假，对人民群众健康负责，在医药振兴发展中担负起应有的使命和责任。

2. 保守秘密

按照《中华人民共和国反不正当竞争法》规定，商业机密是指不为公众所知悉、能为权利人带来经济利益，具有实用性并经权利人采取保密措施的技术信息和经营信息，如管理方法、产销策略、客户名单、货源情报、生产配方、工艺流程、技术诀窍、设计图纸等。在古代，药学领域涉及技术信息的商业机密，称为"禁方"或"秘方"，如《史记·扁鹊仓公列传》："我有禁方，年老，欲传与公，公毋泄。"这无不体现了古代医药从业者对技术秘密强烈的保护意识。保守秘密就是维护国家、公众的利益和受聘单位的合法权益。严格保守企业的各种保密文件和商业秘密，尊重知识产权，依据契约，回避同行业竞争。

如今，我国已建立了一个包括民法保护、行政法保护和刑事保护的商业秘密法律保护体系，劳动者在劳动合同期间以及解除或终止劳动合同后一段期限内不得利用企业的商业秘密从事个人牟利活动，非依法律的规定或者企业的允诺，不得披露、使用或允许他人使用其掌握的企业商业秘密。在药品研发、生产和消费的产业链中，药物生产设备图纸、处方组成、制备工艺、生产操作的具体方法和要点等都有可能构成商业秘密，成为关系到企业命脉的核心秘密。一些不法分子为获得个人利益，采取各种手段，侵犯他人的商业秘密，损害了商业秘密权利人的经济利益，破坏了正常的市场竞争秩序。该行为不仅使自己的职业生涯受损，并将受到法律的制裁。良好的职业信用对每一个求职者来说变得越来越重要，它是我们职业生涯取之不尽、用之不竭的宝藏。因此，每个人都应珍惜自己的职业信用，严格遵守单位保密协议。在现代社会中树立诚信尽职、保守秘密的道德意识，是公民思想道德的基本要求，也是我国各行各业顺利发展的迫切需要。

（五）尊师爱徒，团结协作

1. 尊师爱徒

"三人行必有我师焉，择其善者而从之，其不善者而改之"，尊师重道一直是我国的优良传统。《吕氏春秋》曾言"疾学在于尊师"，即努力学习的关键在于尊重老师。而老师亦需要热爱学生，使学生爱上学习，"使弟子安焉、乐焉、休焉、游焉、肃焉、严焉"。学生"尊师"，才会学而不厌，学有所成；老师"爱徒"，方能视徒如己，有教无类。中医药不仅仅是探求生命之道，更是中国古代哲学、中华传统文化的载体之一。不仅治病救人"不得问其贵贱贫富"，师徒相传同样"不论其贫富贵贱"，徒尊师不论贵贱贫富，师之教亦不争轻重尊卑贫富。

学生要以老师的德高技超为榜样，虚心学习，勤学好问，认真听取教诲，钻研学问。老师要关心爱护学生，以学生的职业发展和技术提升为己任，严管严教，细心传授知识与自己的经验，做到"传道""授业"与"解惑"，使学生学习既有愉快的心情，也有严谨的态度。制剂传承通过单一教学模式到现在的多元化、演绎型教学模式，再加上计算机网络技术支持，其学习模式逐渐从以老师为中心到以学生为主体进行转变。但不变的仍是"尊师爱徒"的人文内涵。制药行业作为一个实操行业，不仅需要有专业的理论知识，还需要具备实操技能，并能将二者相结合。同时，还需要熟悉制剂流程、解决制药过程中出现的问题、完成制剂的质量检查，才能够成为合格的药物制剂工。而这离不开老师的育德授技与学生的虚心学习。只有做到教学相长，传承创新，建立良好的师生关系，才能够更好地促进药物制剂进一步传承与发展。

2. 团结协作

《孟子》的"天时不如地利，地利不如人和"，《周易》的"二人同心，其利断金"，《论语》的"君子和而不同，小人同而不和"，还有俗语"三个臭皮匠顶个诸葛亮""众人拾柴火焰高"等等，无一不体现了团结协作的重要性。团结协作不仅是成事谋业的需要，也是增强能力、提升修养的必备条件。团结协作不仅需要我们严格要求自己，自省自胜，勤于反省，勇于担当；还需要我们能尊重他人的行为，以礼待人、注意言行。当我们将团结协作的高尚品质内化于心后，还需要外化于行，做到知行合一，比如"和而不同"的原则、一致行动的方式等。不论是大到国家层面，还是小到家庭、团队，团结协作都尤为重要。团结协作是中华民族的传统美德，也是中华文明源远流长、绵绵不息的动力。

在制药行业，团结协作是必不可少的要求。现代制药融合了多学科知识，需要多学科人才团结协作，方能设计出安全有效的药物；制剂过程中同样讲求团结协作，合理分工，才能高效高质地完成工作。合格的药物制剂工需要掌握理论知识与相应技能，而在学习和实践过程中需要彼此协作，相互为师，交流学习方法与心得体会，交流操作手法与问题解决途径，相互激励，共同进步。面对制剂过程中遇到的问题，需要集思广益，各抒己见，列出可能的原因，一起努力，找出解决办法。团结协作可及时发现问题、最大限度地提高效率，并找到一个最佳方案，减少后期的原料损耗及人力损耗。"千人同心，则得千人之力；万人异心，则无一人之用"说的就是这个道理。具备团结协作意识、具有集体主义精神是当代药物制剂工应当具备的素质，也是制药企业稳步、长期发展的必要条件。

第二章　专业基础知识

一、药物制剂基础知识

（一）药物剂型分类

药物的种类很多，其性质与用途也不同，药物在临床使用前必须制成各类适宜的剂型，以适应医疗应用上的各种需要。

药物剂型是适合于疾病的诊断、治疗或预防的需要而制备的不同给药形式，简称剂型，如散剂、片剂、胶囊剂、注射剂等。各种剂型中的具体药品称为药物制剂，简称制剂，如阿司匹林片、胰岛素注射剂、红霉素眼膏剂等。剂型的分类方法有多种，具体如下。

1. 按形态分类

（1）液体剂型　如溶液剂、芳香水剂、注射剂、合剂、滴眼剂、洗剂、搽剂等；制备液体剂型时多采用溶解、分散等方法。

（2）固体剂型　如散剂、片剂、胶囊剂、丸剂、膜剂等；制备固体剂型多采用粉碎、混合等方法。

（3）半固体剂型　如软膏剂、栓剂、糊剂等；制备半固体剂型多采用融化、研和等方法。

（4）气体剂型　如气雾剂、喷雾剂等。

由于剂型的形态不同，药物发挥作用的速度各异，一般以气体剂型最快，液体剂型次之，半固体剂型慢且多为外用，固体剂型发挥作用最慢。这类分类方法较简单，对制备、储藏和运输有一定的指导意义。

2. 按分散系统分类

这种分类方法便于应用物理化学的原理说明各类制剂的特点，但不能反映用药部位与制法对剂型的要求。

（1）溶液型　药物以分子或离子状态（质点的直径小于1nm）分散于分散介质中所形成的均匀分散体系，也称为低分子溶液，如芳香水剂、溶液剂、糖浆剂、甘油剂、醋剂、注射剂等。

（2）胶体溶液型　主要以高分子（质点的直径在1~100nm）分散在分散介质中所形成的均匀分散体系，也称高分子溶液，如胶浆剂、火棉胶剂、涂膜剂等。

溶胶剂中的药物分子的质点大小与胶浆剂的质点大小一样，但前者的药物分子不溶于分散介质中，如硫黄溶胶剂，而后者的药物分子溶解在分散介质中，如羧甲基纤维素胶浆剂。

（3）乳剂型　油类药物或药物油溶液以液滴状态分散在分散介质中所形成的非均匀分散体系，如口服乳剂、静脉注射乳剂、部分搽剂等。

（4）混悬型　固体药物以微粒状态分散在分散介质中所形成的非均匀分散体系，如合剂、洗剂、混悬剂等。

（5）气体分散型　液体或固体药物以微粒状态分散在气体分散介质中所形成的分散体系，如气雾剂、吸入剂等。

（6）微粒分散型　药物以不同大小微粒呈液体或固体状态分散，如微球制剂、微囊制剂、纳米囊制剂、纳米粒制剂、脂质体等。

（7）固体分散型　固体药物以聚集体状态存在的分散体系，如片剂、散剂、颗粒剂、胶囊剂、丸剂等。

3. 按给药途径分类

这种分类方法将给药途径相同的剂型作为一类，与临床使用密切相关。

（1）经胃肠道给药剂型　药物制剂经口服进入胃肠道，起局部或经吸收后发挥全身作用的剂型，如溶液剂、片剂等口服制剂。口腔黏膜吸收的剂型不属于胃肠道给药剂型。

（2）非经胃肠道给药剂型　除口服给药途径以外的所有其他剂型，这些剂型可在给药部位起局部作用或被吸收后发挥全身作用。

①注射给药剂型：如各种注射剂包括静脉注射、肌内注射、皮下注射、皮内注射及腔内注射等多种注射途径。

②呼吸道给药剂型：如气雾剂、喷雾剂、粉雾剂等。

③腔道给药剂型：如栓剂、气雾剂、泡腾片、滴剂等，用于直肠、阴道、鼻腔、耳道等。

④黏膜给药剂型：如滴眼剂、滴鼻剂、眼膏剂、含漱剂、舌下片剂、粘贴片及黏膜剂等。

⑤皮肤给药剂型：如外用溶液剂、洗剂、搽剂、软膏剂、硬膏剂、糊剂、贴剂等。

这种分类方法与临床比较接近，并能反映给药途径和方法对剂型制备的一些特殊要求，但有时因同一种剂型可有多种给药途径，而使剂型分类复杂化，如散剂可能分为口服给药与皮肤给药。

4.按制法分类

（1）浸出制剂　将主要工序按相同方法制备的剂型归为一类。例如用浸出方法制备的列为浸出制剂，如浸膏剂、流浸膏剂、酊剂等。

（2）无菌制剂　用灭菌方法或无菌操作法制备的归为无菌或灭菌制剂，如注射剂、滴眼剂等。

这种分类方法在制备上有一定的指导意义，但制备方法随科学技术的发展而不断改进，此种分类方法不能包含全部剂型，故有一定的局限性。

上述各种分类方法各有其特点，但都有一定的局限性。本书在保持剂型完整的基础上，采用综合分类法。

（二）制剂生产人员卫生要求

1.总要求

（1）所有人员都应当接受卫生要求的培训，企业应当建立人员卫生操作规程，最大限度地降低人员对药品生产造成污染的风险。

（2）人员卫生操作规程应当包括与健康、卫生习惯及人员着装相关的内容。生产区和质量控制区的人员应当正确理解相关的人员卫生操作规程。企业应当采取措施确保人员卫生操作规程的执行。

（3）企业应当对人员健康进行管理，并建立健康档案。直接接触药品的生产人员上岗前应当接受健康检查，以后每年至少进行一次健康检查。传染病、皮肤病患者、体表有伤口者或其他可能污染药品的疾病人员不得从事直接接触药品的生产。

（4）参观人员和未经培训的人员不得进入生产区和质量控制区，特殊情况确需进入的，应当事先对个人卫生、更衣等事项进行指导。

（5）任何进入生产区的人员均应当按照规定更衣。工作服的选材、式样及穿戴方式应当与所从事的工作和空气洁净度级别要求相适应，并不得混用。洁净工作服的质地应光滑、不产生静电、不脱落纤维和颗粒性物质。无菌工作服必须包盖全部头发、胡须及脚部，并能阻留人体脱落物。

（6）洁净室（区）仅限于该区域生产操作人员和经批准的人员进入。进入洁净生产区的人员不得化妆和佩戴饰物。

（7）生产区、仓储区应当禁止吸烟和饮食，禁止存放食品、饮料、香烟和个人用药品等非生产用物品。

（8）操作人员应当避免裸手直接接触药品、与药品直接接触的包装材料和设备表面。

2.各洁净区的着装要求

（1）D级区　应将头发、胡须等相关部位遮盖。应穿合适的工作服和鞋子或鞋套。应采取适当措施，以避免带入洁净区外的污染物。

（2）C级区　应将头发、胡须等相关部位遮盖，应戴口罩。应穿手腕处可收紧的连体服或衣裤分开的工作服，并穿适当的鞋子或鞋套。工作服应不脱落纤维或微粒。

（3）A/B级区　应用头罩将所有头发以及胡须等相关部位全部遮盖，头罩应塞进衣领内，应戴口罩以防散发飞沫，必要时戴防护目镜。应戴经灭菌且无颗粒物（如滑石粉）散发的橡胶或塑料手套，穿经灭菌或消毒的脚套，裤腿应塞进脚套内，袖口应塞进手套内。工作服应为灭菌的连体工作服，不脱落纤维或微粒，并能滞留身体散发的微粒。

（4）个人外衣不得带入通向B、C级区的更衣室　每位员工每次进入 A/B 级区，都应更换无菌工作服；或至少每班更换一次。操作期间应经常消毒手套，并在必要时更换口罩和手套。

不同空气洁净度级别使用的工作服应分别清洗、整理，必要时消毒或灭菌，工作服洗涤、灭菌时不应带入附加的颗粒物质，应制定工作服清洗周期。

3. 人员卫生工作规程与培训

人员卫生工作的开展主要依靠科学的人员卫生规程的制定、培训和实施。卫生规程的制定要有利于员工养成良好的卫生习惯，培养员工严格遵守所有的清洗计划和书面卫生规程的自觉性和主动性，培养员工能迅速而正确地记录工作实况、及时报告可能引起产品污染的厂房和设备的一切情况的意识。

凡在洁净区工作的人员（包括清洁工和设备维修工）应根据卫生规程进行定期培训，使无菌药品的生产操作符合要求。从事生物制品生产的全体人员（包括清洁人员、维修人员）均应根据其生产的制品和所从事的生产操作进行专业（卫生学、微生物学等）和安全防护培训。从事血液制品生产、质量检验及所有相关人员（包括清洁、维修人员）应接受生物安全防护的培训，特别是预防经血液传播疾病的知识培训。

培训的内容应包括卫生和微生物方面的基础知识。未接受培训的外部人员（如外部施工人员或维修人员）在生产期间需进入洁净区时，应对他们进行特别详细的指导和监督。从事动物组织加工处理的人员或者从事与当前生产无关的微生物培养的工作人员通常不得进入无菌药品生产区，不可避免时，应严格执行相关的人员净化操作规程。从事无菌药品生产的员工应随时报告任何可能导致污染的异常情况，包括污染的类型和程度。

应限制进入生产区和质量控制区的参观人数；不可避免时，应对参观人员的个人卫生、更衣等进行指导。患有传染病、皮肤病、皮肤有伤口者和对制品质量和安全性有潜在不利影响的人员，均不得进入生产区进行操作或质量检验。未经批准的人员不得进入生产操作区。

4. 人员卫生健康档案的建立

企业应采取措施保持人员良好的健康状况，并建立健康档案，对人员的健康进行管理。所有人员在招聘时均应接受体检。初次体检后，应根据工作需要及人员健康状况安排复检。直接接触药品的生产人员应每年至少体检一次。企业应采取适当措施，避免体表有伤口、患有传染病或其他可能污染药品疾病的人员从事直接接触药品的生产。因病离岗的工作人员在疾病痊愈、身体恢复健康以后要持有医生开具的健康合格证明方可重新上岗。

（三）制剂生产环境要求

1. 原则

（1）厂房的选址、设计、布局、建造、改造和维护必须符合药品生产要求，应当能够最大限度地避免污染、交叉污染、混淆和差错，便于清洁、操作和维护。

（2）应当根据厂房及生产防护措施综合考虑选址，厂房所处的环境应当能够最大限度地降低物料或产品遭受污染的风险。

（3）企业应当有整洁的生产环境；厂区的地面、路面及运输等不应当对药品的生产造成污染；生产、行政、生活和辅助区的总体布局应当合理，不得互相妨碍；厂区和厂房内的人、物流走向应当合理。

（4）应当对厂房进行适当维护，并确保维修活动不影响药品的质量。应当按照详细的书面操作规程对厂房进行清洁或必要的消毒。

（5）厂房应当有适当的照明、温度、湿度和通风，确保生产和贮存的产品质量以及相关设备性能不会直接或间接地受到影响。

（6）厂房、设施的设计和安装应当能够有效防止昆虫或其他动物进入。应当采取必要的措施，避免所使用的灭鼠药、杀虫剂、烟熏剂等对设备、物料、产品造成污染。

（7）应当采取适当措施，防止未经批准人员的进入。生产、贮存和质量控制区不应当作为非本区工作人员的直接通道。

（8）应当保存厂房、公用设施、固定管道建造或改造后的竣工图纸。

2. 生产区

（1）为降低污染和交叉污染的风险，厂房、生产设施和设备应当根据所生产药品的特性、工艺流程及相应洁净度级别要求合理设计、布局和使用，并符合下列要求。

①应当综合考虑药品的特性、工艺和预定用途等因素，确定厂房、生产设施和设备多产品共用的可行性，并有相应评估报告。

②生产特殊性质的药品，如高致敏性药品（如青霉素类）或生物制品（如卡介苗或其他用活性微生物制备而成的药品），必须采用专用和独立的厂房、生产设施和设备。青霉素类药品产尘量大的操作区域应当保持相对负压，排至室外的废气应当经过净化处理并符合要求，排风口应当远离其他空气净化系统的进风口。

③生产β-内酰胺结构类药品、性激素类避孕药品必须使用专用设施（如独立的空气净化系统）和设备，并与其他药品生产区严格分开。

④生产某些激素类、细胞毒性类、高活性化学药品应当使用专用设施（如独立的空气净化系统）和设备；特殊情况下，如采取特别防护措施并经过必要的验证，上述药品制剂则可通过阶段性生产方式共用同一生产设施和设备。

⑤用于上述第②③④项的空气净化系统，其排风应当经过净化处理。

⑥药品生产厂房不得用于生产对药品质量有不利影响的非药用产品。

（2）生产区和贮存区应当有足够的空间，确保有序地存放设备、物料、中间产品、待包装产品和成品，避免不同产品或物料的混淆、交叉污染，避免生产或质量控制操作发生遗漏或差错。

（3）应当根据药品品种、生产操作要求及外部环境状况等配置空调净化系统，使生产区有效通风，并有温度、湿度控制和空气净化过滤，保证药品的生产环境符合要求。

洁净区与非洁净区之间、不同级别洁净区之间的压差应当不低于10帕斯卡。必要时，相同洁净度级别的不同功能区域（操作间）之间也应当保持适当的压差梯度。

口服液体和固体制剂、腔道用药（含直肠用药）、表皮外用药品等非无菌制剂生产的暴露工序区域及其直接接触药品的包装材料最终处理的暴露工序区域，应当按照D级洁净区的要求设置，企业可根据产品的标准和特性对该区域采取适当的微生物监控措施。

（4）洁净区的内表面（墙壁、地面、天棚）应当平整光滑、无裂缝、接口严密、无颗粒物脱落，避免积尘，便于有效清洁，必要时应当进行消毒。

（5）各种管道、照明设施、风口和其他公用设施的设计和安装应当避免出现不易清洁的部位，应当尽可能在生产区外部对其进行维护。

（6）排水设施应当大小适宜，并安装防止倒灌的装置。应当尽可能避免明沟排水；不可避免时，明沟宜浅，以方便清洁和消毒。

（7）制剂的原辅料称量通常应当在专门设计的称量室内进行。

（8）产尘操作间（如干燥物料或产品的取样、称量、混合、包装等操作间）应当保持相对负压或采取专门的措施，防止粉尘扩散、避免交叉污染并便于清洁。

（9）用于药品包装的厂房或区域应当合理设计和布局，以避免混淆或交叉污染。如同一区域内有数条包装线，应当有隔离措施。

（10）生产区应当有适度的照明，目视操作区域的照明应当满足操作要求。

（11）生产区内可设中间控制区域，但中间控制操作不得给药品带来质量风险。

3. 仓储区

（1）仓储区应当有足够的空间，确保有序存放待验、合格、不合格、退货或召回的原辅料、包装材料、中间产品、待包装产品和成品等各类物料和产品。

（2）仓储区的设计和建造应当确保良好的仓储条件，并有通风和照明设施。仓储区应当能够满足物料或产品的贮存条件（如温湿度、避光）和安全贮存的要求，并进行检查和监控。

（3）高活性的物料或产品以及印刷包装材料应当贮存于安全的区域。

（4）接收、发放和发运区域应当能够保护物料、产品免受外界天气（如雨、雪）的影响。接收区的布局和设施应当能够确保到货物料在进入仓储区前可对外包装进行必要的清洁。

（5）如采用单独的隔离区域贮存待验物料，待验区应当有醒目的标识，且只限于经批准的人员出入。

不合格、退货或召回的物料或产品应当隔离存放。

如果采用其他方法替代物理隔离，则该方法应当具有同等的安全性。

（6）通常应当有单独的物料取样区。取样区的空气洁净度级别应当与生产要求一致。如在其他区域或采用其他方式取样，应当能够防止污染或交叉污染。

4. 质量控制区

（1）质量控制实验室通常应当与生产区分开。生物检定、微生物和放射性同位素的实验室还应当彼此分开。

（2）实验室的设计应当确保其适用于预定的用途，并能够避免混淆和交叉污染，应当有足够的区域用于样品处置、留样和稳定性考察样品的存放以及记录的保存。

（3）必要时，应当设置专门的仪器室，使灵敏度高的仪器免受静电、震动、潮湿或其他外界因素的干扰。

（4）处理生物样品或放射性样品等特殊物品的实验室应当符合国家的有关要求。

（5）实验动物房应当与其他区域严格分开，其设计、建造应当符合国家有关规定，并设有独立的空气处理设施以及动物的专用通道。

5. 辅助区

（1）休息室的设置不应当对生产区、仓储区和质量控制区造成不良影响。

（2）更衣室和盥洗室应当方便人员进出，并与使用人数相适应。盥洗室不得与生产区和仓储区直接相通。

（3）维修间应当尽可能远离生产区。存放在洁净区内的维修用备件和工具，应当放置在专门的房间或工具柜中。

（四）制剂微生物限度要求

制剂中的微生物包括活螨、细菌和霉菌、酵母菌、致病菌。致病菌又称控制菌，包括大肠埃希菌、大肠菌群、沙门菌、铜绿假单胞菌、金黄色葡萄球菌、梭菌、白色念珠菌等。根据人体对微生物的耐受程度，《中华人民共和国药典》（2015 年版）（以下简称《中国药典》）对不同给药途径的药物制剂大体分为：无菌制剂和非无菌制剂（限菌制剂）。无菌制剂是指制剂中不含任何活的微生物，包括芽孢。注射剂、手术、烧伤或严重创伤的局部给药制剂、眼用制剂应符合无菌要求。非无菌制剂（限菌制剂）是指允许一定限度的微生物存在，但不得有规定致病菌存在的药物制剂。

1. 非无菌制剂微生物限度要求

非无菌制剂的微生物限度标准是基于药品的给药途径和对患者健康潜在的危害以及药品的特殊性而制订的。

（1）非无菌化学药品制剂、生物制品制剂、不含药材原粉的中药制剂的微生物限度标准（表1-2-1）。

表 1-2-1　非无菌化学药品制剂、生物制品制剂、不含药材原粉的中药制剂的微生物限度标准

给药途径	需氧菌总数（cfu/g、cfu/ml 或 cfu/10cm²）	霉菌和酵母菌总数（cfu/g、cfu/ml 或 cfu/10cm²）	控制菌
口服给药 　固体制剂 　液体制剂	10^3 10^2	10^2 10^1	不得检出大肠埃希菌（1g 或 1ml）；含脏器提取物的制剂还不得检出沙门菌（10g 或 10ml）
口腔黏膜给药制剂 齿龈给药制剂 鼻用制剂	10^2	10^1	不得检出大肠埃希菌、金黄色葡萄球菌、铜绿假单胞菌（1g、1ml 或 10cm²）
耳用制剂 皮肤给药制剂	10^2	10^1	不得检出金黄色葡萄球菌、铜绿假单胞菌（1g、1ml 或 10cm²）
呼吸道吸入给药制剂	10^2	10^1	不得检出大肠埃希菌、金黄色葡萄球菌、铜绿假单胞菌、耐胆盐革兰阴性菌（1g 或 1ml）
阴道、尿道给药制剂	10^2	10^1	不得检出金黄色葡萄球菌、铜绿假单胞菌、白色念珠菌（1g、1ml 或 10cm²）；中药制剂还不得检出梭菌（1g、1ml 或 10cm²）
直肠给药 　固体制剂 　液体制剂	10^3 10^2	10^2 10^2	不得检出金黄色葡萄球菌、铜绿假单胞菌（1g 或 1ml）
其他局部给药制剂	10^2	10^2	不得检出金黄色葡萄球菌、铜绿假单胞菌（1g、1ml 或 10cm²）

（2）非无菌含药材原粉的中药制剂的微生物限度标准（表 1-2-2）。

表 1-2-2　非无菌含药材原粉的中药制剂的微生物限度标准

给药途径	需氧菌总数（cfu/g、cfu/ml 或 cfu/10cm²）	霉菌和酵母菌总数（cfu/g、cfu/ml 或 cfu/10cm²）	控制菌
固体口服给药制剂 　不含豆豉、神曲等发酵原粉 　含豆豉、神曲等发酵原粉	10^4（丸剂 3×10^4） 10^5	10^2 5×10^2	不得检出大肠埃希菌（1g）；不得检出沙门菌（10g）；耐胆盐革兰阴性菌应小于 10^2cfu（1g）
液体口服给药制剂 　不含豆豉、神曲等发酵原粉 　含豆豉、神曲等发酵原粉	5×10^2 10^3	10^2 10^2	不得检出大肠埃希菌（1ml）；不得检出沙门菌（10ml）；耐胆盐革兰阴性菌应小于 10^1cfu（1ml）
固体局部给药制剂 　用于表皮或黏膜不完整 　用于表皮或黏膜完整	10^3 10^4	10^2 10^2	不得检出金黄色葡萄球菌、铜绿假单胞菌（1g 或 10cm²）；阴道、尿道给药制剂还不得检出白色念珠菌、梭菌（1g 或 10cm²）
液体局部给药制剂 　用于表皮或黏膜不完整 　用于表皮或黏膜完整	10^2 10^2	10^2 10^2	不得检出金黄色葡萄球菌、铜绿假单胞菌（1ml）；阴道、尿道给药制剂还不得检出白色念珠菌、梭菌（1ml）

（3）非无菌药用原料及辅料的微生物限度标准（表 1-2-3）。

表 1-2-3　非无菌药用原料及辅料的微生物限度标准

	需氧菌总数（cfu/g 或 cfu/ml）	霉菌和酵母菌总数（cfu/g 或 cfu/ml）	控制菌
药用原料及辅料	10^3	10^2	未做统一规定

（4）中药提取物及中药饮片的微生物限度标准（表1-2-4）。

表1-2-4　中药提取物及中药饮片的微生物限度标准

	需氧菌总数 （cfu/g 或 cfu/ml）	霉菌和酵母菌总数 （cfu/g 或 cfu/ml）	控制菌
中药提取物	10^3	10^2	未做统一规定
研粉口服用贵细饮片、直接口服及泡服饮片	未做统一规定	未做统一规定	不得检出沙门菌（10g）；耐胆盐革兰阴性菌应小于 10^4 cfu（1g）

（5）有兼用途径的制剂

应符合各给药途径的标准。

2.无菌制剂要求

（1）制剂通则、品种项下要求无菌的及标示无菌的制剂和原辅料，应符合无菌检查法规定。

（2）用于手术、严重烧伤、严重创伤的局部给药制剂，应符合无菌检查法规定。

3.暂不进行微生物限度要求的制剂

（1）消毒水和防腐剂　如碘酊、紫药水、红汞水。

（2）不含生药原粉的膏剂　如狗皮膏、拔毒膏、阿魏化痞膏。

备注：①有兼用途径的制剂应符合各给药途径的标准。

②霉变、长螨者均以不合格论。

③细菌数、霉菌和酵母菌数其中任何一项不符合该品种项下的规定，应从同一批样品中随机抽样，独立复试两次，以三次检验结果的平均值报告菌数。细菌数、霉菌和酵母菌数、控制菌三项检验结果任一项不合格时，判供试品不符合规定。

④药材提取物及辅料参照相应制剂的微生物限度标准执行。

（五）药物制剂理化基础知识

本部分内容主要从药用溶剂的种类及性质、溶解度与溶出速度和药物溶液的性质进行讲解。

1.药用溶剂的种类及性质

1）药用溶剂的种类

（1）水　水是最常用的极性溶剂，其理化性质稳定，有很好的生理相容性，根据制剂的需要可制成注射用水、纯化水与制药用水来使用。

（2）非水溶剂　药物在水中溶解度过小时可选用适当的非水溶剂或使用混合溶剂，可以增大药物的溶解度，以制成溶液。

①醇与多元醇类：乙醇、丙二醇、甘油、聚乙二醇200、聚乙二醇400、聚乙二醇600、丁醇和苯甲醇等，能与水混溶。

②醚类：四氢糠醛聚乙二醇醚、二乙二醇二甲基醚等，能与乙醇、丙二醇和甘油混溶。

③酰胺类：二甲基甲酰胺、二甲基乙酰胺等，能与水和乙醇混溶。

④酯类：三醋酸甘油酯、乳酸乙酯、油酸乙酯、苯甲酸苄酯和肉豆蔻酸异丙酯等。

⑤植物油类：花生油、玉米油、芝麻油、红花油等。

⑥亚砜类：二甲基亚砜，能与水和乙醇混溶。

2）药用溶剂的性质

溶剂的极性直接影响药物的溶解度。溶剂的极性大小常以介电常数和溶解度参数的大小来衡量。

（1）介电常数　溶剂的介电常数表示将相反电荷在溶液中分开的能力，它反映溶剂分子的极性大小。介电常数借助电容测定仪，通过测定溶剂的电容值C求得，如下式1-2-1所示。

$$\varepsilon = \frac{C}{C_0} \qquad (1\text{-}2\text{-}1)$$

式中：C_0——电容器在真空时的电容值，常以空气为介质测得的电容值代替，通常测得空气的介电常数接近于1。介电常数大的溶剂极性大，介电常数小的溶剂极性小。常用溶剂的介电常数数据见表1-2-5。

表 1-2-5 物质的溶解性与溶剂介电常数

溶 剂	溶剂的介电常数	溶 质
水	80	无机盐、有机盐
二醇类	50	糖、鞣质
甲醇、乙醇	30	蓖麻油、蜡
醛、酮、氧化物、高级醇	20	树脂、挥发油、弱电解质
己烷、苯、四氯化碳、乙醚	5	脂肪、石蜡、烃类、汽油
矿物油、植物油	0	

（极性递减 ↓）（水溶性递减 ↓）

（2）溶解度参数 溶解度参数是表示同种分子间的内聚力，也是表示分子极性大小的一种量度。溶解度参数越大，极性越大。溶剂或溶质的溶解度参数 δ_i 可用式 1-2-2 表示。

$$\delta_i = \left(\frac{\Delta E_i}{V_i} \right)^{1/2} \qquad （1-2-2）$$

式中：ΔE_i——分子间的内聚能；V_i——物质在液态时的摩尔体积。在一定温度下，分子间内聚能可从物质的摩尔汽化热求得，即 $\Delta E_i = \Delta H_v - RT$，因此：

$$\delta_i = \left(\frac{\Delta H_v - RT}{V_i} \right)^{1/2} \qquad （1-2-3）$$

式中：V_i——物质在液态时 T 温度下的摩尔体积；ΔH_v——摩尔汽化热；R——摩尔气体常数；T——热力学温度。

由于溶解度参数 δ 表示同种分子间的内聚力，所以两种组分的 δ 值越接近，它们越能互溶。若两组分不形成氢键，也无其他复杂的相互作用，且两组分的溶解度参数 δ 值相等，则该溶液为理想溶液。一些溶剂与药物的溶解度参数分别见表 1-2-6、1-2-7。

表 1-2-6 一些溶剂的摩尔体积与溶解度参数

液体	$V(cm^3 \cdot mol^{-1})$	$\delta(J^{1/2} \cdot cm^{-3/2})$	液体	$V(cm^3 \cdot mol^{-1})$	$\delta(J^{1/2} \cdot cm^{-3/2})$
正丁烷	101.4	4.11	正辛醇	157.7	20.07
正己烷	131.6	14.93	乙醇	58.5	26.59
乙醚	104.8	15.75	甲醇	40.7	29.66
环己烷	108.7	16.77	二甲基亚砜	71.3	26.59
乙酸乙酯	98.5	18.20	1，2-丙二醇	73.6	30.27
苯	89.4	18.61	甘油	73.3	36.20
氯仿	80.7	19.02	水	18.0	47.86
丙酮	74.0	20.04			

表 1-2-7 一些药物的摩尔体积与溶解度参数

药物	$V(cm^3 \cdot mol^{-1})$	$\delta(J^{1/2} \cdot cm^{-3/2})$	药物	$V(cm^3 \cdot mol^{-1})$	$\delta(J^{1/2} \cdot cm^{-3/2})$
苯甲酸	104	21.89	磺胺嘧啶	182	25.57
咖啡因	144	28.84	甲苯磺丁脲	229	22.30
苯巴比妥	137	25.77			

关于溶解度参数在生物过程中的应用，从药理、生理的观点来看，药物分子能溶于生物膜极为重要，但生物膜不是简单的溶剂。因此，简单的溶液理论并不适用于体内。生物膜脂层的溶解度参数 δ 的平均值为 17.80 ± 2.11 与正己烷的 δ 值（14.93）和十六烷的 δ 值（16.36）接近。整个膜的 δ 平均值为 21.07 ± 0.82，很接近正辛醇的 δ 值（21.07）。因此，正辛醇是常作为模拟生物膜相求分配系数的一种溶剂。

2.药物的溶解度与溶出速度

药物的溶解度是制备药物制剂时首先掌握的必要信息，也直接影响药物在体内的吸收与药物生物利用度。

1）药物的溶解度

（1）药物溶解度的表示方法　溶解度系指在一定温度（气体在一定压力）下，在一定量溶剂中达饱和时溶解的最大药量，是反映药物溶解性的重要指标。溶解度常用一定温度下100g溶剂中（或100g溶液或100ml溶液）溶解溶质的最大克数来表示。例如，咖啡因在20℃水溶液中溶解度为1.46%，即表示在100ml水中溶解1.46g咖啡因时溶液达到饱和。溶解度也可用物质的摩尔浓度mol/L表示。

药物的溶解度数据可查阅默克索引（The Merk Index）、各国药典、专业性的理化手册等。对一些查不到溶解度数据的药物，可通过实验测定。

（2）《中国药典》对药品近似溶解度的名词术语　溶解度是药品的一种物理性质，《中国药典》中将药物溶解度分为：极易溶解、易溶、溶解、略溶、微溶、极微溶解、几乎不溶或不溶，分别将它们记载于各药物项下。各品种项下选用的部分溶剂及其在该溶剂中的溶解性能，可供精制或制备溶液时参考；对在特定溶剂中的溶解性能需作质量控制时，在该品种检查项下另作具体规定。药品的近似溶解度以下列名词术语表示。

极易溶解　系指溶质1g（ml）能在溶剂不到1ml中溶解。

易溶　系指溶质1g（ml）能在溶剂1~不到

10ml中溶解。

溶解　系指溶质1g（ml）能在溶剂10~不到30ml中溶解。

略溶　系指溶质1g（ml）能在溶剂30~不到100ml中溶解。

微溶　系指溶质1g（ml）能在溶剂100~不到1000ml中溶解。

极微溶解　系指溶质1g（ml）能在溶剂1000~不到10000ml中溶解。

几乎不溶或不溶　系指溶质1g（ml）在溶剂10000ml中不能完全溶解。

试验法：除另有规定外，称取研成细粉的供试品或量取液体供试品，于25℃±2℃一定容量的溶剂中，每隔5分钟强力振摇30秒钟；观察30分钟内的溶解情况，如无目视可见的溶质颗粒或液滴时，即视为完全溶解。

2）影响药物溶解度的因素及增加药物溶解度的方法

（1）药物溶解度与分子结构　药物在溶剂中的溶解度是药物分子与溶剂分子间相互作用的结果。若药物分子间的作用力大于药物分子与溶剂分子间作用力则药物溶解度小；反之，则溶解度大，即"相似相溶"。

氢键对药物溶解度影响较大。在极性溶剂中，如果药物分子与溶剂分子之间可以形成氢键，则溶解度增大。如果药物分子形成分子内氢键，则在极性溶剂中的溶解度减小，而在非极性溶剂中的溶解度增大。

有机弱酸弱碱药物制成可溶性盐可增加其溶解度。将含碱性基团的药物如生物碱，加酸制成盐类，可增加在水中溶解度；将酸性药物加碱制成盐增加水中溶解度，如乙酰水杨酸制成钙盐在水中溶解度增大，且比钠盐稳定。

难溶性药物分子中引入亲水基团可增加在水中的溶解度。如维生素 K_3 不溶于水，分子中引入 $-SO_3HNa$ 则成为维生素 K_3 亚硫酸氢钠，可制成注射剂。

（2）溶剂化作用与水合作用　药物离子的水合作用与离子性质有关，阳离子和水之间的作用力很强，以至于阳离子周围保持有一层水。离子大小以及离子表面积是水分子极化的决定因素。离子的水合数目随离子半径增大而降低，这是由于半径增加，离子场减弱，水分子容易从中心离子脱离。一般单价阳离子结合 4 个水分子。药物的溶剂化会影响药物在溶剂中的溶解度。

（3）多晶型的影响 多晶型现象在有机药物中广泛存在，同一化学结构的药物，由于结晶条件（如溶剂、温度、冷却速度等）不同，形成结晶时分子排列与晶格结构不同，因而形成不同的晶型，产生多晶型（polymorphism）。晶型不同，导致晶格能不同，药物的熔点、溶解速度、溶解度等也不同。例如，维生素 B_2 有三种晶型，在水中溶解度分别为：Ⅰ型，60mg/L；Ⅱ型，80mg/L；Ⅲ型，120mg/L。

无定型（amorphous forms）为无结晶结构的药物，无晶格束缚，自由能大，所以溶解度和溶解速度较结晶型大。例如，新生霉素在酸性水溶液中形成无定型，其溶解度比结晶型大 10 倍，溶出速度也快，吸收也快。

假多晶型药物结晶过程中，溶剂分子进入晶格使结晶型改变，形成药物的溶剂化物。如溶剂为水，即为水合物。溶剂化物与非溶剂化物的熔点、溶解度和溶解速度等物理性质不同，这是由结晶结构的改变影响晶格能所致。在多数情况下，溶解度和溶解速度按水合物＜无水物＜有机化物的顺序排列。例如，琥珀酸磺胺嘧啶水合物的溶解度为 10mg/100ml，无水物溶解度为 39mg/100ml，戊醇溶剂化物溶解度为 80mg/100ml。

（4）粒子大小的影响 对于可溶性药物，粒子大小对溶解度影响不大，而对于难溶性药物，粒子半径大于 2000nm 时粒径对溶解度无影响，但粒子大小在 0.1~100nm 时溶解度随粒径减小而增加。

（5）温度的影响 温度对溶解度影响取决于溶解过程是吸热 $\Delta H_s > 0$，还是放热 $\Delta H_s < 0$。

当 $\Delta H_s > 0$ 时，溶解度随温度升高而升高；如果 $\Delta H_s < 0$ 时，溶解度随温度升高而降低。药物溶解过程中，溶解度与温度关系式为：

$$1h\frac{S_2}{S_1}=\frac{\Delta H_s}{R}\left(\frac{1}{T_1}-\frac{1}{T}\right) \qquad (1-2-4)$$

式中：S_1、S_2——分别在温度 T_1 和 T_2 下的溶解度；ΔH_s——溶解焓，J/mol；R——摩尔气体常数。若已知溶解焓 ΔH_s，与某一温度下的溶解度 S_1，则可由（1-2-4）式求得 T_2 下的溶解度 S_2。

（6）pH 值与同离子效应

① pH 值的影响：多数药物为有机弱酸、弱碱及其盐类，这些药物在水中溶解度受 pH 值影响很大。对于弱酸性药物，若已知 pK_a 和特性溶解度 S_0，由式（1-2-5）即可计算在任何 pH 下的表观溶解度，亦可以求得弱酸沉淀析出的 pH，以 pH_m 表示。

$$pH_m=pK_a+1g\frac{S-S_0}{S_0} \qquad (1-2-5)$$

对于弱碱性药物，若已知 pK_a 和 S_0，由（1-2-6）式即可计算弱碱在任何 pH 值下的溶解度。此式也表明溶液的 pH 值高于计算值时弱碱即游离析出，即为弱碱溶解时的最高 pH 值，以 pH_m 表示。

$$pH_m=pK_a+1g\frac{S_0}{S-S_0} \qquad (1-2-6)$$

② 同离子效应：若药物的解离型或盐型是限制溶解的组分，则其在溶液中的相关离子的浓度是影响该药物溶解度大小的决定因素。一般向难溶性盐类饱和溶液中，加入含有相同离子化合物时，其溶解度降低，这是由于同离子效应的影响。如许多盐酸盐类药物在 0.9% 氯化钠溶液中的溶解度比在水中低。

（7）混合溶剂的影响 混合溶剂是指能与水任意比例混合、与水分子能以成氢键结合、能增加难溶性药物溶解度的那些溶剂。如乙醇、甘油、丙二醇、聚乙二醇等可与水组成混合溶剂。如洋地黄毒苷可溶于水和乙醇的混合溶剂中。药物在混合溶剂中的溶解度，与混合溶剂的种类、混合溶剂中各溶剂的比例有关。药物在混合溶剂中的溶解度通常是各单一溶剂溶解度的相加平均值，但也有高于相加平均值的。在混合溶剂中各溶剂在某一比例时，药物的溶解度比在各单纯溶剂中溶解度出现极大值，这种现象称为潜溶（cosolvency），这种溶剂称为潜溶剂（cosolvent）。如苯巴比妥在 90% 乙醇中有最大溶解度。

潜溶剂提高药物溶解度的原因，一般认为是两种溶剂间发生氢键缔合，有利于药物溶解。另外，潜溶剂改变了原来溶剂的介电常数。如乙醇和水或丙二醇和水组成的潜溶剂均降低了溶剂的介电常数，增加了对非解离药物的溶解度。一个好的潜溶剂的介电常数一般是25~80。

选用溶剂时，无论采用何种给药途径，必须考虑其毒性。如果是注射给药还要考虑生理活性、刺激性、溶血、降压、过敏等。常与水组成潜溶剂的有：乙醇、丙二醇、甘油、聚乙二醇等。如醋酸去氢皮质酮注射液等，以水-丙二醇为溶剂。

（8）添加物的影响

①加入助溶剂：助溶（hydrotropy）系指难溶性药物与加入的第三种物质在溶剂中形成可溶性络合物、复盐或缔合物等，以增加药物在溶剂（主要是水）中的溶解度，这第三种物质称为助溶

剂。助溶剂可溶于水，多为低分子化合物（不是表面活性剂），可与药物形成络合物。如碘在水中溶解度为1:2950，如加适量的碘化钾，可明显增加碘在水中溶解度，能配成含碘5%的水溶液。碘化钾为助溶剂，增加碘溶解度的机制是KI与碘形成分子间的络合物KI_3。

常用的助溶剂可分为两大类：一类是某些有机酸及其钠盐，如苯甲酸钠、水杨酸钠、对氨基苯甲酸钠等；另一类为酰胺类化合物，如乌拉坦、尿素、烟酰胺、乙酰胺等。

助溶剂的助溶机制复杂，有些至今尚不清楚。因此，关于助溶剂的选择尚无明确的规律可循，一般只能根据药物性质，选用与其能形成水溶性络合物、复盐或缔合物的物质，它们可以被吸收或者在体液中能释放出药物，以便药物的吸收。常见难溶性药物及其应用的助溶剂见表1-2-8。

表1-2-8　常见的难溶性药物与其应用的助溶剂

药物	助溶剂
碘	碘化钾，聚乙烯吡咯烷酮
咖啡因	苯甲酸钠，水杨酸钠，对氨基苯甲酸钠，枸橼酸钠，烟酰胺
可可豆碱	水杨酸钠，苯甲酸钠，烟酰胺
茶碱	二乙胺，其他脂肪族胺，烟酰胺，苯甲酸钠
盐酸奎宁	乌拉坦，尿素
核黄素	苯甲酸钠，水杨酸钠，烟酰胺，尿素，乙酰胺，乌拉坦
肾上腺色腙片	水杨酸钠，烟酰胺，乙酰胺
氢化可的松	苯甲酸钠，邻、对、间羟苯甲酸钠，二乙胺，烟酰胺
链霉素	蛋氨酸，甘草酸
红霉素	乙酰琥珀酯，维生素C
新霉素	精氨酸

②加入增溶剂：增溶（solubilization）是指某些难溶性药物在表面活性剂的作用下，在溶剂中溶解度增大并形成澄清溶液的过程。具有增溶能力的表面活性剂称增溶剂，被增溶的物质称为增溶质。对于以水为溶剂的药物，增溶剂的最适HLB值为15~18。常用的增溶剂为聚山梨酯类和聚氧乙烯脂肪酸酯类等。每1g增溶剂能增溶药物的克数称增溶量。许多药物，如挥发油、脂溶性维生素、甾体激素类、生物碱、抗生素类等均可用此法增溶。

表面活性剂之所以能增加难溶性药物在水中的溶解度，是表面活性剂在水中形成"胶束"的

结果。由于胶束的内部与周围溶剂的介电常数不同，难溶性药物根据自身的化学性质，以不同方式与胶束相互作用，使药物分子分散在胶束中。例如，非极性分子苯、甲苯等可溶解于胶束的非极性中心区；具有极性基团而不溶于水的药物，如水杨酸等，在胶束中定向排列，分子中的非极性部分插入胶束的非极性中心区，其极性部分则伸入胶束的亲水基团方向；对于极性基团占优势的药物，如对羟基苯甲酸，则完全分布在胶束的亲水基之间。

增溶剂不仅可增加难溶性药物溶解度，而且制得的增溶制剂，稳定性较好：一是可防止药物

被氧化，因为药物嵌入到胶束中与空气隔绝而受到了保护；二是防止药物的水解，可能是因为胶束上的电荷排斥或胶束阻碍了催化水解的 H^+ 或 OH^- 接近药物之故。

影响增溶的因素有：

A. 增溶剂的种类：分子量不同而影响增溶效果，如对于强极性或非极性药物同系物的碳链愈长，非离子型增溶剂的 HLB 值愈大，其增溶效果也愈好，但对于极性低的药物，结果恰好相反。

B. 药物的性质：增溶剂的种类和浓度一定时，同系物药物的分子量愈大，增溶量愈小。

C. 加入顺序：用聚山梨酯80或聚氧乙烯脂肪酸酯等为增溶剂时，对维生素 A 棕榈酸酯进行增溶试验证明，如将增溶剂先溶于水再加入药物，则药物几乎不溶；如先将药物与增溶剂混合，然后再加水稀释则能很好溶解。

D. 增溶剂的用量：温度一定时，加入足够量的增溶剂，可得到澄清溶液，稀释后仍然保持澄清。若配比不当则得不到澄清溶液，或在稀释时变为浑浊。增溶剂的用量应通过实验确定。

3）药物的溶出速度

（1）药物溶出速度的表示方法　药物的溶出速度是指单位时间药物溶解进入溶液主体的量。溶出过程包括两个连续的阶段，首先是溶质分子从固体表面溶解，形成饱和层，然后在扩散作用下经过扩散层，再在对流作用下进入溶液主体内。固体药物的溶出速度主要受扩散控制，可用 Noyes-Whitney 方程表示：

$$\frac{dC}{dt} = KS(C_s - C) \qquad (1\text{-}2\text{-}7)$$

式中：dC/dt——溶出速度；S——固体的表面积；C_s——溶质在溶出介质中的溶解度；C——t 时间溶液中溶质的浓度；K——溶出速度常数。

$$K = \frac{D}{Vh} \qquad (1\text{-}2\text{-}8)$$

式中：D——溶质在溶出介质中的扩散系数；V——溶出介质的体积；h——扩散层的厚度。当 $C_s > C$（即 C 低于 $0.1C_s$ 时），则（1-2-7）式可简化为：

$$\frac{dC}{dt} = KSC_s \qquad (1\text{-}2\text{-}9)$$

（1-2-9）式的溶出条件称为漏槽（sink condition）条件，可理解为药物溶出后立即被移出，或溶出介质的量很大，溶液主体中药物浓度很低。体内的吸收也被认为是在漏槽条件下进行。

若能使（1-2-9）式中的 S（固体的表面积）在溶出过程中保持不变，则有：

$$\frac{dC}{dt} = \kappa \qquad (1\text{-}2\text{-}10)$$

式中：κ——特性溶出速度常数，$mg/(min \cdot cm^2)$——是指单位时间单位面积药物溶解进入溶液主体的量。一般情况下，当固体药物的特性溶出速度常数小于 $1mg/(min \cdot cm^2)$ 时，就应考虑溶出对药物吸收的影响。

（2）影响药物溶出速度的因素

①固体的表面积：同一重量的固体药物，其粒径越小，表面积越大；对同样大小的固体药物，孔隙率越高，表面积越大；对于颗粒状或粉末状的药物，如在溶出介质中结块，可加入润湿剂以改善固体粒子的分散度，增加溶出界面，这些都有利于提高溶出速度。

②温度：温度升高，药物溶解度 C_s 增大、扩散增强、黏度降低，溶出速度加快。

③溶出介质的体积：溶出介质的体积小，溶液中药物浓度高，溶出速度慢；反之则溶出速度快。

④扩散系数：药物在溶出介质中的扩散系数越大，溶出速度越快。在温度一定的条件下，扩散系数大小受溶出介质的黏度和药物分子大小的影响。

⑤扩散层的厚度：扩散层的厚度愈大，溶出速度愈慢。扩散层的厚度与搅拌程度有关，搅拌速度快，扩散层薄，溶出速度快。

⑥片剂、胶囊剂等剂型的溶出，还受处方中加入的辅料等因素以及溶出速度测定方法有关。

3. 药物溶液的性质

1）药物溶液的渗透压

半透膜是药物溶液中的溶剂分子可自由通过，而药物分子不能通过的膜。如果半透膜的一侧为药物溶液，另一侧为溶剂，则溶剂侧的溶剂透过半透膜进入溶液侧，最后达到渗透平衡，此时两侧所产生压力差即为溶液的渗透压（osmotic pressure），此时两侧的浓度相等。渗透压对注射液、滴眼液、输液等剂型具有重要意义。

渗透压的单位以渗量 Osm 表示，即渗透摩尔浓度。1Osm 是 6.022×10^{23} 个粒子在 1L 水中存在的浓度。通常以毫渗摩尔（mOsm）为单位，1mOsm=1/1000Osm。毫渗摩尔（mOsm）以每升溶液中溶质的毫摩尔来表示，即：

$$毫渗摩尔浓度\,(mOsm/L) = \frac{溶质的质量(g/L)}{分子量} n \times 1000$$

$$(1-2-11)$$

式中：n——溶质分子溶解时生成的离子，在理想溶液中葡萄糖 n=1，氯化钠或硫酸镁 n=2，氯化钙 n=3。

等渗溶液系指与血浆渗透压相等的溶液，即溶液中质点数相等，属于物理化学概念。对药物的注射剂、滴眼剂等，要求制成等渗溶液，正常人血浆渗透压为 749.6kPa。

等张溶液是指渗透压与红细胞膜张力相等的溶液，也就是与细胞接触时使细胞功能和结构保持正常的溶液，所以等张是一个生物学概念。渗透压只是维持细胞正常状态诸多因素之一。因此等渗和等张是不同概念。

除了可采用半透膜法测定渗透压，还可由冰点降低法间接求得。对于低分子药物采用半透膜直接测定渗透压比较困难，故通常采用测量药物溶液的冰点下降值来间接测定渗透压摩尔浓度。

2）药物溶液的 pH 值

（1）生物体内的不同部位的 pH 值　人体的各种组织液的 pH 值不同，如血清的和泪液的 pH 值约为 7.4，胰液的 pH 值约为 7.5~8.0，胃液的 pH 值约为 0.9~1.2，胆汁的 pH 值约为 5.4~6.9，血浆的 pH 值为 7.4，一般血液的 pH 值低于 7.0 或超过 7.8 会引起酸中毒或碱中毒，应避免将过低或过高 pH 值的液体输入体内。

（2）药物溶液的 pH 值　药物溶液的 pH 值偏离有关体液正常 pH 值太远时，容易对组织产生刺激，所以配制输液、注射液、滴眼液和用于伤口的溶液时，必须注意药液的 pH 值。

在一般情况下，注射液 pH 值应在 4~9 范围内，过酸或过碱在肌内注射时将引起疼痛和组织坏死；滴眼液 pH 值应为 6~8，偏小或偏大均对眼睛有刺激。同时要考虑药物溶液 pH 值对药物稳定性的影响，应选择药物变化速度小的 pH 值，有关药物溶液 pH 值在《中国药典》中有规定，如葡萄糖注射液的 pH 值为 3.2~5.5，这就是考虑了药物的稳定性与药物的溶解性。

（3）药物溶液 pH 值的测定　药物溶液 pH 值的测定多采用 pH 计，以玻璃电极为指示电极，以甘汞电极为参比电极组成电池进行测定。

3）药物的解离常数

（1）解离常数　弱电解质药物（弱酸、弱碱）在药物中占有较大比例，具有一定的酸碱性。药物在体内的吸收、分布、代谢和疗效以及对皮肤、黏膜、肌肉的刺激性都与药物的酸、碱性有关。pKa 值是表示药物酸碱性的重要指标，它实际上是指碱的共轭酸的 pKa 值，因为共轭酸的酸性弱，其共轭碱的碱性强，所以 pKa 值越大，碱性越强。药物的酸碱强度按 pKa 值可分为四级（表 1-2-9）。

表 1-2-9　药物的酸碱强度

pKa	酸性强度	碱性强度	pKa	酸性强度	碱性强度
< 2	强酸	极弱碱	7~12	弱酸	中强碱
2~7	中强酸	弱碱	> 12	极弱酸	强碱

（2）解离常数的测定　测定药物的解离方法很多，有电导法、电位法、分光光度法、溶解度法等。

4）药物溶液的表面张力

药物溶液的表面张力，直接影响药物溶液的表面吸附及黏膜上的吸附，因此对于黏膜给药的药物溶液需要测定表面张力。表面张力的测定方法很多，有最大气泡法、吊片法和滴重法等，在此对较常用的滴重法作一简介。

滴重法　滴重管是用一支刻度吸量管吹制而成，管端磨平，用读数显微镜测准管端外直径，并垂直地安装在装试液的套管内，再放入玻璃夹层管中，其中加水，将夹层管与恒温槽相连，保持一定温度，以注射器控制液体自管中滴出，可以称量滴出液体的重量和滴数求得每滴液体的重量，或从液体的体积和滴数求得每滴液体的体积 V，称滴体积法。

测定原理为当液体在管口成滴落下时，落滴大小与管口半径及表面张力有关。若液滴自滴管口完全脱落，则落滴的重量与液体的表面张力 σ 有如下关系：

$$mg = 2\pi\gamma\sigma \qquad (1\text{-}2\text{-}12)$$

$$\sigma = mg/2\pi\gamma \qquad (1\text{-}2\text{-}13)$$

式中：m——落滴的质量；g——重力加速度。上式只适用于理想情况。就液滴滴落时的实际情况而言，液滴仅仅是平衡悬滴的一部分，而且滴落的液滴不垂直于管端平面，因此实际计算时，必须对（1-2-13）式加以校正。

滴重法（或滴体积法）也适用于液－液界面张力的测定。为此，要将滴液管管端伸入另一种密度小的液体中，让滴液管中的液体自由滴落，同样地测定液滴滴数和滴落液体体积（或称重），就可由上式计算出液－液界面张力。

5）药物溶液的黏度

黏度系指流体对流动产生阻抗能力的性质。药物溶液的黏度与注射液、滴眼液、高分子溶液等制剂的制备及临床应用密切相关，涉及药物溶液的流动性以及在给药部位的滞留时间；在乳剂、糊剂、混悬液、凝胶剂、软膏剂等处方设计、质量评价与工艺过程中，亦涉及药物制剂的流动性与稳定性。

黏度有动力黏度、运动黏度和特性黏度等。黏度测定可使用黏度计，黏度计有多种类型，《中国药典》采用平氏毛细管黏度计、乌氏毛细管黏度计和旋转黏度计3种测定方法。毛细管黏度计适用于牛顿流体运动黏度的测定；旋转黏度计适用于牛顿流体或非牛顿流体动力黏度的测定。

（六）制剂设备基础知识

药品生产质量的保证在很大程度上依赖设备系统的支持，故而设备的设计、选型、安装显得极其重要，应满足工艺流程，方便操作和维护，有利于清洁，具体要求如下。

（1）设备的设计、选型、安装、改造和维护必须符合预定用途，应当尽可能降低产生污染、交叉污染、混淆和差错的风险，便于操作、清洁、维护，以及必要时进行的消毒或灭菌。

（2）应当建立设备使用、清洁、维护和维修的操作规程，并保存相应的操作记录。

（3）应当建立并保存设备采购、安装、确认的文件和记录。

（4）生产设备不得对药品质量产生任何不利影响。与药品直接接触的生产设备表面应当平整、光洁、易清洗或消毒、耐腐蚀，不得与药品发生化学反应、吸附药品或向药品中释放物质。

（5）应当配备有适当量程和精度的衡器、量具、仪器和仪表。

（6）应当选择适当的清洗、清洁设备，并防止这类设备成为污染源。

（7）设备所用的润滑剂、冷却剂等不得对药品或容器造成污染，应当尽可能使用食用级或级别相当的润滑剂。

（8）生产用模具的采购、验收、保管、维护、发放及报废应当制定相应操作规程，设专人专柜保管，并有相应记录。

（9）设备的维护和维修不得影响产品质量。

（10）应当制定设备的预防性维护计划和操作规程，设备的维护和维修应当有相应的记录。

（11）经改造或重大维修的设备应当进行再确认，符合要求后方可用于生产。

（12）主要生产和检验设备都应当有明确的操作规程。

（13）生产设备应当在确认的参数范围内使用。

（14）应当按照详细规定的操作规程清洁生产设备。

①生产设备清洁的操作规程应当规定具体而完整的清洁方法、清洁用设备或工具、清洁剂的名称和配制方法、去除前一批次标识的方法、保护已清洁设备在使用前免受污染的方法、已清洁设备最长的保存时限、使用前检查设备清洁状况的方法，使操作者能以可重现的、有效的方式对各类设备进行清洁。

②如需拆装设备，还应当规定设备拆装的顺序和方法；如需对设备消毒或灭菌，还应当规定消毒或灭菌的具体方法、消毒剂的名称和配制方法。必要时，还应当规定设备生产结束至清洁前所允许的最长间隔时限。

（15）生产中发尘量大的设备（如粉碎、过筛、混合、干燥、制粒、包衣等设备）应设计或选用自身除尘能力强、密封性能好的设备，必要时局部加设防尘、捕尘装置设施。

（16）与药物直接接触气体（干燥用空气、压缩空气、惰性气体）均应设置净化装置，净化后气体所含微粒和微生物应符合规定空气洁净度要求，排放气体必须滤过，出风口应有防止空气倒灌装置。

（17）对传动机械的安装应增设防震、消音装置，改善操作环境，一般做到动态测试时，洁净室内噪声不得超过70dB。

（18）生产、加工、包装特殊的药品的设备必须专用：如高致敏性的青霉素、避孕药品、β-内酰胺结构类药品；放射性药品，卡介苗和结核菌素，激素类，抗肿瘤类化学药品，生物制品，以人血、人血浆或动物脏器、组织为原料生产的制品、毒剧药材和重金属矿物药材。

（19）已清洁的生产设备应当在清洁、干燥的条件下存放。

（20）用于药品生产或检验的设备和仪器，应当有使用日志，记录内容包括使用、清洁、维护和维修情况以及日期、时间、所生产及检验的药品名称、规格和批号等。

（21）生产设备应当有明显的状态标识，标明设备编号和内容物（如名称、规格、批号）；没有内容物的应当标明清洁状态。

（22）不合格的设备如有可能应当搬出生产和质量控制区，未搬出前，应当有醒目的状态标识。

（23）主要固定管道应当标明内容物名称和流向。

（24）应当按照操作规程和校准计划定期对生产和检验用衡器、量具、仪表、记录和控制设备以及仪器进行校准和检查，并保存相关记录。

校准的量程范围应当涵盖实际生产和检验的使用范围。

（25）应当确保生产和检验使用的关键衡器、量具、仪表、记录和控制设备以及仪器经过校准，所得出的数据准确、可靠。

（26）应当使用计量标准器具进行校准，且所用计量标准器具应当符合国家有关规定。校准记录应当标明所用计量标准器具的名称、编号、校准有效期和计量合格证明编号，确保记录的可追溯性。

（27）衡器、量具、仪表、用于记录和控制的设备以及仪器应当有明显的标识，标明其校准有效期。

（28）不得使用未经校准、超过校准有效期、失准的衡器、量具、仪表以及用于记录和控制的设备、仪器。

（29）在生产、包装、仓储过程中使用自动或电子设备的，应当按照操作规程定期进行校准和检查，确保其操作功能正常。校准和检查应当有相应的记录。

（30）水处理设备及其输送系统的设计、安装、运行和维护应当确保制药用水达到设定的质量标准。水处理设备的运行不得超出其设计能力。

（31）纯化水、注射用水储罐和输送管道所用材料应当无毒、耐腐蚀；储罐的通气口应当安装不脱落纤维的疏水性除菌滤器；管道的设计和安装应当避免死角、盲管。

（32）纯化水、注射用水的制备、贮存和分配应当能够防止微生物的滋生。纯化水可采用循环，注射用水可采用70℃以上保温循环。

（33）应当对制药用水及原水的水质进行定期监测，并有相应的记录。

（34）应当按照操作规程对纯化水、注射用水管道进行清洗消毒，并有相关记录。发现制药用水微生物污染达到警戒限度、纠偏限度时应当按照操作规程处理。

（七）制剂包装材料

1. 药包材的分类

药包材可分别按使用方式、材料组成及形状

进行分类。

（1）**按使用方式分类**　药包材按使用可分为Ⅰ、Ⅱ、Ⅲ三类。

Ⅰ类药包材指直接接触药品且直接使用的药品包装用材料、容器（如塑料输液瓶或袋、固体或液体药用塑料瓶）。

Ⅱ类药包材指直接接触药品，但便于清洗，在实际使用过程中，经清洗后需要并可以消毒灭菌的药品包装用材料、容器（玻璃输液瓶、输液瓶胶塞、玻璃口服液瓶等）。

Ⅲ类药包材指Ⅰ、Ⅱ类以外其他可能直接影响药品质量的药品包装用材料、容器（如输液瓶铝盖、铝塑组合盖）。

（2）**按形状分类**　药包材按形状可分为容器（如塑料滴眼剂瓶）、片材（如药用聚氯乙烯硬片）、袋（如药用复合膜袋）、塞（如丁基橡胶输液瓶塞等）、盖（如口服液瓶撕拉铝盖）等。

（3）**按材料组成分类**　药包材按材料组成可分为金属、玻璃、塑料（热塑性、热固性高分子化合物）、橡胶（热固性高分子化合物）及上述成分的组合（如铝塑组合盖、药品包装用复合膜）等。

2.药包材的材料组成

（1）**金属**　金属在制剂包装材料中应用较多的只有锡、铝、铁与铅，可制成刚性容器，如筒、桶、软管、金属箔等。用锡、铅、铁、铝等金属制成的容器，光线、液体、气体、气味与微生物都不能透过，它们能耐高温也耐低温。为了防止内外腐蚀或发生化学作用，容器内外壁上往往需要涂保护层。

（2）**玻璃**　玻璃具有优良的保护性，其本身稳定，价廉、美观。玻璃容器是药品最常用的包装容器。玻璃清澈光亮，基本化学惰性，不渗透，坚硬，不老化，配上合适的塞子或盖子与盖衬可以不受外界任何物质的入侵，但光线可透入。需要避光的药物可选用棕色玻璃容器。玻璃的主要缺点是质重和易碎。

玻璃的主要成分是二氧化硅、碳酸钠、碳酸钙与碎玻璃。药用玻璃可含有硅、铝、硼、钠、钾、钙、镁、锌与钡等阳离子。玻璃的很多有用的性质是由所含金属元素所产生的，降低钠离子含量能使玻璃具有抗化学性，但若没有钠或其他碱金属离子则玻璃难于熔融；氧化硼可使玻璃耐用，抗热、抗震，增强机械强度。

一般药用玻璃瓶常用无色透明的或棕色的，蓝、绿或乳白色常用作装饰，棕色或红色可阻隔日光中的紫外线。但制造棕色玻璃所加入的氧化铁能渗进制品中，所以药物中含有的成分如能被铁催化时就不宜使用棕色玻璃容器。着色剂可使玻璃呈现各种色泽，如碳与硫或铁与锰（棕色），镉与硫的化合物（黄色），氧化钴或氧化铜（蓝色），氧化铁、二氧化锰与氧化铝（绿色），硒与镉的亚硫化合物（红宝石色），氟化物或磷酸盐（乳白色）等。

《美国药典》（USP）、《英国药典》（BP）规定药用玻璃分为四类，并规定了检查各类玻璃的碱性与抗水性的限度：Ⅰ类为中性玻璃，含氧化硼（B_2O_3）10%的硼硅酸盐玻璃。Ⅱ类为经过内表面处理的钠－钙－硅酸盐玻璃。Ⅲ类为未经表面处理的钠－钙玻璃，不能用作注射剂容器。Ⅳ类为普通的钠－钙玻璃，只用来包装口服与外用制剂。

（3）**塑料及其复合材料**　塑料是一种合成的高分子化合物，具有许多优越的性能，可用来生产刚性或柔性容器。塑料比玻璃或金属轻、不易破碎（即使破裂也无危险），但在透气、透湿性、化学稳定性、耐热性等方面则不如玻璃。所有塑料都能透气透湿、高温软化，很多塑料也受溶剂的影响。

根据受热的变化塑料可分成两类：一类是热塑性塑料，它受热后熔融塑化，冷却后变硬成形，但其分子结构和性能无显著变化，如聚氯乙烯（PVC）、聚乙烯（PE）、聚丙烯（PP）、聚酰胺（PA）等；另一类是热固性塑料，它受热后，分子结构被破坏，不能回收再次成型，如酚醛塑料、环氧树脂塑料等。前一类较常用。

近年来，除传统的聚酯（PET）、聚乙烯、聚丙烯等包装材料用于医药包装外，各种新材料如铝塑、纸塑等复合材料也广泛应用于药品包装，有效地提高了药品包装质量和药品档次，显示出塑料广泛的发展前景。

药用塑料包装材料的选择，不但要了解各种塑料的基本性质，如物理、化学与屏蔽性质，还应清楚塑料中的附加剂。不论何种塑料，其基本组成为：塑料、残留单体、增塑剂、成形剂、稳定剂、填料、着色剂、抗静电剂、润滑剂、抗氧剂以及紫外线吸收剂等。上述任一组分都可能迁移而进入包装的制品中。聚氯乙烯（与聚烯烃相比）中含有较多的附加剂，为塑料中有较大危险的一个品种。1950年8月美国FDA提出禁止制造和使用聚氯乙烯容器作食品包装，因为它含有残留的单体氯乙烯以及增塑剂邻苯二甲酸二乙基乙酯（DEHP），在燃烧时产生有害的氯和盐酸气体，不符合安全卫生和消除公害的要求。

（4）橡胶 橡胶具有高弹性、低透气和透水性、耐灭菌、良好的相容性等特性，因此橡胶制品在医药上的应用十分广泛，其中丁基橡胶、卤化丁基橡胶、丁腈橡胶、乙丙橡胶、天然橡胶和顺丁橡胶都可用来制造医药包装系统的基本元素——药用瓶塞。为防止药品在贮存、运输和使用过程中受到污染和渗漏，橡胶瓶塞一般常用作医药产品包装的密封件，如输液瓶塞、冻干剂瓶塞、血液试管胶塞、输液泵胶塞、齿科麻醉针筒活塞、预装注射针筒活塞、胰岛素注射器活塞和各种气雾瓶（吸气器）所用密封件等。

橡胶瓶塞、玻璃或塑料容器的材料可能含有害物质，渗漏进药品溶液中，使药液产生沉淀、微粒超标、pH值改变、变色等。理想的瓶塞应具备以下性能：对气体和水蒸气低的透过性；低的吸水率；能耐针刺且不落屑；有足够的弹性，刺穿后再封性好；良好的耐老化性能和色泽稳定性；耐蒸汽、氧乙烯和辐射消毒等。

目前全球90%以上的瓶塞生产企业多采用药用级可剥离型丁基橡胶或卤化丁基橡胶作为生产和制造各类药用胶塞的原料。原国家药品监督管理局决定，在2004年底之前，我国药用胶塞强制实行"丁基化"。

3. 药包材的质量要求

为确认药包材可被用于包裹药品，有必要对这些材料进行质量监控。根据药包材使用特定性，这些材料应备有下列特性。

①保护药品在贮藏、使用过程中不受环境的影响，保持药品原有属性。

②药包材与所包装的药品不能有化学、生物意义上的反应。

③药包材自身在贮藏、使用过程中性质应有较好的稳定性。

④药包材在包裹药品时不能污染药品生产环境。

⑤药包材不得带有在使用过程中不能消除的对所包装药物有影响的物质。

（八）影响制剂稳定性的因素及解决措施

药物制剂的稳定性与其安全性、有效性的关系密不可分。可以说，药物制剂的稳定性是保证患者使用效果的决定因素。只有保证其在生产过程到临床应用过程中的质量问题，才能使其发挥应有的效果。如果将变质的药物制剂投入到临床使用不仅会降低治疗效果，更为严重的可能会造成药物中毒等医疗事故。因此保证药物制剂稳定性的问题必须要得到重视。

1. 药物制剂稳定性的含义

药物制剂的稳定性包括其化学性质的稳定性、物理性质的稳定性以及生物学性质的稳定性。其中化学性质的稳定性是指药物制剂是否会与水、空气等物质发生化学反应导致其发生变质现象。物理性质的稳定性主要是指药物制剂是否会随着时间推移，其外形、气味等物理性质发生改变从而导致其质量也发生变化。而生物学稳定性主要指药物制剂在与微生物接触时是否容易被感染，从而导致其发生质量变化。

2. 影响制剂化学性质稳定性的因素

影响制剂降解的因素有很多，主要包括处方因素和外界因素。

1）处方因素

（1）pH值 pH值对制剂稳定性的影响主要表现为对药物水解的影响和对氧化的影响。

①pH值对药物水解的影响：酯类、酰胺类

药物易受 H^+ 或 OH^- 催化水解，此类药物的水解速度，主要由 pH 值决定，这类降解反应称为特殊酸碱催化。保持处方中其他成分不变，配制一系列不同 pH 值的溶液，在较高温度（恒温，例如 60℃）下进行加速实验。通过实验绘制药物的速度 –pH 图（图 1-2-1），找到曲线的最低点，即可找出药物所要求的最稳定 pH。

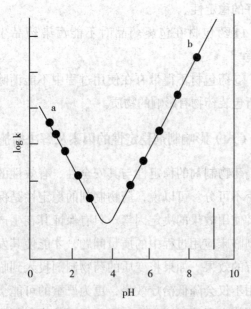

图 1-2-1 速度 –pH 图

除了 H^+、OH^- 会催化一些药物的水解反应外，一些广义酸碱也会催化药物的水解反应。能给质子的物质叫广义酸，能接受质子的物质叫广义碱。凡受广义酸、碱催化的药物反应称为广义酸碱催化。

② pH 值对药物氧化的影响：H^+ 或 OH^- 除对药物的水解有催化作用外，对药物的氧化作用也有极大影响。这是由于一些反应的氧化 – 还原电位依赖于 pH 值。一般还原型药物在 pH 值低时（如 pH 3~4）比较稳定。如吗啡在 pH 值低于 4 时稳定，在 pH 5.5~7.0 范围内氧化速度加快，肾上腺素的氧化变色速度随 pH 值的增大而显著增加。

③ pH 值的调节：通过实验或查阅资料可得到药物最稳定的 pH 范围后，然后用酸碱或适当的缓冲剂调节溶液 pH 时，要兼顾药物的溶解性、制剂的稳定性和疗效、用药部位的刺激性等因素。pH 调节剂一般是盐酸、氢氧化钠、氨水。如需维持药物溶液的 pH，则可用磷酸、醋酸、枸橼

酸及其盐类组成的缓冲系统来调节。

（2）溶剂 溶剂作为化学反应的介质，对药物的水解有较大影响，对制剂稳定性的影响比较复杂。溶剂可能由于溶剂化、解离、改变活化能等而对药物制剂的稳定性产生显著影响。在药物的降解反应中，许多属于离子反应（Z_A、Z_B 是离子或药物所带的电荷），溶剂的介电常数对其有显著的影响：①当 Z_A、Z_B 为相同电荷，溶剂的介电常数增大，速度常数也增大，如果用介电常数低的溶剂取代介电常数高的溶剂，可使速度常数相应减小。②Z_A、Z_B 为相反电荷时，此时应选用极性溶剂。

（3）离子强度 药物制剂处方中离子强度的影响主要来源于用于调节 pH、调节等渗、防止氧化等附加剂。因而存在离子强度对降解速度的影响，这种影响分下列几种情况。

①当离子或药物间带有相同电荷反应时，则降解速度随离子强度增加而增加。②如果是相反电荷之间反应时，则离子强度增加，可使降解速度降低。③如果药物是中性分子，此时离子强度与降解速度无关。

（4）辅料的影响 为增加药物的溶出速率，提高吸收率或使药物制剂成型，在制剂中常加入一些辅料或附加剂，如表面活性剂、抗氧剂；片剂的填充剂、黏合剂、崩解剂、润滑剂；栓剂、软膏剂的基质；液体制剂的等渗调节剂等，都会影响药物的稳定性。如表面活性剂在溶液中形成的胶束可减少增溶剂受到的攻击，以提高某些易水解药物制剂的稳定性。但也要注意，表面活性剂有时反而使某些药物分解速度加快，如吐温 –80 可使维生素 D_3 稳定性下降。因此在处方设计时，对具体药物制剂应通过实验正确选用辅料。

2）外界因素

外界因素，主要包括温度、光线、空气、湿度、金属离子和包装材料。

（1）温度 温度是外界环境中影响制剂稳定性的重要因素之一。一般来说，温度升高，药物的反应速度加快。根据 Van't Hoff 规则，温度每升高 10℃，反应速度增加 2~3 倍。当几种药物制

剂相互出现化学反应时，其反应速度大多随着温度的增加而增大，同时，随着温度增高，也可能导致药物制剂发生分解、挥发等物理变化，从而使其稳定性下降。

如颠茄类生物碱的阿托品水溶液，随着温度上升而加速分解，在40℃时水解50%所需时间为149小时，而在59.8℃时水解50%所需时间仅为11.3小时。温度还能促进微生物的生长、繁殖，如致病微生物最适宜的生长温度为37℃，而霉菌的最适温度条件是28℃。

在中药制剂的制备过程如提取、浓缩、干燥、灭菌工艺过程中以及贮存过程中，都必须考虑温度对药物稳定性的影响。特别是某些热敏性的药物，应依其性质设计处方及生产工艺，如使用冷冻干燥、无菌操作、产品低温贮存等，以确保其安全、有效。

（2）光线 光是一种辐射能，光波越短能量越大，光能作为活化能而发生的化学反应称为光化反应。光化反应的速度与药物的化学结构有关，与系统的温度无关。光线照射酚类可产生氧化反应、酯类可产生水解反应、挥发油可产生聚合反应等。如光能使挥发油聚合成树脂状化合物，使大黄水溶液中的蒽醌苷水解失效。易被光化反应的物质称光敏感物质。例如，核黄素、维生素A等药物遇到光照就会发生化学反应，导致其质量发生改变，稳定性降低。对光敏感的药物制剂在制备及贮存中应避光并合理设计处方工艺，如在处方中加抗氧剂、在包装材料中加遮光剂、在包装上采用避光技术，如棕色玻璃包装、棕色水泡眼包装等，以提高药物制剂稳定性。

（3）湿度和水分 水为化学反应的媒介，固体药物制剂置于潮湿的环境中就会出现膨胀现象，部分药物吸水后，还会在制剂表面形成一种水化膜，药物降解反应在其表面形成的液膜上进行，从而导致其出现分解现象。如微量的水能加速乙酰水杨酸、青霉素G钠盐、氨苄青霉素的分解。

而液体药物制剂如果开口置于潮湿环境中就会使制剂浓度降低影响使用效果，部分液体药物制剂中存在的离子还会与水中的离子发生还原反应，产生其他物质，导致药物制剂的使用效果具有不可预知性。

药物吸水的程度与药物的性质和空气中相对湿度有关，相对湿度系指在相同条件下空气中实际水蒸气压强与饱和水蒸气压强之比，一般以百分数表示。当提高相对湿度到某一值时，吸湿量迅速增加，此时的相对湿度称为临界相对湿度（CRH）。对于一些化学稳定性差的药物、易水解的药物，应该在处方中避免使用吸湿性辅料，并对加工环境中的相对湿度进行控制。包装可选用铝塑包装等密封性好的材料，以提高药物制剂的稳定性。

（4）氧气 在室温条件下由于大气中的氧所引起的氧化反应，称为"自氧化反应"。这种反应过程异常复杂，受光、热和微量金属的催化，而与氧的浓度无关或关系不大，仅需要少量氧气就可以引起氧化反应，空气中的氧是药物氧化降解的主要因素。制剂中许多药物的氧化反应均是自氧化反应。需氧菌和霉菌都必须在有氧条件下才能生长、繁殖，限制含氧量即可抑制其生长发育。

实践证明，一旦药物发生氧化反应，带来的变化极为明显，其中物理性质变化尤为突出，颜色、体积等都会有明显的改变，同时，发生氧化反应也相应地导致其稳定性降低，导致其药用效果严重下降或消失。例如，肾上腺素在氧气中长期放置就会发生氧化反应，这对其药效有着不可忽视的影响。

空气中的氧进入制剂的可能途径有：

①溶解于水中，氧气在水中有一定的溶解度，0℃时，10.19 ml/L；25℃时，5.75ml/L；100℃时几乎没有氧气。

②存在于药物容器空间和固体颗粒的间隙。

防止易氧化药物制剂的氧化的根本措施是除氧气。生产上一般采用真空包装、在容器空间及溶液中通入惰性气体如CO_2和N_2气体，可以置换其中的氧，防止氧化反应的发生。应根据药物性质选择CO_2或N_2。CO_2的缺点是溶于水后呈酸性，会改变溶液的pH值，可使某些药物产生沉淀或不稳定。

（5）金属离子 制剂中微量金属离子（铜、铁、锌、镍等）主要来自原辅料、溶剂、容器及工具等。制剂中微量金属离子主要通过缩短氧化作用的诱导期、增加游离基生成速度来催化自动氧化反应。例如，0.0002mol/L 的铜离子能使维生素 C 氧化速度增加 1 万倍。

对于易氧化、水解的药物应该选用高纯度辅料，避免使用金属器具及工具，必要时可在处方中加入金属离子螯合剂，如依地酸盐、枸橼酸、酒石酸等来增加药物制剂的稳定性。

（6）包装材料 包装材料对制剂稳定性的影响很大，很多药物制剂稳定性降低都是其生产过程中，制药企业对药物制剂的化学性能、物理性能了解不全面，错误地对药物制剂进行包装，从而导致药物一开始就存在着影响稳定性的因素。例如，有些药物制剂对空气敏感，则对其包装就要使用密封且具有一定的防潮作用的包装材料。常用的包装材料有玻璃、塑料、金属。

①玻璃：是最常用的包装材料，它性质稳定，密封性好，但盛装液体药剂时往往会溶出碱性物质和产生不溶性脱片。

②塑料：其质地轻巧、价格便宜，但其具有透水透气的特性，塑料中的单体或附加剂可泄漏到溶液中，也可吸附溶液中的药物。

③金属：容器密封性能好，药物不易受污染，但易被氧化剂和酸性物质所腐蚀，铝管可内涂环氧树脂层，以耐腐蚀，锡管表面涂乙烯或纤维素漆薄层，可增加锡管的抗腐蚀性。

④橡胶制品，与溶液接触时可能吸收主药和防腐剂，可事先用含相应防腐剂的溶液浸泡后再使用，橡皮塞用环氧树脂涂覆，可有效地阻止其所含成分溶入溶液而产生白点，干扰药物分析等。

包装材料的选择是否合适及质量优劣对制剂的稳定性影响很大，根据实验结果和实践经验选择合适的包装材料可有助于制剂的稳定。通过"装样试验"，将产品置于不同的包装材料中，经长期的贮藏试验，或在较为剧烈的环境条件下，如高或强的温度、湿度、光线下进行试验，比较其结果，然后决定选用何种包装材料。新药申报时，需提供产品包装材料的选择依据和质量标准。

3. 增加制剂稳定性的措施

增加药物制剂稳定性，可以从剂型、原料、处方、工艺、贮存等方面采取相应措施，如制成固体剂型、制成微囊或包合物；选用稳定的衍生物；调节 pH 值、添加稳定剂（抗氧剂、助悬剂等）；采用直接压片或包衣工艺；减低生产过程与贮存的温度等。根据药物性质，分述如下。

（1）增加易水解药物制剂稳定性的措施

①调节 pH 值：用酸、碱或适当的缓冲液使药物溶液处于稳定的 pH 值范围内。

②降低温度：在中药制剂的制备和贮存过程中应尽可能降低温度、缩短受热时间。

③控制生产与贮存环境的临界相对湿度，密封包装。

④制成难溶性盐：易水解药物制成难溶性盐或酯可提高稳定性，尤其混悬剂中药物的降解主要决定于已溶解的药物浓度。

⑤加入干燥剂及改善包装。

⑥选用非水溶剂：乙醇、丙二醇、甘油等，以避免或延缓水解反应的发生。

⑦制成干燥的固体剂型、制成微囊或包封物、采用粉末直接压片、包衣工艺技术。

（2）增加易氧化药物制剂稳定性的措施

①降低温度和避免光照：以减少热、光对自氧化反应的催化作用。

②调节 pH 值：使溶液保持在最稳定的 pH 值范围内，以降低氧化反应速度，增加制剂的稳定性。

③驱逐氧气：A.用煮沸法、超声法驱去蒸馏水中的氧气。B.在容器空隙、溶液中通入惰性气体驱氧。C.真空包装，驱逐固体制剂中氧气。

④添加抗氧剂：抗氧剂多为强还原剂，当与药物同时存在时，抗氧剂首先被氧化，从而防止或延缓药物的氧化。抗氧剂主要有亚硫酸氢钠、焦亚硫酸钠、亚硫酸钠、硫代硫酸钠，其中前两种适用于偏酸性药液，后两种适用于偏碱性药液；常用的还有硫脲和抗坏血酸。抗氧剂一般用

量为 0.05%~0.2%。

⑤控制微量金属离子：加入 0.005%~0.05% 的金属络合剂依地酸（EDTA），以减少游离的微量金属离子，消除对自氧化反应的催化作用。

（3）防止变旋、聚合反应的稳定性的措施

①调节 pH 值：使药物 pH 值处于变旋、聚合反应速度最小的范围，以延缓变旋和聚合反应。

②降低温度：低温下可延缓变旋和聚合反应。

③添加阻滞剂：在液体制剂中加入高稠度的亲水胶，使变旋、聚合速度降低，延缓反应的进行。

影响药物制剂稳定性的因素主要是药物制剂自身的化学性质、物理性质、生物学性质。所以只有对药物制剂的相关性质有明确的分析，采取正确生产方式以及合理的贮存方法，才能从根本上保证药物制剂的稳定性，药物制剂的安全性、有效性才能得到保障。

①从药物制剂本身出发：药物制剂的稳定性往往与其自身的性质有着至关重要的联系，所以提高其稳定性首先就要从药物制剂本身出发，改善生产工艺尽量将药物制剂制作成易于贮存的固体制剂。同时增加研发，在保证其药用效果的同时，改善其自身化学性质的稳定性。实践表明，糖衣型药物制剂稳定性大大优于非糖衣药物制剂。所以要适当地增加药物制剂的研发和生产工艺的资金投入，找到具有最优状态稳定性药物试剂，这样才能从根本上保证药物制剂的使用效果。

②改善包装贮存：通过改善药物制剂的包装与贮存条件可以提高药物制剂的稳定性。实际生产中常针对不同药物制剂的化学性质、物理性质等对其进行分类贮存。如对光照敏感的药物制剂可以置于阴暗处；对空气和水分敏感的药物制剂可以置于干燥、阴凉的地方。药品生产也必须要全面掌握药物制剂的相关性质，对其采取正确的包装，同时在使用说明中也要明确标注，这样才能将影响药物制剂稳定性现象的发生几率降到最低。

（九）数据统计分析的基础知识

数据分析是指用适当的统计分析方法对收集来的大量数据进行分析，提取有用信息形成结论，从而对数据加以详细研究和概括总结的过程。这一过程也是质量管理体系的支持过程。在实际工作中，数据分析可帮助人们作出判断，以便采取适当行动。

1.分析方法

（1）列表法　将实验数据按一定规律用列表方式表达出来是记录和处理实验数据最常用的方法。表格的设计要求对应关系清楚、简单明了、有利于发现相关量之间的物理关系；此外还要求在标题栏中注明物理量名称、符号、数量级和单位等；根据需要还可以列出除原始数据以外的计算栏目和统计栏目等。最后还要求写明表格名称，主要测量仪器的型号，量程和准确度等级，有关环境条件参数如温度、湿度等。

（2）作图法　作图法可以最醒目地表达物理量间的变化关系。从图线上还可以简便求出实验需要的某些结果（如直线的斜率和截距值等），读出没有进行观测的对应点（内插法）或在一定条件下从图线的延伸部分读到测量范围以外的对应点（外推法）。此外，还可以把某些复杂的函数关系，通过一定的变换用直线图表示出来。例如，药物水解速度与 pH 的关系，水解速度取对数，若用半对数坐标纸，以 $\lg k$ 为纵轴，以 pH 为横轴画图，则为两条直线，相交的一点对应的 pH 为最适 pH。

2.分析结果

我们在对分析结果的数据进行处理时，应该了解分析过程中产生误差的原因及误差出现的规律，以便采取相应措施减小误差，并对所得的数据进行归纳、取舍等一系列分析处理，使测定结果尽量接近客观真实值。

1）定量分析中的误差

定量分析的目的是通过一系列的分析步骤来获得被测定组分的准确含量。但是在实际测定过程中即使采用最可靠的分析方法，使用最精密的仪器，由技术很熟练的分析人员进行测定，也不可能得到绝对准确的结果。同一个人在相同条件下对同一个试样进行多次测定，所得结果也不会完全相同。这表明，在分析过程中，误差是客观存在的。因此，了解准确度和精密度之间的关系非常必要。

（1）准确度和精密度　分析结果的准确度是指测定值 x 与真实值 μ 的接近程度，两者差值越小，则分析结果准确度越高，准确度的高低用误差来衡量。误差又可分为绝对误差和相对误差两种，其表示方法如下：

$$绝对误差 = x - \mu \qquad (1-2-14)$$

$$相对误差 = \frac{x - \mu}{\mu} \times 100\% \qquad (1-2-15)$$

相对误差表示误差在真实值中所占的百分率。例如，分析天平称量两物体的质量各为 1.6380g 和 0.1637g，假定两者的真实质量分别为 1.6381g 和 0.1638g，则两者称量的绝对误差分别为：

1.6380 – 1.6381= – 0.0001g

0.1637 –0.1638= –0.0001g

两者称量的相对误差分别为：

$$\frac{-0.0001}{1.6381} \times 100\% = -0.006\%$$

$$\frac{-0.0001}{0.1638} \times 100\% = -0.06\%$$

由此可知，绝对误差相等，相对误差并不一定相同，上例中第一个称量结果的相对误差为第二个称量结果相对误差的十分之一。也就是说，同样的绝对误差，当被测定的量较大时，相对误差就比较小，测定的准确度也就比较高。因此，用相对误差来表示各种情况下测定结果的准确度更为确切些。

绝对误差和相对误差都有正值和负值。正值表示分析结果偏高，负值表示分析结果偏低。

在实际工作中，真实值常常是不知道的，因此无法求得分析结果的准确度，所以常用另一种表达方式来说明分析结果好坏，这种表达方式是：在确定条件下，将测试方法实施多次，求出所得结果之间的一致程度，即精密度。精密度的

高低用偏差来衡量。偏差是指个别测定结果与几次测定结果的平均值之间的差别。与误差相似，偏差也有绝对偏差和相对偏差之分。测定结果与平均值之差为绝对偏差，绝对偏差在平均值中所占的百分率为相对偏差。

例如，标定某一标准溶液的浓度，三次测定结果分别为 0.1827mol·L⁻¹，0.1825mol·L⁻¹ 及 0.1828mol·L⁻¹，其平均值为 0.1827mol·L⁻¹。

三次测定的绝对偏差分别为：

0mol·L⁻¹，–0.0002mol·L⁻¹，+0.0001mol·L⁻¹

三次测定的相对偏差分别为：

0，–0.1%，+0.06%

准确度是表示测定结果与真实值符合的程度，而精密度是表示测定结果的重现性。由于真实值是未知的，因此常常根据测定结果的精密度来衡量分析测量是否可靠，但是精密度高的测定结果，不一定是准确的，两者关系可用图 1-2-2、图 1-2-3 说明。

精密度高　　　　精密度高　　　　精密度低
准确度高　　　　准确度低　　　　准确度高

图 1-2-2　准确度和精密度之间的关系

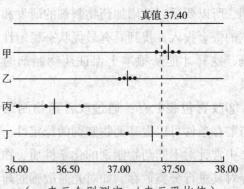

（·表示个别测定，|表示平均值）

图 1-2-3　不同工作者分析同一试样的结果

图 1-2-3 表示甲、乙、丙、丁四人测定同一试样中铁含量时所得的结果。由图可见：甲所得结果的准确度和精密度均好，结果可靠；乙的分析结果的精密度虽然很高，但准确度较低；丙的精密度和准确度都很差；丁的精密度很差，平均

值虽然接近真值，但这是由于大的正负误差相互抵消的结果，因此丁的分析结果也是不可靠的。由此可见，精密度是保证准确度的先决条件。精密度差，所得结果不可靠，但高的精密度也不一定能保证高的准确度。

（2）误差产生的原因及减免的方法　上例中为什么乙所得结果精密度高而准确度不高？为什么每人所作的四个平行测定的数据都有或大或小的差别？这是由于在分析过程中存在着各种性质不同的误差。

误差按其性质的不同可分为两类：系统误差（或称可测误差）和偶然误差（或称未定误差）。

①系统误差：这是由于测定过程中某些经常性的原因所造成的误差。它对分析结果的影响比较恒定，会在同一条件下的重复测定中重复地显示出来，使测定结果系统地偏高或系统地偏低（能有高的精密度而不会有高的准确度）。例如，用未经校正的砝码进行称量时，在几次称量中用同一个砝码，误差就会重复出现，而且误差的大小也不变。此外，系统误差中也有的对分析结果的影响并不恒定，甚至在实验条件变化时误差的正负值也有改变。例如，标准溶液因温度变化而影响溶液的体积，从而使其浓度变化，这种影响即属于不恒定的影响。但如果掌握了溶液体积因温度改变而变化的规律，就可以对分析结果作适当的校正，使这种误差接近于消除。由于这类误差不论是恒定的或是非恒定的，都可找出产生误差的原因和估计误差的大小，所以它又称为可测误差。

系统误差按其产生的原因不同，可分为如下几种：

方法误差——这是由于分析方法本身不够完善而引入的误差。例如，重量分析中由于沉淀溶解损失而产生的误差；在滴定分析中由于指示剂选择不当而造成的误差等都属于方法误差。

仪器误差——仪器本身的缺陷造成的误差。例如，天平两臂长度不相等，砝码、滴定管、容量瓶等未经校正而引入的误差。

试剂误差——如果试剂不纯或者所用的去离子水不合规格，引入微量的待测组分或对测定有

干扰的杂质，就会造成误差。

主观误差——由于操作人员主观原因造成的误差。例如，对终点颜色的辨别不同，有人偏深，有人偏浅。又如用吸管取样进行平行滴定时，有人总是想使第二份滴定结果与前一份滴定结果相吻合，在判断终点或读取滴定管读数时，就不自觉地受这种"先入为主"的影响，从而产生主观误差。

②偶然误差：虽然操作者仔细操作，外界条件也尽量保持一致，但测得的一系列数据往往仍有差别，并且所得数据误差的正负不定，有的数据包含正误差，也有些数据包含负误差，这类误差属于偶然误差。这类误差是由某些偶然因素造成的，例如，可能由于室温、气压、湿度等的偶然波动所引起，也可能由于个人一时辨别的差异而使读数不一致；例如，在读取滴定管读数时，估计的小数点后第二位的数值，几次读数不一致。这类误差在操作中不能完全避免。

除了会产生上述两类误差外，往往还可能由于工作上的粗枝大叶、不遵守操作规程等而造成过失误差。例如，器皿不洁净，丢损试液，加错试剂，看错砝码，记录及计算错误等等，这些都属于不应有的过失，会对分析结果带来严重影响，必须注意避免。为此，必须严格遵守操作规程，一丝不苟，耐心细致地进行实验，在学习过程中养成良好的实验习惯。如已发现错误的测定结果，应予剔除，不能参加计算平均值。

③误差的减免：系统误差可以采用一些校正的办法和制定标准规程的办法加以校正，使之接近消除。例如，选用公认的标准方法与所采用的方法进行比较，从而找出校正数据，消除方法误差；在实验前对使用的砝码、容量器皿或其他仪器进行校正，消除仪器误差；做空白试验，即在不加试样的情况下，按照试样分析步骤和条件进行分析试验，所得结果称为空白值，从试样的分析结果中扣除此空白值，就可消除由试剂、蒸馏水及器皿引入的杂质所造成的系统误差。但空白值一般不应很大，否则将引起较大误差。当空白值较大时，应通过提纯试剂和改用其他器皿等途径，加以消除。也可采用对照试验，即用已知含

量的标准试样（或配制的试样）按所选用的测定方法，以同样条件、同样试剂进行分析，找出改正数据或直接在试验中纠正可能引起的误差。对照试验是检查分析过程中有无系统误差的最有效的方法。

偶然误差是由偶然因素所引起的，可大可小，可正可负，粗看似乎没有规律性，但事实上偶然性中包含着必然性，经过大量的实践发现，当测量次数很多时，偶然误差的分布也有一定的规律。

A. 大小相近的正误差和负误差出现的几率相等，即绝对值相近而符号相反的误差是以同等的几率出现的。

B. 小误差出现的频率较高，而大误差出现的频率较低，很大误差出现的几率近于零。

上述规律可用正态分布曲线(图1-2-4)表示。图中横轴代表误差的大小，以标准偏差 σ 为单位（关于 σ 的意义见分析结果的数据处理），纵轴代表误差发生的频率。

可见在消除系统误差的情况下，平行测定的次数越多，则测得值的算术平均值越接近真值。因此适当增加测定次数，取其平均值，可以减少偶然误差。

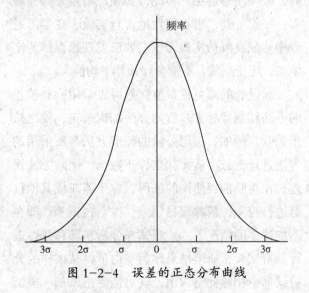

图1-2-4　误差的正态分布曲线

偶然误差的大小可由精密度表现出来，一般地说，测定结果的精密度越高，说明其偶然误差越小；反之，精密度越差，说明测定中的偶然误差越大。

由于存在着系统误差与偶然误差两大类误差，所以在分析和计算过程中，如未消除系统误差，则分析结果虽然有很高的精密度，也并不能说明结果准确。只有在消除了系统误差以后，精密度高的分析结果才是既精密又准确的。

2）分析结果的数据处理

在分析工作中，最后处理分析数据时，一般都需要在校正系统误差和剔除错误的测定结果后，计算出结果可能达到的准确范围。

首先要把数据加以整理，剔除由于明显的原因而与其他测定结果相差甚远的那些数据，对于一些精密度似乎不甚高的可疑数据，则按照后面本节所述的 Q 检验（或根据实验要求，按照其他规则）决定取舍，然后计算数据的平均值、各数据对平均值的偏差、平均偏差与标准偏差，最后按照要求的置信度求出平均值的置信区间。现分述如下。

（1）平均偏差　平均偏差又称算术平均偏差，常用来表示一组测定结果的精密度，其表达式如下：

$$\bar{d} = \frac{\sum|x - \bar{x}|}{n} \qquad (1-2-16)$$

式中：$\bar{d}$——平均偏差，x——任何一次测定结果的数值，$\bar{x}$——n 次测定结果的平均值。

相对平均偏差则是：$\dfrac{\bar{d}}{\bar{x}} \times =100\%$

用平均偏差表示精密度比较简单，但由于在一系列的测定结果中，小偏差占多数，大偏差占少数，如果按总的测定次数求算术平均偏差，所得结果会偏小，大偏差得不到应有的反映。如下组结果：

$x - \bar{x}$:+0.11、−0.73、+0.24、+0.51、−0.14、0.00、+0.30、−0.21

n=8　　$\bar{d}=0.28$

$x - \bar{x}$: +0.18、+0.26、−0.25、−0.37、+0.32、−0.28、+0.31、−0.27

n=8　　$\bar{d_2}=0.28$

二组测定结果的平均偏差虽然相同，但是实际上第一组数值中出现二个大偏差，测定结果的精密度不如第二组好。

（2）标准偏差　当测定次数趋于无穷大时，总体标准偏差 σ 表达如下：

$$\sigma = \sqrt{\frac{\sum(x-\mu)^2}{n}} \qquad (1-2-17)$$

式中：μ——无限多次测定的平均值，称为总体平均值。即

$$\lim_{n\to\infty} \bar{x} = \mu$$

显然，在校正系统误差的情况下，μ 即为真值。

在一般的分析工作中，只作有限次数的测定，根据几率可以推导出在有限测定次数时的样本标准偏差 s 的表达式为：

$$s = \sqrt{\frac{\sum(x-\bar{x})^2}{n-1}} \qquad (1-2-18)$$

上述二组数据的样本标准偏差分别为：$S_1=0.38$，$S_2=0.29$。

可见标准偏差比平均偏差能更灵敏地反映出大偏差的存在，因而能较好地反映测定结果的精密度。

相对标准偏差也称变异系数（CV），为

$$CV = \frac{S}{\bar{x}} \times 100\% \qquad (1-2-19)$$

例1：分析铁矿中铁含量，得如下数据：37.45%，37.20%，37.50%，37.30%，37.25%。计算此结果的平均值、平均偏差、标准偏差、变异系数。

解：

$$\bar{x} = \frac{37.45\%+37.20\%+37.50\%+37.30\%+37.25\%}{5} = 37.34\%$$

各次测量偏差分别是：

$d_1=+0.11\%$，$d_2=-0.14\%$，$d_3=+0.16\%$，$d_4=-0.04\%$，$d_5=-0.09\%$

$$\bar{d} = \frac{\sum|d_i|}{n} \left(\frac{0.11+0.14+0.16+0.04+0.09}{5}\right)\% = 0.11\%$$

$$s = \sqrt{\frac{\sum d_i^2}{n-1}} = \sqrt{\frac{(0.11)^2+(0.14)^2+(0.16)^2+(0.04)^2+(0.09)^2}{5-1}}\% = 0.13\%$$

$$CV = \frac{S}{\bar{x}} = \frac{0.13}{37.34} \times 100\% = 0.35\%$$

以上讨论的 $\bar{d}$、S 的表达式中都涉及平行测定

中各个测定值与平均值之间的偏差，但是平均值毕竟不是真值，在很多情况下，还需要进一步解决平均值与真值之间的误差。

（3）置信度与平均值的置信区间　在分析测定工作中，通常是把测定数据的平均值作为结果报出。但在报告多次平行测定的分析结果时，只给出测定结果的平均值是不确切的，还应给出测定结果的可靠性或可信度，用以说明总体平均值所在的范围（置信区间）及落在此范围内的概率（置信度）。

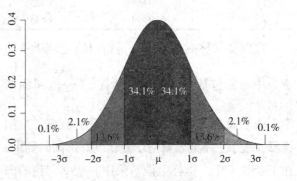

图 1-2-5　置信度与置信区间

图 1-2-5 中曲线各点的横坐标是 $x-\mu$，其中 x 为每次测定的数值，μ 为总体平均值（真值）。曲线上各点的纵坐标表示某个误差出现的频率，曲线与横坐标从 $-\infty$ 到 $+\infty$ 之间所包围的面积代表具有各种大小误差的测定值出现的概率的总和，设为 100%。由数学计算可知，在 $\mu-\sigma$ 到 $\mu+\sigma$ 区间内，曲线所包围的面积为 68.3%，即真值落在 $\mu \pm \sigma$ 区间内的概率即置信度为 68.3%。同理可算出落在 $\mu \pm 2\sigma$ 和 $\mu \pm 3\sigma$ 区间的概率分别为 95.5% 和 99.7%。以上是对无限次测定而言的。

经推导，对于有限次数测定，真值 μ 与平均值 $\bar{x}$ 之间有如下关系：

$$\mu = \bar{x} \pm \frac{ts}{\sqrt{n}} \qquad (1-2-20)$$

式中：s——标准偏差；n——测定次数；t——在选定的某一置信度下的概率系数（也称置信因数），可根据测定次数和置信度从表 1-2-10 中查得。由表 1-2-10 可知，t 值随测定次数的增加而减小，也随置信度的提高而增大。

表1-2-10 对于不同测定次数及不同置信度的 t 值

测定次数 n	置信度				
	50%	90%	95%	99%	99.5%
2	1.000	6.314	12.706	63.657	127.32
3	0.816	2.920	4.303	9.925	14.089
4	0.765	2.353	3.182	5.841	7.453
5	0.741	2.132	2.776	4.604	5.598
6	0.727	2.015	2.571	4.032	4.773
7	0.718	1.943	2.447	3.707	4.317
8	0.711	1.895	2.365	3.500	4.029
9	0.706	1.860	2.306	3.355	3.832
10	0.703	1.833	2.262	3.250	3.690
11	0.700	1.812	2.228	3.169	3.581
21	0.687	1.725	2.086	2.845	3.153
∞	0.674	1.645	1.960	2.576	2.807

置信度又称置信概率，是指以测定结果平均值为中心，包括总体平均值落在 $\bar{x} \pm \dfrac{ts}{\sqrt{n}}$ 区间的概率，或者说真实值在该范围内出现的概率，常用符号 p 表示。不同学科对于置信度有不同的要求，在工业技术中，国际上推荐采用 $p=95\%$，我国国家计量技术规范《测量误差及数据处理》中也推荐采用 $p=95\%$。

利用式（1-2-20）可以估算出，在选定的置信度下，总体平均值在以测定平均值 $\bar{x}$ 为中心的多大范围内出现，这个范围就是平均值的置信区间。例如分析试样中某组分的含量，经过 n 次测定，在校正系统误差以后，由式（1-2-20）算出含量为（28.05 ± 0.13）%（置信度为95%），即说明该组分的 n 次测定的平均值为28.05，而且有95%的把握认为该组分的总体平均值（或真值）μ 在27.92%~28.18% 之间。

例2：测定 SiO_2 的百分含量，得到下列数据：28.62，28.59，28.51，28.48，28.52，28.63。求平均值、标准偏差、置信度分别为 90% 和 95% 时平均值的置信区间。

解：

$$\bar{x} = \frac{28.62+28.59+28.51+28.48+28.52+28.63}{6} = 28.56$$

$$s = \sqrt{\frac{(0.06)^2+(0.03)^2+(0.05)^2+(0.08)^2+(0.04)^2+(0.07)^2}{6-1}} = 0.06$$

查表1-2-10，置信度为90%，$n=6$ 时，$t=2.015$。

$$\mu = 28.56 \pm \frac{2.015 \times 0.06}{\sqrt{b}} = 28.56 \pm 0.05$$

同理，对于置信度为 95%，可得

$$\mu = 28.56 \pm \frac{2.571 \times 0.06}{\sqrt{6}} = 28.56 \pm 0.06$$

上述计算说明，若平均值的置信区间取 28.56 ± 0.05，则真值在其中出现的概率为90%，而若使真值出现的概率提高为95%，则其平均值的置信区间将扩大为 28.56 ± 0.06。

从表1-2-10还可看出，测定次数越多，t 值越小，因而求得的置信区间的范围越窄，即测定平均值与总体平均值 μ 越接近。同时也可看出，测定 20 次以上与测定次数为 ∞ 时，t 值相差不多，这表明当测定次数超过 20 次以上时，再增加测定次数对提高测定结果的准确度已经没有什么意义了。所以只有在一定测定次数范围内，分析数据的可靠性才随平行测定次数的增多而增加。

例3：测定钢中含铬量时，先测定 2 次，测得的百分含量为 1.12 和 1.15；再测定 3 次，测得的数据为 1.11，1.16 和 1.12。试分别按 2 次测定和按 5 次测定的数据来计算平均值的置信区间（95% 置信度）。

解：2 次测定时

$$\bar{x} = \frac{1.12+1.15}{2} = 1.14$$

$$s = \sqrt{\frac{(-0.02)^2+(0.01)^2}{2-1}} = 0.02$$

查表 1-2-10，得 $t_{95\%}=12.7706(n=2)$。

$$\mu = 1.14 \pm \frac{12.706 \times 0.02}{\sqrt{2}} = 1.14 + 0.18$$

5 次测定时

$$\bar{x} = \frac{1.12+1.15+1.11+1.16+1.12}{5} = 1.13$$

$$s = \sqrt{\frac{\sum(x-\bar{x})^2}{n-1}} = 0.02$$

查表 1-2-10，得 $t_{95\%}=2.776(n=5)$。

$$\mu = 1.13 \pm \frac{2.776 \times 0.02}{\sqrt{5}} = 1.13 + 0.02$$

由上例可见，在一定测定次数范围内，适当增加测定次数，可使置信区间显著缩小，即可使测定的平均值 $\bar{x}$ 与总体平均值 μ 接近。

（4）可疑数据的取舍　在实际工作中，常常会遇到一组平行测定中有个别数据的精密度不甚高的情况，该数据与平均值之差值是否属于偶然误差是可疑的。可疑值的取舍会影响结果的平均值，尤其当数据少时影响更大。因此在计算前必须对可疑值进行合理的取舍，不可为了单纯追求实验结果的"一致性"，而把这些数据随便舍弃。若可疑值不是由明显的过失造成的，就要根据偶然误差分布规律决定取舍。取舍方法很多，现介绍其中的 Q 检验法。

当测定次数 n =3~10 时，根据所要求的置信度（如取 90%），按照下列步骤，检验可疑数据是否可以弃去：

①将各数据按递增的顺序排列：$x_1, x_2 \cdots\cdots, x_n$。

②求出最大与最小数据之差 x_n-x_1。

③求出可疑数据与其最邻近数据之间的差 x_n-x_{n-1} 或 x_2-x_1。

④求出

$$Q = \frac{x_n - x_{n-1}}{x_n - x_1} \quad 或 \quad Q = \frac{x_2 - x_1}{x_n - x_1}$$

⑤根据测定次数 n 和要求的置信度（如 90%），查表 1-2-11，得出 $Q_{0.90}$。

⑥将 Q 与 $Q_{0.90}$ 相比，若 $Q > Q_{0.90}$，则弃去可疑值，否则应予保留。

表 1-2-11　不同置信度下，舍弃可疑数据的 Q 值表

测定次数 n	$Q_{0.90}$	$Q_{0.95}$	$Q_{0.99}$
3	0.94	0.98	0.99
4	0.76	0.85	0.93
5	0.64	0.73	0.82
6	0.56	0.64	0.74
7	0.51	0.59	0.68
8	0.47	0.54	0.63
9	0.44	0.51	0.60
10	0.41	0.48	0.57

例4：在一组平行测定中，测得试样中钙的百分含量分别为 22.38，22.39，22.36，22.40 和 22.44。试用 Q 检验判断 22.44 能否弃去。（要求置信度为 90%。）

解：①按递增顺序排列：

22.36，22.38，22.39，22.40，22.44

②x_n-x_1= 22.44 – 22.36= 0.08

③x_n-x_{n-1}=22.44 – 22.40 =0.04

④$Q = \dfrac{x_n - x_{n-1}}{x_n - x_1} = \dfrac{0.04}{0.08} = 0.05$

⑤查表 1-2-11，n =5 时，$Q_{0.90}$=0.64

$Q < Q_{0.90}$，所以 22.44 应予保留。

如果测定次数比较少，如 n=3，而且 Q 值与查表所得 Q 值相近，这时为了慎重起见，最好是再补加测定一二次，然后确定数据的取舍。

在 3 个以上数据中，需要对一个以上的可疑数据用 Q 检验决定取舍时，首先检验相差较大的值。

3.有效数字及其运算规则

（1）有效数字　为了得到准确的分析结果，

不仅要准确地测量，而且还要正确地记录和计算，即记录的数字不仅表示数量的大小，而且要正确地反映测量的精确程度。例如，用一般的分析天平称得某物体的质量为0.5180g，这一数值中，0.518是准确的最后一位数字"0"是可疑的，可能有上下一个单位的误差，即其实际质量是在$0.5180 \pm 0.0001g$范围内的某一数值。此时称量的绝对误差为$\pm 0.0001g$；

相对误差为：$\dfrac{\pm 0.0001}{0.5180} \times 100\% = \pm 0.02\%$。

若将上述称量结果写成0.518g，则意味着该物体的实际质量将为$0.518 \pm 0.001g$范围内的某一数值，即绝对误差为$\pm 0.001g$，而相对误差则为$\pm 0.2\%$。可见，记录时在小数点后多写或少写一位"0"数字，从数学角度看关系不大，但是记录所反映的测量精确程度无形中被夸大或缩小了10倍。所以在数据中代表着一定的量的每一个数字都是重要的。这种在分析工作中实际上能测量到的数字称为有效数字。

数字"0"在数据中具有双重意义。若作为普通数字使用，它就是有效数字；若它只起定位作用，就不是有效数字。例如，在分析天平上称得重铬酸钾的质量为0.0758g，此数据具有三位有效数字。数字前面的"0"只起定位作用，不是有效数字。又如，某HCl溶液的浓度为$0.2100mol \cdot L^{-1}$，后面的两个"0"表示该溶液的浓度准确到小数点后第三位，第四位可能有± 1的误差，所以这两个"0"是有效数字。数据0.2100具有四位有效数字。改变单位，并不改变有效数字的位数，如滴定管读数20.30ml，两个"0"都是测量数据，因此该数据具有四位有效数字。若该读数改用升为单位，则是0.02030L，这时前面的两个"0"仅起定位作用，不是有效数字，0.02030仍是四位有效数字。当需要在数的末尾加"0"作定位用时，最好采用指数形式表示，否则有效数字的位数含混不清。例如，质量为25.0g，若以毫克为单位，则可表示为$2.50 \times 10^{4}mg$；若表示为25000mg，就易误解为五位有效数字。

（2）有效数字的运算规则　在分析测定过程中，往往要经过几个不同的测量环节。例如，先用减量法称取试样，经过处理后进行滴定。在此过程中最少要取四次数据——称量瓶和试样的质量，在倒出试样后的质量，滴定管的初读数与末读数，但这四个数据的有效数字的位数应该相同。在进行运算时，应按照下列计算规则，合理地取舍各数据的有效数字的位数。

几个数据相加或相减时，它们的和或差的有效数字的保留，应依小数点后位数最少的数据为根据，即取决于绝对误差最大的那个数据。例如，将0.0121、25.64及1.05782三数相加，其中25.64为绝对误差最大的数据，所以应将计算器显示的相加结果26.70992也取到小数点后第二位，修约成26.71。

在几个数据的乘除运算中，所得结果的有效数字的位数取决于相对误差最大的那个数。例如下式：

$$\dfrac{0.0325 \times 5.103 \times 60.06}{139.8} = 0.0713$$

各数的相对误差分别为：

$$0.0325 - \dfrac{\pm 0.0001}{0.0325} \times 100\% = \pm 0.3\%$$

$5.103 - \pm 0.02\%$；$60.06 - \pm 0.02\%$；$139.8 - \pm 0.07\%$

可见，四个数中相对误差最大即准确度最差的是0.0325，是三位有效数字，因此计算结果也应取三位有效数字0.0713。如果把计算得到的0.0712504作为答数就不对了，因为0.0712504的相对误差为$\pm 0.0001\%$，而在测量中没有达到如此高的准确程度。

在取舍有效数字位数时，还应注意下列几点：

①在分析化学计算中，经常会遇到一些分数，如I_2与$Na_2S_2O_3$反应，其摩尔比为1:2，因而$n_{I_2} = \dfrac{1}{2} n_{Na_2S_2O_3}$（n为物质的量，其单位为mol），这里的2可视为足够有效，它的有效数字不是1位，即不能根据它来确定计算结果的有效数字的位数。又如从250ml容量瓶中吸取25ml试液时，也不能根据25/250只有二位或三位数来确定分析结果的有效数字位数，而要根据容量瓶和移液管的精度来确定有效数字位数，容量瓶与移液管经

校正后，按照操作规程使用，一般可以达到四位有效数字。

②若某一数据第一位有效数字大于或等于8，则有效数字的位数可多算一位，如8.37虽只三位，但可看作四位有效数字。

③根据有效数字的要求，常常要弃去多余的数字，然后再进行计算。通常把弃去多余数字的处理过程称为数字的修约。数字的修约通常采用"四舍五入"原则。在计算过程中，可以暂时多保留一位数字，得到最后结果时，再根据修约原则弃去多余的数字。

有时，如在试样全分析中，也有采用"四舍六入五留双"的原则进行数字的修约。当被修约的数字 ≤ 4 时，则舍；当被修约的数字 ≥ 6 时，则入；而当被修约的数字等于5时，若5后面的数字并非全部为零，则入；若5后面无数字或全部为零则看5的前一位，5的前一位是奇数则入，是偶数（零视为偶数）则舍。根据此原则，如将4.175、4.165和4.10502处理成三位有效数字，则分别为4.18、4.16和4.11。

④有关化学平衡的计算（如求平衡状态下某离子的浓度），一般保留二位或三位有效数字。因为pH值为[H^+]的负对数值，所以pH值的小数部分才为有效数字，通常只需取一位或二位有效数字即可，如4.37、6.5、10.0。

⑤大多数情况下，表示误差时，取一位有效数字即已足够，最多取两位。

⑥实验中达到高精度分析条件的有效数字要求：

A. 分子量保留四位有效数字，如H_2SO_4 98.08，Na_2O_3 106.0。

B. 重量保留四位有效数字，如样品的重量为0.1237g。

C. 浓度保留四位有效数字，如HCl的浓度为$0.1025mol \cdot L^{-1}$。

D. 体积保留四位有效数字，如NaOH的体积为20.53ml。

使用计算器计算定量分析的结果，特别要注意最后结果中有效数字的位数，应根据前述规则决定取舍，不可全部照抄计算器上显示的八位数

字或十位数字。

二、药物制剂生产过程技术管理

（一）药品生产文件管理

（1）文件是质量保证系统的基本要素。药品生产必须有内容正确的书面质量标准、生产处方和工艺规程、操作规程以及记录等文件。

（2）应当建立文件管理的操作规程，系统地设计、制定、审核、批准和发放文件。

（3）文件的内容应当与药品生产许可、药品注册等相关要求一致，并有助于追溯每批产品的历史情况。

（4）文件的起草、修订、审核、批准、替换或撤销、复制、保管和销毁等应当按照操作规程管理，并有相应的文件分发、撤销、复制、销毁记录。

（5）文件的起草、修订、审核、批准均应当由适当的人员签名并注明日期。

（6）文件应当标明题目、种类、目的以及文件编号和版本号。文字应当确切、清晰、易懂，不能模棱两可。

（7）文件应当分类存放、条理分明，便于查阅。

（8）原版文件复制时，不得产生任何差错；复制的文件应当清晰可辨。

（9）文件应当定期审核、修订；文件修订后，应当按照规定管理，防止旧版文件的误用。分发、使用的文件应当为批准的现行文本，已撤销的或旧版文件除留档备查外，不得在工作现场出现。

（10）质量标准、工艺规程、操作规程、稳定性考察、确认、验证、变更等其他重要文件应当长期保存。

（11）如使用电子数据处理系统、照相技术或其他可靠方式记录数据资料，应当有所用系统的操作规程；记录的准确性应当经过核对。

（12）使用电子数据处理系统的，只有经授权的人员方可输入或更改数据，更改和删除情况应当有记录；应当使用密码或其他方式来控制系统

的登录；关键数据输入后，应当由他人独立进行复核。

用电子方法保存的批记录，应当采用纸质副本、光盘、移动硬盘或其他方法进行备份，以确保记录的安全，且数据资料在保存期内便于查阅。

（二）生产操作管理

1. 原则

（1）所有药品的生产和包装均应当按照批准的工艺规程和操作规程进行操作并有相关记录，以确保药品达到规定的质量标准，并符合药品生产许可和注册批准的要求。

（2）应当建立划分产品生产批次的操作规程，生产批次的划分应当能够确保同一批次产品质量和特性的均一性。

（3）应当建立编制药品批号和确定生产日期的操作规程。每批药品均应当编制唯一的批号。除另有法定要求外，生产日期不得迟于产品成型或灌装（封）前经最后混合的操作开始日期，不得以产品包装日期作为生产日期。

（4）每批产品应当检查产量和物料平衡，确保物料平衡符合设定的限度。如有差异，必须查明原因，确认无潜在质量风险后，方可按照正常产品处理。

（5）不得在同一生产操作间同时进行不同品种和规格药品的生产操作，除非没有发生混淆或交叉污染的可能。

（6）在生产的每一阶段，应当保护产品和物料免受微生物和其他污染。

（7）在干燥物料或产品，尤其是高活性、高毒性或高致敏性物料或产品的生产过程中，应当采取特殊措施，防止粉尘的产生和扩散。

（8）生产期间使用的所有物料、中间产品或待包装产品的容器及主要设备、必要的操作室应当贴签标识或以其他方式标明生产中的产品或物料名称、规格和批号，如有必要，还应当标明生产工序。

（9）容器、设备或设施所用标识应当清晰明了，标识的格式应当经企业相关部门批准。除在

标识上使用文字说明外，还可采用不同的颜色区分被标识物的状态（如待验、合格、不合格或已清洁等）。

（10）应当检查产品从一个区域输送至另一个区域的管道和其他设备连接，确保连接正确无误。

（11）每次生产结束后应当进行清场，确保设备和工作场所没有遗留与本次生产有关的物料、产品和文件。下次生产开始前，应当对前次清场情况进行确认。

（12）应当尽可能避免出现任何偏离工艺规程或操作规程的偏差。一旦出现偏差，应当按照偏差处理操作规程执行。

（13）生产厂房应当仅限于经批准的人员出入。

2. 防止生产过程中的污染和交叉污染

1）生产过程中应当尽可能采取措施，防止污染和交叉污染。

（1）在分隔的区域内生产不同品种的药品。

（2）采用阶段性生产方式。

（3）设置必要的气锁间和排风；空气洁净度级别不同的区域应当有压差控制。

（4）应当降低未经处理或未经充分处理的空气再次进入生产区导致污染的风险。

（5）在易产生交叉污染的生产区内，操作人员应当穿戴该区域专用的防护服。

（6）采用经过验证或已知有效的清洁和去污染操作规程进行设备清洁；必要时，应当对与物料直接接触的设备表面的残留物进行检测。

（7）采用密闭系统生产。

（8）干燥设备的进风应当有空气过滤器，排风应当有防止空气倒流装置。

（9）生产和清洁过程中应当避免使用易碎、易脱屑、易发霉器具；使用筛网时，应当有防止因筛网断裂而造成污染的措施。

（10）液体制剂的配制、过滤、灌封、灭菌等工序应当在规定时间内完成。

（11）软膏剂、乳膏剂、凝胶剂等半固体制剂以及栓剂的中间产品应当规定贮存期和贮存

条件。

2）应当定期检查防止污染和交叉污染的措施并评估其适用性和有效性。

3.生产操作

（1）生产开始前应当进行检查，确保设备和工作场所没有上批遗留的产品、文件或与本批产品生产无关的物料，设备处于已清洁及待用状态。检查结果应当有记录。生产操作前，还应当核对物料或中间产品的名称、代码、批号和标识，确保生产所用物料或中间产品正确且符合要求。

（2）应当进行中间控制和必要的环境监测，并予以记录。

（3）每批药品的每一生产阶段完成后必须由生产操作人员清场，并填写清场记录。清场记录内容包括：操作间编号、产品名称、批号、生产工序、清场日期、检查项目及结果、清场负责人及复核人签名。清场记录应当纳入批生产记录。

4.包装操作

（1）包装操作规程应当规定降低污染和交叉污染、混淆或差错风险的措施。

（2）包装开始前应当进行检查，确保工作场所、包装生产线、印刷机及其他设备已处于清洁或待用状态，无上批遗留的产品、文件或与本批产品包装无关的物料。检查结果应当有记录。

（3）包装操作前，还应当检查所领用的包装材料正确无误，核对待包装产品和所用包装材料的名称、规格、数量、质量状态，且与工艺规程相符。

（4）每一包装操作场所或包装生产线，应当有标识标明包装中的产品名称、规格、批号和批量的生产状态。

（5）有数条包装线同时进行包装时，应当采取隔离或其他有效防止污染、交叉污染或混淆的措施。

（6）待用分装容器在分装前应当保持清洁，避免容器中有玻璃碎屑、金属颗粒等污染物。

（7）产品分装、封口后应当及时贴签。未能及时贴签时，应当按照相关的操作规程操作，避免发生混淆或贴错标签等差错。

（8）单独打印或包装过程中在线打印的信息（如产品批号或有效期）均应当进行检查，确保其正确无误，并予以记录。如手工打印，应当增加检查频次。

（9）使用切割式标签或在包装线以外单独打印标签，应当采取专门措施，防止混淆。

（10）应当对电子读码机、标签计数器或其他类似装置的功能进行检查，确保其准确运行。检查应当有记录。

（11）包装材料上印刷或模压的内容应当清晰，不易褪色和擦除。

（12）包装期间，产品的中间控制检查应当至少包括下述内容。

①包装外观。

②包装是否完整。

③产品和包装材料是否正确。

④打印信息是否正确。

⑤在线监控装置的功能是否正常。

样品从包装生产线取走后不应当再返还，以防止产品混淆或污染。

（13）因包装过程产生异常情况而需要重新包装产品的，必须经专门检查、调查并由指定人员批准。重新包装应当有详细记录。

（14）在物料平衡检查中，发现待包装产品、印刷包装材料以及成品数量有显著差异时，应当进行调查，未得出结论前，成品不得放行。

（15）包装结束时，已打印批号的剩余包装材料应当由专人负责全部计数销毁，并有记录。如将未打印批号的印刷包装材料退库，应当按照操作规程执行。

（三）生产记录管理

1.与药品生产有关的每项活动均应当有记录，以保证产品生产、质量控制和质量保证等活动可以追溯。记录应当留有填写数据的足够空格。记录应当及时填写，内容真实，字迹清晰、易读，不易擦除。

2.应当尽可能采用生产设备自动打印的记录，并标明产品的名称、批号和记录设备的信息，操作人应当签注姓名和日期。

3. 记录应当保持清洁，不得撕毁和任意涂改。记录填写的任何更改都应当签注姓名和日期，并使原有信息仍清晰可辨，必要时，应当说明更改的理由。记录如需重新誊写，则原有记录不得销毁，应当作为重新誊写记录的附件保存。

4. 每批药品应当有批记录，包括批生产记录、批包装记录等与本批产品有关的记录。批记录应当由质量管理部门负责管理，至少保存至药品有效期后一年。

（1）批生产记录

①每批产品均应当有相应的批生产记录，可追溯该批产品的生产历史以及与质量有关的情况。

②批生产记录应当依据现行批准的工艺规程的相关内容制定。记录的设计应当避免填写差错。批生产记录的每一页应当标注产品的名称、规格和批号。

③原版空白的批生产记录应当经生产管理负责人和质量管理负责人审核和批准。批生产记录的复制和发放均应当按照操作规程进行控制并有记录，每批产品的生产只能发放一份原版空白批生产记录的复制件。

④生产过程中，进行每项操作时应当及时记录，操作结束后，应当由生产操作人员确认并签注姓名和日期。

（2）批包装记录

①每批产品或每批中部分产品的包装，都应当有批包装记录，以便追溯该批产品包装操作以及与质量有关的情况。

②批包装记录应当依据工艺规程中与包装相关的内容制定。记录的设计应当注意避免填写差错。批包装记录的每一页均应当标注所包装产品的名称、规格、包装形式和批号。

③批包装记录应当有待包装产品的批号、数量以及成品的批号和计划数量。原版空白的批包装记录的审核、批准、复制和发放的要求与原版空白的批生产记录相同。

④在包装过程中，进行每项操作时应当及时记录，操作结束后，应当由包装操作人员确认并

签注姓名和日期。

（四）物料平衡管理

物料平衡的定义：产品或物料实际产量或实际用量及收集到的损耗之和与理论产量或理论用量之间的比较，并考虑可允许的偏差范围。计算公式如下：

物料平衡＝［实际用量（实际产量）＋收集的损耗］÷理论用量（理论产量）

物料平衡反映的是物料控制水平，是为了控制差错问题而制定。它反映的是在生产过程中有无异常情况出现，比如异物混入、跑料等。单纯从药品生产质量管理规范（GMP标准）角度，物料平衡是重要的控制指标，是判断生产过程是否正常的重要依据。

当生产过程处在受控的情况下，物料平衡的结果是比较稳定的。一旦生产过程中物料出现差错，物料平衡的结果将超出正常范围，所以物料平衡比收得率更能体现差错的发生。

为此，要制定物料平衡管理规程，每个品种各关键生产工序的批生产记录（批包装记录）都必须明确规定物料平衡的计算方法，以及根据验证结果和生产实际确定的平衡限度范围。

（五）清场管理

1. 清场的目的

每次生产结束后应当进行清场，确保设备和工作场所没有遗留与本次生产有关的物料、产品、文件。下次生产开始前，应当对前次清场情况进行确认。

药品生产一般是以批为单位间断进行的。为了避免由于使用同一设备、场所和由于设施不洁净而带来的污染和混淆，在每批药品的每一生产阶段完成以后，必须将生产现场的产品、半成品、原辅料、包装材料以及设备上的残留药品等进行清理。所以，清场的目的就是为了避免发生药品生产过程中的污染和混淆。

2. 清场的范围

（1）清理剩余的物料（包括原料、辅料、包

装材料），移送备料间。

（2）收集该批产品的各种记录，送交管理人员或下一工序。

（3）清除与该批产品有关的设备、容器上的标志。

（4）需销毁的废品、废标签、废包装材料应按有关规定处理。

（5）清理生产操作间环境卫生，清理或清洗设备、容器、工具（必要时进行灭菌）；清理室内卫生和清洗设备的顺序应为：屋顶、墙壁、设备、地面。

（6）将清洁剂、消毒剂以及清洁工具收集至清洁工具间。

（7）在确认清场工作全部完成以后，应详细填写清场记录并及时通知检查人员进行检查。

（8）检查合格后，由检查人员在清场记录上签字并记录检查结果（或签发清场合格证）。如不合格应重新清场，直至合格为止。

3. 制定清场管理制度

建立清场管理规程，每批药品的每一生产阶段完成后，必须由生产操作人员按清场操作规程进行清场工作，并填写清场记录。清场记录内容包括：操作间编号、产品名称、批号、生产工序、清场日期、检查项目及结果、清场负责人及复核人签名。清场记录应当纳入批生产记录。

应制定各工序清场标准操作规程和记录，详细规定清场工作程序、清场间隔时间。

如果清场程序不当，清场操作有可能对生产现场带来一定影响。

清场记录或清场合格证应纳入下批产品的生产记录。

（六）偏差管理

（1）应当建立偏差处理的操作规程，规定偏差的报告、记录、调查、处理以及所采取的纠正措施，并有相应的记录。

（2）生产管理负责人应当确保所有生产人员正确执行生产工艺、质量标准和操作规程，防止偏差的产生。

（3）任何偏差都应当评估其对产品质量的潜在影响。企业可以根据偏差的性质、范围、对产品质量潜在影响的程度将偏差分类（如重大偏差、次要偏差等），对重大偏差的评估还应当考虑是否需要对产品进行额外的检验以及对产品有效期的影响，必要时，应当对涉及重大偏差的产品进行稳定性考察。

（4）任何偏离生产工艺、物料平衡限度、质量标准、操作规程等的情况均应当有记录，并立即报告主管人员及质量管理部门，应当有清楚的说明，重大偏差应当由质量管理部门会同其他部门进行彻底调查，并有调查报告。偏差调查报告应当由质量管理部门的指定人员审核并签字。

（5）应当采取预防措施有效防止类似偏差的再次发生。

（6）质量管理部门负责偏差的分类，保存偏差调查、处理的文件和记录。

三、安全知识

（一）防火防爆等消防知识

在生产企业里，防火防爆是一项十分重要的安全工作，一旦发生火灾、爆炸事故，会给个人和企业带来严重后果。因此，要求每个制药人员都应掌握防火防爆的安全基础知识。

1. 常见的火灾爆炸事故类型

（1）使用、运输、存储易燃易爆气体、液体、粉尘时引起的事故。

（2）使用明火引起的事故。有些工作需要在生产现场动用明火，因管理不当引起事故。

（3）静电引起的事故。在生产过程中，有许多工艺会产生静电。例如，皮带在皮带轮上旋转摩擦、油槽在行走时油类在容槽内晃动等，都能产生静电。人们穿的化纤服装，在与人体摩擦时也能产生静电。

（4）电气设施使用、安装、管理不当引起的事故。例如，超负荷使用电气设施，引起电流过大；电气设施的绝缘破损、老化；电气设施安装不符合防火防爆的要求等。

（5）物质自燃引起的事故。例如，煤堆的自燃，废油布等堆积起来引起的自燃等。

（6）雷击引起的事故。雷击具有很大的破坏力，它能产生高温和高热，引起火灾爆炸。

（7）压力容器、锅炉等设备及其附件，带故障运行或管理不善，引起事故。

2. 防止火灾的基本措施

（1）消除着火源：如安装防爆灯具、禁止烟火、接地、避雷、隔离和控制温度等。

（2）控制可燃物：以难燃或不燃材料代替可燃材料；防止可燃物质的跑、冒、滴、漏；对那些相互作用能产生可燃气体或蒸气的物品，应加以隔离，分开存放。

（3）隔绝空气：将可燃物品隔绝空气储存，在设备容器中充装惰性介质保护。

3. 防止爆炸的基本措施

（1）防止可燃物的泄漏。

（2）严格控制系统的含氧量，使其降到某一临界值（氧限值或极限含氧量）以下。

（3）采取监测措施，安装报警装置。

（4）消除火源。

4. 消除静电的基本措施

由静电引起火灾、爆炸事故在生产中也是经常发生的，因此静电是火灾爆炸的重大隐患，应当引起注意。

（1）静电接地，用来消除导电体上的静电。

（2）增湿，提高空气的湿度以消除静电荷的积累。

（3）生产操作人员工作服应采用防静电布料。

（4）工艺控制法，从工艺上采取适当的措施，限制静电的产生和积累。

5. 灭火措施

（1）报火警　拨打火警电话"119"。要沉着冷静，用尽量简练的语言表达清楚相关情况。

（2）限制火灾和爆炸蔓延　一旦发生火灾，应防止形成新的燃烧条件，防止火灾蔓延，如设置防火装置、在车间或仓库里筑防火墙或建筑物之间留防火间距等。

（3）灭火方法

①窒息法：即隔绝空气，使可燃物质无法获得氧气而停止燃烧。

②冷却法：即降低着火物质温度，使之降到燃点以下而停止燃烧。

③隔离法：将正在燃烧的物质，与燃烧的物质隔开，中断可燃物质的供给，使火源孤立，火势不能蔓延。

灭火过程中，往往需要同时采用上述3种方法，才能将火灾迅速扑灭。

（二）安全用电知识

用电设备在运行过程中，因受外界的影响如冲击压力、潮湿、异物侵入或因内部材料的缺陷、老化、磨损、受热、绝缘损坏以及因运行过程中的误操作等原因，有可能发生各种故障和不正常的运行情况，因此有必要对用电设备进行保护。对电气设备的保护一般有过负荷保护、短路保护、欠压和失压保护、断相保护及防误操作保护等。

1. 过负荷保护

过负荷保护是指用电设备的负荷电流超过额定电流的情况。长时间的过负荷，将使设备的载流部分和绝缘材料过度发热，从而使绝缘加速老化或遭受破坏。设备具有过负荷能力即具有一定的过载而又不危及安全的能力。对连续运转的电力机都要有过负荷保护。电气设备装设自动切断电流或限止电流增长的装置，例如自动空气开关和有延时的电流继电器等作为过负荷保护。

2. 短路保护

电气设备由于各种原因相接加相碰，产生电流突然增大的现象叫短路。短路一般分为相间短路和对地短路两种。短路的破坏作用瞬间释放很大热量，使电气设备的绝缘受到损伤，甚至把电气设备烧毁。大的短路电流，可能在用电设备中产生很大的电动力，引起电气设备的机械变型甚至损坏。短路还可能造成故障点及附近的地区电压大幅度下降，影响电网质量。短路保护应当设置在被保护线路接受电源的地方。电气设备一般采用熔断器、自动空气开关、过电流继电器等作为短路保护措施。

3. 欠压和失压保护

电气设备应具有在电网电压过低时能及时地切断电源，同时当电网电压在供电中断再恢复时，也不自动起动，即有欠压、失压保护能力。因电力设备自行起动会造成机械损坏和人身事故。电动机等负载如电压过低会产生过载。通常电气设备采取接能器联锁控制和手柄零位起动等作为欠压和失压保护措施。

4. 缺相保护

所谓缺相，就是互相供电电源缺少一相或三相中有任何一相断开的情况。造成供电电源一线断开的原因是：低压熔断器或刀闸接触不良；接触器由于长期频繁动作而触头烧毛，以至不能可靠接通；熔丝由于使用周期过长而氧化腐蚀，以致受起动电流冲击烧断，电动机出线盒或接线端子脱开等等。此外，由于供电系统的容量增加，采用熔断器作为短路保护，结果也使电动机断相运行的可能性增大。为此，国际电工委员会（IEC）规定：凡使用熔断器保护的地方，应设有防止断相的保护装置。

5. 防止误操作

为了防止误操作，设备上应具有能保护长久、容易辨认而且清晰的标志或标牌。这些标志给出安全使用设备所必需的主要特征。例如，额定参数、接线方式、接地标记、危险标志、可能有特殊操作类型和运行条件的说明等。由于设备本身条件有限，不能在其上注出时，则应有安装或操作说明书，使用人员应该了解注意事项。电气控制线路中应按规定装设紧急开关，防止误起动的措施，相应的联锁或限位保护。在复杂的安全技术系统，还要装设自动监控装置。

（三）制剂安全操作知识

为了确保制剂生产中操作的安全可靠，保障职工的安全，防止发生伤亡事故，达到安全生产的目的，要制定岗位安全操作规程，做到有章可循，各岗位在制剂生产中要严格按照安全操作规程进行操作，不得违规操作。

（四）有机溶剂的毒性和安全防护知识

1. 有机溶剂的毒性

根据对人体及环境可能造成的危害程度，以有机溶剂残留量为指标将有机溶剂分为以下四类（表1-2-12）。

表1-2-12　有机溶剂的分类指标

类别	毒性	PD 值（mg/d）
第一类溶剂	人体致癌物，疑为人体致癌物或环境危害物	< 0.1
第二类溶剂	有非遗传致癌毒性或其他不可逆的毒性或其他严重的可逆的毒性	0.5~40
第三类溶剂	对人体和动物低毒，对动物及环境危害较小	50
第四类溶剂	没有足够的毒性资料	/

2. 安全防护知识

严格按照标准操作规程（SOP）进行操作，佩戴相关护具，杜绝裸手操作；一旦接触有机溶剂出现身体不适时，及时脱离当前环境，情节严重时及时到医院就医。采取适当的防护措施和安全操作规程可将有机溶剂危害降到最低，具体方法如下。

（1）应装设有效的通风换气设施（局部排气或整体换气装置）。

（2）应依规定实施作业点检及局部排气装置的定期检查、重点检查。

（3）有机溶剂作业场所应定期实施作业环境测定（空气中浓度测定）。

（4）有机溶剂作业场所应派遣具有有机溶剂中毒预防知识的人员从事监督管理工作。

（5）有机溶剂的容器不论是否在使用都应随手盖紧密闭，以防挥发逸出。并予以危害标示。

（6）有机溶剂的作业场所应置备适当的呼吸防护具（活性炭防毒面罩或空气呼吸器）方便有机溶剂作业者使用。

（7）有机溶剂作业者应依法令规定施以预防灾害所必要的安全卫生教育训练。

（8）应开展上岗前职业健康检查和定期职业健康检查。

（9）有机溶剂作业场所，应严禁烟火以防止爆炸。

（10）有机溶剂作业场所只可以存放当天需要使用的有机溶剂，并尽量减少有机溶剂作业时间。

（五）急救知识

1. 足踝扭伤急救法

轻度足踝扭伤，应先冷敷患处，24小时后改用热敷，用绷带缠住足踝，把脚垫高，即可减轻症状。

2. 触电急救法

迅速切断电源，一时找不到闸门，可用绝缘物挑开电线或砍断电线。立即将触电者抬到通风处，解开衣扣、裤带，若呼吸停止，必须做口对口人工呼吸或将其送附近医院急救。

3. 出血急救法

出血伤口不大，可用消毒棉花敷在伤口上，加压包扎，一般就能止血。出血不止时，可将伤肢抬高，减慢血流的速度，协助止血。四肢出血严重时，可将止血带扎在伤口的上端，扎前应先垫上毛巾或布片，然后每隔半小时必须放松1次，绑扎时间总共不得超过2小时，以免肢体缺血坏死。做初步处理后，应立即送医院救治。

4. 骨折急救法

如有出血，可采用指压、包扎、止血带等办法止血。对开放性骨折用消毒纱布加压包扎，暴露在外的骨端不可送回。以软物衬垫着夹上夹板，把伤肢上下两个关节固定起来，无夹板时也可用木棍等代替。如有条件，可在清创、止痛后送医院治疗。

5. 酸碱伤眼急救法

酸碱伤眼，第一时间用清水反复冲洗眼部，根据严重程度，决定是否需要送医院进行检查和治疗。

6. 头部外伤急救法

头部外伤，无伤口但有皮下血肿，可用包扎压迫止血，而头部局部凹陷，表明有颅骨骨折，只可用纱布轻覆，切不可加压包扎，以防脑组织受损，尽快送往医院救治。

7. 脱臼急救法

肘关节脱臼，可把肘部弯成直角，用三角巾把前臂和肘托起，挂在颈上；肩关节脱臼，可用三角巾托起前臂，挂在颈上，再用一条宽带连上臂缠过胸部，在对侧胸前打结，把脱臼关节上部固定住；髋关节脱臼，应用担架将患者送往医院救治。

脱臼应急处理后，应尽快送往医院进行复位治疗。

8. 烫伤急救法

迅速脱离烫伤源，以免烫伤加剧。尽快剪开或撕掉烫伤处的衣裤、鞋袜，第一时间用冷水反复冲洗伤处以降温。小面积轻度烫伤可用烫伤膏等涂抹。根据烫伤的严重程度，需保护伤处，并尽快送医院治疗。

四、环境保护知识

（一）制剂过程的废水、废气、废料处理知识

1. 废水

为防治水污染，保护和改善水环境，保障人体健康，促进环境、经济与社会的可持续发展，各省、自治区、直辖市依据《中华人民共和国水污染防治法》，分别修订了地方《水污染物排放

标准》。

（1）**污水排放标准** 水污染物排放标准通常被称为污水排放标准，它是根据受纳水体的水质要求，结合环境特点和社会、经济、技术条件，对排入环境的废水中的水污染物和产生的有害因子所作的控制标准，或者说是水污染物或有害因子的允许排放量（浓度）或限值。它是判定排污活动是否违法的依据。污水排放标准可以分为：国家排放标准、地方排放标准和行业标准。

①国家排放标准

国家排放标准是国家环境保护行政主管部门制定并在全国范围内或特定区域内适用的标准，如《中华人民共和国污水综合排放标准》（GB 8978-1996）适用于全国范围。

②地方排放标准

地方排放标准是由省、自治区、直辖市人民政府批准颁布的，在特定行政区适用。如《上海市污水综合排放标准》（DB 31/199-1997），适用于上海市范围。

（2）**国家标准与地方标准的关系**《中华人民共和国环境保护法》第10条规定："省、自治区、直辖市人民政府对国家污染物排放标准中没做规定的项目，可以制定地方污染物排放标准，对国家污染物排放标准已做规定的项目，可以制定严于国家污染物排放标准的地方污染物排放标准。"两种标准并存的情况下，执行地方标准。

2. 废气

（1）产生大气污染物的生产车间或工序应设置有效密闭排气系统，变无组织逸散为有组织排放。确无法实现密闭的，应采取其他污染控制措施。

（2）使用有机溶剂的工艺设备或车间，其排气筒中非甲烷总烃初始排放速率大于等于各省市地方标准[如：北京市地方标准 DB 11/501-2017《大气污染物综合排放标准》（DB 11/501-2017）]，应安装挥发性有机物（VOCs）控制设备净化处理后排放；非甲烷总烃初始排放速率大于等于各省市地方标准，应安装 VOCs 控制设备净化处理后排放，且净化效率应不低于 90%。

（3）粒状或粉状物料的运输和贮存应当采取密闭或其他污染控制措施，装卸过程也应当采取污染控制措施。

（4）含挥发性有机物的原辅材料在输送和储存过程中应保持密闭，使用过程中随取随开，用后应及时密闭。

3. 废料

（1）《中华人民共和国固体废物污染环境防治法》是为了防治固体废物污染环境，保障人体健康，维护生态安全，促进经济社会可持续发展而制定的法规。

①制剂过程中要有对收集、贮存、运输、处置固体废物的设施、设备和场所。

②应当建立、健全污染环境防治责任制度，采取防治工业固体废物污染环境的措施。

③采用先进的生产工艺和设备，减少工业固体废物产生量，降低工业固体废物的危害性。

④严格按照国家、省市、自治区和直辖市的相关法律法规和规章制度对生产过程中的固体废弃物进行处理，符合国家环境保护标准。

（2）根据《中华人民共和国固体废物污染环境防治法》的有关规定，制定了《国家危险废物名录》（环保部令第 39 号），固体（危险）废物，按照此名录要求执行。

①具有下列情形之一的固体废物（包括液态废物），列入本名录。

②具有腐蚀性、毒性、易燃性、反应性或者感染性等一种或者几种危险特性的。

③不排除具有危险特性，可能对环境或者人体健康造成有害影响，需要按照危险废物进行管理的。

（二）制剂过程的粉尘处理知识

粉尘是指悬浮在空气中的固体微粒。通常把粒径小于 75μm 的固体悬浮物定义为粉尘。生产性粉尘是指能较长时间悬浮在生产环境空气中的固体颗粒物。它是污染生产环境，影响劳动者身体健康的主要因素之一。生产性粉尘作业按危害程度分为四级：相对无害作业（0级）、轻度危害作业（Ⅰ级）、中度危害作业（Ⅱ级）和高度危害作业（Ⅲ级）。

1. 粉尘的危害

（1）粉尘对人体的危害，可引起职业病。生产性粉尘根据其理化特性和作用特点不同，可引起不同的疾病。

（2）粉尘爆炸。粉尘与空气混合，能形成可燃的混合气体，当其浓度和氧气浓度达到一定比例时若遇明火或高温物体，极易着火，可发生粉尘爆炸，其危害性十分巨大。燃烧后的粉尘，氧化反应十分迅速，它产生的热量能很快传递给相邻粉尘，从而引起一系列连锁反应。

2. 预防措施

（1）工艺改革。以低粉尘、无粉尘物料代替高粉尘物料，以不产尘设备、低尘设备代替高产尘设备，这是减少或消除粉尘污染的根本措施。

（2）密闭尘源。使用密闭的生产设备或将敞口设备改成密闭设备，这是防止和减少粉尘外逸。

（3）通风排尘。受生产条件限制，设备无法密闭或者密闭后仍有粉尘外逸时，要采取通风措施，将产尘点的含尘气体直接抽走，确保作业场所空气中粉尘浓度符合国家卫生标准。

（4）加强防尘工作的宣传教育，普及防尘知识，使接尘者对粉尘危害有充分的认识和了解。

（5）受生产条件限制，在粉尘无法控制或高浓度粉尘条件下作业，必须合理、正确地使用防尘口罩、防尘服等个人防护用品。

（6）定期对接尘人员进行体检；有作业禁忌证的人员，不得从事接尘作业。

（三）制剂过程的噪音处理知识

1. 噪声污染的危害

噪声能引发多种疾病，因此人们把噪声称为无形杀手。它的损害以神经系统症状最明显，会出现头晕、头痛、失眠、易疲劳、爱激动、记忆力衰退、注意力不集中等症状，并伴有耳鸣、听力减退。许多证据表明，噪声还是造成心脏病和高血压的重要原因。

2. 噪声污染的防治

生产过程中产生的噪声，应从厂房、设施、设备的总体布局、设备选型、操作工艺等方面，尽量减少声源可能对制药人员健康造成影响，如生产设备加装消音设施。对无法消除或降低的声源噪声，制药人员应在生产过程中佩戴防噪音耳罩，降低噪声对人体健康的影响。

第三章 相关法律、法规知识

一、《中华人民共和国劳动法》相关知识

（一）《中华人民共和国劳动法》的颁布

为了保护劳动者的合法权益，调整劳动关系，建立和维护适应社会主义市场经济的劳动制度，促进经济发展和社会进步，根据我国宪法，1994年7月5日第八届全国人民代表大会常务委员会第八次会议通过了《中华人民共和国劳动法》，自1995年1月1日起施行；2009年8月27日第十一届全国人民代表大会常务委员会第十次会议《关于修改部分法律的决定》对《中华人民共和国劳动法》进行了第一次修正；2018年12月29日第十三届全国人民代表大会常务委员会第七次会议《关于修改〈中华人民共和国劳动法〉等七部法律的决定》对《中华人民共和国劳动法》进行了第二次修正。

《中华人民共和国劳动法》是新中国成立以来我国第一部全面系统规范劳动关系的基本法律，包括总则、促进就业、劳动合同和集体合同、工作时间和休息休假、工资、劳动安全卫生、女职工和未成年工特殊保护、职业培训、社会保险和福利、劳动争议、监督检查、法律责任、附则十三部分内容，有助于建立公平的市场竞争规则，充分体现了对劳动者权益的保护，同时也考虑到企业权益的保障，在建立稳定和谐的劳动关系、协调稳定劳动关系、维护经济和社会秩序稳定等方面有着重要作用。

（二）《中华人民共和国劳动法》的主要内容

（1）确认了劳动者所应享有的各项基本权利。包括平等就业和选择职业的权利、取得劳动报酬的权利、休息休假的权利、获得劳动安全卫生保护的权利、接受职业技能培训的权利、享受社会保险和福利的权利、提请劳动争议处理的权利以及法律规定的其他劳动权利等，维护了劳动者的合法权益，并通过最低工资制等规定为这些权利的实现提供了切实的物质保障。《劳动法》对妇女、未成年人等特殊劳动者的权益保护规定了特别的措施。

（2）规定了劳动者的自由择业权利和用人单位的自主用人权，规定了劳动合同制度，规定了集体合同和集体谈判制度，规定了劳动争议处理制度和劳动监察制度，为协调稳定劳动关系和社会经济的平稳发展创造了条件，为劳动者通过谈判交涉机制争取更优越的劳动条件提供了法律保障。

（3）规定我国实行职业资格证书制度，由国家对职业进行分类并制定职业技能标准，经备案的考核鉴定机构负责对劳动者实施职业技能考核鉴定。同时《劳动法》规定劳动者有接受职业技能培训的权利：国家应当通过各种途径，采取各种措施，发展职业培训事业，开发劳动者的职业技能，提高劳动者素质，增强劳动者的就业能力和工作能力；各级人民政府应当把发展职业培训纳入社会经济发展的规划，鼓励和支持有条件的企业、事业组织、社会团体和个人进行各种形式的职业培训；用人单位应当建立职业培训制度，按照国家规定提取和使用职业培训经费，根据本单位实际，有计划地对劳动者进行职业培训；从事技术工种的劳动者，上岗前必须经过培训。

二、《中华人民共和国药品管理法》相关知识

《中华人民共和国药品管理法》是以宪法为依据，以药品监督管理为中心内容，调整国家药品

监督管理部门、药品生产企业、药品经营企业、医疗机构和公民个人在药品研究、生产、经营、使用和管理活动中产生法律关系的法律。是国家卫生行政机关、工商行政管理机关、司法机关和药品生产企业、药品经营企业、医疗单位以及公民个人必须共同遵守和执行的法律，是衡量国家药品管理活动中合法与违法的唯一标准，是制订各项具体药品法规的依据。对医药卫生事业和发展具有科学的指导意义。

《中华人民共和国药品管理法》1984年制定、颁布、执行，2001年第一次修订，2013年第一次修正，2015年第二次修正，2019年第二次修订（表1-3-1）。

表1-3-1 《中华人民共和国药品管理法》法规变化时间表

年份	法规变化	间隔时间（年）
1984年	首次立法	/
2001年	第一次修订	17
2013年	第一次修正	12
2015年	第二次修正	2
2019年	第二次修订	4

1.《中华人民共和国药品管理法》（1984年9月20日颁布）

《中华人民共和国药品管理法》是我国历史上第一部由国家最高权力机关制定颁布的药品管理法规，标志着我国药品管理工作进入了法制化的新阶段。它把党和国家有关药品监督管理的方针政策和原则用法律的形式固定下来，把药品质量置于国家和广大人民严格监督之下，以保证人民用药安全、有效。

《中华人民共和国药品管理法》的颁布和实施，标志着我国药政管理工作已从过去的行政管理向法制管理转变；从事后管理向事前管理转变。这对加强药品监督、保证药品质量，提高药品疗效，保护社会生产力，促进药品生产和医疗卫生事业的发展，保证四个现代化的建设具有现实和深远的意义。

药品管理法对药品质量监督管理工作的各个环节都作了规定，这些环节共同组成了从药品研究、生产、经营到使用的一个完整的药品质量监督管理工作的科学体系。分为十一章五十五条，该法的立法目的是"加强药品监督管理，保证药品质量，增进药品疗效，保障人民用药安全，维护人民身体健康"。

《中华人民共和国药品管理法》规定国务院卫生行政主管部门主管全国药品监督管理工作。规定了药品生产企业许可制度、药品经营企业许可制度、医院制剂许可制度、新药许可制度，药品生产质量管理规范制度（GMP）、药品标准制度、药品广告审批等基本药品管理制度，引入了"假药"、"劣药"等概念，明确了违反药品管理法规定的法律责任，为我国药品法制体系的建设奠定了蓝图和框架。

2.《中华人民共和国药品管理法》（2001年2月28日修订）

修订的《中华人民共和国药品管理法》分为十章，106条。体现了有6大特点：简化了药品生产企业、药品经营企业和药品的审批程序；进一步规范药品生产、经营的监督管理；明确了药品检验的经费来源和收费原则；强化了药品监督管理执法；加大了对违法行为的处罚、打击力度；注重对队伍的监督管理。

3.《中华人民共和国药品管理法》（2013年、2015年2次修正）

两次药品管理法的修正，除了合理简化行政部门工作流程之外，着重于呼应发改委发布推行的《推进药品价格改革方案征求意见稿》以及卫计委主导的《公立医院采购实施意见》。通过更进一步去除法规上面的限制，让医院主导压价，招标限价和医保调整，让药品价格更接近市场真实价格；取消设立药品生产/经营企业的"先证后照"制度。

4.《中华人民共和国药品管理法》主要内容

2019年第二次修订的《中华人民共和国药品管理法》共有十二章、一百五十五条。指出了立法目的是为了加强药品管理，保证药品质量，保障公众用药安全和合法权益，保护和促进公众健康。药品管理应当以人民健康为中心，坚持风险管理、全程管控、社会共治的原则，建立科学、严格的监督管理制度，全面提升药品质量，保障药品的安全、有效、可及。国家对药品管理实行药品上市许可持有人制度。药品上市许可持有人依法对药品研制、生产、经营、使用全过程中药品的安全性、有效性和质量可控性负责。国家建立药品追溯和药物警戒制度。界定了药品是用于预防、治疗、诊断人的疾病，有目的地调节人的生理功能并规定有适应症或者功能主治、用法和用量的物质，包括中药、化学药和生物制品等。对于现代药和传统药，国家鼓励发展，并充分发挥其在预防、医疗和保健中的作用。

（1）**药品研制和注册** 国家鼓励研究和创制新药，保护公民、法人和其他组织研究、开发新药的合法权益。

①支持以临床价值为导向、对人的疾病具有明确或者特殊疗效的药物创新，鼓励具有新的治疗机理、治疗严重危及生命的疾病或者罕见病、对人体具有多靶向系统性调节干预功能等的新药研制，推动药品技术进步。

鼓励运用现代科学技术和传统中药研究方法开展中药科学技术研究和药物开发，建立和完善符合中药特点的技术评价体系，促进中药传承创新。

采取有效措施，鼓励儿童用药品的研制和创新，支持开发符合儿童生理特征的儿童用药品新品种、剂型和规格，对儿童用药品予以优先审评审批。

②从事药品研制活动，应当遵守药物非临床研究质量管理规范、药物临床试验质量管理规范，保证药品研制全过程持续符合法定要求。

③申请药品注册，应当提供真实、充分、可靠的数据、资料和样品，证明药品的安全性、有效性和质量可控性。

（2）**药品上市许可持有人** 药品上市许可持有人是指取得药品注册证书的企业或者药品研制机构等。药品上市许可持有人应当依照本法规定，对药品的非临床研究、临床试验、生产经营、上市后研究、不良反应监测及报告与处理等

承担责任。其他从事药品研制、生产、经营、储存、运输、使用等活动的单位和个人依法承担相应责任。

药品上市许可持有人的法定代表人、主要负责人对药品质量全面负责。

①应当建立药品质量保证体系，配备专门人员独立负责药品质量管理；建立药品上市放行规程，对药品生产企业出厂放行的药品进行审核，经质量受权人签字后方可放行。不符合国家药品标准的，不得放行；建立并实施药品追溯制度和年度报告制度。

②可以自行生产药品，也可以委托药品生产企业生产；自行销售其取得药品注册证书的药品，也可以委托药品经营企业销售；药品上市许可持有人可以转让药品上市许可。

（3）**药品生产** 对药品生产企业实行药品生产许可证制度。开办药品生产企业，须经企业所在地省、自治区、直辖市人民政府药品监督管理部门批准并发给《药品生产许可证》。无《药品生产许可证》的，不得生产药品。

①遵守药品生产质量管理规范，建立健全药品生产质量管理体系，保证药品生产全过程持续符合法定要求；按照国家药品标准和经药品监督管理部门核准的生产工艺进行生产。生产、检验记录应当完整准确，不得编造。

②中药饮片应当按照国家药品标准炮制；国家药品标准没有规定的应当按照省、自治区、直辖市人民政府药品监督管理部门制定的炮制规范炮制。不符合国家药品标准或者不按照省、自治区、直辖市人民政府药品监督管理部门制定的炮制规范炮制的，不得出厂、销售。

③生产药品所需的原料、辅料，应当符合药用要求、药品生产质量管理规范的有关要求；直接接触药品的包装材料和容器，应当符合药用要求，符合保障人体健康、安全的标准。

④对药品进行质量检验。不符合国家药品标准的，不得出厂；建立药品出厂放行规程，明确出厂放行的标准、条件。符合标准、条件的，经质量受权人签字后方可放行。

⑤药品包装应当适合药品质量的要求，方便

储存、运输和医疗使用；按照规定印有或者贴有标签并附有说明书。标签或者说明书应当注明药品的通用名称、成份、规格、上市许可持有人及其地址、生产企业及其地址、批准文号、产品批号、生产日期、有效期、适应症或者功能主治、用法、用量、禁忌、不良反应和注意事项。

⑥直接接触药品的工作人员，应当每年进行健康检查。患有传染病或者其他可能污染药品的疾病的，不得从事直接接触药品的工作。

（4）**药品经营**　从事药品批发活动，应当经所在地省、自治区、直辖市人民政府药品监督管理部门批准，取得药品经营许可证。从事药品零售活动，应当经所在地县级以上地方人民政府药品监督管理部门批准，取得药品经营许可证。无药品经营许可证的，不得经营药品。

①遵守药品经营质量管理规范，建立健全药品经营质量管理体系，保证药品经营全过程持续符合法定要求。

从事药品零售连锁经营活动的企业总部，应当建立统一的质量管理制度，对所属零售企业的经营活动履行管理责任。

②从药品上市许可持有人或者具有药品生产、经营资格的企业购进药品；但是，购进未实施审批管理的中药材除外。

③建立并执行进货检查验收制度，验明药品合格证明和其他标识；不符合规定要求的，不得购进和销售。

④购销药品，应当有真实、完整的购销记录。购销记录应当注明药品的通用名称、剂型、规格、产品批号、有效期、上市许可持有人、生产企业、购销单位、购销数量、购销价格、购销日期及国务院药品监督管理部门规定的其他内容。

⑤零售药品应当准确无误，并正确说明用法、用量和注意事项；调配处方应当经过核对，对处方所列药品不得擅自更改或者代用。对有配伍禁忌或者超剂量的处方，应当拒绝调配；必要时，经处方医师更正或者重新签字，方可调配。销售中药材，应当标明产地。

⑥制定和执行药品保管制度，采取必要的冷藏、防冻、防潮、防虫、防鼠等措施，保证药品质量。药品入库和出库应当执行检查制度。

⑦城乡集市贸易市场可以出售中药材。

（5）**医疗机构药事管理**　医疗机构应当配备依法经过资格认定的药师或者其他药学技术人员，负责本单位的药品管理、处方审核和调配、合理用药指导等工作。非药学技术人员不得直接从事药剂技术工作。

①建立并执行进货检查验收制度，验明药品合格证明和其他标识；不符合规定要求的，不得购进和使用；有与所使用药品相适应的场所、设备、仓储设施和卫生环境，制定和执行药品保管制度，采取必要的冷藏、防冻、防潮、防虫、防鼠等措施，保证药品质量。

②坚持安全有效、经济合理的用药原则，遵循药品临床应用指导原则、临床诊疗指南和药品说明书等合理用药，对医师处方、用药医嘱的适宜性进行审核。

③依法经过资格认定的药师或者其他药学技术人员调配处方，应当进行核对，对处方所列药品不得擅自更改或者代用。对有配伍禁忌或者超剂量的处方，应当拒绝调配；必要时，经处方医师更正或者重新签字，方可调配。

④医疗机构配制制剂。医疗机构配制制剂是本单位临床需要而市场上没有供应的品种，并应当经所在地省、自治区、直辖市人民政府药品监督管理部门批准。

配制医疗机构制剂应当经所在地省、自治区、直辖市人民政府药品监督管理部门批准，取得医疗机构制剂许可证；有能够保证制剂质量的设施、管理制度、检验仪器和卫生环境；按照核准的工艺进行，所需的原料、辅料和包装材料等应当符合药用要求；按规定进行质量检验；合格的，凭医师处方在本单位使用。经国务院药品监督管理部门或者省、自治区、直辖市人民政府药品监督管理部门批准，医疗机构配制的制剂可以在指定的医疗机构之间调剂使用。

医疗机构配制的制剂不得在市场上销售。

（6）**药品上市管理**　药品上市许可持有人应当制定药品上市后风险管理计划，主动开展药品上市后研究，对药品的安全性、有效性和质量可控性进行进一步确证，加强对已上市药品的持续管理。

①对药品生产过程中的变更，按照其对药品安全性、有效性和质量可控性的风险和产生影响的程度，实行分类管理。药品上市许可持有人应当按照国务院药品监督管理部门的规定，全面评估、验证变更事项对药品安全性、有效性和质量可控性的影响。

②对已上市药品的安全性、有效性和质量可控性定期开展上市后评价；开展药品上市后不良反应监测，主动收集、跟踪分析疑似药品不良反应信息，对已识别风险的药品及时采取风险控制措施。

③经常考察本单位所生产、经营、使用的药品质量、疗效和不良反应。发现疑似不良反应的，应当及时向药品监督管理部门和卫生健康主管部门报告。

④药品存在质量问题或者其他安全隐患的，药品上市许可持有人应当立即停止销售，告知相关药品经营企业和医疗机构停止销售和使用，召回已销售的药品，及时公开召回信息，必要时应当立即停止生产，并将药品召回和处理情况向省、自治区、直辖市人民政府药品监督管理部门和卫生健康主管部门报告。

（7）**药品价格和广告**　国家完善药品采购管理制度，对药品价格进行监测，开展成本价格调查，加强药品价格监督检查，依法查处价格垄断、哄抬价格等药品价格违法行为，维护药品价格秩序。

①依法实行市场调节价的药品，药品上市许可持有人、药品生产企业、药品经营企业和医疗机构应当按照公平、合理和诚实信用、质价相符的原则制定价格，为用药者提供价格合理的药品；遵守国务院药品价格主管部门关于药品价格管理的规定，制定和标明药品零售价格，禁止暴利、价格垄断和价格欺诈等行为；依法向药品价格主管部门提供其药品的实际购销价格和购销数量等资料。

②医疗机构应当向患者提供所用药品的价格清单，按照规定如实公布其常用药品的价格，加强合理用药管理。

③禁止药品上市许可持有人、药品生产企业、药品经营企业和医疗机构在药品购销中给予、收受回扣或者其他不正当利益；禁止以任何名义给予使用其药品的医疗机构的负责人、药品采购人员、医师、药师等有关人员财物或者其他不正当利益；禁止医疗机构的负责人、药品采购人员、医师、药师等有关人员以任何名义收受药品上市许可持有人、药品生产企业、药品经营企业或者代理人给予的财物或者其他不正当利益。

④药品广告应当经广告主所在地省、自治区、直辖市人民政府确定的广告审查机关批准；药品广告的内容应当真实、合法，以国务院药品监督管理部门核准的药品说明书为准，不得含有虚假的内容。不得含有表示功效、安全性的断言或者保证；不得利用国家机关、科研单位、学术机构、行业协会或者专家、学者、医师、药师、患者等的名义或者形象作推荐、证明。

非药品广告不得有涉及药品的宣传。

（8）**药品储备和供应**　实行药品储备制度，建立中央和地方两级药品储备。发生重大灾情、疫情或者其他突发事件时，依照《中华人民共和国突发事件应对法》的规定，可以紧急调用药品。

①实行基本药物制度，遴选适当数量的基本药物品种，加强组织生产和储备，提高基本药物的供给能力，满足疾病防治基本用药需求。

②建立药品供求监测体系，及时收集和汇总分析短缺药品供求信息，对短缺药品实行预警，采取应对措施。

③实行短缺药品清单管理制度。具体办法由国务院卫生健康主管部门会同国务院药品监督管理部门等部门制定。

④鼓励短缺药品的研制和生产，对临床急需的短缺药品、防治重大传染病和罕见病等疾病的新药予以优先审评审批。

（9）**假药、劣药**

①禁止生产（包括配制）、销售、使用假药、劣药。

属于假药的情形：药品所含成份与国家药品标准规定的成份不符；以非药品冒充药品或者以他种药品冒充此种药品；变质的药品；药品所标明的适应症或者功能主治超出规定范围。禁止生产、配制、销售假药。

②属于劣药的情形：药品成份的含量不符合国家药品标准；被污染的药品；未标明或者更改有效期的药品；未注明或者更改产品批号的药品；超过有效期的药品；擅自添加防腐剂、辅料的药品。

（10）法律责任

①生产、销售假药的，没收违法生产、销售的药品和违法所得，责令停产停业整顿，吊销药品批准证明文件，并处违法生产、销售的药品货值金额十五倍以上三十倍以下的罚款；货值金额不足十万元的，按十万元计算；情节严重的，吊销药品生产许可证、药品经营许可证或者医疗机构制剂许可证，十年内不受理其相应申请；药品上市许可持有人为境外企业的，十年内禁止其药品进口。

②生产、销售劣药的，没收违法生产、销售的药品和违法所得，并处违法生产、销售的药品货值金额十倍以上二十倍以下的罚款；违法生产、批发的药品货值金额不足十万元的，按十万元计算，违法零售的药品货值金额不足一万元的，按一万元计算；情节严重的，责令停产停业整顿直至吊销药品批准证明文件、药品生产许可证、药品经营许可证或者医疗机构制剂许可证。

生产、销售的中药饮片不符合药品标准，尚不影响安全性、有效性的，责令限期改正，给予警告；可以处十万元以上五十万元以下的罚款。

③生产、销售假药，或者生产、销售劣药且情节严重的，对法定代表人、主要负责人、直接负责的主管人员和其他责任人员，没收违法行为发生期间自本单位所获收入，并处所获收入百分之三十以上三倍以下的罚款，终身禁止从事药品生产经营活动，并可以由公安机关处五日以上十五日以下的拘留。

对生产者专门用于生产假药、劣药的原料、辅料、包装材料、生产设备予以没收。

④药品使用单位使用假药、劣药的，按照销售假药、零售劣药的规定处罚；情节严重的，法定代表人、主要负责人、直接负责的主管人员和其他责任人员有医疗卫生人员执业证书的，还应当吊销执业证书。

⑤有下列行为之一的，没收违法生产、销售的药品和违法所得以及包装材料、容器，责令停产停业整顿，并处五十万元以上五百万元以下的罚款；情节严重的，吊销药品批准证明文件、药品生产许可证、药品经营许可证，对法定代表人、主要负责人、直接负责的主管人员和其他责任人员处二万元以上二十万元以下的罚款，十年直至终身禁止从事药品生产经营活动：未经批准开展药物临床试验；使用未经审评的直接接触药品的包装材料或者容器生产药品，或者销售该类药品；使用未经核准的标签、说明书。

⑥有下列行为之一的，从重处罚：以麻醉药品、精神药品、医疗用毒性药品、放射性药品、药品类易制毒化学品冒充其他药品，或者以其他药品冒充上述药品；生产、销售以孕产妇、儿童为主要使用对象的假药、劣药；生产、销售的生物制品属于假药、劣药；生产、销售假药、劣药，造成人身伤害后果；生产、销售假药、劣药，经处理后再犯；拒绝、逃避监督检查，伪造、销毁、隐匿有关证据材料，或者擅自动用查封、扣押物品。

三、《中华人民共和国药品管理法实施条例》相关知识

1. 与《中华人民共和国药品管理法》的关系

《中华人民共和国药品管理法》是由全国人大常委会制定的法律，而《中华人民共和国药品管理法实施条例》则是由国务院批准的行政法规，二者具有不可分的联系：

（1）《中华人民共和国药品管理法》是《中华人民共和国药品管理法实施条例》制定和修改的基础和依据 《中华人民共和国药品管理法》规定的内容是总的、概括性的要求，体现的是最基本和最根本的问题，《中华人民共和国药品管理法实

施条例》的目的就是要根据《中华人民共和国药品管理法》的立法原则和精神，对其内容作进一步的细化，以增强《中华人民共和国药品管理法》的可操作性。

（2）《中华人民共和国药品管理法实施条例》是对《中华人民共和国药品管理法》的进一步具体化 《中华人民共和国药品管理法》作为规范的最基本的法律，其所规定的内容大多是比较原则的，不可能十分具体。在这种情况下，就需要通过制定和修改《中华人民共和国药品管理法实施条例》，以对药品管理中需要通过立法予以明确而《中华人民共和国药品管理法》未予明确，以及未作详细规定的内容作出进一步的明确和具体。

（3）效力层次 《中华人民共和国药品管理法》是上位法，在整个药品管理法律体系中具有最高的法律效力，《中华人民共和国药品管理法实施条例》属行政法规，是下位法，其制定、实施等均不得不得与《中华人民共和国药品管理法》相抵触、相违背。

2.《中华人民共和国药品管理法实施条例》修改情况

《中华人民共和国药品管理法实施条例》1989年制定、颁布、执行，2002年修订，2016年第一次修正，2019年第二次修正（表1-3-2）。

表1-3-2 《中华人民共和国药品管理法实施条例》法规变化时间表

年份	法规变化	间隔时间（年）
1989年	首次颁布	/
2002年	第一次修订	13
2016年	第一次修正	14
2019年	第二次修正	3

四、《中华人民共和国中医药法》相关知识

中医药是中华文明的瑰宝，是5000多年文明的结晶，在全民健康中发挥着巨大的作用。党和国家高度重视中医药工作。1950年，毛泽东为第一届全国卫生工作会议题词："团结新老中西医各部分医药卫生人员，形成巩固的统一战线，为开展伟大的人民卫生工作而奋斗"；1958年，毛泽东在《卫生部党组关于西医学中医离职班情况成绩和经验给中央的报告》上作出重要批示，指出："中国医药学是一个伟大的宝库，应当努力发掘，加以提高。"为我国中医药及中西医结合工作指明了前进方向；2015年，习近平致信祝贺中国中医科学院成立60周年时指出："中医药学是中国古代科学的瑰宝，也是打开中华文明宝库的钥匙。当前，中医药振兴发展迎来天时、地利、人和的大好时机，希望广大中医药工作者增强民族自信，勇攀医学高峰，深入发掘中医药宝库中的精华，充分发挥中医药的独特优势，推进中医药现代化，推动中医药走向世界，切实把中医药这一祖先留给我们的宝贵财富继承好、发展好、利用好，在建设健康中国、实现中国梦的伟大征程中谱写新的篇章。"

（一）中医药法的颁布

1983年中国工程院院士董建华教授，时任六届全国人大常委会委员，在全国人大会议上首次提出了制定中医药法的议案，开启了中医药立法的艰难历程；1986年国务院启动了《中华人民共和国中医药条例》的起草工作，并于2003年4月颁布。这是我国第一部专门的中医药行政法规，对保障和规范中医药事业发展做出了较为全面的规定，有力地促进、加快了中医药事业发展；2008年国家十一届全国人大常委会在现行中医药条例的基础上，将中医药法列入立法规划；2009年《中共中央国务院关于深化医药卫生体制改革的意见》明确要求加快中医药立法工作；2011年12月原卫生部向国务院报送了中医药法草案（送审稿），2015年12月国务院将中医药法草案提请全国人大常委会审议；2015年12月和2016年8月、12月全国人大常委会进行三次审议中医药法；2016年12月25日，第十二届全国人大常委会第二十五次会议通过了《中华人民共和国中医药法》。

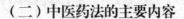

（二）中医药法的主要内容

《中华人民共和国中医药法》包含了总则、中医药服务、中药保护与发展、中医药人才培养、中医药科学研究、中医药传承与文化传播、保障措施、法律责任、附则九章、六十三条。立法目的是为了继承和弘扬中医药，保障和促进中医药事业发展，保护人民健康。

《中医药法》的颁布对中医药事业发展具有里程碑意义。首次从法律层面明确了中医药在我国医药卫生体系及保障人民健康中的地位与作用、发展方针和扶持措施，体现了国家大力发展中医药事业，实行中西医并重的方针，为中医药事业发展提供了法律保障；强调了发展中医药事业应当遵循中医药发展规律，坚持继承和创新相结合，保持和发挥中医药特色和优势；明确了国家鼓励中医西医相互学习，相互补充，协调发展，发挥各自优势，促进中西医结合；指明了中医药发展方向和保障措施以及中医医师、中医诊所和中药等方面的管理制度，规范了中医药从业行为，保障了医疗安全和中药质量。

1. 中医药的内涵与外延

中医药，是包括汉族和少数民族医药在内的我国各民族医药的统称，是反映中华民族对生命、健康和疾病的认识，具有悠久历史传统和独特理论及技术方法的医药学体系。

2. 政府在中医药发展中的责任

县级以上人民政府应当将中医医疗机构建设纳入医疗机构设置规划；政府举办的综合医院、妇幼保健机构和有条件的专科医院、社区卫生服务中心、乡镇卫生院，应当设置中医药科室；国家支持社会力量举办中医医疗机构；举办中医医疗机构应当按照国家有关医疗机构管理的规定办理审批手续，并遵守医疗机构管理的有关规定；从事中医医疗活动的人员应当依照《中华人民共和国执业医师法》的规定，通过中医医师资格考试取得中医医师资格，并进行执业注册；中医医疗机构配备医务人员应当以中医药专业技术人员为主，主要提供中医药服务；开展中医药服务，

应当以中医药理论为指导，运用中医药技术方法，并符合国务院中医药主管部门制定的中医药服务基本要求；县级以上人民政府应当发展中医药预防、保健服务，并按照国家有关规定将其纳入基本公共卫生服务项目统筹实施。医疗机构发布中医医疗广告，应当经所在地省、自治区、直辖市人民政府中医药主管部门审查批准；县级以上人民政府中医药主管部门应当加强对中医药服务的监督检查。

3. 中药产业发展与中药质量管理

制定中药材种植养殖、采集、贮存和初加工的技术规范、标准，保障中药材质量安全；鼓励发展中药材规范化种植养殖，提高中药材质量；建立道地中药材评价体系，支持道地中药材品种选育，扶持道地中药材生产基地建设；组织并加强对中药材质量的监测，定期向社会公布监测结果；保护药用野生动植物资源，对药用野生动植物资源实行动态监测和定期普查。

在村医疗机构执业的中医医师、具备中药材知识和识别能力的乡村医生，按照国家有关规定可以自种、自采地产中药材并在其执业活动中使用；保护中药饮片传统炮制技术和工艺，支持应用传统工艺炮制中药饮片，鼓励运用现代科学技术开展中药饮片炮制技术研究；对市场上没有供应的中药饮片，医疗机构可以根据本医疗机构医师处方的需要，在本医疗机构内炮制、使用。

关于中药新药和制剂的规定有：

（1）鼓励和支持中药新药的研制和生产。国家保护传统中药加工技术和工艺，支持传统剂型中成药的生产，鼓励运用现代科学技术研究开发传统中成药。

（2）生产符合国家规定条件的来源于古代经典名方的中药复方制剂，在申请药品批准文号时，可以仅提供非临床安全性研究资料。具体管理办法由国务院药品监督管理部门会同中医药主管部门制定。前款所称古代经典名方，是指至今仍广泛应用、疗效确切、具有明显特色与优势的古代中医典籍所记载的方剂。具体目录由国务院中医药主管部门会同药品监督管理部门制定。

（3）鼓励医疗机构根据本医疗机构临床用药需要配制和使用中药制剂，支持应用传统工艺配制中药制剂，支持以中药制剂为基础研制中药新药。医疗机构配制中药制剂，应当依照《中华人民共和国药品管理法》的规定取得医疗机构制剂许可证，或者委托取得药品生产许可证的药品生产企业、取得医疗机构制剂许可证的其他医疗机构配制中药制剂。委托配制中药制剂，应当向委托方所在地省、自治区、直辖市人民政府药品监督管理部门备案。医疗机构对其配制的中药制剂的质量负责；委托配制中药制剂的，委托方和受托方对所配制的中药制剂的质量分别承担相应责任。

（4）医疗机构配制的中药制剂品种，应当依法取得制剂批准文号。但是，仅应用传统工艺配制的中药制剂品种，向医疗机构所在地省、自治区、直辖市人民政府药品监督管理部门备案后即可配制，不需要取得制剂批准文号。医疗机构应当加强对备案的中药制剂品种的不良反应监测，并按照国家有关规定进行报告。药品监督管理部门应当加强对备案的中药制剂品种配制、使用的监督检查。

4. 中医药人才培养

中医药教育应当遵循中医药人才成长规律；国家完善中医药学校教育体系，支持专门实施中医药教育的高等学校、中等职业学校和其他教育机构的发展；国家发展中医药师承教育，支持有丰富临床经验和技术专长的中医医师、中药专业技术人员在执业、业务活动中带徒授业；国家加强对中医医师和城乡基层中医药专业技术人员的培养和培训；县级以上地方人民政府中医药主管部门应当组织开展中医药继续教育。

5. 中医药创新与中西医结合

规定了中医药科学研究的主体、方法和任务：鼓励科研机构、高等学校、医疗机构和药品生产企业等，运用现代科学技术和传统中医药研究方法，开展中医药科学研究，加强中西医结合研究；国家采取措施支持对中医药古籍文献、著名中医药专家的学术思想和诊疗经验以及民间中医药技术方法的整理、研究和利用；国家建立和完善符合中医药特点的科学技术创新体系、评价体系和管理体制，推动中医药科学技术进步与创新；国家采取措施，加强对中医药基础理论和辨证论治方法，常见病、多发病、慢性病和重大疑难疾病、重大传染病的中医药防治，以及其他对中医药理论和实践发展有重大促进作用的项目的科学研究。

6. 中医药标准体系建设

鼓励开展中医药传承与文化传播，促进中医药国际传播：对具有重要学术价值的中医药理论和技术方法，省级以上人民政府中医药主管部门应当组织遴选本行政区域内的中医药学术传承项目和传承人；建立中医药传统知识保护数据库、保护名录和保护制度；国家发展中医养生保健服务，支持社会力量举办规范的中医养生保健机构；县级以上人民政府应当加强中医药文化宣传；任何组织或者个人不得对中医药作虚假、夸大宣传，不得冒用中医药名义牟取不正当利益

7. 符合中医药特点的管理制度

建立中医医师资格管理制度、中医诊所准入制度；改革完善了允许医疗机构凭处方炮制市场上没有供应中药饮片的管理制度；改革完善了仅应用传统工艺配制中药制剂品种和委托配制中药制剂的备案管理制度。改革完善了来源于古代经典名方的中药复方制剂注册申请制度。

8. 对中医药事业的扶持与保障

县级以上政府应当将中医药事业纳入国民经济和社会发展规划，将中医药事业发展经费纳入财政预算。县级以上政府应当将中医医疗机构建设纳入医疗机构设置规划，扶持有中医药特色和优势的医疗机构发展。合理确定中医医疗服务的收费项目和标准，体现中医医疗服务成本和专业技术价值；有关部门应当按照国家规定，将符合条件的中医医疗机构纳入医保定点机构范围，将符合条件的中医药项目纳入医保支付范围；发展中医药教育，加强中医药人才培养，加大对中医药科学研究和传承创新的支持力度，促进中医药

文化传播和应用；发展中医养生保健服务，支持社会力量举办规范的中医养生保健机构；明确国家采取措施，加大对少数民族医药传承创新、应用发展和人才培养的扶持力度，加强少数民族医疗机构和医师队伍建设；民族自治地方可以结合实际，制定促进和规范本地方少数民族医药事业发展的办法。

县级以上人民政府应当为中医药事业发展提供政策支持和条件保障，将中医药事业发展经费纳入本级财政预算；县级以上人民政府中医药主管部门及其他有关部门未履行本法规定的职责的，由本级人民政府或者上级人民政府有关部门责令改正。

五、《药品生产质量管理规范》相关知识

1. GMP的概念

GMP是《药品生产质量管理规范》（Good Manufacture Practice for Drugs）的英文缩写。

GMP是对药品生产企业生产过程的合理性、生产设备的适用性和生产操作的精确性、规范性提出的强制性要求。

药品生产企业必须遵循的强制性规范。

GMP作为质量管理体系的一部分，是药品生产管理和质量控制的基本要求，旨在最大限度地降低药品生产过程中污染、交叉污染以及混淆、差错等风险，确保持续稳定地生产出符合预定用途和注册要求的药品。

2. GMP的发展史

1963年，美国国会颁布了世界上第一部GMP法规。

1964年，世界卫生组织（WHO）1969年采用GMP体系作为药品生产的监督制度。1975年11月正式公布GMP。

1979年，第28届世界卫生大会上世界卫生组织再次向成员国推荐GMP，并确定为世界卫生组织的法规。

1982年中国开始推行，1988年正式推广，并分别于1992年、1998年、2010年进行了三次修订。我国现在实施的为2010版。

GMP的诞生是制药工业史上的里程碑，它标志着制药业全面质量管理的开始。实施药品GMP认证是国家对药品生产企业监督检查的强制性措施和制度。

3. 我国现行版GMP

《药品生产质量管理规范（2010年修订）》（卫生部令第79号）于2011年1月17日由原卫生部发布，自2011年3月1日起施行。

为规范药品生产质量管理，根据《中华人民共和国药品管理法》《中华人民共和国药品管理法实施条例》，制定本规范。

本规范为药品生产质量管理的基本要求，对药品或生产质量管理活动的特殊要求由国家药品监督管理局以附录方式另行制定。

1）2010年版GMP的内容

《药品生产质量管理规范（2010年修订）》分为十四章，包括：总则、质量管理、机构与人员、设备、物料与产品、确认与验证、文件管理、生产管理、质量控制与质量保证、委托生产与委托检验、产品的发运与召回、自检、附则。

另外，对无菌药品、生物制品、血液制品等药品或生产质量管理活动的特殊要求，以附录方式另行制定。现制定的附录包括：无菌药品、原料药、生物制品、血液制品、中药制剂、中药饮片、医用氧、取样、计算机化系统、确认与验证、生化药品。

2）2010年版GMP的主要特点

（1）加强了药品生产质量管理体系建设，大幅提高对企业质量管理软件方面的要求。细化了对构建实用、有效质量管理体系的要求，强化药品生产关键环节的控制和管理，以促进企业质量管理水平的提高。

（2）全面强化了从业人员的素质要求。增加了对从事药品生产质量管理人员素质要求的条款和内容，进一步明确职责。例如，现行版GMP明确药品生产企业的关键人员包括企业负责人、生产管理负责人、质量管理负责人、质量受权人等

必须具有的资质和应履行的职责。

（3）细化了操作规程、生产记录等文件管理规定，增加了指导性和可操作性。

（4）进一步完善了药品安全保障措施。引入了质量风险管理的概念，在原辅料采购、生产工艺变更、操作中的偏差处理、发现问题的调查和纠正、上市后药品质量的监控的方面，增加了供应商再审计、变更控制、纠正和预防措施、产品质量回顾分析等新制度和措施，对各个环节可能出现的风险进行管理和控制，主动防范质量事故的发生。提高了无菌制剂生产环境标准，增加了生产环境在线监测要求，提高无菌药品的质量保证水平。

3）药品生产质量管理的基本要求

GMP 第二章质量管理第十条对药品生产质量管理的基本要求作了规定：

（1）制定生产工艺，系统地回顾并证明其可持续稳定地生产出符合要求的产品。

（2）生产工艺及其重大变更均经过验证。

（3）配备所需的资源，至少包括：①具有适当的资质并经培训合格的人员；②足够的厂房和空间；③适用的设备和维修保障；④正确的原辅料、包装材料和标签；⑤经批准的工艺规程和操作规程；⑥适当贮存条件。

（4）应当使用准确、易懂的语言制定操作规程。

（5）操作人员经过培训，能够按照操作规程正确操作。

（6）生产全过程应当有记录，偏差均经过调查并记录。

（7）批记录和发运记录应当能够追溯批产品的完整历史，并妥善保存、便于查阅。

（8）降低药品发运过程中的质量风险。

（9）建立药品召回系统，确保能够召回任何一批已发运销售的产品。

（10）调查导致药品投诉和质量缺陷的原因，并采取措施，防止类似质量缺陷再次发生。

4.药品批次划分原则

无菌药品和原料药品批次的划分依据不同的标准，具体情况如下：①大（小）容量注射剂以同一配液罐最终一次配制的药液所生产的均质产品为一批；同一批产品如用不同的灭菌设备或同一灭菌设备分次灭菌的，应当可以追溯。②粉针剂以一批无菌原料药在同一连续生产周期内生产的均质产品为一批。③冻干产品以同一批配制的药液使用同一台冻干设备在同一生产周期内生产的均质产品为一批。④眼用制剂、软膏剂、乳剂和混悬剂等以同一配制罐最终一次配制所生产的均质产品为一批。⑤连续生产的原料药，在一定时间间隔内生产的在规定限度内的均质产品为一批。⑥间歇生产的原料药，可由一定数量的产品经最后混合所得的在规定限度内的均质产品为一批。

六、《中华人民共和国药典》相关知识

1.中国药典沿革

1953 年版（第一版） 第一部《中华人民共和国药典》（简称《中国药典》）1953 年由原卫生部编印发行。

1963 年版（第二版） 1965 年 1 月 26 日原卫生部颁布《中国药典》1963 年版。

1977 年版（第三版） 1979 年 10 月 4 日原卫生部颁布《中国药典》1977 年版，自 1980 年 1 月 1 日起执行。

1985 年版（第四版） 经原卫生部批准，《中国药典》1985 年版于 1985 年 9 月出版，1986 年 4 月 1 日起执行。

1990 年版（第五版） 1990 年 12 月 3 日原卫生部颁布《中国药典》1990 年版，自 1991 年 7 月 1 日起执行。

1995 年版（第六版） 原卫生部批准颁布《中国药典》1995 年版，自 1996 年 4 月 1 日起执行。

2000 年版（第七版）《中国药典》2000 年版于 1999 年 12 月经原国家药品监督管理局批准颁布，2000 年 1 月出版发行，2000 年 7 月 1 日起正式执行。

2005 年版（第八版）《中国药典》2005 年版于 2004 年 12 月经原国家药品监督管理局批准颁布，2005 年 1 月出版发行，2005 年 7 月 1 日起正

式执行。

2010年版（第九版）《中国药典》2010年版于2010年1月出版发行，2010年7月1日起正式执行。

2015年版（第十版）《中国药典》2015年版于2015年6月5日经原国家食品药品监督管理总局批准颁布，自2015年7月1日起正式执行。

2. 现行《中国药典》2015年版

2015年版《中国药典》由2005年版及2010年版的三部，增加为四部。

（1）《中国药典》一部、二部和三部 一部、二部和三部与2005年版及2010年版药典收载形式一致，即一部收载药材和饮片、植物油脂和提取物、成方制剂和单味制剂等；二部收载化学药品、抗生素、生化药品以及放射性药品等；三部收载生物制品。在收载品种、技术方法等方面有了较大变化。

①《中国药典》一部

品种共计2598种，实现了对国家基本药物目录收载品种90%的覆盖率。其中新增440种，修订517种，不收载7种。不收载的主要原因是品种的标准不完善、多年无生产、临床不良反应多、剂型不合理。

修订和完善了"药材和饮片检定通则""炮制通则"；针对中药材及中药饮片中影响品质的残留农药、重金属和有害元素、生物毒素等，增订了中药有害残留物限量制定等相关指导原则。

制定了中药材及饮片中二氧化硫残留量限度标准。明确了采用酸碱滴定法、气相色谱法、离子色谱法测定经硫黄熏蒸处理过的药材或饮片中二氧化硫的残留量的方法。如白芍、白及、党参和天花粉中二氧化硫不得过400mg/kg。

建立了珍珠、海藻、昆布等海洋类药物标准中有害元素限度标准。其中珍珠中铅不得过5mg/kg；镉不得过0.3mg/kg；砷不得过2mg/kg；汞不得过0.2mg/kg；铜不得过20mg/kg。

制定了黄芪、人参、西洋参标准中有机氯等农药残留的检查。明确了有机氯类农药残留量测定法（包括9种有机氯类农药残留量测定、22种

有机氯类农药残留量测定）、有机磷类农药残留量测定法（12种）、拟除虫菊酯类农药残留量测定法（3种）、农药多残留量测定法（包括气相色谱法－串联质谱法测定74种、液相色谱－串联质谱法测定153种）。如黄芪、甘草中含总六六六不得过0.2mg/kg；总滴滴涕不得过0.2mg/kg；五氯硝基苯不得过0.1mg/kg。

对桃仁、莲子、柏子仁等14味易受黄曲霉毒素感染药材和饮片增加了"黄曲霉毒素"检查项目和限度标准。其中桃仁每1000g含黄曲霉素B_1不得过5μg，含黄曲霉素G_2、黄曲霉素G_1、黄曲霉素B_2和黄曲霉素B_2的总量不得过10μg。

建立了中药材DNA条形码分子鉴定法、色素测定法、中药中真菌毒素测定法、近红外分光光度法、基于基因芯片的药物评价技术等指导方法。

扩大了液相色谱法－串联质谱法、分子生物学检测技术、高效液相色谱－电感耦合等离子体质谱法等新技术、新方法用于中药饮片和制剂的质量控制。提高了检测的针对性、灵敏度、专属性和稳定性。

部分中药材增加了专属性的显微鉴别检查、特征氨基酸含量测定等。

在人参总皂苷、山楂叶提取物、银黄颗粒、清开灵注射液等30多个标准中建立了指纹图谱或特征图谱。

②《中国药典》二部

品种共计2603种，其中新增492种，同一部一样实现了对国家基本药物目录收载品种90%的覆盖率。修订415种，不收载28种。不收载的主要原因也是品种的标准不完善、多年无生产、临床不良反应多、剂型不合理。

强化了对有关物质的控制，提高了检测方法的科学性、系统适用性。要求根据被分析物的结构特点选择纸色谱、薄层色谱和高效液相色谱（HPLC）等；对原料药和制剂均要求控制工艺杂质和降解杂质，对已知杂质、特定杂质、未知杂质和总杂质分别设定限度控制。

静脉输液、营养液、电解质及滴眼液等，要求必须关注渗透压，控制渗透压摩尔浓度。

增加了对处方中含有抑菌剂的注射剂和眼用制剂，应建立适宜的检测方法对抑菌剂的含量进行控制的规定。

扩大了超临界流体色谱法、临界点色谱法、粉末X射线衍射法等新技术、新方法对于化药的质量控制。提高了检测的针对性、灵敏度、专属性和稳定性。采用离子色谱法检测硫酸盐或盐酸盐原料药中的酸根离子含量。

为加强对口服固体制剂和缓控释制剂的控制，增修订了药物溶出度和释放度检查法。

③《中国药典》三部

三部137种，其中新增13种、修订105种，不收载6种。增加、修订及不收载的原因同一部和二部。

对生物制品生产用原材料及辅料的质量、制剂中残留溶剂的控制提出了更高的要求，规范了防腐剂的使用。

增加了疫苗产品渗透压摩尔浓度测定，增订毒种种子批全基因序列测定，严格细菌内毒素检查限度。

采用了毛细管电泳分析测定重组单克隆抗体产品分子大小异构体；采用高效液相色谱法测定抗毒抗血清制品分子大小分布等。

新增"生物制品生产用原材料及辅料质量控制规程""人用疫苗总论""人用重组单克隆抗体制品总论"。

（2）《中国药典》四部 2015年版药典最大的变化是增加了第四部。首次将通则、药用辅料单独作为《中国药典》四部。

通则内容包括制剂通则（38个）、检定方法（240个）、标准物质、试剂试药和指导原则（指导原则30个、标准物质和试液试药相关通则9个）。

为满足中药、化药和生物制剂生产中对药用辅料的需求，药用辅料在第四部中单列。共收载270种，其中新增137种、修订97种，不收载2种。收载品种数量大幅增加，规格更加多样，逐步形成了系列药用辅料，同时增设了多孔性、粉末细度、粉末流动、比表面积、黏度等辅料功能性控制指标；加强了药用辅料中残留溶剂的控制要求。

增加了"国家药品标准物质制备指导原则"。对国家药品标准物质品种的确定、候选国家药品标准物质原料的选择、候选国家药品标准物质的制备、候选国家药品标准物质的标定提出了要求。

初级工 >>>

扫一扫看大纲

第一章 制剂准备

第一节 生产文件管理

1. 产品批生产指令、产品工艺规程相关知识。
2. 岗位操作规程、批生产记录相关知识。
3. 生产记录填写规定。

一、产品批生产指令管理

批生产指令（包括：批制剂生产、批包装生产）是指根据生产需要下达的、有效组织生产的指令性文件。目的是规范批生产指令的管理，使生产处于规范化的、受控的状态。

1. 批生产指令的编制、下达

生产管理部门按照月度生产计划、工艺规程，负责批生产指令的编制、下达。批生产指令内容包括：品名、批号、批量、规格、开工日期、生产周期、生产所用物料名称、数量、指令批准人、指令接收人等，若有特殊情况，应在备注栏中详细说明。

在下达批生产指令安排时，严禁不同品种、规格的生产操作在同一操作间进行，成品包装间如有数条包装线同时进行时，要有采取隔离的措施，以防止污染和混淆。

已编制的批生产指令由生产管理部门负责人签字批准。

2. 批生产指令的执行

生产管理部门将经批准的批生产指令及批生产记录下达给生产车间主任并签字；生产车间应按批生产指令组织生产，没有接到批生产指令不得生产；车间领料员凭批生产指令到库房按消耗定额领取原、辅、包装材料。

二、产品工艺规程管理

每种药品的每个生产批量均应当有经企业批准的工艺规程，不同药品规格的每种包装形式均应当有各自的包装操作要求。工艺规程的制定应当以注册批准的工艺为依据。

工艺规程不得任意更改。如需更改，应当按照相关的操作规程修订、审核、批准。

制剂工艺规程的内容至少应当包括：

1. 生产处方

产品名称和产品代码；产品剂型、规格和批量；所用原辅料清单（包括生产过程中使用，但不在成品中出现的物料），阐明每一物料的指定名称、代码和用量；如原辅料的用量需要折算时，还应当说明计算方法。

2. 生产操作要求

对生产场所和所用设备的说明（如操作间的位置和编号、洁净度级别、必要的温湿度要求、设备型号和编号等）；关键设备的准备（如清洗、组装、校准、灭菌等）所采用的方法或相应操作规程编号；详细的生产步骤和工艺参数说明（如物料的核对、预处理、加入物料的顺序、混合时间、温度等）；所有中间控制方法及标准；预期的最终产量限度，必要时，还应当说明中间产品的产量限度，以及物料平衡的计算方法和限度；待包装产品的贮存要求，包括容器、标签及特殊贮存条件；需要说明的注意事项。

3. 包装操作要求

以最终包装容器中产品的数量、重量或体积表示的包装形式；所需全部包装材料的完整清单，包括包装材料的名称、数量、规格、类型以及与质量标准有关的每一包装材料的代码；印刷包装材料的实样或复制品，并标明产品批号、有效期打印位置；需要说明的注意事项，包括对生产区和设备进行的检查，在包装操作开始前，确认包装生产线的清场已经完成等；包装操作步骤的说明，包括重要的辅助性操作和所用设备的注意事项、包装材料使用前的核对；中间控制的详细操作，包括取样方法及标准；待包装产品、印刷包装材料的物料平衡计算方法和限度。

三、岗位操作规程管理

各个生产岗位均应建立岗位操作规程，操作规程的内容应当包括：岗位名称、编号、版本号、颁发部门、生效日期、分发部门以及制定人、审核人、批准人的签名并注明日期，标题、正文及变更历史。

下述活动也应当有相应的操作规程，其过程和结果应当有记录：确认和验证；设备的装配和校准；厂房和设备的维护、清洁和消毒；培训、更衣及卫生等与人员相关的事宜；环境监测；虫害控制；变更控制；偏差处理；投诉；药品召回；退货等。

四、批生产记录管理

批生产记录包括：批生产记录和批包装记录。

1. 批生产记录

每批产品均应当有相应的批生产记录，可追溯该批产品的生产历史以及与质量有关的因素；批生产记录应当依据现行批准的工艺规程中相关内容制定。记录的设计应当避免填写差错。批生产记录的每一页应当标注产品的名称、规格和批号。

原版空白的批生产记录应当经生产管理负责人和质量管理负责人审核和批准。批生产记录的复制和发放均应当按照操作规程进行控制并有记录，每批产品的生产只能发放一份原版空白批生产记录的复制件。

在生产过程中，进行每项操作时应当及时记录，操作结束后，应当由生产操作人员确认并签注姓名和日期。

批生产记录的内容应当包括：产品名称、规格、批号；生产以及中间工序开始、结束的日期和时间；每一生产工序的负责人签名；生产步骤操作人员的签名；必要时，还应当有操作（如称量）复核人员的签名；每一原辅料的批号以及实际称量的数量（包括投入的回收或返工处理产品的批号及数量）；相关生产操作或活动、工艺参数及控制范围，以及所用主要生产设备的编号；中间控制结果的记录以及操作人员的签名；不同生产工序所得产量及必要时的物料平衡计算；对特殊问题或异常事件的记录，包括对偏离工艺规程的偏差情况的详细说明或调查报告，并经签字批准。

2. 批包装记录

每批产品或每批中间产品的包装，都应当有批包装记录，以便追溯该批产品包装操作以及与质量有关的情况；批包装记录应当依据工艺规程中与包装相关的内容制定。记录的设计应当注意避免填写差错。批包装记录的每一页均应当标注所包装产品的名称、规格、包装形式和批号。

批包装记录应当有待包装产品的批号、数量以及成品的批号和计划数量。原版空白的批包装记录的审核、批准、复制和发放的要求与原版空白的批生产记录相同。

在包装过程中，进行每项操作时应当及时记录。操作结束后，应当由包装操作人员确认并签注姓名和日期。

批包装记录的内容包括：产品名称、规格、包装形式、批号、生产日期和有效期；包装操作日期和时间；包装操作负责人签名；包装工序的操作人员签名；每一包装材料的名称、批号和实际使用的数量；根据工艺规程所进行的检查记录，包括中间控制结果；包装操作的详细情况，包括所用设备及包装生产线的编号；所用印刷包装材料的实样，并印有批号、有效期及其他打印内容；不易随批包装记录归档的印刷包装材料可采用印有上述内容的复制品；对特殊问题或异常事件的记录，包括对偏离工艺规程的偏差情况的详细说明或调查报告，并经签字批准；所有印刷包装材料和待包装产品的名称、代码，以及发放、使用、销毁或退库的数量、实际产量以及物料平衡检查。

五、生产记录填写规定

批生产记录由岗位操作人员填写，岗位负责人及有关规定人员复核签字；批生产记录应随操作过程及时填写，不允许事前先填或事后补填，填写内容应真实。

填写批生产记录应字迹清晰、工整，不允许用铅笔填写，尽量使用同一色泽笔填写；批生

产记录不得随意撕毁或任意涂改，如确需更改，应在更改处划一横线后在旁边重新填写并签名，并保持原填写内容可辨认，不得用刀片或橡皮更正。

品名应写全名，不得简写。物料的名称应与批生产（包装）指令相符，不得随意改动；按表格内容逐一填写，如无内容填写用"/"表示，不允许空缺不填，填写内容与上项相同时，应重复填写，不能用其他形式（如"〃"或"同上"）代替。

操作人、复核人应填写全名，不能只写姓或名，且不能代签；填写日期一律横写，年度应写全，如2017年2月10日，不能写成"17.2.10"或"17/10/2"。

每一批生产记录中的计量单位要尽量统一；本岗位与其他岗位有关的批生产记录，应做到一致性、连贯性，不能前后矛盾。

对批生产记录中不符合要求的填写方法，车间主任应监督填写人更正，其他人无权更改；批生产记录应做到整洁、完整、无污迹，严禁挪作他用。

技能要求

技能要点

1. 能识读批生产指令、岗位操作规程。
2. 能核对批生产记录表格的完整性。
3. 能填写生产记录。

一、识读产品批生产指令、岗位操作规程

批生产指令（包括：批制剂生产、批包装生

产）是指根据生产需要下达的、有效组织生产的指令性文件。目的是规范批生产指令的管理，使生产处于规范化的、受控的状态。

各个生产岗位均应建立岗位操作规程，操作规程的内容包括：题目、编号、版本号、颁发部门、生效日期、分发部门以及制定人、审核人、批准人的签名并注明日期，标题、正文及变更历史等内容。

（一）批生产指令（表 2-1-1~ 表 2-1-3）

表 2-1-1 批生产指令

产品名称			产品批号	
规　格			计划数量	
批准文号			产品代码	
签 发 人			接 收 人	
日　期			日　期	
生产周期		年　月　日至　　年　月　日　共　　天		
生 产 操 作 流 程				
需 用 原 辅 料				
物料名称	物料代码		物料批号	重量（kg）
生产房间（净化级别：　）				
房间名称	操作间编号		执行标准操作规程	
清场要求	同品种连续生产 □		阶段性开始生产 □	非连续性生产 □
备注：				

表 2-1-2 批生产指令（附页）

需用原辅料			
物料名称	物料代码	物料批号	重量（kg）

表 2-1-3 批包装指令

产品名称		产品批号	
规　格		计划数量	
批准文号		产品代码	
签 发 人		接 收 人	
日　期		日　期	
包装形式			
生产周期		年　月　日至　年　月　日共　天	

生产操作流程

需用包材				
物料名称	物料代码	规格	单位	批限额量

生产房间			
名称	操作间编号	净化级别	
内　包			
外　包			
清场要求	同品种连续生产 □	阶段性开始生产 □	非连续性生产 □

包装印字

生产日期	
产品批号	
有效期至	
备注：	

（二）岗位操作规程（表2-1-4、表2-1-5）

表 2-1-4 岗位操作规程

文件类型	标准操作规程（SOP）		文件编号	
修 订 人		审 核 人		批 准 人	
日　期	年　月　日	日　期	年　月　日	日　期	年　月　日

修订部门		颁发部门		生效日期	年　月　日
分发部门				版本号	第　版

表 2-1-5　×××标准操作规程

目的：
范围：
责任：
内容：
变更历史：

文件修订及变更原因	生效日期	文件编号

二、核对批生产记录表格的完整性

批生产记录包括：批生产记录和批包装记录。具体内容详见本节理论部分"四、批生产记录管理"。

批生产记录审核与批包装记录审核见表 2-1-6、2-1-7。

表 2-1-6　批生产记录审核单

产品名称		产品批号	
规　格		计划数量	
审核项目	标　准	审核情况	
		车间	QA
1.出库单	手续齐全	是 □　否 □	是 □　否 □
2.检验报告书	检验合格	是 □　否 □	是 □　否 □
3.工艺参数	执行工艺参数无误	是 □　否 □	是 □　否 □
4.操作参数	填写完整、准确	是 □　否 □	是 □　否 □
5.字迹、页面	字迹工整、清晰，页面整洁	是 □　否 □	是 □　否 □
6.记录更改	符合更改规定	是 □　否 □	是 □　否 □
7.物料平衡	计算准确、符合物料平衡范围	是 □　否 □	是 □　否 □
8.生产周期	在规定周期内完工	是 □　否 □	是 □　否 □
9.清场记录	填写完整	是 □　否 □	是 □　否 □
10.操作人、复核人	签字符合要求、完整	是 □　否 □	是 □　否 □
合格 □；生产记录共　　张；单据共　　张；检验报告　　张			
车间过程监控员：　　　　　　　　　　　　　　　　　　　　　日期：			
QA签字：　　　　　　　　　　　　　　　　　　　　　　　　　日期：			

表 2-1-7 批包装记录审核单

产品名称			产品批号	
规　　格			计划数量	
包装形式				

审核项目	标　　准	审核情况	
		车间	QA
1. 出库单	手续齐全	是 □ 否 □	是 □ 否 □
2. 检验报告书	检验合格	是 □ 否 □	是 □ 否 □
3. 工艺参数	执行工艺参数无误	是 □ 否 □	是 □ 否 □
4. 操作参数	填写完整、准确	是 □ 否 □	是 □ 否 □
5. 字迹、页面	字迹工整、清晰，页面整洁	是 □ 否 □	是 □ 否 □
6. 记录更改	符合更改规定	是 □ 否 □	是 □ 否 □
7. 物料平衡	计算准确、符合物料平衡范围	是 □ 否 □	是 □ 否 □
8. 生产周期	在规定周期内完工	是 □ 否 □	是 □ 否 □
9. 清场记录	填写完整	是 □ 否 □	是 □ 否 □
10. 操作人、复核人	签字符合要求、完整	是 □ 否 □	是 □ 否 □
合格 □；生产记录共　　　张；单据共　　　张；检验报告　　　张			
车间过程监控员：　　　　　　　　　　　　　　　　　　　　　　日期：			
QA 签字：　　　　　　　　　　　　　　　　　　　　　　　　　　日期：			

（一）填写注意事项

1. 批生产记录由岗位操作人员填写，岗位负责人及有关规定人员复核签字。

2. 批生产记录随操作过程及时填写，不允许事前先填或事后补填，填写内容应真实。

3. 填写批生产记录应字迹清晰、工整，不允许用铅笔填写，尽量使用同一色泽笔填写。

4. 批生产记录不得随意撕毁或任意涂改，如确需更改，应在更改处划一横线后在旁边重新填写并签名，并保持原填写内容可辨认，不得用刀或橡皮更正。

5. 品名应写全名，不得简写，物料的名称应与批生产（包装）指令相符，不得随意改动。

6. 按表格内容逐一填写，如无内容填写用"/"表示，不允许空缺不填，填写内容与上项相同时，应重复填写，不能用其他形式（如"〃"或"同上"）代替。

7. 操作人、复核人应填写全名，不能只写姓或名，且不能代签。

8. 填写日期一律横写，年度应写全。如 2017 年 2 月 10 日，不能写成"17.2.10"或"17/10/2"。

9. 每一批生产记录中的计量单位要尽量统一。

10. 本岗位与其他岗位有关的批生产记录，应做到一致性、连贯性，不能前后矛盾。

11. 对批生产记录中不符合要求的填写方法，车间主任应监督填写人更正，其他人无权更改。

12. 批生产记录应做到整洁、完整、无污迹，严禁挪作他用。

（二）生产记录

1. 批生产记录封面

2. 批包装记录封面

文件编号： 批 生 产 记 录 产品名称： 规　　格： 产品批号：	文件编号： 批 包 装 记 录 产品名称： 规　　格： 产品批号：

3. 生产前确认记录（制剂）（表 2-1-8）

表 2-1-8　生产前确认记录（制剂）

产品名称		产品批号	
规　格		确认日期	
确认工序		操作间编号	
检查项目		确认记录	
1. 操作间无上批遗留产品		合格□　不合格□	
2. 操作间无与本批无关的物料		合格□　不合格□	
3. 生产用状态标识、文件已按规定悬挂及更换		合格□　不合格□	
4. 生产设备清洗清洁干净，状态标识悬挂正确		合格□　不合格□	
工具、计量器具、容器、管道清洁干净		合格□　不合格□	
操作台案、桌面、水池清洁干净		合格□　不合格□	
5. 设备、计量器具、容器、工具按要求定置、定位放置		合格□　不合格□	
6. 地面（地漏）清洁干净		合格□　不合格□	
7. 墙面、屋顶（门、窗）清洁干净，无积尘		合格□　不合格□	
8. 送、回风口清洁干净，无积尘		合格□　不合格□	
9. 清洁用具已放在指定地点		合格□　不合格□	

续表

10.按规定消毒		合格□ 不合格□	
检查人		复核人	
日期		日期	
备注:			

4. 工序记录举例—水丸 称量工序记录（表2-1-9）

表2-1-9 称量工序记录

产品名称		产品批号	
规 格		计划数量	
生产开始 日期时间	年 月 日 时 分	生产结束 日期时间	年 月 日 时 分
工序负责人		日 期	

指令及操作要点	操作记录	签名/日期
领料与复核： 依据生产指令领取经检验合格的物料，双人复核物料名称、代码、批号、重量、件数及标识	物料名称： 物料代码： 物料批号： 物料重量： kg 共 件	操作人： 日期： 复核人： 日期：
检查包装不得有异物，物料内包装不得有浸湿、破损、霉变等被污染现象	□符合规定 □不符合规定	
物料有检验合格报告书	□有 □无	
称量： 在称量间称取合格的原料药粉，放入混合锅内，根据原料药粉重量及含水量，参照加水量表，确定加水量，双人复核。加入_____，使湿药粉含水达到工艺要求_____%。加_____完毕后将混合锅移送至混合炼药间	实称药粉量： kg 完成锅数： 锅 共完成（粉＋ ）： kg	操作人： 日期： 复核人： 日期：
自查： 投料时检查药粉外观、性状是否符合要求，有无异物、混药、被污染等异常现象	□符合规定 □不符合规定	
不可用干物料量： kg	操作人： 复核人：	日期： 日期：
本工序是否出现偏差	□出现偏差 详见偏差编号：_____ □未出现偏差	
备注		

5. 工序记录举例—制丸检查记录（车间）（表2-1-10）

表2-1-10 制丸检查记录

生产工序		湿丸 □ 干丸 □ 包衣丸 □									
产品名称						产品批号					
规　　格						计划数量					
重差范围						检查时间					
检查项目及方法											
1.外观检查：（具体标准）											
2.重量差异检查：（具体标准）											
3.生产时每班检查不少于　次，间隔不超过　小时 / 次											
检查结果											
日期											
时间											
重量差异检查	1										
	2										
	3										
	4										
	5										
	6										
	7										
	8										
	9										
	10										
水分 %											
外观检查											
检查人											
备注：											

6. 工序记录举例—制丸过程检查记录（车间）（表 2-1-11）

表 2-1-11 制丸过程检查记录

产品名称				产品批号		
规　格				计划数量		
开始　年　月　日		结束　年　月　日		检查人：		
检查开始时间（　　日　） （　时　分　）						
检查结束时间（　时　分　）						
检查项目		检查标准		判　　　　定		
标准文件执行情况		严格执行工艺规程，岗位操作法				
工艺卫生	生产区域	清洁、清场合格，物料流动合理				
	操作人员	按规定程序进出洁净区。工装整齐洁净，个人卫生良好				
	设备容器	清洁合格、定置、定位码放整齐				
	生产环境	压差、温湿度在规定范围内				
	清洁用品	清洁剂及清洁工具符合要求				
状态标志	生产标志	正在生产品种标识正确				
	设备标志	设备编号及运行状态标志齐全				
	清洁标志	操作间、设备、容器具、计量器具均有清洁合格或待清洁标志				
	质量标志	物料、中间品质量状态明确				
生产过程监控	原辅料	有检验合格报告单				
	计量器具	有周检合格证，校正准确				
	领料复核	物料称量准确、投料双人复核				
	生产操作	不同品种的生产操作不得在同一操作间同时进行				
	容器具	不得直接接触地面				
	标　签	物料、中间品均应有产品标签				
	工艺参数	依工艺规程严格控制				
	质量监测	丸药外观、性状、重量差异均应符合质量标准				
	中间品	数量准确，标示齐全、包装完整				
批记录		真实、正确、完整、规范				
清场清洁		生产设备、容器具、操作台面及操作间清洁合格无上批遗留物				

注：检查结果合格划"√"不合格划"×"

第二节　生产现场状态标识要求

相关知识要求

知识要点

生产现场状态标识的相关知识。

生产车间应建立生产现场状态标识管理规程，以便规范操作，保证设备、物料等能反映正确的状态。

生产期间使用的所有物料、中间产品或待包装产品的容器及主要设备、必要的操作室应当贴签标识或以其他方式标明生产中的产品或物料名称、规格和批号，如有必要，还应当标明生产工序。

容器、设备或设施所用标识应当清晰，标识的格式应当经企业相关部门批准。除在标识上使用文字说明外，还可采用不同的颜色区分被标识物的状态（如待验、合格、不合格或已清洁等）。

1. 设备生产状态

正在运行：绿色标有"运行"字样；正在检修：黄色标有"正在检修"字样；停用待修：红色标有"待修"字样。

2. 容器清洁状态

清洁可使用："绿色"标有"清洁合格"字样；待清洁：黄色标有"待清洁"字样；盛有物料：绿色标有"容器盛有物料"字样，并标明内容物品名、规格、批号、数量、操作人等。

3. 物料状态

合格：绿色标有"合格"字样；待检：黄色标有"待检"字样；不合格：红色标有"不合格"字样。

4. 生产状态标志

（1）指示车间生产　生产前按要求填好生产状态标志，并将门上的已清洁"清洁状态标志"牌换为"生产状态标志"，表明此房间和设备的生产状态，在其上注明工序名、产品名称、规格、批号、批量、生产日期等内容。

各工序或房间正在生产作业时，生产的操作间及设备由班组长在各设备明显处应挂好设备状态标志牌，内容包括：工序、品名、批号、批量、生产日期、操作人等，并于生产结束立即取下，更换新的标志牌。其标志不得妨碍生产操作。

（2）生产设备　应由设备维修人员定期检修，对有故障等待维修的设备应有待修状态标志，内容包括设备型号、主要故障、维修责任人等，检修期间由设备维修人员挂"待修停用"标志牌；检修合格后，挂上"完好"标志牌；运行时由操作人员挂上"运行"标志牌；生产过程的日常维修，挂上"正在维修"标志牌。不合格的设备应搬出生产区，未搬出前应有明显的状态标志，要标明停用设备型号、停用日期、停用原因。

（3）容器、设备　清洁状态的标志牌应由清洁人员在清洁工作完成后，挂"清洁合格"标志牌于容器、设备指定位置，并标明有效期；生产结束后挂上"待清洁"标志牌。

（4）物料类别和完成生产工序　由物料摆放或生产工序的操作人员及时悬挂，并于物料转移完毕后，由操作人员及时取下，车间中间站的所有物料、中间体要按待验、合格，分别挂黄牌、绿牌，并分别摆放在黄线区、绿线区，不合格品要放在不合格品存放间，并按不合格品管理规定作出处理。成品点收后放在仓库待验黄线区以黄色围栏围好，挂待验黄牌，检验合格后办入库手续并换绿色围栏，挂合格绿牌。

5. 清洁状态标志

车间各岗位清场卫生情况应有状态标志，清场后，质保员检查合格，发"清场合格证"，并挂上绿色"清场合格"标志牌；若不合格，挂上红色"清场不合格"标志牌。

用于指示存放废弃物的废弃贮器上应挂上黄色"废弃物"标志牌。

6. 设备的状态标志

所有使用设备除有统一编号外，每一设备都要有便于辨别的设备状态标志；不论在生产状态还是停产状态，每台生产设备都应挂好设备状态标志牌。

设备状态通常有以下四种情况：运行（表明此设备正在进行生产操作）；完好（表明生产已结束，设备未运行且无故障）；停用（表明设备未运行，有故障且未检修）；检修（表明设备有故障且正在进行维修）。

设备状态标志牌中除设备状态经常变化外，其他项目相对固定；当设备状态改变时，设备状态项目可由操作工用水性油墨笔填写。

所有设备状态标志牌应挂于设备不易脱落的明显部位，且不影响生产操作。

7. 管道标识

管道内容物及流向由带颜色的箭头标示。不同颜色用于识别管道内流体的种类和状态。箭头方向用于识别管道内流体的流向。

8. 卫生状态标识

在生产操作结束后，操作工取下门上的生产状态标志，及时挂上"清洁状态标志"注明未清洁，表明此房间及其设备、工器具和容器未清洁，不能使用。

操作工按照清场规程进行清洁后，填写清洁状态标志。经 QA 人员检查合格后，发给清场合格证或清场合格证明性文件，操作工将未清洁的清洁状态标志换为已清洁的清洁状态标志。挂于房间门上，表示此房间及其设备、工器具和容器已清洁，可以使用。

操作工按设备状态标志管理规程，挂好设备状态标志牌。

技能要求

技能要点

> 1. 能核对设备、操作间的标签标识内容与批生产指令的一致性。
> 2. 能检查设备、容器具及生产现场的清场合格标识。

生产车间应建立生产现场状态标识管理规程，以便规范操作，保证设备、物料等能反映正确的状态。

一、核对设备、操作间的标签标识内容与批生产指令的一致性

1. 生产期间使用主要设备、操作间应贴签标识或以其他方式标明生产中的产品或物料名称、规格和批号，如有必要，还应标明生产工序。核对设备、操作间的标签标识内容与批生产指令的一致性。

2. 容器、设备或设施所用标识应清晰明了，标识的格式经企业相关部门批准。除在标识上使用文字说明外，还可采用不同的颜色区分被标识物的状态（如待验、合格、不合格或已清洁等）。

二、检查设备、容器具及生产现场的清场合格标识

用于指示容器、设备清洁状态的标志牌应由清洁人员在清洁工作完成后，挂"清洁合格"标志牌于容器、设备指定位置，并标明有效期；生产结束后挂上"待清洁"标志牌。

生产前各工序岗位应由专人负责检查设备、容器具及生产现场的清场合格标识。

第二章　配料

第一节　领料

相关知识要求

> 1. 领料管理。
> 2. 原料、辅料、包装材料的领料程序。

一、领料管理

制剂配料是药品生产工艺执行过程中重要的步骤，涉及依据处方准备物料及称量操作。物料领用要严格按照管理要求执行。

生产车间依据公司（企业）药品生产质量管理体系的要求，以月度生产计划为基础，在接到药品生产批指令后，提前 1~2 天准备物料。根据批生产品种所需物料领料单的具体要求，安排生产操作人员到库房领取生产需要的物料，或者由库房人员依据已批准的物料领料单的要求，将物料送至相应生产区（洁净区送至外清间、非洁净区送至收料区）并做好标识。

车间物料管理员按照出库单负责接收物料，对收到的物料按流程要求进行复核并转入到指定的物料暂存间，登记物料领用台账，以备批生产使用。

二、领料程序

1. 原料

生产人员按制剂批处方读取或计算当日原料的需求量。库房人员按需求量将已检验合格且在有效期内的原料送至洁净区的外清间，物料管理员复核品名、批号、数量，并填写物料台账和结存卡，复核无误后将原料领入原辅料存放间。

2. 辅料

生产人员按制剂批处方读取或计算当日辅料的需求量。库房人员按需求量将已检验合格且在有效期或复验期内的辅料送至洁净区的外清间，物料管理员复核品名、批号、数量，并填写物料台账和结存卡，复核无误后将辅料领入原辅料存放间。

3. 包装材料

生产人员按包装批处方读取或计算当日包装材料的需求量。按需求量从中间站或库房领取已检验合格的包装材料，物料管理员复核品名、批号、版本号、数量，并填写物料台账和结存卡，复核无误后将包装材料领入包材存放间，印字包材设置专门区域单独管理。

技能要求

1. 能核对领料单与产品批生产指令的一致性。
2. 能按领料单领取生产物料，填写领料记录。

依据产品的批指令开具《领料单》（表2-2-1）并进行核对。《领料单》是车间向库房传递的领料需求，库房人员接到领料单后进行备料和配送。车间物料管理员需仔细复核所领物料的名称，物料编码，单位，批号，数量或重量，送货地点，生产厂家，确保领料单上信息与产品批生产指令上的信息一致。

一、核对领料单与产品批生产指令的一致性

无ERP系统的领料单核对：车间物料管理员

表2-2-1　领料单

单据号				需求车间			日期	
物料编码	物料名称	单位	批号	需求数量	需求时间	送货地点	生产厂家	备注
制表人				收货人			库房签字	

有ERP系统的领料单核对：用ERP系统开具批生产指令，则没有领料单，直接在ERP系统做本批领用物料预留并由ERP系统做物料复核。

二、领取生产物料

1. 无ERP系统的生产领料

（1）洁净区生产物料领取　车间物料管理员提前5分钟将接收物料的周转车存放至该区域的外清缓冲间，并准备接收物料，库房人员按照车间需求将物料转运至指定配送地点，拆掉外包装，QA将合格证贴到物料内包装上，库房人员将物料转移至缓冲间的物料周转车上，车间物料管理员核对物料信息：包括物料名称、物料编码、批次、单位、数量信息，在《物料出库单》（表2-2-2）上签字，《物料出库单》为物料出库并移交给车间的凭证，然后将物料转运至原辅料

暂存间或内包装材料暂存间，填写相关记录。

（2）非洁净区生产物料领取　库房人员按照车间需求将贴有合格证的包装材料转运至指定区域（部分物料在库房内拆除外包装，并由QA粘贴物料合格证），车间物料管理员做物料交接，按照合格证核对物料信息：包括物料名称、物料编码、批次、单位、数量信息，在《物料出库单》（表2-2-2）签字，并将包装材料存放指定区域，填写相关记录。

2. 有ERP系统的生产领料

（1）洁净区生产物料领取　车间物料管理员提前5分钟将接收物料的周转车存放至该区域的外清缓冲间，并准备接收物料，库房人员按照车间需求将物料转运至指定配送地点，拆掉外包装，将外包装上的物料条码签粘贴到内包装上，然后将物料转移至缓冲间的物料周转车上，车间

物料管理员核对物料信息：包括物料名称、物料编码、批次、单位、数量信息，在《物料出库单》（表2-2-2）上签字，《物料出库单》为物料出库并移交给车间的凭证，然后将物料转运至原辅料暂存间或内包装材料暂存间，填写相关记录。

（2）**非洁净区生产物料领取** 库房人员按照车间需求将粘贴有物料条码签的包装材料转运至指定区域（部分物料由库房人员在库房内拆除外包装并粘贴物料条码签），车间物料管理员做物料交接，按照物料条码签核对物料信息：包括物料名称、物料编码、批次、单位、数量信息，在《物料出库单》（表2-2-2）签字，并将包装材料存放指定区域，填写相关记录。

表2-2-2　物料出库单

地点：			日期：			物料凭证号：	
序号	物料编码	物料名称	批次	单位	数量	库存地点	仓位
制表人：			库管员：			收货人：	

三、填写领料记录

车间物料管理员在领取物料，核对无误后及时填写领料记录，包括《物料领发台账》（表2-2-3）和《原辅料、包装材料结存卡》（表2-2-4），具体如下：

《物料领发台账》需记录：物料名称、物料编码、领入日期、批号、领入数量及单位、有无破损、退库信息、结存信息、相关人员签字等。

《原辅料、包装材料结存卡》需记录：物料名称、物料编码、日期、批号、领入数量及单位、发出数量及单位、剩余数量及单位、领用人签字等。

表2-2-3　物料领发台账

物料名称							物料编码					
领入				发出				破损	退库	结存	盈亏	管理员签字	备注
日期	物料批号	件数单位（ ）	数量及单位（ ）	日期	数量及单位（ ）	生产批号	领料人	数量及单位（ ）	数量及单位（ ）	数量及单位（ ）	数量及单位（ ）		

表2-2-4　原辅料、包装材料结存卡

物料名称：			物料编码：					
日期	物料批号	收入量		发出量		储存量		领用人	备注
		件数	总量	件数	总量	件数	总量		

第二节　称量

相关知识要求

1. 常用称量器具的使用、配料及注意事项。

2. 有效数字及修约规则。

3. 称量复核的相关知识。

一、常用称量器具的使用、配料及注意事项

对制药行业常用的磅秤（机械称）和电子秤，熟悉其工作原理、特点、使用操作规程和注意事项。

（一）称量器具

1.磅秤

（1）磅秤的工作原理　机械磅秤利用不等臂杠杆原理工作。由承重装置、读数装置、基层杠杆和秤体等部分组成。读数装置包括：机械台秤、增砣、砣挂、计量杠杆等。基层杠杆由长杠杆和短杠杆并列连接。称量时力的传递系统是：在承重板上放置被称物时的四个分力作用在长、短杠杆的重点刀上，由长杠杆的力点刀和连接钩将力传到计量杠杆重点刀上。通过手动加、减增砣和移动游砣，使计量杠杆达到平衡，即可得出被称物料的重量值。

（2）机械磅秤的特点

①机械磅秤结构简单，计量较准确，只要有一个平整坚实的秤架或地面就能放置使用。

②秤体坚固，经久耐用，配有4个轮子，移动方便。

（3）磅秤的使用

①确认磅秤台上无其他物品，将砣挂挂好，计量杠杆归"0"，确认平衡。

②根据衡器称量标准规程的要求，必要时进行标准秤砣校验，一般先将磅秤归"0"，磅秤计量杠杆显示平衡，加标准秤砣至磅秤台上，将游砣在计量杠杆上移动至示度值处显示平衡，读取重量显示值。如示值与标准秤砣一致（规定误差范围内），则磅秤校验合格，可以用于物料称量。

③称量方法分两种：减重称量法和加重称量法。

④减重法称量：将待称量的带包装的物料解开物料袋口，放至磅秤台上，减增砣后，在计量

杠杆上移动游砣至示度值处使计量杠杆平衡，在记录上记下毛重值（W_0）；减砣并将游砣移动至示度值处，用专用器具将需要称量的物料转移至专用物料容器里，并使计量杠杆平衡，在记录上记下毛重值（W_1）；差值（W_0-W_1）即为物料称量重量。

⑤加重法称量：将游砣移动至示值杠杆归"0"，确认平衡后，将物料专用容器轻轻放置磅秤台上，加砣后将游砣在计量杠杆上移动至重量显示值处，使计量杠杆平衡，在记录上记下物料专用容器重量（W_0）；加砣后并将游砣在计量杠杆上移动至需要称量的物料重量与物料专用容器重量（W_0）总重量的重量显示值处，打开物料袋（桶）口，将需要称量的物料用专用器具加至专用物料容器里，直至计量杠杆平衡，在记录上记录总重量（W_1）；差值（W_1-W_0）即为物料称量重量。

⑥称量完毕，将磅秤恢复原样。记好磅秤使用日志的同时，将称量好的物料扎好并做好标识，放到指定位置存放；剩余物料扎好袋口、做好物料标识，转入物料暂存间交接，做好物料台账并签名和日期。

（4）磅秤使用注意事项

①磅秤应放置在平稳的地面或专用称量平台上，远离水池和通风口。

②使用前检查是否有计量合格证并在有效期内，不在有效期内的磅秤不得用于物料称量。

③确认磅秤秤砣、砣挂齐全，磅秤干净。

④称量操作必须有双人操作。一人称量，则另一人复核；复核应从归"0"后开始，按步复核。

⑤称量人及复核人均应在称量记录上签名和备注日期。

2. 电子秤

电子秤是衡器的一种，是利用胡克定律或力的杠杆平衡原理测定物体质量的工具。电子秤主要由承重系统（如秤盘、秤体）、传力转换系统（如杠杆传力系统、传感器）和示值系统（如刻度盘、电子显示仪表）三部分组成。

（1）电子秤的工作原理 将被称量物料放在承重台上，随之传感器产生形变，输出一个变化的模拟信号。该信号经过运算放大及模拟信号与数字信号（a/d）转换，产生数字信号，送至中央处理器进行运算控制，再由中央处理器根据键盘指令及程序状态，将最终数据传送到显示器显示。

（2）电子秤的特点

①电子秤是采用现代传感器技术、电子技术和计算机技术一体化的电子称量装置，能够满足并解决药品生产要求的"快速、准确、连续、自动"的称量要求。

②称量数据可上传保存，能够实现自动化控制，为药品生产的质量控制数字化打下良好基础。

③数字显示直观，并可接打印机打印，减少人为误差。

④准确度与精确度高，称量范围广，可以满足药品生产中不同称量的精度要求。

⑤特有功能：扣重、预扣重、归零、累计、警示等，使称量操作更简便可控。

⑥电子秤体积小、安装、校正简单，便于维护。

⑦因采用精密的力传感器及电子器件，对环境的要求较高。

（3）电子秤的使用

①确认电子秤上无其他物品，检查是否贴有计量合格证并在有效期内。

②插上电源，打开电子秤电源开关，进行预热，一般15~30分钟，并会自行进行内校验，自行归"0"；同时预热可以保证电子器件运行稳定，保证称量准确可靠。

③必要时，可按去皮键归"0"，可以开始称量操作。

④采用的称量操作方法：减重法称量和加重法称量。

⑤无论采取减重法称量还是加重法称量，都必须等称量平稳后，按规定要求填写称量记录；带打印功能的电子秤称量，同时按打印键打印称量结果；带电子信号上传功能的，同时自动上传至计算机存储。

⑥称量结束，应先关掉电子秤电源开关，拔

出电源线，将电子秤恢复原样。将称量好的物料扎好和做好标识，放到指定位置存放；剩余物料扎好袋口和记好物料标识卡，转入物料暂存间交接，做好物料台账并签名和日期。

⑦填写电子秤使用日志及挂状态标识牌，并做好标识。

（4）电子秤的使用注意事项

①应根据称量的重量及精度要求，选择合适精度的电子秤进行称量。

②称量前，检查水平泡是否在水平仪的中心；日常称量操作，应注意始终保持天平和电子秤处于待机状态关闭显示，但保持通电状态。使得称量器具保持温度平衡，有助于稳定读数，并延长称量器具的使用寿命。

③日常使用前按规定进行校准，必要时可增加校准的频次。校验合格可用于称量。

④电子秤称量环境的要求。一般要求：环境5~40℃、相对湿度25%~85% RH，避免阳光直射，安放在防震的水平平台或地面。例如：天平和电子秤应被放置在无窗的墙边，远离风扇或空调等风源，天平和电子秤的上方不要有直接的气流。

⑤称量过程中，物料应轻拿轻放，避免强力撞击、挤压等造成电子器件的损坏。

⑥称量时样品或称量容器应尽可能放置于秤盘中心，以保证称量准确。

（二）配料

为指导和规范配料称量岗位员工的操作，需要建立称量备料岗的标准操作规程。基本内容如下：

1. 准备工作

开批前，确认操作间已清场合格，现场QA作开批确认，岗位悬挂"正在操作"标识。生产现场使用的计量设备（天平、台秤）符合称量要求，必须贴有计量合格证，并注明有效期，在使用前操作人员必须确定设备在计量合格的有效期限内方可使用。相关记录和表单准备齐全。操作人员按批处方读取或计算当日原、辅料的需求量，并领取检验合格的原辅料。

2. 配料称量

操作人员依据制剂批处方称取原辅料。按照称量要求进行称量与复核操作，称量操作时必须有称量者、复核者，不得单独操作，确保原辅料标签与批记录上的物料编号、物料批号一致。已称量的物料及时密封保存，分区放置，并填写称量记录。

3. 称量结束

操作人员将已称好的和剩余的原辅料做好包装和标识，完成物料交接或放在指定区域，填写批记录。

（三）注意事项

1. 原、辅料筛选：操作时容易产生粉尘，应启动称量罩后再进行操作，减少粉尘的排放。

2. 原、辅料称量前预处理、称量过程使用到乙醇溶液的工序：依据环境、健康、安全作业指导书要求，乙醇溶液应存放在密闭容器或防爆桶中，洒漏出的乙醇溶液应立即使用方巾吸附，防止大面积挥发。

3. 当存在可能出现裸手接触原辅料的情况时，操作人员需佩戴一次性手套。

4. 配料称量过程中如有较重的物料，操作人员需注意安全。

5. 存放和使用的物料做到标签与实物一致。

6. 称量物料时所使用的辅助工具（如舀子、铲子等）需要专品专用，不得混用。

7. 每一个物料批号进行物料平衡计算，超出规定限度按偏差处理。

8. 不同批次的物料间隔放置且具有明显的鉴别标识。

9. 填写相关记录要做到真实、准确、及时。

二、有效数字及修约规则

药品生产过程中，各工序的关键工艺参数及显示值，如称量物料重量、加入溶剂或药液体积、压力参数、温度参数、真空值等，应在批记录中记录，并有明确的管理要求，按称量显示值或其他显示值填写即可。需要通过运算得到结果的，如生产过程中对含量、成品率、收率和物料平衡等计算，其数字修约应遵循下列规则：

1. 拟舍弃数字的最左一位数字小于 5 时，则舍去，即保留的个位数字不变。

2. 拟舍弃数字的最左一位数字大于 5，或者是 5，而其后跟有并非全部为 0 的数字时，则进一。即在保留的末位数字加 1。

3. 拟舍弃数字的最左一位数字为 5，而右面无数字或皆为 0 时，若所保留的末位数为奇数则进一，为偶数则舍弃。

4. 在表述相对标准偏差（RSD）、相对平均偏差（RAD）中，均要保留 2 位有效数字，且执行"只进不舍"的原则。

5. 不许连续修约。拟修约数字应在确定修约位数后一次修约获得结果，而不得多次按前面规则连续修约。

6. 运算过程中，允许多保留一位有效数字，但最终结果按有效数字修约到位。

为便于记忆，上述修约规则可归纳成下列口诀：四舍六入五留双，五后非零则进一，五后全零看五前，五前偶舍奇进一，不论数字多少位，都要一次修约成。

三、称量复核

企业在建立药品生产质量管理体系时，都会根据 GMP 要求，建立配料称量的操作规程。为生产操作中物料称量过程建立操作标准，指导和规范操作人员的称量操作，确保称量的准确及减小称量过程物料被污染风险。

1. 称量前准备

（1）开始称量前确认现场无上批次物料，检查容器、设备、场地清洁状态应符合称量要求。

（2）确认物料包装完整性，称重的物料重量应在电子秤的有效称量范围内。

（3）称量仪器必须是经过校正并处于使用有效期内，称量作业人员必须经过相关培训，能有效完成称量作业。

（4）称量前应使用标准砝码对计量器具进行校准。

2. 称量与复核

按照规定对物料进行称量和复核操作，并填写相关记录，包括物料名称、批次、重量、数量、称量时间、称量人、复核人、称量器具名称等，已称量的物料及时密封保存，分区放置，不同批次的物料间隔放置且具有明显的鉴别标识。

（1）进行同产品的备料操作时，如果有多种物料，称量应该遵循先称量产尘小的物料再称量产尘大的物料，且称量每种物料间称量罩或称量房间需自净 5 分钟，在称量完一种物料后，将剩余物料进行封装，对称量现场及称量设备和工具进行简单清理，更换一次性手套后再进行下一种物料的称量操作，避免造成交叉污染。

（2）使用具有自动打印功能的电子秤称量：按照有关电子秤标准操作规程进行称量（如需去皮则进行去皮操作）。称量人将待称量物料放在电子秤秤盘上，点击控制按钮，输出自动打印的重量标签，在标签上签名，复核人全程监控称量过程，在标签上签名。

（3）使用不具有自动打印功能的电子秤称量，需进行两次称量：两次称量可以采取首次称量后立即进行称量复核或首次称量后由后续工序进行称量复核两种形式。

（4）数据确认：首次称量数据和称量复核数据相同或二者差异不超过电子秤的检定分度值，则称量数据符合规定，以首次称量为有效数据。

（5）完成每次称量作业后，称量人和复核人员必须填写相应的称量操作记录，签名和日期，以对称量结果确认、负责。

3. 称量复核注意事项

（1）称量有腐蚀性或者强氧化性的物料时需要穿戴防化服，佩戴防腐蚀性手套、眼镜和帽子等防护性装备。

（2）非指定人员不得操作设备，不得触摸任何电闸开关。

（3）称量复核过程中，在搬运物品时应注意避免砸伤、扭伤，过重物品需双人操作搬运。

（4）称量过程中，对物料应轻拿轻放，尽量减少物料损失以及对环境的污染。

（5）称量操作必须由双人完成，复核人进行复核后签字确认，确保原辅料标签与批文件上的物料编号、物料批号一致，不得裸手触药。

（6）首次称量和复核称量所用电子秤的称量范围必须是一致的。

（7）称量物料时所使用的辅助工具需要专品专用，不得混用。

技能要求

1. 能检查称量器具及称量范围与称量要求的适用性。

2. 能使用称量器具称量物料，将称量的物料装入清洁的容器内。

3. 能填写、复核称量记录，填写称量物料的标签，并标示于容器内、外。

4. 能确定数字单位及有效数字位数。

一、称量器具及称量范围与称量要求的适用性检查

在称量操作开始之前，操作人员需要对称量器具进行检查。

1. 必须是待称物料的指定称量器具。按照生产工艺要求，需要在备料间做的称量，不允许在非备料区域的称量器具上进行称量操作；在此称量间有多个称量器具的，需确认能否满足该物料的称量要求，如该物料需要打印专有称量标签，则只可选用能打印出此物料专有标签的称量器具。

2. 称量器具的称量范围满足称量要求。即称重物品的重量在称量器具最大称量量和最小称量量之间，如待称物料单次需称量 25kg，称量器具应选用称量上限在 25kg 以上的，且称量器具精度应符合所称量物料的处方要求。

3. 生产现场使用的称量器具（天平、台秤）贴有计量合格证，并注明有效期。使用前操作人员必须确定设备在计量合格的有效期限内方可使用，如果超出计量合格的有效期或者校验不合格的，不得用于药品生产过程的称量作业。需要联系有资质的法定计量单位修复并校验合格，贴上计量合格证后方可用于生产的称量使用。

4. 称量前准备与要求：称量间已清场到位，无其他无关物料，现场 QA 作开批确认，岗位悬挂"正在操作"标识。衡器计量合格及容器、取样器具均已到位，符合使用要求，称量空白记录及记录笔已准备好。称量人与复核人均已在位，称量操作时必须有称量者、复核者，不得单独操作。确保原辅料标签与批文件上的物料编号、物料批号一致。称量物料时所使用的辅助工具（如舀子、铲子等）需要专品专用，不得混用。

二、使用称量器具称量物料

由班组长指定操作人员进行配料操作。配料操作人员根据处方及配料要求计算领取原辅料需求量，物料管理员复核领料信息无误后，填写物料台账和结存卡，操作人员将原辅料对物料进行配料称量操作，具体如下：

1. 使用具有自动打印功能的电子秤称量：

（1）在开始称量前，请先点击"→O/T←"将电子秤置零。如果需要使用空容器称量物料，需要执行去皮操作，将空容器放置在置零后的电子秤上，显示其重量值，点击"→T←"键或"去皮"键，去除容器重量。

（2）称量人将样品放在秤盘上或加入到空容器中，直到稳定指示符"。"消失后，读取称量结果，并点击控制按钮，输出自动打印的重量标签，并在打印标签上签字确认。

（3）复核人全程监控称量过程，并在打印标签上签字确认。

2. 使用不具有自动打印功能的电子秤称量，需进行两次称量。

三、将称量的物料盛装入清洁的容器内

将称量好的物料转入清洁的备料桶或塑料袋中，盖上盖子或扎好，张贴称量物料标签，放到指定位置存放（相应的备料垫板或备料小车上）。清点数量，做好标识。保证称量后的物料不被污染、混淆。

四、确定数字单位及有效数字位数

有效数字的判断：从左侧第一位不是 0 的数字起，到精确到的位数止，所有的数字都叫做这个数的有效数字。0 在非零数字之间与末尾时均为有效数。如 0.078 和 0.78，均为两位有效数字，506 和 220 均为三位有效数字。

数字单位及有效数字位数的确定需要按照产品生产工艺规程和处方要求执行，比如工艺规程规定原辅料单位是千克，则称量需要按照千克单位执行，原辅料单位为毫升，则称量需要按照毫升单位执行。如果处方上规定称量保留两位有效数字，则从左侧第一个不是 0 的开始取之后的 2 位，如果保留小数点后两位有效数字，则保留至小数点后 2 位（小数点前不为 0）。

保留有效位数时按照有效数字及修约规则执行，口诀为：四舍六入五留双，五后非零则进一，五后全零看五前，五前偶舍奇进一，不论数字多少位，都要一次修约成。

五、称量物料标签的填写与标示

所有称量完的物料都要打印/填写备料签，包括产品名称、生产批号、备料锅次信息、物料名称、物料编码、重量、称量人和复核人等信息，带打印功能的电子秤可以打印部分物料信息，但是称量人和复核人必须手写补充，没有打印功能的电子秤，备料签所有信息需要备料人员手工填写。

产品名称：
生产批号：
第　锅
物料名称：
物料编码：
物料批号：
重量（kg）：
称量人：
复核人：
日期：

六、填写称量记录

称量操作完成后，操作人员填写称量记录（表 2-2-5），包括物料名称、物料编码、批号、处方量、净重、称量时间、操作人、复核人等信息，并粘贴称量凭证。

表 2-2-5　配制原辅料称量记录

物料名称			物料代码		
报告单号	批号	处方量（kg）	报告单号	批号	处方量（kg）
称量净重：　　kg			称量净重：　　kg		
称量时间：			称量时间：		
操作人/日期：			操作人/日期：		
（贴称量凭证或称量记录）			（贴称量凭证或称量记录）		
复核人/日期			复核人/日期		

七、复核称量记录

生产复核人员、班组长需要对称量记录进行复核，确认称量信息记录与实际一致、称量物料、使用的称量器具符合规定，物料标签信息是否有误，记录填写没有空项、错误等问题。

1. 首次称量后立即进行称量复核的具体操作

（1）首次称量　称量人将待称量物料放在电子秤秤盘上，读取读数，填写物料备料标签及记录，并在称量人处签名。复核人全程监控称量过程和记录填写过程。

（2）称量复核　称量人将物料从电子秤秤盘上取下，复核人重新进行称量，读取数据，将复核数据填写在备料标签及记录中相应位置，并在复核人处签名。称量人全程监控称量过程和记录填写过程。

2. 首次称量后由后续工序进行称量复核的具体操作

（1）首次称量　称量人将待称量物料放在电子秤秤盘上，读取读数，填写物料备料标签及记录，并在称量人处签名。复核人全程监控称量过程和记录填写过程，并在复核人处签名。

（2）称量复核　后续工序称量人将待称量物料放在电子秤秤盘上，读取读数，将复核数据填写在物料备料标签及记录中相应位置，并在首次称量人后面签名。后续复核人全程监控称量过程和记录填写过程，并在首次复核人后面签名。

第三章　制备

药品生产工艺由多个相互联系、相互影响的操作环节组成，严格、规范的操作是保障药品生产工艺持续稳定地生产出合格药品及安全操作的根本保障。本章内容涉及提取物制备、浸出药剂制备、液体药剂制备、注射剂制备、气雾剂与喷雾剂制备、软膏剂制备、贴膏剂制备、膜剂制备等17个环节。

每个操作环节开始前都应进行查验上一工序的标识卡内容是否完整，核对物料与标识卡的名称、编号是否相符；确认配电柜、电路、电机等处于正常运行状态，各仪表正常联结；确认设备及环境已清场合格；无与上批物料有关的任何标记；操作结束后，都应按照工艺要求填写生产记录和清场。这些内容参见相关章节，本章不再论述。

第一节　提取物制备

相关知识要求

知识要点

1. 浸提的含义、目的、过程、原理、影响因素；常用的浸提溶剂和辅助剂。

2. 煎煮法、浸渍法的含义、特点、适用范围、设备与操作。

3. 分离的含义与分类；沉降分离及离心分离的含义、特点及适用范围；离心设备的操作。

4. 干燥的含义、目的、影响因素；烘干法的含义、特点与常用设备。

理论部分中多功能提取设备的煎煮操作规程参见技能部分"一、使用多功能提取罐煎煮饮片"；浸渍设备的操作规程参见技能部分"二、使用浸渍罐浸渍饮片"；离心设备的操作规程参见技能部分"三、使用碟片式离心机离心药液"；烘干设备的操作规程参见技能部分"四、使用干燥箱干燥物料"。

一、浸提

中药浸提方法的选择应根据处方中药材特性及所含组分的理化性质、剂型要求及工艺特点、溶剂性质和生产实际等综合考虑。常用的提取方法主要有煎煮法、浸渍法、渗漉法、回流法、水蒸气蒸馏法等。近年来，随着科学技术的发展进步，超临界流体萃取法、半仿生提取法、超声波提取法、微波提取法等新技术和设备也在中药提取物制备中使用，甚至规模化的应用。

（一）概述

1. 含义与目的

浸提是指采用适宜的溶剂和适宜的方法将中药饮片所含有的有效成分或有效部位浸出的过程。目的是尽可能多地浸出有效成分或有效部位、最大限度地降低无效或非功效成分的浸出，减少服用剂量，便于后续的制剂，增加制剂的稳定性等，以满足临床用药的需要。

2. 浸提原理

矿物类、树脂类中药材没有细胞结构，可以直接溶解或分散在溶剂中。对于具有完好细胞结构的动植物中药材，细胞内成分的浸出，通常包括溶剂浸润与渗透到药材内部阶段；溶剂进入细胞后解除成分之间或与细胞壁之间的亲和性（解吸阶段），将药物成分以分子、离子或胶体粒子等形式或状态分散在溶剂中（溶解阶段）；浸出溶剂溶解大量药物成分后，细胞内液体浓度显著增高，使细胞内外出现浓度差和渗透压差，从而细胞外侧纯溶剂或稀溶液向细胞内渗透，细胞内高浓度的液体不断向周围低浓度方向扩散，直至内外浓度相等，渗透压平衡（浸出扩散阶段）。浸润与渗透、解吸与溶解、浸出成分扩散几个阶段相互联系、相互影响。

3. 影响浸提的因素

影响浸提的因素很多，包括药材的粒度、所含成分的理化性质、浸提温度、浸提时间、溶剂的pH值、浓度梯度、浸提压力等。一些新的技术如超声波提取法、超临界流体萃取技术、微波提取技术等，可以使浸提过程加快，提高浸提效果。

4. 常用的浸提溶剂

浸提溶剂影响药物成分的浸出、制剂的有效与安全、药物的稳定性等。常用的浸提溶剂有水、乙醇，而乙醚、乙酸乙酯、正丁醇等在生产中较少用于提取，一般仅用于某些脂溶性成分的纯化精制。

5. 浸提辅助剂

为了增加浸提成分的溶解度和制剂的稳定性，去除或减少杂质，常在浸提溶剂中加入酸、碱、表面活性剂等辅助剂。常用的酸有硫酸、盐酸、醋酸、酒石酸、枸橼酸等；常用的碱有氨水、氢氧化钙、碳酸钙、碳酸钠等；常用的表面活性剂有聚山梨酯类等。

加酸的目的是促进生物碱类成分的浸出、有机酸类成分的游离，除去酸不溶性杂质等。加碱的目的是增加偏酸性成分的溶出、碱性成分的游离，除去在碱性条件下不溶解的杂质等。加表面活性剂的目的是促进药材表面的润湿，有利于某些药物成分的浸提。

（二）常用浸提方法

1. 煎煮法

（1）含义　煎煮法是以水作溶剂，通过加热煮沸的方式浸提药材中药物成分的方法，又称煮提法、煎渍法。

（2）特点　煎煮法能浸提出较多的成分，符合中医药传统用药理念和习惯；浸提用溶剂一般为水，来源经济，提取过程操作简便和安全，对设备的要求不高，但必须有稳定的工业蒸汽供应，以保证生产的正常进行；提取过程中受湿热的影响较大。

（3）适用范围　适合于所含成分对湿、热稳定，能溶于水中的药材。

（4）煎煮的方法与设备　一般是根据生产指令和具体品种浸提的要求，将需要浸提的中药材或饮片，加入至多功能提取灌中，加入规定量的浸提用水，通过夹层通入蒸汽进行加热至沸，并保持规定的时间；开启放液阀门，通过重力或泵将药液转入储液罐中；根据工艺要求，重新加入浸提用水，重复操作2~3次，直至煎煮提取结束。

常用的提取设备为多功能提取罐，罐体具夹层，可通入蒸汽加热，整个罐体系用不锈钢材料制造，提取罐设计压力为147kPa，温度120℃。药材经加料口加入罐内，提取液从锅底上的滤板过滤后排除，为防止药渣在提取器内涨实、架桥而难以排除，罐内装有气动提升排渣的料叉。多功能提取罐适用范围广，既可常温常压提取，也可以加压、加热提取；可用于水提、醇提以及水蒸气提取药材中挥发性成分，还可用于回收药渣中的溶剂。多功能提取罐（图2-3-1）提取率较高，能耗少，操作方便，可以单独使用，也可以串联成罐组逆流提取。制药厂使用该设备提取植物性药材。

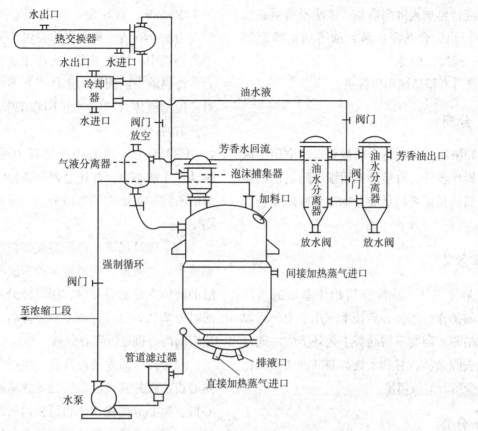

图 2-3-1　多功能提取罐示意图

2.浸渍法

（1）**含义**　浸渍法是用适当的溶剂，在一定的温度下，将中药饮片浸泡一定的时间，以浸提药物成分的一种方法。

（2）**特点**　静态浸出。操作简便，耗能低，工期长，不宜用水做溶剂，通常用不同浓度的乙醇或白酒，故浸渍过程中应密闭，防止溶剂挥发损失。但即使采用重浸渍法，加强搅拌，或促进溶剂循环，只能提高浸出效果，也不能直接制得高浓度的制剂。浸渍法应用较少，一般多用于传统的酒剂和酊剂制备。

（3）**适用范围**　适用于黏性药物、无组织结构的药材、新鲜及易于膨胀的药材、价格低廉的芳香性药材。不适于贵重药材、毒性药材及高浓度的制剂。因为溶剂的用量大，且呈静止状态，溶剂的利用率较低，有效成分浸出不完全。

（4）**浸渍的方法与设备**　按提取的温度和浸渍次数分为冷浸渍法、热浸渍法、重浸渍法。

冷浸渍法：一般在室温下进行的操作，故又称常温浸渍法。其操作方法是取中药饮片或粗颗粒，置有盖容器内，加入定量的溶剂，密闭，在室温下浸渍3~5日或至规定时间，经常搅拌或强制循环，滤过，压榨药渣，将压榨液与滤液合并，静置24小时后，滤过，得滤液。此法可直接制得药酒、酊剂。若将滤液浓缩，可进一步制备流浸膏、浸膏、片剂、颗粒剂等。

热浸渍法：一般是将中药饮片或粗颗粒置特制的罐内，加定量的溶剂（如白酒或稀乙醇），水浴或蒸气加热，使在40~60℃进行浸渍，以缩短提取时间，余同冷浸渍法操作。制备药酒时常用。由于浸渍温度高于室温，故浸出液冷却后有沉淀析出，应分离除去。

重浸渍法：又称多次浸渍法。可减少药渣吸附浸液所引起的药物成分的损失。操作方法是将全部提取溶剂分为几份，先用其第一份浸渍后，药渣再用第二份溶剂浸渍，如此重复2~3次，最后将各份浸渍液合并处理，即得。重浸渍法能大大地降低浸出成分的损失，提高浸提效果。取适当粉碎的饮片，置有盖容器中，加入溶剂适量，密盖，搅拌或振摇，浸渍3~5日或规定的时间，倾取上清液，再加入溶剂适量，依法浸渍至有效成分充分浸出，合并浸出液，加溶剂至规定量后，静置，滤过，即得。

常用设备有浸渍罐和压榨机。

二、分离

分离和精制是得到符合质量要求的中药提取物的关键操作步骤，直接影响后续中药制剂的顺畅性和产品质量是否满足质量标准和临床用药的需要。

（一）含义

分离是将固体－液体非均相体系用适当的方法分开的操作过程。分离技术应用于中药提取液、药物精制、药物重结晶等工艺环节中。通过分离尽量去除杂质，有利于提高制剂的质量和稳定性，减少患者的服用量。

（二）分类

常用的分离方法包括沉降分离法、离心分离法和过滤分离法。按照职业技能标准的要求，初级工需要掌握沉降分离法、离心分离法。

1. 沉降分离法

（1）含义　沉降分离法是利用固体物与液体介质密度相差悬殊，固体物利用自身重力自然下沉，用虹吸法吸取上层澄清液，使固体与液体分离的操作过程。包括水溶液沉降分离法和乙醇溶液沉降分离法。

（2）特点　操作简便，需要较长的静置时间，一般至少静置12小时以上；必要时，可控制静置时的药液温度，以提高沉降分离效果；分离不够完全，经常还需进一步滤过或离心分离，但可除去大量杂质，利于进一步分离操作。

（3）适用范围　适用于溶液中固体微粒多而质重的粗分离。

2. 离心分离法

（1）含义　离心分离法同沉降分离法一样，皆是利用混合液中不同物质密度差分离料液。不同之处在于离心分离的力为离心力。一台转速为1450r/min、直径为0.8m的离心机，其离心力为重力的940倍。离心操作是将待分离的料液置于离心机中，借助于离心机高速旋转产生的离心力，使料液中的固体与液体或互不相溶的不同相对密度的液体，产生大小不同的离心力，从而达到分离的目的。

（2）特点　离心操作过程中通过机械装置转动产生离心力，加速悬浮固体物沉淀或互不相溶的不同相对密度的溶液分层。分离效率高，工期短。

（3）适用范围　含不溶性微粒的粒径很小或黏度很大的滤液，或需将两种密度不同且不相混溶的液体混合物分开时，用沉降分离法和一般的滤过分离法难以进行或不易分开时，可考虑选用适宜的离心机进行离心分离。

（4）离心的方法与设备　生产中常使用管式离心机、碟片式离心机、三足式离心机和卧式离心机。离心分离操作是将待分离的药液置于离心机中，借助于离心机高速旋转产生的离心力，使料液中的固体与液体，产生大小不同的离心力，将颗粒性杂质沉淀与药液分离，从而达到分离的目的。

①管式离心机：转速可达8000~50000r/min，具有很高的分离效果。适用于分离乳浊液、细粒子的悬浮液或两种不同密度的液体。使用时，将待分离的物料进入快速旋转的空心不锈钢管内被甩向管壁。离心机上方有相互隔离的用以排出轻、重液体的孔道，重液体从重液排出口排出、轻液体从轻液排出口排出，沉淀物黏附于不锈钢管内壁上。

②碟片式离心机：转速可达10000r/min以上原理与管式离心机相似。使用时以轴带动复叠的钢制碟盘，每个碟上有数个孔眼，物料从下面通过碟上的孔向上移动，经离心力作用将轻、重液分离。

③三足式离心机：借助于高速旋转产生的离心力，将药液中固体截留在滤布上，滤液通过滤布在外壳中收集。适用于悬浮液中固液分离。

④卧式离心机：常用卧式自动离心机，可将加料和卸料自动进行，无需停车或降低转鼓的转

速。使用时加料、离心分离和卸除滤渣均自动顺次进行。

三、干燥

（一）含义与目的

干燥是利用热能除去固体物质或膏状物中所含的水分或其他溶剂，获得干燥物品的工艺操作。

通过干燥可以减少或除去物料中的水分，增加药物稳定性，便于进一步制备成各种剂型。在制剂生产中，新鲜药材、原辅料与片剂等固体制剂制备等均用到干燥。

（二）影响因素

物料干燥过程是被气化的水分连续进行内部扩散和表面气化的过程，所以干燥速率取决于物料中内部水分扩散和表面水分气化的速率。

物料干燥初期，水分从物料内部扩散速率大于表面气化速率，物料表面停留有一层非结合水，此时水分的蒸气压恒定，表面气化的推动力保持不变，因而干燥速率主要取决于表面气化速率，出现干燥过程的等速阶段，又称表面气化控制阶段。凡是能影响表面气化速率的因素均可影响此阶段的干燥，如干燥介质的温度、湿度、流动情况等；干燥进行到一定程度时，由于物料内部水分的扩散速率小于表面气化速率，物料表面没有足够的水分满足气化的需要，所以干燥速率逐渐降低，出现降速阶段，又称内部迁移控制阶段。此时热空气的流速、相对湿度等已不是主要因素，而物料的厚度、干燥的温度等均可影响降速阶段的干燥。

1. 物料的性质

干燥物料所含的物质组成及理化性质，是影响干燥的主要因素。湿物料的形状、大小、料层的厚薄、水分的结合方式均会影响干燥速率。通常物料呈膏状、堆积厚者干燥速率慢，结晶状、颗粒状、堆积薄者，干燥速率快。

2. 干燥介质的温度、湿度与流速

在一定范围内，提高干燥环境的温度，可相应提高物料表面的温度，加快蒸发速度，有利于干燥。但应避免某些热敏性成分被破坏。空气的相对湿度越低，干燥速率越快。降低有限空间的相对湿度可提高干燥效率。实际生产中常采用生石灰、硅胶等吸湿剂吸除空间水蒸气，或采用排风、鼓风装置等更新空间气流。空气的流速越大，干燥速率越快。但空气的流速对降速干燥阶段几乎无影响。这是因为提高空气的流速，可以减小气膜厚度，降低表面气化的阻力，从而提高等速阶段的干燥速率。而空气流速对内部扩散无影响，故与降速阶段的干燥速率无关。

3. 干燥速度与干燥方法

干燥过程中，物料表面液体首先蒸发，是内部液体逐渐扩散到表面继续蒸发，直至干燥完全。物料表面的蒸发速度大大超过内部液体扩散到物料表面的速度时，致使表面粉粒黏着，甚至熔化结壳，从而阻碍内部水分的扩散，易形成假干燥现象。假干燥的物料不能很好地保存，也不利于继续制备操作。

4. 干燥方式

干燥方式与干燥速率也有较大关系。若采用静态干燥法，则温度只能逐渐升高，以使物料内部液体慢慢地向表面扩散，源源不断地蒸发。否则，物料易出现结壳，形成假干现象。动态干燥法物料处于跳动、悬浮状态，可大大增加其蒸发面积，有利于提高干燥效率。但必须及时供给足够的热能，以满足蒸发和降低干燥空间相对湿度的需要。沸腾干燥、喷雾干燥由于采用了流态化技术，且先将气流本身进行干燥或预热，使空间相对湿度降低，温度升高，故干燥效率显著提高。

5. 压力

压力与蒸发量成反比。因而减压是改善蒸发、加快干燥的有效措施。真空干燥能降低干燥温度，加快蒸发速度，提高干燥效率，且产品疏松易碎，质量稳定。

（三）烘干法

1. 含义

烘干法是将湿物料置于适宜的烘盘内，在烘箱或烘房等设备中，利用热的干燥气流使湿物料水分气化进行干燥的方法。

2. 特点

常压下加热进行干燥，物料处于静止状态，干燥时间长、速度较慢。干燥物色泽深，呈板块装。

3. 适用范围

适用于非热敏性物料的干燥。目前在生产过程中应用较少，主要在实验室进行相关物料的检验项目中应用较多，如水分检查、灰分检查、不溶性灰分检查和干燥失重检查等。

4. 常用设备

常用设备有烘箱、烘房。

（1）烘箱　属于间歇性操作，向箱中装料时热量损失较多。为获得更好的效能，一般在烘箱中装备鼓风装置。

（2）烘房　结构原理与烘箱一致。将待干燥的物料置于烘架车上送入烘房，可通过蒸汽开关进行温度调节。

技能要求

1. 能使用多功能提取设备煎煮饮片。
2. 能使用浸渍设备浸提饮片。
3. 能使用离心设备离心药液。
4. 能使用烘干设备干燥稠浸膏。

一、使用多功能提取罐煎煮饮片

1. 技能考核点

（1）物料投料的符合性及应注意的问题。

（2）提取罐状态检查。

（3）浸提的沸腾状态及调节。

（4）放药液、出渣操作。

2. 操作程序、操作规程及注意事项

（1）操作程序　投料前确认→投料→提取→放液→出渣处置→清场→填写记录。

（2）操作规程

①关闭提取罐底盖，控制底盖开合气缸关闭底盖，控制底盖锁紧气缸将底盖锁紧。

②加料。打开多功能提取罐加料口，使投料设备与加料口联通，加料完毕后关闭加料口。加料过程应开启除尘系统。

③加溶媒。反冲洗与切线循环阀门应处于关闭状态。打开饮用水管路阀加水或打开其他溶媒管路阀加溶媒。

④浸提模式确定。若正常提取，放空口处于打开状态；若回流提取，关闭放空口，打开回流管阀门；若收油提取，打开收油器阀门。

⑤加热。打开蒸汽总阀门，打开底部和夹层进蒸汽阀门，开始加热。沸腾后，根据工艺要求对蒸汽阀门进行调节，保持溶媒的温度或沸腾状态。

⑥如需循环提取时，则打开切线循环管路上阀门，再开启药液泵。循环结束后，关闭循环管路上泵与阀门。

⑦出液。药液煎煮完毕后，关闭蒸汽阀，打开出液阀，开启药液泵，将药液输送至相应储罐。

（3）注意事项

①投料：佩戴好防护用品（手套、防尘口罩）；保障物料的准确无误。

②提取：压力、温度、溶媒用量等符合规定；随时调节底部、夹层蒸汽压力，以保持提取液处于充分沸腾状态；记录提取时间。

保沸过程：药液达到工艺要求的沸腾温度

后进入保沸过程，观察药液处于正常沸腾及回流状态，并控制蒸汽阀门调节蒸汽压力维持。提取时间到达工艺要求后，关闭进蒸汽阀门，开始放液。

收挥发油提取：观察流量计读数，当回流流量符合工艺要求时，开始计时，进行挥发油的收集。同时适当调节夹层及底部蒸汽阀门，保证收油过程中，回流量始终符合工艺要求。当收油器内挥发油达到一定液位时，关闭回流管路进提取罐阀门，打开收油器出液阀门，将收油器内的

挥发油收至指定容器内，并置于油水分离器内进行初步分离，分离出的挥发油置于棕色瓶内等待精制。

③放液：对出液量进行计量、记录。避免损失。确认罐中液体放净（放液终点判定标准：放液接近尾声且间断性流出次数明显减少，关闭放液总管路视境下阀门，如在15秒内视境未100%被液体充满，则认为该罐液体放净）。

④药渣处置：操作过程避免烫伤。

3. 煎煮生产记录样表

（1）投料记录样表（表2-3-1）

表2-3-1 投料记录样表

产品名称		批号		
罐　　号	第（　）号罐	第（　）号罐		第（　）号罐
生产起止日期	月　日　时　分——　月　日　时　分			
阀门状态确认	正常□ 异常□	正常□ 异常□		正常□ 异常□
罐中有无异物	无上批次剩余物料及异物 □ 有上批次剩余物料及异物 □			
检查人/日期				
投料药材批号		合格检验报告书号		
净制药材或饮片性状检查（性状良好，无异物、霉变）		合格□	不合格□	
罐投料量	共　 kg	共　 kg		共　 kg
净制药材或饮片名称				
操作人		复核人/日期		

（2）浸提生产记录样表（表2-3-2）

表2-3-2 浸提生产记录样表

产品名称		批号		规格	
月　日　时　分——　月　日　时　分					
操作参数					
罐　号	第（　）号	第（　）号		第（　）号	第（　）号
实际加水量（L）					
开始加热时间	时　分	时　分		时　分	时　分
开始沸腾时间	时　分	时　分		时　分	时　分
加热到沸腾时间（分）					
起沸温度（℃）					

续表

过程中温度（℃）				
结束温度（℃）				
加热结束时间	时　　分	时　　分	时　　分	时　　分
放液时间	分	分	分	分
提取液储罐罐号/体积	TC-（　　）/　　L		TC-（　　）/　　L	
提取液总体积（L）				
操作人		复核人/日期		

二、使用浸渍罐浸渍饮片

1. 技能考核点

（1）物料投料的符合性及应注意的问题。

（2）浸渍罐状态检查。

（3）浸渍温度、搅拌与时间。

（4）放药液、出渣操作。

2. 操作程序

投料前确认→投料→浸渍→放液→出渣处置→清场→填写记录。

3. 操作规程

①投料：配戴好防护用品（手套、防尘口罩）；保障物料的准确无误。

②浸渍：配制浸渍用溶媒量；控制搅拌频率；记录浸渍时间。

冷浸渍时，按工艺规程的要求浸渍规定的时间，一般数天不等；热浸渍时，则打开底部和夹层进蒸汽阀门，加热至规定的温度。调节蒸汽阀门流量，维持温度即可，并记录维持温度的蒸汽压力。

动态浸渍时，按工艺规定要求的时间点进行切线循环，打开泵上切线循环阀、罐旁切线循环阀、浸渍罐放液阀，再打开药液泵电源开关，进行切线循环。循环结束后，依次关闭放液阀、药液泵电源开关、泵上切线循环阀、罐旁切线循环阀。

③放液：对出液量进行计量、记录。确认罐中液体放净。为避免损失，通常将药渣在压榨器中进行压榨，将压榨液与滤液合并，滤过后使用。

4. 注意事项

①浸渍方法：按提取的温度和次数分为冷浸渍法、热浸渍法和重浸渍法。根据品种和工艺要求进行选择。

②药材处理：为达到更好的浸提效果，药材一般需进行破碎。破碎的程度根据品种和工艺要求进行。

③溶媒：浸渍法所需时间较长，一般不用水为溶媒，常用不同浓度的乙醇或白酒，故浸渍过程中应密闭，防止乙醇挥发。

④药渣处置：采用乙醇为溶媒浸渍时，出渣前用适量水稀释，便于安全出渣操作。

5. 浸渍罐生产记录样表（表2-3-3）

表2-3-3　浸渍生产记录样表

产品名称		批号		规格	
月　日　时　分 —— 月　日　时　分					
操作参数					
罐　号	第（　　）号		第（　　）号	第（　　）号	第（　　）号
实际溶剂量（L）					
开始加热时间	时　　分		时　　分	时　　分	时　　分

到达温度时间	时　分	时　分	时　分	时　分
加热到温度时间（分）				
搅拌频率（r/min）				
强制循环时间（分）				
浸渍开始温度（℃）				
过程中温度（℃）				
维持温度的蒸气压（MPa）				
过程中温度（℃）				
维持温度的蒸气压（MPa）				
浸渍结束温度（℃）				
浸渍结束时间	时　分	时　分	时　分	时　分
放液时间（分）				
浸提液储罐罐号/体积	TC-（　　）/　L		TC-（　　）/　L	
浸提液总体积（L）				
操作人		复核人/日期		

三、使用碟片式离心机离心药液

1. 技能考核点

（1）离心后药液澄清度的符合性。

（2）进行蝶式离心机操作。

2. 使用碟式离心机操作程序、操作规程及注意事项

（1）操作程序　离心前确认→进液离心→排渣→清场→填写记录。

（2）操作规程

①开机前，检查油箱油位是否在刻度线附近；按生产工艺要求检查，冲洗连接管道系统。清洗好机组转鼓；装配好转鼓、碟片及转鼓盖等。检查分离机的刹车是否打开，关闭所有进料口阀门。

②启动时发现异常摩擦声，应立即停机排除，不得强行启动。

③启动运转平稳后，且分离机无异常情况，则打开操作水泵，调整自循环阀门，将操作水压力稳定在0.4Mpa（操作水为纯化水，不得采用自来水）。

④设置参数：在系统操作面上点击"参数设定"。

⑤打开清洗水进水阀门（水量约为视镜一半），观察电流离心机电流和噪声，如噪声大、电流大幅上升，则应立即停止进料，此情况可能为转鼓未完全密封，检查密封操作水电磁阀是否动作或堵塞。

⑥运行正常后，关闭清洗水，按工艺要求进料，调节进料阀门，开始进液并进行离心分离，控制流量，通过调节药液入口阀门调节流量达到工艺要求，观察出口压力表。出料口压力不得高于0.4Mpa（可视物料情况适当调节出口流量）。

（3）注意事项

①进液离心：观察并调节流量达到工艺要求（离心机进口压力一般在0.02MPa左右），观察出口压力表，通过调节出口阀门来调节出口压力达到工艺要求。应时刻观察离心后药液的澄清度，不得有沉淀，目视应澄清。

②排渣：一般离心30分钟左右进行一次排渣。

③放液：对出液量进行计量、记录，避免损失。确认罐中液体放净（放液终点判定标准：放

液接近尾声且间断性流出次数明显减少，关闭放液总管路视境下的阀门，如在15秒内视境未 100%被液体充满，则认为该罐液体放净）。

3. 离心生产记录样表（表2-3-4）

表2-3-4　药液离心生产记录样表

产品名称		批号		规格	
生产工序起止时间		月　日　时　分 ——		月　日　时　分	
碟片式离心机编号		第（　　）号		第（　　）号	
待离心药液量（L）					
离心操作表述					
检查离心药液操作生产准备是否就绪				符合要求 □　不符合要求 □	
离心机开机前检查				正常 □　　异常 □	
出液阀门				开 □　　闭 □	
管路出料阀门				开 □　　闭 □	
进液阀门				开 □　　闭 □	
离心转数（r/min）					
上料流量（L/min）					
离心机进口压力（MPa）					
排渣时间				从　小时　分 至　小时　分	
离心时间				从　小时　分 至　小时　分	
离心药液总量（L）		离心药液澄清度		符合要求 □　不符合要求 □	
操作人		复核人／日期			

四、使用干燥箱干燥物料

1. 技能考核点

（1）干燥的物料确认；不锈钢干燥托盘符合要求。

（2）进行干燥箱干燥操作。

2. 使用干燥箱操作程序、操作规程及注意的事项

（1）操作程序　干燥前确认→物料准备→干燥→取料→清场→填写记录。

（2）操作规程

①干燥前确认：干燥用不锈钢托盘底部应平整，以免影响干燥效果。

②物料准备：待干燥的物料，等量倒入不锈钢干燥托盘内，铺展均匀，保证厚薄基本一致，一般不超过1cm。

③干燥：根据待干燥物料的干燥工艺及参数，设置干燥的温度及时间。随时观察干燥温度的波动，控制在±2℃。

进行加热（蒸汽加热，则开启蒸汽阀门，设定加热蒸汽压）。带鼓风装置的同时开启鼓风装置，至干燥温度点时，保持温度进行干燥。时刻观察干燥温度，调节控温。

接近干燥终点时，可预先取样进行水分监测，确认是否满足干燥的要求，必要时可适度延长干燥时间。

④取料：待物料晾制室温后，进行取料。放

入干燥箱中的物料，从上层往下层放置，取出干燥物料从下层往上层操作，避免操作时造成污染。

（3）注意事项

①样品在干燥前，对干燥箱的各层温度进行预测，调整至符合工艺要求。

②严禁将带有化学挥发性的试剂物品放入干燥箱内。采用一定浓度乙醇制备的颗粒剂应待无醇味时方可干燥。

3. 干燥生产记录样表（表2-3-5）

表2-3-5 干燥箱干燥记录样表

品名			产品批号			操作开始日期	
操作班次					干燥设备编号		
操作记录							
装盘	装盘数量	装盘体积		装盘开始时间	装盘结束时间		记录人
升温	开始时间	结束时间		箱体温度	持续时间		记录人
干燥曲线记录（每隔30分钟记录干燥过程温度）							
时 分	温度			记录人		复核人/日期	
时 分							
时 分							
时 分							
干燥结束日期/时间			记录人			复核人/日期	
设备运行总时间	时 分；时 分						
备注/偏差情况							

第二节　浸出药剂制备

相关知识要求

1. 浸出药剂的含义、特点、分类、容器种类与处理、单元操作。

2. 露剂、酒剂、酊剂、糖浆剂的含义、特点与制备，合剂、煎膏剂的含义、特点。

理论部分中浸出药剂的单元操作中洗瓶设备的操作规程参见技能部分"一、使用洗瓶机洗涤玻璃瓶"；干燥灭菌设备的操作规程参见技能部分"二、使用干燥灭菌设备干燥玻璃瓶或塑料瓶"；初滤设备的操作规程参见技能部分"三、使用初滤设备滤过药液"；离心分离法的含义、特点与适用范围参见本章第一节"二、分离"；

灌封设备的操作规程参见技能部分"四、使用灌封机灌封药液";灯检设备的操作规程参见技能部分"五、使用灯检仪（或灯检机）检查药液的澄清度"。

一、概述

（一）含义与特点

浸出药剂系指用适宜的溶剂和方法浸提饮片中的有效成分，直接或再经一定的制备工艺过程而制得的可供内服或外用的一类制剂。

浸出药剂的特点：

1.具有多种成分综合作用

浸出药剂与同一中药中提取的单体化合物相比，发挥作用的是多种成分的综合作用。对于复方制剂而言，中药多成分的综合作用就更为突出。

2.疗效缓和，作用持久，配伍增效减毒

由于多种成分的相互影响或相互制约，复方制剂中药物之间的配伍可以增强疗效、降低毒性。"附子无干姜不热，得甘草则性缓"即是对配伍的应用。

3.减少服用剂量，增加患者依从性

通过浸出过程可以去除部分无效成分和组织物质，从而提高有效成分的浓度，减少体积，便于服用携带与运输。

4.浸出药剂可作为其他制剂的原料

除汤剂、酒剂、酊剂等可直接由提取液制得外，其他提取液经精制纯化、浓缩干燥等制成的流浸膏、浸膏等可以作为片剂、胶囊剂、气雾剂等制剂的原料。

（二）分类

浸出药剂按浸提过程和成品情况可分为：水浸出药剂、含糖浸出药剂、含醇浸出药剂、无菌浸出药剂等。

二、容器种类与处理

除应符合有关内包装的规定外，还需针对浸出药剂的特点，考查容器的牢固性、密封性、化学稳定性、隔光性及对浸出药剂运输与贮存的方便性等。

浸出药剂的容器主要有玻璃瓶和塑料瓶。塑料瓶由于体轻、不易碎裂等特点，近年来的使用越来越多。口服浸出药剂为了避光，常采用琥珀色玻璃瓶或塑料瓶包装。煎膏剂一般采用广口玻璃瓶包装；含醇制剂一般用玻璃容器或塑料容器。

三、浸出药剂的单元操作

浸出药剂的洗瓶设备、干燥灭菌设备、初滤设备、灌封设备、灯检设备的操作参见相应的技能部分。离心分离法的含义、特点与适用范围参见本章第一节"二、分离"。

1.初滤

（1）方法

①常压滤过：实验室中一般用于小量样品的滤过。生产中多应用于提取液的初滤。

②减压滤过：可以进行连续滤过，整个系统都处在密闭状态，药液不易污染。

②加压滤过：多用于药厂大量生产，压力稳定，滤速快、质量好、产量高。

（2）设备

①常压滤过：实验室中常用玻璃漏斗、搪瓷漏斗等，采用滤纸或脱脂棉作为滤过介质。生产中多采用100~400目的尼龙布或不锈钢网作为滤过介质。

②减压滤过：常用布氏漏斗。多用于非黏稠性药液和含不可压缩性滤渣的药液滤过。

③加压滤过：常用压滤器、板框压滤机等。

压滤器：可用加压或减压的方法将药液压入滤器内，通过包有滤布或滤纸的多孔性空心的圆钢柱滤过。固体被截留在柱外滤材上，滤液经柱内自滤器上端压出。生产中常将多根钢柱并联应用，以提高滤过速度。

板框压滤机：由数块至数十块"滤板"和"滤框"串联组成一套，滤板之间夹置滤材。药液在强大的正压下由机头（封头）进入滤室，经滤过介质时其中的固体部分被截留形成滤饼，液体部分透过滤过介质由滤液流出口排出，从而达到固液分离。采用加压密闭滤过，滤过效率高，滤液澄清度好，药液损失少。但应注意保持滤过过程中压力的稳定。适用于黏度较低，含渣量较少的药液进行密闭滤过。

2. 灌封的方法与设备

灌封包括药液灌注和密封，有手工和机械两种灌封操作，生产中常用自动灌封机。

口服液自动灌封机生产线设备适用于5~500ml液体的灌装，可实现洗瓶、烘干、灌装、封口和贴标一体化。通过洗瓶机、理瓶机、高温隧道烘箱、灌装机、封口机、不干胶贴标机组成联动线，也可单机使用。自动化程度高，对各种规格的瓶类适应性强。

（1）灌注　应做到剂量准确；接触空气易变质的药物，在灌装过程中，可填充二氧化碳或氮等气体以排出容器内空气，并立即用适宜的方法严封。

（2）密封　应严密，无缝隙，不漏气。

3. 澄清度检查

澄清度检查法系将药品溶液与规定的浊度标准液相比较，用以检查溶液的澄清程度。常用的检查方法有目视法、浊度仪测定法。浸出药剂中要求的"澄清"，系指样品溶液的澄清度与所用溶剂相同，或不超过0.5号浊度标准液的浊度。"几乎澄清"，系指样品溶液的浊度介于0.5号至1号浊度标准液的浊度之间。

澄清度检查法常用的设备为灯检仪（图2-3-2）。

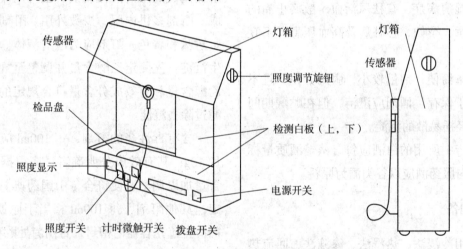

图 2-3-2　灯检仪结构示意图

四、露剂

（一）含义与特点

露剂系指含挥发性成分的饮片用水蒸气蒸馏法制成的芳香水剂。露剂浓度一般都很低，可用于矫味、矫臭和作分散剂。露剂易分解变质，甚至霉变，所以不宜大量配制和久贮。

（二）制备

露剂的制作方法有：溶解法、稀释法、增溶法、水蒸气蒸馏法。以挥发油和化学药物做原料时多用溶解法和稀释法，以药材做原料时多用水蒸气蒸馏法提取挥发油。

1. 溶解法

取挥发油或挥发性药物细粉，加微温蒸馏水适量，用力振摇（约15分钟），冷至室温后，滤过，自滤器上添加蒸馏水至全量，摇匀即得。

2. 稀释法

由浓芳香水剂加蒸馏水稀释制得。

3.水蒸气蒸馏法

称取含挥发性的中药材适量，装入蒸馏器中，加蒸馏水适量，加热蒸馏，或采用水蒸气蒸馏，使馏液达一定量后（一般收集药材重量的6~10倍馏液），停止蒸馏，除去馏液中过多的油分或重蒸馏一次，滤过得澄明溶液。药露常以此法制备。

五、酒剂

（一）含义与特点

酒剂是指饮片用蒸馏酒提取制成的澄清液体制剂。多供内服，也可外用，必要时加糖或蜂蜜矫味和着色。

酒，甘辛，大热，能通血脉，行药势，散寒，气味醇香特异，是一种良好的浸提溶剂，中药材及饮片中的多种成分易溶解于白酒中。适用于治疗风寒湿痹病症，有祛风活血、散瘀止痛的作用。但儿童、孕妇、心脏病及高血压患者不宜服用。

酒剂制备简便，剂量较小，服用方便，且不易霉变，易于保存。酒剂应澄清，但在贮藏期间允许有少量轻摇易散的沉淀。

酒剂生产中所用的白酒应符合蒸馏酒质量标准的规定，内服药酒应以谷类酒为原料。

（二）制备

酒剂可用冷浸法、热浸法、渗漉法、回流热浸法或其他适宜的方法制备。

1.冷浸法

以白酒为溶剂，每日搅拌1~2次，1周后每周搅拌1次，共浸渍30天，取上清液，药渣压榨，压榨液与上清液合并，加适量糖或炼蜜，搅拌溶解，静置14天以上，滤清，灌装即得。

2.热浸法

以蒸汽加热白酒后，浸渍药材，以缩短浸渍时间。其余操作同"冷浸法"。

3.渗漉法

以白酒为溶剂，按"渗漉法"操作，收集渗漉液。若处方中需加糖或炼蜜矫味者，可加至渗漉完毕后的药液中，搅拌密闭，静置适当时间，滤过，即得。也可以将蔗糖用白酒溶解后作渗漉溶剂。

4.回流热浸法

以白酒为溶剂，按"回流热浸法"操作，连续操作多次，至回流液无色。合并回流液，加入蔗糖或炼蜜，搅拌溶解后，密闭静置一定时间，滤过，分装，即得。

六、酊剂

（一）含义与特点

酊剂是指饮片用规定浓度的乙醇提取或溶解而制成的澄清液体制剂，也可用流浸膏稀释制成。酊剂多供内服，少数外用。酊剂不加糖或蜂蜜矫味和着色。酊剂应为澄清液体。久贮后如产生沉淀，先测定乙醇含量并调整至规定浓度，在乙醇含量和有效成分含量符合规定的情况下，可滤过除去沉淀。

含有毒性药的酊剂，每100ml应相当于原饮片10g；其有效成分明确者，应根据其半成品的含量加以调整，使符合《中国药典》对酊剂的规定；其他酊剂，每100ml相当于原饮片20g。酊剂应置遮光容器内密封，置阴凉处贮存。

酊剂制备简便，剂量缩小，服用方便，且不易生霉，易于保存。同酒剂一样，由于乙醇的存在使其应用受到一定的限制。

（二）制备

酊剂可用浸渍法、渗漉法、溶解法或稀释法制备。

1.浸渍法

将适当粉碎的饮片，置有盖容器中，加入适量规定浓度的乙醇，密盖，搅拌或振摇，浸渍3~5日或规定的时间，倾取上清液，再加入溶剂适量浸渍至有效成分充分浸出，合并浸出液，自滤器上添加浸渍时所用乙醇至规定量,静置24小时,滤过,即得。

2. 渗漉法

以规定浓度的乙醇为溶剂,按"渗漉法"操作,通常收集渗漉液达到酊剂全量的3/4时,应停止渗漉,压榨药渣,压榨液与渗漉液合并,添加适量溶剂至所需量,静置一定时间,分取上清液,下层液滤过,合并即得。

3. 溶解法

将处方中药物直接加入规定浓度的乙醇溶解至需要量,即得。溶解法适用于化学药物及中药有效部位或提纯品酊剂的制备。

4. 稀释法

以药物的流浸膏或浸膏为原料,加入规定浓度的乙醇稀释至需要量,混合后,静置至澄清,虹吸上清液,残渣滤过,合并上清液及滤液,即得。

七、糖浆剂的含义、特点与分类

糖浆剂系指含有提取物的浓蔗糖水溶液,含蔗糖量应不低于45%(g/ml)。糖浆剂应澄清。在贮存期间不得有发霉、酸败、产生气体或其他变质现象,允许有少量摇之易散的沉淀。糖浆剂应在清洁避菌的环境中配制,及时灌装于灭菌的洁净干燥容器中,密封,置阴凉处贮存。

糖浆剂中的糖和芳香剂(香料),能够掩盖某些药物的不良嗅味,改善口感,易于服用,尤其适宜于儿童患者应用。

根据组成和用途将糖浆剂分为以下几类。

1. 单糖浆

为蔗糖的近饱和水溶液,其浓度为85%(g/ml)或64.72%(g/g)。不含任何药物,除制备含药糖浆外,一般供矫味及作为不溶性成分的助悬剂,片剂、丸剂等的黏合剂。

2. 药用糖浆

为含药物或中药提取物的浓蔗糖水溶液,具有相应的治疗作用。

3. 芳香糖浆

为含芳香性物质或果汁的浓蔗糖水溶液,主要用作液体制剂的矫味剂。

八、合剂的含义、特点

合剂系指饮片用水或其他溶剂,采用适宜的方法提取制成的口服液体制剂。单剂量灌装者也可称"口服液"。合剂应澄清。在贮存期间不得有发霉、酸败、异物、变色、产生气体或其他变质现象,允许有少量摇之易散的沉淀。合剂应密封,置阴凉处贮存。

合剂是在汤剂的基础上改进和发展起来的剂型。与汤剂相比,既保持了汤剂综合浸出方药的多种成分和综合疗效,吸收快、奏效迅速的特点;又克服了汤剂临用时煎服的麻烦,减小了体积,便于携带、服用和保存。

九、煎膏剂的含义、特点

煎膏剂是指饮片用水煎煮,取煎煮液浓缩,加炼蜜或糖(或转化糖)制成的半流体制剂,俗称膏滋。

煎膏剂多以滋补为主,兼有缓和的治疗作用,多用于慢性疾病,具有浓度高,稳定性好,口感好,服用方便,渗透压大,微生物不易生长等优点。但含热敏性及挥发性成分的中药不宜制成煎膏剂。

技能要求

技能要点

　　1. 能使用洗瓶设备洗涤容器、干燥灭菌设备干燥容器。

　　2. 能使用初滤设备滤过、离心设备离心药液。

　　3. 能使用灌封设备灌封药液。

　　4. 能使用灯检设备检查药液的澄清度。

　　使用碟片式离心机离心药液参见第一节技能部分"三、使用碟片式离心机离心药液"。

一、使用洗瓶机洗涤玻璃瓶或塑料瓶

1. 技能考核点

　　（1）清洗前能够确认玻璃瓶摆放的要求和冲洗应注意的问题。

　　（2）循环水符合清洗要求。

　　（3）及时处理玻璃瓶洗涤不干净的问题。

2. 洗瓶机的操作程序、操作规程及注意事项

　　（1）操作程序　准备→摆瓶→清洗→水、气冲洗→清场→填写记录。

　　（2）操作规程

　　①打开进水阀，使储液槽内注满水，打开无盐水阀门，打开注射用水阀门，喷淋正常，打开水泵开关，使超声波清洗槽灌满水，调整进水，使槽内保持一定水位（严禁不到水位打开超声波），打开空气阀门。当槽内水位达到规定水位以后，打开超声开关，超声波清洗机进入洗瓶状态。

　　②把玻璃瓶装入进瓶盘，打开调速开关，使转速为 10~26Hz（使转速符合工艺要求），按启动键开始生产。

　　③当有卡瓶情况时，按停止键停车，检查一下卡瓶部位，及时清理碎瓶，调整拨瓶轮，再开车生产。

　　④在理瓶转盘把玻璃瓶拨入拨瓶轮及轨道中，严禁倒瓶进入。

　　（3）注意事项

　　①液体制剂常用的洗瓶设备包括超声波式洗瓶机、冲淋式洗瓶机、毛刷式洗瓶机三类。其中超声波式洗瓶机因简单、省时、省力、清洗效果好、成本低等优点被广泛应用于液体制剂瓶式包装物的清洗。

　　②洗瓶机通常会采用多阶段清洗。为了达到好的洗涤效果，洗瓶机会使用酸性洗剂、碱性洗液等进行冲洗，最后阶段则必须使用纯水进行清洗。

　　③最后的清洗用水通常应使用不大于 30μs/cm 的纯水进行多次冲洗，彻底去除前阶段残留清洗液以及残留污染物。也可选择使用反渗透的纯水作为洗瓶机用水。

　　④工作开始前必须冲洗水槽，冲洗所有管道。工作结束后水槽和过滤器中的存水必须排净。

　　⑤清洗前玻璃瓶摆放整齐，严禁倒瓶进入轨道，否则会引起碎瓶、堵瓶现象。

　　⑥工作过程中避免倒瓶，若有倒瓶需及时清理，避免卡住其他玻璃瓶。

　　⑦进瓶时瓶温不能过低，避免水液温差过大导致碎瓶。

　　⑧水、气冲洗环节一般通过射针和喷管完成对瓶子的三次水和三次气的内外冲洗。

　　⑨水槽内无水时不得打开超声设备。

　　⑩洗涤出来的瓶子中，如洗不干净的瓶子增多，可能是因为包括洗涤液温度过低、洗涤液碱的浓度太低、洗涤液泡沫太多、喷嘴堵塞、瓶子盛装过难洗物质等。排除方法包括：调高洗涤液温度、补充烧碱、改善洗涤液配方、疏通喷嘴、不让盛装过难洗物质的瓶子进入机内等。

3. 洗瓶机操作记录样表（表 2-3-6）

表2-3-6　洗瓶机操作记录样表

车间：			班次：				生产日期：		
项目及频次	工艺要求		操作记录						备注
本班用瓶计划	符合计划要求		瓶型						
			数量						
各槽温度 （1次/小时）	碱槽	温度（℃）	时间						
	碱Ⅰ	75~85	温度						
	碱Ⅱ	65~75	温度						
	热水	45~55	温度						
	温水	30~40	温度						
各区喷淋压力 （1次/小时） 喷嘴对中、畅通情况 （1次/2小时）	各区	压力MPa	时间						
	碱Ⅰ	0.02~0.10	压力						
		对中畅通	喷嘴						
	碱Ⅱ	0.08~0.18	压力						
		对中畅通	喷嘴						
	热水	0.08~0.18	压力						
		对中畅通	喷嘴						
	温水	0.08~0.18	压力						
		对中畅通	喷嘴						
	清水	0.15~0.20	压力						
		对中畅通	喷嘴						
碱液浓度 （1次/2小时）	1.0%~2.5%（最高不得高于3.0%）		时间						
			浓度						
滤网 （1次/小时）	保持畅通		时间						
			情况						
洗瓶速度	≤2.2万瓶/小时		速度						
洗涤剂	不结块、无污染		添加时间						
	产地		添加量kg						

二、使用干燥灭菌设备干燥玻璃瓶或塑料瓶

1.技能考核点

（1）灭菌前能够确认物料数量、摆放的符合性。

（2）灭菌前能够确认干燥灭菌箱状态符合操作要求。

（3）能够进行通风升温、降温停风的操作。

2.操作程序、操作规程及注意事项

（1）操作程序　准备→通风升温→干燥灭菌→降温停风→清场→填写记录。

（2）操作规程

①按相关岗位的生产操作规程进行操作，按照规定挂生产设备及生产场所状态标志。

②将需要灭菌的玻璃瓶（或塑料瓶）移至灭

菌间。

③达到工艺要求的温度时，记录时间。

④将灭菌烘干后的玻璃瓶（或塑料瓶）送入下一环节应用或贮存，注明：品名、批号、数量、时间等。

（3）注意事项

①本设备无防爆设施，切勿将易燃易爆物品放入箱内。

②箱体周围不宜放置物品，并经常监督箱内温度变化情况，一旦温度控制失灵，应立即停机检修。物料摆放位置与数量应符合要求。

③对玻璃器皿进行高温干热灭菌后，需等箱内温度降低至室温，才能开门取出，以免玻璃骤然遇冷而炸裂。

④灭菌物品不宜放得太多，以免影响空气流通，而使温度计上的温度指示不准，造成上面温度达不到，下面温度过高，影响灭菌效果。

⑤加热前必须关好箱门，否则不能进入加热工作状态。运行中应随时观察各仪表运行是否正常，给定的温度、时间是否符合工艺要求。

3.干燥灭菌箱设备操作记录样表（表2-3-7）

表2-3-7 干燥灭菌岗位生产记录样表

产品名称	生产指令号	生产批号	灭菌日期	数　量	工艺规程号
房间名称			房间编号		
设备名称			设备编号		
项　目	操作指导				记　录
操作记录	物料名称	批　号	数　量	设备升温时间	
	灭菌时间		烘干时间		备　注
	开始：		开始：		
	结束：		结束：		
	操作人		复核人		日　期
设备运行时间		时　分 —— 时　分			

三、使用初滤设备滤过药液

（一）使用板框压滤机滤过药液

1.技能考核点

（1）滤过过程中滤液质量的检查。

（2）滤过中问题的分析及处理措施。

2.操作程序、操作规程及注意事项

（1）操作程序　准备→滤过→参数控制→清场→填写记录。

（2）操作规程

①在滤框两侧先铺好滤材，装好板框，压紧活动机头上的螺旋。将待分离的药液放入贮液浆罐内，开动搅拌器以免产生沉淀。在滤液排出口准备好滤液接收器。

②开启空气压缩机，将压缩空气送入贮浆罐，注意压缩空气压力表的读数，待压力达到规定值，准备开始过滤。

③开启过滤压力调节阀，注意观察过滤压力表读数，过滤压力达到规定数值后，调节维持过滤压力，并控制使其稳定。

④开启滤液贮槽出口阀，接着开启过滤机药液进口阀，将药液送入过滤机，过滤开始。

⑤观察滤液，若滤液为清液时，表明过滤正常。发现滤液有浑浊或带有滤渣，说明过滤过程中出现问题，应停止过滤，检查滤材及安装情况，滤板、滤框是否变形，有无裂纹，管路有无泄漏等。

⑥定时记录过滤压力，检查板与框的接触面是否有浊液泄漏。

⑦当出口处滤液量变得很小时，说明板框中已充满滤渣，过滤阻力增大，使过滤速度减慢，这时可以关闭药液进口阀，停止过滤。

⑧洗涤，开启洗水出口阀，再开启过滤机洗涤水进口阀，向过滤机内送入洗涤水，在相同压力下洗涤滤渣，直至洗涤符合要求。

（3）注意事项　根据生产中不同品种的滤过要求，结合药液中沉淀物的多少，选择适宜的滤器与滤过装置。生产中初滤常采用100~400目滤网或滤布，结合板框压滤器、钛滤器或滤棒进行。

①药液过滤过程中，应严格按照设备标准操作程序、维护保养程序、取样检测标准操作程序和企业药液中间体质量标准进行操作和判定。

②操作人员每间隔15分钟（不同企业时间安排不同）取样一次，检查药液的可见异物、不溶性微粒、含量测定。

③出现个别指标不符合标准的结果时，应按下列程序进行处理：针对不合格指标应展开调查分析，确认为取样造成的，在不合格取样点重新取样检测，重新检测的项目必须合格；必要时采用前后分段取样和倍量取样的方法，进行对照检测，以确定不合格原因。

④当过滤器工作一段时间后，过滤器芯内沉淀了一定的杂质，这时压力降增大，流速会下降，需及时清除过滤器芯内的杂质。

3. 初滤设备滤过记录样表（表2-3-8）

表2-3-8　板框过滤生产记录样表

产品名称		批号		规格	
	月　　日　　时　　分 —— 月　　日　　时　　分				
操作参数					
板框过滤器编号					
滤材（种类、目数）					
待过滤药液储罐编号					
过滤药液量（L）					
开始过滤时间		时　　分		时　　分	
结束过滤时间		时　　分		时　　分	
过滤用时间		时　　分		时　　分	
滤液储罐号/体积					
滤液总体积（L）					
操作人			复核人/日期		

（二）使用钛滤器滤过药液

1. 技能考核点

（1）检查钛滤器及管道的各部件是否齐全、连接完好、无松动现象。

（2）按照钛滤器清洁操作规程清洁钛滤器及相连管道。

（3）使用钛滤器过滤药液。

2. 操作要求

熟悉并掌握钛滤器的标准操作规程，能够按照操作规程进行滤过药液操作。

3. 操作程序、操作规程及注意事项

（1）操作程序　开机前的准备工作→安装

钛滤器→加液→药液过滤→关机→清场→填写记录。

（2）操作规程

①先将放气阀打开，再打开进料口及出料口球阀。

②开启泵后注意观察放气阀，当放气阀喷出液体时，关闭放气阀。

③观察表压指针，表压应缓慢升压，此操作过程由进料口球阀控制，当不再升压且不超过额定使用压力为止，此过程时间不得少于3分钟。

④观察恒压压力保持时间及物料数量并计算单位流量。

⑤过滤一批物料后，将进、出料口关闭，打开排污阀。

⑥接入纯净空气，打开反吹阀用过滤压力的20%以上反吹压力，反吹2~3次，每次3~4秒。

⑦反吹后关闭反吹阀，打开进料口球阀，接好过滤器后蒸馏水反冲5~15分钟，观察排污口

排出清洁液体为止，反吹压力应大于过滤压力。

⑧反冲后关闭排污阀，准备下一批次过滤过程，并观察前一批次过滤通量，每次递减量变大时应加大反吹压力和延长反冲时间。

（3）注意事项

①钛滤器在使用前，根据待过滤药液工艺要求对钛滤器进行二次消毒处理，如无特殊要求，可直接使用经高温蒸汽消毒处理后的钛滤器。

②使用时在脱碳或其他过滤过程中，钛棒的表面易形成滤饼，要及时处理。

③药液经过钛滤器过滤时，开启钛滤器上端的排气阀门排气，以免有气体存在于过滤器中影响过滤效率。

④过滤时注意压力指示，并做好记录，以判断滤芯使用情况。若过滤的压差 $\Delta P > 0.13MPa$ 或流量明显下降，则表明滤芯大部分孔已被堵塞，需对滤芯进行清洗或更换。

4. 生产记录样表（表2-3-9）

表2-3-9　钛滤器滤过药液记录样表

产品名称		批号				规格			
生产工序起止时间		月	日	时	分 ——	月	日	时	分
钛滤器编号		第（　　）号				第（　　）号			
设备状态确认		正常 □ 异常 □				正常 □ 异常 □			
温度（℃）									
压力（MPa）									
药液（L）									
过滤时间	开始	月	日	时	分	月	日	时	分
	结束	月	日	时	分	月	日	时	分
成品情况									
滤过总量（L）									
外观性状									
操作人					复核人/日期				
备注									

四、使用灌封机灌封药液

1. 技能考核点

（1）灌液过程中能够准确检查装量。

（2）轧封过程中进行密封检查。

2. 灌封机的操作程序、操作规程及注意事项

（1）操作程序　准备→送瓶→灌液→加盖→轧封→清场→填写记录。

（2）操作规程

①打开电源开关。

②旋动送盖旋钮，将送盖轨道充满盖。主机指示灯指示，缓慢旋动主机调速按钮，至所需位置。

③按输送启动按钮，再按主机启动按钮。

④将清洁好的瓶子放在传送带上，进行灌装生产。

⑤操作完毕后，关机顺序与开机相反。

（3）注意事项

①灌封设备或用具等应按照规程清洁，消毒到位，防止产品的交叉污染和微生物污染。

②在启动设备以前需要对包装瓶和瓶盖进行人工目测检查；需要检查设备润滑情况，从而保证运转灵活。

③手动4~5个循环以后，对所灌药量进行定量检查。

④调整药量调整部件，至少保证0.1ml的精确度，此时可自动操作，使得机器联线工作。

⑤灌封过程中按规定时间抽样对所灌药量进行定量检查，对封盖的严密性和牢固性进行检查。

⑥密封性能检验通常有两种类型：外观检测和开盖检测。外观检测是否有斜盖、翘盖、滑牙盖及压坏盖爪等现象；观察盖面是否内凹、安全钮是否下陷，以确定罐内是否有真空；测量拧紧位置。开盖检测包括目测检查、真空度测定、顶隙度测定、密封安全值的测定等。

⑦随时观察设备，处理一些异常情况，例如下盖不通畅、走瓶不顺畅或碎瓶等，并抽检轧盖质量。

⑧发现异常情况，如出现机械故障，可以按动安装在机架尾部或设备进口处操作台上的紧急制动开关，进行停机检查、调整。对生产过程中发生的异常情况，及时报告车间管理人员及QA人员处理。同时填写好相应的记录，并纳入批生产记录中。

3. 灌封机操作记录样表（表2-3-10）

表2-3-10 灌封生产记录样表

操作步骤	工艺要求	灌封		
		实际操作	操作人	复核人
1. 生产前确认 房间号： _____	①确认有上批清场合格证副本并在有效期内	□ 符合要求 □ 不符合要求		
	②记录温度：18~26℃ 湿度：45%~65% 压差梯度	温度：____℃ 湿度：____% 压差：____Pa		
	③灌封室无与本批生产无关的物品	□ 符合要求 □ 不符合要求		
	④灌封设备清洁合格，所用器具已清洁在有效期内	□ 符合要求 □ 不符合要求		
	⑤检查灌封用本批记录文件齐全	□ 齐全 □ 不齐全		
	⑥房间的生产状态标志牌已挂上	□ 已挂标识牌 □ 未挂标识牌		
2. 开机前准备	①从灭菌柜中取出已灭菌的所用物品，在层流小车保护下转入灌封室的层流下	□ 按要求操作 □ 未按要求操作		
	②在A级层流保护下按顺序正确安装灌装管道系统	□ 按要求操作 □ 未按要求操作		
	③在A级层流下连接缓冲罐、终端滤器及药液管道	□ 按要求操作 □ 未按要求操作		
	④检查灌液、封口工位，检查对位是否正常	□ 符合规定 □ 不符合规定		

操作步骤	工艺要求	灌封		
		实际操作	操作人	复核人
2. 开机前准备	⑤干燥灭菌后瓶的清洁度，目检应为无异物	☐ 合格 ☐ 不合格		
	⑥向灌药器及管道中充满药液，启动设备进行灌药、封口	☐ 按要求操作 ☐ 未按要求操作		
	⑦封口时检查紧密度情况，质量符合要求后正式操作	☐ 符合要求 ☐ 不符合要求		
3. 灌封 机器编号： _____	①灌封前剔除烂瓶，瓶子检查完好	☐ 按要求操作 ☐ 未按要求操作		
	②调节计量泵装量。开始时抽查装量每次按顺序抽取6瓶，装量在__±__ml之间	计量泵装量：		
	③操作过程中随时检查装量情况，剔除不合格品	☐ 符合要求 ☐ 不符合要求		
	④操作过程中随时检查封口密封情况，剔除不合格品	☐ 按要求操作 ☐ 未按要求操作		
	⑤检查封口膜，依次取6瓶，有无破损、压制不严密，操作过程中和结束时，检查封盖情况	☐ 按要求操作 ☐ 未按要求操作		
	⑥灌封结束后，关闭电源	☐ 符合　☐ 不符合		
	⑦不合格品清点数量后放于不合格周转盘中，并及时销毁处理	☐ 已销毁 ☐ 未销毁		
物料平衡	灌封收率＝$\dfrac{灌封后瓶数×平均装量}{配置交灌封药液量}×100\%$ 规定范围：不低于98%	☐ 符合要求 ☐ 不符合要求		
备注				
Q A		日期		

五、使用灯检仪（或灯检机）检查药液的澄清度

1. 技能考核点

（1）灯检前能够确认环境、设备、标识牌等符合灯检的要求。

（2）灯检的光照度、离眼距离、观察时间要求。

（3）确认符合澄清度要求的外观特征问题。

（4）不符合澄清度要求的产品的处理方法。

（5）进行清场操作。

2. 灯检仪（或灯检机）的操作程序、操作规程及注意事项

（1）操作程序　准备→灯检→清场→填写记录。

（2）操作规程

①按《澄明度检测仪使用操作规程》开启澄明度检测仪。

②灯检采用日光灯为灯源，无色药液于光照度为1000~1500LX的照度下检测，有色药液于光照度2000~3000LX的照度下检测。

③背景：不反光的白色背景。不反光的黑色背景。

④距离：供试品至灯检员眼距离20~25cm。

⑤检验方法及时限：将半成品安瓿瓶如数抽取，擦净安瓿瓶外污痕（或保持外壁清洁）集中放置，使用灯检夹夹住安瓿瓶，于伞棚边缘处，使药液轻轻翻转360°，瓶口向下目视检查玻璃屑、混浊、白点、纤维、色点、装量差异、封口不良等。将出现这些现象的不良品、废品分开存放。

（3）注意事项

①灯检法应在暗室中进行。

②检查装置包括：带有遮光板的日光灯光源（光照度可在 1000~4000LX 范围内调节）；不反光的黑色背景；不反光的白色背景和底部（供检查有色异物）；反光的白色背景（指遮光板内侧）。

③需要确定光源的光照度符合要求。用无色透明容器包装的无色供试品，检查时被观察供试品所在处的光照度应为 1000~1500LX；用透明塑料容器包装、棕色透明容器包装的供试品或有色供试品溶液，光照度应为 2000~3000LX；混悬型供试品或乳状液供试品，光照度应增加至约 4000LX。

④检查人员条件要求：远距离和近距离视力测验，均应为 4.9 及以上（矫正后视力应为 5.0 及以上）；应无色盲。

⑤供试品至人眼的距离应保证观测清晰，通常为 25cm。

⑥旋转和翻转容器时不宜过于剧烈，避免产生气泡。有大量气泡产生影响观察时，需静置足够时间至气泡消失后检查。

⑦需要分别在黑色和白色背景下目视检查，重复观察，总检查时限为 20 秒。

⑧结果判定：供试品中不得检出金属屑、玻璃屑、长度超过 2mm 的纤维、最大粒径超过 2mm 的块状物以及静置一定时间后轻轻旋转时肉眼可见的烟雾状微粒沉积物，无法计数的微粒群或摇不散的沉淀，以及在规定时间内较难计数的蛋白质絮状物等明显可见异物。

⑨不合格样品的处理：瓶内有异物、瓶盖压斜、残缺或无盖、灌装量不符合要求的产品要挑出，隔离摆放等待处理；瓶体变形、破漏、瓶口不圆或不光滑的产品要挑出，隔离摆放等待处理；每个批次生产完成后，统计不合格类别和数量，按照要求填写生产记录。

3. 灯检仪操作记录样表（表 2-3-11）

表 2-3-11 灯检生产记录样表

产品名称		规 格			记录批号	
生产批量		生产日期			生产批号	
项 目		灯检人员				合 计
不合格项目	破损					
	异物					
	装量					
	瓶盖					
	萎缩					
	挂壁					
	小计					
投入量：		产出量：			废品量：	
操作人：		复核人：			日期：	
质量监控结论：		监控员：			日期：	
移交数量：		移交人：		接收人：		日期：
备注：						

第三节 液体制剂制备

相关知识要求

1. 液体制剂的含义、特点、分类、溶剂、附加剂及质量要求（最低装量检查法）。

2. 乳剂的含义、特点与分类；混悬剂的含义与特点。

3. 容器的种类与处理；洗瓶设备、干燥灭菌设备的操作。

4. 灌封的方法设备、操作与质量要求。

理论部分中液体制剂的容器与处理参见本章第二节"二、浸出药剂的容器种类与处理"部分；液体制剂单元操作中液体制剂的制备除乳剂、混悬剂的配制外，与澄清浸出药剂的制备具有共性的操作单元技术，如溶液的配制、滤过澄清、灌装、澄清度检查等，参见本章第二节"三、浸出制剂的单元操作"部分。

一、概述

（一）含义、特点与分类

1. 含义

液体制剂系指药物分散在适宜的分散介质中制成的液态制剂。可供内服或外用。液体制剂中的药物分别以分子、离子、微粒等状态分散于液体分散介质中，被分散的药物称为分散相，分散介质亦称溶剂或分散媒。药物分散程度及均匀性与液体制剂的理化性质、稳定性、药效及安全性密切相关。

2. 特点

液体制剂是临床上广泛应用的剂型，药物分散度大、吸收快，作用较迅速；适用于内服与外用多种给药途径；易于分剂量，服用方便，尤其适用于儿童及老年患者；能减少某些药物的刺激性；固体药物制成液体制剂后，能提高药物的生物利用度。

液体制剂也存在一些不足，包括药物分散度较大，受分散介质的影响，易引起药物的化学降解，使药效降低甚至失效；体积较大，携带、运输、贮存均不方便；水溶性液体制剂易霉变、易产生稳定性变化等。

3. 分类

（1）按分散系统分类　根据分散介质中药物粒子大小不同，液体制剂分为真溶液型、胶体溶液型、乳状液型、混悬液型四种分散体系，其中，胶体溶液型又分为高分子溶液剂和溶胶剂，其微粒大小与特征见表2-3-12。

表2-3-12　分散体系中微粒大小与特征

类型		微粒大小（nm）	特征
真溶液型		<1	以分子或离子分散的澄清溶液，均相，热力学稳定体系
胶体溶液型	高分子溶液剂	1~100	以分子或离子分散的澄清溶液，均相，热力学稳定体系
	溶胶剂	1~100	以多分子聚集体分散形成的多相体系，非均相，热力学和动力学不稳定
乳状液型		>100	以液体微粒分散形成的多相体系，非均相，热力学和动力学不稳定
混悬液型		>500	以固体微粒分散形成的多相体系，非均相，热力学和动力学不稳定

（2）按给药途径分类　液体制剂分为内服液体制剂，如合剂、糖浆剂、乳剂、混悬液、芳香水剂、滴剂等；外用液体制剂，如皮肤用液体制剂（洗剂、搽剂、涂剂等）、五官科用液体制剂（滴耳剂、滴鼻剂、含漱剂、滴牙剂等）和直肠、阴道、尿道用液体制剂（灌肠剂、灌洗剂等）等。

（二）溶剂

液体制剂的溶剂对药物起到溶解或分散作用。药物的溶解或分散状态与溶剂的种类和极性有着密切的关系，故溶剂的性质和质量直接影响液体制剂的制备方法、稳定性和药效。应根据药物性质、制剂要求和临床用途合理选择溶剂。

液体药剂的溶剂应对药物具有良好的溶解性和分散性；化学性质稳定，不与药物或附加剂发生反应；不影响药物的疗效和含量测定；毒性小、无刺激性、成本低、无不适的臭味。

在溶液剂、高分子溶液剂中药物呈溶解状态，称为溶剂；在溶胶剂、混悬剂、乳剂中药物不溶解而呈微粒分散状态，称为分散介质。

常用溶剂包括极性溶剂、半极性溶剂、非极性溶剂。

1. 极性溶剂

（1）水　最常用的溶剂，能与乙醇、甘油、丙二醇等溶剂以任意比例混合，能溶解绝大多数的无机盐类和极性大的有机药物，能溶解生物碱盐、苷类、糖类、树胶、黏液质、鞣质、蛋白质、酸类及色素等。但有些药物在水中不稳定，易产生霉变，不宜长久贮存。

（2）甘油　为黏稠性液体，味甜，毒性小，能与水、乙醇、丙二醇以任意比例混合，对硼酸、苯酚和鞣质的溶解度比水大。甘油的吸水性很强，在外用制剂中用作保湿剂。

2. 半极性溶剂

（1）乙醇　常用溶剂，可与水、甘油、丙二醇等溶剂以任意比例混合，能溶解大部分有机药物和中药材中的有效成分，如生物碱及其盐类、苷类、挥发油、树脂、鞣质、有机酸和色素等。20%以上的乙醇有防腐作用。但乙醇有一定的生理作用，有易挥发、易燃等缺点。

（2）丙二醇　为无色、无臭的黏性液体，毒性小，无刺激性，可与水、乙醇、甘油等溶剂以任意比例混合，能溶解磺胺类药、局部麻醉药、维生素 A、维生素 D、性激素及大部分生物碱等药物，能促进药物透过皮肤和黏膜的吸收，一定比例的丙二醇和水的混合溶剂能延缓药物的水解，增加制剂稳定性。

（3）聚乙二醇类　分子量在 1000 以下的低聚合度聚乙二醇为无色或淡黄色澄明黏性液体。在液体制剂中常用 PEG 300~400，能与水以任意比例混合，并能溶解许多水溶性无机盐和水不溶性有机药物。对易水解的药物具有一定的稳定作用，并具有与甘油类似的保湿作用。

3. 非极性溶剂

（1）脂肪油　常用的非极性溶剂包括麻油、花生油、橄榄油、豆油等，能溶解游离生物碱、挥发油及许多芳香族化合物。多用于外用制剂，如洗剂、搽剂等。

（2）液状石蜡　无色透明，有黏性。为饱和烷烃化合物，化学性质稳定。能溶解生物碱、挥发油及一些非极性药物。轻质液状石蜡相对密度为 0.818~0.880，多用于外用液体制剂；重质液状石蜡相对密度为 0.860~0.900，多用于软膏剂、糊剂。

（三）附加剂

因制备各种类型液体制剂的需要，常选择各类附加剂，起到增溶、助溶、乳化、助悬、润湿，以及矫味（嗅）、着色等作用。

1. 增溶剂

增溶是指难溶性药物在表面活性剂的作用下，在溶剂中增加溶解度并形成溶液的过程。具增溶能力的表面活性剂称为增溶剂，被增溶的药物称为增溶质。增溶量为每 1g 增溶剂能增溶药物的克数。以水为溶剂的液体制剂，增溶剂的最适 HLB 值为 15~18，常用增溶剂有肥皂类、聚山梨酯类和聚氧乙烯脂肪酸酯类等表面活性剂。

2. 助溶剂

难溶性药物与加入的能与其在溶剂中形成可溶性分子间的络合物、复盐或缔合物等，以增加药物在溶剂（主要是水）中的溶解度的第三种物质称为助溶剂。

助溶剂多为低分子化合物（不是表面活性剂），主要分为三类：一类是有机酸及其钠盐，如苯甲酸钠、水杨酸钠、对氨基水杨酸钠等；另一类是酰胺化合物，如乌拉坦、尿素、烟酰胺、乙酰胺等；此外，还有一类是某些无机化合物如碘化钾（KI）等也可做助溶剂。

3. 潜溶剂

难溶性药物在一种溶剂中的溶解度较小，当使用两种或多种混合溶剂，且混合溶剂中各溶剂达到某一比例时，该药物的溶解度在其中出现极大值，这时的混合溶剂称为潜溶剂。与水形成潜溶剂的有乙醇、丙二醇、聚乙二醇等。

4. 防腐剂

又称抑菌剂，系指具有抑菌作用，能抑制微生物生长繁殖的物质。常用防腐剂有羟苯酯类（尼泊金类）、苯甲酸与苯甲酸钠、山梨酸与山梨酸钾、洁尔灭与新洁尔灭等。

5. 矫味剂

系指药品中用以改善或屏蔽药物不良气味和味道，使患者难以觉察药物的强烈苦味（或其他异味如辛辣、刺激等）的药用辅料。矫味剂分为甜味剂、芳香剂、胶浆剂、泡腾剂等类型。

6. 着色剂

（1）天然色素

①植物色素：红色如苏木、甜菜红、胭脂红等，黄色如姜黄、胡萝卜素等，蓝色如松叶兰、乌饭树叶等，绿色如叶绿酸铜钠盐，棕色如焦糖。

②矿物色素：棕红色氧化铁。

（2）合成色素

我国批准的合成色素有苋菜红、柠檬黄、胭脂红、日落黄等。通常配成1%贮备液使用。

（四）质量要求

液体制剂浓度应准确、稳定，无刺激性，并有一定的防腐能力；均匀相液体制剂应是澄明溶液；非均匀相液体制剂粒径小且分散均匀，并具有良好的再分散性。口服的液体制剂应外观好，口感适宜；包装容器应适宜，方便患者携带和使用。

最低装量检查法：采用容量法，适用于标示装量以容量计的制剂。

取供试品5个（50ml以上者3个），开启时注意避免损失，将内容物转移至预经标化的干燥量入式量筒中（量具的大小应使待测体积至少占其额定体积的40%），黏稠液体倾出后，除另有规定外，将容器倒置15分钟，尽量倾净。2ml及以下者用预经标化的干燥量入式注射器抽尽。读出每个容器内容物的装量，并求其平均装量，均应符合表2-3-13的有关规定。如有1个容器装量不符合规定，则另取5个（50ml以上者3个）复试，应全部符合规定。

表2-3-13　液体制剂的装量

标识装量	口服及外用固体、半固体、液体；黏稠液体	
	平均装量	每个容器装量
20ml 以下	不少于标示装量	不少于标示装量的 93%
20~50ml	不少于标示装量	不少于标示装量的 95%
50ml 以上	不少于标示装量	不少于标示装量的 97%

二、乳剂的含义、特点与分类

1. 含义

乳剂系指互不相溶的两相液体混合，其中一相液体以液滴状态分散于另一相液体中形成的非均相的液体制剂，又称乳状液型液体制剂。其中形成液滴的液体称为分散相、内相或非连续相，另一相液体则称为分散介质、外相或连续相。

2. 特点

①药物在乳剂中以液滴的形式分散，分散度很大，吸收和发挥药效快，生物利用度高。

②剂量准确，而且使用方便。

③口服药物通过水包油型乳剂可掩盖药物的不良臭味，并可加入矫味剂；外用乳剂能减少对皮肤或黏膜的刺激性，改善渗透性；静脉注射乳剂体内分布较快、药效高、具有一定的靶向性；静脉营养乳剂，是高能营养输液的重要组成部分。

3. 分类

根据乳滴的大小，将乳剂分为普通乳、亚微乳和纳米乳，其中亚微乳及纳米乳通常又合称为微乳；根据给药途径分为静脉乳剂、口服与外用乳剂等；根据乳化剂的种类及分散相与分散介质的相体积比分为水包油型乳剂（O/W）、油包水型乳剂（W/O）、复合乳剂或多重乳剂（W/O/W、O/W/O）。

三、混悬剂的含义与特点

1. 含义

混悬剂也称为混悬型液体制剂，系指难溶性固体药物以微粒状态分散于分散介质中形成的非均相的液体制剂。

适用于制成混悬剂的药物：药物剂量超过了溶解度及难溶性药物需制成液体制剂应用；为了使药物产生缓释作用等，均可以考虑制成混悬剂。

2. 特点

混悬剂中药物微粒一般在 0.5~10μm 之间，小者可为 0.1μm，大者可达 50μm 或更大。混悬剂属于热力学和动力学不稳定的粗分散体系，所用分散介质大多数为水，也可用植物油。出于安全考虑，毒剧药及剂量小的药物不应制成混悬剂。混悬剂使用前应摇匀。

技能要求

技能要点

1. 能使用洗瓶设备洗涤容器。
2. 能使用干燥灭菌设备干燥容器。
3. 能使用灌封设备灌封药液。
4. 能使用灯检设备检查药液的澄清度。

技能要求与浸出药剂一致。

使用洗瓶机洗涤玻璃瓶或塑料瓶参见本章第二节技能部分"一、使用洗瓶机洗涤玻璃瓶或塑料瓶"；使用干燥灭菌箱干燥玻璃瓶参见本章第二节技能部分"二、使用干燥灭菌箱干燥玻璃瓶"；使用板框压滤机滤过药液参见本章第二节技能部分"三、使用钛滤器（板框压滤机）滤过药液"；使用灌封机灌封药液参见本章第二节技能部分"四、使用灌封机灌封药液"；使用灯检仪（或灯检机）检查药液的澄清度参见本章第二节技能部分"五、使用灯检仪（或灯检机）检查药液的澄清度"。

第四节 注射剂制备

相关知识要求

> **知识要点**
>
> 　1. 注射剂的含义、特点、分类与给药途径。
> 　2. 热原的基本性质与去除方法。
> 　3. 注射剂的制备、容器与处理、灭菌与检漏、质量要求与检查。

理论部分中洗瓶设备的操作规程参见技能部分"一、使用洗瓶机洗涤安剖";使用灯检仪检查药液的澄清度的操作规程参见本章第二节技能部分"五、使用灯检仪（或灯检机）检查药液的澄清度"。

一、概述

（一）注射剂的含义与特点

1. 含义

注射剂系指原料药物或与适宜的辅料制成的供注入体内的无菌制剂。

2. 特点

（1）优点

①药效迅速，作用可靠：注射剂无论以液体针剂还是以粉针剂贮存，临床应用时均以液体状态直接注射入人体的组织、血管或器官内，所以吸收快，作用迅速。特别是静脉注射，药液可直接进入血循环，更适于抢救危重病症之用。无首过效应，不受消化系统及食物的影响，剂量准确，作用可靠。

②适用于不宜口服的药物：有些药物不易被胃肠道吸收，有的具有刺激性，有的易被消化液破坏，因此可以考虑制成注射剂。

③适用于不能口服给药的患者：对于神昏、抽搐、痉厥等状态的病人，或患消化系统障碍的

患者均不能口服给药，采用注射给药是有效的给药途径。

④可产生局部定位作用：通过关节腔、穴位等部位的注射给药，如局麻药的使用和造影剂的局部造影等。

（2）缺点

①注射给药不方便：注射剂一般不能自己使用，应根据医嘱由技术熟练的人注射，以保证安全。

②注射疼痛：注射剂注射时引起疼痛，药液的刺激性也引起疼痛。

③安全性及机体适应性差：注射剂一旦注入体内，其生理作用难以逆转，若使用不当极易发生危险，安全性不及口服制剂。

④制造过程比较复杂，制剂技术和设备要求高，成本较高。

（二）注射剂的分类与给药途径

1. 注射剂的分类

（1）按临用前的物理状态分类　根据《中国药典》通则规定，注射剂可分为注射液、注射用无菌粉末和注射用浓溶液等。

①注射液：亦称液体注射剂，俗称"水针"。系指原料药物或与适宜的辅料制成的供注入体内的无菌液体制剂，包括溶液型、乳状液型或混悬型等注射液。可用于皮下注射、皮内注射、肌内注射、静脉注射、静脉滴注、鞘内注射、椎管内注射等。其中，供静脉滴注用的大容量注射液（除另有规定外，一般不小于100ml，生物制品一般不小于50ml）也可称为输液。

注射液按容量分为小容量注射剂（20ml以下，常规为1、2、5、10、20ml）、大容量注射剂（50ml以上，常规为50、100、250、500ml等）。

②注射用无菌粉末：俗称"粉针"。系指原料药物或与适宜的辅料制成的供临用前用无菌溶液

配制成注射液的无菌粉末或无菌块状物，一般采用无菌分装或冷冻干燥法制得。应用时采用适宜的注射用溶剂配制，也可用静脉输液配制后静脉滴注。以冷冻干燥法制备的注射用无菌粉末，也可称为注射用冻干制剂。

③注射用浓溶液：注射用浓溶液系指原料药物与适宜的辅料制成的供临用前稀释后静脉滴注用的无菌浓溶液。生物制品一般不宜制成注射用浓溶液。

（2）按分散体系分类

①溶液型注射剂：分为水溶液和油溶液（非水溶剂）两类。水溶液型注射剂在注射剂中占有很大的比例，它能与体液均匀混合，具有组织生理适应性，可以很快扩散；油溶液型注射剂一般仅供肌内注射用，油溶液型注射剂在注射部位呈较大的油滴，扩散慢而少，在肌内可形成贮库而延缓药物的吸收。

②乳状液型注射剂：水不溶性的液体药物，根据临床医疗需要可制成乳状液型注射剂，其分散相粒径大小一般应在 $1\sim10\mu m$ 范围内。供静脉注射用时，分散相球径的粒度 90% 应控制在 $1\mu m$ 以下，不得有大于 $5\mu m$ 的球粒。乳状液型注射剂不能用于椎管注射，在肌内或靶部位注射 O/W 型或 W/O/W 型乳状液，有利于药物向淋巴系统转运、富集。

③混悬液型注射剂：一般供肌内注射，不得用于静脉注射或椎管注射。水难溶性或注射后要求延长药效作用的药物，可制成水或油的混悬液型注射剂。除另有规定外，混悬型注射剂药物粒度应控制在 $15\mu m$ 以下，粒径在 $15\sim20\mu m$ 的颗粒不应超过 10%。中药注射剂一般不宜制成混悬型注射液。

2. 注射剂的给药途径

（1）皮内注射　注射于表皮与真皮之间，一般注射部位在前臂。一次注射剂量在 0.2ml 以下，常用于过敏性试验或疾病诊断，如青霉素皮试液、白喉诊断毒素等。

（2）皮下注射　注射于真皮与肌肉之间的松软组织内，注射部位多在上臂外侧，一般用量为

$1\sim2ml$。皮下注射剂主要是水溶液，但药物吸收速度稍慢。由于人的皮下感觉比肌肉敏感，故具有刺激性的药物及油或水的混悬液，一般不宜作皮下注射。

（3）肌内注射　注射于肌肉组织中。肌内注射较皮下注射刺激小，注射剂量一般为 $1\sim5ml$。肌内注射除水溶液外，尚可注射油溶液、混悬液及乳浊液。油注射液在肌肉中吸收缓慢而均匀，可起延效作用。

（4）静脉注射　注入静脉使药物直接进入血液，因此药效最快，常作急救、补充体液和供营养之用。血管内容量大，一次可以注射几毫升至几百毫升，多为水溶液。大剂量的静脉注射剂又称为"输液剂"。油溶液和一般混悬液或乳浊液能引起毛细血管栓塞，故不能做静脉注射。但近年来研究表明，某些营养性药物与药用油类制成的乳浊液，作静脉注射可加速药物的吸收，这些乳浊液的油滴应小于红细胞，其平均直径在 $1\mu m$ 以下。由于血液具有缓冲作用，所以小量缓慢注射时对血液的 pH 值与渗透压无多大影响，若注入大量的注射液则须考虑 pH 值及渗透压。凡能导致红细胞溶解或使蛋白质沉淀的药液，均不宜静脉给药。故静脉注射剂一般不应加入抑菌剂。

（5）脊椎腔注射　注入脊椎四周蛛网膜下腔内。由于神经组织比较敏感，且脊椎液循环较慢。故注入一次剂量不得超过 10ml，且应缓慢注入，pH 为 5.0~8.0，渗透压亦应与脊椎液相等。否则由于渗透压紊乱或其他作用，很快会引起患者头痛和呕吐等不良反应。

（6）动脉内注射　注入靶区动脉末端，如诊断用动脉造影剂、肝动脉栓塞剂等。

（7）其他　包括心内注射、关节内注射、滑膜腔内注射、穴位注射以及鞘内注射等。

二、热原的基本性质与去除方法

1. 热原的含义与基本性质

热原系指注射后能引起恒温动物体温异常升高的致热物质。广义的热原包括细菌性热原、内源性高分子热原、内源性低分子热原及化学性热

原等。药剂学上的"热原"通常是指细菌性热原，是微生物的代谢产物或尸体，注射后能引起特殊的致热反应。大多数细菌和许多霉菌甚至病毒均能产生热原，致热能力最强的是革兰阴性杆菌所产生的热原。

产生热原反应的最主要致热物质是内毒素，由磷脂、脂多糖和蛋白质所组成的复合物，存在于细菌的细胞膜与固体膜之间，其中脂多糖是内毒素的主要成分，具有很强的致热活性。通常1ng 内毒素足以引起健康成人产生热原反应。不同菌种脂多糖的化学组成也有差异，一般脂多糖的分子量越大其致热作用也越强。

热原的基本性质包括：耐热性、水溶性、不挥发性、滤过性、被吸附性、能被强酸、强碱、强氧化剂破坏等。

热原的污染途径包括溶剂（热原污染的主要途径）、原辅料、器具、制备过程与生产环境、临床应用过程等。

2. 热原的去除方法

（1）除去药液或溶剂中热原的方法

①吸附法：常用的吸附剂是活性炭，在配液时加入 0.1%~0.5%（溶液体积）的针用一级活性炭，煮沸并搅拌 15 分钟，滤过即能除去大部分热原。活性炭还有助滤、脱色及除臭作用。但活性炭也会吸附溶液中生物碱、黄酮等药物成分，故应注意控制使用量。此外将活性炭与硅藻土配合使用，吸附除去热原的效果良好。

②离子交换法：热原分子上含有磷酸根与羧酸根，带有负电荷，因而可以被碱性阴离子交换树脂吸附。

③凝胶滤过法：利用热原与药物分子量的差异将两者分开。溶液通过凝胶柱时，分子量较小的成分渗入到凝胶颗粒内部而被阻滞，分子量较大的成分则沿凝胶颗粒间隙随溶剂流出。但当两者分子量相差不大时，不宜使用。

④超滤法：利用高分子薄膜的选择性与渗透性，达到除去溶液中热原的目的。

⑤反渗透法：通过三醋酸纤维素膜或聚酰胺膜除去热原，效果好，具有较高的实用价值。

（2）除去容器上热原的方法

①高温法：对于耐高温的容器与用具，如注射用针筒、针头及其他玻璃器皿，在洗涤干燥后，经 180℃加热 2 小时或 250℃加热 30 分钟，可破坏热原。

②酸碱法：对于耐酸碱的玻璃容器、瓷器或塑料制品，用强酸强碱处理，可有效地破坏热原。常用的酸碱液为重铬酸钾硫酸洗液、硝酸硫酸洗液或稀氢氧化钠溶液。

三、注射剂的制备

（一）工艺流程

注射剂产品的生产工艺不尽相同，通常分为最终灭菌工艺和无菌生产工艺。采用最终灭菌工艺的产品，如大容量注射剂、小容量注射剂等；采用无菌生产工艺的产品，如无菌灌装制剂、无菌分装粉针剂、冻干粉针剂等。

随着制药技术的发展和临床用药的需求，出现了大量即配型注射剂，这类产品通过不同腔室的设计，形成了创新的复合型制剂，如粉－液多室袋、液－液多室袋制剂等新型注射剂。

注射剂工艺流程一般为：称量→配制→除菌过滤→容器准备→灌装→封口→灭菌→检查→包装→成品。

（二）容器与处理

1. 容器种类

注射剂常用容器有玻璃安瓿、玻璃瓶、塑料安瓿、塑料瓶（袋）、预装式注射器等。容器的密封性，须用适宜的方法确证。除另有规定外，容器应符合有关注射用玻璃容器和塑料容器的国家标准规定。容器用胶塞特别是多剂量包装注射液用的胶塞要有足够的弹性和稳定性，其质量应符合有关国家标准规定。除另有规定外，容器应足够透明，以便内容物的检视。

（1）玻璃容器　玻璃容器主要包括安瓿、西林瓶、输液瓶等。制药工业的玻璃容器制造需符合行业规范和包材的基本要求，热密封和后续压缩操作可以将有机体和微粒数控制在尽可能低的水平。包装方式通常分为安全包装、防水包装和清洁包装。

安瓿一般有 1ml、2ml、5ml、10ml、20ml 等规格，按外形有粉末安瓿和有颈安瓿。其中有颈安瓿目前皆为曲颈安瓿，包括色环易折安瓿、点刻痕易折安瓿。

（2）塑料容器　自 20 世 60 年代起，大容量糖类、电解质、氨基酸以及部分小容量注射剂、滴眼剂等所使用的容器，就有以塑料容器包装的产品。与传统的玻璃瓶相比，塑料容器有轻便、不易破损、包装运输方便等优点，同时具有系统密闭、混加药液方便、针刺阻力小、便于废弃处理、有利于运输等特点。

2. 安瓿的洗涤

清洗过程能有效降低微生物、细菌内毒素污染水平，去除外来的微粒和化学物质等杂质。

在规模化生产中，多采用洗、烘、灌联动生产线，可有效提高洗瓶效率，也可避免生产过程中的细菌污染。通常的洗涤方法是容器通过输送机械自动流转，采用一体化的清洗设备和隧道烘箱，对容器进行清洗和去热原操作。容器清洗后，洁净空气将为容器流转到隧道烘箱提供保护，最大程度降低容器二次污染的风险。

洗涤设备设计成旋转式或箱体式系统，清洗介质为无菌过滤的压缩空气、纯化水或与注射用水相连的循环水，最后冲淋时使用注射用水。

清洗程序一般包括以下步骤：

（1）超声波清洗：容器浸入水中，超声在水中形成空穴，目的是利用"气穴"效应对杂质进行机械分离。

（2）纯化水或注射用水冲淋：通过喷嘴用纯化水或注射用水喷淋容器内外，目的是去除容器内外壁的杂质。用过滤的纯化水或注射用水进行喷淋时，应确保用水能在规定时间内排干，否则含有微粒的清洗用水在容器内流转过后，微粒不会随水流走，而容易残留在容器内。冲淋容器时的进水量应控制，以确保在容器内表面实现气体/液体的边界层效应。

（3）无菌容器最终的清洗介质为注射用水。

（4）通入无菌过滤的压缩空气吹干（必要时），使容器内仅残留少量的注射用水（如 10~150mg），然后进入隧道烘箱灭菌除菌、除热原。

清洗工序应关注包装材料质量（如清洁度等）、工艺用水（纯化水、注射用水）的质量、空气及水的过滤器滤芯定时更换。在清洗过程中，定时检查清洗后容器的洁净度，控制洗瓶速度、工艺用水的温度与压力、洁净压缩空气压力等。

玻璃容器污染物来源和去除方法见表 2-3-14。

表 2-3-14　玻璃容器污染物来源和去除方法

污染物名称	污染物来源	污染物去除方法	常用设备
微生物（活菌数量 CFU）	玻璃容器生产、包装过程中人员、环境等污染	冲洗，干热灭菌，降低、灭活微生物	洗瓶机 隧道烘箱
细菌内毒素	微生物生长和降解产生的致热细胞壁	冲洗，干热灭菌，降低细菌内毒素污染水平	洗瓶机 隧道烘箱
微粒	一般来自于容器生产、包装，以及运输过程的固体微粒物质（如玻璃碎片）等	清洗去除	洗瓶机
化学污染物	容器生产过程用于表面处理的多余的化学物质等	清洗去除	洗瓶机

（5）超声波安瓿洗瓶机是生产中安瓿清洗的常用仪器，由 8 等份圆盘，18（排）×9（针）的针盘、安瓿斗、过滤器、循环泵等构件组成。输送带由欠齿齿轮传动，作间歇运动，每批送瓶 9 支，整个针盘有 18 个工位，每个工位有 9 针，可以安排 9 支安瓿同时进行清洗。针盘由涡轮涡杆机构构成一等分圆盘传动系统，当主轴转过一圈则针盘转过 1/18 圈，即一个工位。超声波安瓿洗瓶机示意图见图 2-3-3。

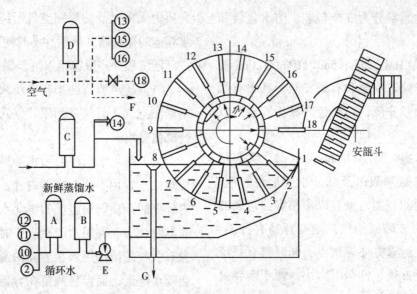

图 2-3-3 超声波安瓿洗瓶机示意图

3. 安瓿的干燥与灭菌

安瓿的干燥与灭菌一般采用隧道烘箱。隧道烘箱的设计既可以采用单向流，也可以采用热辐射装置。一般包括：预热段（进瓶段）、高温灭菌段、冷却段。玻璃容器经隧道烘箱除菌除热原后，通过缓冲区被转移至配有层流的灌装设备或净化操作台上进行分灌装。

根据容器大小，材质，质量以及装载结构设置具体的灭菌/去热原的温度和时间。容器在装置中进行流转，温度停留区域通过结合停留时间和设置温度，达到所需的去热原程度，一般采用 320℃≥5 分钟。容器离开烘干隧道时的温度应降低到能够避免灌装操作时影响产品，一般冷却温度＜40℃。

安瓿干燥与灭菌工序应监控隧道烘箱的温度、压差、履带传送速度等。定期监测隧道烘箱内的尘埃粒子数，规定灭菌后西林瓶的使用时限等。

（三）灭菌与检漏

1. 灭菌

除无菌操作制备的注射剂外，注射剂灌封后应及时灭菌。一般在避菌条件较好的情况下，可采用流通蒸汽灭菌，1~5ml 安瓿通常在 100℃条件下灭菌 30 分钟，10~20ml 安瓿通常在 100℃条件下灭菌 45 分钟。为保证灭菌效果，F_0 值应大于 8，实际生产中多控制在 12。灭菌时为了保证相关药物稳定性和灭菌的要求，需要选择适宜的灭菌方法和条件，必要时采用几种灭菌方法联用。

2. 检漏

封口不严将直接导致药液易被污染变质或泄漏，因此注射剂灭菌后应立即检查安瓿漏气情况，及时检出漏气的安瓿。

生产中通常采用灭菌和检漏两用灭菌锅进行检漏。具体的操作是灭菌后放入冷水淋洗安瓿使其温度降低，之后抽气使灭菌器内压力逐渐降低。此时如果安瓿漏气则安瓿内的气体将被抽出，当真空度为 640~680mmHg（85.326 ~90.657 kPa）时停止抽气，开色水阀加入有色溶液（如 0.05% 曙红或酸性大红 G 溶液）至浸没安瓿，关色水阀，开放气阀，在压力作用下，有色溶液将进入漏气安瓿，接下来抽回色液，开启锅门，淋洗安瓿后检查，剔除带色的漏气安瓿。

四、注射剂的质量要求与检查

1. 装量检查

供试品标示装量不大于 2ml 者，取供试品 5 支；2ml 以上至 50ml 者，取供试品 3 支，开启时注意避免损失，将内容物分别用相应体积的干燥注射器及注射针头抽尽，然后缓慢连续地注入经标化的量具内（量筒的大小应使待测体积至少占其额定体积的 40%，不排尽针头中的体积），在室温下检视。测定油溶液、乳状液或混悬液的装量时，应先加温（如有必要）摇匀，再用干燥注射器及注射针头抽尽后，同前法操作，放冷（加温时），检视。每支的装量均不得少于其标示量。

生物制品多剂量供试品：取供试品1支（瓶），按标示的剂量数和每剂的装量，分别用注射器抽出，按上述步骤测定单次剂量，应不低于标示量。

标示装量为50ml以上的注射液及注射用浓溶液照《中国药典》最低装量检查法检查，应符合规定。

也可采用重量除以相对密度计算装量。准确量取供试品，精密测定，求出每1毫升供试品的重量（即供试品的相对密度）。精密称定用干燥注射器及注射针头抽出或直接缓慢倾出供试品内容物的重量，再除以供试品相对密度，得出相应装量。

预装式注射器和弹桶式装置的供试品：标示装量不大于2毫升者，取供试品5支（瓶）；2毫升以上至50毫升者，取供试品3支（瓶）。供试

品与所配注射器、针头或活塞装配后将供试品缓慢连续注入容器（不排尽针头中的液体），按单剂量供试品要求进行装量检查，应不低于标示量。

2. 装量差异

注射用无菌粉末照下述方法检查，应符合规定。

检查法：取供试品5瓶（5支），除去标签、铝盖，容器外壁用乙醇擦净，干燥，开启时注意避免玻璃屑等异物落入容器中，分别迅速精密称定。容器为玻璃瓶的注射用无菌粉末，首先小心开启内塞，使容器内外气压平衡，盖紧后精密称定。然后倾出内容物，容器用水或乙醇洗净，在适宜的条件下干燥后，再分别精密称定每一容器的重量，求出每瓶（支）的装量与平均装量。每瓶（支）中装量与平均装量相比较（如有标示装量，则与标示装量相比较），应符合表2-3-15中的规定。如有1瓶（支）不符合规定，应另取10瓶（支）复试，均应符合规定。

表 2-3-15　装量差异限度

平均装量或标示装量	装量差异限度
0.05g 及 0.05g 以下	±15%
0.05g 以上至 0.15g	±10%
0.15g 以上至 0.50g	±7%
0.50g 以上	±5%

凡规定检查含量均匀度的注射用无菌粉末，一般不再进行装量差异检查。

3. 渗透压摩尔浓度

静脉输液及椎管注射用注射液按各品种项下的规定，照渗透压摩尔浓度测定法检查，应符合规定。

4. 可见异物

可见异物系指存在于注射剂、眼用液体制剂和无菌原料药中，在规定条件下目视可以观测到的不溶性物质，其粒径或长度通常大于 $50\mu m$。

注射剂、眼用液体制剂应在符合药品生产质量管理规范（GMP）的条件下生产，产品在出厂

前应采用适宜的方法逐一检查并同时剔除不合格产品。临用前，需在自然光下目视检查（避免阳光直射），如有可见异物，不得使用。

可见异物检查法有灯检法和光散射法。一般常用灯检法，也可采用光散射法。灯检法不适用的品种，如用深色透明容器包装或液体色泽较深（一般深于各标准比色液7号）的品种应选用光散射法；混悬型、乳状液型注射液和滴眼液不能使用光散射法。

检测时应避免引入可见异物。当制备注射用无菌粉末和无菌原料药供试品溶液时，或供试品容器不适于检查（如透明度不够、不规则形状容器等），需转移至适宜容器中时，均应在B级的

洁净环境（如层流净化台）中进行。

5. 不溶性微粒

用于静脉注射、静脉滴注、鞘内注射、椎管内注射的溶液型的注射液、注射用无菌粉末及注射用浓溶液照《中国药典》不溶性微粒检查法检查，应符合规定。检查方法有光阻法和显微计数法。光阻法不适用于黏度过高和易析出结晶的制剂，也不适用于进入传感器时容易产生气泡的注射剂。当光阻法测定结果不符合规定或供试品不适于用光阻法测定时，应采用显微计数法测定。

6. 中药注射剂有关物质

注射剂有关物质系指中药材经提取、纯化制成注射剂后，残留在注射剂中可能含有并需要控制的物质包括蛋白质、鞣质、树脂、草酸盐、钾离子等。按《中国药典》注射剂有关物质检查法

检查，应符合规定。

7. 重金属及有害元素残留量

中药注射剂照《中国药典》铅、镉、砷、汞、铜测定法测定，按各品种项下每日最大使用量计算，应符合规定。铅不得超过12μg，镉不得超过3μg，砷不得超过6μg，汞不得超过2μg，铜不得超过150μg。

8. 无菌

照《中国药典》无菌检查法检查，应符合规定。

9. 细菌内毒素或热原

静脉用注射剂按各品种项下的规定，照《中国药典》细菌内毒素检查法或热原检查法检查，应符合规定。

技能要求

> 1. 能使用洗瓶设备洗涤容器。
> 2. 能使用干燥灭菌设备干燥容器。
> 3. 能使用灯检设备检查可见异物。

使用干燥灭菌设备干燥安瓿参见本章第二节技能部分"二、使用干燥灭菌箱干燥玻璃瓶"；使用灯检仪（或灯检机）检查可见异物的操作规程、灯检仪结构示意图见图2-3-2。

一、使用洗瓶机洗涤安瓿

1. 技能考核点

（1）安瓿摆放的要求。
（2）确认循环水符合清洗要求。
（3）冲洗应注意的问题。

2. 操作程序及注意事项

（1）操作程序　准备→理瓶→清洗→水、气冲洗→清场→填写记录。

（2）操作规程

①超声波安瓿洗涤机由针鼓转动对安瓿进行洗涤，每一个洗涤周期为：进瓶→灌循环水→超声波洗涤→蒸馏水冲洗→压缩空气吹洗→注射用水冲洗→压缩空气吹净→出瓶。针鼓连续转动，安瓿洗涤周期进行。

②工艺流程：

安瓿从进瓶斗进入摆动斗内，在接受外壁喷淋、冲洗和灌满水后，沉入水中；在水中经超声波清洗、控制门分离，安瓿分别落入各自的水下通道；借助于推瓶杆和导向器相互配合，使转鼓上的喷射针管顺利地插入安瓿瓶内；做间歇回转的转鼓把安瓿带出水面，依次地转到各个工位；在转鼓停歇时间内，经过循环水冲洗、净化压缩空气吹、净化水冲洗、净化压缩空气再吹等过程，最后，在出瓶工位由翻瓶器把安瓿送入出瓶斗内列队输出到下一工位。

（3）注意事项

①安瓿常用的洗涤设备包括超声波式洗瓶机、冲淋式洗瓶机、毛刷式洗瓶机三类，其中

超声波式洗瓶机因简单、省时、省力、清洗效果好、成本低等优点被广泛应用于液体制剂瓶式包装物的清洗。

②超声清洗后，水、气冲洗环节一般通过射针和喷管完成对瓶子的三次水和三次气的内外冲洗。

③最后的清洗用水通常使用不大于30μs/cm的纯水进行多次冲洗，彻底去除前阶段残留清洗液以及残留污染物。也可选择使用反渗透，即RO纯水作为洗瓶机用水。

④用前必须冲洗水槽，冲洗所有管道。工作结束后水槽和过滤器中的存水必须排净。

⑤水槽内无水时不得打开超声设备。

⑥超声波在水浴槽中易造成对边缘安瓿的污染或损坏玻璃内表面而造成脱片的现象，洗涤时应加以注意。

3. 洗瓶机操作记录样表（表2-3-16）

表2-3-16　洗瓶机操作记录表

车间：			班次：		生产日期：					
项目及频次	工艺要求			操作记录						备注
本班用瓶计划	符合计划要求		瓶型							
			数量							
各区温度喷嘴对中、畅通情况（1次/2小时）	各区		时间							
	超声槽	功率	KW							
		温度	℃							
	水Ⅰ	流速								
		对中畅通	喷嘴							
	气Ⅰ	流速								
		对中畅通	喷嘴							
	水Ⅱ	流速								
		对中畅通	喷嘴							
	气Ⅱ	流速								
		对中畅通	喷嘴							
滤网（1次/小时）	保持畅通		时间							
			情况							
洗瓶速度										

二、使用灯检仪检查可见异物

1. 技能考核点

（1）使用灯检仪检查可见异物。

（2）可见异物检查的标准。

2. 操作程序及注意事项

（1）操作程序　准备→灯检→清场→填写记录。

（2）注意事项

①供试品中不得检出金属屑、玻璃屑、长度超过2mm的纤维、最大粒径超过2mm的块状物以及静置一定时间后轻轻旋转时肉眼可见的烟雾状微粒沉积物，无法计数的微粒群或摇不散的沉淀，以及在规定时间内较难计数的蛋白质絮状物等明显可见异物。

②供试品中如检出点状物、2mm以下的短纤维或块状物等微细可见异物，生化药品或生物制品若检出半透明的小于1mm的细小蛋白质絮状物或蛋白质颗粒等微细可见异物，除另有规定外，应分别符合表2-3-17中的规定。

表 2-3-17　注射液结果判定

类别		微细可见异物限度	
		初试 20 支（瓶）	初、复试 40 支（瓶）
生物制品注射液		装量 50ml 及以下，每支（瓶）中微细可见异物不得超过 3 个 装量 50ml 以上，每支（瓶）中微细可见异物不得超过 5 个 如仅有 1 支（瓶）超出，符合规定 如检出 2 支（瓶）超出，复试 如检出 3 支（瓶）及以上超出，不符合规定	2 支（瓶）以上超出，不符合规定
非生物制品注射液	静脉用	如 1 支（瓶）检出，复试 如 2 支（瓶）或以上检出，不符合规定	超出 1 支（瓶）检出，不符合规定
	非静脉用	如 1~2 支（瓶）检出，复试 如 2 支（瓶）以上检出，不符合规定	超出 2 支（瓶）检出，不符合规定

　　既可静脉用也可非静脉用的注射液，以及脑池内、硬膜外、椎管内用的注射液应执行静脉用注射液的标准，混悬液与乳状液仅对明显可见异物进行检查。

　　3. 灯检仪检查可见异物操作记录样表（表 2-3-18）

表 2-3-18　灯检仪检查可见异物记录

批号			班次 / 日期	
取样批次	微细可见异物数目（个）		是否合格	
可见异物：		共检查　　次。		
操 作 人：			日期：	
检查人签名：		确认结果：		日期：

第五节　气雾剂与喷雾剂制备

相关知识要求

知识要点

　　1. 气雾剂的含义、特点、分类、容器、阀门系统及灌封。

　　2. 喷雾剂的含义、特点、分类、配液方法、设备及灌封。

　　理论部分中灌封设备的操作规程参见技能部分"二、使用灌装机分装药液"和"三、使用封口设备封帽"。配液设备的操作规程参见技能部分"一、使用配液罐配制溶液"。

一、气雾剂

（一）概述

1. 含义

气雾剂是指含药溶液、乳状液或混悬液与适宜的抛射剂共同装封于具有特制阀门系统的耐压容器中，使用时借助抛射剂的压力将内容物呈雾状物喷出，用于肺部吸入或直接喷至腔道黏膜、皮肤的制剂。

2. 特点

气雾剂的优点：①速效和定位作用。药物可以直接到达作用部位或吸收部位，局部浓度高，药物分布均匀，奏效迅速。在呼吸系统给药方面具有其他剂型无法取代的优势。②药物装在密闭的容器中，避免与空气、水分和光线接触，且不易被微生物污染，增加了制剂的稳定性。③避免了口服给药对胃肠道的刺激及肝脏的首过效应。④给药剂量准确。气雾剂的定量阀可以准确控制剂量。⑤使用方便。无需用水，有助于提高患者用药的顺应性。⑥外用时，与给药部位无直接的机械摩擦，可以避免局部用药的刺激性与污染。

气雾剂的不足之处：①气雾剂的性能在很大程度上依赖于耐压容器、阀门系统和抛射剂等，因而需要特殊的生产设备，生产成本高。②具一定的内压，遇热或受撞击易发生爆炸。③因分装的不严密、抛射剂的渗漏而影响使用。④抛射剂有挥发性和致冷作用，多次使用可引起不适。

3. 分类

1）按照给药途径可以分为三类

①吸入气雾剂（也称为定量吸入气雾剂）：系指用于肺部吸入的制剂。药物经口吸入后沉积于肺部，可发挥局部或全身治疗作用。主要用于治疗呼吸道疾病如哮喘、慢性阻塞性肺病等。

②非吸入气雾剂：直接喷至腔道黏膜等的制剂。主要用于治疗鼻炎、口腔和咽喉炎等各种炎症，及心绞痛等，起局部或全身作用。

③外用气雾剂：直接喷至皮肤或用于空间消毒的制剂。主要起保护创面、清洁消毒、局部麻醉及止血等作用，局部治疗为主，如治疗烧伤、消毒、跌打损伤等；此外，外用气雾剂还用于杀虫、驱蚊及室内空气消毒、空气清新剂等。

2）按照相的组成可分为二类

（1）二相气雾剂

即溶液型气雾剂，由药物与抛射剂形成的均匀液相与抛射剂部分挥发的抛射剂形成的气相所组成。

（2）三相气雾剂

其中两相均是抛射剂，即抛射剂的溶液和部分挥发的抛射剂形成的液体，根据药物的情况，又有三种：①药物的水性溶液与液化抛射剂形成W/O乳剂，另一相为部分汽化的抛射剂；②药物的水性溶液与液化抛射剂形成O/W乳剂，另一相为部分汽化的抛射剂；③固体药物微粒混悬在抛射剂中固、液、气三相。

3）其他分类

气雾剂按给药定量与否可分为定量气雾剂和非定量气雾剂；或根据分散系统可分为溶液型、混悬型、乳液型等气雾剂。

（二）耐压容器与阀门系统

1. 耐压容器

气雾剂的容器应对内容物稳定，为耐压容器，能耐受工作压力，并且有一定的耐压安全系数、抗撞击性和冲击耐力、化学惰性、轻便、经济美观等特性。用于制备耐压容器的材料包括玻璃和金属两大类。

玻璃容器的化学性质比较稳定，但耐压性和抗撞击性较差，故需在玻璃瓶的外面搪以塑料层，即在使用前先将玻瓶洗净烘干，预热至120~130℃，趁热浸入塑料粘浆中，使瓶颈以下黏附一层塑料浆液，倒置，在150~170℃烘干15分钟，经适宜方法清洁消毒后备用；金属材料如铝、马口铁和不锈钢等耐压性强，但对药物溶液的稳定性不利，故容器内常用环氧树脂、聚氯乙烯或聚乙烯等进行表面处理。

比较常用的气雾剂容器类型包括玻璃瓶、塑料包膜玻璃瓶、聚碳酸酯瓶、铝罐和涂层铝灌等。其中涂层铝灌是为了防止药物与铝罐的相互作用。容器进入生产线后，由自动推送台传送，在进入充装机前，需按要求进行清洗。

2.阀门系统

阀门系统的基本功能是在密闭条件下控制药物喷射的剂量。阀门系统使用的塑料、橡胶、铝或不锈钢等材料必须对内容物为惰性，所有部件需要精密加工，具有并保持适当的强度，其溶胀性在贮存期内必须保持在一定的限度内，以保证喷药剂量的准确性。

阀门系统一般由阀门杆、橡胶封圈、弹簧、浸入管、定量室和推动钮等组成，并通过铝制封帽将阀门系统固定在耐压容器上。阀门进入生产线后，由自动推送台传送，在进入充装机前，需按要求进行清洗，然后将已处理好的阀门放置在容器上端。

阀门装配（通常称为压盖，轧口）是指通过弹簧夹头将阀门压到容器顶部。夹头由若干个排列在一个开放圆之间的"牙齿"组成，其直径比阀门套圈大。这些牙齿之间的空隙在外力作用下，可形成比阀门套圈直径更小的闭合圆。如果阀门是固定在容器上的，放在阀门上面的夹头"牙齿"在压力作用下，将阀门和容器拉在一起时，然后造成阀门套圈卷曲，将阀门连接到容器上。阀门装配发生在抛射剂充填之前，但既可在药液灌装前，也可能在药液灌装之后。

（三）药物的罐装与设备

基于药液性质的差异，药液有两种不同的灌装方式。一种为液体灌装，利用特定的计量灌装头直接将配好的药液装填到未压盖的容器中，然后安装阀门，轧紧封帽；另一种为加压灌装，利用特定的计量加压灌装头直接将配好的含抛射剂药液装填到已压盖的容器中。

气雾剂的灌封包括手动、半自动和全自动设备。目前药品生产企业普遍采用全自动灌装生产线，该套设备包含有理瓶系统、药液灌装头、落阀装置、抓阀装置和抛射剂填充装置等部件。

（四）制备流程

气雾剂的生产环境、用具和整个操作过程，应注意避免微生物的污染。制备过程分为容器、阀门系统的处理与装配，药液的配制、灌装和充填抛射剂三部分，最后进行质量检查（生产工艺流程见图 2-3-4）。

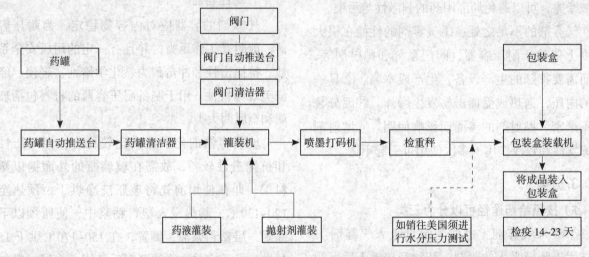

图 2-3-4 气雾剂生产工艺流程图

二、喷雾剂

（一）概述

1.含义

喷雾剂系指原料药物或与适宜辅料填充于特制的装置中，使用时借助手动泵的压力、高压气体、超声振动或其他方法将内容物呈雾状物释出，用于肺部吸入或直接喷至腔道黏膜及皮肤等的制剂。

2.特点

喷雾剂（与气雾剂相比）的优点：喷雾剂无需抛射剂，处方、生产设备简单，成本较低。不足之处：喷雾剂雾滴粒径较大，不适于肺部给药，目前多用于治疗皮肤、黏膜等部位的疾病；由于容器内压力不恒定，不能维持恒定的喷射雾滴粒径、喷射量。

3.分类

喷雾剂按内容物组成分为溶液型、乳状液型或混悬型。按用药途径可分为吸入喷雾剂、鼻用喷雾剂及用于皮肤、黏膜的非吸入喷雾剂。按给药定量与否，喷雾剂还可分为定量喷雾剂和非定量喷雾剂。

定量吸入喷雾剂系指通过定量雾化器产生供吸入用气溶胶的溶液、混悬液或乳液。

（二）装置

喷射剂的装置主要为喷射用阀门系统（手动泵），即采用手压触动器产生压力使容器内药物按所需形式喷出的装置。阀门系统主要由泵杆、支持体、密封垫、固定杯、弹簧、活塞、泵体、弹簧帽、浸入管等组成，喷雾剂的主要容器有塑料容器与玻璃容器。

（三）压缩气体

喷雾剂常利用压缩空气通过细小管口形成高速气流，使液滴变成雾状微粒从出气管喷出。压缩空气可来源高压气体、空气压缩泵、手动压气或是机械装置触动的气流。

（四）制备

1.配液方法与设备

根据喷雾剂内容物的不同可分为溶液型喷雾剂、乳液型喷雾剂、混悬型喷雾剂。喷雾剂的制备需根据药物、附加剂的溶解性能、作用及其他理化性质选择合适的类型及制备工艺。易溶性药物可直接与基质辅料混匀即可，而难溶性药物需通过使用增溶剂、制备微乳等增溶技术进行增溶。

1）溶液型喷雾剂

（1）**方法**　分为浓配法和稀配法。将全部药物加至部分溶剂中配成浓溶液，加热或冷藏后过滤，再稀释至所需浓度，称之为浓配法，可滤除溶解度小的杂质；将全部药物加入溶剂中，一次配成所需浓度，再行过滤，称之为稀配法。

（2）**设备**　常用设备是带有搅拌器的夹层锅配液罐。配制用具的材料为：玻璃、（耐酸碱）搪瓷、不锈钢、聚乙烯等。

2）乳剂型喷雾剂

（1）**方法**　乳剂中药物加入的方法：若药物可溶解于油相，可先将药物溶于油相再制成乳剂；若药物可溶于水相，可先将药物溶于水相后再制成乳剂；若药物既不溶于油相也不溶于水相，可用亲和性大的液相研磨药物，再将其制成乳剂；也可先用少量已制成的乳剂研磨药物，再与其余乳剂混合均匀。

①干胶法：先制备初乳，在初乳中油、水、胶有一定的比例，若用植物油，其比例为4:2:1，若用挥发油比例为2:2:1，而用液状石蜡比例为3:2:1。本法适用于阿拉伯胶与西黄蓍胶的混合胶。制备时先将阿拉伯胶分散于油中，研匀，按比例加水，用力研磨制成初乳，再加水将初乳稀释至全量，混匀即得。

②湿胶法：本法也需要制备初乳，初乳中油水胶的比例与上法相同。先将乳化剂分散于水中，再将油加入用力搅拌使成初乳，加水将初乳稀释至全量，混匀即得。

③新生皂法：油水两相混匀时，两相界面生成新生态皂类乳化剂，通过搅拌制成乳剂。植物油中含有硬脂酸、油酸等有机酸，加入氢氧化钠、氢氧化钙、三乙醇胺等，在一定温度（70℃）或搅拌条件下生成的新生皂为乳化剂，可形成乳剂。如形成的是一价皂则为O/W型乳化剂，如形成的是二价皂则为W/O型乳化剂。

④两相交替加入法：向乳化剂中交替、少量、多次地加入水或油，边加边搅拌，即可形成乳剂。适用于天然高分子类乳化剂、固体粉末为乳化剂的乳剂制备，一般乳化剂的用量较多。

⑤机械法：将油相、水相、乳化剂混合后用乳化机械制成乳剂。机械法制备乳剂可以不考虑混合顺序，借助于机械提供的强大能量，很容易制成乳剂。

（2）设备

①乳匀机：通过不同形式的机械力将初乳再次进行分散，或将油与水两相直接粉碎成适宜的粒径。制备时先用其他方法初步乳化，再用乳匀机乳化，效果更佳。

②胶体磨：利用高速旋转的转子和定子之间的缝隙产生强大剪切力使两相乳化。口服或外用乳剂常选用本法制备。

③搅拌乳化装置：小量制备可用乳钵，大量制备可用搅拌机，分为低速搅拌乳化装置和高速搅拌乳化装置。组织捣碎机属于高速搅拌乳化装置。

④超声波乳化装置：一般利用 10~50kHz 高频振动来将液体打碎，可制备 O/W 和 W/O 型乳剂。黏度大的乳剂不宜用本法制备。

3）混悬型喷雾剂

制备混悬剂时，应使混悬微粒有适当的分散度，并尽可能分散均匀，以减小微粒的沉降速度，使混悬剂处于稳定状态。

（1）分散法 将粗颗粒的药物粉碎成符合混悬剂微粒要求的微粒，再分散于分散介质中制备混悬剂的方法。分散法制备混悬剂与药物的亲水性有密切关系。

①加液研磨法：粉碎时固体药物加入适当液体研磨，称为加液研磨法，可以减小药物分子间的内聚力，使药物容易粉碎得更细。加液研磨时，可使用处方中的液体，如水、芳香水、糖浆、甘油等，通常是 1 份药物可加 0.4~0.6 份液体，能产生最大分散效果。小量制备可用乳钵，大量生产可用乳匀机、胶体磨等机械。

②水飞法：对于质重、硬度大的药物，可采用"水飞法"制备，即将药物加适量的水研磨至细，再加入较多量的水，搅拌，稍加静置，倾出上层液体，研细的悬浮微粒随上清液被倾倒出去，余下的粗粒再进行研磨，如此反复直至完全研细，达到要求的分散度为止，再合并含有悬浮微粒的上清液，即得。水飞法可使药物研磨到极细的程度。

（2）凝聚法

①物理凝聚法：选择适当的溶剂，将药物以分子或离子状态分散制成饱和溶液，在快速搅拌下加入另一不溶的分散介质中凝聚成混悬液的方法。主要指微粒结晶法，一般将药物制成热饱和溶液，在搅拌下加至另一种药物不溶的液体中，使药物快速结晶，可制成 10μm 以下（占 80%~90%）微粒，再将微粒分散于适宜介质中制成混悬剂。

②化学凝聚法：使两种或两种以上药物发生化学反应法生成难溶性的药物微粒，再分散于分散介质中的制备方法。化学反应在稀溶液中进行并应急速搅拌，可使制得的混悬剂中药物微粒更细小更均匀。

（3）设备 混悬剂小量制备用乳钵，大量生产采用乳匀机、胶体磨、带搅拌的配料罐等。大量生产时，配液中使用的仪器为配液罐，多采用搪玻璃反应锅，并装有搅拌器，反应锅夹层可通蒸汽加热，或通冷却水冷却。配液罐的示意图见图 2-3-5。

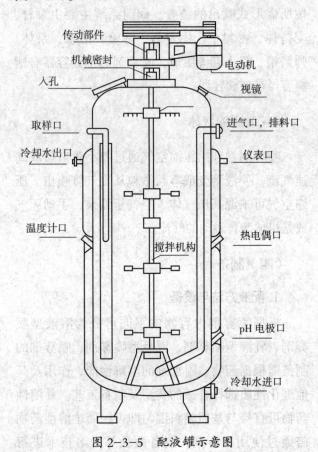

图 2-3-5 配液罐示意图

2. 灌封

喷雾剂灌封流程见图 2-3-6。

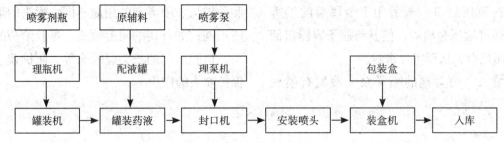

图 2-3-6 喷雾剂灌封流程图

灌封的方法与设备：

（1）**药液灌装** 按照设备的定量原理不同，常见的灌装定量原理包括：蠕动泵、定量杯、时间压力计量等。

蠕动泵：通过转子旋转挤压软管，使药液向前移动，通过控制转子旋转速度和时间，实现每次药液的计量。

定量杯法：由动力控制活塞往复运动，将物料从贮料缸吸入活塞缸，然后再压入灌装容器中，每次灌装量等于活塞缸内物料的容积。

时间压力计量法：药液进入一个恒压的缓冲罐内，通过控制阀门的开启时间实现每次灌装的计量。

（2）**灌装方法** 常用的气雾剂灌装方法为压罐法和冷罐法。压罐法为目前国内的主要制法。操作步骤为将已灌装药液轧紧封帽铝盖的气雾剂容器，抽取内部空气，然后以压缩空气为动力源，通过压力灌装机将定量的抛射剂压罐于容器内。常用的为气雾剂真空灌装机，见图 2-3-7（a）。特点为设备简单，不需要低温操作，抛射剂的损耗较少。

冷罐法的一般步骤是首先制备药液，将冷却的药液灌入容器后随即加入已冷却的抛射剂；也可将药液和抛射剂同时灌入。灌入之后，立即装阀并轧紧。全部操作过程均在低温下进行。实验室装置示意图见图 2-3-7（b）。特点为抛射剂直接灌入容器，速度快，对阀门无影响，因为抛射剂在敞开情况下进入容器，容器中的空气易于排除，成品压力较稳定。

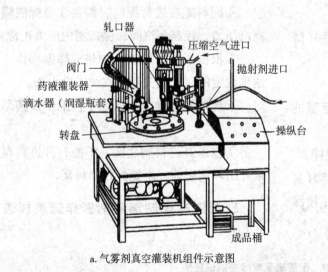

a.气雾剂真空灌装机组件示意图　　　　b.气雾剂冷灌法实验室装置示意图

图 2-3-7 灌装机示意图

（3）**封口** 要实现喷雾泵和瓶子的密封，需要保证喷雾泵内密封圈与瓶口的结合良好，密封圈与瓶口结合过松会导致泄漏；结合过紧、密封圈可能被破坏也导致泄漏。

喷雾剂常见的封口方式包括螺旋口、冲压盖、滚压三种方式。

螺旋口：喷雾泵和瓶子有配套的螺纹，设备将喷雾泵夹住、然后旋转并向下移动，至喷雾泵与瓶子的螺纹旋紧。

冲压：喷雾泵和瓶子需要有配套的卡扣，设备将喷雾泵下压、泵与瓶配套的卡扣锁死，即完成封口。

滚压：滚压封口一般适用于金属盖的喷雾泵，设备通过滚压金属盖，使其与瓶子容器口部的形状轧压贴合，从而实现密封。

（4）喷头　喷雾剂的喷雾泵一般配有喷头和防护盖。喷雾剂的用途不同、喷头的形状也有所不同；如外用的圆形喷头、鼻腔给药的鼻用喷头、口腔给药的长旋臂喷头等。防护盖主要起到保护喷头的作用。

技能要求

1. 能使用配液设备配制溶液。
2. 能使用灌装设备分装药液。
3. 能使用封口设备封帽。

一、使用配液罐配制溶液

1. 技能考核点

（1）能够选择溶解法或稀释法配制低分子溶液剂。

（2）掌握加热、搅拌的操作要求并能正确操作。

2. 操作程序、操作规程及注意事项

（1）操作程序　准备→（加热）→配制→（降温）→（滤过）→清场→填写记录。

（2）操作规程

①开启用水阀门，向配液罐内放入一定量的水；打开投料口阀门，注入物料。

②打开搅拌器电源开关，按要求进行搅拌。

③加热操作（工艺需要）：打开蒸汽阀门，将罐内物料加热2~3分钟后，关小排气阀，使温度达到设定值时。

④降温操作（工艺需要）：打开冷水阀向夹层内供应冷却水，降低罐内物料温度，使温度达到设定值时。

（3）注意事项

①采用溶解法制备时，一般取处方总量1/2~3/4溶剂，加入药物搅拌使溶解，滤过，再通过滤器加溶剂至全量，搅匀，即得；采用稀释法制备时，先将药物配制成高浓度溶液，再加入溶剂稀释至所需浓度，搅匀，即得。

②配液罐在进料时应确保配液罐、输送管道的清洁，使物料不会受到污染。

③物料输入配液罐前关闭所有的阀门，最后打开配液罐的进料阀。

④配料罐在进行配料时需要注意配液罐内的蒸汽压力，控制蒸汽阀，保持罐内压力正常。

⑤根据工艺需要进行加热或降温操作，温度达到设定值时，应关闭蒸汽阀或冷水阀。

⑥规范配液操作，保证工艺卫生及药品生产质量。

⑦在未开进料阀之前，不能打开进料泵；在未开出料阀之前，不能打开出料泵。

3. 配液罐配制溶液剂操作记录样表（表2-3-19）

表2-3-19　配液罐配制溶液剂记录表

产品名称		批号		规格	
生产工序起止时间		月　日　时　分 ——		月　日　时　分	
配制罐号		第（　）号罐		第（　）号罐	
设备状态确认		正常 □　异常 □		正常 □　异常 □	
温度（℃）					
压力（MPa）					

药物（kg/L）			
纯水量（kg/L）			
酸/碱（kg/L）			
矫味剂/种类、用量			
抑菌剂/种类、用量			
配制时间	开始	月 日 时 分	月 日 时 分
	结束	月 日 时 分	月 日 时 分
搅拌速度（r/min）			
成品情况			
配制总量（kg/L）			
外观性状			
操作人		复核人/日期	
备注			

二、使用灌装机分装药液

1. 技能考核点

（1）能够正确使用灌装机分装药液。

（2）按产品工艺要求，确认药液的灌装量及抛射剂的填充量，计算灌装量控制范围，同时按工艺要求调节封盖装置。

（3）根据各产品工艺要求，监控药液灌装量、抛射剂填充量，并填入批生产规程/批生产记录中。

2. 操作程序及注意事项

（1）操作程序　操作前准备→开机→灌装→关机→清场→填写记录。

（2）操作规程

①确认设备状态标识为"设备完好待运行"，清洁状态标识为"已清洁"，并在清洁有效期内，若超出有效期应重新清洁。确认压缩空气及电是否正常，各种管路阀门和开关是否运转自如。

②确认储液罐和抛射剂与灌装系统的连接，按产品工艺要求，确认药液的灌装量及抛射剂的填充量，计算灌装量控制范围，同时按工艺要求调节封盖装置。

③检测封盖密封性。

④按各品种工艺要求设定灌装速度，进行灌装。

⑤剩余药液收集称重，按车间尾料的处理程序处理。

⑥停机，清点批剩余物料。

（3）注意事项

①抽检过程中，杜绝测量的半成品混入灌装工序，杜绝测量的空铝瓶（塑料瓶、玻璃瓶）不经灌装药液混入下一工序。

②检测封盖密封性。取样后按照开批的要求对药液灌装量及抛射剂填充量确认合格后压装20支半成品送检漏工序试检漏。如有泄漏，则按照工艺要求重新调节封盖装置，每次调节后压装20支半成品进行试检漏，直至无泄漏。

③灌装过程中根据各产品工艺要求，监控药液灌装量、抛射剂填充量，随时检查铝瓶（塑料瓶、玻璃瓶）、阀门（泵）的用量，及时添加。

④正常生产过程中产生的重量差异超出范围的半成品作不合格品处理。

⑤岗位操作人员在维修设备、处理设备异常时，必须停机。

（4）处理简单的设备故障。

3. 生产记录样表（表2-3-20）

表 2-3-20　灌装机分装药液生产记录样表

品名： 规格：	产品批号	贮藏条件： 避光，密闭保存	原版本号 日期	生产日期	页次
生产工序： 灌装	批次量	颁发人 日期	批准人 日期	工艺规程号	版本号

生产前检查	检查记录
检查灌装间清场合格证是否合格	清场合格 □
灌装间相对走廊为负压且压差≥10Pa	压差：_____ Pa
灌装间温度、湿度是否符合要求	温度：_____℃；湿度：_____%
灌装间是否清洁	是 □　　　否 □
所备物料是否齐全	是 □　　　否 □
操作规程、生产指令等文件是否齐全	是 □　　　否 □
容器具是否清洁	是 □　　　否 □

检查人：_____　复核人：_____　日期：_____年_____月_____日

领取铝瓶、阀门

物料编码	物料名称	批号	数量
	阀门		
	铝瓶		

调节灌装量： 药液灌装量： 抛射剂填充量： 调节铝瓶和阀门封口，至检漏合格 调节合格后进行正式灌装，灌装过程每20分钟检查一次药液和抛射剂装量	灌装开始时间： 灌装结束时间： 药液灌装量： 抛射剂充填量： 封口检漏是否合格：　　　是 □　　　否 □
生产结束后，清点剩余及损坏铝瓶、阀门数量，并退回仓库	废铝瓶数量： 废阀门数量： 剩余铝瓶数量： 剩余阀门数量：
计算物料平衡：（生产合格数＋生产废品数）/批量	物料平衡：

记录人：_____　复核人：_____　日期：_____年_____月_____日

备注：

三、使用封口设备封帽

1. 技能考核点

（1）封口设备的工作原理，能够正确操作封口设备封帽。

（2）封阀高度调节和夹口直径调节。

（3）处理简单的设备故障。

2. 操作程序、操作规程及注意事项

（1）操作程序　开机前的准备工作 → 开机 → 封帽 → 关机 → 清场 → 填写记录。

（2）操作规程　封口设备在气（喷）雾剂生产中通常和灌装处于同一操作平台，因此其操作前准备、操作过程，以及封帽后操作内容和上一节（使用灌装机分装药液）内容基本一致，本节只对封帽操作规程进行单独描述。详细如下：

①封阀高度调节：将六棱插入"抓手芯"内孔，根据工艺要求调节封阀高度大小。

②夹口直径调节：将六棱插入"抓手套调节孔"内，根据工艺要求调节夹口直径大小。

③封帽操作：落阀后的铝瓶（塑料瓶、玻璃瓶）经理瓶系统输送到封口设备位置后，完成封帽。

④封帽后的操作：封帽的药瓶经理瓶系统输送到抛射剂充填装置部位，完成抛射剂的填充。

（3）注意事项

抓手芯与抓手套均有凹槽，为顶丝固定之用。顶丝应拧到凹槽内，但不能拧得太紧（拧到底，再反拧一圈）。

第六节　软膏剂与乳膏剂制备

相关知识要求

> 1. 软膏剂的含义、特点、分类、基质及熔合法制备软膏。
>
> 2. 乳膏剂的含义、特点、分类。

搅拌夹层设备的操作规程参见技能部分"一、使用真空均质制膏机制备软膏剂"；软膏研磨设备的操作规程参见技能部分"二、使用三滚筒软膏研磨机均质软膏"。

一、软膏剂

（一）概述

1. 含义

软膏剂系指原料药物与油脂性或水溶性基质混合制成的均匀的半固体外用制剂。

2. 特点

软膏剂可以发挥局部和全身治疗作用。软膏剂可以长时间黏附或铺展于用药部位，主要用于皮肤的局部治疗，对皮肤有保护、润滑、消炎和止痒等作用；某些软膏剂中的药物透皮吸收后，也能产生全身治疗作用。

3. 分类

软膏剂按原料药物在基质中分散状态不同，可分为溶液型软膏剂和混悬型软膏剂。溶液型软膏剂为原料药物溶解（或共熔）于基质或基质组分中制成的软膏剂；混悬型软膏剂为原料药物细粉均匀分散于基质中制成的软膏剂。

根据基质组成不同，可分为油脂性基质软膏、乳剂型基质软膏和水溶性基质软膏。油脂性软膏常称油膏，乳剂型软膏剂又称为乳膏。

按照用途可分为眼膏剂、外用膏剂等。

（二）基质

基质作为软膏剂的赋形剂及药物的载体，本身具有保护与润滑皮肤的作用。基质对软膏剂的质量、理化特性及药物疗效的发挥均有极其重要的影响。理想的软膏剂基质应满足以下条件：①性质稳定，与主药和附加剂不发生配伍变化，长期贮存不变质；②无刺激性和过敏性，不影响皮肤的正常功能；③黏度适宜、润滑，易于涂布；④具吸水性，能吸收伤口分泌物；⑤易洗除，不污染皮肤和衣物。

基质的组成和性质，直接影响药物的释放、穿透、吸收。不同类型的软膏基质对药物释放、吸收的影响不同。乳剂基质释药为最快（与基质具有表面活性有关），动物油脂中次之，植物油中又次之，烃类基质中最差。基质的组成若与皮脂分泌物相似，则利于某些药物穿透毛囊和皮脂腺。油脂性基质一般不单独使用。为克服其强疏水性，常加入表面活性剂，或制成乳剂型基质。水溶性基质多用于湿润、糜烂创面，有利于分泌物的排除，也常用于腔道黏膜，常作为防油保护性软膏的基质。乳剂型基质一般适用于亚急性、慢性、无渗出液的皮损和皮肤瘙痒症，忌用于糜烂、溃疡、水疱和脓泡症。

一般情况下遇水不稳定的固体药物、油溶性或刺激性药物，宜选择油脂性基质；主药含量低、对水稳定的水溶性、油溶性或水油均不溶的，宜选择乳剂型基质；电解质类药物不宜选用水溶性基质。

常用的基质有油脂性基质、水溶性基质和乳剂基质。

1. 油脂性基质

从动植物中得到的油脂、类脂、烃类及硅酮类等物质。具有润滑性好；无刺激性；涂于皮肤上能形成封闭性油膜，促进皮肤水合作用；皮肤保护、软化作用强；性质较稳定，可与多种药物配伍等优点。但是油腻性大、疏水性强，释药性能差，不适用于有多量渗出液的创面，不易用水洗除。适于遇水不稳定的药物，在乳剂型基质中作为油相。

（1）烃类 系指从石油蒸馏后得到的各种烃的混合物，其中大部分属于饱和烃。

凡士林：又称软石蜡，最常用的油脂性基质。由多种烃类组成的半固体混合物，熔点为38~60℃。有黄、白两种，后者是由前者漂白而得。有适宜的黏性和涂展性，不刺激皮肤和黏膜，化学性质稳定，能与多种药物配伍，特别适用于遇水不稳定的药物。但凡士林油腻性大而吸水性差，不易清洗，妨碍患处水性分泌物的排出，故不适用于有渗出液的创面。凡士林吸收水分约为5%，加入适量的羊毛脂、鲸蜡醇等可提高其吸水性，如加入15%羊毛脂，可使其吸收水分增至50%。凡士林可与蜂蜡、石蜡、硬脂酸、植物油熔合。可以单独使用，也可与其他基质联合用于调节软膏的软硬度或稠度，在皮肤表面形成封闭性的油膜，减少水分的蒸发，促进皮肤的水合作用，对皮肤具有较强的软化和保护。

固体石蜡和液状石蜡：主要用于调节基质硬度和稠度。

（2）类脂类 系指高级脂肪酸与高级脂肪醇化合而成的酯及它们的混合物。有类似脂肪的物

理性质，但化学性质较脂肪稳定，且具有一定的表面活性作用而有一定的吸水性能，多与油脂类基质合用，增加油脂性基质的吸水性能。常用的有羊毛脂、蜂蜡、鲸蜡等。

羊毛脂：是羊毛上脂肪性物质的混合物，经纯化、除臭和漂白而制得的淡黄色黏稠性微臭的半固体。主要成分是胆固醇类的棕榈酸酯及游离的胆固醇类，游离的胆固醇和烃基胆固醇等约占7%，熔点36~42℃，碘值18~35，酸值小于1.5。具有良好的吸水性，能吸收2倍量水形成W/O乳剂。羊毛脂性质接近皮脂，有利于药物透入皮肤，但过于黏稠，不宜单独食用，常与凡士林合用，调节凡士林的吸水性和渗透性。

蜂蜡与鲸蜡：蜂蜡有黄白之分，后者由前者精制而成。一般用来增加基质的稠度和黏度，有较弱的吸水性，吸水后可形成W/O型乳剂，可在O/W型乳剂基质中起增加稳定性的作用。

（3）硅酮类 简称硅油。常用二甲硅油，为无色澄清的透明油状液体，黏度随分子量的增加而增大，在 –40~150℃黏度变化极小，化学性质稳定，无毒性，对皮肤无刺激性，不污染衣物，具有良好的润滑作用，易于涂布，能与羊毛脂、硬脂醇、鲸蜡醇、硬脂酸甘油酯等混合。因此常用于乳膏中作润滑剂，最大用量可达10%~30%，也可与其他油脂类基质合用制成防护性软膏。对眼睛有刺激性，不宜作眼膏基质。

（4）动、植物油脂 系指从动植物中获得的高级脂肪酸甘油酯及其混合物。因含有不饱和双键，在长期贮存过程中易氧化，目前应用较少。加入抗氧化剂和防腐剂可以增加稳定性。动物油脂类中常含有胆固醇，有15%左右的吸水性；植物油有麻油、棉籽油、花生油等，植物油常与熔点较高的蜡类等固体油脂性基质熔合，得到适宜稠度的基质。植物油也可用作乳剂型基质的油相。氢化植物油等较稳定，不易酸败，也可用作基质。

2. 水溶性基质

由天然或合成的水溶性高分子物质所组成，溶解后形成胶体或溶液而制成的半固体软膏基质。常用基质有聚乙二醇、甘油明胶等。水溶性

基质易涂展、无油腻感和刺激性，易清洗；释放药物较快；能与水溶液混合，可吸收组织液。多用于润湿、糜烂创面及腔道黏膜，有利于分泌物的排出，但其润滑性较差，不稳定、水分易蒸发，也易霉变，常需要加入保湿剂和防腐剂。

聚乙二醇（PEG）：由环氧乙烷与水或乙二醇聚合而成的低分子量的水溶性聚醚。常用的平均分子量在200~6000。PEG 600以下为无色透明的液体；PEG 1000及PEG 1500为糊状半固体；PEG 2000以上为固体。不同分子量的PEG以适当比例混合后可制成稠度适宜的软膏基质。易溶于水，性质稳定，耐高温，不易酸败和霉败。但由于其较强的吸水性，用于皮肤常有刺激感，久用可引起皮肤脱水干燥，对季铵盐类、山梨糖醇及苯酚等有配伍反应。

甘油明胶：由1%~3%明胶与10%~30%甘油及水加热制成，温热后易涂布，涂后能形成一层保护膜，有弹性，较好涂展性和舒适感。

（三）制备

不同类型软膏的制备可根据药物和基质的性质、制备量及设备条件不同而分别采用研和法、熔合法。软膏剂制备工艺流程见图2-3-8。

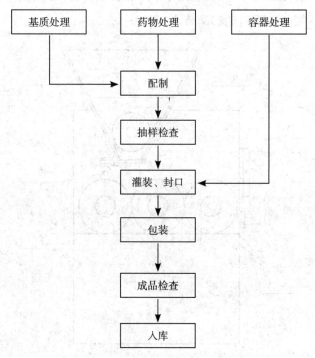

图2-3-8 软膏剂制备工艺流程图

1. 熔合法制备软膏剂的方法与设备

将软膏中部分或全部组分熔化混合，在不断搅拌下冷却至凝结。常用于对热稳定的油脂性基质软膏剂的大量制备，特别适用于所含基质及药物各组分的熔点不同，在常温下不能均匀混合的软膏。

制备时将软膏中部分或全部高熔点组分加热熔化，混合，再按照熔点高低顺序逐步加入其他成分，待全部基质熔化后，加入药物（能溶者），搅拌混合均匀并至冷凝即可；含不溶性药物粉末的软膏可通过研磨机进一步研磨使之细腻均匀。工业生产常用设备有搅拌制膏机。

搅拌制膏机主要包括以下两种类型的制膏机：胶体磨搅拌器联用型（图2-3-9）和双串联搅拌桨型（图2-3-10）。

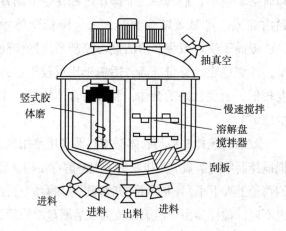

图2-3-9 胶体磨搅拌器联用型

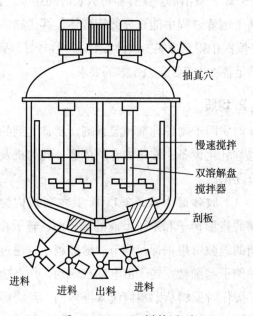

图2-3-10 双搅拌器型

胶体磨搅拌器联用型是由慢速搅拌（附有刮板）、竖式胶体磨、高速旋转式溶解搅拌器组成。筒体由内真空耐压部件、耐压不锈钢内层材料及用于冷却（或加热）耐压夹套组成。刮板搅拌系统采用活络刮板，在搅拌物料时，刮板能自动贴近内壁，将物料刮下，使温度传递均匀；快速搅拌采用一定直径的溶解盘，通过高速转动将粉料和液料混合，并在制膏锅内产生翻动；胶体磨靠一个尼龙螺旋推进器将物料向上送入胶体磨，磨的本体是一对锥形带斜齿的盘，外盘固定不动，内盘高速运转，物料经过此处可以得到研磨分散，两盘之间的间隙可调。真空泵采用水封式双级真空泵，液压系统由一台高压油泵驱动，阀门采用气动球阀。胶体磨搅拌器联用型将制胶过程和研磨、搅拌、抽真空三个操作过程在一个制膏锅内完成，可显著减少物料损失、降低膏体污染、提高了生产效率和清洁性。控制系统操作简单，性能稳定，计量准确。适应于比重较小、黏度较低、触变性好的膏体，制成的膏体均匀，质量稳定。

双串联搅拌浆型与胶体磨搅拌器联用型相比，把搅拌器单溶解盘改为串联的两组溶解盘结构，盘的直径上大下小，不同规格的制膏机溶解盘的直径也不同。搅拌器由单溶解盘改为双溶解盘结构后，搅拌均质能力明显提高，可缩短制膏时间，提高生产效率。双溶解盘搅拌器可较长时间连续运转，在整个制膏过程中能充分剪切膏体，其优越性在生产实践中得到证实。该设备的适应性较好，基本能满足各种生产工艺及配方的要求。

2. 均质

均质用于制备乳剂和混悬剂。制备乳剂的设备也称乳化设备，常用的有胶体磨、乳匀机及超声波乳化器。

（1）胶体磨（图2-3-11） 其主要结构为带斜槽的锥形转子和定子组成的磨碎面，转子和定子间的缝隙可根据标尺调节。缝隙越小，通过磨后的例子越细微。转子由电动机带动，作高速转动。操作时原料从贮料筒流入磨碎面，经磨碎后由出口管流出，在出口管上方有一控制阀，如一

次磨碎的粒子胶体化程度不够时，可将阀关闭使胶体溶液经管回入贮液筒，再反复研磨可得更细微的胶体溶液。

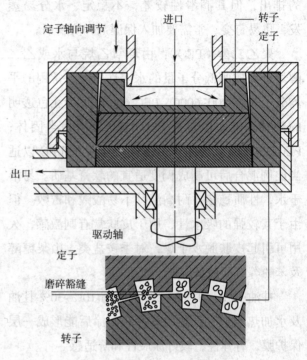

图2-3-11 胶体磨

（2）乳匀机 常见的有三滚筒软膏研磨机、二步匀化机和超声波乳化器。

①三滚筒软膏研磨机（图2-3-12）：主要构造是由三个平行的滚筒和传动装置组成，三个滚筒间的距离能够调节。

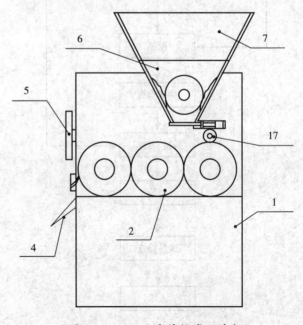

图2-3-12 三滚筒软膏研磨机

三个滚筒间的距离能够调节，在第一，第二滚筒上装有加料斗，转动较慢的滚筒1上的软膏能传到中间较快的中间滚筒，并传到速度更快的滚筒3上，经刮板器转入接收器中，同时第三滚筒还可沿轴线方向往返移动，使软膏收到滚辗研磨，更细腻均匀（图2-3-13）。

图 2-3-13　三滚筒软膏研磨机示意图

②二步匀化机（图2-3-14）：流体从贮料筒流入被压缩泵及液压装置的高压强行通过豁缝时，流体经受了一次高速剪切即匀化，然后经出料管流出。因此，流体从贮料筒流入循环一次，可经受二次匀化，故又称二步匀化机。

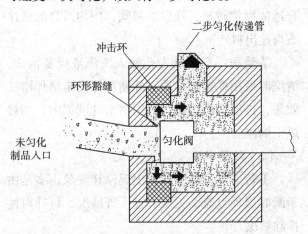

图 2-3-14　二步匀化机

（3）超声波乳化器　超声波乳化器的工作原理如图2-3-15所示，加压物料（可达15MPa）通过一个专门设计的小孔产生高速流，喷在一个按超声频率振动的刀刃上，产生高度空穴作用使物料形成高质量的乳状液。乳化器上装有调频器，可根据需要选择对乳化体系最适宜的频率。这类乳化器的处理能力一般在2~800L/min之间，泵送系统的功耗，以每小时生产1000L产品计为1.5kW。利用10~50kHZ高频振动来制备乳剂。可制备O/W和W/O型乳剂，但黏度大的乳剂不宜用本法制备。

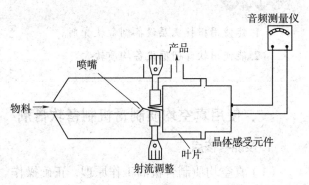

图 2-3-15　超声波乳化器

二、乳膏剂

1. 含义

采用乳剂型基质制成的软膏剂称为乳膏剂，一般由水相、油相和乳化剂组成。

2. 特点

乳膏剂和软膏剂一样具有保护创面、润滑皮肤和局部治疗作用，某些乳膏剂亦能产生全身治疗作用。

乳膏剂应均匀、细腻，涂于皮肤或黏膜上无粗糙感；具有适当的黏稠度，易涂布于皮肤或黏膜上，不融化，黏稠度随季节变化很小；性质稳定，无酸败、异臭、变色、变硬、油水分离及胀气现象；不引起皮肤刺激反应、过敏反应及其他不良反应；用于大面积烧伤或严重创伤的乳膏剂应无菌。

3. 分类

乳膏剂由于基质的不同可分为O/W型与W/O型两类，乳化剂在基质成型过程中起关键作用。水包油型乳化剂有钠皂、三乙醇胺皂类、脂肪醇硫酸（酯）钠类（十二烷基硫酸钠）和聚山梨酯类；油包水型乳化剂有钙皂、羊毛脂、单甘油酯、脂肪醇等。

技能要求

技能要点

1. 能使用搅拌夹层设备制备软膏剂。
2. 能使用软膏研磨设备均质软膏。

一、使用真空均质制膏机制备软膏剂

1. 技能考核点

（1）真空均质制膏机的工作原理，正确操作真空均质制膏机制备软膏。

（2）出料过程中的操作要点和注意事项。

（3）处理简单的设备故障。

2. 真空均质制膏机制备软膏剂的操作程序及注意事项

（1）操作程序　开机前的准备工作 → 开机 → 抽真空 → 进料 → 搅拌 → 均质 → 加热或冷却 → 出料 → 关机 → 清场 → 填写记录。

（2）操作规程

①锅内抽真空：关上进料、出料、加附加剂和放气阀门，盖紧入孔，启动真空泵起动按钮，绿灯亮。开启真空管道阀门。关闭时要求先关掉真空管道阀门，再按真空泵关按钮、红灯亮、绿灯亮，然后进行保压。

②进料：先抽真空至要求，关掉真空阀门，再关掉真空泵，再开启进料阀门，水锅及油锅中物料通过过滤器，被吸入均质锅内。在抽料时，当真空度下降，可重复上述操作至物料被吸完。

③搅拌：先开电源按钮，再开搅拌按钮，调节调速电位器，搅拌电机开始缓慢启动，调至所需转速后即稳定旋转，稳定转速应根据生产实际需要进行合理设定。

④均质：选定物料循环方式，用相应阀门控制内循环或外循环方式。按低速启动按钮，低速均质按钮灯亮；如需高速均质，应先按低速按钮，待低速按钮指示灯亮后再按高速按钮，指示灯亮，按关机按钮，均质器即停止均质工作。

⑤加热或冷却：在加热前，先将夹套冷凝水排出阀门打开，放尽夹套内冷凝水，关上阀门，并且关上冷却水管路阀门，然后开启蒸汽管阀门，将物料加热至接近工艺要求温度时关闭蒸气进气口阀门，由惯性余热升温至工艺要求温度。开启加热时，应先开冷凝水阀门，再开进气阀门，再开总蒸气进气阀；开启冷却阀门时先开排水阀，再开自来水进水阀。关闭时顺序相反。

⑥出料：打开放气阀，解除锅内真空，选择合适的搅拌转速，开启放料阀，用均质器的低速或高速出料。

⑦清洗：直接从入孔加入洗涤液反复清洗，清洗时可用搅拌、均质、外循环等措施增加清洗效果，排出洗涤用液，再用清水冲洗锅内，加热烘干锅体。

（3）注意事项

①若工作过程中偶然出现停转现象，多是由于瞬时出现过流、欠压、过压等情况，可针对性排除解决。

②出料时尽量采用低速出料方式，放料时必须解除真空，打开搅拌。

3. 生产记录样表（表2-3-21）

表2-3-21　真空均质制膏机制备软膏剂生产记录样表

产品名称		批号		规格	
起止时间		月　日　时　分 ——		月　日　时　分	
真空均质机编号		第（　）号		第（　）号	
设备状态确认		正常 □　异常 □		正常 □　异常 □	
药物（kg）					

基质1			
基质2			
附加剂			
温度（℃）			
转速（r/min）			
均质速度/压力（MPa）			
制备时间	开始	月　日　时　分	月　日　时　分
	结束	月　日　时　分	月　日　时　分
成品情况			
外观性状			
软膏量（kg）			
操作人		复核人/日期	
备注			

二、使用三滚筒软膏研磨机均质软膏

1. 技能考核点

（1）三滚筒软膏研磨机的工作原理，正确操作三滚筒软膏研磨机。

（2）滚筒的调节和使用注意事项。

2. 操作程序、操作规程及注意事项

（1）操作程序　开机前的准备工作 → 开机 → 研磨 → 关机 → 清场 → 填写记录。

（2）操作规程

①开机前准备：将滚筒依次松开，将下料刀松开，将档尖轻微松开，开冷却水阀门，准备好接浆罐（必须清理干净）。

②开机和研磨：启动电源；适当压紧档尖、立即上料；调节好滚筒松紧；调节下压料刮刀；调节档尖松紧，以不漏为限；调节冷却水量；观察电流表指针，不得超过额定电流；取脂料检查

细度，根据细度情况，再调节滚筒松紧，调节冷却水量。

（3）注意事项

①旋转手轮时，调节慢辊和快辊，向中间靠拢，观察辊面平行，调节好滚筒松紧。

②调节下压料刮刀，压力大小，以刮刀刀刃部在全部辊面贴实不弯曲为限。

③若长期不用，将滚筒涂上一层润滑油，以防滚筒生锈。

④两辊中间严禁进入异物（金属块等），如不慎进入异物，则紧急停车取出，否则会挤坏辊面或其他机件损坏，影响品质和发生安全事故。

⑤档料铜档板（档尖）不能压得太紧，随时加入润滑油（能溶入漆浆的），否则会很快磨损。

⑥注意辊筒两端轴承温度，一般不超过100℃。

3. 生产记录样表（表2-3-22）

表2-3-22　滚筒软膏研磨机均质软膏生产记录样表

产品名称		批号		规格	
起止时间		月　日　时　分 ——		月　日　时　分	
三滚筒研磨机编号		第（　　）号		第（　　）号	
设备状态确认		正常 □　异常 □		正常 □　异常 □	

续表

药物（kg）			
基质1			
基质2			
附加剂			
温度（℃）			
前、中、后辊间隙（mm）			
压力（Pa）			
转速（r/min）	慢辊		
	中辊		
	快辊		
制备时间	开始	月　日　时　分	月　日　时　分
	结束	月　日　时　分	月　日　时　分
成品情况			
外观性状			
软膏量（kg）			
操作人		复核人/日期	
备注			

第七节　贴膏剂制备

相关知识要求

知识要点

　　1. 橡胶贴膏的含义、特点、组成及溶剂法制备橡胶贴膏。

　　2. 凝胶贴膏的含义、特点、组成及制备。

　　贴膏剂是指将原料药物与适宜的基质制成的膏状物、涂布于褙衬材料上供皮肤贴敷，可产生局部或全身作用的制剂。包括橡胶贴膏、凝胶贴膏。

　　切胶设备的操作规程参见技能部分"一、使用切胶机处理橡胶"；炼胶设备的操作规程参见技能部分"二、使用炼胶机压制网状胶片"。

一、橡胶贴膏

（一）概述

1. 含义

系指原料药物与橡胶等基质混匀后涂布于褙衬材料上制成的贴膏剂。

2. 特点

橡胶贴膏是用于贴敷皮肤表面的外用制剂，具有治疗皮肤表面疾病，身体局部或全身性疾病的作用。无肝脏首过效应和胃肠道副作用、黏性强不经加热可直接贴于皮肤、不污染衣物、患者易于接受、携带使用方便；可保护伤口、防止皮肤皲裂、治疗风湿痛等疾病。但橡胶贴膏膏层薄，含药量少，药效维持时间较短，易引起皮肤瘙痒、过敏等副作用。

3.组成

（1）膏料　由药物和橡胶膏基质构成，基质的组成主要包括：橡胶、热塑性橡胶、松香、松香衍生物、凡士林、羊毛脂和氧化锌等。

①橡胶、可热塑性橡胶：橡胶膏基质的主要材料，具有良好的弹性、黏性，低传热性，不透气，不透水。

②增黏剂：多为树脂类。常用松香，具有抗氧化、耐光、耐老化和抗过敏等特性。

③软化剂：用于生胶软化，增加可塑性、柔软性、耐寒性及黏性。常用凡士林、羊毛脂、液状石蜡、植物油等。樟脑、薄荷脑和薄荷油等挥发性药物对橡胶膏基质也有一定的软化作用。

④填充剂：常用氧化锌。氧化锌具有缓和收敛作用，能与松香酸生成松香锌盐增加膏体的黏性，具有牵拉涂料的性能，并能减弱松香酸对皮肤刺激性。

（2）褙衬材料　棉布、无纺布、纸等。常用漂白白布。

（3）膏面覆盖物　又称保护层。常用防粘纸、塑料薄膜、铝箔－聚乙烯复合膜、硬质纱布、玻璃纸等。

4.橡胶贴膏的制法

橡胶贴膏的制备方法通常有溶剂法和热压法。常用溶剂有汽油和正己烷。

热压法是将橡胶片用处方中油脂性药物等浸泡，溶胀后加入其他药物和氧化锌、松香等，炼压均匀，涂膏盖衬。热压法不适用汽油，不需要回收装置，利于安全与环保，但成品均匀度和光滑性差。

（二）溶剂法制备橡胶贴膏

1.制备工艺流程

溶剂法制备橡胶贴膏的工艺流程（图2-3-16）包括：橡胶的塑炼、胶体的制备、涂布、干燥、分切收卷、覆膜、切片、包装等过程。

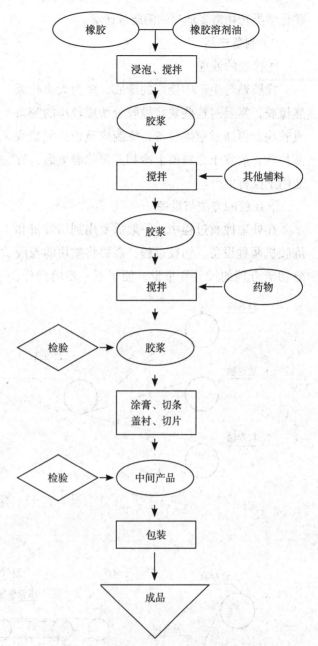

图2-3-16　橡胶贴膏制备工艺流程图

2.制法

1）药料处理

不同品种的橡胶贴膏，功能主治不一样，药物成分各异。多以单独使用或混合使用的中药药粉、中药提取物（浸膏或流浸膏）、化学药物，或者再配合冰片、樟脑、薄荷脑、水杨酸甲酯等挥发性药物入药。不同种类药物由于其自身理化性质特点，一般需要进行预处理。以细粉入药或提取物入药的中药类成分，粒度一般不低于5号筛，并需要进行消毒灭菌处理；提取物亦可采用适当的溶剂制备成一定相对密度的浸膏或流浸膏；某些化学类药物需要适当的溶解或研磨。

2）制备产品

①橡胶的处理

橡胶贴膏生产中使用的橡胶，多为大块状天然橡胶，需要对这些块状橡胶分切成较小的胶条或胶块，再通过塑炼设备，炼制成疏松的网状或薄片状，放置于金属架上冷却并消除静电后，方能用于投料生产。

②压胶的方法与设备

在处理橡胶过程中，一般需要用到切胶机和炼胶机两种设备。切胶过程，需要将整块的橡胶分切成合理的尺寸和重量，便于下一步的操作，

一般采用上下往复运行的切刀进行裁切。裁切之后，将小的胶条和胶块放置于炼胶机的两个辊筒之间，通过辊筒的运动，实施摩擦、挤压、剪切，将块状的橡胶塑炼成薄片状或丝网状。

③切割与包装

将覆合上防粘层的膏卷，利用剪切刀或者模切刀，制备成一定规格形状的橡胶贴膏膏片；将半成品膏片采用手工或设备封装于内袋中，再分别装盒和装箱，完成包装。

切片机剪切设备示意图和模切设备的示意图见图 2-3-17 和图 2-3-18。

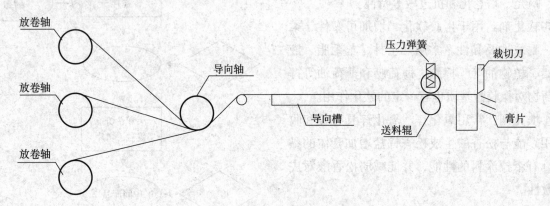

图 2-3-17　剪切设备示意图

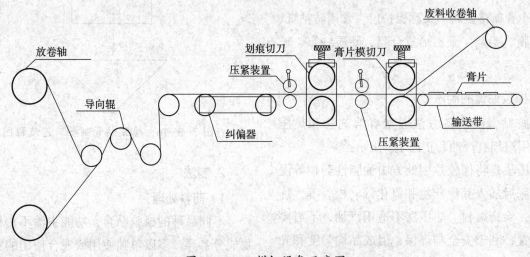

图 2-3-18　模切设备示意图

二、凝胶贴膏

（一）概述

1.含义

凝胶贴膏系指原料药物与适宜的亲水性基质混匀后涂布褙衬材料上制成的贴膏剂。又称巴布剂或巴布膏剂。常用基质有聚丙烯酸钠、羧甲基纤维素钠、明胶、甘油和微粉硅胶等。

2.特点

载药量大，尤其适于中药浸膏；与皮肤相容

性好，透气，耐汗，无致敏、刺激性；药物释放性能好，能提高皮肤的水化作用，有利于药物透皮吸收；使用方便，不污染衣物，反复贴敷，仍能保持原有黏性。

3. 组成

凝胶贴膏由裱衬层、防黏层及膏体三部分组成。①裱衬层为基质的载体，一般选用无纺布、人造棉布等；②防黏层起保护膏体的作用，一般选用聚丙烯及聚乙烯薄膜、聚酯薄膜及玻璃纸等；③膏体为凝胶贴膏的主要组成部分，由基质和药物构成，应有适当的黏着性、舒适性、物理稳定性等特征。常用的基质有聚丙烯酸钠、羧甲基纤维素钠、明胶、甘油和微粉硅胶。

基质的性能影响凝胶贴膏的黏着性、舒适性、物理稳定性，基质原料包含以下几个部分：

（1）黏合剂　包括天然、半合成或合成的高分子材料，如海藻酸钠、西黄芪胶、明胶；甲（乙）基纤维素、羧甲基纤维素及其钠盐、聚丙烯酸及其钠盐、聚乙烯醇、聚维酮及马来酸酐－乙烯基甲醚共聚物的交联产物等。

（2）保湿剂　常用的保湿剂有聚乙二醇、山梨醇、丙二醇、丙三醇及其混合物。

（3）填充剂　填充剂影响巴布剂的成型性，常用微粉硅胶、二氧化钛、碳酸钙、高岭土及氧化锌等。

（4）交联剂　主要是多价金属氧化物，包括甘羟铝、氢氧化铝等。

（5）渗透促渗剂　可用氮酮、二甲基亚砜、尿素等。芳香挥发性物质如薄荷脑、冰片、桉叶油等也有促渗作用。

（二）凝胶贴膏的制备

1. 凝胶贴膏的制备工艺流程

凝胶贴膏的制备工艺流程包括：胶体的制备、涂布、压合保护层、分割包装等过程。

（1）涂布和复合。

（2）分切成型。

（3）固化。凝胶贴膏由于存在交联反应，固化过程从制浆混合阶段已经开始，涂布之后，贴片成型，固化反应持续进行，固化所需时间的长短因基质配方、工艺条件、生产设备等因素影响而不同，进而会影响整个生产过程以及贴膏的性能。

（4）包装。凝胶贴膏由于含水量大，固化需要一定时间，通常情况下，膏片需要放置一段时间，再进行包装，但是，根据不同产品、不同工艺的特点，也可以立即包装。

2. 药物的处理

药物处理有两种方法：①药物直接加入，应预先粉碎成细粉或溶于适宜的溶剂中，再加入到基质中混合均匀；②药材经提取后加入，药物按照提取工艺的要求制成流浸膏或干浸膏后，再加入到基质中混合均匀。

中药单味药或复方，一般需根据有效成分的性质，选择水提或醇提，提取液经过浓缩成适宜浓度的浸膏与基质融合制成贴膏；也可以将中药饮片粉碎成细粉与凝胶贴膏基质混合制成载药凝胶贴膏。

技能要求

　　1. 能使用切胶设备处理橡胶。
　　2. 能使用炼胶设备压制网状胶片。
　　3. 能使用切片设备将橡胶贴膏切片。

一、使用切胶机处理橡胶

1. 技能考核点

（1）切胶机的工作原理及安全注意事项。

（2）根据需要调整所切胶条大小。

（3）处理简单的设备故障。

2. 切胶机的操作程序及注意事项

（1）操作程序 开机前的准备工作 → 开机 → 去外皮 → 切胶 → 关机 → 清场 → 填写记录。

（2）操作规程

①去外皮：对领用的橡胶进行核对，核对其重量、批号、有无质量部检验合格证，并在装卸区内剥去橡胶外用包装，除去黏附的塑料膜，整齐码放在切胶转运车上，拉到切胶间垫板上或直接放于车上。做好标签，注明名称、合格证编号、重量、日期。

②启动电源，空载待设备运转正常，将洁净的待切橡胶置于切胶机进料架，并将橡胶块送至切刀下。

③切胶：根据工艺的需要将橡胶块切成小块，操作时每次只能切一块橡胶块；操作过程中二人在场，共用一台设备操作，一人在切胶机前面控制电源和将生橡胶放在进料口，一人在切胶机后面接切过的橡胶块。接橡胶块时严禁将手放置出料平台上和伸入刀口下；操作结束后，按下"停止"键，然后关闭电源；将切好的胶块放置在推车上，作好物料标签，注明名称、合格证编号、重量、日期。

（3）注意事项

①专心操作，不要将手伸入切口下。

②切胶时必须二人在场，二人严密配合，不得伤害自己和他人。

③使用前要空机运转检查，严禁设备故障运行。

④严禁空机长时间运转，以免对皮垫造成损害。

⑤切槽内严禁铁器或其他杂物存在，以免损坏刀韧，不用时要将刀口处于最低。

⑥切胶时必须每次只切一块，不许两块以上同时进行操作。

⑦切好的胶条出现卡在切刀下方时应停机处理。

⑧切胶时胶条大小应与造粒机喂料口大小相符，宽度不超过10cm。

⑨所切的橡胶应洁净，且颜色均一，当颜色差别大时，应将颜色相近的配置在一起炼胶，遇到异常情况要及时报告。

3. 生产记录样表（表2-3-23）

表 2-3-23 切胶机切胶记录样表

操作起止时间	年	月	日	时	分 ——	年	月	日	时	分
操作人										
设备编号				设备状态						
工艺参数要求										
品名		规格		批号			批量			
理论量		实测量		残余量			收率（%）			
监控人				负责人						
异常情况记录：	偏离工艺规程的偏差：		有 □		无 □					
备注：										

二、使用炼胶机压制网状胶片

1. 技能考核点

（1）炼胶机的工作原理，正确操作炼胶机。

（2）炼胶速度的调控原则。

（3）塑炼后胶团的制备方法和重量控制。

（4）处理简单的设备故障。

2. 炼胶机的操作程序及注意事项

（1）操作程序 开机前的准备工作 → 开机 → 升温 → 炼胶 → 关机 → 清场 → 填写记录。

（2）操作规程

①闭合电气控制柜内的空气开关，按下电动机启动按钮，先空机运转 5~10 分钟，通过目镜检查上部被动齿轮和各轴承等供油情况是否正常，待油温及润滑系统一切正常后，方可开始工作。

②首先需要给炼胶辊筒加热 20~30 分钟，当辊筒表面温度达到规定后，顺时针方向转动上方左右侧两只手轮调节辊距 1~2mm。

③加入一小块已预热的橡胶进行试炼，直到炼出的橡胶成丝网状或薄片状。

④在生产操作的过程中，辊筒遇到过热情况，需进行冷却，待降至合适温度，关闭冷却水。

⑤若加热方式为蒸汽加热，停机时，先停蒸汽，再开冷却水进行冷却，待辊筒温度冷却后，关闭冷水，切断电源，调大辊筒间距至 5~10mm，然后按下控制柜停车按钮、电源开关，机器的转速缓慢下降至停止。

（3）注意事项

①专心操作，注意安全。

②炼胶速度开始时不宜过快，待温度逐渐升至合理时，适当加快速度。

③塑炼后的薄片网状橡胶应收集成较小的胶团，放置于不锈钢支架上，放置 12 小时以上，消除静电，注意防止胶团之间的粘连；塑炼后的胶团，重量一般不应超过 1kg。

④炼胶过程中防止橡胶包裹辊筒现象，若出现，应及时停机，清理后，再开机。

4.生产记录样表（表 2-3-24）

表 2-3-24　胶机压制网状胶片记录样表

操作起止时间	年		月	日	时	分 ——		年	月	日	时	分
操作人												
设备编号					设备状态							
工艺参数要求												
转速（r/min）					温度（℃）							
品名		规格			批号				批量			
理论量		实测量			残余量				收率（%）			
监控人					负责人							
异常情况记录：	偏离工艺规程的偏差：		有 □			无 □						
备注：												

三、使用切片机将橡胶贴膏切片

1.技能考核点

（1）切片机的工作原理，正确操作切片设备。

（2）因故障或其他原因中途停机的安全操作要点。

（3）切片尺寸控制方法和原则。

2.操作程序、操作规程及注意事项

（1）操作程序　开机前的准备工作 → 开机 → 调整切片速度 → 切片 → 每 30 分钟记录膏片尺寸 → 关机 → 清场 → 填写记录。

（2）操作规程

①开机前检查：开机前对设备安全状态进行检查和确认，确保安全开机。确保操作人员或其他人员手和身体其他部位离开切刀、不接触切刀；确保任何人员的手或其他部位没有接触设备转动或传动等危险部件；确保任何人员的手或其他部位离开设备危险地方；除上述以外的其他不

②开机：由指定的责任人进行操作，所有人员必须一一确认回应可以开机的前提下，开机人员方可取出安全枕木，再进行开机操作。依次打开总电源开关、电脑控制器开关、然后在电脑控制板上设定所切膏片的尺寸。最后打开控制面板上的启动开关。

③检测记录：调整切片速度，切片时，随时检测膏片尺寸，每30分钟作一次检测记录。操作过程中，按要求填写记录。

④清洗切刀：清洗切刀时，按下停止按钮停机，将主机调速器归零，在两刀口之间放置安全枕木，用镊子和清洗布将切刀清洗干净，手不得接触刀口。使用清洁剂清洗刀口后需用75%乙醇进行消毒。

⑤理片：理片过程中将褙衬材料颜色不均一的分开存放。

⑥更换模切机刀片：必须停机、断电，配戴防割手套进行更换。

（3）注意事项

①操作过程中，严禁将手直接伸到切刀或模切刀下方，严禁用手接触设备运转的部件，如辊筒、传动轴、链轮、链条等。

②遇故障或其他情况需要停机处理时，如切不断、切斜片等情况时，应按下停止按钮停机，并将主机调速器归零，然后在两刀口之间放置安全枕木，再进行处理。

③设备在不切断电源的停机状态下，必须将安全枕木放在切刀下方，保证每次开机前第一件事是取出安全枕木；设备处于切开电源停机状态下，必须将刀口下落；使上下刀口完全闭合后切断电源或切断电源后按压刀架上端将切刀按下最低位置（包括休息日和节假日等停产时间）。

④切片的尺寸按照不同品种的要求进行，由于褙衬材料具有一定的弹性形变，为了保证膏片尺寸的合格，适当加大切片的尺寸。

3. 生产记录样表（表2-3-25）

表2-3-25 切片机切片记录样表

操作起止时间	年　月　日　时　分——		年　月　日　时　分	
操作人				
设备编号		设备状态		
工艺参数要求	1. 切片尺寸符合规定　　　　　　　　　　□ 是　　□ 否 2. 每隔××分钟随机抽取××片检测尺寸　□ 是　　□ 否			
速度（片/分）		温度（℃）		
品名	规格	批号	批量	
理论量	膏片量	残余量	废品量	
周转箱编号		总箱数		
监控人		负责人		
异常情况记录：　偏离工艺规程的偏差：　有□　　无□				
备注：				

第八节　膜剂制备

> **知识要点**
>
> 　　1. 膜剂的含义、特点、分类。
> 　　2. 膜剂的成膜材料、附加剂及膜剂的制备。

化料设备的操作规程参见技能部分"一、使用化料罐配制膜浆液，加入药物混匀，脱去气泡"；涂膜设备的操作规程参见技能部分"二、使用涂膜机制膜"；袋装设备的操作规程参见技能部分"三、使用袋装机分装膜剂"。

一、膜剂的含义、特点与分类

1. 含义

膜剂系指药物与适宜的成膜材料经加工制成的膜状制剂。膜剂厚度一般为 0.1~1mm，其大小和形状可根据临床需要及用药部位而定。

2. 特点

膜剂的优点：①制备工艺简单，适于小量制备与工业化生产；②药物含量准确，稳定性好；③使用方便，适合多种给药途径应用；④可制成不同释药速度的制剂；⑤多层复方膜剂可避免药物间的配伍禁忌和药物含量测定时产生相互作用；⑥成膜材料少，可以节约辅料和包装材料；⑦重量轻、体积小，便于携带、运输和贮存。

膜剂的缺点：不适用于剂量较大的药物，应用受到一定的限制。

3. 膜剂的分类

膜剂按结构类型可分为单层、多层和夹心膜剂；按给药途径可分为口服膜剂、口腔用膜剂（包括口含膜、口腔贴膜、舌下膜等）、眼用膜剂、鼻用膜剂、阴道用膜剂、植入膜剂和皮肤外用膜剂等。

二、膜剂的成膜材料与附加剂

常用的成膜材料有天然的或合成的高分子化合物。天然高分子材料有明胶、虫胶、阿拉伯胶、琼脂、海藻酸、玉米朊、白及胶等，多数可降解或溶解，但成膜、脱膜性能较差，常与其他成膜材料合用；合成高分子材料有聚乙烯醇类化合物（PVA）、乙烯–醋酸乙烯共聚物（EVA）、丙烯酸共聚物、聚维酮、硅橡胶等。

1. 聚乙烯醇类化合物（PVA）

成膜性、膜的抗拉强度、柔韧性、水溶性和吸收性均较好，对黏膜和皮肤无毒、无刺激性，常用 PVA05-88（平均聚合度 500~600、醇解度 88%±2%）与 17-88（平均聚合度 1700~1800、醇解度 88%±2%）规格。

2. 乙烯–醋酸乙烯共聚物（EVA）

性能与分子量及醋酸乙烯含量有很大关系，随着分子量增加，玻璃化温度和机械强度均增加。EVA 无毒、无刺激性，对人体组织有良好的相容性，不溶于水，成膜性良好，膜柔软，常用于制备眼、阴道、子宫等控释膜。

3. 附加剂

常用的增塑剂有甘油、三醋酸甘油酯、山梨醇等；其他附加剂，如着色剂、遮光剂、矫味剂、填充剂、表面活性剂等。

三、膜剂的制备

1. 膜剂的制备工艺流程

膜剂的制备方法有涂膜法、热塑法、复合制膜法等，常用的制备方法为涂膜法（图 2-3-19）。

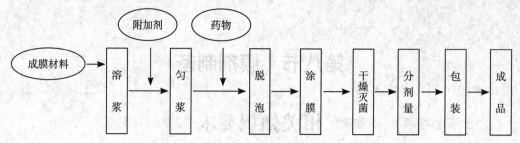

图 2-3-19　涂膜法制备工艺流程图

2.涂膜法制备膜剂

（1）溶浆与加药匀浆　溶浆：取成膜材料加水或其他适宜的溶剂浸泡使溶解，必要时于水浴上加热，溶解，滤过。

加药、匀浆：水溶性药物直接与着色剂、增塑剂及表面活性剂等一起加入溶浆中，搅拌使溶解；非水溶性药物研成极细粉或制成微晶，再与甘油或聚山梨酯80研匀，与浆液搅匀，静置，以除去气泡。

（2）涂膜　将除去气泡的药物浆液置入涂膜机的流液嘴中，浆液经流液嘴流出，涂布在预先涂有少量液状石蜡的不锈钢平板循环带上，使之成为厚度和宽度一致的涂层。

（3）干燥灭菌　涂层经热风（80~100℃）干燥，迅速成膜，到达主动轮后，药膜从循环带上剥落，进而被卷入卷膜盘上。

（4）分剂量及包装　干燥后的药膜经含量测定，计算单剂量的药膜面积。按单剂量面积分割、包装，即得。

常见的涂膜设备为涂膜机（图 2-3-20）。

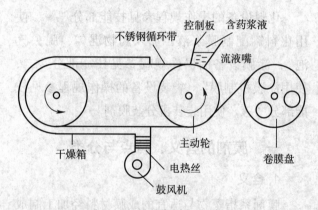

图 2-3-20　涂膜机示意图

技能要求

技能要点

1. 能使用化料设备配制膜浆液，加入药物混匀，脱去气泡。

2. 能使用涂膜设备制膜。

3. 能使用装袋设备分装膜剂。

一、使用化料罐配制膜浆液，加入药物混匀，脱去气泡

1.技能考核点

（1）化料罐的工作原理，能够正确操作化料罐配制膜浆液，加入药物混匀，脱去气泡。

（2）按生产指令和工艺要求，设定合适的生产参数。

（3）处理简单的设备故障。

2.操作程序、操作规程及注意事项

（1）操作程序　开机前的准备工作 → 参数设置 → 配制 → 匀浆 → 除气泡 → 关机 → 清场 → 填写记录。

（2）操作规程

①准备工作：检查设备是否完好并具有"已清洁"的状态标志；使用蒸汽压力不得超过额定工作气压。

②开启电源，设置参数：热水罐温度，热水循环泵启动温度，纯化水重量，化料温度，化料

时间，抽真空时间。

③开机。自动称取纯化水，将称量好的成膜材料加到化料罐内。搅拌电机搅拌，启动热水循环泵加热，成膜材料溶解结束，吸入药物、附加剂，混合均匀，继续抽真空一定时间。

④混合浆料经滤网过滤至保温桶内，保温一定时间，使操作过程中产生的气泡排出。

（3）注意事项

①根据产品生产要求设定合适的生产参数。

②保温桶夹套内有保温水，定期更换添加。

③注意投料量及比例、温度、搅拌时间、保温温度。

3.生产记录样表（表2-3-26）

表2-3-26 料罐配制膜浆液生产记录样表

产品名称		批号				规格		
生产工序起止时间		月 日 时 分 ——				月 日 时 分		
配制罐号		第（ ）号罐				第（ ）号罐		
设备状态确认		正常□ 异常□				正常□ 异常□		
温度（℃）								
压力（MPa）								
药物（kg/L）								
纯水量（kg/L）								
膜材料（kg/L）								
增塑剂/种类、用量								
着色剂/种类、用量								
搅拌速度（r/min）								
配制时间	开始	月 日 时 分				月 日 时 分		
	结束	月 日 时 分				月 日 时 分		
成品情况								
配制总量（kg/L）								
外观性状								
操作人			复核人/日期					
备注								

二、使用涂膜机制膜

1.技能考核点

（1）涂膜机的工作原理，正确操作涂膜机进行制膜。

（2）按生产指令和工艺要求，调节设定参数。

（3）处理简单的设备故障。

2.操作程序、操作规程及注意事项

（1）操作程序 开机前的准备工作 → 开机 → 关机 → 清场 → 填写记录。

（2）操作规程

①启动前检查：检查涂膜机的模头、各辊等及其周围是否洁净，然后用酒精、石蜡和纱布清洁模头；检查涂膜延机各辊的转动、压力是否正常，换热系统、泵及各压力表是否可以正常的工

作等。

②启动涂膜机。调整合适的工作位置，认真将各项操作仔细完成。

③生产结束后，手动调节涂膜机至非工作位置，然后将物料导入接料盘，停机。

（3）注意事项

①开始前，检查涂膜延机各辊的转动、压力

是否正常，换热系统、泵及各压力表是否可以正常的工作等。

②将除去气泡的药物浆液置入涂膜机的料斗中，浆液经流液嘴流出，涂布在预先涂有少量液状石蜡的不锈钢平板循环带上，使之成为厚度和宽度一致的涂层。

3. 生产记录样表（表 2-3-27）

表 2-3-27　涂膜机制膜生产记录

产品名称		批号						规格				
生产工序起止时间		月	日	时	分 ——		月	日		时		分
涂膜机编号		第（　）号罐					第（　）号罐					
设备状态确认		正常□　异常□					正常□　异常□					
温度（℃）												
压力（MPa）												
膜浆液（kg/L）												
涂膜厚度（cm）												
涂布速度（m/min）												
涂布时间	开始	月	日	时	分		月	日		时		分
	结束	月	日	时	分		月	日		时		分
成品情况												
涂膜总量（kg）												
外观性状												
操作人				复核人/日期								
备注												

三、使用装袋机分装膜剂

1. 技能考核点

（1）装袋机的工作原理，正确操作装袋机分装膜剂。

（2）按生产指令和工艺要求，调节设定参数，计算单剂量的药膜面积并分割。

（3）处理简单的设备故障。

2. 操作程序、操作规程及注意事项

（1）操作程序　开机前的准备工作 → 开

机 → 关机 → 清场 → 填写记录。

（2）操作规程

①检查设备是否完好并具有"已清洁"的状态标志；领取与生产中间产品相对应的材料。换上与生产中间产品相应批号的钢字粒。

②打开电源开关，调试机器，机器正常运转，开始进行生产操作。

③生产结束，按总停开关。清场。

（3）注意问题

①生产过程中经常检查成品外观质量，机器运转情况，如有异常立即停机检查，正常后方可

生产。

②干燥后的药膜经含量测定，计算单剂量的

药膜面积，按单剂量面积分割、包装，即得。

3. 生产记录样表（表 2-3-28）

表 2-3-28 装袋机分装膜剂记录样表

（1）备料

开始时间：　　　　　　　　　　　　　　　　　　　　　　　　　　　　　　　结束时间：

物料名称	车间结存量		批号	实际领用量（kg）
	批号	重量（kg）		
药膜				
复合膜				

操作人：	复核人：

备注：	

（2）机包

操作指令	工艺参数
按照包装指令，从包装仓库限量领取复合膜，除去外包装后，按规定净化处理进入内包区。按产品规格及内包装岗位操作规程进行内包装。控制横封、纵封温度，注意随时检查外观、密封性、装量及批号打印情况	横封温度（℃）： 纵封温度（℃）：

抽样次数	1	2	3	4	5	6	7	备注
装量（g）								
密封性（√）								
横封温度（℃）				纵封温度（℃）				
抽样量		半成品量 /kg				废药量		
废包材量		剩余包材量 /kg						

收率 =[半成品重量 −（包材实际领用量 + 包材结存量 − 剩余包材量 − 废包材量）] / 领取颗粒量 ×100%=_____（92%~100%）

物料平衡率 =（半成品重量 + 废药量 + 废包材量 + 抽样量）/（领取颗粒量 + 包材实际领用量 + 包材结存量 − 剩余包材量）×100%=_____（92%~100%）

（3）现场质量控制情况

工序	监控点	监控项目	频次	检查情况
内包	内包装	装量、密封性、外观	随时	□ 正常　　□ 异常

结论：中间过程控制检查结果（是　否）符合规定要求　　符合 □　　不符合 □
说明：

QA：

工序负责人：	技术主管：

第九节 散剂、茶剂与灸熨剂制备

知识要点

1. 散剂的含义、特点、分类、辅料及制备工艺流程。

2. 混合、筛析的含义、目的、方法与设备。

3. 茶剂的含义、特点、分类、块状茶剂的制备。

4. 灸熨剂的含义、特点。

混合设备的操作规程参见技能部分"二、使用 V 型混合机混合物料";压茶设备的操作规程参见技能部分"四、使用压茶机压制茶块";茶剂烘干的方法与设备参见本章第一节"三、干燥";茶剂烘干设备的操作规程参见本章第一节技能部分"四、使用干燥箱干燥物料"。

一、散剂

（一）概述

1. 含义

散剂是指原料药物或与适宜的辅料经粉碎、混匀后制成的干燥粉末状制剂。

2. 特点

散剂的比表面积较大，易分散，溶出与起效快；制法简便，剂量易于控制，运输、携带、服用方便，尤其适用于幼儿服用；对外伤可起到保护、吸收分泌物、促进凝血和愈合的作用。但散剂的异味、刺激性、吸湿性及化学活性相应增加，某些易发生变化的药物、挥发性成分以及刺激性强、易吸潮变质的药物一般不宜制成散剂；另外，散剂的口感较差，剂量大的药物还会造成服用困难，使患者依从性差。

3. 散剂的分类

①按医疗用途分类：分为口服散剂和局部用散剂。口服散剂一般用水（或其他液体）溶解或分散后服用，或直接用水送服。局部用散剂可供皮肤、口腔、咽喉、腔道等处给药，如撒布散、调敷散、眼用散、吹入散等。

②按药物性质分类：分为一般散剂和特殊散剂。特殊散剂包括含毒性药物散剂、含液体药物散剂及含低共熔混合物散剂。

③按剂量分类：分为单剂量散剂和多剂量散剂。

④按药物组成分类：分为单方散剂和复方散剂。

4. 散剂的辅料

常用的稀释剂有乳糖、淀粉、糊精、蔗糖、碳酸钙、硫酸钙等，倍散制备时常添加胭脂红、靛蓝等着色剂。

（二）散剂的制备工艺流程

一般散剂的制备工艺流程为：原辅料→粉碎→过筛→混合→分剂量→包装→成品。

其中，混合是散剂制备的关键操作。

（三）筛析

1. 含义与目的

（1）含义 筛析是固体粉末的分离技术，包括过筛和离析两种操作。过筛是指粉碎后的物料粉末通过网孔性的工具，使粗粉与细粉分离的操作；离析是指粉碎后的物料粉末借助流体（空气或液体）的流动或离心力，使粗粉（重质）与细粉（轻质）分离的操作。

（2）目的

①粉碎后的物料粉末须经过筛选才能得到粒度范围不同的较均匀粉末，以符合医疗和制剂生产需要。

②多种物料过筛具有混合作用。

③及时分离出粒度符合要求的粉末，可避免过度粉碎，提高粉碎效率。

2. 方法与设备

（1）药筛的种类与规格　药筛是指按药典规定，全国统一用于制剂生产、检验的筛，亦称标准药筛。《中国药典》规定了 9 个筛号的药筛，从一号筛至九号筛的筛孔内径依次减小。

药筛根据制作方法分为编织筛、冲眼筛。编织筛一般用铜丝、镀锌的铁丝、不锈钢丝、尼龙丝、绢丝等编织而成，制作容易，但存在筛线易于移位致使筛孔变形的缺点，故金属筛常将筛线的交叉处压扁固定；冲眼筛是在金属板上冲压出圆形或多角形的筛孔，筛孔坚固，但孔径不宜过细，常用于高速粉碎机的筛板及丸剂的选丸。细粉一般使用编织筛或空气离析等方法筛选。

在制剂生产中，也可使用与药筛筛孔内径相同的工业用筛。工业用筛的筛号习惯以每英寸（2.54cm）长度上的筛孔数目来表示，筛号数愈大，筛孔内径愈小，所筛选的粉末愈细。药筛筛号与工业筛目、筛孔内径对照见表 2-3-29。

表 2-3-29　药典筛号与工业筛目、筛孔内径对照表

筛　号	筛目（孔/2.54cm）	筛孔内径（μm）
一号筛	10	2000 ± 70
二号筛	24	850 ± 29
三号筛	50	335 ± 13
四号筛	65	250 ± 9.9
五号筛	80	180 ± 7.6
六号筛	100	150 ± 6.6
七号筛	120	125 ± 5.8
八号筛	150	90 ± 4.6
九号筛	200	75 ± 4.1

（2）粉末的分等　过筛是粉末分等的常用方法。过筛的粉末包含全部能通过该筛孔的粉粒，为了控制粉末粒度的均匀度，《中国药典》规定了以下 6 种粉末的规格。

①最粗粉：指能全部通过一号筛，但混有能通过三号筛不超过 20% 的粉末。

②粗粉：指能全部通过二号筛，但混有能通过四号筛不超过 40% 的粉末。

③中粉：指能全部通过四号筛，但混有能通过五号筛不超过 60% 的粉末。

④细粉：指能全部通过五号筛，并含能通过六号筛不少于 95% 的粉末。

⑤最细粉：指能全部通过六号筛，并含能通过七号筛不少于 95% 的粉末。

⑥极细粉：指能全部通过八号筛，并含能通过九号筛不少于 95% 的粉末。

（3）过筛方法　过筛效率除受过筛设备的参数（如筛网孔径、面积等）、粉末的性质（如粒度、粒子形态、密度、电荷性、含湿量等）影响外，操作方法（如振动方式、时间、速度等）不当也会影响过筛效率。

①振动：粉末在筛网上的运动速度不宜过快，以增加粉末落于筛孔的机会；但运动速度过慢也会减低过筛的效率。

②粉末应干燥：含水量较高的粉末应充分干燥后再过筛，易吸潮的药粉应及时在干燥环境中过筛。富含油脂的药粉单独过筛易结成团块而难以通过筛网，可与其他粉末混合后过筛，或先经过脱脂处理再过筛；含油脂不多时也可先将其冷却后再过筛，可减轻黏着现象。

③粉层厚度：粉末的加入量不宜过多，以保持粉末在药筛内有适宜的移动空间，但粉末加入量过少、粉层太薄也会降低过筛效率。

（4）过筛设备

①手摇筛（图 2-3-21）：为圆形或方形的编织筛，由不锈钢丝、铜丝、尼龙丝等编织成筛网。按筛号大小依次套叠，亦称套筛，粗筛置于顶部，其上加盖，细筛置于底部，套在接收器上。适用于小批量生产，毒性、刺激性或质轻的药粉，可避免粉尘飞扬。

图 2-3-21　手摇筛

②振动筛粉机（图 2-3-22）：利用偏心轮对连杆产生的往复振动而筛分粉末。能够连续进行筛分操作，具有分离效果好、单位筛面处理能力大、占地面积小、重量轻等优点。操作时药粉由加料斗加入，落入筛子上。筛子斜置于木箱中可以移动，而木框固定在轴上，借电机带动皮带轮，使偏心轮作往复运动，从而使木箱中的筛子往复振动，对药粉进行过筛。振动筛见图 2-3-23。

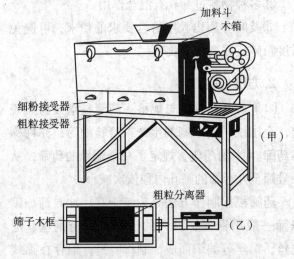

图 2-3-22　振动筛粉机示意图

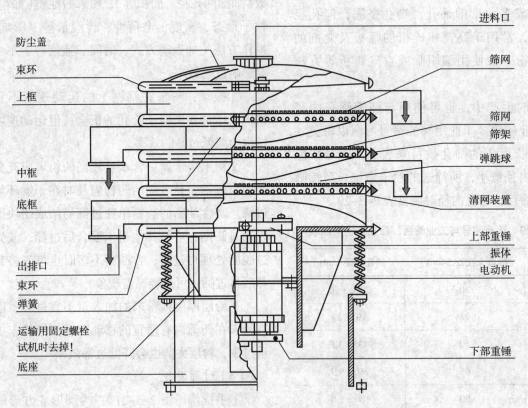

图 2-3-23　振动筛示意图

适用于无黏性的药物、毒性药、刺激性药及易潮解的药物粉末过筛。过筛完毕后需要静置适当时间，使药粉下沉后，再开启。

③悬挂式偏重筛粉机（图 2-3-24）：筛粉机悬挂于弓形架上，利用偏重轮转动时不平衡惯性而产生簸动。操作时开动电机，带动主轴，偏重轮即产生高速旋转，由于偏重轮一侧有偏重铁，使两侧重量不平衡而产生振动，故通过筛网的粉

末很快落入接受器中。筛内的毛刷随时刷过筛网，可以提高过筛效率并防止筛网堵塞。当不能通过的粗粉较多时，需停机将粗粉取出，再开动机器添加药粉。

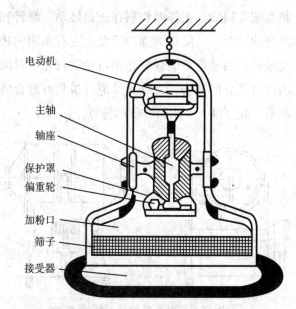

图 2-3-24　悬挂式偏重筛粉机

构造简单，效率高，适用于黏性较小的矿物药、化学药品或中药粉末的过筛。

④簸动筛（图 2-3-25）：利用较高频率与较小振幅造成簸动。由于振幅小、频率高，药粉可在筛网上跳动，故能使粉粒分离，易于提高过筛效率。

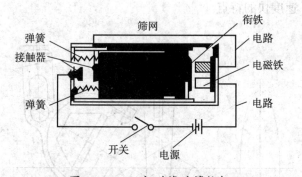

图 2-3-25　电磁簸动筛粉机

具有较强的振荡性能，适用于筛黏性较强的药粉，如含油或树脂的药物等。

⑤旋转筛（图 2-3-26）：药粉由料斗经螺旋输送杆进入筛箱，分流叶片不断翻动，形成了药粉在筛箱内不断更新推进，细料即在筛网中落下，粗料继续向前在粗料中排出，从而达到理想的效果。

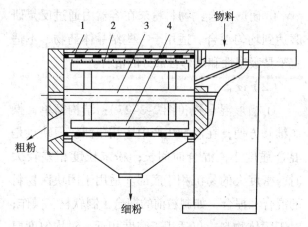

图 2-3-26　旋转筛示意图
1.筛筒；2.刷板；3.主轴；4.打板

具有操作方便、适应性广、晒网更换容易、筛分效果好的特点，适用于纤维多、黏度大、湿度高、易结构块等药粉过筛。

（四）混合

1.含义与目的

（1）含义　混合是指将两种或两种以上的固体粉末相互均匀分散的操作。

（2）目的　通过混合可以保证多组分物质的含量均匀一致。药物的混合均匀程度直接影响制剂的外在质量和内在质量：

①影响制剂的外观、色泽的均匀性。

②影响固体制剂的药物崩解、溶出速率。

③影响制剂的剂量准确性。

④影响疗效和安全性，特别是毒性药物、贵重细料药物及剂量小的药物，应按规定进行混合均匀度检查。

⑤影响制剂生产的顺利进行，如润滑剂分布不均匀可影响物料的流动性、黏附性。

2.方法与设备

（1）方法

①搅拌混合：物料粉末量少时可通过反复搅拌达到均匀混合。物料粉末量大时用该法不易混匀，生产中常用搅拌混合机。

②过筛混合：选用适当的药筛，使物料粉末经过一次或多次过筛达到均匀混合。由于在过筛过程中较细或较重的粉末先通过药筛，故过筛后仍需加以搅样才能混合均匀。

151　◇

③研磨混合：物料粉末在容器内通过反复研磨达到均匀混合。适用于一些结晶体药物，不适宜于具吸湿性和爆炸性成分的混合。

（2）设备

①槽形混合机（图2-3-27）：结构简单，操作维修方便，在制剂生产中应用广泛。但缺点是混合强度小，混合时间长；粉末粒度相差较大时，密度大的易沉积于底部。适用于团块性物料的混合和捏合，如制粒前的捏合（制软材）操作；对于固体物料，仅适用于密度相近、对均匀度要求不高的粉末混合。槽形混合机主要由混合槽、搅拌浆、机架和驱动装置等组成。槽形混合机的优点是结构简单，价格低廉，操作维修方便，在制药工业中有着广泛的应用。

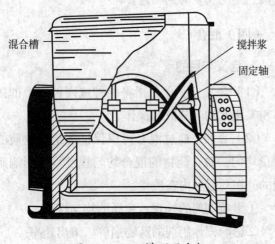

图 2-3-27　槽形混合机

②V型混合机（图2-3-28）：属于间歇式操作设备，可以对流动性较差的粉粒物料进行强制的扩散循环混合。适用于粉末或干颗粒混合。V型混合机混合速度快，应用非常广泛。

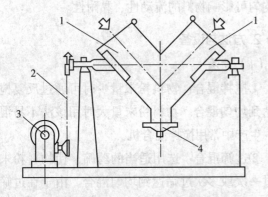

图 2-3-28　V型混合机示意图

1.原料入口；2.链轮；3.减速器；4.出料口

③二维运动混合机（图2-3-29）：属于间歇式操作设备，混合速度快，生产量大，出料方便。适用于密度相近且粒径分布较窄或大批量物料的混合。主要由混合筒、传动系统、机座和控制系统等组成。工作时物料在随筒转动、翻转和混合的同时，又随筒的摆动而发生左右来回的掺混运动，两种运动的联合作用可使物料在短时间内得以充分的混合，二维运动混合机具有混合效率高、混合量大、出料方便的特点。

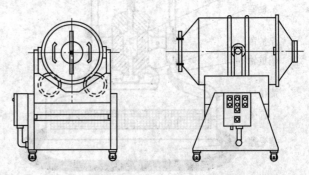

图 2-3-29　二维运动混合机

④三维运动混合机（图2-3-30）：属于间歇式操作设备，混合速度快、无死角、混合均匀。适用于不同密度或不同粒度的多种物料混合。主要由混合筒、传动系统、控制系统、多向运行机构和机座组成。利用了三维摆动、平移转动和摇滚原理。三维运动混合机具有装料系数大、混合速度快的特点。

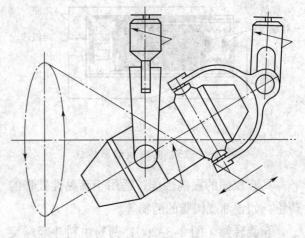

图 2-3-30　三维运动混合机示意图

⑤双锥形混合机（图2-3-31）：可以密闭操作，适用于大多数物料的混合。主要由锥形筒体、螺旋杆和传动装置组成（a）。由于混合某些

物料时可能产生分离作用，因此可采用图（b）的非对称双螺旋锥形混合机。双螺旋锥形混合机可密闭操作，并具有混合效率高，操作、维护、清洁方便等优点，对大多数粉粒装物料均能满足其混合要求。

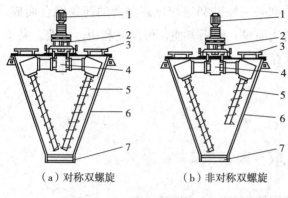

（a）对称双螺旋　　（b）非对称双螺旋

图 2-3-31　双锥形混合机

二、茶剂

（一）概述

1. 含义

茶剂是指饮片或提取物（液）与茶叶或其他辅料混合制成的内服制剂。茶剂多应用于治疗食积停滞、感冒咳嗽等症，如午时茶、神曲茶等。茶剂也在保健产品中广泛应用。

2. 特点

茶剂应用时多以沸水冲泡饮用，患者顺应性好，使用、携带方便；含有茶叶的茶剂具有药物与茶的协同作用；茶剂的制备过程简单。普遍应用的袋装茶是在中药煮散的基础上发展而来。

3. 茶剂的分类

（1）块状茶剂　分为不含糖块状茶剂和含糖块状茶剂。不含糖块状茶剂是指将饮片粗粉、碎片与茶叶或适宜的黏合剂压制成块状的茶剂；含糖块状茶剂是指提取物、饮片细粉与蔗糖等辅料压制成块状的茶剂。

（2）袋装茶剂　由茶叶、饮片粗粉或部分饮片粗粉吸收提取液经干燥、装袋制成的。茶剂分为全生药型与半生药型两种，其中装入饮用茶袋的又称袋泡茶剂。全生药型是将处方中饮片粉碎

成粗粉，经干燥、灭菌后分装入茶袋。半生药型是将处方中部分饮片经提取、浓缩制成稠膏，其余饮片粉碎成粗粉，然后将稠膏吸收到饮片粗粉中，经干燥、灭菌后，分装入茶袋。

（3）煎煮茶剂　将饮片加工制成片、块、段、丝或粉碎成粗粉后，装袋，供煎煮后取汁服用的茶剂。

（二）块状茶剂的压制方法与设备

饮片按规定粉碎成适宜的粗粉或切成片、块、段、丝，混合均匀，以淀粉糊或以部分饮片制成的稠膏为黏合剂，制成适宜的软材或颗粒，以模具或压茶机压制成型，低温干燥即得。压茶机的示意图见图 2-3-32。

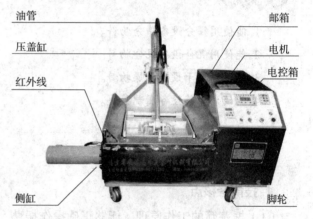

图 2-3-32　压茶机示意图

三、灸熨剂

（一）灸剂

1. 含义

灸剂是将艾叶捣、碾成绒状，或另加其他药料捻制成卷烟状或其他形状，供熏灼穴位或其他患处的局部用制剂。

2. 特点

灸材料产生的艾热刺激体表穴位或特定部位，起到局部刺激、调节经络、温经散寒、行气通络等作用，属于温热刺激的一种物理疗法。灸剂制法简单，使用方便，价廉，易于保存；艾叶经过加工，制成细软的艾绒，易于燃烧，燃烧时热力温和。应用时还可以隔姜灸、隔蒜灸等。但

艾灸易产生烟雾和烫伤，使用时应注意。

3. 分类

灸剂按形状可分为艾头、艾炷、艾条3种，均以艾绒为原料所制得。此外尚有桑枝灸、烟草灸、油捻灸、硫黄灸和火筷灸等。

（二）熨剂

1. 含义

熨剂是指将煅制铁砂与药汁、米醋拌匀，经晾干后装入药袋内制成的局部用制剂。药汁由一些治风寒湿痹的药物经提取制得。

2. 特点

同灸剂类似，可以使热气入体内，宣通经络，驱散寒气。属于温热刺激的一种物理疗法。熨剂采用铁砂和治疗风寒湿痹的药物混合而成，制法简单，使用方便，可反复利用，价廉，易于保存。

技能要求

技能要点

1. 能使用筛分设备筛分物料。
2. 能使用混合设备混合物料。
3. 能使用烘干设备干燥物料。
4. 能使用压茶设备压制茶块。

一、使用振动筛筛分物料

1. 技能考核点

（1）振荡筛的工作原理，能够正确操作振荡筛进行筛分物料。

（2）根据粉末的粒度要求选择适当的筛网目数。

（3）筛分过程中物料的加入原则。

2. 操作程序、操作规程及注意事项

（1）操作程序　开机前检查 → 安装筛网 → 试运行 → 加料筛分 → 关机 → 清场 → 填写记录。

（2）操作规程

①安装筛网：按生产工艺要求，选用相应目数的筛网（过筛目数一般在40~120目之间），检查筛网有无破损，若有破损应及时更换。将筛网装入筛网架，用螺栓压紧，禁止用钝器敲打。将筛网架装入机器，关好筛盖。

②开空机试运行：开启设备电源，按下开始按钮，使设备开始运行；检查旋转部分是否有卡阻或异常响声，如有异常不得继续运行。

③加料筛分：空机启动，达正常工作频率后，由入料口将物料均匀加入筛中，最多不超过2/3处；物料加入速度要适当；将空桶放置于合格粉末出口（筛网下方，位置较低）承接合格粉末，将空桶放置于粗大颗粒出口（筛网上方，位置较高）承接粗大颗粒。

（3）注意事项

①设备开机及运行过程中，注意观察运转情况，发现异常，立即停机；严格按照操作规程进行操作，避免伤害事故的发生。

②筛网需严格按照生产工艺的要求进行选择和安装，并在生产前后检查筛网有无破损，保证筛分粉末符合要求。

③添加物料时应均匀加入，不要过快或过慢，加入的物料最多不超过2/3处，避免物料随粗颗粒一同溢出。

④加料结束后，继续开机5分钟，使筛网和筛底物料全部排干净后才可停机。

3. 生产记录样表（表2-3-30）

表2-3-30 设备运行记录样表

产品名称		批号			规格		
生产工序起止时间		月　日　时　分 ——			月　日　时　分		
振动筛编号		第（　）号			第（　）号		
设备状态确认		正常□　异常□			正常□　异常□		
振动频率（Hz）							
上层筛网目数							
下层筛网目数							
加料量（kg）							
筛分时间	开始	月　日　时　分			月　日　时　分		
	结束	月　日　时　分			月　日　时　分		
成品情况							
外观性状							
粉末规格1（kg）							
粉末规格2（kg）							
操作人			复核人/日期				
备注							

二、使用 V 型混合机混合物料

1. 技能考核点

（1）V型混合机的工作原理，能够正确操作 V型混合机混合物料。

（2）混合过程中的关键工艺参数，并能够正确设置。

（3）混合机开关机原则。

2. 操作程序、操作规程及注意事项

（1）操作程序　开机前检查 → 试运行 → 加料 → 设置参数 → 混合 → 出料 → 关机 → 清场 → 填写记录。

（2）操作规程

①开机前检查：检查皮带松紧是否合适；检查设备是否良好接地。

②开空机试运行：开启设备电源，按下开始按钮，使设备试运转1分钟；检查旋转部分是否有卡阻或异常响声，如有异常不得开机运行。

③加料：按点动按钮，调整进料口至适宜位置。打开进料盖，并重新确认放料口已关闭。按

工艺控制要求对V型料斗内投入规定量的混合物料，合上进料盖，旋紧手柄。

④混合：按工艺要求设定转速、时间等参数，并按动启动按钮开始混合。

⑤出料：待混合机按照设定自动停机后，将混合筒的转速调节到最低转速，按动停止按钮，随后按点动按钮，使筒体正确处于停止排料位置；待机器停稳后，扳动阀门手柄，打开出料口的料门，将已混物料装入预置容器内。

（3）注意事项

①设备开机及运行过程中，注意观察运转情况。

②严格按照工艺要求设置转速和混合时间等关键参数，不得随意调整，以保证物料混合的均匀性。投料最大限度一般小于V型混合机容积的1/2。

③使用过程中，严禁高速开、停机，务必将混合筒的转速调节到最低转速后再停机。

④出料时注意观察物料外观，如有色泽不均匀等异常情况能够及时发现。

3. 生产记录样表（表2-3-31）

表 2-3-31 V 型混合机混合物料记录样表

产品名称		批号			规格		
生产工序起止时间		月　　日　　时　　分 ——			月　　日　　时　　分		
V 型混合机编号		第（　　）号			第（　　）号		
设备状态确认		正常 □　异常 □			正常 □　异常 □		
物料 1（kg）							
物料 2（kg）							
转速（r/min）							
混合时间	开始	月　　日　　时　　分			月　　日　　时　　分		
	结束	月　　日　　时　　分			月　　日　　时　　分		
成品情况							
外观性状							
混合物（kg）							
操作人			复核人 / 日期				
备注							

三、使用三维运动混合机混合物料

1. 技能考核点

（1）三维运动混合机的工作原理，能够正确操作三维运动混合机混合物料。

（2）混合过程中的关键工艺参数，并能够正确设置。

（3）处理简单的设备故障。

2. 操作程序、操作规程及注意事项

（1）操作程序　开机前检查 → 试运行 → 加料 → 设置参数 → 混合 → 出料 → 关机 → 清场 → 填写记录。

（2）操作规程

①按点动按钮，使加料口处于适宜的加料位置，脱开离合器、切断电源、松开加料口卡箍，打开平盖，进行加料；加料后盖上平盖，上紧卡箍（注意密封）。

② 根据工艺要求设定好混合时间及转速，开机进行混料。

③待混合机按照设定自动停机后，切断电源，方可出料；停机后如出料口位置不理想，可再次点动，将出料口调整到最佳位置，关闭电源，放置好容器，打开混合桶盖出料。

（3）注意事项

①设备运转时，不要进行与生产无关的操作（如：运转时做清洁、擦洗、加注润滑油等），避免造成人身伤害。设备运转时严禁进入混合桶运动区内。在混合桶运动区范围处应设防护标记，以免误入运动区。

②加料量不得超过额定装料量。装料系数一般为 40%~80%。

③务必将混合筒的转速调节到最低转速后再停机。

④出料时注意观察物料外观，如有色泽不均匀等异常情况能够及时发现。

3. 生产记录样表（表 2-3-32）

表 2-3-32 三维运动混合机混合物料记录样表

产品名称		批号		规格	
生产工序起止时间		月 日 时 分 ——		月 日 时 分	
混合机编号		第（ ）号		第（ ）号	
设备状态确认		正常 □ 异常 □		正常 □ 异常 □	
物料 1（kg）					
物料 2（kg）					
转速（r/min）					
混合时间	开始	月 日 时 分		月 日 时 分	
	结束	月 日 时 分		月 日 时 分	
成品情况					
外观性状					
混合物（kg）					
操作人			复核人 / 日期		
备注					

四、使用压茶机压制茶块

1. 技能考核点

（1）压茶机的工作原理，能够正确操作压茶机压制茶块。

（2）所加入的物料应符合要求。

（3）处理简单的设备故障。

2. 操作程序、操作规程及注意事项

（1）操作程序 开机前检查 → 试运行 → 加料 → 压制 → 关机 → 清场 → 填写记录。

（2）操作规程

①开机试运行：先按开启按钮，空载启动电机，电机运转正常，方能正常开机工作。

②加料：打开操作控制台的"油泵启动"开关，同时检查各油缸是否均处于初始状态，否则，按下"自动回位"按钮，茶叶压块机将会自动回到初始化状态，即从入料工序开始，开始喂入茶叶到压块机内。如果需要增加物料喂入量，只需按下"增料"按钮即可。

③压茶：在物料装填完毕，按下操作控制台面上的"启动"按钮，茶叶压块机便开始自动工作。

④关机：生产结束后，按下关闭按钮，关闭设备电源。

（3）注意事项

①压制过程中出现任何异常，只需按下"自动回位"按钮即可。

②"油泵急停"按钮可以使整个茶叶压块机紧急停机，如果不是发生意外情况，不要随意操作该按钮，会缩短压块机的使用寿命。

③所加入的饮片应按规定适当粉碎，并混合均匀；喷洒提取液的，应喷洒均匀；饮片及提取物在加入黏合剂或蔗糖等辅料时，应混合均匀。

3. 生产记录样表（表 2-3-33）

表2-3-33　压茶机压制茶块记录样表

产品名称		批号		规格	
生产工序起止时间		月　日　时　分 ——		月　日　时　分	
压茶机编号		第（　　）号		第（　　）号	
设备状态确认		正常 □　异常 □		正常 □　异常 □	
物料（kg）					
茶块规格（kg）					
压制速度（块/分）					
压制时间	开始	月　日　时　分		月　日　时　分	
	结束	月　日　时　分		月　日　时　分	
成品情况					
外观性状					
成品量（kg）					
操作人		复核人/日期			
备注					

第十节　颗粒剂制备

相关知识要求

1. 颗粒剂的含义、特点、分类及辅料。

2. 颗粒剂的制备。

混合设备的操作规程参见本章第九节"一、（四）混合"；原辅料的混合参见本章第九节技能部分"二、使用V型混合机混合物料"、"三、使用三维运动混合机混合物料"；颗粒干燥参见本章第一节理论部分"三、干燥"。

一、概述

1. 含义

颗粒剂系指原料药物与适宜的辅料混合制成具有一定粒度的干燥颗粒状制剂。主要用于口服，可直接吞服或冲水服用。

2. 特点

颗粒剂具有以下特点：①吸收快、作用迅速；②适用于工业化生产；③产品质量稳定，口感好；④体积小，服用、携带、贮藏及运输方便；⑤易吸潮。

3.分类

颗粒剂可分为可溶性颗粒、混悬性颗粒、泡腾性颗粒、肠溶颗粒、缓释颗粒和控释颗粒等。

可溶性颗粒系指易溶性药物与适宜的辅料制成的颗粒剂。可分为水溶性颗粒剂和酒溶性颗粒剂。

混悬颗粒剂系指难溶性药物与适宜辅料混合制成的颗粒剂。常加入药物细粉制成，冲服时呈均匀混悬状。

泡腾颗粒剂系指含有碳酸氢钠和有机酸（枸橼酸或酒石酸等），遇水可放出大量气体而呈泡腾状的颗粒剂。

肠溶颗粒系指采用肠溶性材料包裹颗粒或其他适宜方法制成的颗粒剂。肠溶颗粒耐胃酸并在肠液中释放活性成分或控制药物在肠道内的定位释放，可防止药物在胃内分解失效，避免对胃的刺激。

缓释颗粒系指在规定的释放介质中缓慢、非恒速释放药物的颗粒剂。缓释颗粒剂应符合缓释制剂的有关要求。

控释颗粒系指在规定的释放介质中缓慢地恒速释放药物的颗粒剂。控释颗粒应符合控释制剂的有关要求。

4.辅料

颗粒剂的辅料主要有稀释剂、润湿剂、黏合剂、矫味剂、润滑剂等。稀释剂不仅能调整颗粒剂的重量，还可以改善颗粒剂的成型性，提高小剂量药物含量的均匀度，常用的有可溶性淀粉、糊精、乳糖、蔗糖、微晶纤维素等；润湿剂本身没有黏性，它是通过润湿物料来诱发物料的黏性，通常使用水或乙醇－水混合液；黏合剂是依靠本身的黏性使物料具有适宜的黏性，从而使颗粒剂易于成型，常利用淀粉浆、纤维素衍生物、聚维酮等；矫味剂是为了改善颗粒剂的口感，其中甜味剂常使用甜菊素、阿司帕坦、三氯蔗糖等，芳香剂一般会选择固体香精进行加入；润滑剂会在干法制粒时使用，能起到防黏附辊轮和助流的作用，常加入的有硬脂酸镁、微粉硅胶等。

中药颗粒剂辅料的用量根据清膏相对密度、黏性强弱适当调整，一般清膏：糖粉：糊精的比例为 1:3:1，也可单用糖粉为辅料，辅料总量一般不宜超过清膏量的 5 倍。若采用干膏粉制粒，一般不超过干膏粉的 2 倍。若处方中含有芳香性成分（如挥发油）或提取中药饮片得到的挥发油应溶于适量乙醇，均匀喷入干燥颗粒中，混匀，密闭至规定时间或用包合等技术处理后加入。

二、工艺流程（图 2-3-33）

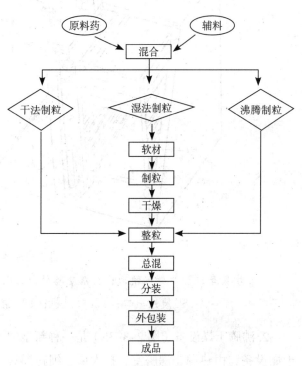

图 2-3-33 颗粒剂制备工艺流程图

三、干燥与整粒

（一）干燥

制得的湿颗粒应迅速干燥，放置过久湿颗粒易结块或变形。湿颗粒的干燥常用烘干法、沸腾干燥法。干燥温度一般控制在 60~80℃。生产中常用的干燥设备有烘箱、烘房及沸腾干燥。

1.比较实用的一种烘房如图 2-3-34 所示，操作时先将湿粒置烘架车 1 上送入烘房，打开沸水排除开关和蒸汽加热开关排出沸水，关闭房门 5，进行加热，打开鼓风机 10 使热空气在烘房内循环加热 1.5~2 小时，停止鼓风。然后打开闸门 8，使烘房内湿气自然排出，待 5~10 分钟后，再关闭闸门 8，开鼓风机 10，继续循环加热，如上反复操作直至颗粒干燥。关闭鼓风机及蒸汽进口开关，取出干燥颗粒。此种烘房占地面积小，上下受热均匀，温度可升到106℃左右，温度高低可用蒸汽开关调节。

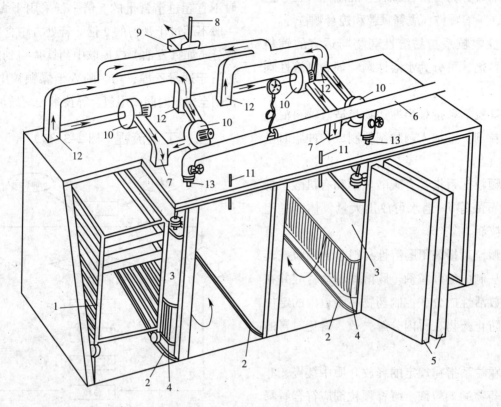

图 2-3-34 烘房示意图

1.烘架车；2.烘架车轨道；3.加热器外罩；4.加热器；5.门；6.蒸汽管；7.空气进口；8.闸门
9.废汽出口；10.鼓风机；11.温度计；12.空气出口；13.蒸汽进口

2.沸腾干燥设备（图2-3-35）是一种新型的干燥设备，由热源、沸腾室、扩大层、细粉捕集室和鼓风机组成。可用于一般湿粒的干燥，具有效率高、干燥快、产量大的优点。适用于连续性生产同一品种、干燥温度低、操作方便、占地面积小以及干燥均匀等优点。但沸腾干燥也存在缺点如不易清洗。

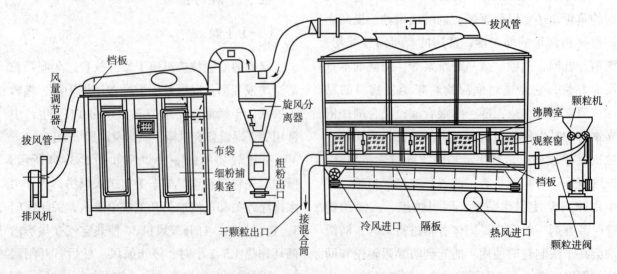

图 2-3-35 沸腾干燥装置图

（二）整粒的方法与设备

颗粒干燥冷却后需要进行整粒。一般通过一

号筛除去粗颗粒，通过四号筛除去细粉，使颗粒均匀。常用的设备为振动筛。

技能要求

 技能要点

1. 能使用混合设备混合物料。

2. 能使用烘干设备干燥物料。

3. 能使用整粒设备整粒。

使用 V 型混合机混合物料参见本章第九节技能部分"二、使用 V 型混合机混合物料；三、使用三维运动混合机混合物料"；使用干燥箱干燥物料参见本章第一节技能部分"四、使用干燥箱干燥物料"。

使用振动筛整粒

1. 技能考核点

（1）按要求选择适宜粒度的筛网。

（2）判断负载状态，并进行调整。

（3）简单设备故障的处理和填写相关记录。

2. 操作程序、操作规程及注意事项

（1）操作程序　开机前的准备工作 → 加料 → 关机 → 清场 → 填写记录。

（2）操作规程参见本章第九节技能部分"一、使用振动筛筛分物料"

（3）注意事项

①根据要求选择适宜的筛网。整粒前设备试运转时应震动稳定、无特殊噪音，筛面无磨损。运转时随时观察筛子负载情况，如负荷过重筛子振幅明显减少时，应减少给料。

②选择适宜的有效解决物料堵网的清网装置，提高生产效率。一般弹跳球清网装置适用于大多数颗粒物料；旋转刷清网装置适用于球形、结晶及脆性物料的筛分；超声波清网装置适用于大多精细的、大产量的、难筛分的物料。

3. 整粒生产记录样表（表 2-3-34）

表 2-3-34　振动筛整粒记录

操作指令			工艺参数		
取干燥好的颗粒，置振动筛粉机中，整粒，合格颗粒置于干燥的混合罐内，写好物料标识卡转入中间站			整粒筛网目数：		
整粒筛目（目）		开始时间		结束时间	
合格颗粒重（kg）		头子重（kg）		损耗量（kg）	
操作人：			复核人：		
收率 = 合格颗粒重量 /（固体原料重量 + 折算后浸膏重量）× 100%=_____（83%~90%） 物料平衡率 =（合格颗粒重量 + 头子重量 + 损耗量）/（固体原料重量 + 折算后浸膏重量）× 100%=_____（83%~90%） 折算后浸膏重 = {（实际比重 -1）× 标准比重 × 浸膏重量} / {（标准比重 -1）× 实际比重}					
现场质量控制情况					
工序	监控点	监控项目		频次	检查情况

续表

整粒	颗 粒	颗粒粒度	每批	□正常 □异常

结论：中间过程控制检查结果（是　否）符合规定要求
说明：

QA：

工序负责人：　　　　　　　　　　　　　　　　　技术主管：

第十一节　胶囊剂制备

相关知识要求

知识要点

1. 胶囊剂的含义、特点、分类与工艺流程。

2. 软胶囊的工艺流程、囊材与脱油。

3. 胶囊剂抛光与包装。

原辅料混合参见第九节"一、（四）混合的方法与设备"；混合设备的操作规程参见本章第九节技能部分"二、使用 V 型混合机混合物料""三、使用三维运动混合机混合物料"；胶囊抛光设备的操作规程参见技能部分"一、使用胶囊抛光机清洁胶囊"；软胶囊脱油设备的操作规程参见技能部分"二、使用转笼式离心机脱冷却剂"。

一、概述

1. 含义

胶囊剂系指原料药物或与适宜辅料充填于空心胶囊或密封于软质囊材中制成的固体制剂，主要供口服用。

2. 特点

①胶囊剂可掩盖药物的不良嗅味，提高药物稳定性；②使药物在体内迅速起效；③使液态药物固体制剂化；④延缓或定位释放药物。

3. 分类

胶囊剂可分为硬胶囊、软胶囊（胶丸）、缓释胶囊、控释胶囊和肠溶胶囊。

（1）**硬胶囊**　系指将中药提取物、中药提取物加中药细粉或中药细粉或与适宜辅料制成的均匀的粉末、细小颗粒、小丸、半固体或液体，填充于空心胶囊中的胶囊剂。空心胶囊一般呈现圆筒形，质地坚硬而具有弹性，由上下配套的两节紧密套合而成。

（2）**软胶囊（胶丸）**　系指将中药提取物、液体药物或与适宜的辅料混匀后用滴制法或压制法密封于软质囊材中的胶囊剂。特点是可塑性强、弹性大。

（3）**缓释胶囊**　系指在规定的释放介质中缓慢地非恒速释放药物的胶囊剂。

（4）**控释胶囊**　系指在规定的释放介质中缓慢地恒速释放药物的胶囊剂。

（5）**肠溶胶囊**　肠溶胶囊系指用肠溶材料包衣的颗粒或小丸充填于胶囊而制成的硬胶囊，或用适宜的肠溶材料制备而得的硬胶囊或软胶囊。目前制备方法主要是在明胶壳表面包被肠溶衣料，如用 PVP 作底衣层，然后用蜂蜡等作外层包衣，也可用丙烯酸Ⅱ号、CAP 等溶液包衣等，其肠溶性能较为稳定。

二、硬胶囊

（一）工艺流程（图2-3-36）

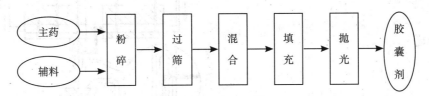

图2-3-36　硬胶囊制备的一般工艺流程图

（二）空心胶囊

1.空心胶囊的规格

空胶囊的质量与规格均有明确规定，空胶囊共有8种规格，分别为000、00、0、1、2、3、4、5号，常用的为0~5号，随着号数由小到大，容积逐渐减小。

2.空心胶囊的选择

根据药物的填充量选择空胶囊，按药物的规定剂量所占容积来选择最小空胶囊，可根据经验试装后决定；或者先测定待填充药物的堆密度，然后根据装填剂量计算该物料容积，以确定应选胶囊的号数。

（三）抛光方法与设备

填充好的胶囊可用洁净的纱布包起，轻轻搓滚，以拭去胶囊外面黏附的药粉。比如在纱布上喷少量液状石蜡，搓滚后可使胶囊光亮。工业生产上常使用胶囊抛光机，连接吸尘器进行抛光，抛光机上毛刷刷掉黏附在胶囊外壁上的细粉，由吸尘器吸走，使胶囊光洁。

三、软胶囊

（一）工艺流程

1.滴制法制备软胶囊的工艺流程（图2-3-37）

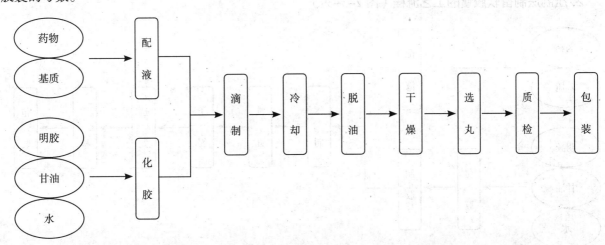

图2-3-37　软胶囊制备滴制法的一般工艺流程图

滴制法系指通过滴制机制备软胶囊的方法。即利用明胶液与油状药物为两相，由滴制机喷头使两相按不同速度喷出，一定量的明胶液将定量的油状液包裹后，滴入另一种不相混溶的液体冷却剂中，胶液接触冷却液后，由于表面张力作用而使之形成球形，并逐渐凝固成软胶囊剂。滴制式软胶囊机主要由滴制部分、冷却部分、电器自控部分和干燥部分组成。软胶囊（胶丸）滴制法生产过程如图2-3-38所示。

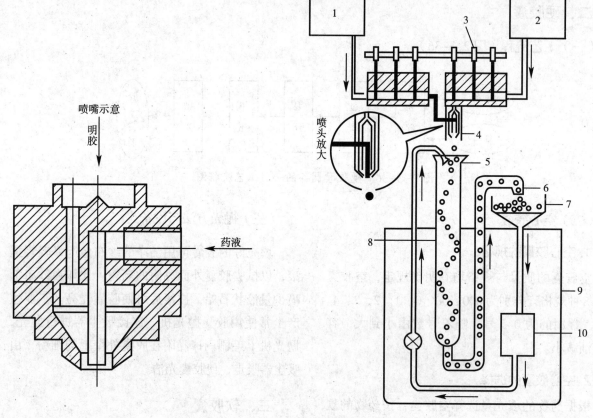

图 2-3-38 滴制软胶囊机

1.药液；2.明胶液；3.定量控制器；4.喷嘴；5.冷却液出口；6.胶丸出口；

7.收集器；8.冷却管；9.冷却箱；10.液状石蜡

2.压制法制备软胶囊的工艺流程（图 2-3-39）

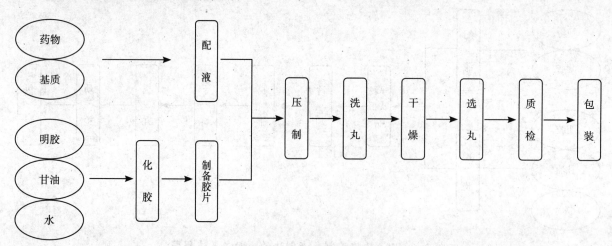

图 2-3-39 软胶囊制备压制法的一般工艺流程图

压制法常用设备为滚模式胶囊机。如图 2-3-40 所示，滚模式软胶囊机的成套设备由软胶囊压制主机、输送机、干燥机、电控柜、明胶筒和料筒灯部分组成，其中主机是关键部分。

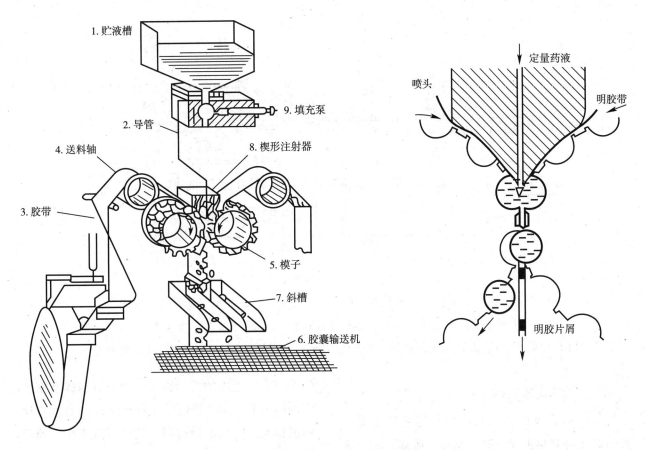

图 2-3-40 滚模式软胶囊机工作原理示意图

（二）囊材组成

软胶囊的囊材由明胶、增塑剂、水三者所构成，其质量比一般为干明胶：增塑剂：水 =1:（0.4~0.6）:1。明胶与增塑剂的比例对软胶囊剂的制备及质量控制有着十分重要的影响。常用的增塑剂有甘油、山梨醇或者两者的混合物。

（三）脱油的方法与设备

软胶囊脱油是指利用软胶囊清洗机将胶壳表面的冷却油清洗干净，并挥干清洗剂。常用的设备是超声波软胶囊清洗机。

四、包装

胶囊剂经质量检查合格后须妥善包装，使胶囊剂在贮运中免于受潮、破碎、变质。胶囊剂易受温度与湿度的影响，因此包装材料必须具有良好的密封性能。现常用的有玻璃瓶、塑料瓶和铝塑泡罩式包装。铝塑泡罩式包装便于携带。

药品泡罩包装机是将塑料硬片加热、成型、药品充填，与铝箔热封合、打字（批号）、压断裂线、冲裁和输送等多种功能在同一台机器上完成的高效率包装机械。目前常用的药用泡罩包装机有 3 种型式：平板式泡罩包装机、滚筒式泡罩包装机和滚板式泡罩包装机。

1. 平板铝塑泡罩包装机

典型结构示意见图 2-3-41。工作原理是 PVC 片通过预热装置预热软化，在成型装置中吹入高压空气或先以冲头预成型再加高压空气成型泡窝。PVC 泡窝片通过上料机时自动充填药品于泡窝内，在驱动装置作用下进入热封装置，使得 PVC 片与铝箔在一定温度和压力下密封，最后由冲裁装置冲剪成规定尺寸的板块。平板式泡罩包装机不易实现高速运转，热封合消耗功率较大，封合牢固程度不如滚式封合效果好，适用于中小批量药品包装和特殊形状物品包装。

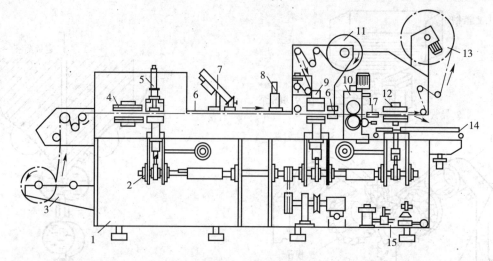

图 2-3-41　平板式泡罩包装机结构示意

1.机体；2.传动系统；3.成型模辊组；4.预热装置；5.成型装置；6.导向平台；

7.上料装置；8.压平装置；9.热封装置；10.驱动装置；11.覆盖模辊组；

12.冲裁装置；13.废料辊组；14.输送机；15.气控装置；16.冷却系统；17.电控系统

2. 滚筒式泡罩包装机

工作示意见图 2-3-42。该种包装机主要用来包装各种规格的糖衣片、素片、胶囊、胶丸等固体口服药品。工作原理是卷筒上的 PVC 片穿过导向辊，利用辊筒式成型模具的转动将 PVC 片匀速放卷，半圆弧形加热器把紧贴于成型模具上的 PVC 片加热到软化程度，成型模具的泡窝孔型转动到适当的位置与机器的真空系统相通，将已软化的 PVC 片瞬时吸塑成型。已成型的 PVC 片通过料斗或上料机时，药片充填入泡窝。连续转动

的热封合装置中的主动辊表面上制有与成型模具相似的孔型，主动辊拖动充有药片的 PVC 泡窝片向前移动，外表面带有网纹的热压辊压在主动辊上，利用温度和压力将盖材（铝箔）与 PVC 片封合。封合后的 PVC 泡窝片利用一系列的导向辊，间歇运动通过打字装置时在设定的位置打出批号，通过冲裁装置时冲切出成品板块，由输送机传送到下道工序，完成泡罩包装作业。滚筒式泡罩包装机具有结构简单、操作维修方便等优点，适合于同一品种大批量的包装作业，是目前国内制药厂普遍使用的机型。

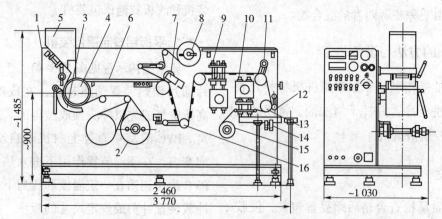

图 2-3-42　滚筒式泡罩包装机示意（单位：mm）

1.机体；2.薄膜卷筒（成型模）；3.远红外加热器；4.成型装置；5.上料装置；6.监视平台；

7.热封合装置；8.薄膜卷筒（复合膜）；9.打字装置；10.冲裁装置；11.可调式导向辊；12.压紧辊；

13.间歇式给辊；14.输送机；15.废料辊；16.油辊

3. 滚板式泡罩包装机

综合了滚筒式包装机和平板式包装机的优点，克服了两种机型的不足，是近年工业发达国家广为流行的一种高速泡罩包装机。它采用平板式成型模具，压缩空气成型，使得成型泡罩的壁厚均匀、坚固，适合于各种药品包装。滚筒式连续封合，PVC 片和铝箔在封合处为线接触，在较低的压力下可以获得理想的封合效果。有高速运转的打字、打孔（断裂线）和无横边废料冲裁机构。因此，滚板结合泡罩包装机具有高效率、节省包装材料、泡罩质量好等特点。

技能要求

1. 能使用混合设备混合物料。
2. 能使用胶囊抛光设备清洁胶囊。
3. 能使用装瓶设备包装。
4. 能使用软胶囊脱油设备脱冷却剂。

使用 V 型混合机混合物料参见本章第九节技能部分"二、使用 V 型混合机混合物料"；使用三维运动混合机混合物料参见本章第九节技能部分"三、使用三维运动混合机混合物料"。

一、使用胶囊抛光机清洁胶囊

1. 技能考核点

（1）装抛光刷、装料斗、外壳等部件。
（2）合理调节抛光机运行转速。
（3）抛光中正确判断胶囊表面清洁度和筛选不合格胶囊。

2. 操作程序、操作规程及注意事项

（1）操作程序　开机前的准备工作 → 开机 → 加料 → 抛光 → 关机 → 清场 → 填写记录。

（2）操作规程

①开启抛光机，倒入少量胶囊试运转，调节转速，直至胶囊表面清洁度达到要求。

②将胶囊从进料斗逐渐注入，经过抛光的胶囊即从出料口排出。

③抛光不同药品，毛刷、外筒及网罩需更换。

（3）注意事项

①由于毛刷与网罩摩擦发热，温度过高会影响清洁效果，操作时自行掌握机器连续工作时间。

②加入少量液状石蜡于毛刷上，能提高胶囊表面清洁度。

③控制抛光后的胶囊光泽度。

④控制点抛光机运行频率、筛选压力设定；运行转速。

3. 生产记录样表（表 2-3-35）

表 2-3-35　胶囊抛光机清洁胶囊记录

产品名称			批号				规格			
起止时间			月　　日　　时　　分 ——				月　　日　　时　　分			
抛光机编号			第（　　）号				第（　　）号			
设备状态确认			正常 □　异常 □				正常 □　异常 □			
转速（r/min）										
运行频率（Hz）										
压力（Pa）										

抛光时间	开始	月	日	时	分	月	日	时	分
	结束	月	日	时	分	月	日	时	分
成品情况									
外观性状									
胶囊量（kg）									
操作人				复核人 / 日期					
备注									

二、使用转笼式离心机脱冷却剂

1. 技能考核点

（1）定型脱油的时间、烘干间温湿度控制。

（2）调整转笼风道转向。

2. 操作程序、操作规程及注意问题

（1）操作程序　开机前的准备工作 → 开机 → 加料 → 关机 → 清场 → 填写记录。

（2）操作规程

①将洁净的无纺布，在95% 乙醇中浸润后安装在转笼中。

②开启转笼干燥机，调整风道转向、加热温度；加入软胶囊，正常运行生产。

（3）注意事项

①控制软胶囊定型脱油的时间、烘干间温湿度控制。

②控制无纺布应洁净。合理控制风道转向调整和加热温度。

3. 生产记录样表（表2-3-36）

表 2-3-36　转笼式离心机脱冷却剂记录样表

产品名称		批号			规格			
起止时间		月　日　时　　分 ── 月　日　时　　分						
离心机编号		第（　）号			第（　）号			
设备状态确认		正常 □　异常 □			正常 □　异常 □			
胶囊量（kg；粒数）								
温度（℃）								
湿度（%）								
风速								
转速								
脱油时间	开始	月　日　时　　分			月　日　时　　分			
	结束	月　日　时　　分			月　日　时　　分			
成品情况								
外观性状								
胶囊量（kg；粒数）								
操作人			复核人 / 日期					
备注								

三、使用装瓶机包装

1. 技能考核点

（1）装瓶机使用。

（2）调控灌装机上的料位电眼、续瓶机构、数粒机构、滚筒机构、压盖机构、剔除机构。

2. 操作程序、操作规程及注意事项

（1）操作程序　开机前的准备工作 → 加瓶 → 续料 → 自动运行 → 过程监控 → 清场 → 填写记录。

（2）操作规程

①加瓶、瓶塞：开启"自动续瓶"程序，向灌装机料仓内加入 PE 瓶。开启"加瓶"键进行预震，使包装瓶运行至翻板处；手工加入瓶塞，开启"加盖"键，使其充满滑道。

②续料：开启"小车自动续粒"程序。

③自动运行：进入数粒界面，观察各道数字是否正常显示为当批生产合格灌装量，进入自动运行模式，根据生产指令，开机生产。

④过程监控：生产过程中，随时观察灌装机上的料位电眼、续瓶机构、数粒机构、滚筒机构、压盖机构、剔除机构等工作情况，以及机器上包材的使用情况。

（3）注意事项

①在设备运行过程中，操作者身体的任何部位不得介入到运动部位范围内进行操作，需要应急处理前一定是在急停、停机或者有安全防护情况下进行，设备运行过程中必须关闭安全防护罩。

②设备长时间不用或清洁维修时，必须关闭电源，严禁在设备运行过程中对设备进行清洁、维修、保养，以避免造成人身伤害。

③控制仪器清洁状态。

④控制灌装机上的料位电眼、续瓶机构、数粒机构、滚筒机构、压盖机构、剔除机构。

3. 生产记录样表（表 2-3-37）

表 2-3-37　胶囊装瓶机包装胶囊记录

产品名称			批号				规格		
起止时间			月　日　时　分 ——			月　日　时　分			
装瓶机编号			第（　）号			第（　）号			
设备状态确认			正常 □　异常 □			正常 □　异常 □			
胶囊量（kg；粒数）									
料位									
续瓶/续盖									
数粒									
压盖									
剔除									
装瓶时间	开始		月　日　时　分			月　日　时　分			
	结束		月　日　时　分			月　日　时　分			
成品情况									
外观性状									
包装量（瓶）									
操作人				复核人/日期					
备注									

第十二节 片剂制备

 相关知识要求

知识要点

1. 片剂的含义、特点、分类。
2. 干颗粒压片前的处理及片剂压片的方法与设备。

混合的方法与设备参见本章第九节"一、（四）混合的方法与设备"；混合设备的操作规程参见本章第九节技能部分"二、使用 V 型混合机混合物料""三、使用三维运动混合机混合物料"。压片设备的操作规程参见技能部分"使用旋转式压片机压片"。

一、概述

1. 含义

片剂系指原料药物或与适宜的辅料制成的圆形或异形的片状固体制剂。供内服和外用。

2. 特点

优点：①溶出度及生物利用度较好；②剂量准确，药物含量差异较小；③质量稳定，片剂为干燥固体，且某些易氧化变质及易潮解的药物可借包衣加以保护，光线、空气、水分等对其影响较小；④服用、携带、运输等较方便；⑤机械化生产，产量大，成本低，卫生标准容易达到。

缺点：①片剂中需加入若干赋形剂，并经过压缩成型，会影响药物溶出速度和生物利用度；②儿童及昏迷病人不易吞服。

3. 分类

按给药途径、药物作用和制备方法分为普通压制片、包衣片、糖衣片、薄膜衣片、肠溶衣片、泡腾片、咀嚼片、多层片、分散片、舌下片、口含片、植入片、溶液片、缓释片等；中药片剂按原料的来源又可分为全粉末片、全浸膏片、半浸膏片、提纯片。

（1）普通压制片　又称素片。药物与辅料混合压制而成的片剂，未经包衣。

（2）包衣片　分为糖衣、薄膜衣、半薄膜衣、肠溶衣。

（3）咀嚼片　口腔内咀嚼服用的片剂。便于吞服，加速药物溶出。适用于小儿或吞咽困难的患者。

（4）分散片　遇水能迅速崩解形成均匀的黏性混悬液的水分散体。药物主要是难溶性的，分散后均匀，吸收快，生物利用度高。

（5）泡腾片　含有泡腾剂的片剂。适用于儿童、老年人和不能吞服固体制剂的患者。

（6）多层片　两层或两层以上的片剂。避免配伍变化；起到缓控释作用；改善外观。

（7）缓释片　药物缓慢释放而延长作用。服药次数少，药物浓度较平稳，药物作用时间长。

（8）口含片　多用于口腔及咽喉疾患。药物一般为易溶性的，比一般内服片大且硬，味道适口。

（9）舌下片　作用迅速。避免肝首过和胃肠影响。主要适用于急症的治疗。

（10）口腔贴片　吸收快，避免肝首过效应；局部治疗，维持药效长，便于终止给药。

（11）阴道片　产生局部作用。

（12）外用溶液片　外用溶液片中的药物成分及辅料均应溶于水或缓冲液

（13）中药片剂的类型

①提纯片：中药材提取得到单体成分或有效部位后制成的片剂。

②全粉末片：全部中药材粉碎成细粉后制成的片剂。

③全浸膏片：全部中药材经提取后制成的片剂。

④半浸膏片：部分中药材经提取后制成的片剂。

二、颗粒压片

（一）工艺流程（图2-3-43）

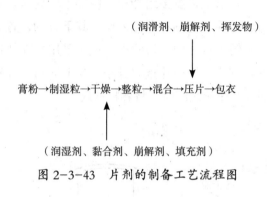

图2-3-43 片剂的制备工艺流程图

（二）制颗粒的目的

制成颗粒后进行压片可以改善物料的流动性，减小片重差异，保证片剂剂量准确；改善物料的可压性，使片剂具有适宜的硬度；减少细粉吸附和容存的空气以减少药片的松裂；避免粉末分层，使片剂中药物含量均匀；避免粉尘飞扬、粘冲、拉模等现象。

（三）干颗粒压片前的处理

（1）**整粒** 颗粒干燥后再通过一次筛网，使之分散均匀，以利于压片。整粒时所用筛网的孔径通常与制湿颗粒时所用的相同或稍小。若颗粒较疏松，应选用孔径较大的筛网，以免破坏颗粒而增加细粉；若颗粒较粗硬，应用孔径较小的筛网，以免颗粒过于粗硬。整粒过筛一般多用摇摆式制粒机。

整粒设备的操作规程参见第三章第十节技能部分"使用振动筛整粒"。

（2）**加挥发油或挥发性药物** 薄荷脑等挥发性固体药物，可先用少量乙醇溶解后或与其他成分研磨共溶后均匀地喷洒在颗粒上；挥发油可与筛出的部分细粒混匀，再与全部干颗粒混匀。密闭贮放数小时，使挥发性成分在颗粒中渗透均匀。若挥发油含量超过0.6%时，常需要加适量吸收剂将挥发油吸收后，再混合压片；亦可将挥发油微囊化或制成环糊精包合物后加入干颗粒中。

（3）**加润滑剂或崩解剂** 润滑剂常在整粒后加入干颗粒中混合均匀；崩解剂经干燥过筛后加入干颗粒中混合均匀。亦可将润滑剂、崩解剂与干颗粒一起加入混合器中进行总混合。

（四）压片的方法与设备

（1）**方法** 片剂制备的过程中，应根据药物的性质和临床需要确定处方，选择适宜的辅料和制备方法。根据不同的制粒方法，制粒压片法分为湿法制颗粒压片法、干法制颗粒压片法。

（2）**设备**

①单冲压片机（图2-3-44）

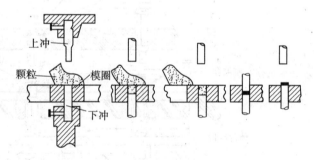

图2-3-44 单冲压片机流程

单冲压片机是一种小型台式电动连续压片的机器，也可以手摇，压出的药片厚度平均，光泽度高，无需抛光。由于单冲压片机只有一付冲模，所以称单冲压片机；物料的充填深度，压片厚度均可调节。

单冲压片机下冲的冲头由中模孔下端进入中模孔，封住中模孔底，利用加料器向中模孔中填充药物，上冲的冲头从中模孔上端进入中模孔，并下行一定距离，将药粉压制成片；随后上冲上升出孔，下冲上升将药片顶出中模孔，完成一次压片过程；下冲下降到原位，准备再一次填充。单冲压片机的主要构造见图2-3-45。

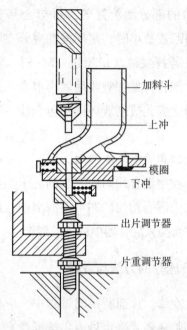

图 2-3-45 单冲压片机的主要构造示意图

单冲压片机的产量一般为 80~100 片/分钟，适用于新产品的试制或小量生产；单冲压片机为上冲加压，压力分布不均匀，易出现裂片，且噪音较大。

②旋转式压片机（图 2-3-46）

旋转式压片机基于单冲压片机的基本原理，同时又针对瞬时无法排出空气的缺点，变瞬时压力为持续且逐渐增减压力，从而保证了片剂的质量。旋转式压片机对扩大生产有极大的优越性，由于在转盘上设置多组冲模，绕轴不停旋转。颗粒由加料斗通过饲料器流入位于其下方的，置于不停旋转平台之中的模圈中。该法采用填充轨道的填料方式，因而片重差异小。当上冲与下冲转动到两个压轮之间时，将颗粒压成片。

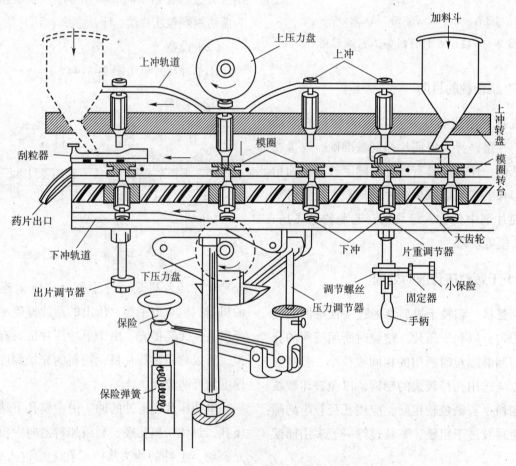

图 2-3-46 旋转式压片机示意图

旋转式多冲压片机的饲料方式合理，片重差异较小，双侧加压，压力分布均匀，生产效率高，是目前生产中广泛使用的压片机。

三、粉末直接压片

粉末直接压片法避开了制粒过程，因而能省时节能、工艺简便、工序少、适用于湿热不稳定的药物；片剂崩解后成为药物的原始粒子，比表面积大，有利于药物的溶出。但也存在粉末流动性差、片重差异大，生产过程中粉尘较多，粉末压片容易造成裂片外观较差等弱点，致使该工艺的应用受到了一定的限制。

采用粉末直接压片需要重点改善以下方面。

1. 压片物料的性能

进行粉末直接压片法时，药物粉末需要具有良好的流动性和可压性。目前广泛应用于粉末直接压片的辅料有：微晶纤维素、改性淀粉、聚乙二醇4000、聚乙二醇6000等干燥黏合剂；微粉硅胶、氢氧化铝凝胶、氧化镁等助流剂；干燥淀

粉、微晶纤维素、羧甲基淀粉钠、羧甲基纤维素钠等崩解剂。这些辅料的特点是流动性、压缩成型性好。

2. 压片机械的性能

粉末直接压片的加料斗内粉末常出现空洞或流动速度不均的现象，容易导致较大的片重差异，也容易产生飞扬的粉尘。通过采用振荡器或电磁振荡器来克服粉末流动不畅的问题；增加预压过程，减慢车速，克服粉末中容存空气较多的问题；安装自动密闭加料设备以克服药粉加入漏斗时飞扬。

技能要求

技能要点

1. 能使用混合设备混合物料。

2. 能使用烘干设备干燥物料。

3. 能使用整粒设备整粒。

4. 能使用压片设备压片。

使用 V 型混合机混合物料参见本章第九节技能部分"二、使用 V 型混合机混合物料"；使用三维运动混合机混合物料参见本章第九节技能部分"三、使用三维运动混合机混合物料"；使用干燥箱干燥物料参见本章第一节技能部分"四、使用干燥箱干燥物料"；使用振动筛整粒参见本章第十节技能部分"使用振动筛整粒"。

使用旋转式压片机压片

1. 技能考核点

（1）检查来料外观、质量（颜色一致、颗粒均匀）。

（2）拆卸机器附件及冲头并检查冲头，确认生产品种所使用冲头冲模规格并能判断冲头能否继续使用。

（3）按 SOP 操作标准安装冲头（装：先下后

上，拆：先上后下）并安装机器附件确认完好。

（4）调试粉挡更换挡片。

（5）处理简单的设备故障。

2. 操作程序、操作规程及注意事项

（1）操作程序　开机前的准备工作→安装冲模→开机→填充物料→压片→出片→关机→清场→填写记录。

（2）操作规程

A：模具的拆装

①开玻璃门，将上轨道的嵌舌向上翻起，拆装上冲头。

②打开玻璃门，拆下出料装置，打开右护板，移走下冲头挡块，从下面拉出下冲头。

③冲模的拆卸顺序必须先拆上冲杆、下冲杆再拆中模。下冲头拿走后，欲拆冲模，首先将紧固销钉全部拧松，然后用起模油缸、顶杆和支杆工具向上推出。为了确保安全可靠，冲模位置公差取最小，特别注意不要倾斜冲模以保证冲盘孔不被损伤。

④安装中模时，冲盘中模孔必须清理干净。安装冲头冲模时，安装的顺序为先装中模、下冲杆，后装上冲杆。冲模从上面装入冲模孔，同时将中模的锁紧螺钉用专用的力矩扳手锁紧。

⑤冲模安装完毕后，用手转动手轮，使转盘旋转两至三转，启动压片机前必须卸压或减填充。

⑥下冲杆安装时，拆下出料装置，打开右护板，移走下冲头挡块，即可将下冲杆逐个装上，装妥后挡块必须安置原位。

⑦上冲杆安装时，要将上轨道的嵌舌向上翻起，然后将上冲杆逐件装入上冲杆孔内，当上冲杆全部装完后，必须将嵌舌翻下，与平行轨接平。

⑧冲模安装完毕后，用手盘车，使转盘旋转两至三转，观察上、下冲杆在沿着各轨道上、在各孔中上下移动中无阻卡和不正常的摩擦声。

⑨先用手动试制压片，分别调节充填量以试压片厚和片重，在基本成型并满足片剂重量后开车，精调各手轮直至压出片剂完全达到要求为止。

B：机器操作及运转

①顺时针旋转主电源开关，系统通电。

②在电器面板上按下"吸尘机启动"按钮，转动面板上照明开关，压片室照明灯即打开。

③在电器面板上轻按转速键，设定转台的工作转速，然后按"RUN"键，主电机启动（一般压制直径大、压力大、异型片、双层片、难成型的颗粒的片剂速度宜低一点，反之速度则可高一些）。

④在机器运行过程中，如发现任何异常情况，在电器面板上按"STOP"键，主机停转。

⑤遇紧急情况，按机器侧面的急停钮（如要重新启动，必须顺时针旋动按钮使其复位后方可操作，即按"PRG/ RESET"键）。

（3）注意事项

①启动前检查确认各部件完整可靠，故障指示灯处于不亮状态。

②检查各润滑点润滑油是否充足，压力轮转动是否自如。

③盘车观察冲模是否上下运动灵活，与轨道配合是否良好。

④启动主电机时确认调速钮处于零位。

⑤安装加料靴时要使用塞规，以保证安装精度，防止间隙过大或过小而产生漏粉或磨坏旋转台。

⑥运转过程中机器不得离人，开机生产时观察加料靴是否磨转盘，经常检查机器运行状态，如有异常及时停车处理。

⑦将结束生产时，注意物料余量，当接近无物料时及时停车，防止机器空转损坏模具。

⑧拆装模具时要用手盘车，按下急停按钮或关闭总电源，只限由一人操作，以免发生危险。

⑨机器出现异常声音要停车检查，查明原因并经排除故障后方可开车。

3. 生产记录样表（表2-3-38）

表2-3-38 旋转式压片机生产记录样表

产品名称		批号				规格			
起止时间		月	日	时	分 ——	月	日	时	分
压片机编号		第（	）号				第（	）号	
设备状态确认		正常 □ 异常 □					正常 □ 异常 □		
药量（kg）									
转速（r/min）									
压力（Pa）									
温度/湿度									
片厚/片重									
压片时间	开始	月	日	时	分	月	日	时	分
	结束	月	日	时	分	月	日	时	分

成品情况		
外观性状		
片量（kg；粒数）		
操作人		复核人/日期	
备注		

第十三节　滴丸剂制备

相关知识要求

知识要点

1. 滴丸剂的含义、特点、分类及制备的工艺流程。

2. 滴丸剂的基质与冷却剂。

3. 滴丸的选丸与包装。

滴丸脱油设备的操作规程参见技能部分"一、使用离心机脱冷却剂"；选丸设备的操作规程参见技能部分"二、使用振动筛筛选丸粒"；装袋与装瓶设备的操作规程参见技能部分"三、使用装袋机分装膜剂"。

一、概述

1. 含义

滴丸剂是指原料药物与适宜的基质加热熔融混匀后，滴入不相混溶、互不作用的冷凝介质中制成的球形或类球形制剂。

2. 特点

滴丸的特点：①药物在基质中呈分子、胶体或微粉状态分散，溶出速度快，生物利用度高；②增加药物的稳定性；③工艺简单、生产效率高，生产车间内无粉尘，工序少，自动化程度高；④液态药物可制成固体滴丸；⑤可选用的基质少，载药量小。

3. 分类

①根据基质不同分为水溶性基质滴丸、非水溶性基质滴丸；②根据给药途径分为口服滴丸、外用滴丸及其他途径应用滴丸；③根据释放速度分为速效滴丸、缓释和控释滴丸；④根据是否包衣分为包衣滴丸、非包衣滴丸；⑤根据滴丸形状分球形滴丸和异形滴丸。与其他制剂技术结合，还可生产不同类型的滴丸，如栓剂滴丸、脂质体滴丸等。

二、基质与冷却剂

基质的选择遵循安全无害，与主药不发生任何化学反应，不影响主药的疗效，同时熔点较低或加一定量热水能溶化成液体，而遇骤冷又能凝成固体，在室温下保持固体状态，与主药混合后仍保持此物理状态。常用的水溶性基质有聚乙二醇类（如聚乙二醇6000、聚乙二醇4000等）、泊洛沙姆、硬脂酸聚烃氧（40）酯、明胶等。常用的非水溶性滴丸基质包括硬脂酸、单硬脂酸甘油酯、十八醇（硬脂醇）、十六醇（鲸蜡醇）、氢化植物油等。

滴丸剂冷却剂必须安全无害，且与原料药物不发生作用，并且密度适宜，使滴丸缓缓下沉或上浮；水溶性基质可用液状石蜡、甲基硅油、植物油等；非水溶性基质可用水、不同浓度乙醇、无机盐溶液等。

三、工艺流程（图2-3-47）

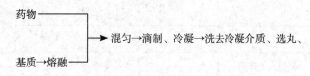

图2-3-47　滴丸制备工艺流程图

四、冷却剂的脱除方法与设备

常见滴丸为水溶性基质滴丸，其冷却介质一般多用液状石蜡或二甲硅油。去除滴丸冷却剂一般分为两个步骤，第一步先通过离心机离心脱油，去除滴丸附着的绝大部分冷却介质，然后采用脱脂方巾等通过擦拭进一步去除滴丸表面附着的微量冷却剂，也可以采用连续式吸油除油设备去除微量冷凝剂，使残留量达到允许的限度范围。

常用离心机离心除油。工业化滴丸机常把离心机与滴丸机集成为一体机。附带冷却剂的滴丸流入离心机并达到一定量时，离心机会按照事先设计好的自控程序自动启动，冷却剂通过回路循环使用，脱油后的滴丸自动出料进入后一道擦拭除油工序。一般一台滴丸机或滴丸机组会集成2到3台离心机，交替工作实现连续生产。

传统的擦拭除油的设备多用旋转式流动床，与高效包衣机的原理类似，不同之处在于擦拭除油设备不需要雾化喷液系统和加热系统，设备装载滴丸后按比例加入专用吸油纸或吸油方巾，设定转速和擦丸时间，启动设备即可。

五、选丸的方法与设备

选丸操作需要经过两道工序完成，分别为溜选和筛选。溜选工序可以除去一些丸形不够圆整的滴丸，筛选可以出去一些重量过大或过小的滴丸。大生产时采用的设备为滚筒筛、检丸器。

六、包装

滴丸剂作为口服固体制剂，包装方式与其他口服固体制剂类似，以瓶装和铝塑复合袋包装最为常见。多剂量包装多用瓶装，单剂量包装多用铝塑复合袋。滴丸剂一般不耐高温，在包装过程中避免滴丸剂受到长时间高温。

滴丸内包装主要信息包括生产日期、包装批号、有效期及包材使用信息等。

滴丸剂外包装包含贴签、装盒、装说明书、中包装塑封、装箱、打包及批号打印等工序，不同剂型之间大同小异，因设备生产不同而异。

技能要求

 技能要点

1.能使用滴丸脱油设备脱冷却剂。
2.能使用选丸设备筛选丸粒。
3.能使用装袋设备包装。
4.能使用装瓶设备包装。

使用装瓶机包装参见本章第十一节技能部分"三、使用装瓶机包装"。

一、使用离心机脱冷却剂

1.技能考核点

（1）操作流程、工艺及质量控制要求熟练程度。

（2）生产记录的及时性、完整性、正确率。

（3）工序收率与物料平衡。

2.操作程序、操作规程及注意事项

去除滴丸冷却剂一般分为两个步骤。先通过离心机离心脱油，去除滴丸附着的绝大部分冷却介质；采用脱脂方巾等通过擦拭进一步去除滴丸

表面附着的微量冷却剂。

（1）操作程序　开机前的准备工作 → 加料 → 设定转速与离心时长 → 开机 → 关机 → 清场 → 填写记录。

（2）操作规程

①投入待擦拭滴丸。

②按比例投入专用吸油纸或吸油方巾。

③设定转速和擦丸时间，开启旋转床。

④收集专用吸油纸或吸油方巾，配合点动旋转完成全部方巾收集。

（3）注意事项

①工艺参数设定双人复核。

②开启离心机前确认舱门关闭。

③离心机完全停止后出料。

3. 生产记录样表（表 2-3-39）

表 2-3-39　离心脱冷却液记录

（1）离心脱冷却液记录

接收开始时间			接收结束时间			接出滴丸量（kg）				记录人		
序号	重量（kg）	序号	重量（kg）	序号	重量（kg）	序号	重量（kg）	序号	重量（kg）	序号	重量（kg）
1		2		3		4		5		6	
7		8		9		10		11		12	
13		14		15		16		17		18	
操作人/日期						复核人/日期						
备注												

（2）擦拭除冷却液记录

锅次	锅号	投料量（kg）	开始时间	结束时间	投入方巾数量	进风设定温度（℃）	进风实际温度（℃）		操作人
							时间	温度	
操作人/日期					复核人/日期				
备注									

二、使用振动筛筛选丸粒

1. 技能考核点

（1）能根据物料筛选的特性要求，在断电的情况下，调节振动电机偏心块的间距。

（2）正确操作振荡筛进行筛分丸粒。

（3）根据丸粒粒度要求选择适当的筛网目数。

2. 操作程序及注意事项

（1）操作程序　开机前检查 → 安装筛网 → 试运行 → 加料筛分 → 关机 → 清场 → 填写记录。

（2）注意事项

①检查从车间器具清洗室取来的筛网，看其目数是否符合此次生产的要求，筛网是否有破损。观察振动筛的振动是否平衡，运动件无撞击和摩擦的地方。

②给料必须均匀，不能超载或有过大冲击力。

③停机前先停止给料，待筛面上的物料排净后再停机。

④设备运行时应下部无振动，噪音低且密封，若出现异常应迅速停止进料，关闭机器，切断电源进行检查或上报。

⑤筛网需严格按照生产工艺的要求进行选择和安装，并在生产前后检查筛网有无破损，保证筛分丸粒符合要求。

3. 生产记录样表（表2-3-40）

表2-3-40 使用振动筛筛选丸粒记录样表

产品名称		批号				规格			
生产工序起止时间		月	日	时	分 ——		月	日	时	分
振动筛编号		第（ ）号				第（ ）号			
设备状态确认		正常 □ 异常 □				正常 □ 异常 □			
振动频率（Hz）									
上层筛网目数									
下层筛网目数									
加料量（kg）									
筛分时间	开始	月	日	时	分	月	日	时	分
	结束	月	日	时	分	月	日	时	分
成品情况									
外观性状									
丸粒量（kg）									
操作人				复核人/日期					
备注									

三、使用装袋机包装

1. 技能考核点

（1）装袋机的工作原理，能够正确操作装袋机进行包装。

（2）正确设置加热温度。

（3）生产中能够注意检查包装的密封性。

（4）能够处理简单的设备故障。

2. 操作程序、操作规程及注意事项

（1）操作程序　开机前的准备工作→部件安装→开机运行→填料包装→关机→清场→填写记录。

（2）操作规程

①打开电源开关、压缩空气阀门。

②将铝塑复合膜卷装入薄膜放卷轴，依次穿过固定导辊、游动导辊、V形分卷板、分卷板导辊，把复合膜穿过密封器中间，利用手动设备使复合膜穿过纵切、横切。

③将各模块依次安装到位，固定锁紧后恢复至原位置，最后关闭所有的安全防护门。

④打开半自动选择器，点击料斗装置下降运动，点击定量器装置下降运动。

⑤打开加热开关，设定温度控制表温度，纵封辊与横封辊160~220℃；温升时间20~25分钟，加热情况由温控表显示。

⑥投入物料，开机运行。

⑦正常停机时，按"停止"按钮，终止生产。

（3）注意事项

①温度的设置：温度设定的数值按照设备运行速度而定，当运行速度较高时可适当提高设定温度。

②待成型预热温度达到设置温度后，即可按"启动"按钮开机，将定料器装置、料斗装置依次下降。一切正常后，就可以充填上料，正常运转设备。

③应注意封口严密，尤其是含挥发性或吸湿性成分的散剂。

3. 生产记录样表（表 2-3-41）

表 2-3-41　使用装袋机包装记录样表

操作指令						工艺参数		
按照包装指令，从包装仓库限量领取复合膜，除去外包装后，按规定净化处理进入内包区。按产品规格及内包装岗位操作规程进行内包装。控制横封、纵封温度，注意随时检查外观、密封性、装量及批号打印情况						横封（℃）		
						纵封温度（℃）		
抽样次数	1	2	3	4	5	6	7	备注
装量（g）								
密封性（√）								
横封温度（℃）				纵封温度（℃）				
抽样量（袋）			半成品量 /kg				废药量 /kg	
废包材量 /kg			剩余包材量 /kg					
收率 =[半成品重量 –（包材实际领用量 + 包材结存量 – 剩余包材量 – 废包材量）] / 领取颗粒量 ×100%=＿＿＿＿（92%~100%） 物料平衡率 =（半成品重量 + 废药量 + 废包材量 + 抽样量）/（领取颗粒量 + 包材实际领用量 + 包材结存量 – 剩余包材量）×100%=＿＿＿＿（92%~100%）								
操作人：		复核人：				日期：		
备注：								

第十四节　泛制丸与塑制丸制备

相关知识要求

知识要点

1. 泛制丸、塑制丸的含义、特点、分类及制备。

2. 丸剂包衣的目的、分类及材料。

混合的方法与设备参见本章第九节"混合的方法与设备"；混合设备的操作规程参见本章第九节技能部分"二、使用 V 型混合机混合物料""三、使用三维运动混合机混合物料"；烘干设备的操作规程参见本章第一节技能部分"四、使用干燥箱干燥物料"；选丸设备的操作规程参见技能部分"二、使用滚筒筛筛选丸粒"和"三、使用检丸机筛选丸粒"。

一、泛制丸

（一）概述

1. 含义

药物细粉与润湿剂或黏合剂，在适宜翻滚的设备内，通过交替撒粉与润湿，使药丸逐层增大的一种制丸方法。水丸是泛制法制丸的主要代表剂型。

2.特点

①以水性液体为黏合剂，溶散、吸收比蜜丸、糊丸、蜡丸快，起效快。

②易挥发、有刺激性气味，性质不稳定的药物分层泛入内部，从而掩盖药物的不良气味，提高稳定性。

③药物含量的均匀性及溶散不易控制。

3.分类

根据黏合剂的不同，分为水丸、水蜜丸、浓缩丸等。

（1）**水丸** 系指药材细粉或水性液体（黄酒、醋、稀药汁、糖液等）为黏合剂，用泛制法制成的丸剂。临床上主要用于解表剂、清热剂及消导剂制丸。特点：以水或水性液体为黏合剂，服用后在体内易溶散、吸收，显效较蜜丸、糊丸、蜡丸要快。且不含其他固体赋形剂，实际含药量高。

（2）**水蜜丸** 系指药材细粉以蜂蜜和水为黏合剂制成的丸剂。特点：丸粒小，光滑圆整，易于吞服。以炼蜜用开水稀释后为黏合剂，同蜜丸相比，可节省蜂蜜，降低成本，并利于贮存。

（3）**浓缩丸** 系指药材或部分药材提取的清膏或浸膏，与处方中其余药材细粉或适宜的赋形剂制成的丸剂。根据黏合剂的不同分为浓缩水丸、浓缩蜜丸和浓缩水蜜丸。特点：药物全部或部分经过提取浓缩，体积缩小，易于服用和吸收，发挥药效好；同时利于保存，不易霉变。

（二）制备

1.工艺流程（图2-3-48）

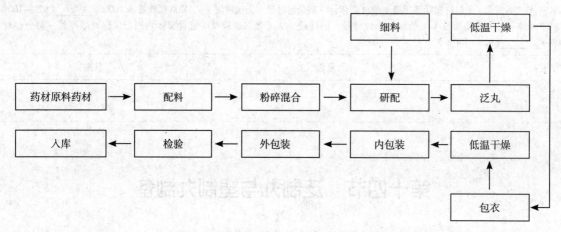

图2-3-48 泛制丸的制备工艺流程图

2.制法

有手工泛丸和机械泛丸两种，其操作原理相同。主要包括原料加工粉碎、起模、成型、盖面、干燥、包衣、打光、质量检查。其中起模是关键的环节。

（1）**原料的准备与混合** 按处方要求将药物粉碎，不同水丸工序所用的药粉细度不同。起模、盖面、包衣用粉应过6~7号筛，泛丸用药粉应过5~6号筛。难于粉碎、黏性强的药材可经提取、浓缩作为黏合剂使用。常采用混合机混合。

（2）**干燥** 盖面后的丸粒应及时干燥。干燥温度一般在80℃以下，含挥发性成分的药丸应控制在60℃以下。长时间高温干燥可影响泛丸的溶散速度，宜采用间歇干燥方法。

采用烘箱、烘房、热风循环烘箱、沸腾干燥、微波干燥等设备。

（3）**选丸的方法与设备** 选丸是经选粒机筛选出符合丸剂规格标准丸粒的过程。选丸要注意重量差异及外观要求。手工选丸可用手摇筛，大量生产则用振动筛、滚筒筛及检丸器等选丸。

①滚筒筛（图2-3-49）

滚筒筛由布满筛孔的三节金属圆筒组成，进料端至出料端孔径由小到大，可用于筛选干丸和湿丸。自动完成对药丸直径大小的分选。

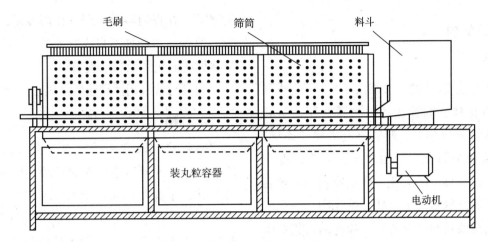

图 2-3-49　滚筒筛结构示意图

②检丸器（图 2-3-50）

分上下两层，每层装三块斜置的玻璃板，玻璃板间相隔一定的距离。当丸粒由加丸漏斗朝下滚动时，由于丸粒越圆整，滚动越快，能越过全部间隙到达好粒容器。而畸形丸粒滚动速度慢，不能越过间隙于坏粒容器。检丸器适用于筛选体积小，质地硬的丸剂。

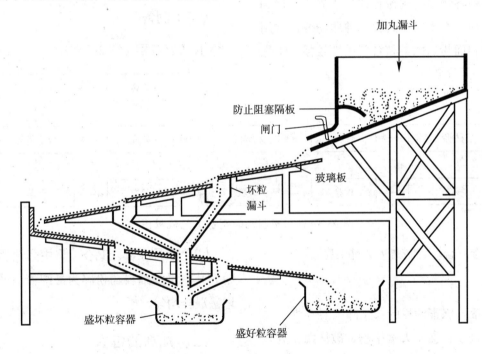

图 2-3-50　检丸机结构示意图

二、塑制丸

（一）概述

1. 含义

塑制法是将药物细粉与适宜辅料（如润湿剂、黏合剂、吸收剂或稀释剂）混合制成具可塑性的丸块、丸条后，再分剂量制成丸剂的方法。蜜丸是塑制法制丸的主要代表剂型。

2. 特点

①溶散、释放药物缓慢，作用持久。不同类型的丸剂可用于不同释放度的药品和不同临床医疗的需求；②含原粉较多，较难达到卫生标准；③大蜜丸服用不够方便。

3. 分类

根据赋形剂的不同，可分为蜜丸、糊丸、水蜜丸、蜡丸等。

（二）赋形剂

1. 蜂蜜

蜂蜜是中药蜜丸的主要赋形剂，具有益气补中、缓急止痛、润肺止咳、润肠通便、缓和药性、矫味矫嗅等作用。蜂蜜含有大量还原糖，可防止有效成分氧化。药用蜂蜜，一般以槐花蜜、椴树花蜜为佳，乌头花、曼陀罗花等花蜜有毒，切勿入药。蜂蜜为半透明、带光泽、浓稠的液体，白色至淡黄色，气芳香，味极甜。相对密度不低于1.349（25℃）。含还原糖不少于64.0%，应不含淀粉和糊精。

2. 米糊

米糊是一种具有一定黏度和稠度的半固态物质，是由各种谷物经机械粉碎和水煮糊化后得到的。有糯米粉、黍米粉、面粉和神曲粉等，常用的为糯米粉和面粉。此类黏合剂黏性较强，干燥后坚硬，在胃内溶散迟缓，释药缓慢，可延长药效。但若糊粉选择不当或制备技术不良时，会出现溶散时间超限及霉败现象。

制糊时常采用冲糊法、煮糊法、蒸糊法。

3. 蜂蜡

制备蜡丸时常用的辅料为纯蜂蜡，又称黄蜡，呈黄色或淡黄色，表面光滑，蜡质样，断面沙粒状，手捏可软化。熔点62~67℃，相对密度为0.965~0.969。蜂蜡的主要成分为软脂酸蜂酯。极性小，不溶于水。一般市售蜂蜡含杂质较多，故入药应除杂质精制。川白蜡、石蜡等均不得作为蜡丸的赋形剂。蜡丸中药物释放缓慢，能延长药物作用，可以防止或减轻毒性药物及刺激性药物对机体的损伤。

（三）制备

1. 工艺流程（图2-3-51）

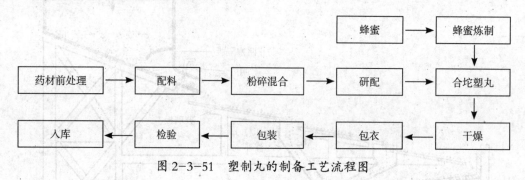

图2-3-51 塑制丸的制备工艺流程图

其中混合、合坨、制丸为关键工序。

2. 制法

（1）炼蜜 炼蜜的目的：①除去悬浮性、不溶性杂质及蜡质；②杀灭微生物，破坏酶；③除去部分水分，增加黏性。

（2）炼蜜的方法与设备

①常压炼蜜：以夹层锅炼制。取生蜜加适量清水煮沸，除去浮沫，用三至四号筛过滤，滤液继续炼制，检查含水量及相对密度，达到工艺要求的炼蜜程度。

②减压炼蜜：以减压罐炼制，取生蜜预热后过滤，输入减压罐，以温度70~80℃，真空度0.07MPa，炼制。炼制过程中，通过阿贝折射计检查含水量，要达到工艺要求的炼蜜程度。

（3）原料准备与混合 将中药饮片粉碎为细粉，其中贵重细料药粉碎为最细粉。采用等量递增法混合均匀。

三、丸剂的包衣

1. 目的

隔离药层与外界接触，防氧化与变质，防吸潮，提高药物的稳定性；减少药物的刺激性；掩盖不良气味，改善外观、增加美感、利于识别；包肠溶衣，使丸剂在肠内溶散。

2. 分类

（1）药物衣 包衣材料是处方中的某味或某几味药物的极细粉。是丸剂特有的包衣特点，既可使药物美观，又可发挥药物疗效。

（2）保护衣　选取处方以外，无明显的药性作用、性质稳定的物质作为包衣材料，主要目的是起保护作用。

3. 材料

（1）药物衣　朱砂衣（安神）、青黛衣（清热）、滑石粉衣（清热利湿）、金衣（重镇安神）等。

（2）保护衣　糖衣、薄膜衣、滑石衣、明胶衣等。薄膜衣是目前最常用的，以预混衣材为包衣材料，设备先进，操作方便快捷，省时高效。水蜜丸也常用玉米朊包衣。

（3）肠溶衣　选用肠溶衣材料将丸剂包衣后在胃中不溶散，在肠中溶散。

技能要求

技能要点

1. 能使用炼蜜设备炼蜜。

2. 能使用混合设备混合物料。

3. 能使用烘干设备干燥丸粒。

4. 能使用选丸设备筛选丸粒。

使用 V 型混合机混合物料参见本章第九节技能部分"二、使用 V 型混合机混合物料"；使用三维运动混合机混合物料参见本章第九节技能部分"三、使用三维运动混合机混合物料"；使用干燥箱干燥丸粒参见本章第一节技能部分"四、使用干燥箱干燥物料"。

一、使用蒸汽夹层锅炼蜜

1. 技能考核点

（1）正确操作蒸汽夹层锅进行炼蜜。

（2）通过阿贝折射计检查含水量。

（3）判断炼蜜程度。

2. 操作程序、操作规程及注意事项

（1）操作程序　开机前的准备 → 加入生蜜 → 炼制 → 关机 → 清场 → 填写记录。

（2）操作规程

1）常压炼蜜

①取生蜜加适量清水煮沸；

②除去浮沫；

③用三至四号筛过滤；

④滤液继续炼制；

⑤检查含水量及相对密度，使达到工艺要求。

2）减压炼蜜

①取生蜜预热后过滤；

②输入减压罐；

③以温度 70~80℃，真空度 0.07MPa，炼制；

④炼制过程中，通过阿贝折射计检查含水量，使达到工艺要求。

（3）注意事项

①使用蒸汽压力时，不得超过定额工作气压。

②根据药粉组成，含水量及工艺要求，炼制嫩蜜、中蜜、老蜜。

③炼制过程中，通过检查含水量、相对密度、温度控制炼蜜程度。

④工作结束后对相关部件进行润滑保养。

3. 生产记录样表（表 2-3-42）

表 2-3-42　蒸汽夹层锅炼蜜记录

产品名称		批号			规格		
生产工序起止时间		月　　日　　时　　分 ——			月　　日　　时　　分		
炼蜜锅号		第（　　）号罐			第（　　）号罐		
设备状态确认		正常 □　异常 □			正常 □　异常 □		
待炼蜜量（kg）							

续表

炼蜜温度（℃）		
成品情况		
蜜量（kg）		
含水量（%）		
相对密度		
操作人		复核人 / 日期
备注		

二、使用滚筒筛筛选丸粒

1. 技能考核点

（1）检查各轴承座、变速箱润滑是否良好，油位是否适中，防护罩是否完好。

（2）检查传动链条松紧是否适中。

（3）正确操作滚筒筛进行选丸。

2. 滚筒筛选丸操作程序及注意事项

（1）操作程序　开机前的准备 → 加料 → 选丸 → 关机 → 清场 → 填写记录。

（2）操作规程

①接通电源待机器运转正常后均匀向进料口加载物料，启动后需观察出料是否正常。

②控制物料加载的量与方式，不应对筛网造成太大冲击。

③控制滚筒转速。

④定时检查出料粒径和有无漏料及扬尘情况；进、出料口是否有堵渣情况；检查电机、传动部件升温情况及是否有异响。

（3）注意事项

①滚筒筛必须空载启动。

②滚筒筛的转速不宜过高，以防物料随筛一起旋转。

③严禁在滚筒筛上搭设其他部件。

④安装完毕后把现场处理干净，筛筒内外不允许残留类似安装工具等异物。

⑤开机前检查所有紧固件是否牢固可靠，是否有松动现象。

⑥机器运转时，手不得接触筛筒。

⑦每次停机前必须确认滚筒内的物料全部筛分完毕后方能停机。

⑧物料加载过程中不应对筛网造成太大冲击。

3. 生产记录样表（表2-3-43）

表 2-3-43　滚筒筛筛选丸记录

年		运行时间	转速（r/min）	筛网孔径	选丸（kg）			操作人
月	日				总重量	合格丸	不合格丸	

三、使用检丸机筛选丸粒

1. 技能考核点

（1）轨道出口处分离挡板将不合格品与合格品分开。

（2）调整入药与出药的状况匹配。

（3）正确操作检丸机进行选丸。

2. 操作程序、操作规程及注意事项

（1）操作程序　开机前的准备 → 加料 → 选丸 → 关机 → 清场 → 填写记录。

（2）操作规程

①启动插扳电机使药丸连续进入螺旋轨道。

②调整轨道出口处分离挡板将不合格品与合格品分开。

③调整进料的速度、工作与停顿时间，使入药与出药的状况匹配。

④调整轨道下端的三处螺杆以满足分选需要，达到良好效果。

（3）注意事项

①观察机器顶部的贮料斗内和各层螺旋溜槽斜平面上是否有异物、粉尘等，下料口是否备好收料容器。

②下料口不能开启太大，让物料均匀、连续地跌落在螺旋溜槽内。

③机器必须保持清洁，以免造成机器损蚀。

④工作结束后对相关部件进行润滑保养。

3. 生产记录样表（表2-3-44）

表2-3-44　检丸机选丸记录

产品名称		批号		规格	
生产工序起止时间		月　　日　　时　　分　——		月　　日　　时　　分	
检丸机号		第（　　）号		第（　　）号	
设备状态确认		正常 □　异常 □		正常 □　异常 □	
待选丸量（kg）					
成品情况					
合格丸量（kg）					
不合格丸量（kg）					
操作人			复核人/日期		
备注					

第十五节　胶剂制备

相关知识要求

1. 胶剂的含义、特点和分类。

2. 胶剂的原料及制备。

一、概述

1. 含义

胶剂系指动物的皮、骨、甲或角，用水煎取胶质，浓缩成稠膏状，经干燥后制成的固体块状内服制剂。

2. 特点

胶剂的主要成分为动物胶原蛋白及其水解产物，尚含多种微量元素。在制备过程中加入了一定量的糖、麻油、黄酒等辅料。

（1）滋补作用。主要有补血、滋阴、温阳、益精等作用。皮胶类主要有补血作用，角胶类主要能温阳，甲胶类则侧重于滋阴及活血祛风。

（2）可直接应用，也可配方使用。

（3）贮存环境对胶剂影响大。温度高，湿度大，胶剂易粘连、软化；环境过于干燥，胶剂易干裂或变脆。

3. 分类

胶剂按原料的来源不同，可分为以下几类：

（1）皮胶类　系用动物的皮为原料经熬炼制成。以驴皮为原料者习称阿胶，以牛皮为原料者称为黄明胶，而用猪皮为原料者称新阿胶。

（2）角胶类　主要指鹿角胶，其原料为雄鹿骨化的角。鹿角胶应呈白色半透明状，但目前制备鹿角胶时往往掺入一定量的阿胶，因而呈黑褐色。

（3）甲胶类　以动物的甲壳为原料制备而成。以乌龟背甲及腹甲为原料制成的为龟甲胶，以鳖背甲制成的为鳖甲胶。

（4）骨胶类　以动物的骨骼为原料熬制而成。有狗骨胶、鹿骨胶、鱼骨胶等。

（5）其他胶类　凡含有蛋白质的动物类中药，经水煎熬炼，一般均可制成胶剂，如霞天胶是以牛肉经熬炼而成的胶剂。龟鹿二仙胶，是以龟板和鹿角为原料，共同熬炼而成的混合胶剂；也有以龟甲胶和鹿角胶混合而成的。

二、原料

胶剂的原料质量优劣直接影响着产品的出胶率和质量，应严格选择。各种原料均应取自健康的动物。

1. 皮类

熬制阿胶的原料驴皮以张大毛黑、质地肥厚、无病害者为优。冬季宰杀剥取的驴皮称"冬板"，质量最好；"春秋板"次之；夏季宰杀的"伏板"最差。黄明胶所用的牛皮则以毛色黄、皮厚张大、无病的黄牛皮为佳。新阿胶的猪皮，以质地肥厚、新鲜者为佳。

2. 角类

鹿角有砍角和脱角两种。砍角质重、坚硬且有光泽，表面灰黄色或灰褐色，角中含血质，以角尖对光照视呈粉红色为佳；春秋时自然脱落的

鹿角称脱角，质轻、色灰、无光泽、质次之；若脱角在野外经风霜侵蚀，质白有裂纹者称霜脱角，不宜使用。

3. 甲类

龟甲包括乌龟的背甲和腹甲，板大、质厚、颜色鲜明者，称"血板"。以未经水煮者为佳，又以洞庭湖一带产的为上品，此种龟甲对光照微呈透明，色粉红，又称"血片"。鳖甲以个大、甲厚、未经水煮为佳。

4. 骨类

以骨骼粗壮、质地坚实、质润色黄之新品为佳，陈久枯白者质次。

三、制备

（一）工艺流程（图2-3-52）

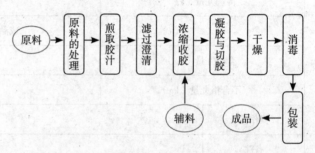

图2-3-52　胶剂制备的一般工艺流程示意图

（二）制法

1. 原料的处理

胶剂的原料，如动物的皮、骨、甲、角等，常附着一些毛、脂肪、筋、膜、血等杂质，必须处理去除，才能用于煎胶。处理方法随原料种类而稍有不同。

（1）皮类　将皮切成 $20cm^2$ 左右的小方块，置滚筒式洗皮机中，加水旋转洗涤，用清水冲洗去泥沙，再置蒸球中，加3倍量2%碳酸钠水溶液，加热至皮皱缩卷起，用水冲洗至中性，以除去脂肪及可能存在的腐败产物，并降低挥发性盐基氮的含量，消除腥臭味。

（2）骨角类　用水浸洗，每日换水1次，除去腐肉筋膜，取出后用碱水洗除油脂，再以水反复冲洗干净。

2. 擦胶

胶片干燥后，用 75% 乙醇或新沸过的 60℃左右温水微湿的软布轻擦胶片表面，使之光亮，可采用全自动擦胶机进行擦胶。

3. 印字

胶片消毒后有的会在胶块上用朱砂或金箔印上品名，现多采用印字机来完成，可自动对胶块进行印字。

4. 包装

包装分为内包装和外包装。包装所用的包装材料必须符合药品包装材料标准。

胶剂应密闭贮存，温湿度适宜，既要防止受潮又要防止贮存环境过分干燥，导致胶块裂碎。

技能要求

技能要点

1. 能除去原料中的杂质。
2. 能洗除原料中的油脂。
3. 能擦胶、印字。

一、除去驴皮的杂质

1. 技能考核点

（1）掌握浸泡操作要点，并能够正确判断浸泡终点。

（2）能够正确除去驴皮的杂质并能够判断刮皮质量。

2. 操作程序、操作规程及注意事项

（1）操作程序　准备工作→泡皮→刮皮→割皮→洗皮→清场→填写记录。

（2）操作规程

①泡皮：将驴皮投入洁净的泡皮池中，换水次数：前 3 天，1 天换水 2 次，以后换水 1 天 1 次，浸泡时间 5~10 天。

②刮皮、割皮：把泡透的驴皮，置于刮毛架上，将里面的腐肉和脂肪除去，再将表面的一部分毛刮掉；将去毛的皮割成长宽 30cm 左右的小块；目视无油脂、腐肉。注意去毛过程中不能刮伤驴皮，不能刮透。

③洗皮：将割好的皮块投入洗皮机内，向洗皮机内加足量水，开始洗皮，洗皮机连续运转不少于 5 小时，直至将皮块洗至水清无泥沙，洗皮水检验合格。洗皮时间不少于 10 小时。

（3）注意事项

①浸泡时要求加水量高出驴皮 10 cm，保证全部驴皮的浸泡效果；浸泡时间保证驴皮浸泡达到驴皮胶质层吸水膨胀，皮色发白柔软为止；换水次数达到要求，防止驴皮腐败及杂质的浸出。

②刮皮时去毛量达到 70% 以上，刮肉、去脂以目视没有为准。

3. 生产记录样表（表 2-3-45）

表 2-3-45　除去驴皮杂质的记录样表

品名：		批号：		产量（kg）：	
生产车间：		执行标准：		生产依据：	
计划生产日期　　　年　　　月　　　日					
泡皮时间		换水次数 / 时间		驴皮质量	

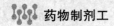

操作人／日期	
复核人／日期	
备注：	

二、洗除驴皮的油脂

1. 技能考核点

（1）正确判断洗除终点。

（2）了解洗除油脂的影响因素，并能根据实际情况进行调节。

2. 洗除驴皮油脂的操作程序及注意事项

（1）操作程序　准备工作 → 洗除油脂 → 清场 → 填写记录。

（2）操作规程和注意事项

①洗除油脂：将浸泡后的皮切成 20cm 左右的方块，用皂角水或碱水以滚筒式洗皮机洗除脂肪及可能存在的腐烂之物。一般加入一定量的碳酸钠清除油脂；影响因素主要为加水量、加碳酸钠量、洗除时间、洗除温度等。

②洗除终点的判断方法：洗皮水澄清、pH 值近中性。

3. 生产记录样表（表 2-3-46）

表 2-3-46　洗除驴皮油脂的记录样表

品名：		批号：		产量（kg）：	
生产车间：		执行标准：		生产依据：	
计划生产日期　　　年　　　月　　　日					
要求：将驴皮表面油脂清除、无残留					
碱量		洗除时间		温度	
操作人／日期					
复核人／日期					
备注：					

三、擦胶

1. 技能考核点

（1）熟悉擦胶后存放条件对质量的影响，并进行合理设置。

（2）正确判断擦胶质量。

（3）擦胶常用介质。

2. 擦胶的操作程序及注意事项

（1）操作程序　准备工作 → 擦胶 → 清场 → 填写记录。

（2）操作程序和注意事项

①擦胶常用介质：擦胶机使用蒸汽，人工擦胶使用纯化水和酒精。

②存放：擦胶后存放地点的温湿度和空调风口位置对裂胶有很大的影响。合理设置存放房间的温湿度及距离空调风口位置。

③擦胶温度：人工擦胶水温的控制，温度过高，工人无法操作，温度太低，不能擦出粗面纹理。

④质量要求：擦胶外观要求六面光滑洁净，无黄沫、无指印、白点，有传统布纹。

3. 生产记录样表（表 2-3-47）

表 2-3-47　擦胶生产记录样表

品名：		代号：		生产岗位：擦胶灭菌		批号：
接收数量（块）：		接收人：		生产日期：		页数
擦胶		接收合格品（块）：				纯化水温度（℃）：
		擦胶开始时间：　月　日　时　分				擦胶结束时间： 　月　日　时　分
		合格块数：		不合格块数：		
		操作人／日期：			复核人／日期：	
备注：						

四、胶块印字

1. 技能考核点

（1）进行胶块印字操作，并了解操作要点。

（2）判断印字的质量。

2. 胶块印字的操作程序及注意事项

（1）操作程序　准备工作 → 印字 → 清场 → 填写记录。

（2）操作规程和注意事项

①准备工作：对设备染料的加入量、印字速度进行设定。

②印字：胶片消毒后有的会在胶块上用朱砂或金箔印上品名，现多采用印字机来完成，可自动对胶块进行印字；印字"涂花"与漏印和染料的加入量、印字速度的设定、染料配制方法及存放时间等有关。

3. 生产记录样表（表 2-3-48）

表 2-3-48　胶块印字生产记录样表

品名：		代号：		生产岗位：胶块印字		批号：
接收数量（块）：		接收人：		生产日期：　年　月　日		页数：
擦胶		接收合格品（块）：		印字速度：		
		印字开始时间：　月　日　时　分		结束结束时间：　月　日　时　分		
		合格块数：		不合格块数：		
		操作人／日期：		复核人／日期：		

第十六节　膏药制备

相关知识要求

知识要点

1. 膏药的含义、特点及分类。

2. 原辅料的选择及去"火毒"方法。

黑膏药中细料药的筛分方法及设备的操作规程参见本章第九节"一、散剂"。

一、概述

1. 含义

膏药系指饮片、食用植物油与红丹（四氧化三铅）或宫粉（碱式碳酸铅）炼制成膏料，摊涂于裱褙材料上制成的供皮肤贴敷的外用制剂。

2. 特点

膏药是我国传统医学常用剂型。《黄帝内经》《神农本草经》等医书中就有关于膏方的记载。膏药为经皮给药制剂，它具备外用制剂的特点，例如：可以避免药物胃肠道的首过效应，血药浓度稳定和给药次数少，用药方便、可以随时停止给药，用药成本低、安全可靠、作用持久等。但膏药须经适当加热后使用，容易污染衣物；黏性及贴敷性能难以控制；制备过程复杂，制备时温度高、产生的浓烟及污水影响环境。

3. 分类

膏药按所用红丹（四氧化三铅）或宫粉（碱式碳酸铅）的不同，分为黑膏药、白膏药。

白膏药以植物油熬炼后待凉到 100 ℃ 左右，缓慢加入宫粉，铅粉氧化作用不如铅丹剧烈，反应产物为浅黄色，另有部分过量的铅粉未分解，掺合于膏中，故成品一般为黄白色，故称为"白膏药"。

二、黑膏药

（一）原辅料的选择

1. 植物油

植物油的选择直接关系到药物的质量。应选用质地纯净、沸点低、熬炼时泡沫少、制成品软化点及黏着力适当的植物油。一般选择麻油、豆油、菜籽油、花生油、棉籽油。植物油以麻油为好，优点是杂质少，在熬炼中泡沫较少，可缩短炼油时间，炼取的药油量比其他油多，增加了膏药的制取量，且制成的膏药色泽光亮、油润，药性清凉、易渗入皮肤、黏性质量好。

2. 红丹

红丹，橘红色粉末，主要成分为四氧化三铅（Pb_3O_4），又称黄丹、樟丹和陶丹等。黑膏药制备中通常要求铅丹的四氧化三铅含量在 95% 以上，红丹含水分易聚成颗粒，下丹时沉于锅底，不易与油充分反应。为保证干燥，铅丹在使用前需要将其炒至干燥，使用前过五号筛。

3. 饮片

膏药中所用药材应依法加工。根据质地和价值可将药料分为一般饮片和细料；一般饮片为质地坚硬的根茎或藤脉等药料；细料为易挥发、热稳定性差和贵重的药料，例如：乳香、没药、冰片、红花和麝香等。

一般饮片在炸料之前，根据药材的性状，适当粉碎即可。通常碎断为片、段、块、丝即可；过度粉碎的药料，在浸油、加热后药料易成糊状，沉入锅底；另外，糊状药料，易堵塞过滤设备，对炸料后的滤油操作造成不利影响。

细料药一般采取单独粉碎。

（二）工艺流程

药料提取（炸药炼油）→下丹（化合）→去火毒→混合→摊涂→包装。

（三）去"火毒"

炼制成的膏药若直接使用，常对皮肤产生刺激性，出现红斑、瘙痒，甚至发泡、溃疡，这种刺激俗称"火毒"。很可能是油在高温时氧化及分解生成的醛、酮、低级脂肪酸等小分子物质具有刺激性。采用将炼成的膏状物以细流倒入冷水中，不断搅拌、反复揉搓成团块，浸泡，每日换水，以除尽火毒。一般需要 24 小时至数日。

三、白膏药

白膏药系指饮片、食用植物油与宫粉（碱式碳酸铅）炼制成膏料，摊涂于裱褙材料上制成的供皮肤贴敷的外用制剂。白膏药与黑膏药同为外用硬膏剂；二者在外观上具有明显不同，黑膏药膏体乌黑发亮，而白膏药膏体为黄白色。

在制备方法上，白膏药与黑膏药的制备流程基本一致，即："炸料、炼油、下丹成膏、去火毒、摊涂"；但白膏药对炼油和下丹操作要求较高，由于下丹材料的差异，白膏药炼油不可嫩，且在下丹时需将油温控制在100℃以下，方可制得软硬适中的白膏药膏体。

在质量要求上《中国药典》将白膏药归在膏药项下。具体要求与黑膏药基本相同。不同之处有：在下丹用料上，黑膏药采用的是红丹（四氧化三铅），白膏药采用的是宫粉（碱式碳酸铅）；在膏体外观上，两种膏药的膏体均要求油润细腻、光亮、老嫩适度、摊涂均匀、无飞边缺口，加温后能粘贴于皮肤上且不移动，而区别之处在于黑膏药应乌黑、无红斑；白膏药应无白点。

技能要求

 技能要点

1. 能将药料按性质分类。
2. 能将红丹干燥、过筛。
3. 能去"火毒"。

红丹的过筛参见第三章第九节技能部分"一、使用振动筛筛分物料"。

一、药料分类

将药料分为粗料和细料两类。

粗料：一般为不具挥发性的动植物药材，经适当切制成饮片。为用油加热、提取作准备。

细料：一般为芳香挥发性药物，如乳香、没药、薄荷、冰片、麝香、牛黄等。将药材粉碎成细粉，在摊膏药前投入已溶化的膏药中混匀。

采购符合标准的红丹细粉，过筛使用；放置过程中若有吸潮，先干燥，过筛，再投料。为保证干燥，使用前应炒除水分。

二、去"火毒"

1. 技能考核点

（1）确认物料投料的符合性。
（2）水浸操作中需注意的问题。
（3）"火毒"去除的判断标准。

2. 操作程序及注意事项

（1）操作程序　操作前确认 → 水浸操作 → 清场 → 填写记录。

（2）注意事项

①操作前确认：核对检查膏脂的品名、批号、重量；并确认保温锅、去火毒池已清洁。

②水浸操作：膏脂应慢慢倒入冷水池中，并不断搅拌使成带状；过程中需不断将热水换去（冷水池中的水采用流动水）；凝结后的膏脂经反复捏压，挤去膏脂中的水分，制成团块。

③判断标准：未去火毒的膏药显微酸性，醛酮反应呈阳性；去除火毒较为完全后则为中性，无醛、酮等反应，刺激性较小。

第十七节　制剂与医用制品灭菌

相关知识要求

> **知识要点**
>
> 1. 灭菌法、无菌物品、无菌保证水平的含义。
>
> 2. F 与 F_0 值在灭菌中的意义与应用、灭菌方法的分类及灭菌法选择原则。
>
> 3. 干热灭菌法、湿热灭菌法、紫外线灭菌法的含义、特点、适用范围、方法与设备。

卫生要求贯穿于药品生产的全过程，制剂及医用制品灭菌是过程控制中的重要环节。在制剂与医用制品生产的各个环节，强化卫生管理是保障产品质量的重要手段。

干热灭菌设备的操作规程参见技能部分"一、使用干热灭菌箱灭菌"；湿热灭菌设备的操作规程参见技能部分"二、使用湿热灭菌器灭菌"；紫外线灭菌设备的操作规程参见技能部分"三、使用紫外线灭菌器灭菌"。

一、概述

1. 灭菌法

灭菌是指用适当的物理或化学手段将物品中活的微生物杀灭或除去，从而使物品残存活微生物的概率下降至预期的无菌保证水平的方法。

（1）除菌是利用过滤介质或静电法将杂菌予以捕集、截流的过程。

（2）防腐是指以低温或化学药品防止和抑制微生物生长与繁殖的过程。

（3）消毒是指采用物理和化学方法将病原微生物杀死的过程。

2. 无菌物品

经过灭菌处理使物品上不存在任何活的微生物及芽孢的物品即为无菌物品。

3. 无菌保证水平

对于每一种需要灭菌的药品、器械而言，无论其能否被认为是无菌的，都必须按照无菌可能性去衡量它。而对于无菌制剂来说，控制微生物污染是极其重要的。由于终端灭菌的制剂在生产过程中存在某种程度的微生物污染是不可避免的，为此对无菌保证进行数学性评估而提出了"无菌保证水平（SAL）"。通常 SAL 不得高于 10^{-6}。

4. F 与 F_0 值在灭菌中的意义与应用

（1）F 值与 F_0 值问题的提出

①灭菌温度多系测量灭菌器内的温度，不是灭菌物体内的温度。

② 现行的无菌检验法存在局限性，难以检出微量的微生物。

由于 F、F_0 值能随产品温度（T）变化而呈指数的变化，故温度即使很小的差别也对 F、F_0 值产生显著的影响。因此目前主要采用 F 与 F_0 值作为验证灭菌可靠性的参数。

（2）D 值　在一定温度下杀死被灭菌物品中微生物 90% 所需的时间；即降低微生物一个对数值所需的时间。

（3）Z 值　降低一个 $\lg D$ 值所需升高的温度数，即灭菌时间减少到原来的 1/10 时所需升高的温度或在相同灭菌时间内，杀灭 99% 的微生物所需要提高的温度。

（4）F 值　在一定温度（T），给定 Z 值所产生的干热灭菌效果与参比温度（T_0）给定 Z 值所产生的灭菌效果相同时所相当的时间，以分为单位。

（5）F_0 值　在一定灭菌温度 T（整个灭菌过程中所经历的各种温度）、Z 值为 10℃所产生的湿热灭菌效果与 121℃，Z 值为 10℃所产生的灭菌效果相同时所相当的时间（min）。

$$F_0 = \Delta t \sum 10^{(T-121)/10}$$

在热压灭菌过程中，只要记录被灭菌物品的温度（T）、时间（t），即可计算出 F_0 值。

①F_0 值的意义：F_0 值作为灭菌参数，对于灭菌过程的设计及验证灭菌效果有重要作用，它将温度与时间对灭菌的效果统一在 F_0 值中，可确保灭菌效果。

为了确保灭菌效果，一般规定：F_0 值 ≥ 8.0min。为增加安全系数，实际控制时应增加 50%，以 F_0 ≥ 12min 为宜。

②影响 F_0 值的因素：容器大小、形状及热的穿透性；灭菌产品溶液的性质、填充量；容器在灭菌器中的数量及分布。

5. 灭菌方法的分类

常用的灭菌方法有物理灭菌法、化学灭菌法和无菌操作法，物理灭菌法分为：热灭菌法（分为干热灭菌法和湿热灭菌法）、射线灭菌法（分为辐射灭菌法和紫外线灭菌法）、微波灭菌法和滤过除菌法；化学灭菌法分为：气体灭菌法（包括环氧乙烷灭菌法、甲醛熏蒸法和臭氧灭菌法）、浸泡和表面消毒法等。

无菌操作法系指整个过程控制在无菌条件下进行的操作方法。无菌生产工艺应严密监控其生产环境的洁净度，相关的设备、包装容器、塞子及其他物品应严格灭菌，并防止被再次污染。无菌分装及无菌冻干是最常见的无菌生产工艺。

6. 灭菌法的选择原则

（1）灭菌方法不仅要达到完全杀灭或除去微生物的目的，而且要保证药剂中药物的稳定性。

（2）灭菌工艺的确定应综合考虑被灭菌物品的性质、灭菌方法的有效性和经济性、灭菌后物品的完整性和稳定性等因素。

（3）实际生产中可根据被灭菌物品的特性采用一种或多种方法的组合灭菌。

（4）尽可能选用终端最终灭菌法（即产品分装至包装容器后再灭菌）灭菌。若产品不适合采用终端最终灭菌法，可选用过滤除菌法或无菌生产工艺达到无菌保证要求。

二、干热灭菌法

（一）含义、特点与适用范围

干热灭菌法是指在干燥环境（如火焰或干热空气）进行灭菌的技术，包括火焰灭菌法和干热空气灭菌法。

火焰灭菌法简便，灭菌可靠。适用于不易被火焰损伤的瓷器、玻璃和金属制品，如镊子、玻璃棒、搪瓷桶容器等，不适于药品的灭菌；由于干热空气是一种不良传热物质，穿透力弱，且不均匀，空气比热值小，所需灭菌温度较高，时间较长，因此干热空气灭菌法适用于耐高温的玻璃、金属设备与器具、粉末药物、不允许湿热穿透的油脂类物料（植物油、油膏基质等），不适用于橡胶、塑料及大多数药物。

（二）方法与设备

1. 火焰灭菌法

将待灭菌物品直接置于火焰中烧灼进行灭菌的方法。

用法：将待灭菌物品通过火焰 3~4 次，金属、桶盆、乳钵、搪瓷盆、盘可以用酒精点火烧。操作时应注意安全。

2. 干热空气灭菌法

将待灭菌物品置于高温干热空气中灭菌的方法。需要长时间高热环境才能达到灭菌效果。

用法：干热空气灭菌条件一般为 160~170℃ 120 分钟以上、170~180℃ 60 分钟以上、250℃ 45 分钟以上。250℃ 45 分钟的干热灭菌可以除去无菌产品包装容器及有关生产灌装用具中的热原物质。

干热空气灭菌设备：热空气消毒柜、干热灭菌器。

三、湿热灭菌法

（一）含义、特点与适用范围

湿热灭菌法是将物品置于灭菌柜内利用高压

饱和蒸汽、过热水喷淋等手段使微生物菌体的蛋白质、核酸发生变异而杀灭微生物的方法。包括热压灭菌法、流通蒸汽灭菌法、煮沸灭菌法和低温间歇灭菌法。

湿热灭菌法的比热大，穿透力强，较干热灭菌法效力高，容易使蛋白质凝固或变性，灭菌效果可靠，是生产企业应用最为广泛的灭菌方法。但不适合对湿热敏感药物的灭菌。

（二）方法与设备

1. 热压灭菌法

用高压饱和水蒸气加热杀灭微生物的方法。是公认最为可靠地湿热灭菌方法，能杀灭所有细菌繁殖体和芽孢。

适用于耐高温和高压蒸汽的制剂，玻璃容器、金属容器、瓷器、橡胶塞、滤过过滤器等。

2. 流通蒸汽灭菌法与煮沸灭菌法

流通蒸汽灭菌法是用蒸汽在不封闭的容器内加热100℃进行灭菌的方法；煮沸灭菌法是将待灭菌物品置于沸水（100℃）中进行加热灭菌的方法。

适用于1~2ml注射安瓿，不耐热物品及不耐高压制品的灭菌。一般100℃，30min或60min。不能保证杀灭所有的芽孢，因此在制备过程中应尽量避免微生物污染，减少物品中微生物的数量，亦可添加适量的抑菌剂，以确保灭菌效果。

3. 低温间歇灭菌法

将待灭菌物品用60~80℃水或流通蒸汽加热60分钟，杀灭微生物繁殖体后，在室温条件下放置24小时，让待灭菌物中的芽孢发育成繁殖体，再次加热灭菌、放置，循环操作3次以上，直至杀灭所有芽孢。

适用于必须加热灭菌而又不耐高热的制剂和物料。该方法费时、工效低，灭菌效果差。加入一定量抑菌剂，可提高灭菌效力。

湿热灭菌法设备：卧式热压灭菌器、手提式热压灭菌器。

（1）卧式热压灭菌器（图2-3-53）是一种大型的热压灭菌器，全部用坚固的合金制成，带

有夹套的灭菌器内部备有带轨的格车，分为若干格。灭菌器顶部有两只压力表，一只指示柜内的压力，另一只指示蒸汽夹套的压力。两只压力表中间为温度表，灭菌器的底部还有进气口、排气口、排水口等装置。此外，国内现在使用的有些灭菌器内还附有冷水喷淋装置，热压灭菌完成后，该装置能将冷水以细雾状喷淋到被灭菌的物品上，加速降温，特别适合于输液剂的灭菌。

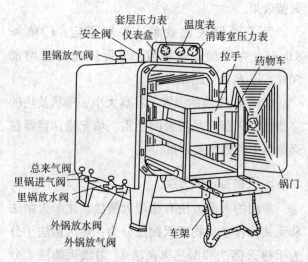

图2-3-53 卧式高压灭菌柜示意图

（2）手提式高压灭菌锅（图2-3-54）由压力表、安全阀门、放气阀门、放气软管、螺栓、金属圆筒和筛架组成。是一种小型的灭菌锅，融锅炉与消毒室为一体，主要是在锅内加有水，利用电热器或外壳用煤、炭或柴加温发生蒸汽进行灭菌。

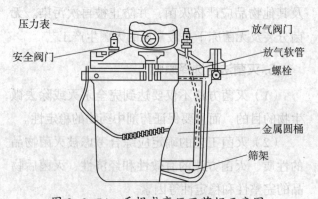

图2-3-54 手提式高压灭菌锅示意图

（三）影响湿热灭菌的因素

1. 微生物的种类、数量

不同种类、不同发育阶段微生物的耐热性能

有较大差异。一般芽孢最耐热，繁殖期微生物比衰老期微生物抗热能力弱。物料中含有的微生物数量越少，所需要的灭菌时间越短。

2. 药物与介质的性质

含营养物质（糖、蛋白）的制剂对细菌抗热性强。一般微生物在中性环境中最耐热，碱性次之，酸性不利于微生物发育。

3. 蒸汽性质

蒸汽的性质不同，灭菌效力也不同。蒸气有三种存在形式：

①饱和蒸汽：蒸气温度与水沸点相当，蒸汽不含微细水滴。热含量高，穿透力强。

②湿饱和蒸汽：饱和蒸汽带有水分（雾末，水滴），热含量低，穿透力差。

③过热蒸汽：水量不足，液态水完全蒸发，再继续加热，即形成与干热状态相似，在压力不变，温度上升情况下，温度虽可高于饱和蒸汽，但穿透力差。

4. 灭菌时间

时间与温度成反比。温度高、时间长容易破坏药物成分，故在保证灭菌要求的前提下，可适当减低温度和缩短时间。

四、紫外线灭菌

（一）含义、特点与适用范围

紫外线灭菌是指用紫外线（能量）照射杀灭微生物的方法。紫外线不仅能使核酸蛋白变性，而且能使空气中氧气产生微量臭氧，从而达到共同杀菌作用。

用于紫外线灭菌的波长一般为200~300nm，灭菌力最强的为254nm。该法直线传播，穿透力弱，易穿透清洁空气（空气灭菌）及纯净的水（水下灭菌），适于照射物体表面灭菌、无菌室空气及蒸馏水的灭菌；不适用于药液的灭菌及固体物料的深部灭菌。由于紫外线是以直线传播，可被不同的表面反射或吸收，穿透力微弱，普通玻璃可吸收紫外线，因此装于容器中的药物不能用紫外线来灭菌。

（二）方法与设备

紫外线对人体照射过久会引起结膜炎和皮肤灼伤，一般在操作前1~2小时开启紫外灯，操作时关闭。

1. 对物品表面的消毒

（1）照射方式　使用便携式紫外线消毒器近距离移动照射，也可采取紫外灯悬吊式照射。对小件物品可放紫外线消毒箱内照射。

（2）照射剂量和时间　不同种类的微生物对紫外线的敏感性不同，用紫外线消毒时必须使用照射剂量达到杀灭目标微生物所需的照射剂量。

辐照剂量是所用紫外线灯在照射物品表面处的辐照强度和照射时间的乘积。因此，根据紫外线光源的辐照强度，可以计算出需要照射的时间。

2. 对室内空气的消毒

（1）间接照射法　首选高强度紫外线空气消毒器，不仅消毒效果可靠，而且可在室内有人活动时使用，一般开机消毒30min即可达到消毒合格。

（2）直接照射法　在室内无人条件下，可采取紫外线灯悬吊式或移动式直接照射。

采用室内悬吊式紫外线消毒时，室内安装紫外线消毒灯（30W紫外线灯，在1.0米处的强度 > 70 uW/cm^2）的数量为平均每立方米不少于1.5W，照射时间不少于30min。

3. 对水和其他液体的消毒

采用水内照射或水外照射，采用水内照射法时，紫外光源应装有石英玻璃保护罩，无论采取何种方法，水层厚度均应小于2cm，根据紫外光源的强度确定水流速度。消毒后水必须达到国家规定标准。

灭菌设备：紫外线灭菌器、紫外线消毒灯。

技能要求

 技能要点

> 1. 能使用干热灭菌设备灭菌。
> 2. 能使用湿热灭菌设备灭菌。
> 3. 能使用紫外线灭菌设备灭菌。

一、使用干热灭菌箱灭菌

1. 技能考核点

（1）干热灭菌的条件。

（2）灭菌物品的摆放要求，并能够正确摆放灭菌物品。

2. 干热灭菌箱的操作程序、操作规程及注意事项

（1）操作程序　开机前的准备工作→装入待灭菌物品→开机→灭菌→关机→清场→填写记录。

（2）操作规程

①核对待灭菌区的待灭菌物品名称和数量，将待灭菌物品逐件整齐摆放在灭菌柜各板层上，要求各物品之间留有 3cm 以上的空隙，以利热空气循环和消毒。

②灭菌：按净化热风循环烘箱标准操作规程进行干热灭菌操作，设置灭菌程序。

③参数设置：在灭菌过程中密切注意升温速度，若灭菌过程中出现温度掉落，达不到设定值，在 5 分钟以内的，则灭菌时间达到后延长 5 分钟；超过 5 分钟的，则重新启动灭菌程序。灭菌操作过程中及时做好记录。

④冷却：在冷却过程中不得关闭压缩空气。

（3）注意事项

①箱内物品放置切勿过挤，必须留出空间，以利热空气循环和消毒。同时注意，灭菌物品放置时应尽可能避开冷点位置。

②仪器不宜在高压、大电流、强磁场条件下使用，以免干扰及发生触电危险。

③电镀零件和表面饰漆，应经常保持清洁，如长期不使用，应在电镀零件上涂中性油脂或凡士林，以防腐蚀。灭菌箱外面套好塑料薄膜防尘罩，将灭菌箱放在干燥室内，以免温度控制器受潮损坏。

④箱内外壳必须有效接地，使用完毕后应将电源关闭。

⑤灭菌箱放置在具有良好通风条件的室内，周围不可放置易燃易爆的物品。

⑥灭菌箱无防爆装置，不得放置易燃易爆物品。

3. 生产记录样表（表 2-3-49）

表 2-3-49　干热灭菌柜使用记录样表

设备名称		设备型号			设备编号	
操作要求		操作记录			操作人/日期	复核人/日期
检查干热灭菌柜的标识为"设备完好""已清洁"打开控制电源，启动设备检查仪表电路等		＿＿时＿＿分开启干热灭菌柜				
输入操作人员密码，在主操作界面上，按参数设定灭菌温度、灭菌时间等参数，确认系统时间、打印时间		灭菌时间＿＿＿ 灭菌温度＿＿＿				
在操作界面上，按开前门键，打开前门		＿＿时＿＿分打开前门				
将待灭菌物品从前门进入灭菌柜内，将待灭菌物品逐件整齐摆放在灭菌柜隔板层上，核对待灭菌物品名称和数量，要求物品之间留有 5cm 以上的间隙，装载完成轻轻推上前门，按关闭前门键，关闭前门		灭菌装载物品为：＿＿＿＿＿＿＿ ＿＿＿＿＿＿＿＿＿＿＿＿＿＿ ＿＿＿＿＿＿＿＿＿＿＿＿＿＿				

确认界面上前后门关闭指示正常，将设备标识改为运行，在主操作界面上，选择灭菌程序，按启动键，设备按灭菌程序运行，检查中间和内外压差，自动完成灭菌操作，设备降温时检查排风、进风	____时____分开始运行 中间压差_____MPa 内外压差_____MPa 排风压差_____MPa 进风压差_____MPa		
当温度下降到设定冷却温度时灭菌结束，B级区人员取出灭菌物品，物品取出后，轻轻推上后门，按关门键，关闭后门，最后关闭灭菌柜电源	____时____分灭菌结束 ____时____分取出灭菌物品		
灭菌曲线粘贴处			
QA/日期			
备注：			

二、使用湿热灭菌器灭菌

1. 技能考核点

（1）湿热灭菌的条件。

（2）湿热灭菌的关键环节，并能正确排除空气、开始计时。

（3）灭菌的操作流程。

2. 湿热灭菌器的操作程序及注意事项

（1）操作程序 开机前的准备工作→装入待灭菌物品→开机→灭菌→关机→清场→填写记录。

（2）操作规程

①高压前灭菌柜准备：确保纯水、自来水水源阀门、电源总开关与控制电源处于开启状态。

②待灭菌物品入柜：开启前门黄色电源按钮，点击门排空按钮听到气体排出声音结束后，点击开前门按钮手动拉开前门，将前门护栏拉下放于前门支架上拉出灭菌筐，将待高压物品整齐放入，并推入高压柜内筒中扣好前门护栏，并将温度探头置于灭菌筐上层底板上，最后检查内筒排汽口上有无污物，如有应立即清除，手动将前门关闭，左手扶住前门面板（无需手动旋转把手）

③关前门：点击触摸屏输入密码，点击前门操作按钮，点击关前门（当心门把手自动旋转碰伤手部）观察前后门到位指示灯是否变为红色，如不是则进行再次关闭，点击门排空按钮变为绿色即可，点击门密闭按钮，再点击返回键进入主

页面。

④程序选择：点击程序选择选择配方，点击图形按钮进入程序选择页面，点击所要使用的程序（例如无菌衣，如果需要设定新程序点击右侧所要更改的参数如灭菌温度、灭菌时间、工作压力、干燥时间等，点击保存按钮后再调用所需程序），点击调用按钮审核所选程序，无误按返回按钮。

⑤启动灭菌程序：点击自动界面可看到程序运行实时显示图，当运行状态指示框显示为"准备"两字时才可进行下一步，未出现"准备"两字则继续等待，之后点击启动键，程序开始运行，运行状态指示框根据程序进行状况依次显示脉动、升温、灭菌、干燥，灭菌结束会有报警提示（程序运行时，如需立即终止，可点击自动界面停止按钮，然后再点击手动界面进行操作）。

⑥灭菌物品取出：确定柜内压力为常压后，点击门排空按钮，听到气体排出声音结束后，点击开后门按钮，后门打开将后门护栏拉下放于后门支架上，拉出灭菌筐，将灭菌完毕的物品放入指定区域扣好后门护栏，手动关闭后门，点击关后门按钮。

（3）注意事项

①使用饱和蒸汽。

②将灭菌器内的空气排除。

③灭菌时间从全部药液温度真正达到所要求的温度时算起。

④灭菌完毕后停止加热，必须使压力逐渐降

到零，才能放出锅内蒸汽，使锅内压力与大气压相等后，稍稍打开灭菌锅，待10~15分钟，再全部打开。

⑤注意不要烫伤，使用时要带隔热手套。

3. 生产记录样表（表2-3-50）

表2-3-50 高压灭菌器使用记录样表

产品名称			批号			规格		
生产工序起止时间		月 日 时 分 ——				月 日 时 分		
灭菌器编号		第（ ）号				第（ ）号		
设备状态确认		正常 □ 异常 □				正常 □ 异常 □		
灭菌物品（重量/数量）								
温度（℃）								
压力（MPa）								
指示剂熔化或变色								
灭菌时间	开始	月 日 时 分				月 日 时 分		
	结束	月 日 时 分				月 日 时 分		
成品情况								
灭菌物品（重量/数量）								
外观性状								
操作人				复核人/日期				
备注								

三、使用紫外线灭菌器灭菌

1. 技能考核点

（1）紫外线灭菌器的工作原理及适用范围。

（2）操作紫外线灭菌器。

（3）处理简单的设备故障。

2. 紫外线灭菌器的操作程序、操作规程及注意事项

（1）操作程序　开机前的准备工作 → 装入待灭菌物品 → 开机 → 灭菌 → 关机 → 清场 → 填写记录。

（2）操作规程

①适用范围：包括传递窗内和控制区、洁净区。

②使用时间：安装有紫外灯的区域在使用前30min应开启紫外灯照射；如遇特殊情况紫外灯照射时间可延长至40min（如每逢星期一时，照射时间可延长）；对较易染菌的操作步骤或待处理、较易染菌的物料，在操作前，用紫外灯照射30min。

③确认紫外灯管无尘、无油垢。确认在有效使用期内。

④关闭门窗。

⑤开启紫外灯，确认灯管正常使用。

⑥人员离开灭菌房间。

⑦根据工艺要求设定灭菌时间，一般在操作前0.5~1小时开启，操作时关闭。

（3）注意事项

①紫外线消毒灯照射过程中禁止人员进入室内，必须进入时，应先停止紫外线消毒灯照射。

②请勿直视紫外线光源，应在无人的情况下使用，因紫外线照射可能引起皮肤红斑、眼结膜刺激和易于疲劳等。

③在使用过程中应保持紫外线灯表面的清洁，发现灯管表面有灰尘、污渍时，应随时关机擦拭，否则影响杀菌效果。

④用紫外线消毒室内空气时，房间内应保

持清洁干燥，减少尘埃和水雾、室内温度在低于20°或高于40°时，应适当延长照射时间。适宜温度为10~55℃，相对湿度45%~60%。

⑤紫外线以直线传播，强度与距离的平方成比例减弱。用紫外线消毒物体表面时，应使被照射表面在紫外线1米内，直接照射，否则需要增加照射时间。

⑥紫外线穿透力弱，在药品生产中常用于生产车间的空气灭菌和物料、设备及地面的表面灭菌。

3. 生产记录样表（表2-3-51）

表 2-3-51　紫外线灭菌记录样表

紫 外 线 灯 消 毒 记 录						
消毒地点						
消毒日期	开始消毒 时　间	结束消毒 时　间	本次持续 时　间	累计消毒 时　间	操作人 签　名	备注

第四章　清场

第一节　设备与容器具清理

相关知识要求

> 1. 清场的含义、要求及生产状态标识。
> 2. 容器具及相关设备的清洁。
> 3. 清场记录填写。

一、概述

1. 含义

清场是指药品生产完成后，对生产现场的环境、设备、物料和文件等进行彻底的整理、清洁、归位并检查确认其能够有效防止污染、差错和混淆的一系列活动的总称。《药品生产质量管理规范》中指出"每批药品的每一生产阶段完成后必须由生产操作人员清场，并填写清场记录。清场记录内容包括：操作间编号、产品名称、批号、生产工序、清场日期、检查项目及结果、清场负责人及复核人签字。清场记录应当纳入批生产记录"。清场操作的意义重大，是药品生产过程中极为重要的环节，生产清场做得到位，有利于消除药品生产过程中的污染、差错和混淆，从而保证药品生产的质量可控、安全有效。

2. 要求

每日药品生产工序结束、批生产结束后要进行清场；更换品种、规格、批号时应对生产场所进行清场，以防交叉污染、混淆和差错；发生质量事故或发现传染病患者等严重威胁产品质量情形的时候，必须进行清场。

岗位操作人员按照岗位清场标准操作规程进行清场，岗位负责人检查合格后，由现场质量管理员进行确认，合格后发放清场合格证，方可进行下工序或下批的生产。

清场应规定有效期。一般清场完毕后，一般区域或 C 级洁净区域以下，有效期不超过 48 小时；A、B 级洁净区域清场，一般不超过 24 小时；超过有效期，则必须重新清场，合格后方可生产。

3. 生产状态标识的相关知识

药品生产过程中，为规范状态标识的使用及管理，包括标识的分类、使用、印制或采购的管理，确认标识应用规范、有序，防止产生差错和混淆，需制定生产过程状态标识管理规程，标识包括物料标识、岗位标识、设备标识、区域标识、清洁标识，用于标识物料、产品、设备和操作间的状态。生产状态标识由各岗位操作人员填写和悬挂，现场 QA 人员和岗位负责人对状态标识进行检查。

二、记录填写规定

清场记录应明确产品名称与批号、替换产品名称与批号、清场人与检查人；清场内容包括：

（1）成品、剩余物料、散装品：予以确认，并全部移出现场，放到指定地点。

（2）文件、记录、印刷的标志物、生产中各种状态标识：整理、归位。

（3）清洁：设备、器具、门窗、墙面、地面。

（4）清洁运输工具、衡器、工具柜，并摆放整齐在规定地点。

（5）清除生产垃圾。

（6）工序负责人收集、审核记录，交车间负责人。

（7）更换本批产品的状态标志，填写工艺设备使用日志。

（8）清洁工具，并摆放整齐，在指定地点晾干。

三、容器具清理

1.容器具的清洁消毒方法

（1）常用的清洁方法

①一般生产区容器具的清洁方法。

常使用饮用水浸泡和冲洗容器具，对于容器具黏附较多污垢时，可采用洗洁精溶液浸泡，用洁净的擦布进行擦拭清洁并用饮用水冲洗后，再用饮用水冲洗至少2次，转运至容器具存放间的容器具架上存放，必要时倒置，以便于保持容器具的干燥。

②D级洁净区域容器具的清洁方法。

一般将使用后的容器具，在指定的清洗间用饮用水浸泡和冲洗，对于容器具黏附较多污垢时，可采用洗洁精溶液浸泡，用洁净的擦布进行擦拭清洁并用饮用水冲洗后，继续用纯化水冲洗2次，将清洁好的容器具转运至存放间的容器具架上存放，必要时倒置，以便于保持容器具的干燥。具体要求，应根据产品特点及工艺过程要求制定。其清洁要求在容器具清洁操作标准规程中有明确规定。

③C级洁净区的容器具清洁方法。

C级洁净区域为滴眼剂和注射剂的配液区域，对控制药品污染和微生物污染更为重要。使用后的容器具，一般用饮用水进行初洗后，黏附较多污垢时可采用洗洁精溶液浸泡并用洁净的擦布进行擦拭清洁后，采用纯化水冲洗2次，最后用注射用水冲洗一次。将容器具转运至容器具存放间容器具架上存放，容器一般倒置存放，保证容器的干燥。具体要求，应根据产品特点及工艺过程要求制定。其清洁要求在容器具清洁操作标准规程中应明确规定。

④A、B级洁净区域容器具的清洁方法。

A、B级洁净区域为注射剂的灌装、轧盖区域，能够方便移动的生产用的容器具，一般通过双扉式灭菌柜或传递窗转运至C级洁净区域内进行清洁。一般容器具用纯化水进行初洗（必要时洁净布擦拭）后，用注射用水冲洗2次。再转入双扉式湿热灭菌柜按灭菌程序进行湿热灭菌后，从A、B区域开启灭菌柜门启用。不方便转运的容器，直接在A、B级洁净区内进行清洁，用纯化水初洗后，用注射用水冲洗2次。具体要求，应根据产品特点及工艺过程要求，其清洁在容器具清洁操作标准规程中应明确规定。

（2）常用的消毒方法

①一般生产区域使用的生产容器具。清洁后不再进行消毒。容器具清洁后能够满足药品生产的要求。

②D级洁净区域使用的生产容器具。清洁后再进行消毒。根据工艺的特殊要求，一般多用洁净的清洁布蘸75%乙醇进行擦拭消毒，或用75%乙醇荡洗。对口服制剂来说，生产容器具消毒方式常见的有以下几种：棉球擦拭消毒（器具消毒可采用医用脱脂棉球，用适宜的消毒剂浸泡后，进行表面擦拭消毒）、方巾或无尘布擦拭消毒（较大面积容器可以使用洁净方巾或者无尘布，用消毒剂润湿后擦拭消毒）、浸泡消毒（手工难以触及的器具消毒部位，可以采用消毒剂浸泡的方式进行消毒，浸泡后排干消毒液，用纯化水冲洗干净）、管路消毒（可以采用注入适宜的消毒剂进行循环、淋洗或者浸泡消毒，消毒后排空消毒液，用纯化水冲洗淋干）。

（3）C级洁净区域使用的生产容器

为控制微生物的污染，清洁后采用洁净的洁净布蘸75%乙醇擦拭或75%乙醇荡洗消毒；对于不便于移动的容器，清洁完成后，一般会定期通过管道采用纯蒸汽湿热灭菌方式进行灭菌，以保证生产所用容器中微生物的控制。具体应根据产品特点及工艺过程要求，在容器具清洁消毒标准操作规程中明确规定。

（4）A、B级容器具的消毒灭菌方法

容器具在C级区域清洁后，转入双扉式湿热灭菌柜按灭菌程序进行湿热灭菌后，从A、B区域开启灭菌柜门启用。不能移动的容器清洁后，通过管道，采用纯蒸汽湿热灭菌。具体要求应根据产品特点及工艺生产过程的要求，在容器具清洁消毒标准操作规程中明确规定。

2. 相关设备的清洁规程

操作工按规程进行操作，确保设备得到全面彻底的清洁，保证设备安全，确保产品质量。各种设备的工作原理与机械结构不同，清洗时有一定的差异，因此应遵循各设备清洗规程进行。粗碎机的清洁规程见表2-4-1。

（1）一般生产区设备

①机器、设备、管道按设备标准操作程序、维护保养执行，做到检查、维修、清洗保养。

②产尘而又暴露的设备应加以封闭或遮盖，并有捕、吸尘装置。

③加工的物料与设备接触表面不得发生化学反应，加工物料不得释放出物质黏附在设备表面，以致于难以清洗。

④设备的润滑剂或冷却剂不得与药品原料、容器中间体或药品本身接触，应将所有需要润滑的部位尽可能与药品接触表面分隔开，防止对药品污染。

⑤设备主体要清洁、整齐，无"跑、冒、滴、漏"等现象，做到轴见光、沟见低、设备见本色，操作台和周围无污水，无油污及杂物。

⑥设备尽可能安装为可移动式，便于将设备移至清洁间进行清洁保养，不能移动的设备在安装时，尽可能考虑有利于就地清洁保养。

⑦设备及管道的保温层要求全部包扎平整，不得有颗粒物质脱落，并能承受冲洗、清洁、消毒而不渗漏。

⑧不用的工具不得存放在生产区内，应存放在指定的工具柜内，整齐排放，专人保管。

⑨一般生产区内的空调滤网、烟道、格栅、气道必须每月清洁，不得有污物及浮尘。

⑩管道安装要充分考虑到清洁、消毒方便，不得有死角、盲端。

（2）洁净区设备

①完成一般生产区的设备清洁内容。

②洁净区的设备、容器、管路在进行饮用水清洁后，应根据洁净级别的要求，选择纯化水或注射用水冲洗，并采取有效的消毒措施。

③传递窗或关闸门应互锁，不能同时打开。

④每日清洁风淋室、房间地面、壁面、顶面及喷嘴，每周检测喷嘴出风的风速和含尘浓度的要求达到设计的规定。

⑤洁净区的清扫工具最好采用除尘设备，若不具备，必须用无纤维的材料进行清扫。

表2-4-1　设备清洁规程——以粗碎机举例

颁发部门			设备名称：			备注：	
文件编码		新订：√		替代		编写人	
						日期	
部门审查		审核		批准人		分发日期	
日　期		日期		日期		执行日期	
修订（变更）：							
项　目		清洁操作要求					
实施的条件及频次		1. 每班次进行 2. 换品种时应彻底清洗					
进行清洁地点		粗碎机现场					
清洁用工具		水桶、刷子、白绸布					
清洁方法		1. 先用刷子清除机内的尾料，按规定及时处理并清除废弃物 2. 用中性0.5%清洁剂擦洗干净 3. 用饮用水冲洗干净，用干绸布抹干 4. 用75%的乙醇擦拭消毒					

清洁剂及其配制	中性清洁剂，配成 0.5% 水溶液
清洁工具的存放、干燥	清洁工具用 0.5% 中性清洁剂，用饮用水漂净后，存放清洁间工具架上通风，自然干燥
消毒剂及其配制	75% 的乙醇：用 95% 乙醇加纯水稀释用酒精计测量配至 75% 乙醇
消毒方法	用 75% 乙醇擦拭设备与药接触能的所有部位及容器内表面
清洁效果的评价	用白色绸布擦抹，无不洁痕迹，检查合格
备 注	

技能要求

　　1. 能取下操作间生产状态标识，换上操作间"待清场"标识。

　　2. 能清除设备及容器上的状态标识。

　　3. 能清理室内环境卫生。

　　4. 能按清洁工艺规程清洁设备、容器及用具。

　　5. 能填写清场记录。

　　药品生产包括许多生产单元与环节，每一单元与环节的操作完成后，为有效防止污染、差错和混淆，按照《药品生产质量管理规范》的要求，需要对生产现场的环境、设备、容器等进行清理、清洁并进行记录。

　　清场应安排在生产操作之后尽快进行。清场涉及至少四个方面：①物料（原辅料、半成品、包装材料等）、成品、剩余的材料、散装品、印刷的标志物。②生产指令、生产记录等书面文字材料。③生产中的各种状态标志等。④清洁卫生工作。

　　清场记录是批生产记录的文件之一。

一、清场状态标识与更换

1. 操作间生产状态、设备与容器状态标识

（1）生产操作间状态标识

　　白色标识牌，根据生产状态，用黑笔填写所处状态。白牌黑字，根据生产状态随时更改。

　　进行生产时，由车间技术管理员负责填写并悬挂。以示该岗位正处于生产状态，与该岗位无关的人员不得随便进入。

房间名称或编号
产品名称： 规格： 批号： 数量： 生产日期：

　　生产结束后，由岗位负责人在标识牌上写明"正在清洁"或"待清洁"，以示该岗位生产结束，正处于卫生清洁、清场工作状态或待清洁状态。

　　当清洁、清场工作结束后，由岗位负责人通知 QA 进行清场检查。经检查合格后，在标识牌上写明"已清场"。同时由 QA 发给"清场合格证"，并注明已清产品名称、规格、批号和下批生产产品名称、规格、批号等内容，以示该岗位清场合格，可进行下一批次或下一品种、规格的生产。

已清场
清场日期： 清偿人： 检查人： 有效期：

清场合格证		
已清产品：	规格：	批号：
下批产品：	规格：	批号：

（2）生产设备状态标识

"待清洁"表示机械设备由于生产结束、更换批次、更换品种、经维修后及其他原因造成设备污染时的状态标识。一般为黄底黑字。

"已清洁"表示机械设备已清场、清洁；由岗位负责人填写状态栏，在由各岗位取得"清场合格证"情况后，挂在设备上。一般为绿底黑字。

容器状态标识：

盛放物料的容器必须贴有标签：明确标识其内容物的品名、批号、重量（皮重、净重）及操作人等。

当容器未盛放物品时，应有状态标识，分别为：待清洁（黄底黑字）和已清洁（绿底黑字）。

2.状态标识更换

（1）状态标识更换

生产操作间：生产结束—岗位负责人检查—岗位"正在清洁"或"待清洁"—清洁、清场工作结束—QA检查—"清场合格证"。

生产设备：岗位负责人—"待清洁"—清洁工作结束—岗位负责人检查—"已清洁"—"清场合格证"。

容器：操作人—"待清洁"—清洁工作结束—操作人检查—"已清洁"。

（2）要点

注意区别不同状态的颜色和标识内容；严格遵照更换步骤实施状态标识的书写、悬挂、更换。

二、室内环境、设备及容器、用具的清洁

按照清洁区域洁净要求选择适当的清洁溶剂、消毒剂，按照清洁工艺规程进行操作。清洁程序一般先物后地、先内后外、先上后下、先拆后洗、先零后整。

三、清场记录

1.清场记录填写（表2-4-2）

表2-4-2　清场记录样表

××岗清场记录　　　　　　　　　　　　　　　　　　　编号：GMP-M×××××.×

版本：

批清场 □　　　　　　　换品种清场 □　　　　　　　　　　　　　　年　月　日

清场产品名称		替换产品名称	
清场产品批号		替换产品批号	
清 场 内 容		清场人确认	检查人确认
1.确认剩余物料，并全部移出现场，放到指定地点			
2.文件、记录是否整理、归位			
3.清除物料的外包装，并放到指定地点			
4.工艺设备、生产器具的清洁			
5.清洁门窗、墙面、地面			
6.清洁运输工具、衡器、工具柜，并摆放整齐在规定地点			
7.清除生产垃圾			
8.工序负责人收集、审核记录，交车间负责人			
9.更换本批产品的状态标志，填写工艺设备使用日志			
10.清洁工具，并摆放整齐在指定地点晾干			

备　注	清场内容已做则在确认栏里打"√"，未做则在确认栏里打"×"
清场负责人／日期	已完成 □　　　未完成 □
清场复核人／日期	已检查 □　　　未检查 □

清场合格，允许下一批生产：　　　是 □　　　否 □

现场质量管理员签名：

　　　　　　　　　　　　　　　　　　　　　　　　　　　年　月　日

第二节　物料与工序产品交接

相关知识要求

> **知识要点**
>
> 1. 物料交接。
> 2. 工序产品交接。

一、概述

物料与工序产品的交接与传送发生在药品生产的各个环节中。准确、及时、避免污染是物料与工序产品传送过程中必须遵从的原则。物料与工序产品传送包括从一个岗位直接到下一个岗位，或从一个岗位至暂存间，由暂存间再进下一个岗位。一般来说物料与工序产品传送包括间接传送和直接传送。

（1）间接传送　具有传送灵活、清洁简便、通用性强的优势，也存在易有粉尘落入及泄漏的风险。通常使用敞开或有盖子的物料桶等容器进行物料与工序产品的传送。

实际生产中物料桶设计多为顶端为装料口，底部为卸料口。为便于清洁与干燥，物料桶上部及下部表面应避免设计为平面。装料时的装料系数通常为0.8。当物料黏性较大且流动性较差时，会有物料难以卸料完全，可以在桶内设搅拌或者

通过外部用力摇动进行卸料。物料桶可以设计底部带有轮子或带有沟槽以便于叉车运输。

（2）直接传送　具有系统密闭、自动化程度高、生产顺序清晰的特点，也有需要进行特殊设计、技术复杂、占用区域大，清洁困难、不能目视检查及需要多方面验证的问题。

直接传送有重力传送（用于固体粉末、颗粒或丸粒及液体）、管路加压或减压传送（用于液体）、气流传送和螺旋杆传送（用于固体粉末、颗粒或丸粒）等方式。

二、注意事项

1. 物料或工序产品清理后应存放在指定区域，做好标识和记录。记录至少包括产品名称、规格、批号、数量（重量）、时间、交接人、复核人。

2. 车间在生产过程中产生的待销毁品，在转存时需要由专人、物料管理员共同确认不合格品的名称、批号、数量、不合格原因等，并登记。

3. 中间产品的流转必须有经过签字确认的物料流转单，并做中间站的出入库登记。

4. 原辅料、中间产品、待包装产品在流转中应严格称重计量，及时填写称量记录。

技能要求

> **技能要点**
>
> 1. 能将物料按批次计数称量后转至物料暂存间。
> 2. 能将工序产品按批次计数称量后转至物料暂存间。

物料称量与暂存

在每批药品的每一生产阶段完成以后，除了要对生产现场的环境、设备和容器等进行清理外，还必须将生产现场的产品、半成品、原辅料和包装材料进行清理。

1. 物料及工序产品按批次计数称量

生产结束后，清除上批生产用原辅料、包装材料和工序产品以及生产废弃物，清理设备和环境中的残留物料，并对物料和工序产品按批次计数称量，填写相关记录。

（1）**物料** 对本批次所有剩余原辅料、待销毁品、包装材料按类别分别清点、包装，进行计数称量（重量或数量），填写物料签并张贴标识，包括品名、数量或重量、批次、物料状态、称量人、称量时间等信息，填写对应的批生产记录。

（2）**工序产品** 按规定对本批次加工出的所有工序产品包装，进行计数称量（重量或数量），填写物料签并张贴标识，包括品名、数量或重量、批次、工序产品状态、称量人、称量时间等信息，填写对应的批生产记录。

物料签	
物料名称：	
物料编码/批号：	
皮重：	单位：
毛重：	单位：
净重：	单位：
容器号：	
称量人：	
复核人：	
日期：	
备注：	

2. 物料暂存

车间生产同一品种同一包装规格，仅进行批号更换时，则剩余物料可在车间内部履行结料手续，剩余的物料储存在相应的暂存间内，并有状态标识和相应记录。

（1）暂存区有明确的划分，不同物料不能存放在同一个暂存单元内。

（2）各物料暂存区域或位置按规定张贴明显的区域标识。

	GMP-XXXX
区域存放标识	

（3）带有品名、批号、规格等的印字包装材料应暂存在能加锁管理的区域，并由专人管理。

中级工 >>>

扫一扫看大纲

第一章　制剂准备

1. 生产文件的有效期管理规定。
2. 洁净区域压差、温度、湿度等生产环境要求。

一、生产文件的有效期管理规定

生产管理规程、生产操作规程、生产工艺规程等生产文件要长期保存，保持整洁、不得撕毁和任意涂改。各种记录应按规定分类归档，保存至药品有效期后一年，但不得少于三年。

二、洁净区域压差、温度、湿度等生产环境要求

生产区和贮存区应当有足够的空间，确保有序地存放设备、物料、中间产品、待包装产品和成品，避免不同产品或物料的混淆、交叉污染，避免生产或质量控制操作发生遗漏或差错；药品生产厂房不得用于生产对药品质量有不利影响的非药用产品。

1. 洁净区

应当根据药品品种、生产操作要求及外部环境状况等配置空调净化系统，使生产区有效通风，并进行温度、湿度控制和空气净化过滤，保证药品的生产环境符合要求。

洁净区与非洁净区之间、不同级别洁净区之间的压差应当不低于10Pa。必要时，相同洁净度级别的不同功能区域（操作间）之间也应当保持适当的压差梯度。通常保持温度18~26℃，湿度45%~65%。

洁净区的内表面（墙壁、地面、天棚）应当平整光滑、无裂缝、接口严密、无颗粒物脱落，避免积尘，便于有效清洁，必要时应当进行消毒。

口服液体和固体制剂、腔道用药（含直肠用药）、表皮外用药品等非无菌制剂生产的暴露工序区域及其直接接触药品的包装材料最终处理的暴露工序区域，应当按照D级洁净区的要求设置，企业可根据产品的标准和特性对该区域采取适当的微生物监控措施。

2. 各种管道、照明设施、风口和其他公用设施

设计和安装应当避免出现不易清洁的部位，尽可能在生产区外部对其进行维护。

3. 排水设施

大小适宜，并安装防止倒灌的装置。尽可能避免明沟排水；不可避免时，明沟宜浅，以方便清洁和消毒。

4. 制剂的原辅料

称量通常在专门设计的称量室内进行。

5. 产尘操作间

如干燥物料或产品的取样、称量、混合、包装等操作间，应保持相对负压或采取专门的措施，防止粉尘扩散、避免交叉污染并便于清洁。

生产特殊性质的药品，如高致敏性药品（如青霉素类）或生物制品（如卡介苗或其他用活性微生物制备而成的药品），必须采用专用和独立的厂房、生产设施和设备。青霉素类药品产尘量大的操作区域应当保持相对负压，排至室外的废气应当经过净化处理并符合要求，排风口远离其他空气净化系统的进风口。

生产 $\beta-$ 内酰胺结构类药品、性激素类避孕药品必须使用专用设施（如独立的空气净化系统）和设备，并与其他药品生产区严格分开；生产某些激素类、细胞毒性类、高活性化学药品使用专用设施（如独立的空气净化系统）和设备；特殊情况下，如采取特别防护措施并经过必要的验证，上述药品制剂则可通过阶段性生产方式共用同一生产设施和设备。

技能要求

1. 能识记批生产指令、岗位操作规程。
2. 能检查所用生产文件为批准的现行文本。
3. 能检查洁净区域的压差、温度、湿度与产品生产环境要求的适用性。
4. 能检查产品输送管道或设备的连接状态。

一、识记批生产指令、岗位操作规程

批生产指令（包括批制剂生产、批包装生产）是指根据生产需要下达的，有效组织生产的指令性文件。其目的是为了规范批生产指令的管理，使生产处于规范化的、受控的状态。

每个生产岗位均应建立岗位操作规程，操作规程的内容应当包括：题目、编号、版本号、颁发部门、生效日期、分发部门以及制定人、审核人、批准人的签名并注明日期、标题、正文及变更历史。

二、检查所用生产文件为批准的现行文本

生产前应有岗位负责人员对生产现场所用生产文件进行文件版本的核对，确认本岗位文件为经批准的现行的受控文件（表 3-1-1）。

表 3-1-1　生产文件审核表

产品名称		产品批号	
规　　格		生产岗位	
审核项目	标　　准	审核情况	
		车间	岗位
1. 工艺要求	批准的现行文本	是 □　否 □	是 □　否 □
2. 设备要求	批准的现行文本	是 □　否 □	是 □　否 □
3. 清场要求	批准的现行文本	是 □　否 □	是 □　否 □
审核人 / 日期		复核人 / 日期	
生产现场所用生产文件共　　　张。			
备注：			

三、生产现场准备

生产车间应建立生产现场状态标识管理规程，以便规范操作，保证设备、物料等能反映正确的状态。

1. 检查洁净区域的压差、温度、湿度与产品生产环境要求的适用性

根据药品品种、生产操作要求及外部环境状况等配置空调净化系统，使生产区有效通风，并有温度、湿度控制和空气净化过滤，保证药品的生产环境符合要求。

洁净区与非洁净区之间、不同级别洁净区之间的压差应当不低于10Pa。必要时，相同洁净度级别的不同功能区域（操作间）之间也应当保持适当的压差梯度。

生产前应由专人负责检查洁净区域的压差、温度、湿度与产品生产环境要求的一致。

2. 检查产品输送管道或设备的连接状态

生产前应由专人负责对用于产品生产的输送管道或生产的连接状态是否完好进行检查和确认。重点检查连接部位是否准确，有无松动及跑、冒、滴、漏现象，如有异常，立即予以修复或调整。

第二章 配料

1. 物料核对的相关知识。
2. 常用称量器具的分类与适用范围。
3. 常用计算单位与换算；称量准确度、精密度的含义与表示方法。
4. 物料交接的相关知识。

一、物料核对管理

为保证领入的物料符合要求，需要做信息核对。物料领入及转序时应核对物料名称、物料编码、批号、贮存期、容器数、数量信息，同时检查物料包装无破损、外表面无明显粉尘、封口严密、标签齐全准确。

二、常用称量器具的分类与适用范围

衡器是利用胡克定律或力的杠杆平衡原理来测定物体质量的器具，某些衡器习惯上称为秤。衡器广泛用于工业、农业、商业、科研、医疗卫生等领域。衡器主要由承重系统（秤盘）、传力转换系统（杠杆传力系统）和示值系统（刻度盘）三部分组成。按结构原理可分为机械秤、电子秤、机电结合秤三大类。机械秤又分杠杆秤和弹簧秤。

在制药行业中，常使用的称量器具主要有机械秤和电子秤。机械秤主要是磅秤，在仓库大宗物料称量中使用最多；电子秤既在仓库环节使用，也在药品生产车间的制剂环节使用，而且不同精确度的电子秤均有。随着电子科学技术和高灵敏传感器的发展，电子秤的称量精度更高、称量范围更广，尤其带打印功能，通过程控、群控，数据可以上传保存的电子秤的应用越来越广，为药品的智能制造提供了良好的称量计量设备，使药品生产的过程实现数字化控制，为保障称量数据的追溯性打下了良好的基础。

三、常用计量单位与换算

1. 常见计量单位表示

长度：米（m）、分米（dm）、厘米（cm）、毫米（mm）、微米（μm）、纳米（nm）。

体积：升（L）、毫升（ml）、微升（μl）。

质（重）量：千克（kg）、克（g）、毫克（mg）、微克（μg）、纳克（ng）、皮克（pg）。

物质的量：摩尔（mol）、毫摩尔（mmol）。

浓度：摩尔/升（mol/L）、毫摩尔/升（mmol/L）。

压力：兆帕（MPa）、千帕（kPa）、帕（Pa）、巴（bar）。

温度：摄氏度（℃）。

2. 常见计量单位换算

长度的换算：1米（m）=10分米（dm）=100厘米（cm）=1000毫米（mm）=10^6微米（μm）=10^9纳米（nm）。

体积换算：1升（L）=1000毫升（ml）=10^6微升（μl）。

1立方米（m^3）=1000立方分米或升（dm^3或L）=10^6立方厘米或毫升（cm^3或ml）。

质量换算：1千克（kg）=1000克（g）=10^6微克（μg）=10^9纳克（ng）=10^{12}皮克（pg）。

质量数换算：1摩尔（mol）=1000毫摩尔（mmol）。

浓度换算：1摩尔/升（mol/L）=1000毫摩尔/升（mmol/L）。

压力换算：1兆帕（MPa）=1000千帕（kPa）

=10⁶ 帕（Pa）=10 千克 / 平方厘米（1kg/cm²）=10 巴（bar）。

四、称量的准确度与精密度

对于配料而言，称量的准确度和精确度，对制剂的投料质量会带来重要影响。在《药品生产质量管理规范》（GMP）规定中，对物料称量所用的衡器有明确的计量要求。衡器必须通过有资质的法定计量单位检定合格并贴有计量合格证才能用于生产。因此，掌握称量准确度和精确度（精度）的概念，对选取何种衡器进行称量、如何称量是十分必要的。

1. 称量的准确度

准确度是指衡器称量的物料重量与标准砝码重量的符合程度。一般用绝对误差表示，如称量值 20.0kg，标准秤砝质量为 20.0kg，称量的准确度表示为绝对误差为 0kg。为了保证配料称量准确度的要求，一般称量前，按衡器使用标准操作规程先对衡器进行标准砝码（或标准秤砝）校验（或电子秤自动内置校验），校验合格的衡器才能用于配料的称量；校验不合格的衡器，不得用于药品生产过程中的称量，应由有资质的法定计量单位修复并校验合格，贴上计量合格证后方可用于生产中的称量。

2. 称量的精确度

精确度也称为称量的精度。是指被测量的测得值之间的一致程度以及与其"真值"的接近程度。一般物料的"称重"或"量取"的量，均以阿拉伯数字表示，其精确度可根据数值的有效数位来确定。如称取"0.1g"，指称取重量可为 0.06~0.14g；称取"2g"，指称取重量可为 1.5~2.5g；称取"2.00g"，指称取重量可为 1.995~2.005g；称取"50.0kg"，指称取重量可为 49.95~50.05kg。

五、物料交接

称量结束后，已称好的原辅料系好扎带，粘贴有关备料标签，放在相应的备料垫板或备料小车上，清点袋（或桶）数，做好标识。存放于指定地点或区域，等待后续岗位或工序的人员领取，同时做好物料交接记录。

将剩余原辅料系好扎带、称量剩余量，填写并粘贴物料签，退回原辅料存放间。物料管理员复核品名、批号、数量，填写物料台账和结存卡。

技能要求

　　1. 能检查生产物料的质量状态与生产要求的一致性；能核对物料的名称、代码、批号、标识与生产要求的一致性。

　　2. 能检查物料的有效期。

　　3. 能选择称量器具；能对常用计量单位进行换算。

　　4. 能移交复核过的称量物料；能收集剩余的尾料，标明状态，转入物料暂存间。

一、生产物料质量状态与生产要求的一致性检查

车间物料管理员需要对领入的物料进行检查，确保其质量状态符合生产要求。

1. 无企业资源计划（ERP）系统的一致性检查

物料内包装上是否贴有合格证（图 3-2-1），没有贴合格证的物料不允许用于生产，目视检查物料性状有无异常（是否有结块、颜色是否正常、是否有异物），出现异常性状的不允许用于生产。

合格证

GMP-XXX

物料名称：

物料编码：

批号：

厂商批号：

生产日期：

复验期：

有效期：

发证人／日期：

备注：

图 3-2-1　合格证示意图

2. 有 ERP 系统的一致性检查

检查物料内包装上是否贴物料条码签，查看条码签上的有效期（至）和复验期是否符合生产要求，目视检查物料性状有无异常（是否有结块、颜色是否正常、是否有异物），性状出现异常的也不允许用于生产。

二、核对物料的名称、代码、批号、标识与生产要求的一致性

1. 无 ERP 系统的一致性检查

车间物料管理员对领入的物料进行复核，对照批指令或领料单，逐一检查合格证有无缺失，并核对合格证上信息，包括：物料名称、物料编码、批号、数量与生产要求是否一致，符合要求的按规定领入使用，不符合要求的要及时上报按照异常处理。

2. 有 ERP 系统的一致性检查

车间物料管理员查看内包装上的物料条码签，复核物料名称、物料编码、批号、数量与生产要求是否一致，符合要求的按规定领入使用，不符合要求的要及时上报按照异常处理。

三、物料有效期检查

1. 无 ERP 系统的检查

找到合格证的生产日期，按照有效期或复验期进行计算，确认物料效期满足生产要求，超出有效期或复验期的物料不得用于生产。

2. 有 ERP 系统的检查

查看物料条码签上有效期（至）或复验期，确认物料效期满足生产要求，超出有效期或复验期的物料不得用于生产。

四、选择称量器具

药品生产过程中，对称量的精度要求，多为千分之一，即为 0.1% 的称量精度。制剂质量检查过程中，单剂量重量差异至少允许在 ±5% 以内，采用光谱或色谱分析，测定结果也允许标准偏差（RSD%）在 2% 以内，因此，药品生产过程中的称量精度控制在千分之一（0.1%），对制剂单剂量有效成分的含量带来影响极微，不影响药品的内在质量。按照这个称量精度考虑选择称量的衡器就比较容易了，如物料称量重量是 50kg，则称量精度允许 0.05kg 的误差，则应选取 100kg 的衡器，并且衡器的称量精确度（精度）应保留小数点后面 2 位，即衡器的精度必须能够称量 0.01kg 物料；如生产过程中的称量 2kg 的物料，则应选择 5kg 以上的衡器，并且衡器的精度应能称量 0.001kg 的物料。

物料称量衡器的选择，与称量的准确度和精确度（精度）要求密切相关。应依据称量物料的重量、称量准确度和精度要求，选择适合的衡器，才能满足 GMP 对药品生产过程称量的管理要求。

五、称量物料移交

称量结束后，已称好的原、辅料系好扎带或装在备料容器中，粘贴对应物料标签，放在相应的备料垫板或备料小车上，做好标识，存放于指定地点或区域，等待给后续岗位或工序的人员领取。

六、尾料处理

将剩余原、辅料系好扎带，称量剩余量，填写并粘贴物料签，退回原辅料存放间。物料管理员复核品名、批号、数量，填写物料台账和结存卡。

第三章 制备

药品生产工艺由多个相互联系、相互影响的操作环节组成，严格、规范的操作是药品生产工艺持续稳定地生产出合格药品的根本保障。本章内容涉及提取物制备、浸出药剂制备、液体药剂制备、注射剂制备、气雾剂与喷雾剂制备、软膏剂制备、贴膏剂制备、栓剂与膜剂制备等 17 个环节。

每个操作环节开始前都应进行查验上一工序的标识卡内容是否完整，核对物料与标识卡的名称、编号是否相符；确认配电柜、电路、电机等处于正常运行状态，各仪表正常联结；确认设备及环境已清场合格；无与上批物料有关的任何标记；操作结束后，都应按照工艺要求填写生产记录和清场记录。这些内容参见相关章节，本章不再论述。

第一节 提取物制备

相关知识要求

知识要点

1. 回流法、渗漉法的含义、特点、适用范围，操作方法与设备。

2. 多功能提取设备、渗漉设备的操作。

3. 乙醇用量的计算与配制。

4. 过滤分离法的含义与滤过机制，影响滤过速度的因素、操作方法与设备；初滤设备的操作。

5. 减压干燥、喷雾干燥的含义、特点、适用范围及设备操作。

中药提取物制备方法的选择应根据处方中药材特性及所含组分的理化性质、剂型要求及工艺特点、溶剂性质和生产实际等综合考虑。常用的提取方法主要有煎煮法、浸渍法、渗漉法、回流法、水蒸气蒸馏法等；常用的分离方法有沉降分离法、离心分离法、滤过分离法；常用的干燥方法有烘干法、减压干燥法、喷雾干燥法、沸腾干燥法等。初级工部分中介绍了煎煮法、浸渍法、

离心分离法、干燥等相关知识，在此基础上，中级工部分介绍回流法、渗漉法、过滤、减压干燥及喷雾干燥的相关知识。

理论部分中多功能提取设备回流的操作规程参见技能部分"使用多功能提取罐回流提取饮片""监控回流提取过程中的加醇量、蒸汽压力及提取时间"，渗漉设备的操作规程参见技能部分"使用渗漉器渗漉浸提饮片"，乙醇配制的操作规程参见技能部分"配制不同浓度乙醇"，初滤设备的操作规程参见技能部分"使用板框过滤器滤过药液"，减压干燥设备的操作规程参见技能部分"使用真空干燥箱干燥物料"，喷雾干燥设备的操作规程参见技能部分"使用喷雾干燥机干燥物料"。

一、提取

1. 回流提取法

（1）含义 回流法是将中药材或中药饮片采用乙醇等挥发性有机溶剂浸提，浸提液被加热至沸，挥发的溶剂蒸汽被冷凝器冷凝成液体并回流

至浸出器中，如此周而复始，直至有效成分达到浸提平衡的方法。回流浸提包括回流冷浸法和回流热浸法两种。

（2）特点　回流提取法使用广泛，提取效率高，但由于使用乙醇等有机溶剂，成本相对较高，并有安全隐患。回流提取法连续加热，浸提液受热时间较长，溶剂只能循环使用，不能不断更新，为提高浸出效率，通常需更换新溶剂2~3次，溶剂用量较多。回流冷浸法溶剂既可循环使用，又能不断更新，故溶剂用量较回流热浸法少，也较渗漉法的溶剂用量少，且浸提更完全。

（3）适用范围　回流提取法为常用的浸提方法，使用广泛。但由于浸提法在容器中受热时间较长，故不适用于受热易被破坏的药材成分的浸提。

（4）方法与设备

①回流热浸法：常用的回流浸提方法，将中药饮片放置于带有冷凝装置的提取器内，回流提取至规定时间，滤取药液后，药渣再添加新溶剂回流1~2次，合并各次药液，回收溶剂，即得提取浓缩液。

②回流冷浸法：少量药粉可用索氏提取器提取，规模化生产一般采用循环回流冷浸装置，在蒸发锅中溶剂被加热蒸发，蒸气沿导管进入冷凝器，经冷凝后又流入贮液筒中，再流入已装中药粉的浸出器中浸提，浸提液面达到一定高度后，流入蒸发锅内，循环浸提。

回流冷浸法多用于实验室研究及小量样品制备，常用的设备是索氏提取器；回流热浸法在中药制剂制备中应用广泛，常用的设备是多功能提取罐。

多功能提取罐是一类可调节压力、温度的密闭间歇式提取或蒸馏等多功能设备。多功能提取罐结构包括底盖、罐体、上封头、冷凝器、油水分离器、消泡器、过滤器、切线循环泵、温度压力仪表、控制系统等。溶媒和中药材通过上封头进料口装入提取罐内，通过给底盖与罐体夹层通入高温蒸汽加热，进行热交换使罐内溶液升温至沸腾，保持罐内沸腾，浸提完成后，浸提液通过

带筛网的底部药液管道，转移入储液罐。借气阀打开底盖将药渣排放。

2.渗漉法

（1）含义　渗漉法是将药材颗粒或粗粉置渗漉器内，溶剂连续地从渗漉器的上部加入，渗漉液不断地从其下部流出，从而将药材中有效成分浸出的方法。

（2）特点　渗漉法属于动态浸提，溶剂利用率高，有效成分浸出完全；节能但工期较长，一般不用水做溶剂，通常用不同浓度的乙醇，制备时应防止乙醇的挥发损失；渗漉法可以不经滤过处理直接收集渗漉液。

（3）适用范围　适用于贵重药材、毒性药材、高浓度制剂及有效成分含量较低的药材的浸提。但对新鲜的及易膨胀的药材、无组织结构的药材不宜选用。

（4）方法与设备　根据操作方法，可分为单渗漉法、加压渗漉法、重渗漉法和逆流渗漉法。

①单渗漉法：操作一般为：粉碎药材→润湿药材→药材装筒→排除气泡→浸渍药材→收集漉液。

●粉碎药材：药材的粒度如过细易堵塞渗漉筒，吸附性增强，浸出效果差；过粗不易压紧，粉柱增高，减少粉粒与溶剂的接触面，不仅浸出效果差，而且溶剂耗量大。一般以中粉或粗粉为宜。

●润湿药材：药粉在装渗漉筒前，应先用提取溶剂润湿，使其在装筒前充分膨胀，避免在筒内膨胀，造成装筒过紧，影响渗漉操作的进行。一般加药粉1倍量的溶剂拌匀后，视药材质地密闭放置15分钟至6小时，以药粉充分地均匀润湿和膨胀为度。

●药材装筒：根据药材性质选择适宜的渗漉器，膨胀性大的药粉宜选用圆锥形渗漉筒；膨胀性较小的药粉宜选用圆柱形渗漉筒。操作方法：先取适宜的脱脂棉，用提取溶剂润湿后，轻轻垫铺在渗漉筒的底部，然后将已润湿膨胀好的药粉分次装入渗漉筒中，每次投药后压平。松紧程度视药材及浸出溶剂而定，若为含醇量高的溶剂则

可压紧些，含水较多者宜压松些。装好后，用滤纸或纱布将上面覆盖，并加少量玻璃珠或瓷块之类的重物，以防加溶剂时药粉冲浮起来。

● 排除气泡：药粉填装完毕，先打开渗滤液出口，再添加溶剂，以利于排除气泡，防止溶剂冲动粉柱，使原有的松紧度改变，影响渗滤效果。加入的溶剂必须始终保持浸没药粉表面，否则渗滤筒内药粉易干涸开裂，这时若再加溶剂，则从裂隙间流过而影响浸出。

● 浸渍药材：排除渗滤筒内剩余空气，待渗滤液自出口处流出时，关闭阀门，流出的渗滤液再倒入筒内，并继续添加溶剂至浸没药粉表面数厘米，加盖放置24~48小时，使溶剂充分渗透扩散。这一措施在制备高浓度制剂时更重要。

● 收集滤液：渗滤速度应适当，若太快，则有效成分来不及浸出和扩散，药液浓度低；太慢则影响设备利用率和产量。一般1000g中药的渗滤速度可在每分钟1~3ml之间选择。大生产的滤速，每小时相当于渗滤容器被利用容积的1/48~1/24，具体应按产品工艺规定的要求进行。有效成分是否渗滤完全，可由渗滤液的色、味、嗅等以及已知成分的定性反应或定量测定加以判定。

② 重渗滤法：重渗滤法是将渗滤液重复用作新药粉的溶剂，进行多次渗滤以提高浸出液浓度的方法。由于多次渗滤，则溶剂通过的粉柱长度为各次渗滤粉柱高度的总和，故能提高浸出效率。重渗滤法中一份溶剂能多次利用，溶剂用量较单渗滤法减少，同时渗滤液中有效成分浓度高，可不必再加热浓缩，因而可避免有效成分受热分解或挥发损失，成品质量较好。但所用容器较多，操作繁琐。

③ 加压渗滤法：加压式多级渗滤，不仅可使溶剂及浸出液较快通过药粉柱，使渗滤顺利进行，提高浸出效果。加压渗滤法总浸出液浓度高，溶剂耗量小。

④ 逆流渗滤法：药粉与溶剂在浸出容器中沿相反方向运动，连续而充分地进行接触提取的一种方法。这类渗滤器的类型很多，加料和排渣均可自动完成，规模大，效率高。

渗滤法所用设备一般为圆柱形或圆锥形的渗滤器。渗滤器的下面呈漏斗状，漏斗底部用盖着脱脂棉的筛板固定，以防药粉进入管内。其出口与橡胶管直接连接，必要时可在橡胶管上装一由字夹以控制滤液的流速，具有简易自动控制添加浸出溶媒及滤液收集量的效用（图3-3-1）。渗滤筒的形状与药粉的膨胀性有关。易于膨胀的药粉以选用圆锥形渗滤筒较好，不易膨胀的药粉以选用圆柱形渗滤筒为宜。选用时也应注意浸出溶媒的特性，水易使药粉膨胀，应该用圆锥形渗滤筒，如为非极性溶媒或浓乙醇则以选用圆柱形者为宜。药粉装入量不应超过渗滤筒容量的2/3。

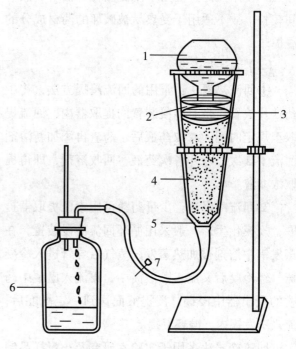

图3-3-1　渗滤筒装置

1.浸出溶媒贮瓶；2.浸出溶媒；3.滤纸层(用细砂压)；
4.药材粗粉；5.脱脂棉；6.接受瓶；7.由字夹

（5）乙醇用量的计算方法　调整药液含醇量达到某种浓度时，只能将计算量的乙醇加入到药液中，而用乙醇计直接在含有乙醇的药液中测量的方法是不正确的。醇沉时需要达到某种含醇量，其加醇量计算公式为：

$$X = C_2 \cdot V / (C_1 - C_2) \qquad (3-3-1)$$

式中：X——需加入浓乙醇体积，ml；V——浓缩药液的体积，ml；C_1——浓乙醇的含醇量，%；

C_2——所需达到的含醇量，%。

乙醇计的标准温度为20℃，测量乙醇本身的浓度时，如果温度不是20℃，应作温度校正。根据实验证明，温度每相差1℃，所引起的百分浓度误差为0.4。因此，这个校正值就是温度差与0.4的乘积。可用公式求得乙醇本身的浓度。

$$C_实 = C_测 + (20-t) \times 0.4 \qquad (3-3-2)$$

式中：$C_实$——乙醇的实际浓度，%；$C_测$——乙醇计测得的浓度，%；t——测定时乙醇本身的温度，℃。

二、过滤分离法

1. 含义

过滤分离法是将固液混悬液通过多孔的介质，使固体粒子被介质截留，液体经介质孔道流出，实现固液分离的方法。

2. 滤过机制

滤过机制主要有过筛作用和深层滤过作用。过筛作用的机制是提取液中大于滤材空隙的微粒被截留在滤材的表面，形成层状；深层滤过作用机制为提取液中微粒被截留在滤器的深层，如砂滤棒、锤熔玻璃漏斗。

过滤过程中常将初滤液倒回料液中再次滤过，称为"回滤"，有利于药液滤至澄清。

3. 影响滤过速度的因素

①滤渣层两侧的压力差：压力差越大，则滤速越快，故常用加压或减压滤过。

②滤器面积：在滤过初期，滤过速度与滤器面积成正比。

③过滤介质或滤饼毛细管半径：滤饼半径越大，滤过速度越快，但在加压或减压时应注意避免滤渣层或滤材因受压而过于致密，常在料液中加入助滤剂以减小滤饼阻力。

④过滤介质或滤饼毛细管长度：滤饼毛细管长度愈长，则滤速愈慢，常采用预滤、减小滤渣层厚度、动态滤过等加以克服，同时操作时应先滤清液后滤稠液。

⑤料液性质：黏稠性愈大，容易在过滤介质或滤膜表面上形成"黏膜"，滤速愈慢，因此，常采用趁热滤过或保温滤过；另外，添加助滤剂亦可降低黏度。

⑥过滤的方向：垂直过滤时，细小颗粒容易在过滤介质空隙插入而堵塞，导致过滤速度变慢；而切线过滤则更容易和快速，精滤常采用切线过滤，如套筒式微孔滤膜过滤和膜超滤。

4. 方法与设备

滤过的方法主要有常压滤过、减压滤过、加压滤过、薄膜滤过等。

（1）常压滤过　常用玻璃漏斗、搪瓷漏斗、金属夹层保温漏斗。此类滤器常用滤纸或脱脂棉作滤过介质。一般少量样品及实验室使用较多。

（2）减压滤过　常用布氏漏斗、垂熔玻璃滤器（包括漏斗、滤球、滤棒）。布氏漏斗滤过多用于非黏稠性料液和含不可压缩性滤渣的料液，在注射剂生产中，常用于滤除活性炭。垂熔玻璃滤器常用于注射剂、口服液、滴眼液的精滤。

（3）加压滤过　常用压滤器和板框过滤器。如管路过滤器，其滤膜为80~200目的不锈钢网，常用于浸提液的预过滤，采用药液输送泵将浸提液通过管道过滤器转移至储液罐中，以除去泥沙和粗颗粒等。板框过滤器可装入滤纸或过滤纸浆板，通过药液输送泵输送药液过滤，从而达到药液的精滤的目的，可用于中药浸提液、水提醇沉（或醇提水沉）上清液的过滤，满足制剂工艺及制剂澄清度的要求（图3-3-2）。

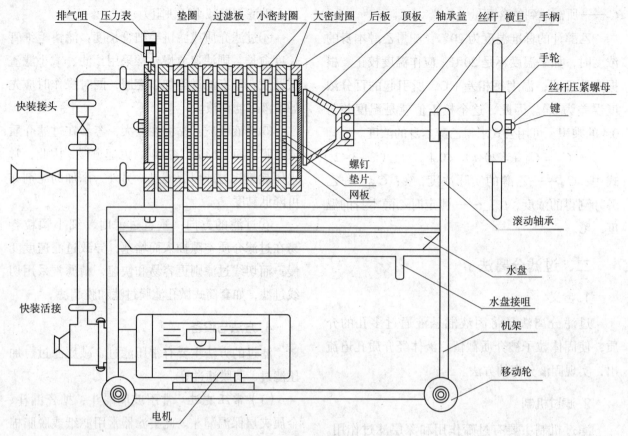

图 3-3-2 板框过滤器示意图

（4）薄膜滤过 薄膜滤过是利用对组分有选择的薄膜，实现混合物组分分离的一种方法。膜分离过程的推动力，不仅利用浓度差，也有压力差、分压差和电位差。膜分离过程通常是一个高效的分离过程；膜分离过程中，被分离的物质大多数不发生相的变化，且通常是在室温附近的温度下进行的，故能耗低；膜分离操作简便，不产生二次污染。

三、干燥

1.减压干燥

（1）含义 减压干燥又称真空干燥，是在密闭的容器中抽去空气而形成负压条件进行干燥的方法。

（2）特点 干燥温度低，干燥速度相对较快；产品呈松脆的海绵状，易于粉碎；减少了物料与空气的接触机会，避免污染或氧化变质；但生产能力小，间歇操作，劳动强度大。

（3）适用范围 适于热敏性或高温下易氧化，或排出的气体有使用价值、有毒害、有燃烧性等物料的干燥。

（4）常用设备 常用设备是真空干燥箱（图3-3-3）。真空干燥箱由干燥柜、冷凝管与冷凝液收集器、真空泵三部分组成。将湿物料置浅盘内，放到干燥柜的搁板上，加热蒸汽由蒸汽入口引入，通入夹层搁板内，冷凝水自干燥箱下部出口流出。冷凝液收集器分为上下两部，上与冷凝器连接，并通过侧口与真空泵相连接，上部与下部之间用导管与阀相通。当蒸发干燥进行时，将阀门开启，冷凝液可直接流入收集器下部，收集满后，关闭阀门使上部与下部隔离，打开放气阀门恢复常压，冷凝液经冷凝水出口放出，使操作连续进行。

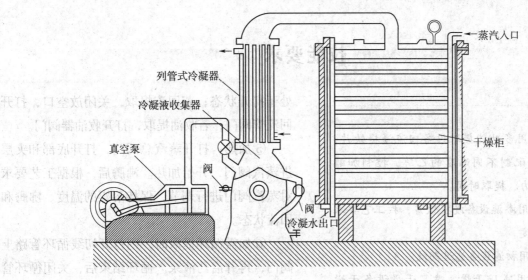

图 3-3-3　真空干燥箱示意图

2.喷雾干燥法

（1）含义　喷雾干燥是流态化技术用于液态物料干燥的方法，是将液态物料浓缩至适宜的密度后，将浸出液喷雾于干燥器内使之在与通入干燥器的热空气接触过程中，水分迅速蒸发，从而得到干燥粉末或颗粒的方法。

（2）特点　物料受热面积大，传热传质迅速，水分蒸发快，故有瞬间干燥之称，特别适用于热敏性物料；干燥制品质地酥松，能保持原来的色香味，易溶解；可根据需要控制和调节产品的粗细度和含水量等质量指标。

喷雾干燥不足之处是能耗较高，进风温度较低时，热效率只有 30%~40%；控制不当常出现干燥物附壁现象，且成品收率较低；设备清洁较麻烦。

（3）适用范围　适合于大多数的中药提取液，特别是热敏性料液的干燥。

（4）常用设备　常使用喷雾干燥机（图 3-3-4）。喷雾料液的方式有离心式、气流式。喷雾器是喷雾干燥设备的关键组成部分，它影响到产品的质量和能量消耗。常用喷雾干燥器有三种类型：压力式喷雾器、气流式喷雾器与离心式喷雾器。我国目前普遍采用的是压力式喷雾器，它适用于黏性药液，动力消耗最小。气流式喷雾器结构简单，适用于任何黏度或稍带固体的料液。离心式喷雾器适用于高黏度或带固体颗粒料液的干燥。

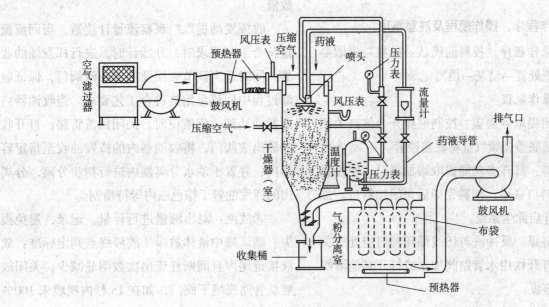

图 3-3-4　喷雾干燥机示意图

技能要求

技能要求

　　1. 能使用多功能提取设备回流浸提饮片，按工艺要求配制不同浓度的乙醇、控制加醇量、蒸汽压力、提取时间。

　　2. 能使用渗漉设备浸提饮片，按工艺要求控制渗漉速度。

　　3. 能使用初滤设备滤过药液。

　　4. 能使用减压干燥、喷雾干燥设备干燥物料。

　　中药提取物制备过程，一般由浸提、分离、浓缩、干燥等工序构成。各工序执行的程度，直接影响到了提取物的质量。

一、使用多功能提取罐回流提取饮片

1. 技能考核点

（1）投料前确认物料投料的符合性。

（2）确认提取罐状态符合提取要求。

（3）确认投料应注意的问题。

（4）确认回流提取的沸腾与回流状态。

（5）判断药液是否放净。

（6）进行出渣操作；进行清场操作。

2. 操作程序、操作规程及注意事项

（1）操作程序　投料前确认→投料→提取→放液→出渣处置→清场→填写记录

（2）操作规程

①关闭提取罐底盖：控制底盖开合气缸关闭底盖，控制底盖锁紧气缸将底盖锁紧。

②加料：打开多功能提取罐加料口，使投料设备与加料口联通，加料完毕后关闭加料口。加料过程应开启除尘系统。

③加溶媒：反冲洗与切线循环阀门应处于关闭状态。打开饮用水管路阀加水或打开其他溶媒管路阀加溶媒。

④回流提取模式确定：若正常提取，放空口处于打开状态；若回流提取，关闭放空口，打开回流管阀门；若收油提取，打开收油器阀门。

⑤加热：打开蒸汽总阀门，打开底部和夹层进蒸汽阀门，开始加热。沸腾后，根据工艺要求对蒸汽阀门进行调节，保持溶媒的温度、沸腾和回流状态。

⑥如需循环提取时，则打开切线循环管路上阀门，再开启药液泵。循环结束后，关闭循环管路上泵与阀门。

⑦出液：药液煎煮完毕后，关闭蒸汽阀，打开出液阀，开启药液泵，将药液输送至相应储罐。

（3）注意事项

①投料：佩戴好防护用品（手套、防尘口罩）；保障物料的准确无误。

②提取：压力、温度、溶媒用量等符合规定；随时调节底部、夹层蒸汽压力，以保持提取液处于充分沸腾状态；记录提取时间。

保沸过程：药液达到工艺要求的沸腾温度后进入保沸过程，观察药液是否处于正常沸腾及回流状态，并控制蒸汽阀门调节蒸汽压力维持。提取时间到达工艺要求后，关闭进蒸汽阀门，开始放液。

收挥发油提取：观察流量计读数，当回流流量符合工艺要求时，开始计时，进行挥发油的收集。同时适当调节夹层及底部蒸汽阀门，保证收油过程中回流量始终符合工艺要求。当收油器内挥发油达到一定液位时，关闭回流管路，打开收油器出液阀门，将收油器内的挥发油收至指定容器内，并置于油水分离器内进行初步分离，分离出的挥发油置于棕色瓶内等待精制。

③放液：对出液量进行计量、记录，避免损失。确认罐中液体放净（放液终点判定标准：放液接近尾声且间断性流出次数明显减少，关闭放液总管路视境下阀门，如在15秒内视境未100%被液体充满，则认为该罐液体放净）。

④药渣处置：操作过程避免烫伤。

⑤回流浸提时，应时刻观察冷却水系统的冷却效果，避免乙醇溶剂挥发影响浸提效果和带来安全风险。

⑥仔细观察回流浸提过程的沸腾状态，并通过调节蒸汽压力调整沸腾状态，保证回流溶液处于适宜状态。

3. 生产记录样表（表3-3-1）

表 3-3-1　回流浸提批生产记录样表

产品名称		批号			规格	
月　日　时　分 —— 月　日　时　分						
操作参数						
罐　号	第（　）号		第（　）号		第（　）号	第（　）号
乙醇浓度确认（%）						
确认人						
实际加 % 乙醇量（L）						
开始加热时间	时　分		时　分		时　分	时　分
开始回流时间	时　分		时　分		时　分	时　分
加热到回流时间（分钟）						
回流开始温度（℃）						
回流过程中温度（℃）						
结束温度（℃）						
加热结束时间	时　分		时　分		时　分	时　分
放液时间（分）						
浸提液储罐罐号/体积	TC-（　）/　　L				TC-（　）/　　L	
浸提液总体积（L）						
操作人			复核人/日期			
备注						

二、监控回流提取过程中的加醇量、蒸汽压力及提取时间

1. 技能考核点

（1）配制规定浓度的乙醇。

（2）乙醇回流浸提时的回流起始点。

（3）回流浸提时的乙醇浓度。

（4）根据回流状态，微调夹层和底部蒸汽压力，保持正常回流。

2. 监控回流提取过程中的加醇量

根据浸提产品工艺的要求，按照《乙醇配制标准操作规程》，通过计算得到需要加入的高浓度（一般为95%乙醇）乙醇量，加入计算量乙醇至溶剂储罐中，并用工艺用水加至规定的体积，搅拌均匀；用酒精计测定乙醇浓度，必要时进行微调即得，做好记录和标识。

3. 监控回流提取过程中的蒸汽压力及提取时间

回流浸提操作开始时，确认冷凝器冷却水已开启，然后打开提取罐中的夹层和底部蒸汽阀门，一般不得超过安全压力（一般不超过0.25MPa）。加热过程中，密切观察升温情况，待

药液出现翻滚时，作为回流浸提的回流开始时间点，并调整夹层蒸汽压力，使保持回流且浸提液平和的沸腾状态；密切注意回流状态，随时调整蒸汽压力以维持回流。

根据工艺规定要求，确定回流浸提时间，到达浸提结束时间点后，立即关闭底部和夹层蒸汽，停止加热，待没有回流药液时，方可进行放液操作。

4. 注意事项

（1）乙醇为易燃易爆物料，使用操作过程中注意消除静电，防止敲击闪火花。

（2）按规定准确配制所需浓度的乙醇。

（3）随时监控沸腾程度。

三、使用渗漉器渗漉浸提饮片

1. 技能考核点

（1）渗漉浸提液与中药饮片的符合性。

（2）对中药饮片的粗粉进行均匀填充操作。

（3）配制渗漉用的乙醇和核对渗漉用乙醇浓度的符合性。

（4）进行渗漉操作，并调节渗漉速度。

2. 操作程序、操作规程及注意事项

（1）操作程序　粉碎中药饮片→润湿药粉→药粉装筒→排除气泡→浸渍药粉

（2）操作规程

① 根据要求将中药饮片粉碎成中粉或粗粉。

② 药粉润湿：一般加药粉一倍量的溶剂拌匀后，密闭放置15分钟至数小时（按品种的工艺要求确定），以药粉充分地均匀润湿和膨胀为度。

③装渗漉筒：一般膨胀性大的药粉宜选用圆锥形渗漉筒；圆柱形渗漉筒适用于膨胀性不太大的药粉。药粉分次分层加入，每层压平压匀。药粉填装完毕，先打开渗漉液出口，再添加溶剂，以利于排除气泡。

④浸渍：排除渗漉筒内剩余空气后，待渗漉液自出口处流出时，关闭阀门，流出的渗漉液再倒入筒内，并继续添加溶剂至浸没药粉表面数厘米，加盖放置24~48小时（按品种的工艺要求确定），使溶剂充分渗透扩散。这一措施在制备高浓度制剂时更重要。

⑤收集渗漉液：一般1000g中药的渗漉速度保持每分钟在1~3ml。大生产的漉速，每小时相当于渗漉容器被利用容积的1/48~1/24。

渗漉过程中加入的溶剂必须始终保持浸没药粉表面。

是否渗漉完全，可由渗漉液的色、味、嗅等辨别，最好采取已知成分的定性反应或定量检测加以判定。

（3）注意事项

①根据工艺要求控制中药粉碎程度。渗漉溶剂一般为规定浓度的乙醇溶液，确认溶剂与浓度的符合性。

②中药材粉末填充渗漉器时，应填充均匀。松紧程度视药粉及溶剂而定。

③操作过程中随时观察渗漉罐中溶剂液面的高度，保持液面的稳定。

④根据工艺要求控制渗漉速度和渗漉终点。

3. 生产记录样表（表3-3-2）

表 3-3-2　渗漉浸提生产记录样表

产品名称		批号		规格	
	月　日　时　分　——		月　日　时　分		
操作参数					
渗漉器罐号	第（　）号		第（　）号	第（　）号	第（　）号
渗漉乙醇浓度确认（%）					
确认人					
实际加 % 乙醇量（L）					

开始渗漉时间	时　分	时　分	时　分	时　分
设定渗漉速度（ml/min）				
渗漉液面高度（cm）				
结束渗漉时间	时　分	时　分	时　分	时　分
渗漉时间（分）				
加热结束时间	时　分	时　分	时　分	时　分
放液时间（分）				
浸提液储罐号 / 体积	TC-（　）/　　L		TC-（　）/　　L	
渗漉浸提液总体积（L）				
操作人		复核人 / 日期		
备注				

四、渗漉速度监控

1. 技能考核点

按照具体品种中药饮片渗漉工艺的参数要求，能够设定渗漉速度；在进行具体渗漉操作过程中，能够判断并调节控制渗漉速度。

2. 渗漉速度监控操作方法及注意问题

（1）高位渗漉溶剂罐加入规定量的渗漉乙醇溶液。

（2）中药材粉末填充渗漉罐并浸泡时间到达后，按工艺规定要求设定渗漉速度。

（3）开启渗漉速度调节阀门，并开始渗漉。

（4）渗漉时，操作人员应密切关注渗漉速度的变化。通过视镜随时观察渗漉器中溶剂液面的高度保持稳定状态。

五、使用板框过滤器滤过药液

1. 技能考核点

（1）按操作标准规程，顺利完成过滤操作。

（2）将滤材规范安装于过滤板板层内，并进行紧固。

（3）判断过滤液过滤效果并处置。

2. 操作程序、操作规程及注意事项

（1）操作程序　选择滤材→安装滤材→试漏→过滤→清场→填写记录

（2）操作规程

①在滤框两侧先铺好滤材，装好板框，压紧活动机头上的螺旋。将待分离的药液放入贮液浆罐内，开动搅拌器以免产生沉淀。在滤液排出口准备好滤液接受器。

②开启空气压缩机，将压缩空气送入贮浆罐，注意压缩空气压力表的读数，待压力达到规定值，准备开始过滤。

③开启过滤压力调节阀，注意观察过滤压力表读数，过滤压力达到规定数值后，调节并维持过滤压力，使其稳定。

④开启滤液贮槽出口阀，接着开启过滤器药液进口阀，将药液送入过滤器，过滤开始。

⑤观察滤液，若滤液为清液时，表明过滤正常。发现滤液有浑浊或带有滤渣，说明过滤过程中出现问题，应停止过滤，检查滤材及安装情况，滤板、滤框是否变形，有无裂纹，管路有无泄漏等。

⑥定时记录过滤压力，检查板与框的接触面是否有浊液泄漏。

⑦根据生产中不同品种的滤过要求，结合药液中沉淀物的多少，选择适宜的滤器与滤过装置。生产中初滤常采用100~400目滤网或滤布，结合板框过滤器、钛滤器或滤棒进行。

⑧当出口处滤液量变得很小时，说明板框中已充满滤渣，过滤阻力增大，使过滤速度减慢，这时可以关闭药液进口阀，停止过滤。

⑨洗涤：开启洗水出口阀，再开启过滤器洗

涤水进口阀，向过滤器内送入洗涤水，在相同压力下洗涤滤渣，直至洗涤符合要求。

（3）注意事项

①滤材的安装应覆盖板层上的滤孔，避免药液直接泄漏。

②过滤板层的紧固应适宜，以药液过滤不泄漏为宜，不得过度紧固造成对紧固装置的损坏。

③输液泵输送药液不得空转；采用真空过滤时，先将滤液储罐调节至适度真空值，再开启管路阀门，将药液抽送至板框过滤器过滤，直至过滤完毕，关闭阀门后，再卸掉滤液储罐的真空。

3. 生产记录样表（表3-3-3）

表3-3-3　板框过滤生产记录样表

药液名称		批号		规格	
月　日　时　分 ── 月　日　时　分					
操作参数					
板框过滤器编号					
待过滤药液编号					
过滤药液量（L）					
开始过滤时间		时　　分		时　　分	
结束过滤时间		时　　分		时　　分	
过滤用时间		时　　分		时　　分	
滤液储罐号/体积（L）					
滤液总体积（L）					
操作人		复核人/日期			
备注					

六、配制不同浓度乙醇

1. 技能考核点

（1）熟悉并掌握《乙醇配制标准操作规程》。

（2）配制乙醇浓度和配制量，计算加入高浓度乙醇的量。

2. 操作程序及注意事项

（1）操作程序

①使用酒精计测量高浓度乙醇的浓度（根据乙醇浓度与温度对照表，进行测量），根据浸提需要的乙醇浓度及溶剂用量，计算出需要多少高浓度乙醇量。

②量取计算需要的高浓度乙醇量，转移至配制罐中，加水至需要配制乙醇溶液的溶剂总量，搅拌均匀后，用酒精计复核浓度合格后，填写配制记录，即得。

（2）注意事项

①采用符合质量检验合格的高浓度乙醇配制不同浓度的乙醇溶液。

②按乙醇溶液配制规程配制好的乙醇溶液，其浓度需经过复核。

③配制完成后，做好标识和及时填写配制记录。

3. 乙醇溶液配制记录样表（表3-3-4）

表 3-3-4 乙醇溶液配制记录样表

溶剂名称	％乙醇溶液	配制总量		L
高浓度乙醇批号		高浓度乙醇浓度（％）		
检验报告书号		高浓度乙醇用量（L）		
配制乙醇溶液时间				
配制复核人／日期		配制人／日期		
备注				

七、使用真空干燥箱干燥物料

1. 技能考核点

（1）按照操作规程完成物料真空干燥操作。

（2）检查并确定用于物料干燥的不锈钢物料托盘的符合性。

（3）确认真空干燥箱状态满足物料真空干燥的要求。

（4）掌握真空度对物料干燥的影响，并在干燥过程中能够调节和控制真空度。

2. 操作程序、操作规程及注意事项

（1）操作程序　开机前准备→浸膏装入干燥箱→干燥→清场→填写记录

（2）操作规程

①开机前检查：干燥箱底部清洁干净无积水。

②浸膏等物料装箱：将待干燥的浸膏等物料均匀加至不锈钢干燥托盘中，转入干燥箱中，记录物料的总体积或质量。分装要均匀，避免箱体内干燥受热不均导致部分物料干燥受影响。检查箱体密封胶圈完好无破损。

③干燥：监测并控制浸膏冒泡现象，避免物料溢出干燥盘或者喷溅现象。持续进行提高真空度和升高箱体温度的操作，直至温度达到设定的要求，干燥箱真空度值和箱体内物料状态不再有明显变化时。干燥过程中应控制真空度。

（3）注意事项

①开始送蒸汽时要确认积存在加热板和管理系统内的冷凝水已排出。

②干燥过程中注意保持所需的真空度。

③干燥时间因物料质地特性及含水量多少有差异，根据品种不同而定。

3. 生产记录样表（表 3-3-5）

表 3-3-5 真空干燥工序批生产记录

真空干燥工序批生产记录					
品名		产品批号		操作开始日期	
操作班次		干燥设备编号			
操作记录					
装盘	装盘量	装盘体积	装盘开始时间	装盘结束时间	记录人
抽真空	抽真空开始时间	抽真空结束时间	抽后真空度值	压力保持时间	记录人
降温	开始时间	结束时间	箱体温度	持续时间	记录人

干燥曲线记录（每隔30分钟记录干燥过程温度计真空度）				
时间	温度	真空度	记录人	复核人
干燥结束日期/时间		记录人		复核人
设备运行总时间		时　分 —— 时　分		
备注/偏差情况				

八、使用喷雾干燥机干燥物料

1. 技能考核点

（1）按喷雾干燥药液标准操作规程完成喷雾干燥生产任务。

（2）确认生产前条件是否满足喷雾干燥的需要。

（3）喷雾速度与雾滴对物料干燥的影响，并在干燥过程中能够调节和控制喷雾速度。

2. 操作程序、操作规程及注意事项

（1）操作程序　开机前准备→干燥室预热→配制药液→进料喷干→干粉收集→清场→填写记录

（2）操作规程

①干燥室进入预热升温状态，使进、出风温度符合工艺要求；干燥室预热升温时，应密切观察升温状况，当设备进、出风温度达到工艺要求后，开启雾化器，空载运行1分钟，雾化器无异响，具备进料条件。

②配制药液：按工艺要求配制待浓缩的药液，注意控制药液的相对密度与药液温度。

③进料喷干：缓慢匀速进料，先通过旋钮调整进料速度，从喷干舱内观察物料性状，如喷干粉细腻、无挂壁，可逐渐提升蠕动泵进料速度，使雾化器进入喷料稳定状态。

生产过程中设备若有气锤或吹扫功能，可以在控制界面开启气锤或吹扫，这样有利于粘壁干粉顺利脱落。

每隔半小时要进入洁净区收集干粉并关注干粉状态，是否出现粘壁状态，适当调整进、出风温度以及进料速度，使干粉处于正常状态。

引风机排风口如有粉尘排出，可向水箱内加注半箱自来水，然后打开除尘管路相关手阀，点击触摸屏的水泵按钮，开启水泵来进行管路除尘。

④收集桶内的干粉。附着在干燥室内壁的干粉用压缩空气管吹扫。

（3）注意事项

①喷雾器是喷雾干燥设备的关键组成部分，有压力式喷雾器、气流式喷雾器、离心式喷雾器。根据药液黏度及固含量情况选用。

②喷雾干燥室中热空气与料液在流向上有并流型、逆流型、混流型。根据料液所含成分热敏感性及含水量情况选用。

③对料液特性和干燥塔捕粉结果特点的掌控，直接影响连续干燥的效果。

④气锤是喷雾干燥最常用的去振设备。选择高质量气锤及布置好气锤的位置，可以减少粉尘挂壁的可能。

3. 生产记录样表（表3-3-6）

表 3-3-6　喷雾干燥生产记录

品名				批号		
浓缩药液	密度/温度	/ ℃		糖度（Brix）		
	重量（kg）			性状		
浓缩药液情况	溶媒量（kg）			稀释后总重（kg）		
	加热温度（℃）			糖度（Brix）		
	过滤目数	□80　□100　□200　□其他（　目）				
预设定	进风温度（℃）	排风温度（℃）	雾化器（Hz）		进液（ml/min）	
设备预热	时　分——　时　分		喷干开始时间		时　分	
时　间	工作内容	进风温度（℃）	排风温度（℃）	雾化器（Hz）	进液（ml/min）	
日　时　分						
日　时　分						
结束时间	时　分	干燥总时长（分）		干粉重量（kg）		
停机后内部	塔顶粘壁		塔壁粘壁		塔底部积粉	
停机后内部情况	□严重　□一般　□无		□严重　□一般　□无		□严重　□一般　□无	
操作人员/日期		复核人/日期		质保确认/日期		
备注						

第二节　浸出药剂制备

相关知识要求

知识要点

1. 浸出药剂配液、精滤的方法、设备及操作。

2. 炼糖的目的、方法、质量要求及化糖设备的操作。

3. 煎膏剂的配制方法、设备及质量要求。

4. 酒剂、酊剂、露剂的质量要求。

浸出药剂系指用适宜的溶剂和方法浸提饮片中有效成分，直接或再经一定的制备工艺过程而制得的可供内服或外用的一类制剂，常用浸出制剂主要有酒剂、酊剂、露剂、煎膏剂、糖浆剂、合剂等。在初级工部分已经介绍了浸出药剂制备的基础操作，如洗瓶、灭菌、初滤、离心、灌封等，酒剂、酊剂、露剂、煎膏剂、糖浆剂、合剂的含义与特点。在此基础上，中级工部分介绍浸出制剂的配液操作、煎膏剂的制备、精滤操作、浸出制剂的质量要求等内容。

理论部分中配液设备的操作规程参见技能部分"使用配液罐配制酒剂"，精滤设备的操作规程参见技能部分"使用微孔滤膜滤器滤过药液""监控微孔滤膜的滤液质量"，化糖设备的操作规程参见技能部分"使用化糖罐炼糖""监控炼糖质量"。

一、浸出药剂的制备

1. 配液

（1）配液的方法　分为浓配法和稀配法。将全部药物加至部分溶剂中配成浓溶液，加热或冷藏后过滤，再稀释至所需浓度，称之为浓配法，可滤除溶解度小的杂质。将全部药物加入溶剂中，一次配成所需浓度，再行过滤，称之为稀配法。

（2）配液的设备　常用设备是带有搅拌器的夹层锅配液罐。配制用具的材料为：玻璃、耐酸碱搪瓷、不锈钢、聚乙烯等。生产时，配液中使用的容器，多采用搪玻璃反应锅，并装有搅拌器，反应锅夹层可通蒸汽加热，或通冷却水冷却。另外，还可使不锈钢配液缸、瓷缸、搪瓷缸等。上述容器应是化学性质稳定耐腐蚀的材料如：搪瓷、不锈钢、玻璃、耐酸碱陶瓷及无毒聚氯乙烯或聚丙烯塑料，铝制容器不宜采用。配液中使用的输送管道、阀门与泵应采用不锈钢或中性玻璃制成。

2. 精滤的方法与设备

精滤即精密过滤技术，又称微过滤，常用孔径为 0.45μm、0.22μm 的过滤器，主要用于药液中细菌和微小杂质的过滤。精滤是在初滤基础上进行的。常用的精密过滤器有折叠式滤芯、熔喷滤芯、熔玻璃滤器、微孔滤膜滤器、超滤膜滤器等。微孔滤膜用于精滤（0.45~0.8μm）或无菌过滤（0.22~0.3μm）。

①减压滤过设备简单，可以进行连续滤过，整个系统都处在密闭状态，药液不易污染，常作为注射剂、口服液、滴眼液的滤过。适应于各种滤器，常用布氏漏斗、垂熔玻璃滤器（包括漏斗、滤球、滤棒）、砂滤棒。垂熔玻璃滤器按过滤介质的孔径分为 1~6 号，G3 多用于常压过滤，G4 多用于减压或加压过滤，G6 作无菌过滤用；砂滤棒可用于减压或加压滤过装置，主要有硅藻土棒与多孔素瓷滤棒两种。硅藻土棒质地疏松，主要用于黏度高、浓度大的药液；多孔素瓷滤棒质地致密，适用于低黏度的药液。

②加压滤过常用板框过滤器，它是由许多块"滤板"和"滤框"串联组成。由供料泵将浸提液压入滤室，在滤布上形成滤渣，直至充满滤室。滤液穿过滤布并沿滤板沟槽流至板框边角通道，集中排出。过滤完毕，可通入清洗涤水洗涤滤渣。因其压力稳定。滤速快、质量好、效率高的优势而在药品生产企业广泛应用。

③高位静压滤过适用于生产量不大、缺乏加压或减压设备的情况，通过楼层高度差进行。压力稳定，质量好，但滤速慢、效率低。

④薄膜滤过是利用对组分有选择性透过性的薄膜，达到混合物组分分离的方法。浓度差、压力差、电位差是膜分离的推动力。常用的有微孔滤膜、超滤膜。

精滤的方法、设备、操作规程在气雾剂与喷雾剂制备中也有应用，后续章节不再重复论述。

二、露剂的质量要求与检查

1. 质量要求

露剂应澄清，必须具有与原药物相同的气味，不得有异臭、沉淀和杂质。根据需要可加入适宜的抑菌剂和矫味剂，其品种与用量应符合国家标准的有关规定。加入抑菌剂的露剂在制剂确定处方时，应进行该处方的抑菌效力检查。

2. 检查

按照《中国药典》露剂项下的要求，需检查pH 值、装量及微生物限度，均应符合规定。

三、酒剂的质量要求

生产酒剂所用的饮片，一般应适当粉碎；内服酒剂以谷类酒为原料，可以加入适量的糖或蜂蜜调味。酒剂应密封，置阴凉处贮存，在贮存期间允许有少量摇之易散的沉淀。

酒剂还应符合下列检查

1. 乙醇量

照《中国药典》乙醇量测定法测定，应符合规定。

2. 甲醇量

照《中国药典》甲醇量测定法测定，应符合规定。

3. 总固体

酒剂的总固体含量测定有两种方法：

（1）含糖、蜂蜜的酒剂 精密量取供试品上清液 50ml，置蒸发皿中，水浴上蒸至稠膏状，加无水乙醇搅拌提取 4 次，每次 10ml，滤过，合并滤液，置已干燥至恒重的蒸发皿中，蒸至近干，精密加入硅藻土 1g（经 105℃干燥 3 小时、移置干燥器中冷却 30 分钟），搅匀，在 105℃干燥 3 小时，移置干燥器中，冷却 30 分钟，迅速精密称定重量，扣除加入的硅藻土量，遗留残渣应符合品种项下的有关规定。

（2）不含糖、蜂蜜的酒剂 精密量取供试品上清液 50ml，置已干燥至恒重的蒸发皿中，水浴上蒸干，在 105℃干燥 3 小时，移置干燥器中，冷却 30 分钟，迅速精密称定重量，遗留残渣应符合品种项下的有关规定。

4. 微生物限度

照非无菌产品微生物限度检查：微生物计数法和控制菌检查及非无菌药品微生物限度标准检查，除需氧菌总数每 1ml 不得过 500cfu，霉菌和酵母菌总数每 1ml 不得过 100cfu 外，其他应符合规定。

5. 最低装量检查（装量）

容量法（适用于标示装量以容量计的制剂）：取供试品 5 个（50ml 以上者 3 个），开启时注意避免损失，将内容物转移至预经标化的干燥量入式量筒中（量具的大小应使待测体积至少占其额定体积的 40%），黏稠液体倾出后，除另有规定外，将容器倒置 15 分钟，尽量倾净。2ml 及以下者用预经标化的干燥量入式注射器抽尽。读出每个容器内容物的装量，并求其平均装量，均应符合表 3-3-7 的有关规定。如有 1 个容器装量不符合规定，则另取 5 个（50ml 以上者 3 个）复试，应全部符合规定。

表 3-3-7 最低装量检查

标识装量	口服及外用固体、半固体、液体；黏稠液体	
	平均装量	每个容器装量
20ml 以下	不少于标示装量	不少于标示装量的 93%
20ml 至 50ml	不少于标示装量	不少于标示装量的 95%
50ml 以上	不少于标示装量	不少于标示装量的 97%

四、酊剂的质量要求

每 100ml 相当于原饮片 20g。含有毒剧药品的中药酊剂，每 100ml 应相当于原饮片 10g；有效成分明确者，应根据其半成品的含量加以调整，使符合规定。酊剂应遮光，密封，置阴凉处贮存；应澄清，久置允许有少量摇之易散的沉淀。

酊剂还应符合下列检查

1. 乙醇量

照《中国药典》乙醇量测定法测定，应符合规定。

2. 甲醇量

照《中国药典》甲醇量测定法测定，应符合规定。

3. 微生物限度

照非无菌产品微生物限度检：微生物计数法和控制菌检查及非无菌药品微生物限度标准检查，应符合规定。

4. 最低装量检查（装量）

参见本节酒剂的质量要求。

五、煎膏剂

（一）煎膏剂的配制方法与设备

煎膏剂的制备工艺流程为煎煮→浓缩→收膏→分装→成品

1.蔗糖的选择与处理

制备煎膏剂所用的糖，应使用药品标准收载的蔗糖。糖的品质不同，制成的煎膏剂质量和效用也有差异。常用冰糖、白糖、红糖、饴糖等。冰糖系结晶型蔗糖，质量优于白糖；白糖味甘、性寒，有润肺生津，和中益肺，舒缓肝气的功效；红糖是一种未经提纯的糖，其营养价值比白糖高，具有补血、破瘀、舒肝、祛寒等功效，尤其适用于产妇、儿童及贫血者食用，起矫味、营养和辅助治疗作用；饴糖也称麦芽糖，系由淀粉或谷物经大麦芽作催化剂，使淀粉水解、转化、浓缩后而制得的一种稠厚液态糖。各种糖在有水分存在时，都有不同程度的发酵变质特性，其中尤以饴糖为甚，在使用前应加以炼制。

炼糖的目的在于使糖的晶粒熔融，减少水分，杀死微生物，净化杂质，控制糖的转化率，防止"返砂"。

炼糖方法与质量要求：取蔗糖适量，加水50%，用高压蒸汽或直火加热熬炼，并不断搅拌，保持微沸，炼至"滴水成珠，脆不粘牙，色泽金黄"，使糖转化率达40%~50%时，取出。为促使糖转化，可加入适量枸橼酸或酒石酸（一般为糖量的0.1%~0.3%）；冰糖一般含水量较少，炼制时间宜短，且应在开始炼制时加适量水以防焦化；饴糖含水量较多，炼制时不加或少加水，且炼制时间较长；红糖含杂质较多，转化后一般加糖量二倍的水稀释，静置适当时间，除去沉淀备用。

炼糖的设备常采用蒸汽加热的化糖罐、炼糖罐。由料液混合泵、冷热缸、双联过滤器、机架以及连接管件组成。主要用于糖的溶解，同时发挥溶解、加热（或冷却）和过滤三种作用。速度快、效率高。

2.制备方法

（1）煎煮　根据方中饮片性质，将其切成片、段或粉碎成粉末，加水煎煮2~3次，每次2~3小时，滤取煎液，压榨药渣，压榨液与滤液合并，静置，用适宜的滤器滤净。若为新鲜果类，则宜洗净后榨取果汁，取渣加水煎煮，合并果汁与水煎液备用。

（2）浓缩　将上述药液加热浓缩至规定的相对密度，或以搅拌棒趁热蘸取浓缩液滴于桑皮纸上，以液滴的周围无渗出水迹时为度，即得"清膏"。

（3）收膏　取清膏，加规定量的炼糖或炼蜜，继续加热熬炼，收膏时随着稠度的增加，加热温度可相应降低，并需不断搅拌和捞除液面上的浮沫，稠度较大时，尤其应注意防止焦化。

①炼糖（炼蜜或转化糖）的用量：除另有规定外，一般加入炼糖（炼蜜或转化糖）的量不超过清膏量的3倍。

②收膏标准：收膏稠度视品种而定，一般相对密度在1.4左右。相对密度按照《中国药典》相对密度测定法测定。在实际生产中，通常用波美计测量。

③药粉加入：如需加入药粉，一般应加入细粉，搅拌均匀。且应在膏滋相对密度和不溶物检查符合规定并待稍冷后加入。

（4）分装　待煎膏充分冷却后，再分装于洗净（或灭菌）干燥的大口径容器中，加盖密闭，以免水蒸气冷凝汇入膏滋表面产生霉败变质。

（5）设备　煎膏剂制备使用的设备包括夹层锅、收膏机等。

（二）煎膏剂的质量要求与检查

按照《中国药典》煎膏剂项下的要求检查相对密度、不溶物、装量及微生物限度。其中加饮片细粉的煎膏剂进行不溶物检查时，应在未加入药粉前检查，符合规定后方可加入药粉，加入药粉后不再检查不溶物。

技能要求

　　1. 能使用精滤设备滤过药液，按质量控制点监控滤液质量。

　　2. 能使用化糖设备炼糖，监控炼糖质量。

　　3. 能使用配液设备配制酒剂、酊剂、露剂及煎膏剂。

　　4. 能在灌封过程中监控装量差异。

一、使用微孔滤膜滤器滤过药液

1. 技能考核点

（1）滤过过程中压力变化的原因与调整。

（2）进行滤过操作。

2. 操作程序、操作规程及注意事项

（1）操作程序　准备工作→滤过→清场→填写记录

（2）操作规程

①使用前的准备工作：选择适宜的微孔滤膜。检查过滤器的清洁状况，使用前应将过滤器重新进行清洁处理。新领用滤膜在使用前先在新鲜的纯化水内浸润24小时，以使滤膜充分的湿

润。将处理后的滤膜装入过滤器内，检查合格后方能正式使用。

②滤过：使用时先将过滤器内的空气排尽，否则被过滤的液体无法过滤。打开过滤系统的阀门及给压泵，将需过滤的溶液或气体经压泵加压经过滤，过滤后的液体检查其澄明度，须符合规定。

③过滤完后的清场：生产结束或药液过滤完毕后，先关闭给压泵电源，再关闭管路上的阀门。应做起泡点测试检验过滤后的滤膜，以明确过滤过程中质量的可靠性。及时填写相关记录。

（3）注意事项

①过滤过程中，随时注意过滤器上的压力表指针变化范围，若指针变化范围突然增大或变小，应立即停止过滤，查明原因，进行处理后方可重新过滤。

②滤膜在使用前应先在新鲜的纯化水内浸润24小时，以使滤膜充分湿润。

③使用时应先将过滤器内的空气排尽，否则被过滤的液体无法过滤。

3. 生产记录样表（表3-3-8）

表3-3-8　微孔滤膜滤器滤过药液生产记录样表

产品名称		批号		规格	
月　日　时　分 —— 月　日　时　分					
操作参数					
微孔滤膜滤器编号					
待过滤药液储编号					
微孔滤膜规模					
过滤药液量（L）					
开始过滤时间			时　分		
结束过滤时间			时　分		
过滤用时间			时　分		
滤液储罐号/体积（L）					

滤液总体积（L）	
过滤过程中压力与速度情况	
操作人	复核人／日期
备注	

二、监控微孔滤膜的滤液质量

1. 技能考核点

滤过过程中滤液质量的检查。

2. 操作程序及注意事项

（1）操作程序　药液滤过→观察滤过速度、滤液澄清度→取样→取样检查→清场→填写记录

（2）注意事项

①药液过滤过程中，严格按照设备标准操作程序、维护保养程序、取样检测标准操作程序和企业药液中间体质量标准进行操作和判定。

②操作人员每间隔15分钟（不同企业时间安排不同）取样一次，对药液的可见异物、不溶性微粒、活性成分含量进行检查和测定。

③根据要求可以选择下列检测指标

可见异物：当药液经过滤后，再用洁净干燥的250ml具塞玻璃瓶，取样200ml药液，观察可见异物。

含量测定：过滤前取样测定：当药液稀配好后，用预先干净、干燥的具塞250ml玻璃瓶，取200ml药液，检测药液中活性成分的含量；过滤后取样测定：微孔滤膜过滤后，再灌装取样，用预先干净、干燥的具塞250ml玻璃瓶，取样200ml药液，检测药液中活性成分的含量。

④针对不合格指标应展开调查分析，如为取样造成的，则应在不合格取样点重新取样检测；必要时采用前后分段取样和倍量取样的方法，进行对照检测，以确定不合格原因。

⑤滤过过程中随时观察过滤压力和滤液澄清情况。压力和澄清度发生变化时，通常会影响滤过质量。

3. 生产记录样表（表3-3-9）

表3-3-9　微孔滤膜过滤效果记录样表

批号			班次／日期	
取样时间	外观性状	可见异物	吸附	
性状	共检查　　次		符合要求□　　不符合要求□	
可见异物	共检查　　次		符合要求□　　不符合要求□	
吸附情况				
结论：				
操作人：			日期：	
检查人签名：			日期：	

三、使用化糖罐炼糖

1. 技能考核点

（1）清楚炼糖的操作内容并能够进行炼糖操作。

（2）炼糖前能够确认炼糖用水的要求。

（3）判断炼糖的程度与质量。

2. 操作程序、操作规程及注意事项

（1）操作程序　准备→加水→加糖→加热→炼糖→放冷→清场→填写记录

（2）操作规程

①称量前校正台秤，做到称量轻、稳、准，称量必须有复核。

②配制前将化糖罐、输料管道按规定进行循环清洁、消毒。

③在化糖罐中加入纯化水，将纯化水加热至60℃时，按照指令要求将定量的蔗糖缓慢加入化糖罐中，边加边搅拌，直到糖浆溶液全部澄明后保持微沸（110~115℃）2小时。

（3）注意事项

①配制用水应使用新制且贮存时间不超过24小时的纯化水。

②糖的种类和质量，影响炼制时加水量、炼制时间与温度。

③为促进糖转化，可加入糖量0.1%~0.3%的枸橼酸或酒石酸。

3. 生产记录样表（表3-3-10）

表3-3-10　化糖罐炼糖生产记录样表

产品名称		批号		规格	
生产工序起止时间		月　日　时　分 —— 月　日　时　分			
化糖罐号		第（　　）号罐		第（　　）号罐	
设备状态确认		正常□　异常□		正常□　异常□	
加糖量（kg）					
炼制温度（℃）					
炼制时间	开始	月　日　时　分		月　日　时　分	
	结束	月　日　时　分		月　日　时　分	
搅拌时间总计		分		分	
成品情况					
炼糖程度					
炼糖重量（kg）					
水分含量（%）					
成品相对密度					
操作人		复核人/日期			
备注					

四、监控炼糖质量

1. 技能考核点

清楚炼糖合格的标准，并能够准确判断。

2. 操作程序及注意事项

（1）操作程序　准备→取样→检查→清场→填写记录

（2）注意事项

①炼糖过程中使用温度计监控炼糖温度。

②糖液外观应为均匀的金黄色，糖的转化率为40%~50%。

③炼制过程中应观察糖液情况，当糖液开始呈现金黄色，见光发泡，则炼糖完成。

④炼糖中设备温度较高，相关人员操作中应注意防止被烫伤。

3.生产记录样表（表3-3-11）

表3-3-11 炼糖质量检查记录样表

批号				班次/日期	
取样时间	外观性状	温度	水分含量	糖转化率	

性状：共检查　　次，
温度：共检查　　次，
水分含量：共检查　　次，
糖转化率：

结论：	确认结果：
操作人：	日期：
检查人签名：	日期：

五、使用配液罐配制酒剂

1.技能考核点

（1）能够进行配制操作。

（2）判别配制质量。

2.操作程序、操作规程及注意事项

（1）操作程序　准备→加入物料→注入白酒或纯水→（加热）→搅拌配制→（降温）→滤过→清场→填写记录

（2）操作规程

①开启阀门，向配液罐内注入物料。

②开投料口阀门放入一定量的酒精或纯水。

③打开搅拌器电源开关，以规定速度搅拌。

④加热操作（根据工艺需要）：打开蒸汽阀门，将罐内物料加热温度达到设定值。

⑤降温操作（根据工艺需要）：打开冷水阀向夹层内供应冷却水，降低罐内物料温度，使温度达到设定值。

⑥配制过程中检测含醇量。打开出料阀及输料泵，将罐内物料滤过后打入稀配间药液稀配罐内。

⑦填写相关记录。

（3）注意事项

①配液罐在进料时应确保配液罐、输送管道的清洁，让物料不会受到污染。

②物料输入配液罐前关闭所有的阀门，最后打开配液罐的进料阀。

③配料罐在进行配料时需要注意配液罐内的蒸汽压力，控制蒸汽阀，保持罐内压力的正常。

④根据工艺需要进行加热或降温操作，温度达到设定值时，应关闭蒸汽阀或冷水阀；控制乙醇浓度。

⑤配液罐在使用完毕后，需要进行清洗，清洗方式可以使用清洗剂清洗、清洗球清洗，也可向罐内通入蒸汽进行灭菌消毒；常用的清洗剂有酸碱清洗剂和灭菌清洗剂，清洁方式可根据生产的物料特性及物料残留的情况选择。

3.生产记录样表（表3-3-12）

表 3-3-12　配液罐配制酒剂生产记录样样表

产品名称		批号		规格	
生产工序起止时间		月　日　时　分 —— 月　日　时　分			
配制罐号		第（　　）号罐		第（　　）号罐	
设备状态确认		正常□　异常□		正常□　异常□	
温度（℃）					
压力（MPa）					
物料量（kg/L）					
白酒 / 纯水量（kg/L）					
矫味剂种类、用量					
配制时间	开始	月　日　时　分		月　日　时　分	
	结束	月　日　时　分		月　日　时　分	
搅拌速度（r/min）					
成品情况					
乙醇含量					
配制总量（kg/L）					
总固体量（%）					
外观性状					
操作人		复核人 / 日期			
备注					

六、使用配液罐配制酊剂

1. 技能考核点

（1）能够进行配制操作。

（2）判别配制质量。

2. 操作程序、操作规程及注意事项

（1）操作程序　准备→加入物料→注入乙醇或纯水→（加热）→搅拌配制→（降温）→滤过→清场→填写记录

（2）操作规程　酊剂的溶媒是规定浓度的乙醇。操作规程参见本节"五、使用配液罐配制酒剂"。

（3）注意事项　酊剂不加糖或蜂蜜矫味和着色。其他注意事项参见本节"五、使用配液罐配制酒剂"。

3. 生产操作记录样表（表 3-3-13）

表 3-3-13　配液罐配制酊剂记录样表

产品名称		批号		规格	
生产工序起止时间		月　日　时　分 —— 月　日　时　分			
配制罐号		第（　　）号罐		第（　　）号罐	
设备状态确认		正常□　异常□		正常□　异常□	
温度（℃）					
压力（MPa）					

续表

物料量（kg/L）				
乙醇/纯水量（kg/L）				
配制时间	开始	月　日　时　分		月　日　时　分
	结束	月　日　时　分		月　日　时　分
搅拌速度（r/min）				
成品情况				
乙醇含量				
配制总量（kg/L）				
外观性状				
操作人			复核人/日期	
备注				

七、使用配液罐配制露剂

1. 技能考核点

（1）进行配制操作，特别是温度的控制和防腐剂的加入方法。

（2）其他参见本节"五、使用配液罐配制酒剂"。

2. 操作程序、操作规程及注意事项

（1）操作程序　准备→加入蒸馏液→注入纯水→（加防腐剂）→搅拌配制→（滤过）→清场→填写记录

（2）操作规程　参见本节"五、使用配液罐配制酒剂"。

（3）注意事项

①配制露剂时注意控制温度，以减少挥发性成分的损失。

②配制露剂的蒸馏液，根据药物性质及工艺要求，常会重蒸馏一次，必要时滤过。

③按规定加入防腐剂。应注意将配液罐夹层通水冷却至 40~60℃时方可加入，以免产生反应而影响防腐效果。

④其他注意事项参见本节"五、使用配液罐配制酒剂"。

3. 生产记录样表（表 3-3-14）

表 3-3-14　配液罐配制露剂操作记录样表

产品名称		批号		规格	
生产工序起止时间		月　日　时　分 —— 月　日　时　分			
配制罐号		第（　　）号罐		第（　　）号罐	
设备状态确认		正常□　异常□		正常□　异常□	
温度（℃）					
压力（MPa）					
蒸馏液量（kg/L）					
纯水量（kg/L）					
防腐剂种类、用量					
配制时间	开始	月　日　时　分		月　日　时　分	
	结束	月　日　时　分		月　日　时　分	

搅拌速度（r/min）		
成品情况		
配制总量（kg/L）		
外观性状		
操作人		复核人／日期	
备注		

八、使用配液罐配制煎膏剂

1. 技能考核点

（1）进行煎膏剂配制操作。

（2）清楚收膏的质量要求和饮片细粉加入的方法。

2. 操作程序、操作规程及注意事项

（1）操作程序　准备→加入清膏→加入炼蜜或炼糖→（加入药粉）→（加热）→搅拌配制→（降温）→滤过→清场→填写记录

（2）操作规程

参见本节"五、使用配液罐配制酒剂"。

①检查配液罐及管路设施的清洁完好状况，使用前应将配液罐等重新进行清洁处理（包括附属管道及设备），并不得使其有跑、冒、滴、漏现象。检查过滤器安装是否完好，确认完好后待用。检查设备管道上所配计量设施是否完好，且在校验期内。

②打开配制罐盖，关闭配液罐底的阀门，将称量好的原辅料按生产工艺的要求投入罐内，然后打开蒸汽阀给药液进行加热煮沸适量的时间后，关闭蒸汽阀。

③打开罐底阀门，打开送药液管道上的阀门及药液泵，将药液送入到静置罐内。

④生产结束后，在线清洗配液罐及附属管道。关闭水、电、汽阀。

（3）注意事项

①收膏标准：收膏稠度视品种而定，一般相对密度在1.4左右。相对密度照《中国药典》相对密度测定法方法测定。在实际生产中，判断正在加热的清膏及成品膏是否达到规定，也常用波美计测量。

②将浓缩至规定相对密度的清膏、规定量的炼蜜或炼糖加入到配液罐中，搅拌均匀，测定相对密度。

③如有饮片原粉加入，应粉碎至细粉，且应在膏滋相对密度和不溶物检查符合规定并在室温下加入，搅拌均匀。

④其他注意事项参见本节"五、使用配液罐配制酒剂"。

3. 生产记录样表（表3-3-15）

表3-3-15　配液罐配制煎膏剂操作记录样表

产品名称		批号		规格	
生产工序起止时间		月　日　时　分 ——		月　日　时　分	
配制罐号		第（　　）号罐		第（　　）号罐	
设备状态确认		正常□　异常□		正常□　异常□	
温度（℃）					
压力（MPa）					
清膏量（kg/L）					
炼蜜／炼糖量（kg/L）					
药粉量（kg）					

续表

配制时间	开始	月　日　时　分		月　日　时　分
	结束	月　日　时　分		月　日　时　分
搅拌速度（r/min）				
成品情况				
相对密度				
不溶物				
总量（kg/L）				
外观性状				
操作人			复核人/日期	
备注				

九、监控灌封过程中装量差异

1. 技能考核点

（1）进行灌封过程中装量差异的检查。

（2）熟悉一般液体、黏稠液体的装量要求。

2. 操作程序及注意事项

（1）操作程序　准备→检查→清场→填写记录

（2）注意事项

①每批药液从配制合格到灌封完毕，控制在24小时内为宜。

②开机进行灌封时，装量差异应至少30分钟内检测一次。

检测方法：取供试品5个（50ml以上者3个），开启时注意避免损失，将内容物分别用干燥并预经标化的注射器（包括注射针头）抽尽，50ml以上者可倾入预经标化的干燥量筒中，黏稠液体倾出后，将容器倒置15分钟，尽量倾净。读出每个容器内容物的装量，并求其平均装量，均应符合规定。如有1个容器装量不符合规定，则另取5个（或3个）复试，应全部符合规定。

适用于标示装量不大于500g（ml）液体制剂。检查装量差异应符合表3-3-16中规定。

表3-3-16　液体制剂装量限定表

标示装量	液体		黏稠液体	
	平均装量	每个容器装量	平均装量	每个容器装量
20ml以下	不少于标示装量	不少于标示装量的93%	不少于标示装量的90%	不少于标示装量的85%
20~50ml	不少于标示装量	不少于标示装量的95%	不少于标示装量的95%	不少于标示装量的90%
50~500ml	不少于标示装量	不少于标示装量的97%	不少于标示装量的95%	不少于标示装量的93%

3. 生产记录样表（表3-3-17）

表3-3-17　灌封过程中装量差异检查记录样表

批号		班次/日期	
取样批次	装量	是否合格	

装量差异：共检查　　次，		
操作人：		日期：
检查人签名：	确认结果：	日期：
备注		

第三节　液体制剂

相关知识要求

知识要点

1. 低分子溶液剂的含义、特点、制备方法及注意事项。

2. 液体制剂初滤的方法与设备、初滤操作及注意事项。

3. 混悬剂的稳定剂、影响混悬剂稳定性的因素、制备方法、制备设备及质量评价。

液体制剂系指药物分散在适宜的分散介质中制成的液态制剂。根据分散介质中药物粒子大小不同，液体制剂分为真溶液型、胶体溶液型、乳状液型、混悬液型四种分散体系。在初级工部分介绍了液体制剂的基础知识、乳剂及混悬剂的含义和特点。在此基础上，中级工部分介绍低分子溶液剂、混悬剂的相关知识及制备，以及初滤的方法、设备、操作和注意事项。

理论部分中初滤设备的操作规程参见本章第一节技能部分"五、使用板框过滤器滤过药液"以及本节技能部分"监控板框过滤器的滤液质量"；分散设备的操作规程参见技能部分"使用胶体磨配制混悬剂"。

一、低分子溶液剂

（一）低分子溶液剂的含义、特点与分类

1. 含义

药物以分子或离子状态分散在溶剂中所形成的均相液体制剂，属于真溶液型液体制剂，可供内服或外用。

2. 特点

药物一般为低分子的化学药物或中药挥发性物质，溶剂多用水，也有用乙醇或油为溶剂，制备时根据需要可加入增溶剂、助溶剂、抗氧剂、矫味剂、着色剂等附加剂。

3. 分类

低分子溶液剂主要有溶液剂、芳香水剂、甘油剂、醑剂等。

（1）溶液剂　系指药物溶解于溶剂中所形成的澄明液体制剂。溶液剂应澄清，不得有沉淀、混浊或异物。

（2）芳香水剂　系指中药挥发油或芳香挥发性药物的饱和或近饱和的水溶液。也有用水和乙醇为混合溶剂制成药物含量较高的浓芳香水剂，临用时再稀释。

（3）甘油剂　系指药物溶解于甘油中制成的液体制剂，专供口腔、耳鼻喉科疾病的外用治疗。甘油具有黏稠性、吸湿性，对皮肤、黏膜有滋润作用，可以延长药物在患处的滞留，更好地发挥作用。但甘油剂引湿性较大，应密闭保存。

（4）醑剂　系指挥发性药物的浓乙醇溶液，供外用或内服。用于制备芳香水的药物一般都可以制成醑剂。醑剂中药物浓度可达5%~10%，乙醇浓度一般为60%~90%。除用于治疗外，醑剂也

可作芳香矫味剂。醑剂中挥发油易氧化变质和挥发，且长期贮存会变色，故醑剂应贮藏于密闭容器中，置冷暗处保存，且不宜长期贮藏。醑剂应规定含醇量。

（二）低分子溶液剂的制备方法

1. 溶液剂的制备

（1）溶解法　一般取处方总量 1/2~3/4 溶剂，加入药物搅拌使溶解，滤过，再通过滤器加溶剂至全量，搅匀，即得。

（2）稀释法　先将药物配制成高浓度溶液，再用溶剂稀释至所需浓度，搅匀，即得。

2. 芳香水剂的制备

（1）溶解法　取挥发油或挥发性药物细粉，加纯化水适量，用力振摇使成饱和溶液，滤过，通过滤器加适量纯化水至全量，搅匀，即得。制备时也可先加适量滑石粉与挥发油研匀，再加纯化水溶解。

（2）稀释法　取浓芳香水剂，加纯化水稀释，搅匀，即得。

3. 甘油剂的制备

一般用溶解法制备。如硼酸甘油，是由甘油与硼酸经化学反应生成硼酸甘油酯，再将反应产物溶于甘油中制成。

4. 醑剂的制备

醑剂一般用溶解法或蒸馏法制备。

5. 低分子溶液剂制备注意事项

（1）根据药物的性质和工艺要求，选择适宜的制备方法。

（2）易溶但溶解缓慢的药物，可以采用粉碎、搅拌、加热等措施促进药物溶解。

（3）制备时先将溶解度小的药物溶解后，再加入其他药物。

（4）难溶性药物可适当加入增溶剂或助溶剂。

（5）对温度敏感的易氧化、易挥发的药物，应在室温下制备，并加入适宜的抗氧剂等。

（三）低分子溶液剂的质量要求与检查

低分子溶液剂要求含量准确、澄清透明、稳定、色香味符合规定。目前主要对体系澄清度、颜色、稳定性、色香味等方面进行检查。

低分子溶液剂的含量检查主要是根据药物的性质确定检查方法，多数情况下采用液相色谱、气相色谱、液质联用等仪器进行定量检查。

二、液体制剂的初滤

（一）滤材

常用于初滤的滤材有：滤纸、长纤维脱脂棉、绸布、绒布、尼龙布、滤网等。常用的过滤设备有：钛滤器、砂滤棒、板框过滤器、袋式过滤器等。

（二）方法与设备

根据生产中不同药品的过滤要求，结合药液中沉淀物的多少，选择适宜的滤器与滤过设备。

常压滤过、减压滤过、加压滤过方法与设备参见本章第一节"二、过滤分离法"。

1. 高位静压滤过装置（自然滤过）

该装置适用于楼房，配液间和储液罐在楼上，待滤药液通过管道自然流入滤器，滤液流入楼下的贮液瓶或直接灌入容器。利用液位差形成的静压，促使经过滤器的滤材自然滤过。适用于生产量不大、缺乏加压或减压设备的情况，特别在有楼房时，药液在楼上配制，通过管道滤过到楼下继续灌封。此法简便、压力稳定、质量好，但滤速慢。

2. 减压滤过装置

是在滤液贮存器上不断抽去空气，形成负压，促使在滤器上方的药液经滤材流入滤液贮存器内。适用于各种滤器，但压力不够稳定，操作不当，易使滤层松动从而影响质量。此过滤装置可先粗滤，再精滤，进行连续过滤，整个过程处于封闭状态，药液不易污染，但进入系统的空气必须经过过滤。

3. 加压滤过装置

系用离心泵输送药液通过滤器进行滤过。其特点是：压力稳定、滤速快、质量好、产量高。由于全部装置保持正压，空气中的微生物和微粒不易侵入滤过系统，同时滤层不易松动，因此滤过质量比较稳定。但此法需要离心泵，适用于配液、滤过、灌封在同一平面工作。

（三）注意事项

（1）不论采用何种滤过方式和装置，由于滤材的孔径不可能完全一致，故最初的滤液不一定澄明，常要倒回料液中再滤，称为"回滤"。可以使滤液更澄清。

（2）滤过的目的是实现固液分离。有效成分为可溶性成分时取滤液，有效成分为固体沉淀物时取滤渣，有时滤液和滤渣皆为有效成分，则应分别收集。

（3）过滤过程中滤渣在滤过介质的空隙上逐步累积形成"架桥"现象，与滤渣颗粒形状及压缩性有关，针状或粒状坚固颗粒可集成具有空隙的致密滤层，滤液可通过，大于间隙的微粒被截留而达到滤过的作用。"架桥"可以增加滤液的滤过效果，但会降低过滤效率。

初滤的方法、设备、注意事项、操作规程在注射剂、气雾剂与喷雾剂制备中也有应用，后续章节中不再重复论述。

三、混悬剂

（一）影响混悬剂稳定性的因素

混悬剂中药物微粒与分散介质之间存在着固液界面，微粒的分散度较大，使混悬微粒具有较高的表面自由能，故处于不稳定状态。尤其是疏水性药物的混悬剂，存在更大的稳定性问题。这里主要讨论混悬剂的物理稳定性问题，以及提高稳定性的措施。

1. 混悬微粒的沉降

混悬剂中的微粒由于受重力作用，静置后会自然沉降，其沉降速度服从 Stokes 定律：按

Stokes 定律要求，混悬剂中微粒浓度应在 2% 以下。但实际上常用的混悬剂浓度均在 2% 以上。此外，在沉降过程中微粒电荷的相互排斥作用，阻碍了微粒沉降，故实际沉降速度要比计算得出的速度小得多。由 Stokes 定律可见，混悬微粒沉降速度与微粒半径平方、微粒与分散介质密度差成正比，与分散介质的黏度成反比。混悬微粒沉降速度愈大，混悬剂的动力学稳定性就愈小。

为了使微粒沉降速度减小，增加混悬剂的稳定性，可采用以下措施：①尽可能减小微粒半径；②加入助悬剂，既增加了分散介质的黏度，减少微粒与分散介质之间的密度差，同时助悬剂被吸附于微粒的表面，形成保护膜，增加微粒的亲水性。

2. 混悬微粒的荷电与水化

混悬微粒因某些基团的解离或吸附分散介质中的离子而荷电，具有双电层结构，产生 ζ- 电位；因微粒表面荷电，水分子在微粒周围定向排列形成水化膜，这种水化作用随着双电层的厚薄而改变。

由于微粒带相同电荷的排斥作用和水化膜的存在，阻碍了微粒的合并，增加混悬剂的稳定性。当向混悬剂中加入少量电解质，则可改变双电层的结构和厚度，使混悬粒子聚结而产生絮凝。亲水性药物微粒除带电外，本身具有较强的水化作用，受电解质的影响较小，而疏水性药物混悬剂则不同，微粒的水化作用很弱，对电解质更为敏感。

3. 混悬微粒的润湿

固体药物的亲水性强弱，能否被水润湿，与混悬剂制备的易难、质量高低及稳定性大小关系很大。亲水性药物，制备时则易被水润湿，易于分散，并且制成的混悬剂较稳定；疏水性药物，不能为水润湿，较难分散，可加入润湿剂改善疏水性药物的润湿性，从而使混悬剂易于制备并增加其稳定性。

4. 絮凝与反絮凝

由于混悬剂中的微粒分散度较大，具有较大

的界面自由能，因而微粒易于聚集。为了使混悬剂处于稳定状态，可以使混悬微粒在介质中形成疏松的絮状聚集体，方法是加入适量的电解质，使 ζ- 电位降低至一定数值（一般应控制 ζ- 电位在 20~25mV 范围内），混悬微粒形成絮状聚集体。此过程称为絮凝，为此目的而加入的电解质称为絮凝剂。絮凝状态下的混悬微粒沉降虽快，但沉降体积大。沉降物不易结块，振摇后又能迅速恢复均匀的混悬状态。

向絮凝状态的混悬剂中加入电解质，使絮凝状态变为非絮凝状态的过程称为反絮凝。为此目的而加入的电解质称为反絮凝剂，反絮凝剂可增加混悬剂流动性，使之易于倾倒，方便应用。

5. 结晶增大与转型

混悬剂中存在溶质不断溶解与结晶的动态过程。混悬剂中固体药物微粒大小不可能完全一致，小微粒由于表面积大，在溶液中的溶解速度快而不断溶解，而大微粒则不断结晶而增大，结果是小微粒数目不断减少，大微粒不断增多，使混悬微粒沉降速度加快，从而影响混悬剂的稳定性。此时必须加入抑制剂，以阻止结晶的溶解与增大，以保持混悬剂的稳定性。

具有同质多晶性质的药物，若制备时使用了亚稳定型结晶药物，在制备和贮存过程中亚稳定型可转化为稳定型，可能改变药物微粒沉降速度或结块。

6. 分散相的浓度和温度

在相同的分散介质中分散相浓度增大，微粒碰撞聚集机会增加，混悬剂的稳定性降低。温度变化不仅能改变药物的溶解度和化学稳定性，还能改变微粒的沉降速度、絮凝速度、沉降容积，从而改变混悬剂的稳定性。冷冻会破坏混悬剂的网状结构，使稳定性降低。

（二）混悬剂的稳定剂

混悬液中的稳定剂主要起润湿、助悬、絮凝或反絮凝的作用，以保持混悬液的稳定性。

1. 润湿剂

系指能增加难溶性药物微粒被水湿润的附加剂。疏水性药物制备混悬液时，必须加入润湿剂以利于分散。常用的润湿剂是亲水亲油平衡值（HLB）为 7~9 的表面活性剂，如聚山梨酯类、聚氧乙烯脂肪醇醚类、聚氧乙烯蓖麻油类、泊洛沙姆等。还有低分子溶剂，如甘油、乙醇等。

2. 助悬剂

助悬剂能增加分散介质的黏度，从而降低微粒的沉降速度；助悬剂还能被药物微粒吸附在其表面形成机械性或电性保护膜，防止微粒间互相聚集或产生晶型转变。

常用的助悬剂有：

（1）低分子助悬剂　如甘油、糖浆等，该类助悬剂目前应用较少。

（2）高分子助悬剂　有天然的与合成的两大类。常用的天然高分子助悬剂有：阿拉伯胶，用量 5%~15%；西黄蓍胶，用量 0.5%~1%；琼脂，用量 0.3%~0.5%。此外，尚有海藻酸钠、白及胶、果胶等。常用的合成高分子助悬剂有甲基纤维素、羧甲基纤维素钠、羟乙基纤维素、聚维酮、聚乙烯醇等。一般用量为 0.1%~1%，性质稳定。

（3）硅酸类　如胶体二氧化硅、硅酸铝、硅皂土等。

（4）触变胶　例如 2% 硬脂酸铝在植物油中形成触变胶。

3. 絮凝剂与反絮凝剂

絮凝剂系指使混悬剂产生絮凝作用的附加剂，而产生反絮凝作用的附加剂称为反絮凝剂。制备混悬剂时常需加入絮凝剂，使混悬剂处于絮凝状态，以增加混悬剂的物理稳定性。

絮凝剂的电解质离子化合价和浓度对絮凝的影响很大，一般产生絮凝作用的离子价数越高，絮凝作用越强，离子价数增加 1，絮凝效果增加 10 倍；同一电解质可因加入量的不同，在混悬剂中起絮凝作用（降低 ζ- 电位）或反絮凝作用（升高 ζ- 电位）。常用的絮凝剂有枸橼酸盐、枸橼酸氢盐、酒石酸盐、酒石酸氢盐、磷酸盐及氯化物等；絮凝剂和反絮凝剂的使用对混悬剂有很大影响，应在试验的基础上加以选择。

（三）混悬剂的制备方法与设备

1. 制备方法

制备混悬剂时，应使混悬微粒有适当的分散度，并尽可能分散均匀，以减小微粒的沉降速度，使混悬剂处于稳定状态。

（1）**分散法**　将粗颗粒的药物粉碎成符合混悬剂微粒要求的微粒，再分散于分散介质中制备混悬剂的方法。分散法制备混悬剂与药物的亲水性有密切关系。

①加液研磨法：粉碎时固体药物加入适当液体研磨，称为加液研磨法，可以减小药物分子间的内聚力，使药物容易粉碎得更细。加液研磨时，可使用处方中的液体，如水、芳香水、糖浆、甘油等，通常是1份药物可加0.4~0.6份液体，能产生最大分散效果。小量制备可用乳钵，大量生产可用乳匀机、胶体磨等机械。

②水飞法：对于质重、硬度大的药物，可采用"水飞法"制备，即将药物加适量的水研磨至细，再加入较多量的水，搅拌，稍加静置，倾出上层液体，研细的悬浮微粒随上清液被倾倒出去，余下的粗粒再进行研磨，如此反复直至完全研细，达到要求的分散度为止，再合并含有悬浮微粒的上清液，即得。水飞法可使药物研磨到极细的程度。

（2）**凝聚法**

①物理凝聚法：选择适当的溶剂，将药物以分子或离子状态分散制成饱和溶液，在快速搅拌下加入另一不溶的分散介质中凝聚成混悬液的方法。主要指微粒结晶法，一般将药物制成热饱和溶液，在搅拌下加至另一种药物不溶的液体中，使药物快速结晶，可制成10μm以下（占80%~90%）微粒，再将微粒分散于适宜介质中制成混悬剂。

②化学凝聚法：使两种或两种以上药物发生化学反应法生成难溶性的药物微粒，再分散于分散介质中的制备方法。化学反应在稀溶液中进行

并应急速搅拌，可使制得的混悬剂中药物微粒更细小更均匀。

2. 设备

混悬剂小量制备用乳钵，大量生产采用乳匀机、胶体磨（图3-3-5）、带搅拌的配料罐等。通过物料在多层转子和定子之间的间隙内高速运动，形成强烈的液力剪切和湍流，分散物料，同时产生离心挤压、碾磨、碰撞等综合作用力，最终使物料充分混合、搅拌、细化达到理想要求。其中，乳匀机是借强大推动力将两相液体通过乳匀机的细孔；胶体磨主要利用高速旋转的转子和定子之间的缝隙产生强大剪切力使液体乳化；带搅拌的配料罐分为低速搅拌乳化装置和高速搅拌乳化装置。

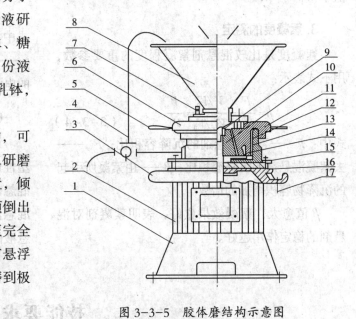

图3-3-5　胶体磨结构示意图

1. 底座；2. 电机；3. 端盖；4. 循环管；5. 手柄；6. 调节环；7. 接头；8. 料斗；9. 旋刀；10. 动磨片；11. 静磨片；12. 静磨片座；13. 形圈；14. 机械密封；15. 壳体；16. 组合密封；17. 排漏管接头

（四）混悬剂的质量评价

1. 微粒大小

混悬剂中微粒的大小不仅关系到混悬剂的质量和稳定性，也会影响混悬剂的药效和生物利用度。所以测定混悬剂中药物微粒大小及其分布是评价混悬剂质量的重要指标。测定微粒大小的方

法有显微镜法、库尔特计数法、浊度法、光散射法、漫反射法等。

2. 沉降体积比

系指沉降物的体积与沉降前混悬剂的体积之比，用 F 表示。将混悬剂放于量筒中，混匀，测定混悬剂的总容积 V_0，静置一定时间后，观察沉降面不再改变时沉降物的容积 V。沉降体积比 F 的计算用下式表示：

$$F = \frac{V}{V_0} = \frac{H}{H_0} \qquad (3-3-3)$$

式中：沉降体积比也可用高度表示；H_0——沉降前混悬液的高度；H——沉降后沉降面的高度。

F 值愈大混悬剂愈稳定，F 的数值在 0~1 之间，《中国药典》规定口服混悬剂静置 3 小时的 F 值不得低于 0.9。

3. 絮凝度的测定

絮凝度是比较混悬剂絮凝程度的重要参数，用下式表示：

$$\beta = \frac{F}{F_\infty} = \frac{V/V_0}{V_\infty/V_0} = \frac{V}{V_\infty} \qquad (3-3-4)$$

式中：F——絮凝混悬剂的沉降容积比；F_∞——去絮凝混悬剂的沉降容积比；β——由絮凝所引起的沉降物容积增加的倍数。

β 值愈大，絮凝效果愈好，表明絮凝剂对混悬剂的稳定作用越好。

4. 重新分散试验

混悬剂具有良好的再分散性，才能保证服用时的均匀性和分剂量的准确性。

重新分散试验：将混悬剂置于 100ml 量筒内，以 20r/min 的速度转动，经过一定时间的旋转，量筒底部的沉降物应重新均匀分散，说明混悬剂再分散性良好。

5. ζ- 电位测定

ζ- 电位的大小可反映混悬剂存在状态。一般 ζ- 电位在 25mV 以下，混悬剂呈絮凝状态；ζ- 电位在 50~60mV 时，混悬剂呈反絮凝状态。

可用电泳法测定混悬剂的 ζ- 电位，ζ- 电位与微粒电泳速度的关系用下式表示：

$$\zeta = 4\pi \frac{v\eta}{\varepsilon E} \qquad (3-3-5)$$

式中：v——微粒电泳速度；η——混悬剂的黏度；ε——介电常数；E——外加电场强度。测出微粒的电泳速度，即能计算出 ζ- 电位。

6. 流变学测定

评价混悬液的流变学性质。若为触变流动、塑性触变流动和假塑性触变流动，能有效地减缓混悬剂微粒的沉降速度。主要用旋转黏度计测定混悬液的流动曲线，由流动曲线的形状，确定混悬液的流动类型。

技能要求

1. 使用配液设备配制低分子溶液剂。

2. 使用初滤设备滤过药液，按质量控制点监控滤液质量。

3. 使用分散设备配制混悬剂，并按质量控制点监控混悬剂质量。

"使用板框过滤器滤过药液"在第一节提取物制备中介绍，详细参见本章第一节"五、使用板框过滤器滤过药液"。本节不再重复论述。

一、使用配液罐配制低分子溶液剂

1. 技能考核点

（1）选择溶解法或稀释法配制低分子溶液剂。

（2）加热、搅拌的操作要求。

2. 操作程序、操作规程及注意事项

（1）操作程序　准备→（加热）→配制→（降温）→（滤过）→清场→填写记录

（2）操作规程

①开启用水阀门，向配液罐内放入一定量的

水；打开投料口阀门，注入物料。

②打开搅拌器电源开关，按要求进行搅拌。

③加热操作（根据品种与工艺需要）：打开蒸汽阀门，将罐内物料加热 2~3 分钟后，关小排气阀，使温度达到设定值。

④降温操作（根据品种与工艺需要）：打开冷水阀向夹层内供应冷却水，降低罐内物料温度，使温度达到设定值时。

（3）注意事项

①采用溶解法制备时，一般取处方总量 1/2~3/4 溶剂，加入药物搅拌使溶解，滤过，再通过滤器加溶剂至全量，搅匀，即得；采用稀释法制备时，先将药物配制成高浓度溶液，再加入溶剂稀释至所需浓度，搅匀，即得。

②配液罐在进料时应确保配液罐、输送管道的清洁，让物料不会受到污染。

③物料输入配液罐前关闭所有的阀门，最后打开配液罐的进料阀。

④配料罐在进行配料时需要注意配液罐内的蒸汽压力，控制蒸汽阀，保持罐内压力的正常。

⑤根据工艺需要进行加热或降温操作，温度达到设定值时，应关闭蒸汽阀或冷水阀。

⑥操作时要规范配液罐的操作，保证工艺卫生及药品生产质量。

⑦在未打开进料阀之前，不能打开进料泵；在未开出料阀之前，不能打开出料泵。

3. 生产记录样表（表 3-3-18）

表 3-3-18　配液罐配制低分子溶液剂记录表

产品名称		批号			规格		
生产工序起止时间		月　日　时　分 —— 月　日　时　分					
配制罐号		第（　　　）号罐			第（　　　）号罐		
设备状态确认		正常□　异常□			正常□　异常□		
温度（℃）							
压力（MPa）							
药物（kg/L）							
纯水量（kg/L）							
酸/碱（kg/L）							
矫味剂/种类、用量							
抑菌剂/种类、用量							
配制时间	开始	月　日　时　分			月　日　时　分		
	结束	月　日　时　分			月　日　时　分		
搅拌速度（r/min）							
成品情况							
配制总量（kg/L）							
外观性状							
操作人			复核人/日期				
备注							

二、监控板框过滤器的滤液质量

1. 技能考核点

（1）滤过过程中滤液质量的检查。

（2）判别滤过过程中异常情况并进行处理。

2. 操作程序及注意事项

（1）操作程序 药液滤过→观察滤过速度、滤液澄清度→取样检查→清场→填写记录

（2）注意事项

①药液过滤过程中，严格按照设备标准操作程序、维护保养程序、取样检测标准操作程序和企业药液中间体质量标准进行操作和判定。

②操作人员每间隔 15 分钟（不同企业时间安排不同）取样一次，对药液的可见异物、不溶性微粒、活性成分含量进行检查和测定。

③根据要求可以选择下列检测指标

可见异物：当药液经过滤后，再用洁净干燥的 250ml 具塞玻璃瓶，取样 200ml 药液，观察可见异物。

含量测定：过滤前取样测定：当药液稀配好后，用预先干净干燥的具塞 250ml 玻璃瓶，取 200ml 药液，检测药液中活性成分的含量；过滤后取样测定：当药液经板框过滤器过滤后，再灌装取样，用预先干净干燥的具塞 250ml 玻璃瓶，取样 200ml 药液，检测药液中活性成分的含量。

④针对不合格指标应展开调查分析，如为取样造成的，则应在不合格取样点重新取样检测；必要时采用前后分段取样和倍量取样的方法，进行对照检测，以确定不合格原因。

⑤滤过过程中随时观察过滤压力和滤液澄清情况。压力和澄清度发生变化时，通常会影响滤过质量。

3. 生产记录样表（表 3-3-19）

表 3-3-19 板框过滤器过滤监控记录样表

批号			班次 / 日期	
取样时间	外观性状	可见异物	吸附	
性状	共检查　次		符合要求□　不符合要求□	
可见异物	共检查　次		符合要求□　不符合要求□	
吸附情况				
结论：				
操作人：			日期：	
检查人签名：			日期：	

三、使用胶体磨配制混悬剂

1. 技能考核点

（1）胶体磨的规范操作。

（2）胶体磨使用时应注意的事项。

2. 操作程序、操作规程及注意事项

1）操作程序

开机前准备→开机→配制→关机→清场→填写记录

2）操作规程

（1）操作前的准备

①检查胶体磨的清洁情况，以及各部件的完

整性。

②准备盛装物料的容器及盛料勺。

（2）安装

①安装转齿于磨座槽内，并用紧固螺栓紧固于转动主轴上。

②将定齿及间隙调节套安装于转齿上。

③安装进料斗。

④安装出料管及出料接咀。

（3）研磨操作

①用随机扳手顺时针（俯视）缓慢旋转间隙调节套。

②听到定齿与转齿有轻微磨擦时，即设为"0"点，这时定齿与转齿的间隙为零。用随机扳手逆时针（俯视）转动间隙调节套，确认转齿与定齿无接触。

③按启动键，俯视观察转子的旋转方向应为顺时针。

④用注射用水或0.9%氯化钠溶液冲洗1遍。

⑤以少量的待研磨的物料倒入装料斗内，调节间隙调节套，确定最佳研磨间隙。

⑥调好间隙后，拧紧扳手，锁紧间隙调节套。

⑦将待研磨的物料缓慢地投入装料斗内，正式研磨。

⑧将研磨后的物料装入洁净物料桶内。

⑨研磨结束后，应用纯化水或清洁剂冲洗，待物料残余物及清洁剂排尽后，方可停机、切断电源。

3）注意事项

①开启胶体磨之前必须打通进出料及循环管线，接通冷却水。

②启动胶体磨待运转正常后立即投料入磨加工，空车运转不得大于15秒。

③胶体磨使用结束后，应彻底清洗，勿使物料残留机内，以免机械密封黏结。

④助悬剂、防腐剂、矫味剂等附加剂可先用溶剂制成溶液，制备混悬剂时作液体使用。

⑤加工物料不允许有石英、碎玻璃、金属屑硬物质混入其中，否则入磨将损伤动、静磨片。

3. 生产记录样表（表3-3-20）

表3-3-20 胶体磨配制混悬剂记录样表

产品名称		批号		规格	
生产工序起止时间		月　日　时　分 —— 月　日　时　分			
胶体磨编号		第（　　）号		第（　　）号	
设备状态确认		正常□　异常□		正常□　异常□	
药物（kg/L）					
纯水量（kg/L）					
助悬剂/种类、用量					
分散剂/种类、用量					
循环速度					
定、转齿之间的间隙					
配制时间	开始	月　日　时　分		月　日　时　分	
	结束	月　日　时　分		月　日　时　分	
成品情况					
配制总量（kg/L）					

续表

外观性状			
操作人		复核人/日期	
备注			

四、按质量控制点监控混悬剂质量

1. 技能考核点

（1）按质量控制点监控混悬剂质量。

（2）能判别制备的混悬剂质量。

2. 操作程序及注意事项

（1）操作程序　准备→抽样→检查→清场→填写记录

（2）注意事项

①常用方法有显微镜法、库尔特法、光散射法等。

②混悬剂制备过程中，应严格按照设备标准操作程序、维护保养程序、取样检测标准操作程序和企业混悬剂中间体质量标准标准进行操作和判定。

③操作人员每间隔15分钟（不同品种时间安排不同）取样一次，检查和测定混悬剂的微粒大小、沉降体积比、质量特性、药物含量等指标。

④检测指标

微粒大小：显微镜法、库尔特计数法、浊度法、光散射法、漫反射法等很多方法都可测定混悬剂粒子大小。

沉降体积比：将混悬剂放于量筒中，混匀，测定混悬剂的总容积 V_0，静置一定时间后，观察沉降面不再改变时沉降物的容积 V。沉降体积比 F 按式 3-3-3 计算。

质量特性：是否出现沉降、絮凝、反絮凝、结块等现象。

药物含量：测定药物含量是否符合中间体标准。

3. 生产记录样表（表 3-3-21）

表 3-3-21　混悬剂质量监控记录样表

批号		班次/日期	
取样时间	微粒大小	沉降体积比	
微粒大小	共检查　次	符合要求□	不符合要求□
沉降体积比	共检查　次	符合要求□	不符合要求□
操作人：		日期：	
检查人签名：	确认结果：	日期：	
备注：			

第四节　注射剂制备

相关知识要求

知识要点

1. 注射剂的溶剂、附加剂、配液方法与设备；pH值测定法及溶液颜色检查法。

2. 初滤的方法、设备与操作注意事项。

3. 灌封的方法、设备、操作及质量要求。

4. 分散设备、乳化设备、贴标设备的操作。

注射剂系指原料药物或与适宜的辅料制成的供注入体内的灭菌溶液、乳状液、混悬液。初级工部分中介绍了注射剂的含义、特点、分类及制备基本操作，在此基础上，中级工部分介绍注射剂的溶剂、附加剂、配液操作、初滤操作、灌封操作等内容。

初滤的方法、设备、注意事项、操作规程在液体制剂制备中介绍，详细参见本章第三节液体制剂制备。

理论部分中配液设备的操作规程参见技能部分"使用配液罐配制药物溶液，检查pH值、色级"；灌封设备的操作规程参见技能部分"使用灌封机灌封药液""按质量控制点监控装量差异"；贴标设备的操作规程参见技能部分"使用贴标机印字"；分散设备的操作规程参见本章第三节技能部分"三、使用胶体磨配制混悬剂"；乳化设备的操作规程参见技能部分"使用乳匀机配制乳剂"。

一、注射剂的溶剂

注射剂所用溶剂应安全无害，并与其他药用成分兼容性良好，不得影响活性成分的疗效和质量。一般分为水性溶剂和非水性溶剂（包括注射用油和其他注射用溶剂）。

1. 水性溶剂

水性溶剂最常用的为注射用水，也可用0.9%氯化钠溶液或其他适宜的水溶液。

（1）**注射用水**　注射用水为纯化水经蒸馏所得到的水，应符合细菌内毒素试验要求。注射用水必须在防止细菌内毒素生产的设计条件下生产、贮藏及分装。

注射用水质量应符合《中国药典》注射用水项下规定。

①性状：为无色的澄明液体；无臭。

②检查：氨含量不得超过0.00002%；每1ml中细菌内毒素量应小于0.25EU；pH值应为5.0~7.0；需氧菌总数每100ml不得过10cfu；硝酸盐与亚硝酸盐、电导率、总有机碳、不挥发物与重金属检查应符合规定。

注射用水可作为配制注射剂、滴眼剂等的溶剂或稀释剂及容器的精洗。

（2）**灭菌注射用水**　灭菌注射用水为注射用水依照注射剂生产工艺制备所得的水，不含任何附加剂。其质量应符合《中国药典》灭菌注射用水项下规定。

灭菌注射用水用于注射剂灭菌粉末的溶剂或注射剂的稀释剂。灭菌注射用水灌装规格应适应临床需要，避免大规格、多次使用造成的污染。

2. 非水性溶剂

非水性溶剂常用植物油，主要为供注射用的大豆油，其他还有乙醇、丙二醇和聚乙二醇等。供注射用的非水性溶剂，应严格限制其用量，并应在各品种项下进行相应的检查。

（1）**注射用油**　作为注射剂溶剂的植物油称为注射用油。供注射用的植物油主要是注射用的大豆油，此外也有麻油、茶油、花生油、橄榄油、玉米油、棉子油等。

《中国药典》规定注射用大豆油质量要求如下。

①性状：为淡黄色的澄明液体；无臭或几乎无臭。

②检查：相对密度为0.916~0.922；折光率为1.472~1.476；酸值应不大于0.1；皂化值应为188~195，碘值应为126~140，吸光度、过氧化物、不皂化物、棉子油、碱性杂质、水分、重金属、砷盐、脂肪酸组成和微生物限度等应符合规定。

（2）其他注射用溶剂　其他注射用溶剂还有乙醇、丙二醇和聚乙二醇（PEG）等。供注射用的非水溶性溶剂应严格限制其用量，并应在各品种项下进行相应的检查。如1,2-丙二醇可供肌内注射与静脉注射，常与水制成复合溶剂，常用浓度为1%~30%；PEG300和PEG400可作注射剂的溶剂等。

①乙醇：本品与水、甘油、挥发油等可任意混溶，可供静脉或肌内注射。小鼠静脉注射的半数致死量（LD_{50}）为1.97g/kg，皮下注射为8.28g/kg。采用乙醇为注射溶剂时浓度可达50%。但乙醇浓度超过10%时可能会有溶血作用或疼痛感。如氢化可的松注射液、乙酰毛花苷注射液中均含有一定量的乙醇。

②丙二醇：本品与水、乙醇、甘油可混溶，能溶解多种挥发油。小鼠静脉注射的半数致死量（LD_{50}）为5~8g/kg，腹腔注射为9.7g/kg，皮下注射为18.5g/kg。复合注射用溶剂中常用的含量为10%~60%，用作皮下或肌内注射时有局部刺激性。其对药物的溶解范围广，已广泛用作注射剂的溶剂，供静脉注射或肌内注射。如苯妥英钠注射液中含40%丙二醇。

③聚乙二醇：本品与水、乙醇相混溶，化学性质稳定，PEG300、PEG400均可作为注射剂溶剂。有报道PEG300的降解产物可能会导致肾病变，因此PEG400更常用。小鼠腹腔注射的半数致死量（LD_{50}）为4.2g/kg，皮下注射为10g/kg。如塞替哌注射液以PEG400为注射溶剂。

④甘油：本品与水或醇可任意混溶，但在挥发油和脂肪油中不溶。小鼠皮下注射的半数致死量（LD_{50}）为10ml/kg，肌内注射为6ml/kg。由于黏度和刺激性较大，不单独作为注射剂溶剂用。常用浓度为15%~20%，但大剂量注射会导致惊厥、麻痹、溶血。常与乙醇、丙二醇、水等组成复合溶剂，如普鲁卡因注射液的溶剂为95%乙醇（20%）、甘油（20%）与注射用水（60%）。

二、注射剂的附加剂

注射剂中除主药以外，还可以根据制备及医疗的需要添加其他物质，以增加注射剂的有效性、安全性与稳定性，这类物质统称为注射剂的附加剂。所用附加剂应不影响药物疗效，避免对检验产生干扰，使用浓度不得引起毒性或明显的刺激性。注射用附加剂应符合药用要求和注射要求，并有相应的质量标准。

1. 注射剂附加剂的主要作用

增加药物的稳定性和主药的溶解度；抑制微生物的生长；减轻疼痛或对组织的刺激性等。

2. 常用注射剂附加剂

（1）增溶剂、乳化剂、助悬剂　为了提高注射剂中药物的溶解性，或制备乳状液型、混悬液型时的需要，在保证安全有效的前提下，可考虑加入适量的增溶剂或乳化剂、助悬剂等。除另有规定外，供静脉用的注射剂，慎用增溶剂；椎管内注射用的注射剂，不得添加增溶剂。常用增溶剂有聚山梨酯-80、磷脂等；聚山梨酯、大豆磷脂、蛋黄卵磷脂也可作为乳化剂。

（2）防止药物氧化的附加剂

①抗氧剂：抗氧剂是一类易被氧化的还原剂。常用的抗氧剂有亚硫酸钠、亚硫酸氢钠、焦亚硫酸钠等，一般浓度为0.1%~0.2%。其中亚硫酸钠常用于偏碱性药液，亚硫酸氢钠和焦亚硫酸钠常用于偏酸性药液。

②惰性气体：在注射剂的配制、灌封等生产过程中，为防止主药氧化，应在药液或空安瓿空间通惰性气体。常用的惰性气体有二氧化碳和氮气。通入惰性气体应作为处方混合成分在标签中注明。使用二氧化碳时，应注意对药液pH值的

③金属离子络合剂：有些注射剂，常因药液中含有微量金属离子的存在，而加速主药的氧化、变质，可加入能与金属离子络合的络合物，使与金属离子生成稳定的水溶性络合物，阻止其促进氧化，使药液稳定。常用的金属离子络合剂有乙二胺四乙酸（EDTA）、乙二胺四乙酸二钠（EDTA-Na$_2$）等，常用量为 0.03%~0.05%。

（3）调节渗透压的附加剂　正常人体血液的渗透压摩尔浓度范围为 285~310mOsmol/kg，0.9%氯化钠溶液或 5%葡萄糖溶液的渗透压摩尔浓度与人体血浆相当。

凡与人体血液、泪液渗透压相同的液体称为等渗溶液，大量注入低渗溶液会导致溶血，因此大容量注射液应调节渗透压。常用的调节渗透压的附加剂有氯化钠、葡萄糖等。调节方法有冰点降低数据法和氯化钠等渗当量法。

①冰点降低数据法：血浆冰点为 -0.52℃，根据物理化学原理，任何溶液其冰点降到 -0.52℃，即与血浆等渗。一些药物 1%水溶液的冰点降低数据已有测定值，可以查到。根据这些数据可以计算所需要加入渗透压调节剂的量。计算公式如下：

$$W=（0.52-a）/b \qquad （3-3-6）$$

式中：W——配制等渗溶液需要加入的等渗调节剂的百分含量，g/ml；a——未经调整的药物溶液引起的冰点下降度；b——1%（g/ml）等渗调节剂溶液所引起的冰点下降度。

②氯化钠等渗当量法：氯化钠等渗当量是指与 1g 药物呈等渗的氯化钠的克数，用 E 表示。如硼酸的 E 值为 0.47，即 0.47g 氯化钠与 1g 硼酸呈相等的渗透压。计算公式如下：

$$X=0.009V-G_1E_1-G_2E_2-\cdots\cdots \qquad （3-3-7）$$

式中：X——Vml 中应加氯化钠克数；G_1、G_2——Vml 溶液中溶质克数；E_1、E_2——分别是 G_1、G_2 的 E 值。

③等渗溶液与等张溶液：等渗溶液系指渗透压与血浆相等的溶液；等张溶液系指与红细胞膜张力相等的溶液。

理论上分析，注射液配制成等渗溶液后应不出现溶血。但有时依然呈现不同程度的溶血现象，其原因是红细胞膜不是典型的半透膜，对有些药物的水溶性来说，不仅溶剂分子能出入，溶质分子也能自由出入半透膜，因此即使调成等渗也可能出现溶血。因此等渗溶液不一定等张，等张溶液不一定等渗。在药品注射剂试制过程中，即使所配制的溶液为等渗溶液，亦应该进行溶血试验，必要时加入葡萄糖、氯化钠等调节成等张溶液。

（4）调节 pH 值的附加剂及其应用　注射剂的 pH 值一般应控制在 4.0~9.0 之间，大剂量输入的注射剂 pH 值应接近中性。常用的调节 pH 值的附加剂有盐酸、枸橼酸、氢氧化钠、氢氧化钾、碳酸氢钠、磷酸氢二钠、磷酸二氢钠等。

加入调节 pH 值附加剂可以减少由于 pH 值不当对机体造成的局部刺激；增加溶液的稳定性；增加弱酸或弱碱类药物的溶解度。

（5）抑制微生物增殖的附加剂及其应用　多剂量包装的注射液可加适宜的抑菌剂，抑菌剂用量应能抑制注射液中微生物的生长，除另有规定外，在制剂确定处方时，应进行抑菌效力的检查。加有抑菌剂的注射液，仍应采用适宜的方法灭菌。静脉给药与脑池内、硬膜外、椎管内用的注射液均不得加抑菌剂。

常用的抑菌剂及其浓度（g/ml）为苯酚 0.5%、甲酚 0.3%、三氯叔丁醇 0.5%、硫柳汞 0.01% 等。以水为溶剂的注射剂若需加入抑菌剂，应选水溶性抑菌剂，反之也如此。

（6）减轻疼痛的附加剂及其应用　为减轻注射时的疼痛而加入的附加剂称为止痛剂。一般用于肌内或皮下注射的注射剂。常用的止痛剂有三氯叔丁醇、盐酸普鲁卡因、盐酸利多卡因等。

三、注射剂的制备

（一）配液

1. 方法与设备

（1）方法　溶液的配制要按工艺规程把活性成分、辅料以及附加剂等进行配制，并按顺序进行混合，制成配制溶液，以待下一步的灌装。配制包括固体活性成分的溶解，或者简单的液体混合，也包括乳化或者脂质体的形成等更为复杂的操作。

生产过程中应尽可能缩短配制时间，以防止微生物与热原的污染及原料药物变质。输液的配制过程更应严格控制。制备混悬型注射液、乳状液型注射液过程中，要采取必要的措施，保证粒子大小符合标准的要求。注射用无菌粉末应按无菌操作制备。必要时注射剂进行相应的安全性检查，如异常毒性、过敏反应、溶血与凝聚、降压物质等。

注射液的配制应遵守有关规定，配制之前，应该对工艺器皿和包材进行清洁、消毒和灭菌以最大程度降低混合操作给后续工艺带来的微生物和热原污染。配制注射用油溶液时，应先将精制油在 150℃干热灭菌 1~2 小时，并放冷至适宜的温度。注射剂在配制过程中，应严密防止微生物的污染及药物的变质。已调配的药液应在当日内完成灌封、灭菌，如不能在当日内完成，必须将药液在不变质与不易繁殖微生物的条件下保存，供静脉及椎管注射者，更应严格控制。还要考虑空气洁净度的要求，以防空气交叉污染。

溶液的配制方法：将药品、附加剂溶解在适当的溶剂中，通常使用注射用水，必要时使用适量有机溶剂。在药液中加入适量活性炭，以吸附分子量较大的杂质及细菌内毒素，搅拌后过滤；调节溶液 pH 值。药液应经过可靠的除菌过滤，监控除菌过滤前药液微生物污染水平。

配制的流程一般为：原辅料称量→浓配→过滤→稀配→除菌过滤。一般设置在 C 级洁净区域进行。溶液的配制方法分为浓配－稀配两步法和一步配制法。采用一步配制法的前提是原料生产企业已采取防止微生物和细菌内毒素污染的措施，从风险评估的角度，一步配制工艺更合理。

使用活性炭吸附应注意：活性炭中的可溶性杂质可能会进入药液不易除去；容易污染洁净区和空调净化系统；活性炭的用量、加入工序、加热温度及时间等会影响去除杂质及热原的效果。

（2）设备　注射剂的配液系统主要设备由溶解罐、浓配罐、稀配罐、输送泵、称重仪、高位槽、各类过滤器等单元组成。

配料设备具有加热、冷却和保温、搅拌、调配等功能。配料罐等与药液接触部分全部采用不锈钢制造，表面光滑。配料罐和稀配罐用于药液配制、贮存及药液灌装时的搅拌混合，配有搅拌设备（不锈钢搅拌/磁力搅拌等）、自旋转清洗球、空气呼吸器、液位计、温度计等，或配有在线灭菌设施、保温夹套等。搅拌桨的设计应为卫生型设计，无死角、无残留，运转时无颗粒物产生，搅拌平台可选不锈钢设计或者不锈钢夹套设计，其中不锈钢夹套设计适用于需要保温的应用。

2. pH 值测定法

pH 值是水溶液中氢离子活度的表示方法，为水溶液中氢离子活度的负对数。

溶液的 pH 值使用酸度计测定。水溶液的 pH 值通常以玻璃电极为指示电极、饱和甘汞电极或银－氯化银电极为参比电极进行测定。酸度计应定期进行计量检定，并符合国家有关规定。测定前，应采用标准缓冲液校准仪器，也可用国家标准物质管理部门发放的标示 pH 值准确至 0.01pH 单位的各种标准缓冲液校正仪器。

3. 溶液颜色检查法

药物溶液的颜色及其与规定颜色的差异能在一定的程度上反映药物的纯度，控制药品有色杂质限量。有色杂质的来源一般由生产工艺中引入，或在储存过程中由于药品不稳定降解产生。

溶液颜色检查法系将药物溶液的颜色与规定的标准比色液相比较，或在规定的波长处测定吸光度。

药品项下规定的"无色"系指供试品溶液的颜色与水或所用溶剂相同，"几乎无色"系指供试品溶液的颜色不深于相应色调 0.5 号标准比色液。

（二）灌封

1. 方法与设备

药液经检查合格后，应立即进行灌封，避免污染。灌封室洁净度要求达到 A 级。注射剂的灌封有灌装和封口两个步骤。封口有拉封和顶封两种，现生产上均采用拉封。注射剂的灌封生产时采用安瓿自动灌封机。

灌封在全自动灌封机上进行，药液灌装时要注意：①灌装标示量不大于50ml的注射剂时，应适当增加装量，以保证注射时药量不少于标示量，同时注意灌装时剂量准确；除另有规定外，多剂量包装的注射剂，每一容器的装量不得超过10次注射量，增加装量应能保证每次注射用量；②药液不得沾瓶颈口；③对某些不稳定药品，安瓿内要通入惰性气体（N_2、CO_2）以置换空气，灌注药液后再通气，1~2ml安瓿可先灌装药液后通气。要根据品种选择适合的惰性气体，如碱性药液或钙制剂不能使用 CO_2。

灌装设备通常分为液体灌装和粉针剂分装两种。多采用自动灌封机灌装，灌装与封口由机械联动完成。

2. 质量要求

（1）灌注　应做到剂量准确；灌装药液尽量不要使灌注针头与安瓿颈内壁碰撞，以免爆裂或产生焦头；接触空气易变质的药物，在灌装过程中，可填充二氧化碳或氮气等气体，并立即用适宜的方法熔封或严封。

（2）熔封　安瓿的熔封应严密、无缝隙、不漏气，颈端应圆整光滑、无尖头及小泡。

（三）印字与包装

说明书和标签是临床用药的重要参考资料。注射剂的容器上必须有药名、规格、批号等。注射剂的外包装盒、标签上必须印有药物名称、数量、规格、含量、适应证、用法用量、禁忌证、不良反应、生产日期、厂名、厂址、生产批文、注册商标、附加剂名称及其用量等。

目前生产中已有印字、装盒、贴签及包扎等联动的印包联动机，极大提高了生产效率。

四、混悬液型注射剂的制备

1. 含义及质量要求

将不溶性固体药物分散于液体分散介质中制成的供注射用的药剂称为混悬型注射剂。

对于无适当溶剂溶解的不溶性固体药物，在水溶液中不稳定而制成的水不溶性衍生物，药物需在机体内定向分布及发挥长效作用时，可制成混悬型注射剂。

混悬型注射剂应严格控制药物颗粒的大小，粒径应控制在 15μm 以下，含 15~20μm 微粒者，不得超过 10%；供静脉注射者，颗粒大小在 2μm 以下者占 99%，否则会引起静脉栓塞。

混悬型注射剂应有较好的分散性，不能沉降太快。在贮存时一旦沉降后经振摇可再分散而不能产生结块现象。混悬型注射剂应具有良好的通针性，可以通过皮下注射针头，易从瓶中顺利取出，不粘瓶壁。除此之外，混悬型注射剂还应无菌无热原。

2. 制备方法

混悬型注射剂的制备与一般混悬剂的制法相似。溶剂一般为注射用水或注射用油。根据药物的性质及注射给药的要求，采用适宜溶剂、润湿剂及助悬剂和适宜固体药物分散方法，将药物混悬于溶液中，分散均匀、滤过、调节 pH 值、灌封、灭菌即得。

五、乳状液型注射剂的制备

1. 含义及质量要求

以脂溶性药物（挥发油、植物油等）为原料，加入乳化剂和注射用水经乳化制成的油／水（O／W）型或复合（W／O／W）型的可供注射用的乳状液，称乳浊型注射剂。供静脉注射用的乳状液，也称静脉注射乳剂。因其具有对某些脏器的定向分布作用以及对淋巴系统的靶向性，故可将抗癌药物制成静脉注射用乳剂以增强药物与癌细胞亲和力，提高抗癌疗效。

乳浊型注射剂应稳定，不得有相分离现象，不得用于椎管注射。在静脉用乳浊型注射剂分散相球粒的粒度中，90% 应在 1μm 以下，不得有大于 5μm 的球粒。

2. 制备方法

乳浊型注射剂制备关键的过程为乳化。将精制卵磷脂或大豆磷脂与甘油、注射用水经高速搅拌分散成磷脂分散液，加入油性药物或精制植物油经高速乳化而成。

常用的乳化剂有卵磷脂、豆磷脂等，生产中采用高压乳匀机制备。

技能要求

技能要求

1. 能使用初滤设备滤过药液，按质量控制点监控滤液质量。

2. 能使用配液设备配制药物溶液，检查pH值、色级。

3. 能使用分散设备、乳化设备配制混悬剂、乳剂。

4. 能使用灌封设备灌封药液，按质量控制点监控装量差异。

5. 能使用贴标设备在容器上印字。

"使用胶体磨配制混悬剂"已在第三节液体制剂制备中介绍过，本节不再重复论述，详细参见本章第三节"三、使用胶体磨配制混悬剂"。

一、监控钛滤的滤液质量

1. 技能考核点

按质量控制点监控滤液质量。

2. 操作程序及注意事项

（1）操作程序　药液滤过→观察滤过速度、滤液澄清度→取样测定→记录

（2）注意事项

①药液过滤过程中，严格按照设备标准操作程序、取样检测标准操作程序和企业药液中间体质量标准进行操作和判定。避免灰尘及油污。

②每间隔15分钟取样一次，检查和测定药液的可见异物、不溶性微粒、澄清度、pH值、活性成分含量（根据品种、工艺要求进行）。

③针对指标不合格的原因应展开调查分析，及时排除影响因素。

④工作压力不应超过额定工作压力。滤过过程中随时观察过滤压力和滤液澄清情况。压力和澄清度发生变化时，通常会影响滤过质量。工作运行一段周期后，可能由于过滤元件堵塞，致使压力升高流量降低，需要反冲或反洗再生。

⑤正常使用中，至少有3~5分钟的低压启动时间，其相对压差应控制在0.5MPa以下，然后将工作压力逐渐调到正常需要（最高压力不超过0.4MPa）。

⑥对于过滤精度为0.22~1.0μm的过滤器进行反吹时，应采用预先进行除油、除水处理或灭菌过的压缩空气。

3. 生产记录样表（表3-3-22）

表3-3-22　监控钛滤滤液质量记录样表

批号			班次/日期		
取样时间	可见异物	澄清度	不溶性微粒	含量测定	pH
操作人		确认结果	符合要求□ 不符合要求□	日期	
检查人		确认结果	符合要求□ 不符合要求□	日期	
备注					

二、使用配液罐配制药物溶液，检查 pH 值、色级

（一）使用配液罐配制药物溶液

1. 技能考核点

配制药物溶液；配制中避免污染的方法与措施。

2. 操作程序及注意事项

（1）操作程序　准备→原辅料称量→浓配→过滤→稀配→除菌过滤→清场→填写记录

（2）注意事项

①注射液的配制应遵守有关规定，配制之前，应该对工艺器皿和包材进行清洁、消毒和灭菌，以最大程度降低混合操作给后续工艺带来的微生物和热原污染。

②配制注射用油溶液时，先将精制油在 150℃ 干热灭菌 1~2 小时，并放冷至适宜的温度。

③注射剂在配制过程中，严密防止微生物的污染及药物的变质。

④已调配的药液应在当日内完成灌封、灭菌，如不能在当日内完成，必须将药液在不变质与不易繁殖微生物的条件下保存，供静脉及椎管注射者，更应严格控制。

⑤执行空气洁净度的要求，以防空气交叉污染。

⑥启动配液罐打药泵时要确认罐内有注射用水或药液，禁止打药泵空转。

3. 生产记录样表（表3-3-23）

表3-3-23　配液罐配制药物溶液操作记录样表

产品名称		批号			规格		
生产工序起止时间		月　日　时　分 —— 月　日　时　分					
配制罐号		第（　　　）号罐			第（　　　）号罐		
设备状态确认		正常□　异常□			正常□　异常□		
温度（℃）							
压力（MPa）							
药物（kg/L）							
注射用水量（kg/L）							
增溶剂/抑菌剂种类、用量							
搅拌速度（r/min）							
配制时间	开始	月　日　时　分			月　日　时　分		
	结束	月　日　时　分			月　日　时　分		
成品情况							
配制总量（kg/L）							
外观性状							
操作人			复核人/日期				
备注							

（二）检查 pH 值

1. 技能考核点

（1）酸度计测定 pH 值。

（2）酸度计的校准。

2. 操作程序及注意事项

（1）操作程序　准备→抽样→检查→清场→填写记录

（2）注意事项

①溶液的 pH 值使用酸度计测定。

②酸度计应定期进行计量检定，并符合国家有关规定。

③测定前，应采用标准缓冲液校准仪器，也可用国家标准物质管理部门发放的标示 pH 值准确至 0.01pH 单位的各种标准缓冲液校正仪器。

④测定前，按各品种项下的规定，选择两种 pH 值约相差 3 个 pH 单位的标准缓冲液，使供试液的 pH 值处于两者之间。

⑤每次更换标准缓冲液或供试品溶液前，应用纯化水充分洗涤电极，然后将水吸尽，也可用所换的标准缓冲液或供试品溶液洗涤。

⑥在测定高 pH 值的供试品和标准缓冲液时，应注意碱误差的问题，必要时选用适当的玻璃电极测定。

⑦对弱缓冲液或无缓冲作用溶液的 pH 值测定，除另有规定外，先用苯二甲酸盐标准缓冲液校正仪器后测定供试品溶液，并重取供试品溶液再测，直至 pH 值的读数在 1 分钟内改变不超过 ±0.05 为止；然后再用硼砂标准缓冲液校正仪器，再如上法测定；两次 pH 值的读数相差应不超过 0.1，取两次读数的平均值为其 pH 值。

⑧配制标准缓冲液与溶解供试品的水，应是新沸过并放冷的纯化水，其 pH 值应为 5.5~7.0。

⑨标准缓冲液一般可保存 2~3 个月，但发现有浑浊、发霉或沉淀等现象时，不能继续使用。

3. 生产记录样表（表 3-3-24）

表 3-3-24　测定 pH 值记录样表

批号			班次/日期	
取样时间	pH 值		是否合格	
pH 值	共检查　次		符合要求□	不符合要求□
操作人：			日期：	
检查人签名：		确认结果：	日期：	
备注				

（三）检查色级

1. 技能考核点

（1）色级的评判标准。

（2）检查时的注意事项。

2. 操作程序及注意事项

（1）操作程序　准备→检查→清场→填写记录

（2）注意事项

①检查色级：一般将药物溶液的颜色与规定的标准比色液相比较，或在规定的波长处测定吸光度，常用方法为目视比色法、分光光度法、色差计法。

②检测标准：药品项下规定的"无色"系指供试品溶液的颜色与水或所用溶剂相同，"几乎无色"系指供试品溶液的颜色不深于相应色调 0.5 号标准比色液。

③目视比色法的注意事项：所用比色管应洁净、干燥，洗涤时不能用硬物洗刷，应用铬酸洗液浸泡，然后冲洗，避免表面粗糙。结果与判断：供试品溶液如显色，与规定的标准比色液比较，颜色相似或更浅，即判为符合规定；如更深，则判为不符合规定。

④分光光度法的判断标准：按规定溶剂与浓度配置的供试液检查测定，如吸光度小于或等于规定值，判为符合规定；大于规定值，则判为不符合规定。

⑤当目视比色法较难判定供试品与标准比色液之间的差异时，应考虑采用色差计法进行测定与判断。

3. 生产记录样表（表 3-3-25）

表 3-3-25　测定色级记录样表

批号		班次/日期	
取样时间	测定的色级	是否合格	
色级	共检查　次	符合要求□	不符合要求□
操作人：		日期：	
检查人签名：	确认结果：	日期：	
备注			

三、使用乳匀机配制乳剂

1. 技能考核点

（1）乳匀机的规范操作。

（2）乳匀机使用及生产中的常见问题及解决办法。

2. 操作程序、操作规程及注意事项

（1）操作程序　准备→物料混合→加压均质→配制→清场→填写记录

（2）操作规程

①启动：检查打开冷却水是否正常，接通电源开关是否正常。旋松二级阀的手柄和一级阀的手柄，在料斗中注入 2/3 的热水（水温 75~85℃）。启动开关，使物料管水正常流出，与料斗中的热水进行循环，使均质机预热至理想的温度。

②均质机加压：二级阀先升压。在机器无异常嘈杂声时，把热水排空，添加物料。添加物料时确保均质机连续供料和出料，避免混入空气。当物料和水的混合物排放完后再进行物料管和料斗的物料循环，逐渐旋紧二级阀手柄，这时压力表显示相应的压力值，再逐渐旋紧二级阀手柄直至压力表显示所需要的压力值为止。注意不得超过其额定压力的上限；一级阀再升压。逐渐旋紧一级阀手柄压力表显示预先压力为止。

③出料：完成上述操作程序后，将物料管接入物料容器。

④卸压：均质机负荷工作结束时，必须旋松所有工作阀柄，先松一级阀柄后松二级阀柄，使压力表显示为零。

⑤清洗：均质机工作结束后用清水（使用热水，水温 65~75℃），清洗泵体、工作阀体的物料，并将水放净。

⑥停机：切断电源，关闭冷却水。

（3）注意事项

①制备时可先用其他方法初步乳化，再用乳匀机乳化，效果较好。

②在进行细胞破碎时对细胞内的油性物质，如脂肪、脂质体、蛋白质等生物物质应进行提取或去除。

③乳匀机不出料的原因及解决办法如下。

料斗缺料：按操作程序正常加料。

泵腔混进空气：均质机卸压，正常后重新按程序操作。

料斗进料口堵塞：切断电源，拆除料斗清理进料口。

④乳匀机泄漏的原因及解决办法如下。

泄漏处螺母未旋紧：适当旋紧泄漏处螺母。

泄漏处装配不佳或密封件损坏：拆下重装或更换新密封件。

⑤乳剂粒径过大的原因及解决办法如下。

压力选用不当：按物料性能，制定最佳压力。

物料预搅拌不良：改善预搅拌。

一级阀或二级阀的阀芯阀座接触处磨损：卸下一级阀体或二级阀体进行修复。

3. 生产记录样表（表 3-3-26）

表 3-3-26 乳匀机配制乳剂记录表

产品名称		批号		规格	
生产工序起止时间		月 日 时 分 —— 月 日 时 分			
乳匀机号		第（ ）号		第（ ）号	
设备状态确认		正常□ 异常□		正常□ 异常□	
温度（℃）					
蒸汽压力（MPa）					
药物（kg/L）					
油相					
纯水量（kg/L）					
剪切速度（r/min）					
其他溶剂 / 种类、用量					
一级阀压力（bar）					
二级阀压力（bar）					
均质时间	开始	月 日 时 分		月 日 时 分	
	结束	月 日 时 分		月 日 时 分	
成品情况					
配制总量（kg/L）					
外观性状					
操作人			复核人 / 日期		
备注					

四、使用灌封机灌封药液

1. 技能考核点

（1）灌液过程中装量检查。

（2）轧封过程中密封检查。

2. 操作程序、操作规程及注意事项

（1）操作程序 准备→送瓶→灌液→加盖→轧封→清场→填写记录

（2）操作规程

①打开电源开关。

②旋动送盖旋钮，将送盖轨道充满盖。主机指示灯指示，缓慢旋动主机调速按钮，至所需位置。

③按输送启动按钮，再按主机启动按钮。

④将清洁好的瓶子放在传送带上，进行灌装

生产。

⑤操作完毕后，关机顺序与开机相反。

（3）注意事项

①灌封设备或用具等应按照规程清洁，消毒到位，防止产品的交叉污染和微生物污染。

②在启动设备以前需要对包装瓶和瓶盖进行人工目测检查；需要检查设备润滑情况，从而保证运转灵活。

③手动4~5个循环以后，对所灌药量进行定量检查。

④调整药量调整部件，至少保证0.1ml的精确度，此时可自动操作，使得机器联线工作。

⑤灌封过程中按规定时间抽样对所灌药量进行定量检查，对封盖的严密性和牢固性进行检查。

⑥密封性能检验通常有两种类型：外观检测和开盖检测。外观检测是否有斜盖、翘盖、滑牙盖及压坏盖爪等现象；观察盖面是否内凹、安全钮是否下陷，以确定罐内是否有真空；测量拧紧位置。开盖检测包括目测检查、真空度测定、顶隙度测定、密封安全值的测定等。

⑦随时观察设备，处理一些异常情况，例如下盖不通畅、走瓶不顺畅或碎瓶等，并抽检轧盖质量。

⑧发现异常情况，如出现机械故障，可以按动安装在机架尾部或设备进口处操作台上的紧急制动开关，进行停机检查、调整。对生产过程中发生的异常情况，及时报告车间管理人员及质量管理人员处理。同时填写好相应的记录，并纳入批生产记录中。

3.生产记录样表（表3-3-27）

表3-3-27 灌封生产记录样表

操作步骤	工艺要求	实际操作		
1.生产前确认 房间号： ————	1.确认有上批清场合格证副本并在有效期内	□ 符合要求 □ 不符合要求	操作人	复核人
	2.记录温度：18~26℃；湿度：45%~65%；压差梯度	温度：＿＿＿℃ 湿度：＿＿＿% 压差：＿＿＿Pa		
	3.灌封室无与本批生产无关的物品	□ 符合要求 □ 不符合要求		
	4.灌封设备清洁合格，所用器具已清洁在有效期内	□ 符合要求 □ 不符合要求		
	5.检查灌封用本批记录文件齐全	□齐全 □不齐全		
	6.房间的生产状态标志牌已挂上	□ 已挂标识牌 □ 未挂标识牌		
2.开机前准备	1.从灭菌柜中取出已灭菌的所用物品，在层流小车保护下转入灌封室的层流下	□ 按要求操作 □ 未按要求操作		
	2.在A级层流保护下按顺序正确安装灌装管道系统	□ 按要求操作 □ 未按要求操作		
	3.在A级层流下连接缓冲罐、终端滤器及药液管道	□ 按要求操作 □ 未按要求操作		
	4.检查灌液、封口工位，检查对位是否正常	□ 符合规定 □ 不符合规定		
	5.目检干燥灭菌后瓶的清洁度，目检应为无异物	□ 合格 □ 不合格		
	6.向灌药器及管道中充满药液，启动设备进行灌药、封口	□ 按要求操作 □ 未按要求操作		
	7.封口时检查紧密度情况，质量符合要求后正式操作	□ 符合要求 □ 不符合要求		

操作步骤	工艺要求	实际操作	
3. 灌封 机器编号： _____	1. 灌封前剔除烂瓶，瓶子检查完好	☐ 按要求操作 ☐ 未按要求操作	
	2. 调节计量泵装量。开始时抽查装量每次按顺序抽取 6 瓶，装量在____±____ml 之间	计量泵装量：	
	3. 操作过程中随时检查装量情况，剔除不合格品	☐ 符合要求 ☐ 不符合要求	
	4. 操作过程中随时检查封口密封情况，剔除不合格品	☐ 按要求操作 ☐ 未按要求操作	
	5. 检查封口膜，依次取 6 瓶，有无破损、压制不严密，操作过程中和结束时，检查封盖情况	☐ 按要求操作 ☐ 未按要求操作	
	6. 灌封结束后，关闭电源	☐ 符合　☐ 不符合	
	7. 不合格品清点数量后放于不合格周转盘中，并及时销毁处理	☐ 已销毁 ☐ 未销毁	
物料平衡	$灌封收率 = \dfrac{灌封后瓶数 \times 平均装量}{配置交灌封药液量} \times 100\%$ 规定范围：不低于98%	☐ 符合要求 ☐ 不符合要求	
备注			
QA		日期	

五、按质量控制点监控装量差异

1. 技能考核点

（1）按质量控制点监控装量差异。

（2）注射剂灌装时应增加的灌装量。

2. 操作程序及注意事项

（1）操作程序　准备→抽样→检查→清场→填写记录

（2）注意事项

①每批药液从配制合格到灌封完毕控制在 24 小时内为宜。

②开机进行灌封时，装量差异应至少 30 分钟内检测一次。

③灌装标示量不大于 50ml 的注射剂时，应按表 3-3-28 适当增加装量，以保证注射时药量不少于标示量，同时注意灌装时剂量准确；除另有规定外，多剂量包装的注射剂，每一容器的装量不得超过 10 次注射量，增加装量应能保证每次注射用量。

④药液不得沾瓶颈口。

⑤对某些不稳定药品，安瓿内要通入惰性气体（N_2、CO_2）以置换空气，灌注药液后再通气，1~2ml 安瓿可先灌装药液后通气。要根据品种选择适合的惰性气体。

表 3-3-28　注射剂灌装时应增加的灌装量

标示装量 /ml	增加量 /ml	
	易流动液	黏稠液
0.5	0.10	0.12
1	0.10	0.15
2	0.15	0.25
5	0.30	0.50
10	0.50	0.70

标示装量 /ml	增加量 /ml	
	易流动液	黏稠液
20	0.60	0.90
50	1.0	1.5

3. 生产记录样表（表3-3-29）

表 3-3-29　按质量控制点监控装量差异记录

批号		班次 / 日期	
取样批次	实际装量	是否合格	
装量差异：共检查　　次，			
操作人：		日期：	
检查人签名：	确认结果：		日期：
备注			

六、使用贴标机印字

1. 技能考核点

贴标机印字的操作。

2. 操作程序、操作规程及注意事项

1）操作程序

准备→印字→清场→填写记录

2）操作规程

（1）开机准备

①确认标签卷是否符合规格，按要求进行安装并检查。

②配印字机时，确认印字机各部分是否调整好，字体是否符合规格，否则应按要求进行调整。

③检查贴标头位置是否正确，否则应进行调整，确保出标头接近卷瓶带并与卷瓶带平齐；出标头剥离板边缘与瓶子的母线平行；调整拉纸压轮，使标签纸贴紧出标剥离板；调整标签电眼灵敏度，使其能感测出标签上的感测点，从而实现逐张出标。

④检查输送带护栏的高度和宽度是否已调整至与瓶体相符，要求应顺畅通料，否则应进行调整。

⑤检查分瓶轮的高低和前后位置是否已调至与瓶体相符，要求瓶子应单个均匀通过，否则应进行调整。

⑥检查推板位置是否已调至与瓶体相符，要求推板与卷瓶带间距略小于瓶径，使标签能顺畅卷贴于瓶身。

（2）开机操作

①打开电源开关。

②旋转压缩空气开关至开位，调整气压为0.5~0.6MPa（配印字机时）。

③在触摸屏控制器上点击后进入正常操作页面。

（3）运行操作

①手控运转，查看各部分是否都已调整合适，运行是否顺畅，否则应停机进行调整。

②调用并确认相应产品程序或进入"参数设置"界面进行参数设定。

③根据需要设定好各计数器的数值。

④按启动键机器联机运行，进入正常生产状态。

3）注意事项

①机器在运转时，严禁用手去触摸跑道。出现异常应立即停机。

②开机前要确认标签的正反方向，按照设备上的标签缠绕图位置放置标签。

③开机后，先试 10 支产品，查看印签效果。由班组长确认合格后，留一张样签，即可开始自动印字。

3. 生产记录样表（表 3-3-30）

表 3-3-30　贴标机印字记录样表

产品名称		产品规格		产品批号		生产日期	
印字	印字总量_____瓶 印字效率_____瓶/小时 外观检查　符合要求□　　符合要求□						
	仪器状态：						
	结论：						
操作人			审核人			车间主任	

第五节　气雾剂与喷雾剂制备

相关知识要求

知识要点

1. 气雾剂与喷雾剂的质量要求。
2. 混悬剂制备方法与设备。
3. 混合的方法、设备及操作。
4. 初滤、精滤的方法、设备及操作注意事项。

气雾剂与喷雾剂属于气体动力型制剂，在初级工部分介绍了气雾剂与喷雾剂的含义、特点、分类、组成等，在此基础上，中级工部分介绍气雾剂与喷雾剂的制备、质量要求等内容。

关于混悬剂的制备方法与设备、初滤的方法、设备、注意事项、操作规程在液体制剂制备中已介绍，详细参见本章第三节液体制剂制备；精滤的方法、设备、操作规程、最低装量检查法在浸出药剂制备中介绍，详细参见本章第二节浸出药剂制备。本节不再重复论述。

理论部分中混合设备的操作规程参见技能部分"使用 V 型混合筒混合物料"。

一、气雾剂

气雾剂按分散系统分为溶液型、乳浊液型和混悬型三种类型。

溶液型气雾剂系指药物溶解于液态抛射剂中，必要时加入适量潜溶剂制成均相分散体系，使用时药物以极细雾滴喷出；乳浊液型注射剂系指药物、乳化剂、抛射剂形成乳剂型非均相分散体，分为 O/W 型、W/O 型；混悬型气雾剂系指固体药物以微粒形式分散于液态抛射剂中形成混悬型非均相分散体系。

（一）气雾剂制备时精滤操作注意事项

精滤操作需注意事项除初滤中涉及的事项外，还需注意膜前和膜后压力，以及膜前后压差是否符合要求，并严禁出料阀在关闭的情况下，启动抽料泵；使用微孔滤膜过滤器时，滤膜用后应弃去，避免不同产品之间产生交叉污染；精滤器易堵塞，药液温差变化大时会引起滤器破裂，因此操作时确保不超温、不超压、不反压。

（二）混悬型气雾剂

（1）制备方法　将药物粉碎成5~10μm以下的微粉，一般不使用药材细粉。将药物微粉与抛射剂等充分混合，然后定量分装在容器中。制备混悬型气雾剂时应注意：①药物的水分应在0.03%以下，通常控制在0.005%以下，以免药物微粒遇水聚结；②药物粒径应小于5μm，不得超过10μm；③调节抛射剂或混合固体的密度，使二者大小相近；④添加适当助悬剂，提高制剂的稳定性。

（2）药物粉末混合的方法与设备

①方法

• 搅拌混合：物料粉末量少时可通过反复搅拌达到均匀混合。物料粉末量大时用该法不易混匀，生产中常用搅拌混合机。

• 过筛混合：选用适当的药筛，使物料粉末经过一次或多次过筛达到均匀混合。由于在过筛过程中较细或较重的粉末先通过药筛，故过筛后仍需加以搅样才能混合均匀。

• 研磨混合：物料粉末在容器内通过反复研磨达到均匀混合。适用于一些结晶体药物，不适宜于具吸湿性和爆炸性成分的混合。

②设备

• 槽形混合机：结构简单，操作维修方便，在制剂生产中应用广泛。但缺点是混合强度小，混合时间长；粉末粒度相差较大时，密度大的易沉积于底部。适用于密度相近、对均匀度要求不高的粉末混合。

• V型混合机：属于间歇式操作设备，可以对流动性较差的粉粒物料进行强制的扩散循环混合。适用于粉末混合。

• 二维运动混合机：属于间歇式操作设备，混合速度快，生产量大，出料方便。适用于密度相近且粒径分布较窄或大批量物料的混合。

• 三维运动混合机：属于间歇式操作设备，混合速度快、无死角、混合均匀。适用于不同密度或不同粒度的多种物料混合。

• 双锥形混合机：可以密闭操作，具有混合效率高，操作、维护、清洁便利的特点，适用于大多数物料的混合。

（三）气雾剂的质量要求

溶液型气雾剂的药液应澄清；乳状液型气雾剂的液滴在液体介质中应分散均匀；混悬型气雾剂应将药物细粉和附加剂充分混匀、研细，制成稳定的混悬液。吸入用气雾剂的药粉粒径应控制在10μm以下，其中大多数应在5μm以下，一般不使用饮片细粉。气雾剂应能喷出均匀的雾滴（粒）。定量阀门气雾剂每揿压一次应喷出准确的剂量；非定量阀门气雾剂喷射时应能持续喷出均匀的剂量。

1. 气雾剂一般质量要求

吸入气雾剂除符合气雾剂项下要求外，还应符合吸入制剂相关项下要求；鼻用气雾剂除符合气雾剂项下要求外，还应符合鼻用制剂相关项下要求。

（1）每揿主药含量　定量气雾剂照下述方法检查，每揿主药含量应符合规定。

检查法：取供试品1瓶，充分振摇，除去帽盖，试喷5次，用溶剂洗净套口，充分干燥后，倒置于已加入一定量吸收液的适宜烧杯中，将套口浸入吸收液液面下（至少25mm），喷射10次或20次（注意每次喷射间隔5秒并缓缓振摇），取出供试品，用吸收液洗净套口内外，合并吸收液，转移至适宜量瓶中并稀释至刻度后，按各品种含量测定项下的方法测定，所得结果除以取样喷射次数，即为平均每揿主药含量。每揿主药含量应为每揿主药含量标示量的80%~120%。

（2）喷射速率　非定量气雾剂的喷射速率应符合规定。

检查法：取供试品4瓶，除去帽盖，分别喷射数秒后，擦净，精密称定，将其浸入恒温水浴（25℃±1℃）中30分钟，取出，擦干，除另有规定外，连续喷射5秒钟，擦净，分别精密称重，然后放入恒温水浴（25℃±1℃）中，按上法重复操作3次，计算每瓶的平均喷射速率(g/s)，均应符合各品种项下的规定。

（3）喷出总量 非定量气雾剂的喷出总量应符合规定。

检查法：取供试品4瓶，除去帽盖，精密称定，在通风橱内，分别连续喷射于已加入适量吸收液的容器中，直至喷尽为止，擦净，分别精密称定，每瓶喷出量均不得少于标示装量的85%。

（4）每揿喷量 定量气雾剂照下述方法检查，应符合规定。

检查法：取供试品4瓶，除去帽盖，分别揿压阀门试喷数次后，擦净，精密称定，揿压阀门喷射1次，擦净，再精密称定。前后两次重量之差为1个喷量。按上法连续测定3个喷量；揿压阀门连续喷射，每次间隔5秒，弃去，至$n/2$次；再按上法连续测定4个喷量；继续揿压阀门连续喷射，弃去，再按上法测定最后3个喷量。计算每瓶10个喷量的平均值。除另有规定外，应为标示喷量的80%~120%。

凡进行每揿递送剂量均一性检查的气雾剂，不再进行每揿喷量检查。

（5）粒度 中药吸入用混悬型气雾剂若不进行微细粒子剂量测定，应作粒度检查。

检查法：取供试品1瓶，充分振摇，除去帽盖，试喷数次，擦干，取清洁干燥的载玻片一块，置距喷嘴垂直方向5cm处喷射1次，用约2ml四氯化碳小心冲洗载玻片上的喷射物，吸干多余的四氯化碳，待干燥，盖上盖玻片，移置具有测微尺的400倍显微镜下检视，上下左右移动，检查25个视野，计数，平均原料药物粒径应在5μm以下，粒径大于10μm的粒子不得过10粒。

（6）装量 非定量气雾剂照最低装量检查法检查，应符合规定。

（7）无菌 用于烧伤［除程度较轻的烧伤（Ⅰ°或浅Ⅱ°外)]、严重创伤或临床必需无菌的气雾剂，照无菌检查法检查，应符合规定。

（8）微生物限度 照非无菌产品微生物限度检查：微生物计数法和控制菌检查法及非无菌药品微生物限度标准检查，应符合规定。

2. 吸入气雾剂质量要求

吸入气雾剂除符合气雾剂一般要求外，还应符合如下要求。

（1）递送剂量均一性 按照《中国药典》吸入制剂项下的要求进行检查，应符合规定。

（2）每瓶总揿次 取气雾剂1罐（瓶），释放内容物到废弃池中，揿压阀门，每次揿压间隔不少于5秒。每罐（瓶）总揿次应不少于标示总揿次（此检查可与递送剂量均一性测试结合）。

（3）微细粒子剂量 照吸入制剂微细粒子空气动力学特性测定法及各品种项下规定的装置与方法测定，计算微细粒子剂量，应符合各品种项下规定。除另有规定外，微细药物粒子百分比应不少于每吸主药含量标示量的15%。

3. 鼻用气雾剂质量要求

鼻用气雾剂系指由原料药物和附加剂与适宜抛射剂共同装封于耐压容器中，内容物经雾状喷出后，经鼻吸入沉积于鼻腔的制剂。

定量鼻用气雾剂除符合气雾剂一般要求外，应检查递送剂量均一性，照药典相关项下方法检查，应符合规定。

测定法：取供试品1瓶，振摇5秒，弃去1喷。至少等待5秒后，振摇供试品5秒，弃去1喷，重复此操作至弃去5喷。等待2秒后，正置供试品，按压装置，垂直（或接近垂直）喷射1喷至收集装置中，采用各品种项下规定溶剂收集装置中的药液，用各品种项下规定的分析方法，测定收集液中的药量。重复测定10瓶。

结果判定：符合下述条件之一者，可判为符合规定。

（1）10个测定结果中，若至少9个测定值在平均值的75%~125%之间，且全部测定值在平均值的65%~135%之间。

（2）10个测定结果中，若2~3个测定值超出75%~125%，应另取20瓶供试品测定，30个测定结果中，超出75%~125%的测定值不多于3个，且全部在65%~135%之间。

二、喷雾剂质量要求

与气雾剂相似，溶液型喷雾剂的药液应澄清；乳状液型喷雾剂的液滴在液体介质中应分散均匀；混悬型喷雾剂应将药物细粉和附加剂充分混匀、研细，制成稳定的混悬液。吸入用喷雾剂的药粉粒径应控制在 10μm 以下，其中大多数应在 5μm 以下，一般不使用饮片细粉。喷雾剂应能喷出均匀的雾滴（粒），每次揿压时应能均匀地喷出一定的剂量。

1. 喷雾剂一般质量要求

吸入喷雾剂除符合喷雾剂项下一般要求外，还应符合吸入制剂相关项下要求；鼻用喷雾剂除符合喷雾剂项下要求外，还应符合鼻用制剂相关项下要求。

（1）每瓶总喷次　多剂量定量喷雾剂照下述方法检查，应符合规定。

检查法：取供试 4 瓶，除去帽盖，充分振摇，照使用说明书操作，释放内容物至收集容器内，按压喷雾泵（注意每次喷射间隔 5 秒并缓缓振摇），直至喷尽为止，分别计算喷射次数，每瓶总喷次均不得少于其标示总喷次。

（2）每喷喷量　定量喷雾剂照下述方法检查，应符合规定。

检查法：取供试 4 瓶，照使用说明书操作，分别试喷数次后，擦净，精密称定，再连续喷射 3 次，每次喷射后均擦净，精密称定，计算每次喷量，连续喷射 10 次，擦净，精密称定，再按上述方法测定 3 次喷量，继续连续喷射 10 次后，按上述方法再测定 4 次喷量，计算每瓶 10 次喷量的平均值。除另有规定外，均应为标示喷量的 80%~120%。

凡规定测定每喷主药含量或递送剂量均一性的喷雾剂，不再进行每喷喷量的测定。

（3）每喷主药含量　定量喷雾剂照下述方法检查，每喷主药含量应符合规定。

检查法：取供试品 1 瓶，照使用说明书操作，试喷 5 次，用溶剂洗净喷口，充分干燥后，喷射 10 次或 20 次（注意喷射每次间隔 5 秒并缓缓振摇），收集于一定量的吸收溶剂中，转移至适宜量瓶中并稀释至刻度，摇匀，测定。所得结果除以 10 或 20，即为平均每喷主药含量，每喷主药含量应为标示含量的 80%~120%。

凡规定测定递送剂量均一性的喷雾剂，一般不再进行每喷主药含量的测定。

（4）递送剂量均一性　定量吸入喷雾剂、混悬型和乳液型定量鼻用喷雾剂应检查递送剂量均一性，照吸入制剂或鼻用制剂相关项下方法检查，应符合规定。

（5）微细离子剂量　定量吸入喷雾剂应检查微细离子剂量，照吸入制剂微细离子空气动力学特性及各品种项下规定的方法测定，计算微细离子剂量，应符合规定。

（6）装量差异　单剂量喷雾剂照下述方法检查，应符合规定。

检查法：取供试品 20 个，照各品种项下规定的方法，求出每个内容物的装量与平均装量。每个的装量与平均装量相比较，超出装量差异限度的不得多于 2 个，并不得有 1 个超出限度 1 倍。

对于 0.30g 以下的制剂，装量差异限度为 ±10%；对于 0.30g 及 0.30g 以上的制剂，装量差异限度为 ±7.5%。

凡规定检查递送剂量均一性的单剂量喷雾剂，一般不再进行装量差异的检查。

（7）装量　非定量喷雾剂照最低装量检查法检查，应符合规定。

（8）无菌　用于烧伤〔除程度较轻的烧伤（Ⅰ°或浅Ⅱ°外）〕、严重创伤或临床必需无菌的喷雾剂，照无菌检查法检查，应符合规定。

（9）微生物限度　照非无菌产品微生物限度检查：微生物计数法和控制菌检查法及非无菌药品微生物限度标准检查，应符合规定。

2. 吸入喷雾剂质量要求

除符合喷雾剂一般要求外，还应符合如下要求。

（1）递送剂量均一性　定量吸入喷雾剂应检查递送剂量均一性，照吸入制剂相关项下方法检查，应符合规定。

（2）微细离子剂量　定量吸入喷雾剂应检查微细离子剂量，照吸入制剂微细离子空气动力学特性及各品种项下规定的方法测定，计算微细离子剂量，应符合规定。

3. 鼻用喷雾剂质量要求

鼻用喷雾剂指由原料药物与适宜辅料制成的澄明溶液、混悬液或乳状液，供喷雾器雾化的鼻用液体制剂。除另有规定外，定量鼻用喷雾剂还应检查递送剂量均一性，照药典相关项下方法检查，应符合规定。测定法同定量鼻用气雾剂。

技能要求

> 1. 能使用初滤设备、精滤设备滤过药液，在滤过过程中监控滤液质量。
> 2. 能使用混合设备混合物料。
> 3. 能使用分散设备配制混悬剂。
> 4. 能在灌装过程中监控装量差异。

"使用初滤设备滤过药液"已在第一节提取物制备中介绍，"使用胶体磨配制混悬剂"已在第三节液体制剂制备中介绍，"使用微孔滤膜滤器滤过药液""监控微孔滤膜滤过的滤液质量"已在第二节浸出药剂制备中介绍，"监控钛滤的滤液质量已"在第四节注射剂制备中介绍，本节不再重复论述，详细参见本章各节对应的内容。

一、使用 V 型混合筒混合物料

V 型混合筒主要用于混悬型气雾剂或喷雾剂微粉化的活性成分的混合。

1. 技能考核点

（1）能够正确操作 V 型混合机混合物料。

（2）混合过程中的关键工艺参数，并能够正确设置。

2. 操作程序、操作规程及注意事项

（1）操作程序　开机前检查→试运行→加料→设置参数→混合→出料→关机→清场→填写记录

（2）操作规程　①开机前检查：检查皮带松紧是否合适；检查设备是否良好接地。

②开空机试运行：开启设备电源，按下开始按钮，使设备试运转 1 分钟；检查旋转部分是否有卡阻或异常响声，如有异常不得开机运行。

③加料：按点动按钮，调整进料口至适宜位置。打开进料盖，并重新确认放料口已关闭。按工艺控制要求对 V 型料斗内投入规定量的混合物料，合上进料盖，旋紧手柄。

④混合：按工艺要求设定转速、时间等参数，并按动启动按钮开始混合。

⑤出料：待混合机按照设定自动停机后，将混合筒的转速调节到最低转速，按动停止按钮，随后按点动按钮，使筒体正确处于停止排料位置；待机器停稳后，扳动阀门手柄，打开出料口的料门，将已混物料装入预置容器内。

（3）注意事项

①设备开机及运行过程中，注意观察运转情况。

②严格按照工艺要求设置转速和混合时间等关键参数，不得随意调整，以保证物料混合的均匀性。投料最大限度一般小于 V 型混合机容积 1/2。

③使用过程中，严禁高速开、停机，务必将混合筒的转速调节到最低转速后再停机。

④出料时注意观察物料外观，如有色泽不均匀等异常情况能够及时发现。

3. 生产记录样表（表 3-3-31）

表 3-3-31　V 型混合机混合物料记录样表

产品名称		批号		规格	
生产工序起止时间		月　日　时　分 ——		月　日　时　分	
V 型混合机编号		第（　　）号		第（　　）号	
设备状态确认		正常□　异常□		正常□　异常□	

	物料1（kg）													
	物料2（kg）													
	转速（r/min）													
混合时间	开始		月	日	时	分				月	日	时	分	
	结束		月	日	时	分				月	日	时	分	
成品情况														
	外观性状													
	混合物（kg）													
操作人						复核人/日期								
备注														

二、灌装过程中监控装量差异

1. 技能考核点

（1）正确操作灌装机进行灌装。

（2）监控装量差异。

2. 操作程序及注意事项

（1）操作程序

①检查电子秤精度和量程是否符合要求；检查电子秤状态标识为"设备完好，待运行"；确认电源已开启；确认校验合格证在有效期内。

②测定空瓶重量 W_0（阀门和罐子重量）。

③抽样：生产过程中，每30分钟取出10瓶，分别测定其重量 W_1，记录在相应的位置。

④计算是否符合装量要求。

$$装量差异（\%）=（W_1-W_0）/W_2 \times 100\% \tag{3-3-8}$$

式中：W_0——空瓶重量；W_1——样品的实际重量；W_2——样品的标示重量。

⑤结果判断及处理：结果应符合表3-3-32规定。

表3-3-32　装量差异

标示重量	装量差异限度
0.3g 以下	±10%
0.3g 至 0.3g 以上	±7.5%

如10瓶中如有1瓶装量超过装量差异限度规定时，另取10瓶，按上述方法复试。复试结果每瓶的装量差异与其允许装量差异范围比较，均未超出者，可判定为符合规定，若有1瓶或1瓶以上超过时，判为不符合规定，需要调整灌装量。

（2）注意事项

①保证电子秤经过校验并在校验期内。

②灌装过程中抽样时如若出现不符合规定的情况，需及时调整装量，调整后，先废弃10瓶，再连续检测10瓶，检测其是否在合格范围内。若不在则重复调整装量及检测，直到合格为止。

3. 生产记录样表（表3-3-33）

表3-3-33　灌装过程中装量差异监控记录样表

批号			班次/日期	
取样批次		装量	是否合格	
装量差异		符合要求□　　不符合要求□		
操作人：			日期：	
检查人：		确认结果：	日期：	
备注：				

第六节　软膏剂制备

相关知识要求

知识要点

1. 研和法的操作方法与设备。

2. 分散设备、软膏灌装设备的操作。

3. 软膏剂的质量要求。

软膏剂系指原料药物与油脂性或水溶性基质混合制成的均匀的半固体外用制剂，用乳剂型基质制成的软膏又称为乳膏剂。按基质的不同，可分为水包油型乳膏剂与油包水型乳膏剂。初级工部分介绍了软膏剂与乳膏剂的含义、特点、分类、基质及熔合法制备方法，在此基础上，中级工部分介绍软膏剂的研和法制备方法、操作及质量要求。

理论部分中分散设备的操作规程参见技能部分中"使用胶体磨制备软膏"，乳膏灌装设备的操作规程参见技能部分中"使用软膏灌装机灌装膏体""监控灌装过程中的装量差异"。最低装量检查法在浸出药剂制备中介绍，详细参见本章第二节浸出药剂制备，本节不再重复论述。

一、研和法制备软膏剂

1. 方法与设备

研和法适用于油脂性半固体基质。一般常温下将药物与少量基质或适宜液体采用等量递加法混合，通过搅拌或研磨成细腻糊状，再加入其余基质混合均匀。适用于小量软膏的制备。

小量制备用乳钵、陶瓷或玻璃的软膏板及软膏刀，大量制备常用三辊研磨机、胶体磨。

三辊研磨机主要由三个平行的辊筒和转动装置组成。辊筒可以中空，通水冷却。物料在中辊和后辊间加入。由于三个辊筒的旋转方向不同（转速从后向前顺次增大），高黏度物料被三根辊筒的表面相互挤压、剪切及不同速度的摩擦而达

到最有效的研磨、分散效果。物料经研磨后被装在前辊前面的刮刀刮下，转入接收器。

胶体磨是软膏剂常用的粉碎、混合、均质设备。胶体磨主要由转齿（或称为转子）和相配的定齿（或称为定子）组成。由电动机通过皮带传动带动转子与定子作相对的高速旋转，被加工物料通过本身的重量或外部压力（可由泵产生）加压产生向下的螺旋冲击力，膏体通过胶体磨的定齿、转齿之间的间隙（间隙可调）时受到强大的剪切力、摩擦力、高频振动等物理作用，从而有效地粉碎膏体，使物料被有效地乳化、分散和粉碎，同时起到很好的混合、均质和乳化作用。胶体磨的细化作用一般来说要弱于均质机，但它对物料的适应能力较强（如高黏度、大颗粒），多用于均质机的前道或用于高黏度的场合。在固态物质较多时也常使用胶体磨进行细化。

2. 灌装

生产中常使用软膏管（锡管、铝管、塑料管）、玻璃瓶、塑料瓶灌装软膏。目前灌装软膏剂的软膏管有内壁涂膜铝管和复合材料管，软膏灌装一般采用自动灌装、轧尾封口、装盒联动机进行灌封与包装。根据所用管子材料不同，灌装机封尾部分为折叠和热封式，管子尾部轧上批号。

灌装机有单管灌装机和多管灌装机。膏体灌装机是利用压缩空气作为动力，由精密气动元件构成一个自动灌装系统，结构简单、动作灵敏可靠、调节方便，适应各种液体、黏稠流体、膏体灌装。

二、软膏剂的质量要求

具有适当的黏稠度，易涂布于皮肤或黏膜

上，不融化，黏稠度随季节变化应很小；基质应均匀、细腻，涂于皮肤或黏膜上无粗糙感觉；有良好的安全性，不引起皮肤刺激反应、过敏反应及其他不良反应；性质稳定，应无酸败、异臭、变色、变硬，油水分离及胀气现象；用于大面积烧伤或严重创伤时，软膏剂应绝对无菌；所用内包装材料，不应与原料药物或基质发生物理化学反应，无菌产品的内包装材料应无菌。

1. 锥入度测定法

锥入度系指利用自由落体运动，在 25℃下，将一定质量的锥体由锥入度仪向下释放，测定锥体释放后 5 秒内刺入供试品的深度。锥入度测定法适用于软膏剂、眼膏剂及其常用基质材料（如凡士林、羊毛脂、蜂蜡）等半固体物质，以控制其软硬度和黏稠度等性质，避免影响药物的涂布延展性。

2. 粒度

取供试品适量，置于载玻片上，涂成薄层，覆以盖玻片，共涂 3 片，按照粒度测定法测定，均不得检出大于 180μm 的粒子。

3. 装量

照《中国药典》最低装量检查法检查，应符合规定。

4. 无菌

用于烧伤或严重创伤的软膏剂，照《中国药典》无菌检测法检查，应符合规定。

5. 含量测定

软膏剂含量准确测定的关键是排除基质对主药含量测定的干扰和影响，以及如何将药物从基质中准确提取出来，可通过空白试验和回收率试验验证含量测定方法。

6. 物理性质的检测

（1）pH 值　由于软膏基质在精制过程中需用酸、碱处理，有时还需通过 pH 调节软膏的黏度，因此应对软膏的酸碱度进行测定，以免引起刺激。测定方法是取样品加适量水或乙醇分散混匀，然后用酸度计测定，一般控制在 pH 值 4.4~8.3。

（2）熔程　软膏剂的熔程以接近凡士林的熔程为宜。

（3）黏度与稠度　软膏剂多属于非牛顿流体，除黏度外，常须测定塑变值、塑性黏度、触变指数等流变学指标，这些因素总和称为稠度，可用插度计测定。

7. 刺激性研究

软膏剂涂于皮肤或黏膜时，不得引起刺激性。刺激性研究的方法：①用于皮肤的软膏，在家兔背部剃去毛 3cm×3cm，24 小时后，取 0.5g 软膏均匀涂布于剃毛部位，然后用二层纱布（2.5cm×2.5cm）和一层玻璃纸或类似物覆盖，再用无刺激性胶布和绷带加以固定，贴敷至少 4 小时。24 小时后观察涂敷部位有无红斑和水肿等情况，并用空白基质作对照。②用于黏膜的软膏，在家兔眼内涂敷 0.1g 软膏，在给药后 1 小时、2 小时、4 小时、24 小时、48 小时和 72 小时对眼部进行检查，观察角膜、结膜和虹膜是否有混浊、充血和水肿现象。对人体皮肤做刺激性试验时，将软膏涂敷于手臂或大腿内侧等柔软的皮肤面上，24 小时后观察涂敷部位的皮肤有何反应。

8. 稳定性研究

软膏剂的稳定性要求，主要有性状（酸败、异臭、变色、分层、涂展性）、均匀性、含量、粒度、有关物质等方面，在贮存期内应符合规定要求。

1. 能使用分散设备制备软膏。

2. 能使用软膏灌装设备灌装膏体。

3. 能在灌装过程中监控装量差异。

一、使用胶体磨制备软膏

1. 技能考核点

（1）采用胶体磨制备软膏。

（2）正确调节磨片间隙。

2. 操作程序、操作规程及注意事项

1）操作程序

开机前的准备工作→开机→制膏→关机→清场→填写记录

2）操作规程

（1）操作前的准备

①检查胶体磨的清洁情况，以及各部件的完整性。

②准备盛装物料的容器及盛料勺。

（2）安装

①安装转齿于磨座槽内，并用紧固螺栓紧固于转动主轴上。

②将定齿及间隙调节套安装于转齿上。

③安装进料斗。

④安装出料管及出料接咀。

（3）研磨操作

①用随机扳手顺时针（俯视）缓慢旋转间隙调节套。

②听到定齿与转齿有轻微磨擦时，即设为"0"点，这时定齿与转齿的间隙为零。用随机扳手逆时针（俯视）转动间隙调节套，确认转齿与定齿无接触。

③按启动键，俯视观察转子的旋转方向应为顺时针。

④用注射用水或0.9%氯化钠溶液冲洗1遍。

⑤以少量的待研磨的物料倒入装料斗内，调节间隙调节套，确定最佳研磨间隙。

⑥调好间隙后，拧紧扳手，锁紧间隙调节套。

⑦将待研磨的物料缓慢地投入装料斗内，正式研磨。

⑧将研磨后的物料装入洁净物料桶内。

⑨研磨结束后，应用纯化水或清洁剂冲洗，待物料残余物及清洁剂排尽后，方可停机、切断电源。

3）注意事项

①检查设备标识牌为"正常"。连接好料斗、出料循环管，检查循环管阀门放料方向关闭，循环方向开通。

②磨片间隙调节：将两手柄旋松（反时针拧）然后顺时针转动调节环，用一只手伸入底座方口内转动电机风叶，当转动调节环感到有少许磨擦时马上停止。再反转调节环少许使磨片间隙大于对准数字，然后再顺时针旋紧手柄锁紧调节环，使磨片间隙固定。下次使用时，无需再调节。如运转中出现尖锐的摩擦声，需立即关机重新调节磨片间隙。

③接通电源后，投料入料斗内。通过调节出料阀改变设备运行状况及物料的颗粒细度，使用完毕，打开出料管，待物料出料完毕，关闭电源。

④不能加工干状固体物料，只能进行湿式加工。

⑤物料研磨前应清除杂物，物料粒度小于1mm，物料硬度不得高于HV309，严禁铁质及碎石颗粒等硬物进入磨头，以防损坏机器。

⑥根据物料加工要求，可进行一次或多次研磨，研磨前应做几次实验，以确保最佳间隙和流量。

3. 生产记录样表（表3-3-34）

表 3-3-34　胶体磨制备软膏生产记录样表

产品名称			批号			规格		
起止时间			月　日　时　分 ——			月　日　时　分		
胶体磨机编号			第（　　）号			第（　　）号		
设备状态确认			正常□　异常□			正常□　异常□		
药物（kg）								
基质 1								
基质 2								
附加剂								
温度（℃）								
磨片间隙（mm）								
压力（Pa）								
转速（r/min）								
流量（t/h）								
制备时间	开始		月　日　时　分			月　日　时　分		
	结束		月　日　时　分			月　日　时　分		
成品情况								
外观性状								
软膏量（kg）								
操作人				复核人/日期				
备注								

二、使用软膏灌装机灌装膏体

1. 技能考核点

（1）正确操作软膏灌装机。

（2）灌装操作的洁净度、重量差异等要求。

2. 操作程序、操作规程及注意事项

（1）操作程序　开机前的准备工作→开机→灌装→关机→清场→填写记录

（2）操作规程

①确认设备状态正常。核对软膏批号、量。

②灌装：开启灌封机总电源开关；设定每小时产量、是否注药等参数，按"送管"开始进空管，通过点动设定装量合格并确认设备无异常后，正常开机。

③每隔 10 分钟检查（不同品种时间安排不同）一次密封口、批号、装量。

（3）注意事项

①铝管在灌装前需进行紫外线灯无菌照射和 75% 乙醇杀菌。

②灌装操作区域的空气洁净级别达到规定要求。

③灌装的药物重量差异需符合要求（不得大于 ±5%）。

④操作人员戴好口罩和一次性手套。

⑤生产中当贮料罐内料液不足贮料灌总容积的 1/3 时，必须进行加料。

3. 生产记录样表（表 3-3-35）

表 3-3-35 软膏灌装机生产记录样表

产品名称		批号		规格	
起止时间		月　日　时　分 —— 月　日　时　分			
软膏灌装机编号		第（　　）号		第（　　）号	
设备状态确认		正常□　异常□		正常□　异常□	
软膏（kg/L）					
灌装速度（瓶、支/分）					
压力（Pa）					
灌装时间	开始	月　日　时　分		月　日　时　分	
	结束	月　日　时　分		月　日　时　分	
成品情况					
外观性状					
成品量（支/瓶）					
密封性					
操作人		复核人/日期			
备注					

三、监控灌装过程中的装量差异

1. 技能考核点

（1）灌装过程中的装量差异。

（2）灌装质量判断。

2. 操作程序及注意事项

（1）操作程序　准备工作→监控（取样测定）→填写记录

（2）注意事项

①灌装的药物装量差异需符合要求。

②灌装时，每隔一定时间检查一次密封口、批号、装量。

3. 生产记录样表（表 3-3-36）

表 3-3-36 装量监控记录样表

产品名称			产品批号			装量差异		
规格			日期		上限（g）		标示量（g/支）	
总数量			人员		上限（g）			
检查时间		机台号	装量情况					检查人
时	分		1	2	3	4	5	6	7	8	

检查时间		机台号	1	2	3	4	5	6	7	8	检查人

操作人/日期		复核人/日期		□合格　□不合格
备注				

第七节　贴膏剂制备

相关知识要求

知识要点

1. 浸胶、膏料制备的方法与设备。
2. 打膏设备、装袋设备的操作。
3. 橡胶贴膏、凝胶贴膏的质量要求。

贴膏剂是指将原料药物与适宜的基质制成的膏状物、涂布于背衬材料上供皮肤贴敷，可产生局部或全身作用的制剂。包括橡胶贴膏、凝胶贴膏。初级工部分介绍了橡胶贴膏、凝胶贴膏的含义、特点、组成、制备的基础操作，在此基础上，中级工部分介绍浸胶、膏料制备的方法与设备、打膏及装袋设备的操作以及橡胶贴膏、凝胶贴膏的质量要求。

打膏设备的操作规程参见技能部分中"使用搅拌釜制备胶浆""使用搅拌釜制备膏料"，袋装设备的操作规程参见技能部分中"使用袋装机包装"。

一、橡胶贴膏

（一）溶剂法制备橡胶贴膏

1. 浸胶的方法与设备

橡胶完成塑炼并消除静电之后，需要对橡胶进行浸泡，使其充分溶胀，以有利于搅拌均匀。在溶剂法橡胶贴膏的生产中，浸胶和搅拌是在同一个制浆设备中进行，先将橡胶投入制浆机内，关闭投料口，加入橡胶溶剂油，浸泡一定时间，常用设备为浸胶搅拌釜（图3-3-6）。该设备一般有立式和卧式两种，其工作原理：制浆机内部装有两组相对运动的旋转桨叶，桨叶呈一定角度将物料沿轴向、径向循环翻搅，并产生一定剪切作用，最终实现混合均匀的目的。

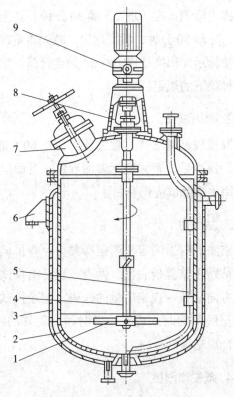

图3-3-6　浸胶搅拌釜示意图

1. 搅拌器；2. 罐体；3. 夹套；4. 搅拌轴；5. 压出管；
6. 支座；7. 入孔；8. 轴封；9. 传动装置

2. 打膏

待橡胶溶胀一定时间后，点动搅拌釜5~10次，确认无异常声响后，开动搅拌釜，搅拌制浆。

依据相应的产品工艺规程进行操作，加入物料或药物继续制浆。制浆结束后，胶浆用过滤机经80目滤网滤出，待用。

（二）质量要求

膏料应涂布均匀，膏面应光洁，色泽一致，无脱膏、失黏现象；背衬面应平整、洁净、无漏膏现象。涂布中若使用有机溶剂的，必要时应检查残留溶剂。

1. 含膏量

取橡胶贴膏 2 片（每片面积大于 $35cm^2$ 的应切取 $35cm^2$），除去盖衬，精密称定，置于有盖玻璃容器中，加适量有机溶剂（如三氯甲烷、乙醚等）浸渍，并时时振摇，待背衬与膏料分离后，将背衬取出，用上述溶剂洗涤至背衬无残附膏料，挥去溶剂，在 105℃ 干燥 30 分钟，移至干燥器中，冷却 30 分钟，精密称定，减失重量即为膏重，按标示面积换算成 $100cm^2$ 的含膏量，应符合各品种项下的规定。

2. 耐热试验

取橡胶贴膏 2 片，除去盖衬，在 60℃ 加热 2 小时，放冷后，背衬应无渗油现象，膏面应有光泽，用手指触试应仍有黏性。

3. 黏附力

依照黏附力测定法测定持黏力，将供试品黏性面粘贴于试验板表面，垂直放置，沿供试品的长度方向悬挂一规定质量的砝码，记录供试品滑移直至脱落的时间或在一定时间内位移的距离。应符合规定。

4. 微生物限度

照非无菌产品微生物限度检查：微生物计数法和控制菌检查法及非无菌药品微生物限度标准检查，橡胶贴膏每 $10cm^2$ 不得检出金黄色葡萄球菌和铜绿假单胞菌。

二、凝胶贴膏

（一）膏料的制备方法与设备

凝胶贴膏的膏料制备关键在于如何使高分子材料在最短时间充分溶胀、如何在混合交联反应过程中将基质和药物混合均匀。

1. 基质的制备

凝胶贴膏胶体在制备过程中，将水溶性高分子材料等按照一定顺序投入搅拌斧中搅拌一定时间，通过交联反应形成胶体。在制备过程中，影响因素较多，除原料、配比之外，制备工艺的影响也较大。一般不同的基质物料，需要不同的制备方法。

2. 药物与基质的混合

常采用等量递增的方法混合药物和基质，或根据药物的理化性质，首先与一种基质混匀后，再加入其他基质。药物与基质一般在常温下即可混匀，但依据需要，也可以在一定加热条件下进行，混合均匀后再降低至室温进行涂布。

凝胶贴膏制浆设备通常采用行星式叶轮搅拌斧。搅拌斧主要有釜体、搅拌器、盖子、传动装置、液压装置、动力装置等部件组成。搅拌器由两根或三根多层桨叶式搅拌器和 1~2 个变位聚四氟乙烯刮刀组成。釜体上盖与搅拌器一起通过液压装置可以实现升降。釜体可设计夹套进行加热或冷却，可增配抽真空装置。出料方式可以采用翻缸形式或阀门放料以及整体转移形式。该搅拌设备可以确保物料在短时间内混合均匀，搅拌釜的传动装置主要由电机、减速机、联轴器等组成（图 3-3-7）。动力系统主要有电机、变频器、电控柜组成。

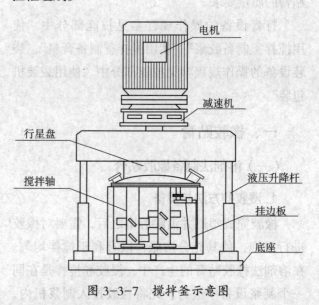

图 3-3-7 搅拌釜示意图

（二）质量要求

膏料应涂布均匀，膏面应光洁，色泽一致，无脱膏、失黏现象；背衬面应平整、洁净、无漏膏现象。

1. 含膏量

取供试品 1 片，除去盖衬，精密称定，置烧杯中，加适量水，加热煮沸至背衬与膏体分离后，将背衬取出，用水洗涤至背衬无残留膏体，晾干，在105℃干燥30分钟，移至干燥器中，冷却30分钟，精密称定，减失重量即为膏重，按标示面积换算成100cm^{2}的含膏量。应符合各品种项下的规定。

2.赋形性

取供试品1片，置于37℃、相对湿度为64%的恒温恒湿箱中30分钟，取出，用夹子将供试品固定在一平整钢板上，钢板与水平面的倾斜角为60°，放置24小时，膏面应无流淌现象。

3.黏附力

凝胶贴膏照黏附力测定法测定初黏力。采用滚球斜坡停止法测定，将适宜的系列钢球分别滚过倾斜板上的供试品黏性面，根据供试品黏性面能够粘住的最大号钢球，评价初黏性的大小。应符合各品种项下的规定。

4.含量均匀度

凝胶贴膏（除来源于动、植物多组分且难以建立测定方法的凝胶贴膏外）照含量均匀度检查法测定，应符合规定。

5.微生物限度

照非无菌产品微生物限度检查：微生物计数法和控制菌检查法及非无菌药品微生物限度标准检查应符合规定

三、装袋设备

装袋设备运转过程中，首先需要将袋材按要求安装到位，设备运行时，通过计数装置完成膏片的计数，机械手推送膏片至袋材中间位置，再实施四边热封，转移，打印信息、裁切、输送等操作，最后还需要进行装量的检查，剔除装量不够，不规范的产品，完成装袋工序（图3-3-8）。

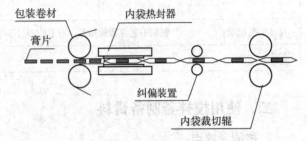

图3-3-8　装袋设备示意图

技能要求

> **技能要求**
>
> 1.能制备胶浆、打膏、过滤膏料。
> 2.能使用装袋设备包装，并能在装袋过程中监控重量差异。

一、使用搅拌釜制备胶浆

1.技能考核点

（1）搅拌釜的规范操作。

（2）制浆过程中需重点控制的参数。

2.操作程序、操作规程及注意事项

（1）操作程序　开机前的准备工作→橡胶加入打浆机→加入橡胶溶剂油溶胀→开动打浆机打浆→按顺序添加物料→关机→清场→填写记录

（2）操作规程

①橡胶加入打浆机：称取已塑炼成网状并已消除静电的橡胶加入打浆机内，关闭投料口。

②加入橡胶溶剂油溶胀：加入橡胶溶剂油，浸泡一定时间，待橡胶溶胀一定时间后，点动搅拌釜5~10次，确认无异常声响后，开动搅拌釜，搅拌制浆。

③依据相应的产品工艺规程进行操作，加入物料或药物继续制浆，控制物料添加顺序、总有效打浆时间和胶浆温度等参数；制浆结束后，胶浆用过滤机经80目滤网滤出，待用。

（3）注意事项

①生产过程中必须专心操作，投料时先加

橡胶，再通过加油管缓缓加入橡胶溶剂油；制浆过程中，为了确保安全，操作间的湿度不低于75%，同时操作人员应该穿戴防静电服装。

②橡胶需浸泡一定时间充分溶胀后才能开始制浆。

③根据品种不同，正确控制投料顺序、搅拌打浆时间、胶浆温度等关键工艺参数。

3. 生产记录样表（表 3-3-37）

表 3-3-37 搅拌釜制浆记录样表

操作起止时间	年 月 日 时 分 —— 年 月 日 时 分				
相对湿度（%）					
班次		序号	操作人	负责人	监控人
搅拌釜编号					
工艺参数要求	物料名称	投料时间	投料温度（℃）	投料量（kg）	搅拌起止时间
异常情况记录：	偏离工艺规程的偏差：有 □ 无 □		调查报告编号：		批准人：
备注：					

二、使用搅拌釜制备膏料

1. 技能考核点

（1）搅拌釜的规范操作。

（2）不同品种加料和搅拌方式、工艺控制方法。

2. 操作程序、操作规程及注意事项

（1）操作程序 开机前的准备工作→开机→投料→关机→清场→填写记录

（2）操作规程

①检查搅拌釜清洁状况以及各部件的完好性。

②投料：根据不同产品工艺要求，按照投料顺序和投料方法，依次加入相关药物。

③根据搅拌温度和速度的要求，及时调整至所需要的参数。

（3）注意事项

①投料前仔细核对物料信息，包括品名、用量、批号、罐号等信息。

②投料前拉闸断电，应有监控人员在场，方可开始操作。

③投料时必须二人在场，二人严密配合，不得伤害自己和他人。

④一般情况下，膏料制备最高温度不超过60℃，膏料的一般要求是光洁、色泽均匀一致，无黑点、白点等异物，涂胶小试后应无浸胶、渗油、失粘现象。

⑤制膏过程中，为了确保安全，操作间的湿度不低于75%，同时投料操作人员应该穿戴防静电服装。

3. 生产记录样表（表 3-3-38）

表 3-3-38 搅拌釜制备膏料记录样表

操作起止时间	年 月 日 时 分 —— 年 月 日 时 分				
相对湿度（%）					
班次		序号	操作人	负责人	监控人
搅拌釜编号					

工艺参数要求	物料名称	投料时间	投料温度（℃）	投料量（kg）	搅拌起止时间
异常情况记录：	偏离工艺规程的偏差：有 □　无 □		调查报告编号：	批准人：	
备注：					

三、使用滤胶设备滤过膏料

1. 技能考核点

（1）正确使用滤胶设备滤过膏料。

（2）滤过膏料时的注意点。

2. 操作程序、操作规程及注意事项

（1）操作程序　开机前的准备工作→打开搅拌釜放料阀门→开动过滤机→过滤→关机→清场→填写记录

（2）操作规程

①过滤：过滤时，打开搅拌釜放料阀门，使胶浆流入过滤机盛胶槽内，开动过滤机，胶浆通过螺杆推动至过滤网，实现过滤，过滤网的目数一般不低于80目。

②过滤后放置：过滤后的胶浆置洁净的不锈钢盛胶桶中存放，胶浆密封存放一定时间。

（3）注意事项

①必须专心操作，过滤前开机空转，确保设备正常。

②设备运行时，严禁将手或工具伸入进料口附近。

③胶浆过滤困难或流速突然加快时，应检查筛网，及时更换。

④一般要求胶浆表面应光洁、色泽均匀一致，无其他异物。

⑤胶浆涂胶小试后，膏面颜色应均匀一致，微粒分布均匀，无浸胶、渗油及失粘现象。膏布背面无渗油现象，膏面应有光泽，用手指触试膏面仍有黏性。

3. 生产记录样表（表 3-3-39）

表 3-3-39　过滤胶料记录样表

品名		规格		批号		批量	
操作起止时间		年　月　日　时　分　——　年　月　日　时　分					
班次		序号		操作人		负责人		监控人
过滤机编号		过滤机转速		筛网目数			
胶浆桶编号							
胶浆桶序号							
胶浆净重							
理论胶浆（kg）		胶浆总重量（kg）		残余胶浆（kg）		收胶率（%）	
异常情况记录：				偏离工艺规程的偏差：有 □　无 □			
备注：							

四、使用装袋机包装

1.技能考核点

（1）规范使用装袋机进行包装。

（2）正确安装膏卷、袋材、拉链、包装参数设置。

2.操作程序、操作规程及注意事项

（1）**操作程序** 开机前的准备工作→开机→膏卷安装牵引→袋材安装牵引→设置各加热磨块的温度及速度→喷码信息编辑→自动装袋作业→关机→清场→填写记录

（2）**操作规程**

①膏卷安装牵引：膏卷安装牵引时，把所需的膏卷正确架放在对应工位站点上，安装固定后，依次按照辊轴上所标示的方向通过膏卷照相检测器、拉辊、膏卷接头检测探头等，牵引至膏卷模切工位。

②袋材安装牵引：袋材安装牵引时，打开卷材辊轴卡扣，将卷材正确架放在对应工位站点上，安装固定后，依次按照辊轴上所标示的方向贯穿导辊，通过分切轮时，将卷材分切成上膜和下膜，上膜经过光标拉杆调节、方向转换纠偏、自动纠偏器、接头检测器；下膜经方向转换纠偏、喷码工位、喷码检测工位、接头检测器、自

动纠偏器，上、下膜在对应站点重合至装袋工位，经过拉链封合工位、四边封口工位、拉链压平工位传至内袋模切工位。

③若内袋需要拉链时，将拉链分别放在对应工位站点上，依次按照辊轴上所标示的方向传过，经拉链检测工位，分别牵引至左右拉链封合前轨道上。

④待准备工位完成后分别设置各加热磨块的温度，依次打开裁切、装袋、加热、真空按钮，如需调整速度，在设置选项输入相应的数据即可。

⑤喷码信息编辑：按照批包装指令将正确的产品批号、生产日期、有效期输入相对应的菜单对话框中，操作完成后，操作人员相互检查，填写"在线喷码、打码复核记录"，并由车间管理人员逐个进行检查确认并签字，经确认的喷印信息应当留存相关信息实样贴在生产记录上。

（3）**注意事项**

①必须专心操作，严格按照操作说明进行操作。

②生产时必须二人在场，二人严密配合，不得伤害自己和他人。

3.生产记录样表（表3-3-40）

表3-3-40 袋装机包装记录样表

品名		规格		批号		批量	
操作起止时间		年 月 日 时 分 —— 年 月 日 时 分					
待包装产品代码		袋材代码			袋材批号		
带包装产品合格证号		袋材发放人			待包装产品发放人		
待包装产品数量		袋材接收人			待包装产品接收人		
横封温度（℃）		纵封温度（℃）					
理论数量（个）	1次领用量（个）	2次领用量（个）		污损量（个）	剩余量（个）		实用量（个）
异常情况记录：			偏离工艺规程的偏差：有□ 无□				
备注：							

五、监控装袋过程中的重量差异

1.技能考核点

监控装袋过程中重量差异。

2.操作程序及注意事项

（1）操作程序　对膏卷进行照相检测→标记不合格品位置→切片→装袋→重量检测→剔除不合格品→装盒时再次重量检测→提出不合格品。

（2）注意事项

①膏片装袋过程中设备采用移位寄存器来检测每一袋膏片的装量。

②膏卷在切片前通过照相检测，将膏卷上不合格品标记，再通过移位寄存器将需要剔除的膏片准确标记位置，直到切袋后将装量不足的一袋准确剔除。

③在半成品经过小盒机装盒时再次通过动态检重秤进行重量检测，检测到装量不足的半成品直接剔除。

3.生产记录样表（表3-3-41）

表3-3-41　装袋重量差异监控记录样表

操作依据		工艺规程□		岗位 SOP□		清场 SOP□	
品名		规格		批号		批量	
背衬重量标准			防粘层重量标准				
工艺含膏量控制范围			内控标准				
装袋机组		设备编号			设备状态		
生产日期			检测结果：				
班次		序号		检测人		复核人	
理论数量（个）		实际量（个）		剔除量（个）		污损量（个）	
异常情况记录：			偏离工艺规程的偏差：有□　　无□				
备注：							

第八节　栓剂与膜剂制备

相关知识要求

　　1.栓剂的含义、特点、分类、基质与润滑剂；栓剂包装。
　　2.膜剂的质量要求；膜剂包装。

初级工部分中已经介绍了膜剂的含义、特点、分类及制备操作的相关知识，在此基础上，中级工部分介绍栓剂的含义、特点、分类及处方组成等内容。

理论部分中铝塑泡罩包装设备的操作规程参见技能部分中"使用铝塑泡罩包装设备包装栓剂"。

一、栓剂

（一）概述

1. 含义

栓剂系指原料药物与适宜基质制成供腔道给药的固体制剂。栓剂在常温下为固体，塞入人体腔道后，在体温下能融化、软化或溶化于分泌液，逐渐释放药物而产生局部或全身作用。

2. 特点

①在腔道可起到润滑、抗菌、消炎、杀虫、收敛、止痛、止痒等局部治疗作用，亦可通过吸收入血发挥镇痛、镇静、兴奋、扩张支气管和血管等全身治疗作用；②药物经直肠吸收比口服吸收干扰因素少，药物不受胃肠道 pH 值或酶的破坏而失去活性；③在一定条件下可减少药物受肝脏首过作用的破坏，减少药物对肝脏的毒副作用；④适宜于不能或不愿吞服药物的患者（如儿童、呕吐症状的患者）。

3. 分类

（1）**按给药途径** 栓剂按给药途径可分为直肠栓、阴道栓、尿道栓、鼻腔栓、耳用栓等，其中常用的是直肠栓、阴道栓。直肠栓的形状有鱼雷形、圆锥形、圆柱形等。阴道栓的形状有鸭嘴形、球形、卵形、圆锥形等。

（2）**按制备工艺与释药特点** 按制备工艺与释药特点，可分为双层栓、中空栓、微囊栓、骨架控释栓、渗透泵栓、凝胶缓释栓等新型栓剂。

（二）基质与润滑剂

1. 基质

栓剂的基质主要分为油脂性和水溶性基质。

1）油脂性基质

（1）天然油脂

①可可豆脂：常温下为黄白色固体，可塑性好，无刺激性，能与多种药物配伍使用。熔点为31~34℃，加热至25℃开始软化，遇体温即能迅速融化，10~20℃时易粉碎成粉末。本品为同质多晶型，有 α、β、γ 三种晶型。为避免晶体转变

而影响栓剂成型，应用时通常缓缓加热升温，待基质熔化至 2/3 时停止加热，余热使其逐步熔化。樟脑、薄荷脑、冰片等药物能使本品的熔点降低，可加入 3%~6% 的蜂蜡、鲸蜡等提高其熔点。

②香果脂：为白色结晶性粉末或淡黄色固体块状物。熔点 30~34℃，25℃以上时开始软化，酸值小于 3，皂化值 260~280，碘值 1~5。与乌柏脂配合使用可克服易于软化的缺点。

③乌柏脂：为白色或淡黄色固体，有特殊臭。熔点 38~42℃，软化点 31.5~34℃。释药速度较可可豆脂缓慢。

（2）**半合成或全合成脂肪酸甘油酯** 化学性质稳定，成型性良好，具有适宜的熔点，不易酸败，是目前较理想的栓剂基质。

①半合成椰油酯：为乳白色块状物，吸水能力大于 20%。有 34 型、36 型、38 型、40 型四种规格，熔点为 33.7~34.7℃。常用的为 36 型，酸值小于 2，皂化值 215~235，碘值小于 4，羟值小于 60，无毒性，刺激性小。

②半合成山苍子油酯：为黄色或乳白色蜡状固体。有 34 型、36 型、38 型、40 型等不同规格。其中常用的为 36、38 型。

③半合成棕榈油酯：为乳白色固体，熔点分别为 33.2~33.6℃、38.1~38.3℃、39~39.8℃。刺激性小，抗热能力强，化学性质稳定。

（3）**氢化植物油** 白色固体脂肪。有氢化棉子油（熔点 40.5~41℃）、部分氢化棉子油（熔点 35~39℃）、氢化椰子油（熔点 34~37℃）、氢化花生油等。加入适量表面活性剂可以改善氢化植物油释药能力。

2）水溶性基质

（1）**甘油明胶** 制品有弹性，在体温下不融化，但能软化并缓慢地溶于分泌液中，故作用缓慢而持久，多用作阴道栓剂基质。其溶解速度与明胶、甘油、水三者比例有关，通常为水：明胶：甘油 =1:2:7。明胶是胶原水解产物，凡与蛋白质能产生配伍变化的药物如鞣酸、重金属盐等均不能用甘油明胶作基质。

（2）**聚乙二醇类（PEG）** 聚合度、分子量不同，物理形状、熔点不同。PEG1000、PEG1500、

PEG4000、PEG6000 的熔点分别为 38~40℃、42~46℃、53~56℃、55~63℃，应用时通常用不同分子量的 PEG 以一定比例加热融合，制成适当硬度的栓剂基质。

本品无生理作用，遇体温不熔化，能缓缓溶于体液而释放药物，吸湿性较强，对黏膜有一定刺激性。加入约 20% 的水，可减轻其刺激性，也可在塞入腔道前先用水湿润，或在栓剂表面涂一层鲸蜡醇或硬脂醇薄膜以减轻刺激。不宜与鞣酸、水杨酸、磺胺类药物配伍。

（3）泊洛沙姆　有多种型号，随聚合度增大，从液体、半固体到蜡状固体，易溶于水。常用的 Poloxamer-188，熔点 52℃。能促进药物的吸收并起到缓释与延效的作用。

2. 润滑剂

栓剂的润滑剂通常有两类，即水溶性润滑剂、油溶性润滑剂。

（1）水溶性润滑剂　常用软肥皂、甘油与 95% 乙醇（1:1:5）混合所得，适用于脂肪性基质的栓剂。

（2）油溶性润滑剂　常用液状石蜡或植物油等，适用于水溶性或亲水性基质的栓剂。

（三）包装

栓剂所用包装材料或容器应无毒性，并不得与药物或基质发生理化作用。小量包装系指将栓剂分别用蜡纸或锡纸包裹后，置于小硬纸盒或塑料盒内，应避免互相粘连和受压。应用栓剂自动化机械包装设备，可直接将栓剂密封于玻璃纸或塑料泡眼中。

二、膜剂的质量要求

成膜材料及其辅料应无毒、无刺激性、性质稳定、与原料药物兼容性良好。原料药物如为水溶性，应与成膜材料制成具有一定黏度的溶液；如为不溶性原料药物，应粉碎成极细粉，并与成膜材料混合均匀。

膜剂外观应完整光洁，厚度一致，色泽均匀，无明显气泡。多剂量的膜剂，分格压痕应均匀清晰，并能按压痕撕开。

1. 重量差异

取膜剂 20 片，精密称定总重量，求得平均重量后，再分别精密称定各片重量。每片重量与平均重量相比较，超出重量差异限度的膜片不得多于 2 片，并不得有 1 片超出限度 1 倍（表 3-3-42）。

表 3-3-42　膜剂重量差异限度

平均重量	重量差异限度
0.02g 及 0.02g 以下	±15%
0.02g 以上至 0.2g	±10%
0.20g 以上	±7.5%

2. 微生物限度

照非无菌产品微生物限度检查：微生物计数法和控制菌检查法及非无菌药品微生物限度标准检查，应符合规定。

技能要求

技能要求

　　1. 能使用化料设备熔融栓剂基质，加入药物混匀，脱去气泡。
　　2. 能调节涂膜设备的干燥温度、胶浆流量。
　　3. 能在装袋过程中监控膜剂的重量差异。
　　4. 能使用铝塑泡罩包装设备包装栓剂。

一、使用化料罐熔融栓剂基质，加入药物混匀，脱去气泡

1. 技能考核点

（1）规范使用化料罐。

（2）正确配制栓剂基质，加入药物混匀，并脱去气泡。

2.操作程序、操作规程及注意事项

（1）操作程序　开机前的准备工作→参数设置→配制→匀浆→除气泡→关机→清场→填写记录

（2）操作规程

①准备工作：检查设备是否完好并具有"已清洁"的状态标志；使用蒸汽压力不得超过额定工作气压。

②开启电源，设置化料温度、化料时间、抽真空时间。

③将称量好的栓剂基质加到化料罐内，启动热水循环泵加热，栓剂基质熔融，搅拌（控制搅拌速度），分次均匀加入药物、附加剂，混合均匀，继续抽真空一定时间（按品种及工艺要求进行）。

④混合浆料经滤网过滤至保温桶内，保温一定时间，使操作过程中产生的气泡排出。

（3）注意事项

①根据产品生产要求设定合适的生产参数。

②保温桶夹套内有保温水，定期更换添加。

③注意投料量及比例、温度、搅拌时间、保温温度。

3.生产记录样表（表3-3-43）

表3-3-43　化料罐配制栓剂物料生产记录样表

产品名称		批号			规格		
生产工序起止时间		月　日　时　分 ——			月　日　时　分		
配制罐号		第（　　）号罐			第（　　）号罐		
设备状态确认		正常□　异常□			正常□　异常□		
温度（℃）							
压力（MPa）							
药物（kg/L）							
基质（kg）							
增塑剂/种类、用量							
表面活性剂/种类、用量							
搅拌速度（r/min）							
配制时间	开始	月　日　时　分			月　日　时　分		
	结束	月　日　时　分			月　日　时　分		
成品情况							
配制总量（kg/L）							
外观性状							
操作人			复核人/日期				
备注							

二、调节涂膜设备的干燥温度、胶浆流量

1.技能考核点

（1）干燥温度、胶浆流量与成品外观的关系，并且在生产过程中能进行准确调节。

（2）判别涂膜质量。

2.操作程序及注意事项

（1）操作程序

①将除去气泡的药物浆液置入涂膜机的流液嘴中，浆液经流液嘴流出，涂布在预先涂有少量液状石蜡的不锈钢平板循环带上，使成厚度和宽度一致的涂层。

②通过人机界面设定涂膜设备的干燥温度，

涂层经过 80~100℃的热风干燥，并迅速成膜。

③生产过程中经常检查成品外观质量，及时调整。

（2）注意事项　在干燥过程中，干燥温度升高、胶浆流量减少，可提高成膜速度；反之则成膜减慢。二者调节不当，会造成膜剂厚度不均匀等问题。

3. 生产记录样表（表 3-3-44）

表 3-3-44　调节涂膜设备的干燥温度、胶浆流量记录样表

批号		班次 / 日期	
调节时间	干燥温度	胶浆流量	
共检查　　次		备注	
操作人：		审核人：	

三、在装袋过程中监控膜剂的重量差异

1. 技能考核点

（1）熟悉不同规格膜剂重量差异限度。

（2）掌握重量差异检查方法，能够在装袋过程中监控膜剂的重量差异。

2. 操作程序及注意事项

（1）膜剂重量差异检查法　取供试品 20 片，精密称定总重量，求得平均重量，再分别精密称定各片的重量。每片重量与平均重量相比较，超出重量差异限度的不得多于 2 片，并不得有 1 片超出限度的 1 倍。

（2）重量差异限度（表 3-3-45）

表 3-3-45　重量差异限度

平均重量	重量差异限度
0.02g 及以下	± 15%
0.02g 以上至 0.20g	± 10%
0.20g 以上	± 7.5%

（3）操作程序　操作人员每间隔 30 分钟（不同企业时间安排不同）取样一次，检查装量差异。

（4）注意事项

①控制取样时间点。

②出现重量差异超出限度范围时，在做好记录的同时，及时停机调整。

3. 生产记录样表（表 3-3-46）

表 3-3-46　装袋过程中膜剂重量差异记录样表

批号		班次 / 日期								
取样时间	外观性状	重量差异：XXX－XXXg/ 片								
		膜剂重量								
		平均重量								
		重量差异（%）								
性状	共检查　　次	符合要求☐			不符合要求☐					
装量差异	共检查　　次	符合要求☐			不符合要求☐					
操作人		日期：								
检查人签名：		确认结果：				日期：				
备注：										

四、使用铝塑泡罩包装设备包装栓剂

1. 技能考核点

（1）正确操作铝塑泡罩包装设备包装栓剂。

（2）按生产指令和工艺要求，检查成品外观质量，符合包装要求。

2. 操作程序、操作规程及注意事项

（1）操作程序　开机前的准备工作→开机→关机→清场→填写记录

（2）操作规程

①拨通电源开关，打开供水阀；按下预热开关、加热器开关，分别给 PVC 加热辊筒（调节至155~160℃），铝箔加热辊筒（调节至 185~190℃）及批号钢字加热（120~130℃）；按规定方向装上 PVC 和铝箔，并使铝箔药品名称与批号方向一致，将 PVC 绕过加热辊筒贴在成型辊上，最后与铝箔在铝箔加热辊筒处汇合。

②达到预定温度时，按启动开关，主机顺时针转动，PVC 依次绕过 PVC 加热辊筒、加料斗、铝箔加热辊筒、张紧轮、批号装置、冲切模具。

③按下"压合、冲切、真空、批号"键及启动开关，机器转动，检查冲切的铝塑成品是否符合要求，批号钢字体与铝箔上字体方向应一致，如相反可以调换铝箔或批号钢字的方向。

④检查铝塑成品网纹、批号是否清晰，铝塑压合是否平整，冲切是否完整，批号是否穿孔等外观检查。检查符合要求后，机器正常运转，放下加料斗，加入过筛的合格中间产品。

⑤打开放料阀，调节好加料速度与机器转速一致，按"刷轮"开关，调节正常转速，为以不影响中间产品质量为宜；机器正常运转，开始进行生产操作；生产过程中必须经常检查铝塑成品外观质量，机器运转情况，如有异常立即停机检查，正常后方可生产。

⑥生产结束后，按总停开关，关闭冷却水。

（3）注意事项

①经常检查铝塑成品外观质量，每隔20分钟抽样一次检测气密性。

②了解转速、冲切速度、上下加热板温度与产品包装质量的关系。

3. 生产记录样表（表 3-3-47）

表 3-3-47　栓剂铝塑泡罩包装机包装记录

产品名称			产品规格			产品批号		生产日期	
物料	物料名称		数量	物料批号		备注			
	检查人								
工序	上板加热温度（℃）		下板加热温度（℃）			热压温度（℃）			
	包装速度		成型吹气压力			装载包装材料			
	用手牵动包材，观察卷轴是否灵活				是☐		否☐		
	达到设定温度后打开压缩空气开关，压缩空气压力0.4~0.6MPa				是☐		否☐		
	如无异常，启动主机，同时开通冷却水				是☐		否☐		
本批剩余									
操作人				日期：					
备注									

第九节　散剂、茶剂与灸熨剂制备

相关知识要求

知识要点

　　1. 粉碎的含义、目的、方法、设备与操作。
　　2. 艾条的制备方法与设备。

　　初级工部分介绍了散剂、茶剂、灸熨剂的含义、特点、分类、筛析、混合、烘干等内容，在此基础上，中级工部分介绍粉碎、艾条制备的方法与设备。

　　理论部分中粉碎设备的操作规程参见技能部分"使用锤击式粉碎机粉碎物料""使用柴田式粉碎机粉碎物料""使用球磨机粉碎物料"；艾绒磨粉设备的操作规程参见技能部分"使用艾绒磨粉机制备艾绒"；自动卷艾条设备的操作规程参见技能部分"使用自动卷艾机制备艾条"。

一、粉碎

（一）含义与目的

1. 含义

　　粉碎是利用机械力将大块物料破碎成粗粒或适宜粒度粉末的操作。

2. 目的

　　（1）获得适宜粒度的粉体，满足制剂成型的需要。

　　（2）提高物料混合的均匀性。

　　（3）增加药物的比表面积，促进药物的溶解与吸收，提高药物的生物利用度。

　　（4）提高药材或天然产物中活性成分的浸出效率。

（二）方法与设备

1. 粉碎方法

　　（1）**干法粉碎**　干法粉碎是指物料经过适当干燥后再进行粉碎的方法。除某些特殊物料外，大多数物料均采用干法粉碎。根据物料性质和粉碎方式不同，可采用单独粉碎或混合粉碎。

　　①单独粉碎：一种物料独立地进行粉碎的方法。适宜于单独粉碎的药物有：贵重细料药，如麝香、牛黄、羚羊角、西洋参等，目的是避免损失；毒性或刺激性强的药物，如蟾酥、斑蝥、马钱子、轻粉等，目的是便于劳动保护、避免损失；氧化性或还原性强的药物，如火硝、雄黄、硫黄等，目的是避免发生爆炸；质地坚硬的药物，如磁石、代赭石等，目的是便于选择适宜的粉碎方法。

　　②混合粉碎：将两种或两种以上的物料混杂在一起进行粉碎的方法。特点是粉碎后的粉末不易重新聚结，且粉碎与混合同时进行，可提高生产效率。适宜于混合粉碎药物如下。

　　● 黏性较大的药材，如乳香、没药、黄精、玉竹、熟地、山萸肉、枸杞、麦冬、天冬等，俗称"串料"。

　　● 含油脂类成分较多的种子类药材，如桃仁、苦杏仁、苏子、酸枣仁、火麻仁、核桃仁等，俗称"串油"。

　　● 动物的皮、肉、筋、骨，如乌鸡、鹿胎等，需先用适当方法蒸制，适当干燥后，再掺入其他组分中粉碎，俗称"蒸罐"。

　　（2）**湿法粉碎**　湿法粉碎是指将药物加入适量水或其他液体一起研磨的粉碎方法，亦称为加液研磨法。

　　湿法粉碎时水或其他液体以小分子可渗入粉

粒间的裂隙，减小分子间的引力而利于粉碎；粉碎过程中无粉尘飞扬，有利于劳动保护。

液体的选用以药物遇湿不膨胀，两者不起变化，不妨碍药效为原则。樟脑、冰片、薄荷脑等常加入少量液体（如乙醇、水）轻微用力研磨；麝香常加入少量水重力研磨，俗称"打潮"。有"轻研冰片、重研麝香"之说。

传统的"水飞法"亦属此类。朱砂、珍珠、炉甘石等矿物药一般先打成碎块，除去杂质，加适量水重力研磨，适时将细粉的混悬液倾泻出来，剩余药物再加水反复研磨、倾泻，直至药物全部研细为止，合并混悬液，静置，分离沉淀，干燥，研散，过筛，即得极细粉。"水飞法"手工操作生产效率很低，大量生产多用电动研钵、球磨机。

（3）低温粉碎　低温粉碎是指在粉碎前或粉碎过程中将物料进行冷却，以增加物料脆性的粉碎方法。

低温粉碎可获得更细粉末并且降低机械能量的消耗，适用于在常温下粉碎困难的熔点低、软化点低、热塑性及强韧性的物料，如树脂、树胶、干浸膏等；对于热敏性、挥发性药物，能防止药物破坏或挥发损失。

低温粉碎的方式有三种。

①物料先行冷却或在低温条件下，迅速通过粉碎机粉碎；粉碎机壳通入低温循环冷却水进行粉碎。

②物料与干冰或液氮混合粉碎。

③组合运用上述冷却方式进行粉碎。

（4）超微粉碎　超微粉碎是指将物料粉碎至粒径为微米级以下的操作，亦称为超细粉碎。具有粉碎粒径小、分布均匀、节省原料的特点，可以增加药物的利用率，提高疗效。超微粉体通常分为微米级（粒径大于$1\mu m$）、亚微米级（粒径为$0.1\sim1\mu m$）及纳米级（粒径为$1\sim100nm$）粉体。

适宜的方法和设备，以及粉碎后的粉体分级是超微粉碎的关键。粉碎过程中要控制粉体的粒径大小和粒径分布，尽可能使粉体的粒径分布在较窄的范围内。

2. 粉碎设备

（1）柴田式粉碎机　设备结构简单，操作方便，维修和更换部件方便，生产能力大，能耗小，粉碎能力强，粉碎粒径比较均匀，但其缺点是锤头磨损较快，过度粉碎的粉尘较多，筛板容易堵塞（图3-3-9）。适用于干燥、质脆易碎、韧性物料，能满足中碎、细碎、超细碎等粉碎要求。但因黏性物料易堵塞筛板及黏附在粉碎室内，故不适于黏性物料的粉碎。

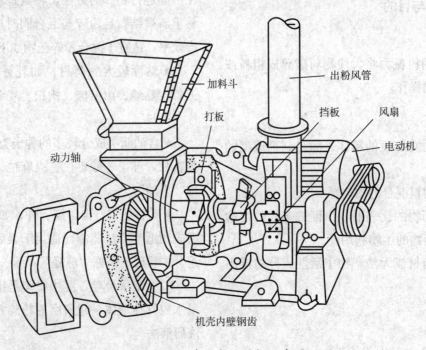

图3-3-9　柴田式粉碎机示意图

（2）**万能粉碎机** 有锤击式和冲击柱式。设备结构简单，但因转子高速旋转，零部件容易磨损，产尘、产热也较多。适用于粉碎脆性、韧性物料，能满足中碎、细碎、超细碎等的粉碎要求；但不宜粉碎挥发性、热敏性及黏性药物，腐蚀性、毒剧药及贵重药也不宜应用，以避免粉尘飞扬造成中毒或浪费。

（3）**球磨机** 结构简单，密封性好，可防止

吸潮、粉尘飞扬，有利于避免药物损失、吸潮和劳动保护（图3-3-10）。除广泛应用于干法粉碎外，亦可用于湿法粉碎。适用于粉碎结晶性药物（如朱砂、皂矾、硫酸铜等）、刺激性的药物（如蟾酥、芦荟等）、挥发性的药物（如麝香）及贵重药物（如羚羊角、鹿茸等）、吸湿性较大的药物（如浸膏）、树胶（如阿拉伯胶、桃胶等）、树脂（如松香）及其他植物类中药浸提物（如儿茶）。

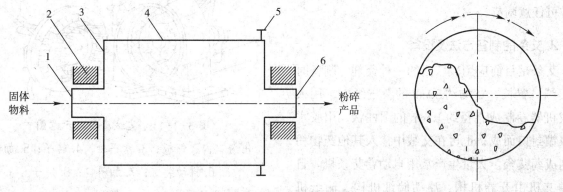

图3-3-10　球磨机原理示意图

1.进料口；2.轴承；3.端盖；4.圆筒体；5.大齿圈；6.出料口

（4）**振动磨** 设备外形尺寸比球磨机小，操作维修方便，且由于研磨介质直径小，冲击力大，研磨表面积大，装填系数高（约80%），冲击次数多，研磨效率比球磨机高；但运转时产生噪声大（90~120dB）、产热较多，需要采取隔声、消声及采取冷却措施。振动磨可干法操作或湿法操作，成品平均粒径可达2~3μm以下，且粒径分布均匀；粉碎可在密闭条件下连续操作。适用于物料的细碎，可将物料粉碎至数微米级，但不易对韧性物料进行粉碎。

（5）**气流粉碎机** 设备结构紧凑、简单、磨损小，容易维修，适用于物料的超细粉碎，所得成品平均粒径可达到5μm以下，粒度分布均匀；由于粉碎过程中气体自喷嘴喷出膨胀时可产生冷却效应，故适用于低熔点或热敏性药物的粉碎；此外，采用惰性气体可用于易氧化药物的粉碎；易于对机器及压缩空气进行无菌处理，可在无菌条件下操作，用于无菌粉末的粉碎。

3. 粉碎设备的使用保养

各类粉碎设备虽然具有不同的优点和适用范围，但在使用时均应注意如下六点。

①粉碎机启动后，应待其高速运转稳定时再加物料粉碎，否则易烧坏电机。

②避免物料中夹杂铁钉、铁块等硬物，否则易引起转子卡塞而难于启动，或者破坏钢齿、筛板。

③各种转动机构需保持良好的润滑状态，如轴承、伞式轮等。

④电机不能超速或超负荷运转，电动机及传动机构等应有防护罩，以保证安全，同时要注意防尘、清洁。

⑤碎机未停定，严禁打开机盖。

⑥粉碎完毕后，要清理内、外部件，以备下次使用。

二、灸剂的制备

艾绒是由菊科植物艾 *Artemisia argyi* Lévl.et Vant. 的干燥叶加工而成。艾绒的制备有人工捣制和粉碎机粉碎的方法。根据艾绒精细程度及艾叶制绒产率差异，生产不同规格的艾绒制品，艾条也根据艾绒由粗到细分为普通、甲级、高级、极品等。

1. 艾绒的制备方法及设备

取干燥的艾叶，拣去杂质，筛去灰尘，置石臼或铁研船内捣碾成绵绒状，除去叶脉，即得。捣艾不能过于用力，否则容易将艾绒打碎，造成浪费。大量生产可用艾绒磨粉机（图3-3-11）。艾绒磨粉机由主机、辅机、集管道、电控装置组成，辅机有旋风和布袋除尘器，主机内离心分级装置，除可完成粉碎外、还具有分级功能，粉状颗粒可任意调节。

2. 艾条的制备方法及设备

艾条是目前应用较广泛的一种灸剂。制备时取艾绒，置长、宽均约30cm的桑皮纸上，用人工或机器卷制成直径约1.5cm的圆柱状，用胶水或浆糊封口而成；也可在艾绒中掺入其他药物粉末制成药艾灸。大量生产常用自动卷艾条机。自动卷艾机由开卷机构、浮动储纸机构、输纸机构、喷胶机构、卷布机构、下料机构、卷取机构、绞笼供料机构、上料机构、输送机构组成，自动完成艾条的供料、卷制、卷取。

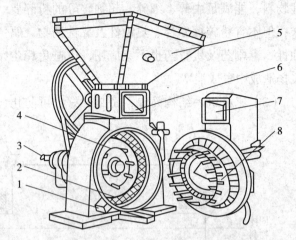

图3-3-11 艾绒磨粉机示意图

1. 出粉口；2. 筛板；3. 水平轴；4. 转子；5. 加料斗
6. 抖动装置；7. 加料口；8. 定子

技能要求

1. 能使用粉碎设备粉碎物料。
2. 能使用艾绒磨粉设备制备艾绒。
3. 能使用自动卷艾条设备制备艾条。

一、使用锤击式粉碎机粉碎物料

1. 技能考核点

（1）规范使用锤击式粉碎机。

（2）根据物料性质选择合适的锤片（厚度、排列形式、数量）。

（3）根据粉碎程度调节机器参数、调整锤片末端线速度。

2. 操作程序、操作规程及注意事项

（1）操作程序 开机前的准备工作→试运行→开机→投料→关机→清场→填写记录

（2）操作规程

①确认设备完好，空运行无异常。根据工艺要求，选择适宜孔径筛片。

②开机运行1~2分钟，达到正常速度时加入物料。

③专心操作，避免金属、矿石、泥沙混入。随时看、听设备的运行情况，发现异常，立即停机。排除隐患后，方可开机。

④大的物料、质地坚硬的物料应先适当破碎；含油脂类药材及大量含黏液质、糖类药材宜采用"串油""串料"粉碎。

（3）注意事项

①经常检查设备破碎锤，发现磨损严重或不平衡时必须更换。钢锤的活动装置在遇阻时会因变曲而损坏。

②钢锤适用于粉碎干燥、脆性物料，也常作粗粉碎之用。

③钢锤的排列形式也很重要，应使锤片均匀分布在粉碎室的宽度上，保证转子的动、静平衡和物料能均匀分布在粉碎室内。

④钢锤的数量同样与粉碎能力相关，钢锤

过少，使粉碎室内无钢锤打击的空间增加，物料受打击的机会减少，生产率就降低；钢锤过多，则增加了粉碎机的空载功率，物料受打击次数增加，反使生产下降，所以在保证生产率的情况下，减少钢锤数量为好，这样可以降低功率消耗、降低生产成本。目前有用钢片代替钢锤的设备，钢片数量可增加，粉碎效率提高，但钢片更易损坏。

⑤钢锤末端线速度是影响粉碎机工作性能的重要因素之一，物料的粉碎程度和粉碎机的生产率随钢锤末端线速度的增高而增大。

⑥筛片的孔径直接影响到粉碎机的生产能力和粉碎细度，孔径越小，粉料越细，产量越低，否则反之。

⑦放活动装置的底架平面，应除去灰尘等，以免机器遇到不能破碎的物料时活动轴承不能在底架上移动，以致发生严重事故。

3. 生产记录样表（表3-3-48）

表3-3-48 锤击式粉碎机粉碎物料记录样表

产品名称		批号			规格		
生产工序起止时间		月 日 时 分 —— 月 日 时 分					
粉碎机编号		第（　　）号			第（　　）号		
设备状态确认		正常□ 异常□			正常□ 异常□		
物料（kg）							
粉碎粒度（目）							
粉碎时间	开始	月 日 时 分			月 日 时 分		
	结束	月 日 时 分			月 日 时 分		
成品情况							
外观性状							
成品量（kg）							
操作人			复核人/日期				
备注							

二、使用柴田式粉碎机粉碎物料

1. 技能考核点

（1）正确操作柴田式粉碎机粉碎物料。

（2）适用于该粉碎机要求的药材类别，并能根据粉碎要求调节机器参数。

2. 操作程序、操作规程及注意事项

（1）操作程序　开机前的准备工作→试运行→开机→投料→关机→清场→填写记录

（2）操作规程

①开机1~2分钟后，当粉碎机达到正常转速，电流稳定在19~20A时，方可投料。

②加料要均匀，不得忽多忽少，根据电机负荷控制加料，一般粉碎机电机电流要稳定在40A左右为好，但粉碎易粘膛药物时，电流要控制在25~30A为好，以免粉碎机温升太快，引起粘膛。不要使筛粉机内积粉过多。接通电源，启动粉碎机。

③当粉碎机内温度超过药物所允许的最高温度时，应停机降温，必要时打开机壳散热，一般80℃以上停机。

④粒度调节，打开粉碎机壳体，调整斜挡板与衬板间隙，直到达到所需的粒度为止。

⑤机器在运转过程中，要注意经常观察，发现异常，立即停机，待查明原因，检修好后，方可开机。

⑥停机前，应先停止加料，使机器继续运转10~15分钟，使机内的原料全部吸出，粉碎机电流表读数为19~20A左右时，方可停机。

（3）注意事项

①直径过大，长度过长的药物，要经过破碎或切割后加入，不得直接加入，以免影响进料。粉碎原料一般直径不超过40mm，长度不得超过100mm。

②不宜粉碎单一含油药物，含油药物一般同其他药物混合粉碎，但其所占的比例不宜超过30%。

③本机只限于粉碎草类、叶类、花类、棍类、木质类、动物类及硬度不太大的矿物类药材，对比较坚实的矿物类药材不宜使用。尤其避免金属物进入机器，以免损坏设备及发生危险。

④打板、挡板等易损件要及时更换，否则影响产品质量和粉碎机效能的发挥。更换打板、挡板要一组同时更换，不得单片更换，以免因不平衡引起机器震动过大。

3. 生产记录样表（表3-3-49）

表3-3-49　柴田式粉碎机粉碎物料生产记录样表

产品名称		批号				规格		
生产工序起止时间		月　日　时　分 —— 月　日　时　分						
粉碎机编号		第（　　）号				第（　　）号		
设备状态确认		正常□　异常□				正常□　异常□		
物料（kg）								
粉碎粒度（目）								
粉碎时间	开始	月　日　时　分				月　日　时　分		
	结束	月　日　时　分				月　日　时　分		
成品情况								
外观性状								
成品量（kg）								
操作人				复核人/日期				
备注								

三、使用球磨机粉碎物料

1. 技能考核点

（1）能够正确操作球磨机粉碎物料。

（2）适用于该粉碎机要求的药材类别，并能正确调整设备参数。

2. 操作程序、操作规程及注意事项

（1）操作程序　开机前的准备工作→填装物料→开机粉碎→关机→清场→填写记录

（2）操作规程

①将陶瓷缸内的瓷球或钢球取出，盖上缸盖利用锁紧装置将缸盖锁紧。

②将两缸体成水平方向用定位轴定位。用手转动确认有无异常。

③开机空转运行确认无异常后停机。

④将待研磨的物料和陶瓷球或钢球装入陶瓷缸体内。

⑤盖上压盖装置并锁紧，压力调节松紧适当，确保物料无泄漏；锁定定位销。

⑥按"启动"按钮，电动机运转，缸体随着转动。

⑦当物料研磨结束后，按动"停止"按钮，使电动机停转。

⑧电源切断后，将缸盖打开，再将转架上的定位销拔出，倒出物料和陶瓷球。

（3）注意事项

①装料时，待研磨的物料容积约占缸体总容量的30%，陶瓷球或钢球容积约占缸体总容量的30%。物料和陶瓷球总容积一般不超过陶瓷缸体容积的70%，两边物料必须均衡。

②球磨机适用于结晶性或脆性药物、树胶、树脂及非组织性中药的粉碎。由于球磨机可密闭操作，常用于毒剧性、刺激性、强吸湿性、易氧化性及贵重药物的粉碎。

③球磨机要求有适当的转速，才能获得良好的粉碎效果。一般采用临界转速的75%。

④粉碎腔内的圆球直径一般不小于65mm，应大于被粉碎药物的4~9倍。圆球大小可以不一，这样会增加研磨作用。操作过程中，由于圆球不断产生磨损，应经常检查，部分圆球需根据情况更换。

3. 生产记录样表（表3-3-50）

表3-3-50　球磨机粉碎物料生产记录样表

产品名称		批号		规格		
生产工序起止时间		月　日　时　分 —— 月　日　时　分				
粉碎机编号		第（　　）号		第（　　）号		
设备状态确认		正常□　异常□		正常□　异常□		
物料（kg）						
粉碎粒度（目）						
粉碎时间	开始	月　日　时　分		月　日　时　分		
	结束	月　日　时　分		月　日　时　分		
成品情况						
外观性状						
成品量（kg）						
操作人		复核人/日期				
备注						

四、使用艾绒磨粉机制备艾绒

1. 技能考核点

（1）能够正确操作艾绒磨粉机制备艾绒。

（2）磨粉机各部件启动和关闭顺序。

2. 操作程序、操作规程及注意事项

（1）操作程序　开机前的准备工作→开机→粉碎→关机→清场→填写记录

（2）操作规程

①开动提升机。

②开动颚式破碎机。

③待料仓存有物料后，启动分析机。

④启动鼓风机（空负荷启动，待正常运行后再加载）。

⑤启动主机，在启动主机瞬间随即启动电磁振动给料机，此时即开始磨粉工作。

⑥粉碎时不加筛片。

⑦筛去灰屑，除去叶柄叶梗等杂质。艾绒则结成小的团块。

⑧停机前先关闭给料机停止给料；约1分钟后停止主机；吹净残留的粉末后停止鼓风机；关闭分析机。

（3）注意事项

①进入工作场地前，操作人员必须穿戴好工作服并佩戴好防尘口罩。

②磨粉机在任何部分发生不正常噪音，或负荷突然增大应立即停机检查，排除故障，以免发

生重大事故。继续开机时，必须将磨机内余料取出。否则开机时电流过大，影响启动。

③使用时机体会有微小振动，一定要将机盖连接手柄拧紧，避免事故发生。

④产品生产中应保持均匀下料以保证粉碎质量和正常生产。

⑤注意磨粉机关闭顺序。

3. 生产记录样表（表 3-3-51）

表 3-3-51　艾绒磨粉机制备艾绒记录样表

产品名称		批号		规格	
生产工序起止时间		月　日　时　分 —— 月　日　时　分			
磨粉机编号		第（　　　　）号		第（　　　　）号	
设备状态确认		正常□　异常□		正常□　异常□	
艾绒（kg）					
粉碎粒度（目）					
粉碎时间	开始	月　日　时　分		月　日　时　分	
	结束	月　日　时　分		月　日　时　分	
成品情况					
外观性状					
成品量（kg）					
操作人		复核人/日期			
备注					

五、使用自动卷艾条机制备艾条

1. 技能考核点

（1）能够正确操作自动卷艾条机制备艾条。

（2）生产过程中艾条质量的检查内容。

（3）根据所制备的艾条质量（粗细、开胶等）正确调节设备参数。

2. 操作程序、操作规程及注意事项

（1）操作程序　开机前的准备工作→开机→关机→清场→填写记录

（2）操作规程

①开电源总闸、气源总阀。

②启动自动设备开机按钮，观察数显界面是否正常，若有异常提示，依据实际情况进行排查维修。

③检查气压是否正常：总压力表气压规定范围 0.55~0.65MPa（经过冷干机的压缩空气），胶储存罐气压规定范围 0.15~0.28MPa（根据实际情况调整）。

④点工作键，卷条找零（确认零点是否正确）。

⑤在胶线位置放置废纸，打开胶枪，胶线为细线状为正常，点动喷胶一次，测试左右喷胶状况是否正常，是否刚好覆盖纸的范围，否则调整胶的大小，调整胶线参数到合适为止。

⑥穿纸。

⑦将数显界面调到手动模式下，点动"卷一支"进行试机。检查卷制的艾条是否符合生产质量标准（检查内容：是否开胶、粗细是否合适，如果出现开胶现象，依据开胶情况进入参数界面调整胶线参数；如果出现过粗或者过细现象，对片基进行收、放操作）。

⑧试运行一切正常，将数显界面调到自动模

式生产。

⑨点击自动模式操作主界面下的"停止键"，再去关电源（关电源时手需要扶着卷纸，避免卷纸随轴转动）。

（3）注意事项

①操作时，先以手动，正常后即进入自动生产，非特殊情况，不得手动生产。

②操作时动作协调、稳缓、严禁敲击开关。

③操作时设备有异常噪音或者振动，应及时停机查清原因（自动模式操作主界面转入状态界面，查看每个传感器状态是否正常，准确定位故障位置，进行故障排除）。

④设备正常运行时，严禁将手伸到片基上，如有异常，需要停机进行操作。

⑤班前、班中、班后，操作人员需用气枪对机器表面的灰尘进行清理，同时需要保持设备和地面清洁干净；另外，保证输送机输送带清洁，确保艾条表面洁净。

⑥上胶系统故障或者胶液不足时，首先需对压力容器降压放气，待压力为零时方可打开胶桶盖。

⑦换片基时，需要按操作台上的急停键（红色蘑菇按钮），将旧片基取出，安装新片基，用手推片基架子查看松紧度，在手动模式下操作主界面点击"复位""卷条找零"，找零完成后，将数显操作界面转入手动模式操作主界面，进行"卷一支"试制，测量卷纸的艾条是否符合要求，如有偏差，对片基进行调整。

⑧穿纸时先把压辊抬起，刹车放开，往前拉纸，看纸正不正，如有偏差进行调整。压辊压上，踩脚合上，刹车合上，用手将纸往上卷，气涨轴充气。

⑨不定期通过透视窗查看下料是否有异常（如储料桶内是否有料、下料器是否堵塞）。

⑩经常检查艾条的质量（操作人员不定时抽查艾条质量，收条人员挑拣过程中需要严格把关，发现问题及时反馈给开机人员，开机人员对机器进行重新调整），现场质检人员需要上下班各检查一次，生产过程中不定期进行抽检（检查内容：艾绒比例是否符合要求、艾条质量是否符合要求、记录填写是否真实等）。

3. 生产记录样表（表3-3-52）

表3-3-52　自动卷艾条机制备艾条记录样表

产品名称		批号		规格	
生产工序起止时间		月　日　时　分 —— 月　日　时　分			
艾条机编号		第（　　）号		第（　　）号	
设备状态确认		正常□　异常□		正常□　异常□	
物料（kg）					
艾条规格（长/直径）					
制备时间	开始	月　日　时　分		月　日　时　分	
	结束	月　日　时　分		月　日　时　分	
成品情况					
外观性状					
成品量（条）					
操作人		复核人/日期			
备注					

第十节　颗粒剂制备

相关知识要求

知识要点

1. 软材的制备方法与设备。
2. 挤压制粒的方法、设备与操作。
3. 颗粒剂的包装及质量要求。

颗粒剂系指原料药物与适宜的辅料混合制成具有一定粒度的干燥颗粒状制剂。初级篇介绍了颗粒剂的含义、特点、分类以及混合、烘干、整粒的方法、设备及操作，在此基础上，中级篇介绍软材的制备、挤压制粒、包装及颗粒剂质量要求的相关内容。

挤压制粒设备的操作规程参见技能部分"使用摇摆式颗粒机制颗粒"，颗粒包装设备的操作规程参见技能部分"使用自动颗粒包装机分装颗粒"。

一、制备

（一）软材的制备方法与设备

将物料细粉与适宜润湿剂或黏合剂或中药稠膏与适宜辅料，置适宜的容器内混合均匀，必要时加适量一定浓度的乙醇调整湿度，制成"手握成团、轻按即散"的程度，即为软材。软材制备是采用挤压制粒方式制备颗粒的重要环节。

常用设备为槽型混合机。由混合槽、搅拌桨、机架和驱动装置等组成。主要部分为混合槽，槽上有盖，均由不锈钢制成。槽内有"~"形与旋转方向成一定角度的搅拌桨，用以混合粉末。槽可绕水平轴转动，以便卸出槽内粉末。该机器除适用于各种药粉混合以外，还可用于冲剂、片剂、丸剂、软膏等团块的混合和捏合。

（二）挤压制粒的方法与设备

制粒是在物料中加入适宜的润湿剂或黏合剂，经加工制成具有一定形状与大小的颗粒状制剂的操作。

粉体加入适量黏合剂制成软材后，用强挤压的方式使其通过具有一定孔径的筛网或孔板而制粒的方法。主要制粒设备有摇摆挤压式、旋转挤压式。

1. 摇摆挤压式

主要构造是在加料斗底部装有一个钝六角形棱柱状转动轴，转动轴一端接连于一个半月形齿轮带动的转动轴上，另一端用一圆形帽盖将其支住，借机械力作摇摆式往复转动，使加料斗内的软材压过装于转动轴下的筛网而成为颗粒（图3-3-12、图3-3-13）。

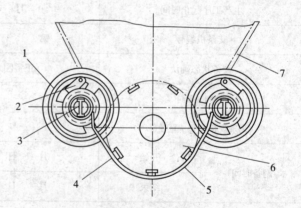

图 3-3-12　摇摆式颗粒剂制粒示意图

1.手柄；2.棘爪；3.夹管；4.七角滚轮；
5.筛网；6.软材；7.料斗

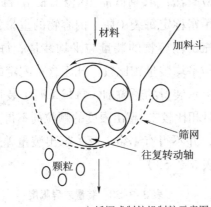

A）摇摆式制粒机制粒示意图

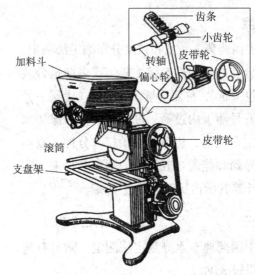

B）摇摆式制粒机外形图

图 3-3-13　摇摆式制粒机

2. 旋转挤压式

在圆筒状钢皮筛网内，轴心上固定有十字形刮板如挡板，两者转动方向不同，使软材被压出筛孔而成颗粒。本机仅适用于含黏性药物较少的软材，其生产量小于摇摆式（图 3-3-14）。

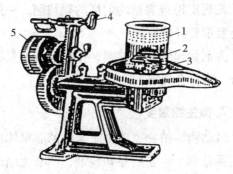

A）旋转式制粒机外形图

1. 钢皮筛网；2. 挡板；3. 四翼刮板；
4. 开关；5. 皮带轮

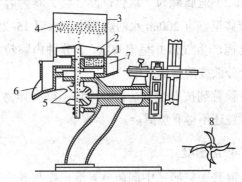

B）旋转式制粒机示意图

1. 筛孔（内有四翼刮板）；2. 挡板；3. 有筛孔的圆钢筒；
4. 备用筛孔；5. 伞形齿轮；6. 出料口；7. 颗粒接收盘；
8. 四翼刮板俯视图

图 3-3-14　旋转式制粒机

二、包装

干燥符合要求的颗粒应及时密封包装，常选用不易透光、透气、透湿的复合铝塑袋、铝箔袋或塑料瓶等。包装后的颗粒剂一般在避光、干燥、常温下贮存。常用的设备为颗粒包装机。

颗粒包装机包装时将适宜的包装膜装在包装机上，利用制袋装置把卷膜制成包装袋，通过下料装置，将物料按照计量的方式下到袋子中，然后进行封口。

三、质量要求

颗粒剂应干燥，颗粒均匀，色泽一致，无吸潮、软化、结块、潮解等现象。除另有规定外，颗粒剂应密封，置干燥处贮存，防止受潮。生物制品原液、半成品和成品的生产及质量控制应符合相关品种要求。

根据原料药物和制剂的特性，除来源于动、植物多组分且难以建立测定方法的颗粒剂外，溶出度、释放度、含量均匀度等应符合要求。

1. 粒度

照《中国药典》粒度和粒度分布测定法测定。取单剂量分装的颗粒剂5袋（瓶）或多剂量分装颗粒剂1包（瓶），称定重量，置药筛（上层一号筛，下层五号筛）内过筛。过筛时，将筛保持水平状态，左右往返，边筛动边拍打3分钟。取不能通过一号筛和能通过五号筛的颗粒和粉末，称定重量，计算其所占比例不得过15%。

2. 水分

照《中国药典》水分测定法测定。除另有规定外，不得过8.0%。

3. 溶化性

（1）可溶颗粒　取供试品10g（中药单剂量包装1袋），加热水200ml，搅拌5分钟，立即观察。可溶颗粒应全部溶化或轻微浑浊。

（2）泡腾颗粒　取供试品3袋，将内容物分别转移至盛有200ml水的烧杯中，水温15~25℃，应迅速产生气体并呈泡腾状。5分钟内颗粒均应完全分散或溶解在水中。

颗粒剂按上述方法检查，均不得有异物，中药颗粒还不得有焦屑。

4. 溶出度

混悬颗粒照《中国药典》溶出度与释放度测定法测定溶出度，应符合规定。

5. 释放度

肠溶颗粒、缓释颗粒和控释颗粒照《中国药典》溶出度与释放度测定法测定释放度，应符合规定。

6. 装量与装量差异

检查法：取供试品10袋（瓶），除去包装，分别精密称定每袋（瓶）内容物的重量，求出每袋（瓶）内容物的装量与平均装量。每袋（瓶）装量与平均装量相比较［凡无含量测定的颗粒剂或有标示装量的颗粒剂，每袋（瓶）装量应与标示装量相比较］，超出限度的颗粒剂不得多于2袋（瓶），并不得有1袋（瓶）超出装量差异限度1倍（表3-3-53）。

表3-3-53　装量差异限度

平均装量或标识装量	装量差异限度
1.0g及1.0g以下	±10%
1.0g以上至1.5g	±8%
1.5g以上至6.0g	±7%
6.0g以上	±5%

凡规定检查含量均匀度的颗粒剂，一般不再进行装量差异检查。

多剂量包装的颗粒剂，按照最低装量检查法检查，应符合规定。

7. 微生物限度

以动物、植物、矿物质来源的非单体成分制成的颗粒剂、生物制品颗粒剂，照非无菌产品微生物限度检查：微生物计数法和控制菌检查及非无菌药品微生物限度标准检查，应符合规定。规定检查杂菌的生物制品颗粒剂，可不进行微生物限度检查。

技能要求

1. 能使用混合设备制软材、使用挤压制粒设备制颗粒。

2. 能使用颗粒包装设备分装颗粒，并能在包装过程中监控装量差异。

一、使用槽型混合机制软材

1. 技能考核点

（1）规范使用槽型混合机。

（2）按要求拆装搅拌桨。

（3）判断负载状态，并进行调整。

（4）判断软材制备程度。

2. 操作程序、操作规程及注意事项

（1）操作程序　开机前的准备工作→投料→搅拌→卸料→停机→清场→填写记录

（2）操作规程

①使用前应进行一次空运转试车，在试车前先应检查机器全部联接件的紧固程度，减速器内的润滑油油量和电器设备的完整性。

②确认混合的物料、辅料、润湿剂或黏合剂符合工艺要求。按设备大小及工艺要求计算混合量。

③检查机器各部件是否完好，接通电源，点动"上行"按钮或点动"下行"按钮，使料槽水平，按下"搅拌"按钮，空转约2分钟，应无异常。

④按顺序加入物料、辅料、润湿剂或黏合剂，倒进槽型料桶，盖上盖板，点动"上行"按钮，将槽型料桶调节到水平位置，按下"搅拌"按钮，按规定时间进行混合。搅拌桨叶在运行过程中，不得打开盖板用手接触物料。控制混合速度。

⑤混合均匀后，取样检查软材制备程度。

⑥关掉"搅拌"按钮，点动"下行"按钮，使槽型料桶适当倾斜，倾出其中物料置容器中。在点动"上行""下行"及运行过程中，任何人不得接触混合机，防止损伤。

（3）注意事项

①拆装搅拌浆的连接螺母时应使用专用工具，切不可敲撞，以免损坏零件。搅拌浆应平稳，不得硬敲撞，以免轴心弯曲。

②在运转中不得用手或工具拨动槽内的物料。随时检查软材制备程度，以"手握成团，轻按即散"为度。

③使用负荷不要过大，如过负荷应立即减少混合溶量。

④机器倒料时，混合槽角度不得超过105°。

3. 生产记录样表（表3-3-54）

表3-3-54　混合设备制软材记录样表

开始时间：		结束时间：		
操作指令		工艺参数		
加入物料，混合，出料置于洁净干燥容器中		混合时间		
总混开始时间：		总混结束时间：		
混合后物料重（kg）		抽样量（kg）		
操作人：		复核人：		
收率 = 混合后总重量 / 混合物总重量 ×100%=_____ 物料平衡率 =（混合后总重量 + 抽样 + 损耗量）/ 混合物总重量 ×100%=_____				
现场质量控制情况				
工序	监控点	监控项目	频次	检查情况
总混	混后软材	外观、性状；软硬度	每批	□ 正常　□异常
工序负责人：		技术主管：		
备注：				

二、使用摇摆式颗粒机制颗粒

1. 技能考核点

（1）规范使用摇摆式颗粒机。

（2）根据制粒情况对筛网的松紧度进行调整。

（3）判断软材制备程度以及筛网的完整性。

2. 操作程序、操作规程及注意事项

（1）操作程序　开机前的准备工作→投料→制粒→停机→清场→填写记录

（2）操作规程

①检查设备是否清洁。

②使用前检查各部件安装是否完整，机身内

润滑油是否达到油线上。

③依次装上七角滚筒、保护瓦、紧固螺丝，合上闸刀，按启动开关，让其空转，检查运转情况是否灵敏。

④装上所需制粒规格的筛网、筛网夹棍，要紧贴两端端盖、紧固适宜并有一定弹性，待用。

⑤开车空转3~5分钟，一切正常后再投入工作。

⑥加入混合好的软材，开机制粒。

⑦操作时软材要逐步加入，不宜太多，以免压力过大，筛网破损。

⑧制粒过程中软材不下来，严禁用手去处理。

⑨制粒结束或更换品种，停车后清洁设备和周围环境卫生，零部件洗净定置放好。

（3）注意事项

①严禁在开机的情况下，用手去拨料斗中的物料、清理条状物料、探摸筛网破损情况等。

②根据生产要求选择适宜目数的筛网。固定筛网时注意调节合适的松紧度。

③开机空转1分钟，检查各处无异常后加料制粒。运行过程中随时检查筛网的完整性，并根据制粒情况调节筛网的松紧度。

3. 生产记录样表（表3-3-55）

表3-3-55　摇摆式颗粒机制颗粒记录

开始时间：						结束时间：				
操作指令						工艺参数				
将物料均匀送入物料斗中，开机后进行制粒						筛网孔径： 摇摆频率：				
本批产品分　　锅投料，每锅投投料量在下表填写										
锅次 物料名称	1	2	3	4	5	6	7	8	9	10
药物（kg）										
辅料Ⅰ（kg）										
辅料Ⅱ（kg）										
操作人：						复核人：				
备注：										
现场质量控制情况										
工序	监控点		监控项目			频次		检查情况		
制粒	颗粒		外观、粒度			每批		□正常　□异常		
工序负责人：						技术主管：				
备注：										

三、使用自动颗粒包装机分装颗粒

1. 技能考核点

（1）规范使用自动颗粒包装机。

（2）调整封口温度、位置。

（3）进行装量差异检查、密封性能检查，并根据情况进行调整。

2. 操作程序、操作规程及注意事项

（1）操作程序　开机前的准备工作→开机→包装材料→薄膜成型器成型→纵封热合→装颗粒→横封热合→切断→停机→清场→填写记录

（2）操作规程

①正确安装包装材料，设定热封温度。

②设定袋长、包装袋的尺寸规格，调整装量。

③调整热封压力、确定切刀位置。

④调整光电灵敏度、确定光电头位置。

⑤调整包装速度。

⑥启动开关，连续切出数个合格空袋后，填

料包装，包装5~6袋后称定重量，根据结果调整装量。符合要求后开始包装。

（3）注意事项

①空袋运行一段时间，调节铝膜位置至适宜状态，观察封合完整，若温度过低，手拉伸易剥开；若温度过高，热封部位收缩变形，不美观。

②如果发现横封口之间的长度与袋色标之间长度不一致，在袋长界面进行调整设定。

③触摸填充开关键，启动填充下料装置，调整下料位置，使横封封合完毕时被包装物才填入袋中，若未调好，容易造成夹药。

④定时随机抽取包装好的颗粒，进行重量检查、密封性能检查并及时记录。发现问题及时调整。

3. 生产记录样表（表3-3-56）

表3-3-56　自动颗粒包装机分装颗粒记录

备料					
开始时间：				结束时间：	
物料名称	车间结存量		批号		实际领用量（kg）
	批号	重量（kg）			
颗粒					
复合膜					
操作人：			复核人：		
备注：					

机包	
操作指令	工艺参数
按照包装指令，从包装仓库限量领取复合膜，除去外包装后，按规定净化处理进入内包区。按产品规格及内包装岗位操作规程进行内包装。控制横封、纵封温度，注意随时检查外观、密封性、装量及批号打印情况。	横封、纵封温度（℃）

抽样次数	1	2	3	4	5	6	7	备注
装量（g）								
密封性（√）								
横封温度（℃）				纵封温度（℃）				
抽样量			半成品量（kg）			废药量（kg）		
废包材量（kg）			剩余包材量（kg）					

收率=[半成品重量−（包材实际领用量+包材结存量−剩余包材量−废包材量）]/领取颗粒量×100%=_____

物料平衡率=（半成品重量+废药量+废包材量+抽样量）/（领取颗粒量+包材实际领用量+包材结存量−剩余包材量）×100%=_____

现场质量控制情况				
工序	监控点	监控项目	频次	检查情况
内包	内包装	装量、密封性、外观	随时	□正常　□异常

结论：中间过程控制检查结果（是　否）符合规定要求
说明：

QA：

工序负责人：	技术主管：

四、监控颗粒剂包装过程中的装量差异

1. 技能考核点

（1）颗粒剂包装过程中的装量差异的监控。

（2）控制取样时间点。

2. 操作程序及注意事项

（1）操作程序　操作人员每间隔10分钟（不同企业时间安排不同）取样一次，每次取样2~5袋（按工艺要求进行），放入电子天平上，分别精密称定重量。减去同样数量的空袋重量，即为内容物重量。

（2）注意事项

①每袋装量与标示装量相比较，装量差异限度应符合要求。

②控制取样时间点；规范称取操作。

③出现重量差异超出限度范围时，在做好记录的同时及时停机调整。

3. 生产记录样表（表3-3-57）

表3-3-57　颗粒包装机装量差异记录样表

批号			班次/日期			
生产工序起止时间						
设备状态确认			正常□		异常□	
取样时间	密封性		装量差异			
		毛重（g）				
		空袋重（g）				
		净重（g）				
		装量差异（√或×）				
操作人：				日期：		
复核人签名：				日期：		
备注：						

第十一节　胶囊剂制备

▰ 相关知识要求

知识要点

1. 空心胶囊外观质量要求。

2. 硬胶囊内容物填充的方法、设备及操作。

3. 软胶囊干燥的方法、设备与操作。

4. 胶囊的包装与质量要求。

胶囊剂系指原料药物或与适宜辅料充填于空心胶囊或密封于软质囊材中制成的固体制剂。初级工部分介绍了胶囊剂的含义、特点、分类、制备方法及操作，在此基础上，中级工部分介绍空心胶囊外观质量要求、硬胶囊填充、软胶囊干燥、胶囊剂包装与质量要求等内容。

胶囊填充设备的操作规程参见技能部分"使用胶囊填充机充填内容物"，软胶囊干燥设备的

操作规程参见技能部分"使用转笼式干燥机干燥软胶囊",铝塑泡罩包装设备的操作规程参见技能部分"使用铝塑泡罩包装机包装胶囊"。

一、空心胶囊外观质量要求

空心胶囊应色泽鲜艳,色度均匀。囊壳光洁,无黑点,无异物,无纹痕;应完整不破,无沙眼、气泡、软瘪变形;切口应平整、圆滑,无毛缺。全囊长度偏差在 ±0.50mm 以内,囊帽、囊体的长度偏差分别在 ±0.30mm 以内。囊壳厚度应均匀,囊帽与囊体套合时囊壳间距离(间隙,又称松紧度)应在 0.04~0.05mm 之间。

空心胶囊分为透明(两节均不含遮光剂)、半透明(仅一节含遮光剂)、不透明(两节均含遮光剂)。

明胶空心胶囊应进行下列检查,并符合要求。

(1)黏度 运动黏度不得低于 $60mm^2/s$。

(2)松紧度 取 10 粒,用拇指与食指轻捏胶囊两端,旋转拨开,不得有黏结、变形或破裂,然后装满滑石粉,将帽、体合并锁合,逐粒于 1m 的高度处直坠于厚度为 2cm 的木板上,应不漏粉;如有少量漏粉,不得超过 1 粒。如超过,应另取 10 粒复试,均应符合规定。

(3)脆碎度 取 50 粒,置表面皿中,放入盛有硝酸镁饱和溶液的干燥器内,置 25℃ ±1℃ 恒温 24 小时,取出,立即分别逐粒放入直立在木板(厚度 2cm)上的玻璃管(内径 24mm,长为 200mm)内,将圆柱形砝码(材质为聚四氟乙烯,直径为 22mm,重 20g ± 0.1g)从玻璃管口处自由落下,视胶囊是否破碎,如有破碎,不得超过 5 粒。

(4)崩解时限 应在 10 分钟内全部溶化或崩解。

(5)亚硫酸盐(以 SO_2 计) 与标准硫酸钾溶液 3.75ml 制成的对照液比较,不得更浓(0.01%)。

(6)对羟基苯甲酸酯类 对于采用了对羟基苯甲酸酯类作为抑菌剂的空胶囊,含羟苯甲酯、羟苯乙酯、羟苯丙酯与羟苯丁酯的总量不得过 0.05%。

(7)氯乙醇 对于采用了环氧乙烷进行灭菌的空胶囊,取约 2.5g 检查,供试品溶液中氯乙醇峰面积不得大于对照品溶液峰面积。

(8)环氧乙烷 对于采用了环氧乙烷进行灭菌的空胶囊,取约 2.0g 检查,供试品溶液中环氧乙烷的峰面积不得大于对照品溶液主峰面积 0.0001%。

(9)干燥失重 取本品 1g,将帽、体分开,在 105℃ 干燥 6 小时,减失重量应为 12.5~17.5%。

(10)炽灼残渣 透明胶囊不得过 2.0%、半透明胶囊不得过 3.0%、不透明胶囊不得过 5.0%。

(11)铬 含铬不得过百万分之二。

(12)重金属 含重金属不得过百万分之四十。

(13)微生物限度 每 1g 供试品中需氧菌总数不得过 1000cfu、霉菌和酵母菌总数不得过 100cfu,不得检出大肠埃希菌;每 10g 供试品不得检出沙门菌。

二、硬胶囊的药物填充

硬胶囊剂中填充的药物除特殊规定外,一般要求是混合均匀的粉末、结晶或制备成细粒、颗粒、微丸、小丸等,也可以是半固体或液体。若药物粉碎至适宜粒度能满足硬胶囊剂的填充要求,即可直接填充。但多数药物由于流动性差等原因,均需加入一定的稀释剂、润滑剂等辅料才能满足填充或临床用药需求,一般加入的辅料有蔗糖、乳糖、微晶纤维素、改性淀粉、二氧化硅、滑石粉、硬脂酸镁等,可改善物料流动性或避免分层。另外,也可在药物中加入辅料制成颗粒、小丸、微丸、小片等进行填充。

1. 手工填充

手工填充方法仅适合小量实验,为提高填充效率,也可采用硬胶囊分装器填充。

2. 机器填充的方法与设备

硬胶囊剂的工业化生产一般采用自动硬胶囊填充机自动填充,国内外均有不同品牌和型号可用于填充粉末、小丸、小片、液体等。自动硬胶囊填充机主要由机架、传动系统、回转台部件、胶囊送进机构、胶囊分离机构、颗粒充填机构、粉剂充填组件、废胶囊剔除机构、胶囊封合机构、成品胶囊排出机构等组成（图3-3-15）。工作流程为：送囊→囊帽、囊体分离→充填物料→锁囊→出囊。

胶囊的填充方式主要分为以下4种类型，如图3-3-16所示：①由螺旋进料器压进药物［如图3-3-16（a）所示］；②用柱塞上下往复将药物压进［如图3-3-16（b）所示］；③药物自由进入［如图3-3-16（c）所示］；④在填充管内先由捣棒将药物压成一定量后再填充于胶囊中［如图3-3-16（d）所示］。图3-3-16（c）所需要物料可自由流动；图3-3-16（a）、图3-3-16（b）需物料有较好的流动性；图3-3-16（d）适用于流动性较差的物料。

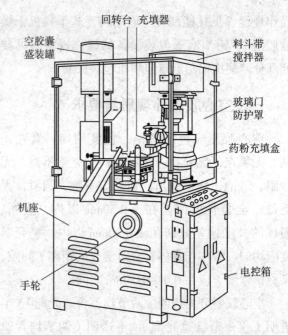

图3-3-15　胶囊填充设备示意图

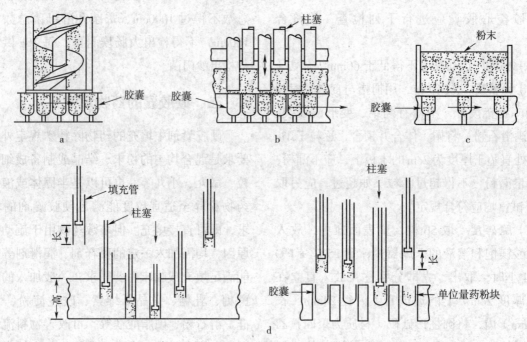

图3-3-16　硬胶囊剂自动填充机的类型

a.螺状推进药物进入囊体；b.柱塞上下往复将药物压进囊体；c.药物粉末或颗粒自由流入囊体；
d.先将药物压成单剂量的小圆柱，再进入囊体

三、软胶囊干燥的方法与设备

通常采用转笼法干燥软胶囊。系将软胶囊放入转笼内，由笼内的导板带动软胶囊翻动，通风机向转笼吹风，软胶囊囊壳表面的水分在气流作用下不断蒸发，而囊壳内层及内容物中的水分在渗透压作用下逐渐向囊壳表面迁移进而蒸发，软胶囊逐渐干燥。其设备为转笼式干燥机。

四、胶囊剂的质量要求

胶囊剂应整洁，不得有黏结、变形、渗漏或囊壳破裂等现象，并应无异臭。

胶囊剂的内容物可以是药物与辅料直接混合，也可以药物加适宜的辅料制成均匀的粉末、

颗粒、小丸或小片，或者将原料药物制成包合物、固体分散体、微囊或微球，内容物不应造成囊壳的变质。

根据原料药物和制剂的特性，除来源于动、植物多组分且难以建立测定方法的胶囊剂外，溶出度、释放度、含量均匀度等应符合要求。必要时，内容物包衣的胶囊剂应检查残留溶剂。

胶囊剂应密封贮存，其存放环境温度不高于30℃，湿度应适宜，防止受潮、发霉、变质。生物制品原液、半成品和成品的生产及质量控制应符合相关品种要求。

1. 水分

中药硬胶囊剂应进行水分检查。

取供试品内容物，照《中国药典》水分测定法测定。除另有规定外，不得过9.0%。硬胶囊内容物为液体或半固体者不检查水分。

2. 装量差异

取中药胶囊剂10粒，分别精密称定重量，倾出内容物（不得损失囊壳），硬胶囊囊壳用小刷或其他适宜的用具拭净；软胶囊或内容物为半固体或液体的硬胶囊囊壳用乙醚等易挥发性溶剂洗净，置通风处使溶剂挥尽，再分别精密称定囊壳重量，求出每粒内容物的装量与平均装量。每粒装量与平均装量相比较（有标示装量的胶囊剂，每粒装量应与标示装量比较），超出装量差异限

度的不得多于2粒，并不得有1粒超出限度1倍（表3-3-58）。

表3-3-58 装量差异限度

平均装量或标示装量	装量差异限度
0.30g 以下	± 10%
0.30g 及 0.30g 以上	± 7.5%（中药 ±10%）

凡规定检查含量均匀度的胶囊剂，一般不再进行装量差异的检查。

3. 崩解时限

按照《中国药典》崩解时限项下方法检查。硬胶囊应在30分钟内全部崩解；软胶囊应在1小时内全部崩解；肠溶胶囊在盐酸溶液（9→1000ml）中检查2小时，每粒的囊壳均不得有裂缝或崩解现象，在人工肠液中1小时内应全部崩解；如有1粒不能完全崩解，应复试，均应符合规定。凡规定检查溶出度或释放度的胶囊剂，一般不再进行崩解时限的检查。

4. 微生物限度

以动物、植物、矿物质来源的非单体成分制成的胶囊剂，生物制品胶囊剂，照非无菌产品微生物限度检查：微生物计数法和控制菌检查及非无菌药品微生物限度标准检查，应符合规定。规定检查杂菌的生物制品胶囊剂，可不进行微生物限度检查。

技能要求

技能要求

1. 能检查空心胶囊的外观质量。

2. 能使用胶囊填充设备填充内容物，并在胶囊填充过程中监控装量差异。

3. 能使用软胶囊干燥设备干燥软胶囊。

4. 能使用铝塑泡罩包装设备包装。

一、检查空心胶囊的外观质量

1. 技能考核点

熟练检查空心胶囊的外观质量。

2. 操作程序及注意事项

（1）操作程序

①外观：色泽鲜艳，色度均匀。囊壳光洁，无黑点，无异物，无纹痕；应完整不破，无沙眼、气泡、软瘪变形；切口应平整、圆滑，无

毛缺。

②长度和厚度：全囊长度偏差在 ±0.50mm 以内，囊帽、囊体的长度偏差分别在 ±0.30mm 以内。囊壳厚度应均匀，囊帽与囊体套合时囊壳间距离（间隙，又称松紧度）应在 0.04~0.05mm

之间。

（2）注意事项　空心胶囊外观光洁无变形；空心胶囊长度与厚度合格判断。

3. 生产记录样表（表3-3-59）

表 3-3-59　胶囊外观检查记录样表

产品名称			批号			规格		
取样时间			月　日　时　分 —— 月　日　时　分					
检查时间			月　日　时　分 —— 月　日　时　分					
色泽		光洁度	完整性		切口		长度	厚度
操作人				复核人 / 日期				
备注								

二、使用胶囊填充机充填内容物

1. 技能考核点

（1）规范使用胶囊填充机。

（2）根据产品特性选择合适的填充速度。

（3）根据标准囊重调整充填杆的下降高度、料位高度及刮粉板高度，确保囊重稳定。

（4）能判断装胶囊质量。

2. 操作程序、操作规程及注意事项

（1）操作程序

开机前的准备工作→开机→加空胶囊→加料→关机→清场→填写记录

（2）操作规程

①确认送囊部件、加料系统等一切安装到位，开启真空泵、吸尘器，检查是否正常工作。

②手柄转动，使运转1~3个循环，观察有无阻力、是否平稳。如有异常，及时处理。

③将空胶囊倒入胶囊漏斗中，将药粉倒入药粉漏斗中。

④启动各工作键进入自动运行模式，根据生产指令，开机生产。

⑤每隔15分钟左右接取胶囊，检查外观及重量。

（3）注意事项

①设备生产运行时必须在自动操作模式，严禁用手动操作模式生产运行；正常生产运行中，严禁打开防护门。

②真空泵严禁缺水运行，需使用干净的饮用水。

③调节剂量盘、清理台面物料时，必须在停机状态下。

④转动前调整、更换模块和清洁后安装时要用手柄转动机器。

⑤安装密封环时需用塞尺检测密封环与下模块平面间隙不小于 0.5mm。

⑥充填过程中注意检查胶囊外观、填充速度、胶囊装量。

⑦根据产品特性选择合适填充速度；根据标准囊重调整充填杆的下降高度、料位高度，及刮粉板高度，确保装量稳定。

3. 生产记录样表（表3-3-60）

表 3-3-60　胶囊填充机充填胶囊记录样表

产品名称		批号			规格		
起止时间		月　日　时　分 —— 月　日　时　分					
胶囊填充机编号		第（　　　　）号			第（　　　　）号		
设备状态确认		正常□　异常□			正常□　异常□		
药物量（kg）							
装量（g）							
填充速度（粒/分）							
填充时间	开始	月　日　时　分			月　日　时　分		
	结束	月　日　时　分			月　日　时　分		
成品情况							
外观性状							
胶囊量（kg；粒数）							
操作人			复核人/日期				
备注							

三、监控胶囊充填过程中的装量差异

1. 技能考核点

（1）胶囊充填过程中的装量差异的监控。

（2）控制取样时间点。

2. 操作程序及注意事项

（1）操作程序　操作人员每间隔 10 分钟（不同企业时间安排不同）取样一次，每次取样 10 粒，放入电子天平上，分别精密称定总重量。减去同样数量空胶囊壳重量，即为内容物重量。

（2）注意事项

①每粒装量与标示装量相比较，装量差异限度应符合要求。

②控制取样时间点；规范称取操作。

③出现重量差异超出限度范围时，在做好记录的同时及时停机调整。

3. 生产记录样表（表 3-3-61）

表 3-3-61　胶囊填充机装量差异记录样表

批号			班次/日期											
取样时间	外观性状	装量差异												
		毛重（g）												
		囊重（g）												
		净重（g）												
		装量差异（√或×）												
性状：共检查＿＿次＿＿粒。整洁、无畸丸、无粘连、无气泡、无漏液的＿＿粒；不整洁＿＿粒，畸丸＿＿粒；粘连＿＿粒，气泡＿＿粒，漏液＿＿粒														
装量差异：共检查＿＿次＿＿粒，装量差异合格的＿＿粒，装量差异不合格的＿＿粒														
操作人：										日期：				
检查人签名：										日期：				
备注：														

四、使用转笼式干燥机干燥软胶囊

1.技能考核点

（1）规范使用转笼式干燥机。

（2）控制制冷与加热温度、出丸时间和干燥时间。

（3）调整转笼、风道转向。

2.操作程序、操作规程及注意事项

（1）操作程序 开机前的准备工作→开机→加料→关机→清场→填写记录

（2）操作规程

①确认设备无异常；确认需要干燥软胶囊的批号、量。

②控制烘干间的温、湿度符合要求。

③开启转笼干燥机，加入软胶囊。根据需要用无纺布吸附一定量的乙醇，放入转笼中擦拭软胶囊。

④调整风道转向、加热温度，控制转速、温度、干燥时间。

（3）注意事项

①控制烘干后软胶囊数量、烘干间温湿度、制冷与加热温度、履带转速、出丸时间和干燥时间。

②控制转笼、风道转向调整。

3.生产记录样表（表3-3-62）

表3-3-62 转笼式干燥机干燥软胶囊记录样表

产品名称		批号		规格	
起止时间		月 日 时 分 —— 月 日 时 分			
干燥机编号		第（ ）号		第（ ）号	
设备状态确认		正常□ 异常□		正常□ 异常□	
胶囊量（kg；粒数）					
温度（℃）					
相对湿度（%）					
风速					
转速（r/min）					
烘干时间	开始	月 日 时 分		月 日 时 分	
	结束	月 日 时 分		月 日 时 分	
成品情况					
外观性状					
胶囊量（kg；粒数）					
操作人		复核人/日期			
备注					

五、使用铝塑泡罩包装机包装胶囊

1.技能考核点

（1）规范使用铝塑泡罩包装机。

（2）检查气密性、外观、打码处。

（3）调节冲切速度。

（4）调控热合温度。

2.操作程序、操作规程及注意事项

（1）操作程序 开机前的准备工作→开机→加料→关机→清场→填写记录

（2）操作规程

①将所需的模板、台面、刀片等安装到位；串好PVC和铝箔，在视屏操作界面设定好上加热、下加热和热封的温度。

②将机器运行起来，进行牵引气夹的调整，松开锁紧螺钉进行移动，保证气夹边沿与泡罩有1~2mm的间隙，并能使泡罩顺利通过。

③观察冲裁的效果，然后进行模具的调整。

④成型模具调整：调整成型、热封、冲裁各步位的同步；调整成型下模以使其与导轨对齐，保持水平，使PVC牵引过轨道；调整成型上模，调整PVC的牵引位置。

⑤热封模具调整：根据标尺指示，调整热封位置；对热封下模进行调整，保证已成型的泡罩在下模的位置均匀，调好后锁紧压板螺钉；点动使上下分离，将铝箔牵引过热封区，与PVC塑片保持平行，启动合模，观察热封情况，重复调整，直至达到较好的热封效果。

⑥压痕模具的调整：停止机器，将打批号的印齿装入压痕模具，并设定好打批号的温度，然后开动机器，进行压痕模具的调整；依据标尺刻度进行水平调整，使泡罩与模具泡孔位置对齐；依据压板情况调整压膜压力；观察压痕效果，调节预留空隙。

⑦调节冲裁位置，保证冲裁下模与板块位置对齐并且间隙均匀。

⑧所有磨具调整正常后空车试运行，正常后进行生产包装。

⑨随时关注设备运行情况。每隔10~20分钟，抽样检查密封性能，批号打印情况等。

（3）注意事项

①包装过程中，每隔10~20分钟抽样一次检测气密性。

②控制密封性、冲切速度、上下加热板温度、外观、打码。

③注意气密性检查及转速调节。

④成型、热封、压痕等部位压力不宜过大，否则会影响泡罩效果。

⑤注意安全，严禁将硬物深入机器柜体内部。

3. 生产记录样表（表3-3-63）

表3-3-63　铝塑泡罩包装机包装胶囊记录样表

产品名称			产品规格			产品批号		生产日期	
物料检查	物料名称	数量		物料批号		备注			
	检查人								
工序	上板加热温度	下板加热温度		热压温度	成型吹气压力		包装速度	装载包装材料	
用手牵动包材，观察卷轴是否灵活					是□　否□				
达到设定温度后打开压缩空气开关，压缩空气压力0.4~0.6MPa					是□　否□				
如无异常，启动主机，同时开通冷却水					是□　否□				
本批剩余									
操作人： 日期					复核人： 日期：				

第十二节 片剂制备

相关知识要求

1. 片剂的辅料。

2. 制粒的方法、设备及操作。

3. 干颗粒的质量要求；片剂脆碎度、崩解时限及重量差异检查。

4. 冲模的安装要求。

5. 包衣的目的、分类、质量要求；包衣液的配制及操作。

6. 薄膜衣的包衣物料、包衣液的配制、包衣的方法与设备、包衣操作。

7. 装瓶及铝塑泡罩包装设备的操作。

片剂是原料药物或与适宜的辅料制成的圆形或异形的片状固体制剂。初级工部分中介绍了片剂的含义、特点、分类，混合、烘干、整粒、压片等制备操作，在此基础上，中级工部分介绍片剂的辅料，制粒的方法、设备及操作，包衣的方法、设备及操作，片剂质量要求等内容。

挤压制粒的方法、设备、操作规程在颗粒剂制备中介绍，本节不再重复论述，详细参见本章第十节颗粒剂制备。

配液设备的操作规程参见技能部分"使用配液罐配制薄膜包衣液"；包衣设备的操作规程参见技能部分"使用包衣机包薄膜衣"；装瓶设备的操作规程参见技能部分"使用装瓶机包装"；铝塑泡罩包装设备的操作规程参见本章第十一节技能部分"五、使用铝塑泡罩包装机包装胶囊"。

一、片剂的辅料

片剂是由发挥治疗作用的药物和辅料组成。片剂辅料一般包括稀释剂与吸收剂、润湿剂与黏合剂、崩解剂、润滑剂等。辅料的作用主要包括：填充作用、黏合作用、崩解作用、润滑作用、着色作用、矫味作用以及美观作用等。

（一）稀释剂与吸收剂

稀释剂与吸收剂统称为填充剂。主要作用是用来填充片剂的重量或体积以利于成型压片。由压片工艺、制剂设备等因素所决定，片剂的直径一般不能小于 6mm、片重多在 100mg 以上。如果片剂中的主药只有几毫克或几十毫克时，不加入适当的填充剂，将无法制成片剂；同时原料药物中含有挥发油、脂肪油或其他液体的药物时，需要加入吸收剂使物料保持干燥状态利于制片。

常用的填充剂有淀粉类、糖类、纤维素类和无机盐类等（表 3-3-64）。

表 3-3-64 常用的稀释剂与吸收剂

种类	应用情况	常用品种及特点
稀释剂与吸收剂	稀释剂适用于主药剂量小于 0.1g，或含浸膏量多，或浸膏黏性太大而制片困难者 原料药中含有较多挥发油、脂肪油或其他液体，而需制片者，需要加入吸收剂	淀粉：片剂最常用的稀释剂、吸收剂和崩解剂。可压性不好
		糊精：常与淀粉配合用作填充剂，兼有黏合作用
		糖粉：易溶于水，易吸潮结块。为片剂优良的稀释剂，兼有矫味和黏合作用。多用于口含片、咀嚼片及纤维性中药或质地疏松的药物制片。糖粉具引湿性，不宜用于酸性或强碱性药物
		乳糖：易溶于水，无引湿性；具良好的流动性、可压性；性质稳定，可与大多数药物配伍。乳糖是优良的填充剂，制成的片剂光洁、美观，较少影响主药的含量测定
		硫酸钙、磷酸氢钙、氧化镁、碳酸钙、碳酸镁：均可作为吸收剂，适于含挥发油和脂肪油较多的中药制片
		甘露醇：清凉味甜，易溶于水；是咀嚼片、口含片的主要稀释剂。山梨醇可压性好，亦可作为咀嚼片的填充剂和黏合剂

（二）润湿剂与黏合剂

某些药物粉末本身具有黏性，只需加入适当的液体就可将其本身固有的黏性诱发出来，这时所加入的液体称为润湿剂（表3-3-65）。润湿剂本身无黏性或黏性不强，但可润湿片剂物料并诱发物料本身的黏性，使之能聚结成软材并制成颗粒。

某些药物粉末本身不具有黏性或黏性较小，需要加入淀粉浆等黏性物质，才能使其黏合起来，这时所加入的黏性物质就称为黏合剂（表3-3-65）。黏合剂选择时要考虑有利于制片及不影响片剂的崩解和药物的溶出。

表3-3-65　常用的润湿剂与黏合剂

种类	应用情况	常用品种及特点
润湿剂与黏合剂	润湿剂：本身无黏性，但能润湿并诱发药粉黏性的液体 黏合剂可以是液体或固体。液体黏合作用大，容易混匀；固体常常兼有稀释剂和崩解剂的作用 黏合剂本身具有黏性，能增加药粉间的黏合作用，以利于制粒和压片的辅料	水：诱发的黏性强。不适用于热敏感、遇水不稳定的药物；应用时难以分散
		乙醇：凡药物具有黏性，但遇水后黏性过强而不易制粒；或遇水受热易变质；或药物易溶于水难以制料；或干燥后颗粒过硬，影响片剂质量者，均宜采用不同浓度的乙醇作为润湿剂
		淀粉浆（糊）：最常用的黏合剂，能均匀的湿润药料；本身具有一定的黏性。适用于对湿热较稳定又不太松散的药物。使用浓度一般为8%~15%，以10%最为常用。有煮浆法和冲浆法二种
		糖浆、液状葡萄糖、饴糖、炼蜜：黏合力强。适用于纤维性强、弹性大以及质地疏松的药物
		胶浆类：具有强黏合性。多用于松散性药物或作为硬度要求大的口含片的黏合剂
		纤维素衍生物：羧甲基纤维素钠、羟丙基甲基纤维素、甲基纤维素和低取代羟丙基纤维素均可作黏合剂。聚维酮可以用于对水敏感的药物的黏合剂

（三）崩解剂

崩解剂能促使片剂在胃肠液中迅速裂碎成细小颗粒。除了缓（控）释片以及某些特殊用途的片剂以外，一般的片剂中都应加入崩解剂。由于它们具有很强的吸水膨胀性，能够瓦解片剂的结合力，使片剂从一个整体的片状物裂碎成许多细小的颗粒，实现片剂的崩解，所以十分有利于片剂中主药的溶解和吸收（表3-3-66）。

1. 崩解机制

崩解剂的主要作用在于消除因黏合剂或压片时的压力而形成的粘合力，使片剂易于崩解。崩解的主要机制如下。

（1）毛细管作用　片剂具有许多毛细管和孔隙，与水接触后水即从这些亲水性通道进入片剂内部，促使片剂崩解。如淀粉及其衍生物、纤维素类衍生物等。

（2）膨胀作用　吸水后充分膨胀，自身体积显著增大，使片剂的黏结力瓦解而崩散。如羧甲基淀粉钠、低取代羟丙基纤维素等。

（3）产气作用　泡腾崩解剂遇水产生气体，借气体的膨胀而使片剂崩解。如碳酸氢钠与枸橼酸或酒石酸组成等。

（4）酶解作用　对片剂中的某些辅料有作用，当它们配制在同一片剂中时，遇水即能崩解。如淀粉酶、纤维素酶、半纤维素酶等。

2. 崩解剂的加入方法

（1）内加法　崩解剂与处方物料混合在一起制成颗粒。崩解作用起自颗粒内部，颗粒崩解较完全，但崩解剂与水接触较为迟缓，崩解作用较弱。

（2）外加法　崩解剂与已干燥的颗粒混合后压片。片剂崩解迅速，但因颗粒内无崩解剂，故片剂不易崩解成细粉，药物溶出稍差。

（3）内、外加法　崩解剂的一部分与处方物料混合在一起制成颗粒，另一部分加在已干燥的颗粒中，混匀压片。集中了前两种方法的优点，是崩解剂较为理想的加入方法。

表 3-3-66 常用的崩解剂

种类	应用情况	常用品种及特点
崩解剂	除口含片、舌下片、长效片、植入片外，一般片剂均需加崩解剂	干燥淀粉：适用于不溶性或微溶性的片剂。崩解作用依靠毛细管和吸水膨胀
		羧甲基淀粉钠（CMS-Na）：具有较强的吸水性和膨胀性。流动性好，用量少，可以直接压片，不影响片剂的可压性
		低取代羟丙基纤维素（L-HPC）：具有较强的吸水性。膨润度大。具有崩解和黏结双重作用
		泡腾崩解剂：产气作用
		表面活性剂：增加药物的润湿性。使用时可以溶解于黏合剂中、与崩解剂混合后加于干颗粒中、用乙醇溶解后喷洒于干颗粒上

（四）润滑剂

在药剂学中，润滑剂是一个广义的概念，是助流剂、抗黏剂和润滑剂的总称，其中助流剂是降低颗粒之间摩擦力从而改善粉末流动性的物质；抗黏剂是防止原辅料黏着于冲头表面的物质；润滑剂是降低药片与冲模孔壁之间摩擦力的物质。因此，一种理想的润滑剂应该兼具上述助流、抗黏和润滑三种作用（表 3-3-67）。

表 3-3-67 常用的润滑剂

种类	应用情况	常用品种及特点
润滑剂（机制：液体润滑；边界润滑；薄层绝缘作用）	增加颗（或粉）粒流动性；减少颗（或粉）粒与冲模的黏附性；降低摩擦力　润滑剂的作用有：①助流性；②抗黏着性；③润滑性	疏水性或水不溶性润滑剂：硬脂酸镁、滑石粉、硬脂酸、高熔点蜡、氢化植物油、微粉硅胶
		水溶性润滑剂：聚乙二醇 4000 或 6000、月桂醇硫酸镁

二、片剂的制备

（一）高速搅拌制粒的方法与设备

物料加入黏合剂后，在搅拌桨的作用下使物料混合、翻动、分散甩向器壁后向上运动，形成从盛器壁底部沿器壁抛起旋转的波浪，波峰正好通过高速旋转的制粒刀，使均匀混合的物料在切割刀的作用下将大块颗粒搅碎、切割成带有一定棱角的小块，小块互相挤压、滚动而形成均匀的颗粒。主要制粒设备有高速搅拌制粒机。

高速搅拌制粒机：主要由容器、搅拌桨、切割刀所组成（图 3-3-17）。通过调整搅拌桨叶和制粒刀的转速可控制粒度的大小。

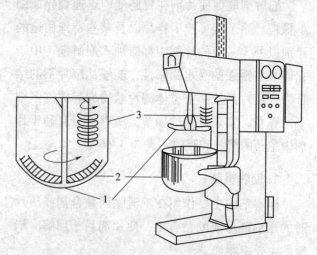

图 3-3-17 高速搅拌制粒机示意图
1. 搅拌桨；2. 混合筒；3. 切割刀

（二）干颗粒的质量要求

干颗粒应具有适宜的流动性和可压性。

（1）主药含量应符合该片剂品种的要求。

（2）含水量应均匀、适量。中药片剂品种不同，颗粒含水量要求不同。一般为3%~5%。化学药颗粒为1%~3%，含水量过高压片时会产生黏冲现象，含水量过低则易出现顶裂现象。

（3）颗粒的大小、松紧及粒度应适当。颗粒大小应根据片重及药片直径选择，制备片剂一般选用能通过二号筛或更细的颗粒；干颗粒的松紧度影响片剂的外观，硬颗粒在压片时易产生麻面，松颗粒则易产生松片，以手指轻捻干颗粒能碎成有粗糙感的细粉为宜。干颗粒中粗细颗粒的比例应适宜，细颗粒填充于大颗粒间，使片剂中药物含量准确，片重差异小。通常以含有能通过二号筛的颗粒占总量的20%~40%为宜，且无通过六号筛的细粉。

（三）冲模的安装要求

（1）**安装下冲**　旋松下冲固定螺钉，转动手轮使下冲芯杆升到最高位置，把下冲杆插入下冲芯杆的孔中（注意使下冲杆的缺口斜面对准下冲紧固螺钉，并要插到底）最后旋紧下冲固定螺钉。

（2）**安装上冲**　旋松上冲紧固螺母，把上冲芯杆插入上冲芯杆的孔，要插到底，用扳手卡住上冲芯杆下部的六方，旋紧上冲紧固螺母。

（3）**安装中模**　旋松中模固定螺钉，把中模拿平放入中模台板的孔中，同时使下冲进入中模的孔中，按到底然后旋紧中模固定螺钉。放中模时须注意把中模拿平，以免歪斜放入时卡住，损坏孔壁。

用手转动手轮，使上冲缓慢下降进入中模孔中，观察有无碰撞或磨擦现象，若发生碰撞或磨擦，则松开中模台板固定螺钉（两只），调整中模台板固定的位置，使上冲进入中模孔中，再旋紧中模台板固定螺钉，如此调整直到上冲头进入中模时无碰撞或磨擦方为安装合格。

三、片剂的包衣

（一）目的、分类与质量要求

1. 目的

①掩盖不良气味，增加患者的顺应性；②避光、防潮，以提高药物的稳定性；③改变药物释放的速度和位置，对胃中易被胃酸或胃酶破坏、对胃有刺激的药物可以通过包肠溶衣克服；对于不同释药方式的药物可以通过包衣制成缓控释制剂以延缓或控制药物释放；④隔离配伍的禁忌成分；⑤包衣后表面光洁，采用不同颜色的包衣，提高美观度，便于识别。

2. 分类

（1）糖衣

① 含义：糖衣系指在片芯上包裹的一层以蔗糖为主要包衣材料的衣层。

② 特点：糖衣有一定防潮、隔绝空气的作用，可掩盖某些药物的不良气味，改善外观并易于吞服，但包衣时间长，包衣物料可使药片的片芯重量增加50%~100%，影响药物释放，且防潮性能差；糖衣中含有大量的糖粉和滑石粉，中老年、糖尿病患者不宜长期服用；糖衣层不稳定，很容易出现裂片、吸潮、变色等质量问题。目前逐渐被薄膜衣所取代。

（2）薄膜衣

① 含义：薄膜包衣系指在药物片芯上包裹高分子聚合物衣膜。

② 特点：片剂包薄膜衣的目的同包糖衣一样，都是为了保护片剂不受空气中湿气、氧气等作用，增加稳定性，并可掩盖不良气味。与糖衣比较，薄膜衣还有操作简单，节省物料，节约材料和劳力等，成本较低；衣层薄，薄膜衣片仅增加2%~4%；对片剂的崩解和溶出度的不良影响较糖衣小；压在片芯上的标志包衣后清晰可见等特点。

3. 质量要求

衣层应均匀、牢固，与主药不起作用，崩解时限应符合《中国药典》规定，经较长时间贮存，仍能保持光洁、美观、色泽一致，并无裂片现象，且不影响药物的溶出与吸收。

为避免片芯边缘部位难以覆盖衣层，甚至包衣层发生断裂，片芯要有适宜弧度；硬度比一般片剂要大，以防止在包衣过程中多次滚转时破裂。

（二）薄膜衣

1.包衣物料

1）包衣材料

（1）胃溶性包衣材料

①羟丙基甲基纤维素（HPMC）：为目前广泛应用、效果较好的水溶性薄膜包衣材料。成膜性能好，包衣时没有黏结现象，衣膜在热、光、空气及一定的湿度下较稳定，不与其他附加剂发生反应。

②羟丙基纤维素（HPC）：与羟丙基甲基纤维素相似。但在包衣时受热易产生较大黏性，常与其他薄膜衣料混合使用。

③丙烯酸树脂类：国产丙烯酸树脂类 E30、Ⅳ号，相当于国外 Eudragit E30D 和 E100。可溶于乙醇、丙酮、异丙醇、三氯甲烷等有机溶剂，在水中的溶解度随 pH 值下降而升高，在胃液中溶解速度快；成膜性能好，膜的强度较大，是良好的胃溶性包衣材料。

④聚维酮（PVP）：性质稳定、无毒、能溶于水及多种溶剂，可形成坚固的衣膜，但有吸湿性，常与其他成膜材料配合使用。

⑤其他：如聚乙二醇类（PEG）、聚乙烯乙醛二乙胺乙酯（AEA）等，均可用作胃溶性包衣材料。

（2）肠溶性包衣材料

①邻苯二甲酸醋酸纤维素（CAP）：又称醋酸纤维素酞酸酯，白色纤维状粉末，具有吸湿性。不溶于水和乙醇，常溶于乙醇与丙酮的混合溶剂中制成 8%~12% 的溶液作为肠溶衣材料。成膜性能好，操作方便，包衣后的片剂在 pH6 以下的溶液中不溶，pH6 以上的溶液中溶解。

②羟丙甲纤维素醋酸酯（HPMCP）：在 pH5~5.8 之间就能溶解，是一种在十二指肠上端就开始溶解的肠溶衣材料。成膜性较好，膜的抗张强度大，安全无毒。

③丙烯酸树脂类：国产丙烯酸树脂类Ⅰ、Ⅱ、Ⅲ号，相当于国外 Eudragit L30D、L100 和 S100。在胃液中不溶解，但在 pH 值 6~7 以上缓冲液中可溶解，调整 L100 和 S100 用量比例，可

获得不同溶解性能的材料。

④醋酸羟丙甲纤维素琥珀酸酯（HPMCAS）：为良好的肠溶性成膜材料，稳定性较 CAP 及 HPMCP 好。特殊之处在于在小肠上部溶解性能好，是理想的增加药物小肠吸收的肠溶衣材料。

⑤虫胶：是应用最早的肠溶衣材料，可制成 15%~30% 的乙醇溶液进行包衣。在 pH 值 6.4 以上溶解。虫胶包衣时厚薄很关键，稍薄则不能抵抗胃酸的作用，过厚则经肠道排出，发生排片现象。目前虫胶已逐渐被淘汰。

2）溶剂

适宜的溶剂或分散介质可以将包衣材料溶解或分散并均匀地分布到片剂表面，形成均匀光滑的薄膜。常用的有机溶剂为乙醇、丙酮及其混合物等，溶液黏度低、展性好、易挥发除去，但用量大，易燃且有一定毒性。为克服有机溶剂包衣的缺点，近年来已成功研制出水分散体，如 Eudragit E30D。

3）附加剂

①增塑剂：加入增塑剂的目的是增加包衣材料的可塑性，提高衣层在室温时的柔韧性。

常用的增塑剂：常用的水溶性增塑剂有丙二醇、甘油、PEG 等；水不溶性增塑剂如蓖麻油、乙酰化甘油酸酯、邻苯二甲酸酯及甘油三醋酸酯等。

②释放速度调节剂：又称为释放速度促进剂或致孔剂。如蔗糖、氯化钠、表面活性剂、聚乙二醇等水溶性物质。

③着色剂和掩蔽剂：便于识别，改善产品外观，增加光敏性物质的稳定性。常用的色素有水溶性、水不溶性和色淀等 3 类。色淀是用氢氧化铝、滑石粉或硫酸钙等惰性物质使水溶性色素吸着沉淀而成。采用水不溶性色素和色淀着色效果较好。掩蔽剂常用二氧化钛。

2.包衣液的配制方法与设备

（1）包衣粉用量　薄膜衣包衣，包衣增重（用量）通常为片重的 2%~4%（中药片底色较重时，用量须适当增加 1%~2%）。通过预试验确定包衣增重后，包衣粉用量即可计算。

包衣粉用量 = 片芯重量 × 片芯增重率

$$(3-3-9)$$

（2）包衣液配制　选择适当溶剂将包衣粉配制成一定比例（固含量）的溶液。

计算方法：

全液重量 = 包衣粉量 / 固含量

$$(3-3-10)$$

溶剂重量（水量）= 全液重量 − 溶质重量（包衣粉量）

$$(3-3-11)$$

选择适当固含量对包衣操作效果有一定的调节作用，尤其是全水溶型包衣液的操作，当选择高固含量配液时，由于包衣液的浓度高，在包衣操作中成膜快，操作时间短，但成膜的均匀性（着色的均匀性及片面细腻程度）略有下降。另外，随着配液固含量的提高，雾化压力也要适当提高，以保证雾化充分。

3. 包衣的方法与设备

（1）**方法**　常用的包衣方法主要有滚转包衣法、流化包衣法及压制包衣法等。

①滚转包衣法：将药片放置锅体内进行预热，此时锅体不转或点动，减少药片的磨损，待药片达到工艺要求的温度时，旋转锅体并打开喷枪，将配好的含有包衣材料的液体雾化喷洒在药片的表面，使衣膜在片剂表面分布均匀后，通入热风将喷洒在药片表面的液体干燥形成保护膜。根据需要重复操作数次直至将配好的液体喷洒完毕。

包衣后多数薄膜衣还需在室温或略高于室温条件下自然放置6~8小时使薄膜固化完全。使用有机溶剂时，为避免溶剂残留，一般还要在50℃以下继续干燥12~24小时。

②流化包衣法：又称喷雾包衣。根据包衣液喷入方式分为底喷式、顶喷式和侧喷式。片芯置于流化床中，通入气流，借急速上升的气流使片芯悬浮于包衣室中处于流化状态，将包衣液雾化喷入，使片剂表面黏附包衣液。

③压制包衣法：将一部分包衣物料填入冲模孔作为底层，置入片芯，再加入包衣物料填满模孔压制成包衣片。可避免水分、高温对药物的不良影响，生产流程短、自动化程度高、劳动条件好，但对设备精密度要求较高。

（2）**设备**　滚转包衣法常用设备为包衣机、高效包衣机；流化包衣法常用设备为空气悬浮包衣机；压制包衣法常用设备为干压包衣机、联合式干压包衣机。

①包衣机：包括包衣锅、动力部分、加热器及鼓风设备（图3-3-18）。包衣锅是用紫铜或不锈钢等化学活性较低、传热较快的金属制成。包衣锅有两种形式，一种为荸荠形；另一种为球形（莲蓬形）。包衣锅的转速根据锅的大小与包衣物的性质而定。

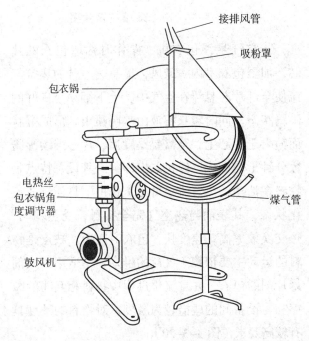

图3-3-18　包衣机

②高效包衣机：片芯在密闭的包衣滚筒内连续地作特定的复杂运动，由微机程序控制，按工艺顺序和选定的工艺参数将包衣液由喷枪洒在片芯表面（图3-3-19），同时送入洁净热风对药片包衣层进行干燥，废气排出，快速形成坚固、细密、光整圆滑的包衣膜。其特点是密闭性好，符合GMP要求；自动化程度高，产品质量重现性好；生产效率高，一批只需2~3小时即可完成；对喷洒有机溶剂的溶液则已采取防爆措施，适用于有机薄膜、水溶性薄膜、糖衣、缓释性薄膜的包衣。

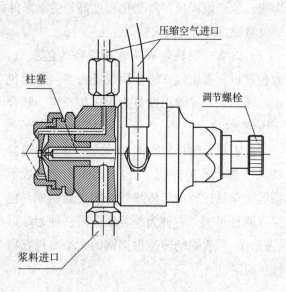

图 3-3-19　包衣液喷枪示意图

③空气悬浮包衣机：操作时称取包衣的片芯，加至包衣室内，鼓风，借急速上升的热空气流使全部片芯悬浮在空气中，上下翻动呈良好的沸腾状态，同时包衣溶液由喷嘴喷出，形成雾状而喷射于片芯上，至需要厚度后，片芯继续沸腾数分钟干燥即成，停机取出即得。其设备特点是物料在洁净的热气流（负压）作用下悬浮形成流化状态，其表面与热空气完全接触，受热均匀，热交换效率高，速度快，包衣时间短。缺点是物料的运动主要依赖于气流的推动，不适用于大剂量片剂的包衣，并且流化过程中物料相互间的摩擦和与设备间的碰撞较为激烈，对物料的硬度具有较高要求（图 3-3-20）。

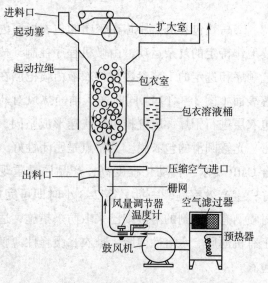

图 3-3-20　空气悬浮包衣机示意图

④干压包衣机、联合式干压包衣机：此设备适用于包糖衣、肠溶衣或含有药物的衣。可以避免水分和温度对药物的影响；包衣物料亦可为各种药物成分，因此使用于有配伍禁忌的药物，或需延效的药物压制成多层片。

四、片剂的质量检查

1.脆碎度

系指将一定量的药片放入振荡器中振荡，至规定时间取出药片，观察有无碎片、缺角、磨毛、松片现象，以百分数表示。主要检查非包衣片的脆碎情况及其他物理强度，如压碎强度等。照《中国药典》片剂脆碎度检查法进行检查。

检查法：片重大于 0.65g 或以下者取若干片，使其总重约为 6.5g；片重大于 0.65g 者取 10 片。用吹风机吹去片剂脱落的粉末，精密称重，至圆筒中，转动 100 次。取出，同法除去粉末，精密称重，减失重量不得过 1%，且不得检出断裂、龟裂及粉碎的片。本试验一般仅做一次。如减失重量超过 1% 时，应复测 2 次，3 次的平均减失重量不得过 1%，并不得检出断裂、龟裂及粉碎的片。

如供试品的形状或大小使片剂在圆筒中形成不规则滚动时，可调整圆筒的底座，使与桌面成约 10° 的角，试验时片剂不再聚集，能顺利下落。

对于形状或大小在圆筒中形成严重不规则滚动或特殊工艺生产的片剂，不适于本法检查，可不进行脆碎度检查。

对于易吸水的制剂，操作时应注意防止吸湿（通常控制相对湿度小于 40%）。

2.崩解时限

检查法：将吊篮通过上端的不锈钢轴悬挂于支架上，浸入 1000ml 烧杯中，并调节吊篮位置使其下降至低点时筛网距烧杯底部 25mm，烧杯内盛有温度为 37℃ ±1℃ 的水，调节水位高度使吊篮上升至高点时筛网在水面下 15mm 处，吊篮顶部不可浸没于溶液中。取供试品 6 片，分别置上述吊篮的玻璃管中，启动崩解仪进行检查，各片均应在 15 分钟内全部崩解。如有 1 片不能完全崩解，应另取 6 片复试，均应符合规定。

中药浸膏片、半浸膏片和全粉片，按上述装置，每管加挡板 1 块，启动崩解仪进行检查，全粉片各片均应在 30 分钟内全部崩解；浸膏（半浸膏）片各片均应在 1 小时内全部崩解。如果供试品黏附挡板，应另取 6 片，不加挡板按上述方法检查，应符合规定。如有 1 片不能完全崩解，应另取 6 片复试，均应符合规定。

3. 重量差异

检查法：取供试品 20 片，精密称定总重量，求得平均片重后，再分别精密称定每片的重量，每片重量与平均片重比较（凡无含量测定的片剂或有标示片重的中药片剂，每片重量应与标示片重比较），按表 3-3-68 的规定，超出重量差异限度的不得多于 2 片，并不得有 1 片超出限度 1 倍。

表 3-3-68　重量差异限度

平均片重或标示片重	重量差异限度
0.30g 以下	± 7.5%
0.30g 及 0.30g 以上	± 5%

糖衣片的片芯应检查重量差异并符合规定，包糖衣后不再检查重量差异。薄膜衣片应在包薄膜衣后检查重量差异并符合规定。

凡规定检查含量均匀度的片剂，一般不再进行重量差异检查。

技能要求

1. 能使用制粒设备制颗粒。

2. 能拆装冲模；调节压片设备的速度、压力、充填参数，监控片剂的硬度、片重差异。

3. 能配制薄膜包衣液；使用包衣设备包薄膜衣，按质量控制点监控薄膜衣质量。

4. 能使用装瓶设备、铝塑泡罩包装设备包装，按质量控制点监控装量差异。

"使用摇摆式颗粒机制颗粒"在第十节颗粒剂制备中介绍，详细参见本章第十节"二、使用摇摆式颗粒机制颗粒"；"使用铝塑泡罩包装机包装"在第十一节胶囊剂制备中介绍，详细参见本章第十一节"五、使用铝塑泡罩包装机包装胶囊"。本节不再重复论述。

一、使用高速搅拌制粒机制颗粒

1. 技能考核点

（1）规范使用高速搅拌制粒机。

（2）正确操作搅拌桨、制粒刀的速度及时间，来达到所制的粒度要求。

（3）能够根据颗粒情况，调整黏合剂的加入方式及用量。

2. 操作程序、操作规程及注意事项

（1）操作程序　开机前的准备工作→投料→搅拌→加黏合剂制粒→停机→清场→填写记录

（2）操作规程

①接通电源，开启压缩空气控制阀。

②将顶盖打开，投入物料，关上顶盖。

③打开"制粒"开关，设定混合制粒时间。

④调节搅拌气流、切割气流至量程的 2/3 位置。

⑤开启低速搅拌档，从加液斗中加入黏合剂的同时开启切割低速档。

⑥根据工艺要求，低速搅拌、切割一定时间后，切换为高速档至规定时间。

⑦停止制粒，开启出料缸，低速搅拌档出料。

（3）注意事项

①搅拌、制粒程序及时间先后的控制：在搅拌桨转动时，锅内的物料呈三维空间翻滚，同时形成物料从锅底沿锅壁旋转抛起，形成连续的波峰将软材推向快速切割的制粒刀，切割成大小不同的圆棱状颗粒，随着颗粒间相互翻滚，小颗粒

棱角被磨圆逐渐呈球形。根据此原理可以通过对两浆的速度及时间的调整来达到所制的粒度。

②无论是浓浸膏经稀释后作为浆料，还是采用糊精或其他黏合剂作为浆料，一般做小片颗粒时浆料的浓度要低，做大片颗粒时浆料浓度则稍高。对于重质物料黏合剂要少放，对于轻质物料黏合剂要稍许增加。

③中药浸膏制粒：如直接把浸膏加入到搅拌锅内，会造成浸膏与辅料难以混合均匀及结块现象，可先用高浓度乙醇稀释浸膏，采用多孔喷头，把已稀释的浆料均匀迅速喷向物料。同时缩短制粒过程，一般控制在2~5分钟内。

④检查料桶内搅拌主轴及制粒主轴是否有密封气压，确定无异常情况，关闭料桶盖。

3. 生产记录样表（表3-3-69）

表3-3-69　高速搅拌制粒机制粒记录

（1）制粒										
开始时间：						结束时间：				
操作指令						工艺参数				
将物料均匀送入物料斗中，开机后进行制粒						转速： 时间： 润湿剂或黏合剂：				
本批产品分　　锅投料，每锅投投料量在下表填写										
物料名称　＼　锅次	1	2	3	4	5	6	7	8	9	10
药物（kg）：										
辅料Ⅰ（kg）：										
辅料Ⅱ（kg）：										
备注：										
操作人：						复核人：				
备注：										
（2）现场质量控制情况										
工序	监控点		监控项目		频次		检查情况			
制粒	颗粒		外观、粒度		每批		□正常　□异常			
结论：中间过程控制检查结果（是　否）符合规定要求 说明： 　　　　　　　　　　　　　　　　　　　　　　QA：										
工序负责人：						技术主管：				

二、调节压片设备的速度、压力、充填参数

1. 技能考核点

（1）压片过程中对压片机械设备调试的能力。

（2）调节压片设备的速度、压力、充填参数。

2. 操作程序及注意事项

（1）操作程序　根据品种工艺调节适当的压力及片重。压片的速度无统一规定，一般选择机器最高转速的60%~80%。以上参数调节好后，按选定的车速运行，每隔10分钟（不同品种时间安排不同）取10片分别称取片的重量。

（2）注意事项

①初次试车应将压力调节器控制在要求的参数上，将药料倒入斗内，用手转动试车手轮，同时调节充填和压力，逐步增加到片剂的重量和硬软程度达到成品要求，然后先开动电动机，再开离合器，进行正式运转生产。在生产过程中，定时抽验片剂的质量，必要时进行调整。

②速度的选择对机器使用寿命有直接的影响。目前压片机都设有无级变速装置，慢速适用于压制矿物、植物提取物、大片径、黏度差和快速难以成型的物料；快速适用于压制黏合、滑润性好的和易于成型物料。根据实际情况而定。

③冲模需经严格探伤试验和外形检查，要无裂、无变形、无缺边，硬度适宜和尺寸的准确。不合格的切勿使用，以免机器遭受严重损坏。

④加料装置与转台面平，高低准确：高易产生漏粉，低则易产生磨损。填料系统由加料电机、加料涡轮减速器、加料器、料筒、联接管、加料平台等组成，将物料填充到模孔中。

⑤以颗粒压片最多，颗粒大小根据片重及药片直径选用。

⑥压片物料的含水量应适量、均匀。

3. 生产记录样表（表 3-3-70）

表 3-3-70　调节压片设备的速度、压力、充填参数记录样表

产品名称		产品规格		产品批号		生产日期	
仪器状态							
压片速度（KT/h）		压力（N）		片重（g）		硬度	
加料	正常□ 异常□	压片	正常□ 异常□	出片		正常□ 异常□	
操作人		审核人			车间主任		
备注							

三、监控片剂的硬度、片重差异

1. 技能考核点

（1）测定片剂的硬度。

（2）测定片剂的片重差异。

2. 操作程序及注意事项

（1）操作程序

①硬度：将药片立于两个压板之间，沿片剂直径方向徐徐加压，直至破碎，测定使破碎所需之力。一般采用片剂硬度测定器。小片硬度在 2~3kg，大片在 3~10kg。

②片重差异：取药片 20 片，精密称定总重量，求得平均片重，再分别精密称定每片的重量，每片重量与平均片重相比较，超出重量差异限度的药片不得多于 2 片，并不得有 1 片超出限度的一倍。

（2）注意事项

①每片重量与平均片重相比较，片重大于 0.3g 的片剂的重量差异限度为 5%。小于 0.3g 的片剂的重量差异限度为 7.5%。

②根据片重差异现象情况合理调节压片机模孔的容积。

③在称量前后，均应仔细查对药片数。称量过程中，应避免用手直接接触供试品。已取出的药片，不得再放回供试品原包装容器内。

3. 生产记录样表（表 3-3-71）

表 3-3-71　监控片剂的硬度、片重差异记录样表

产品名称		批号		规格	
检查时间		月　日　时　分 —— 月　日　时　分			
取样时间	色泽	光洁度	完整性	硬度	片重
操作人		复核人 / 日期			
备注					

四、拆装冲模

1. 技能考核点

能按正确顺序拆装冲模。

2. 操作程序及注意事项

（1）操作程序

①冲模安装：转台上的冲模固紧螺钉逐件旋出转台外圆，而且相平，以避免冲模装入时与螺钉头部相互干涉。冲模与孔要相互配合，故冲模需放平，再用打棒由上孔穿入，并用手锤轻轻敲入，以冲模孔与平面不高出转台工作面为合格，然后将螺钉固紧。重复此步骤，直至所有冲模安装完毕。

②上冲杆安装：将上轨道的嵌舌向上翻起，可在冲杆尾部涂些润滑油，再插入转台内。注意冲杆头部进入冲模孔后，上下及转动均应灵活自如，否则检查冲模质量是否符合要求，重复此步骤，直至所有上冲杆安装完毕。上冲杆安装完毕后必须将嵌舌翻下。

③下冲杆安装：打开操作台前门，拆下在主体面上装卸下冲杆用的垫块，即可装入下冲杆，直至所有下冲杆安装完毕，装妥后必须将垫块复原。

④冲模全套安装完毕后，按正常运转方向盘动试车手轮，将转台顺时针旋转1~2周，观察上冲的运行情况，没有碰撞和硬摩擦现象。

⑤打开玻璃门，将上轨道的嵌舌向上翻起，拆装上冲头。

⑥打开玻璃门，拆下出料装置，打开右护板，移走下冲头挡块，从下面拉出下冲头。

⑦冲模的拆卸顺序必须先拆上冲杆、下冲杆，再拆中模。下冲头拿走后，欲拆冲模，首先将紧固螺钉全部拧松，然后用起模油缸、顶杆和支杆工具向上推出。为了确保安全可靠，冲模位置公差取最小，特别注意不要倾斜冲模以保证冲盘孔不被损伤。

（2）注意事项

①拆装模具时要用手盘车。按下急停按钮或关闭总电源，只限由一人操作，以免发生危险。

②盘车观察冲模是否上下运动灵活，与轨道配合是否良好。

③安装下冲时注意使下冲杆的缺口斜面对准下冲紧固螺钉，并要插到底。

④放中模时须注意把中模拿平，以免歪斜放入时卡住，损坏孔壁。

⑤不要损坏模具零件，尤其是凸、凹模刃口要注意保护。

⑥用手转动手轮、使上冲缓慢下降进入中模孔中，观察有无碰撞或磨擦现象。

3. 生产记录样表（表3-3-72）

表3-3-72 拆装冲模记录样表

产品名称		批号			规格		
拆装时间		月　日　时　分 —— 月　日　时　分					
压片机编号							
冲头规格	上冲头	正常□　异常□		上冲杆		正常□　异常□	
	下冲头	正常□　异常□		下冲杆		正常□　异常□	
试运行情况		正常□　　异常□					
操作人			复核人/日期				
备注							

五、使用配液罐配制薄膜包衣液

1. 技能考核点

（1）规范使用配液罐配制薄膜包衣液。

（2）配液的搅拌速度、温度、时间等关键质量控制点。

2. 操作程序、操作规程及注意事项

（1）操作程序　开机前的准备工作→开机→加水→加料→搅拌→关机→清场→填写记录

（2）操作规程

①配置设备包括配液罐及搅拌器。在配液容器中加入计算好的溶剂，溶剂的液面高度最好与容器的直径大致相同。

②将搅拌器伸入液面下 2/3 处。理想的搅拌浆直径应为容器直径的 1/3。

③启动搅拌器，搅拌速度应使容器中的液体完全被搅动，液面刚好形成漩涡为宜。

④将包衣剂粉末以平稳的速度不断撒在漩涡液面上，加入速度应以粉末迅速被搅入漩涡为宜，加料过程应在数分钟内完成。

⑤加料完毕后，将搅拌速度放慢使液面漩涡刚刚消失，持续搅拌 45 分钟至包衣剂完全溶散。

⑥包衣液配制完成，可根据需要直接从容器中泵出。

（3）注意事项

①粉末的加入要保持匀速，随着溶液黏度的不断增加，可能需要提高搅拌速度，以保持原有漩涡。

②包衣加料过程一般在 5 分钟内完成，时间过长会影响粉末的溶散效果。

③加料完毕后应保持搅拌，配制水溶型包衣粉在搅拌中易产生气泡，因此搅拌速度不宜太快，否则包衣液中过量的空气影响成膜效果。

3. 生产记录样表（表 3-3-73）

表 3-3-73　配液罐配制薄膜包衣液记录样表

产品名称			批号			规格		
生产工序起止时间			月　日　时　分 —— 月　日　时　分					
配制罐号			第（　　）号罐			第（　　）号罐		
设备状态确认			正常□　异常□			正常□　异常□		
温度（℃）								
压力（MPa）								
包衣材料量（kg/L）								
乙醇（浓度/用量）								
甘油/聚乙二醇量（kg/L）								
着色剂种类、用量								
搅拌速度（r/min）								
配制时间	开始		月　日　时　分			月　日　时　分		
	结束		月　日　时　分			月　日　时　分		
成品情况								
外观性状								
配制总量（kg/L）								
pH								
相对密度								
操作人			复核人/日期					
备注								

六、使用包衣机包薄膜衣

1. 技能考核点

（1）根据片床温度、片子外观微调进风温度、浆料输送速度和压缩空气压力。

（2）调整喷头位置及角度。

（3）操作包衣机进行包薄膜衣。

2. 操作程序、操作规程及注意事项

（1）操作程序　开机前的准备工作→开机→加料→喷包衣液→包衣→停机→清场→填写记录

（2）操作规程

①包衣液配制：按工艺要求称取包衣粉及乙醇、纯化水。先将95%乙醇置于恒温搅拌桶中，开动搅拌，然后向正在搅拌的溶剂漩涡处匀速加入包衣粉，包衣粉在5分钟内完成，将搅拌速度放慢，使漩涡刚好消失，防止卷入过多空气。加入称量好的纯化水，盖上罐盖继续搅拌45分钟至包衣粉完全溶散，备用。

②将素片投入包衣机内，开启进风、出风，每隔5分钟启动滚筒转动半圈对预热的素片进行翻转。

③喷头调整：调整喷头位置及角度（喷枪喷嘴至片芯的距离为250~300mm，与水平面角度接近45°）。接通包衣浆输浆系统，将喷头朝出机外，接通"喷浆"，打开压缩空气阀门（压力调至0.5MPa）。开启蠕动泵待有液体从喷头喷出时调节喷头上端的螺丝（顺时针为调小，反之则大），直至喷液雾化效果处于最佳状态。

④正式喷浆：片芯预热至规定温度时，且进风温度达到要求时将喷枪放入机内，低速开启"匀浆"，开启喷枪压缩空气，将蠕动泵转速重新调至规定速度开始喷浆。

⑤在包衣过程中应经常检查包衣质量，并视片芯表面包衣情况调节喷浆量、进风温度。如果表面过湿可调低蠕动泵转速（或将喷头喷液量调小）或调高进风温度；如果包衣面粗糙、有粒状，可将喷头喷液量适当调小保证雾化效果；出现喷嘴堵塞应及时调整使其畅通；待片芯表面形成一层包衣薄膜后，视药片在滚筒内的流动性（流动性好则不必调节）可将其转速适当调高。药片包衣效果基本达到要求后，可将蠕动泵转速适当调低。

（3）注意事项

①包衣液配制一定要严谨，避免有结块出现。

②将素片加入包衣机内时动作要轻，降低片子撞击力，减少残粉、残片。

③按规定量将未上衣素片放入锅内，片剂在锅内翻滚，然后均匀加入薄膜衣物料。按工艺规定启动热风，注意先开风机，后开电热器。

④生产过程中，如需调整锅体的倾角时则需先旋松蜗轮箱两侧压盖螺栓，转动机身前方手轮，即可使锅体转至所需角度，然后再旋紧压盖螺栓即可。

⑤设备在使用时，需注意电机、轴承及电器控制系统工作是否正常，如发现温度过高或异常响声等现象，应立即停车，请维修工处理。

⑥依次将隔离层液及有色层液均匀喷于片子上，要求喷液流量由最大逐渐减小随时观察锅壁，控制药片不粘片、不粘连。

3. 生产记录样表（表3-3-74）

表3-3-74　包衣机包薄膜衣记录样表

产品名称		批号		规格	
生产工序起止时间		月　日　时　分 —— 月　日　时　分			
包衣机编号		第（　　）号		第（　　）号	
设备状态确认		正常□　异常□		正常□　异常□	
素片量（kg/粒数）					
包衣液量（kg/L）					

片床温度（℃）			
喷雾压力（MPa）			
包衣锅转速（r/min）			
包衣时间	开始	月　日　时　分	月　日　时　分
	结束	月　日　时　分	月　日　时　分
成品情况			
外观性状			
包衣总量（kg/片数）			
操作人		复核人/日期	
备注			

七、按质量控制点监控薄膜衣质量

1. 技能考核点

按质量控制点监控薄膜衣质量。

2. 操作程序及注意事项

（1）操作程序

①外观：无粘连，无花斑，无色差，片面光滑，完整光洁，色泽均匀。

②重量差异：取供试品 20 片，分别精密称定每片的重量，再与标示片重相比较，应符合半成品标准。

③崩解时限：照《中国药典》崩解时限检查法检查，应符合要求。

④测量片剂的直径、厚度、重量及外观并应进行包衣前后的对比，以检查包衣操作的均匀程度。

（2）注意事项

①企业标准一般要比《中国药典》要求更加严格，监控时按企业标准进行。如果测得的结果在控制限度内，通知操作工，压片可继续进行。测得结果恰好在限度上或有接近限度的趋势，则须立即通知操作工对机器进行适当的调整，调整后另取样品再进行测定。

②一旦测得的结果超出记录的控制限度，则须重新取样测定以证实结果。

③检查包衣片应按规定进行盛装保存，并应附有标志。

3. 生产记录样表（表 3-3-75）

表 3-3-75　按质量控制点监控薄膜衣质量记录样表

批号			班次/日期	
取样时间	外观	重量差异	崩解时限	水分
外观：共检查____次；　　　　　重量差异：共检查____次； 崩解时限：共检查____次；　　　水分：共检查____次				
操作人：			日期：	
检查人签名：		确认结果：		日期：
备注				

八、使用装瓶机包装

1. 技能考核点

（1）装瓶机使用。

（2）调控灌装机上的料位电眼、续瓶机构、数粒机构、滚筒机构、压盖机构、剔除机构。

2. 操作程序、操作规程及注意事项

（1）操作程序　开机前的准备工作→加瓶→续料→自动运行→过程监控→清场→填写记录

（2）操作规程

①加瓶、瓶塞：开启"自动续瓶"程序，向灌装机料仓内加入 PE 瓶。开启"加瓶"键进行预震，使包装瓶运行至翻板处；手工加入瓶塞，开启"加盖"键，使其充满滑道。

②续料：开启"小车自动续粒"程序。

③自动运行：进入数粒界面，观察各道数字是否正常显示为当批生产合格灌装量，进入自动运行模式，根据生产指令，开机生产。

④过程监控：生产过程中，随时观察灌装机上的料位电眼、续瓶机构、数粒机构、滚筒机构、压盖机构、剔除机构等工作情况，以及机器上包材的使用情况。

（3）注意事项

①在设备运行过程中，操作者身体的任何部位不得介入到运动部位范围内进行操作，需要应急处理前一定是在急停、停机或者有安全防护情况下进行，设备运行过程中必须关闭安全防护罩。

②设备长时间不用或清洁维修时，必须关闭电源，严禁在设备运行过程中对设备进行清洁、维修、保养，以避免造成人身伤害。

③控制仪器清洁状态。

④控制灌装机上的料位电眼、续瓶机构、数粒机构、滚筒机构、压盖机构、剔除机构。

3. 生产记录样表（表3-3-76）

表 3-3-76　片剂装瓶机包装记录

产品名称		批号			规格	
起止时间		月　日　时　分 — 月　日　时　分				
装瓶机编号		第（　　）号		第（　　）号		
设备状态确认		正常□　异常□		正常□　异常□		
片剂数量（kg；粒数）						
料位						
续瓶/续盖						
数粒						
压盖						
剔除						
装瓶时间	开始	月　日　时　分		月　日　时　分		
	结束	月　日　时　分		月　日　时　分		
成品情况						
外观性状						
包装量（瓶）						
操作人			复核人/日期			
备注						

九、监控装瓶过程中的装量差异

1. 技能考核点

片剂装瓶过程中的装量差异的监控。

2. 操作程序及注意事项

（1）操作程序　操作人员每间隔15分钟取样一次，每次取样1瓶（不同品种时间安排不同），放入电子天平上，分别精密称定重量；每隔30分钟取样一次，每次取样1瓶（不同品种时间安排不同），打开检查装片数量。

（2）注意事项

①每瓶装量与标示装量（标示装量为加盖空瓶重量、片重之和；装片数量）相比较，装量差异限度应符合要求。

②装量差异检查采用重量法和数片法，二者可同时采用，也可只采用一种方法（按工艺要求进行）。

3. 生产记录样表（表3-3-77）

表3-3-77　片剂装瓶过程中装量差异记录样表

批号		班次/日期	
片重（g）			
标示装量	重量（g）		
	数量		
取样时间	密封性	装量差异	
		每瓶重量（g）	
		装量差异	
		药片数量	
		装量差异	
备注			
操作人：		日期：	
检查人签名：		确认结果：	日期：

第十三节　滴丸剂制备

相关知识要求

知识要点

1. 基质熔融的方法、设备及化料的操作。
2. 滴头的安装。
3. 滴丸剂的质量要求与铝塑泡罩包装滴丸。

滴丸剂是指原料药物与适宜的基质加热熔融混匀后，滴入不相混溶、互不作用的冷凝介质中制成的球形或类球形制剂。初级工部分中介绍了滴丸剂的含义、特点、分类、基质与冷却剂、脱油、选丸等相关内容，在此基础上，中级工部分介绍滴丸剂基质熔融、化料、滴头安装、质量要求等内容。

化料设备的操作规程参见技能部分"使用化料罐熔融基质，加入药物混匀，脱去气泡"；铝塑泡罩包装设备的操作规程参见本章第十一节技能部分"五、使用铝塑泡罩包装机包装胶囊"。

一、滴丸的制备

（一）基质熔融的方法与设备

1.方法

基质熔融是滴丸剂制备最常用的环节。是将基质在化料设备中，通过缓慢加热并辅助机械搅拌，使基质温度逐渐升高，缓慢熔化并形成均一液态体系的过程。

2.设备

基质熔融常用的设备为均质化料罐，材质为全不锈钢，一般采用夹套热水作为热源对物料进行加热。化料罐需要配置搅拌功能，用来加速物料热传导，加快化料的速度。根据产品和滴丸基质的特性选择适合的搅拌桨叶，常用的搅拌桨有锚式、双螺带式，如果药物与基质需要强力分散，还需要在搅拌桨上配置均质分散头，避免形成团块或者微小的聚集体，影响药物的含量均一性。

（二）滴头的安装

滴头是滴丸设备的核心部件，滴头的材质、孔径、壁厚和长度对滴丸的制剂成形、滴丸大小和滴速快慢有直接关系。不同厂家的加工方法各有不同，安装方法也有所不一。常用的滴头内部成锥形，下端接滴嘴，上端通过外周丝扣与料液保温罐相连接，对正丝扣旋拧滴头使安装到位，用滴头扳手紧固即可。安装过程中避免滴头磕碰变形。

滴丸机的滴头属于模具，生产车间对滴头的制备、使用和维护保管，应按照模具进行管理，每次领用或更换需填写模具领用台账，滴头由专人负责。每次生产前检查滴头是否有损坏变形，如有损坏变形及时更换。滴头在正常使用过程中，一般每两年更换一次。

二、滴丸剂的质量要求

滴丸剂外观应圆整，大小、色泽应均匀，无粘连现象。化学药滴丸含量均匀度应符合要求。

1.装量差异

单剂量包装的滴丸剂，照下述方法检查应符合规定。

检查法：取供试品10袋（瓶），分别称定每袋（瓶）内容物的重量，每袋（瓶）装量与标示装量相比较，按表3-3-78规定，超出装量差异限度的不得多于2袋（瓶），并不得有1袋（瓶）超出限度1倍。

表3-3-78　装量差异限度

标示装量	装量差异限度
0.5g及0.5g以下	±12%
0.5g以上至1g	±11%
1g以上至2g	±10%
2g以上至3g	±8%
3g以上至6g	±6%
6g以上至9g	±5%
9g以上	±4%

2.重量差异

取供试品20丸，精密称定总重量，求得平均丸重后，再分别精密称定每丸的重量。每丸重量与标示丸重相比较（无标示丸重的，与平均丸重比较），按表3-3-79的规定，超出重量差异限度的不得多于2丸，并不得有1丸超出限度1倍。

表3-3-79　重量差异限度

标示丸重或平均丸重	重量差异限度
0.03g及0.03g以下	±15%
0.03g以上至0.1g	±12%
0.1g以上至0.3g	±10%
0.3g以上	±7.5%

3.最低装量（装量）

重量法（适用于标示装量以重量计的制剂）：取供试品5个（50g以上者3个），除去外盖和标签，容器外壁用适宜的方法清洁并干燥，分别精密称定重量，除去内容物，容器用适宜的溶剂洗净并干

燥，再分别精密称定空容器的重量，求出每个容器内容物的装量与平均装量，均应符合表3-3-80的

有关规定。如有1个容器装量不符合规定，则另取5个（50g以上者3个）复试，应全部符合规定。

表3-3-80　最低装量检查

标识装量	口服及外用固体、半固体、液体；黏稠液体	
	平均装量	每个容器装量
20ml 以下	不少于标示装量	不少于标示装量的93%
20ml 至 50ml	不少于标示装量	不少于标示装量的95%
50ml 以上	不少于标示装量	不少于标示装量的97%

4. 溶散时限

取供试品6丸，选择适当孔径筛网的吊篮（丸剂直径在2.5mm以下的用孔径约0.42mm的筛网；在2.5~3.5mm之间的用孔径约1.0mm的筛网；在3.5mm以上的用孔径约2.0mm的筛网），照崩解时限检查法片剂项下的方法进行检查。滴丸应在30分钟全部溶散，包衣滴丸应在1小时内全部溶散。

5. 微生物限度

照微生物计数法和控制菌检查法及非无菌药品微生物限度标准检查，应符合规定。

技能要求

　1. 能使用化料设备熔融基质，加入药物混匀，脱去气泡。

　2. 能监控化料设备的加热温度、加热时间、搅拌速度。

　3. 能拆装滴头。

　4. 能在装袋及装瓶过程中监控装量差异。

　5. 能使用铝塑泡罩包装设备包装。

"监控装瓶过程中的装量差异"在第十二节片剂制备中介绍，详细参见本章第十二节"九、监控装瓶过程中的装量差异"；"使用铝塑泡罩包装机包装"在第十一节胶囊剂制备中介绍，详细参见本章第十一节"五、使用铝塑泡罩包装机包装"。本节不再重复论述。

一、使用化料罐熔融基质，加入药物混匀，脱去气泡

1. 技能考核点

（1）规范使用化料罐。

（2）正确操作化料罐熔融基质，加入药物混匀，并脱去气泡。

2. 操作程序、操作规程及注意事项

（1）操作程序　开机前的准备工作→开启化料罐罐盖→加料→确认设备工艺参数设定→开启加热→开启搅拌→关机→清场→填写记录

（2）操作规程

①投入全部或部分化料所需的物料，一般先投入滴丸基质。

②开启热水加热系统或者热水循环系统。

③待物料软化或者熔融后，下降搅拌单元，使桨叶深入熔融物料。

④开启搅拌，并逐渐提升搅拌转速。如果是手动调节频率的搅拌，开启前应确认搅拌速度处于低速位置。

⑤待物料全部熔化或大部熔化后，停止搅拌。

（3）注意事项

①物料部分熔融后方可开启搅拌。

②投料时防止物料附着在搅拌中轴上端。

③搅拌桨形状和位置对化料效果影响非常关键，应根据产品特性选择适合的搅拌方式。

④严格控制化料温度在工艺要求范围。

⑤控制化料时长，避免药物成分降解。

3. 生产记录样表（表3-3-81）

表3-3-81　化料记录表

化料开始日期			化料结束日期			总投料量（kg）		
投料过程记录					化料过程记录			
罐次	投入物料A时间	投入物料B时间	投料人	复核人	料液温度（℃）	温度记录时间	出料开始时间	暂存罐温度（℃）	操作人
操作人/日期				复核人/日期					
备注：									

二、监控化料设备的加热温度、加热时间、搅拌速度

1. 技能考核点

监控化料罐化料过程中的加热温度、加热时间和搅拌速度，使得药液均匀没有气泡。

2. 注意事项

①开始化料时，每隔固定时间，读取并记录温度、时间、搅拌速度参数。所有参数在工艺要求的控制范围内。

②控制搅拌速度，既保障药液均匀，又不得有气泡产生。

③出现异常或者异常趋势及时调整参数设定或参数控制程序。

3. 生产记录样表（表3-3-82）

表3-3-82　化料记录

开始时间			结束时间	
时间间隔	10分钟		20分钟	30分钟
加热温度（℃）				
搅拌速度				
生产操作者/日期			QA检查者/日期	
备注				

三、拆装滴头

1. 技能考核点

规范拆卸安装滴头。

2. 操作程序及注意事项

（1）操作程序

①滴头安装：将滴头安放于专用工具上→对正滴制料桶孔位→轻旋进入丝扣→顺时针旋拧到位

②滴头拆卸：将滴头拆卸工具对正滴头螺母→逆时针扭动旋拧→接近滴头脱离时谨慎操作，防止滴头跌落→取下滴头安放于专用收集盒

（2）注意事项

①防止滴头磕碰变形。

②安装旋拧紧固力度适宜。

③拆卸下的滴头轻拿轻放，防止滴头跌落。

④滴头逐一安放在专用收纳盒保管。

四、监控装袋过程中的装量差异

1. 技能考核点

（1）掌握重量差异检查标准，并在生产中按规定进行检查。

（2）能判断包装的质量。

2. 操作程序

（1）调整定量分装器容积，装量。

（2）启动装袋机进行分装，在复合铝膜的一端打印生产批号，按生产常用生产速度连续负荷运行40分钟。

（3）取样　在启动包装机5分钟、20分钟、35分钟后取样3次，每次随机取样10袋检查。符合要求后，进行正常生产，在生产过程中每隔15分钟（按品种及工艺要求）取样检查。

3. 生产记录样表（表3-3-83）

表3-3-83　滴丸装袋装量差异记录样表

批号				班次/日期		
生产工序起止时间						
设备状态确认				正常□		异常□
取样时间	密封性		装量差异			
		毛重（g）				
		空袋重（g）				
		净重（g）				
		装量差异（√或×）				
操作人		日期		复核人		日期
备注						

第十四节　泛制丸与塑制丸制备

相关知识要求

> **知识要点**
>
> 1. 炼蜜的质量要求。
> 2. 塑制丸的制备方法与设备。
> 3. 塑丸设备、装瓶设备、装袋设备、铝塑泡罩包装设备的操作。
> 4. 丸剂的质量要求。

丸剂系指饮片细粉或提取物加适宜的黏合剂或其他辅料制成的球形或类球形制剂，常用的制备方法有泛制法、塑制法、滴制法。泛制法是指药物细粉与润湿剂或黏合剂，在适宜翻滚的设备内，通过交替撒粉与润湿，使药丸逐层增大的一种制丸方法。塑制法是指将药物细粉与适宜辅料（如润湿剂、黏合剂、吸收剂或稀释剂）混合制成具可塑性的丸块、丸条后，再分剂量制成丸剂的方法。初级工部分介绍了丸剂的含义、特点、分类，炼蜜、混合、烘干、选丸的操作，在此基础上，中级工部分介绍塑制丸的制备方法、设备、操作，丸剂包装、质量要求等内容。

塑丸设备的操作规程参见技能部分"使用全自动中药制丸机制丸"；装瓶设备的操作规程参见本章第十二节技能部分"八、使用装瓶机包装""九、监控装瓶过程中的装量差异";装袋设备的操作规程参见本章第七节技能部分"四、使用装袋机包装";铝塑泡罩包装设备的操作规程参见本章第十一节技能部分"五、使用铝塑泡罩包装机包装胶囊"。

一、塑制丸的制备方法与设备

（一）炼蜜的质量要求

1. 嫩蜜

炼蜜温度在 105~115℃，含水量 17%~20%，相对密度为 1.34 左右。色泽无明显变化，略有黏性。适用于含淀粉、黏液质、糖类、胶类及油脂较多、黏性强的药粉。

2. 中蜜

炼蜜温度在 116~118℃，含水量 14%~16%，相对密度为 1.37。呈浅红色，适用于黏性适中的药粉。

3. 老蜜

炼蜜温度在 119~122℃，含水量 10% 以下，相对密度为 1.40，呈红棕色，适用于黏性较差的矿物药或纤维性强的药粉。

（二）制丸块

合坨是将混合均匀的药粉与适宜的炼蜜混合制成软硬适宜、可塑性强的丸块的过程。由于药物所含成分的性质不同，合坨后不能马上制丸，应适当放置规定时间，使蜂蜜充分渗入药粉内，使药坨滋润，便于制丸。

合坨是塑制法制丸的关键工序，影响丸块质量的因素如下。

1. 炼蜜程度

蜜丸的药粉成分复杂，含有植物、动物、矿物药等，为保证在药品有效期内蜜丸滋润柔软，选择适宜的炼蜜规格，炼蜜过嫩，黏性不足，药坨黏合不好，丸药不光滑。炼蜜过老，丸块发硬，制丸困难。

2. 和药蜜温

一般采用热蜜和药。蜜加热至 100~102℃（6~10

月，104~110℃）；加热后的炼蜜，备用。蜜温保持在 90℃±2℃（6~10月，95℃±3℃）温蜜和药为宜，否则，蜜温过高所得药坨黏软，不易成型，冷后又变硬，使制丸困难。含有芳香挥发性药物如冰片、降香等，蜜温不宜过高，以免药物成分挥散。若处方中药物粉末黏性很小，则需用老蜜趁热和药。合坨时的蜜温依季节、地区而异。药丸是否滋润与气温、湿度、含水量关系密切。

3. 用蜜量

药粉与蜜的比例一般为 1:1~1:1.5。一般含糖类、胶类及油脂类等黏性成分的药粉，用蜜量宜少；含较多纤维类或质地轻泡而黏性差的药粉，用蜜量宜多，有的可高达 1:2 以上。夏季用蜜量应少，冬季用蜜量宜多。手工合坨用蜜量较多，机械合坨用蜜量较少。

4. 常用设备

常用制丸块的设备为带 S 形桨的槽形混合机（单桨或双桨）。

大量生产丸块一般用捏合机。此机系由金属槽两组 S 形桨叶所构成（图 3-3-21）。槽底呈半圆形，桨叶用不同转速以相反方向旋转。由于桨叶的分裂揉捏及桨叶与槽壁间的研磨等作用而使药料混合均匀。

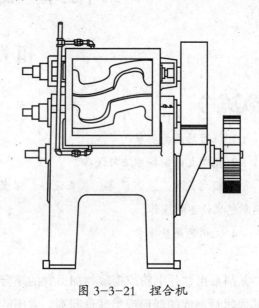

图 3-3-21　捏合机

（三）制丸条、分粒与搓圆

大生产时用制丸机，一般采用中药自动制

丸机、三辊制丸机，或联合制丸机。其制丸成型好，操作便捷，蜜丸质量稳定，清洁方便。制丸时，要求丸药条粗细均匀一致，表面光滑，内部充实无空隙，才能保证丸重差异符合规定。制备蜜丸常用的润滑剂为丸药油、一定浓度的乙醇。

丸药油制备：作为润滑剂用，可防止药丸粘连，使药丸表面光滑。其由麻油与蜂蜡按100∶（20~30）的配比组成。将麻油加热到70~80℃后，再加入蜂蜡，继续加热至蜂蜡全部熔化，搅拌混匀，慢慢降温并不断搅拌至凉，即可。夏季制备丸药油用蜂蜡稍多些，冬季则少些。

中药自动制丸机是目前国内外中药生产丸剂的主要设备（特别中药小丸），可生产蜜丸、水丸、水蜜丸、浓缩丸、糊丸等（图3-3-22）。其工作原理是将混合均匀的药料投于锥形料斗中，在螺旋推进器的挤压下，推出一条或多条相同直径的药条，在自控导轮的控制下同步进入制丸刀后，连续制成大小均匀的蜜丸。三轧辊大蜜丸机具有生产能力大、适应性强等特点。是大蜜丸生产的主要成型设备。其工作原理是将已混合均匀的丸块间断投入到机器的进料口中，在螺旋推进器的连续推动下，经可调式出条嘴，变成直径均匀的药条，送到滚子输送带上，由光电开关控制长度，在推杆的作用下进入由两个轧辊和一个托辊组成的制丸成型机构，制成大小均匀、剂量准确、外形光亮的药丸。

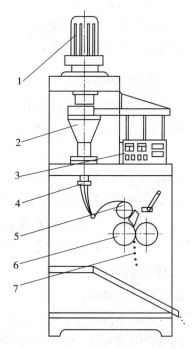 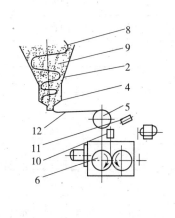

图 3-3-22　中药自动制丸机
1.交流电机；2.料斗；3.控制器；4.出条嘴；5.导轮；6.制丸；
7.药丸；8.推进器；9.药团；10.导向架；11.喷头；12.药条

二、丸剂的质量要求

供制丸剂用的药粉应为细粉或最细粉。炼蜜按炼蜜程度分为嫩蜜、中蜜和老蜜，制备时可根据品种、气候等具体情况选用。蜜丸应细腻滋润，软硬适中。

水蜜丸、水丸、浓缩水蜜丸和浓缩水丸均应在80℃以下干燥；含挥发性成分或淀粉较多的丸剂（包括糊丸）应在60℃以下干燥；不宜加热干燥的应采用其他适宜的方法干燥。

丸剂外观应圆整，大小、色泽应均匀，无粘连现象。蜡丸表面应光滑，无裂纹，丸内不得有蜡点和颗粒。

丸剂应密封贮存，防止受潮、发霉、虫蛀、变质。

1.水分

照《中国药典》水分测定法测定。除另有

规定外，蜜丸和浓缩蜜丸中所含水分不得超过15.0%；水蜜丸和浓缩水蜜丸不得超过12.0%；水丸、糊丸和浓缩水丸不得超过9.0%。蜡丸不检查水分。

2. 重量差异

丸剂照下述方法检查，应符合规定。

检查法：以 10 丸为 1 份（丸重 1.5g 及 1.5g 以上的以 1 丸为 1 份），取供试品 10 份，分别称定重量，再与每份标示重量（每丸标示量 × 称取丸数）相比较（无标示重量的丸剂，与平均重量比较），按表 3-3-84 规定，超出重量差异限度的不得多于 2 份，并不得有 1 份超出限度 1 倍。

表 3-3-84　重量差异限度

标示丸重或平均丸重	重量差异限度
0.05g 及 0.05g 以下	±12%
0.05g 以上至 0.1g	±11%
0.1g 以上至 0.3g	±10%
0.3g 以上至 1.5g	±9%
1.5g 以上至 3g	±8%
3g 以上至 6g	±7%
6g 以上至 9g	±6%
9g 以上	±5%

包糖衣丸剂应检查丸芯的重量差异并应符合规定，包糖衣后不再检查重量差异，其他包衣丸剂应在包衣后检查重量差异并应符合规定；凡进行装量差异检查的单剂量包装丸剂及进行含量均匀度检查的丸剂，一般不再进行重量差异检查。

3. 装量差异

单剂量包装的丸剂，照下述方法检查应符合规定。

取供试品 10 袋（瓶），分别称定每袋（瓶）内容物的重量，每袋（瓶）装量与标示量装量相比较，按表 3-3-85 规定，超出装量差异限度的不得多于 2 袋（瓶），并不得有 1 袋（瓶）超出限度 1 倍。

表 3-3-85　装量差异限度

标示装量	装量差异限度
0.5g 及 0.5g 以下	±12%
0.5g 以上至 1g	±11%
1g 以上至 2g	±10%
2g 以上至 3g	±8%
3g 以上至 6g	±6%
6g 以上至 9g	±5%
9g 以上	±4%

多剂量包装丸剂，照《中国药典》最低装量检查法检查，应符合规定。以丸数标示的多剂量包装丸剂，不检查装量。

4. 溶散时限

取供试品 6 丸，选择适当孔径筛网的吊篮（丸剂直径在 2.5mm 以下的用孔径约 0.42mm 的筛网；在 2.5~3.5mm 之间的用孔径约 1.0mm 的筛网；在 3.5mm 以上的用孔径约 2.0mm 的筛网），照崩解时限检查法片剂项下的方法加挡板进行检查。

小蜜丸、水蜜丸和水丸应在 1 小时内全部溶散；浓缩丸和糊丸应在 2 小时内全部溶散。蜡丸照崩解时限检查法片剂项下的肠溶衣片检查法检查，应符合规定。

大蜜丸及研碎、嚼碎后或用开水、黄酒等分散后服用的丸剂不检查溶散时限。

5. 微生物限度检查

以动物、植物、矿物质来源的非单体成分制成的丸剂、生物制品丸剂，照非无菌产品微生物限度检查：微生物计数法和控制菌检查及非无菌药品微生物限度标准检查，应符合规定。生物规定检查杂菌的，可不进行微生物限度检查。

技能要求

1. 能按质量控制点监控炼蜜质量。
2. 能使用混合设备制丸块、使用塑丸设备制丸。
3. 能使用装瓶设备、装袋设备、铝塑泡罩包装设备包装丸剂，监控装量差异。

"使用装袋机包装"在第七节贴膏剂制备中介绍，详细参见本章第七节"四、使用装袋机包装"；"使用装瓶机包装""监控装瓶过程中的装量差异"在第十二节片剂制备中介绍，详细参见第十二节"八、使用装瓶机包装""九、监控装瓶过程中的装量差异"；"监控装袋过程中的装量差异"在第十三节滴丸剂制备中介绍，详细参见第十三节"四、监控装袋过程中的装量差异"；"使用铝塑泡罩包装机包装"在第十一节胶囊剂制备中介绍，详细参见本章第十一节"五、使用铝塑泡罩包装机包装胶囊"。本节不再重复论述。

一、按质量控制点监控炼蜜质量

1. 技能考核点

（1）判别嫩蜜、中蜜与老蜜的炼制程度。

（2）检查嫩蜜、中蜜与老蜜的含水量及相对密度。

2. 操作程序

（1）将符合标准的蜂蜜置可倾式炼蜜锅中（蜜总量不能超过锅容积的1/3），加热至徐徐沸腾后，除去泡沫及上浮蜡质，然后用60目箩筛筛去蜡质、不溶物等杂质，加热熬炼至适宜程度，转入炼蜜专用贮存间中放凉。

（2）炼蜜的质量控制点包括炼蜜的温度、相对密度、水分。

3. 注意事项

①各工序操作人员按要求穿戴好必要的工作服或防护服。

②及时除去悬浮性、不溶性杂质及蜡质。

③测定炼蜜的温度、相对密度、水分。根据需要炼制嫩蜜、中蜜、老蜜。

4. 生产记录样表（表3-3-86）

表3-3-86 炼蜜记录

产品名称		批号		规格	
生产工序起止时间		月 日 时 分 —— 月 日 时 分			
炼蜜罐号		第（ ）号罐		第（ ）号罐	
设备状态确认		正常□ 异常□		正常□ 异常□	
蜜量（kg）					
炼蜜温度（℃）					
炼制时间	开始	月 日 时 分		月 日 时 分	
	结束	月 日 时 分		月 日 时 分	
搅拌时间总计（分）					
成品情况					
炼蜜程度		嫩蜜□ 中蜜□ 老蜜□		嫩蜜□ 中蜜□ 老蜜□	

炼蜜重量（kg）		
水分含量（%）		
相对密度		
操作人		复核人/日期
备注		

二、使用槽型混合机制丸块

1. 技能考核点

（1）规范使用槽型混合机制丸块。

（2）根据配料不同调整搅拌转数、混合时间。

2. 操作程序、操作规程及注意事项

（1）操作程序　开机前的准备→加料→搅拌→卸料→关机→清场→填写记录

（2）操作规程

①检查机器各部件是否完好，接通电源，点动"上行"按钮或点动"下行"按钮，使料槽水平，按下"搅拌"按钮，空转约2分钟，应无异常。

②将物料倒进槽型料桶，盖上盖板，点动"上行"按钮，将槽型料桶调节到水平位置，按下"搅拌"按钮，按规定时间进行混合。搅拌桨叶在运行过程中，不得打开盖板用手接触物料。

③物料混合达到规定时间后，打开盖板，根据各品种工艺处方规定加入相应的炼蜜，边搅拌边缓慢均匀地加入，再盖上盖板，继续搅拌均匀制成适宜的丸块。

④关掉"搅拌"按钮，点动"下行"按钮，使槽型料桶适当倾斜，倾出其中物料置容器中。

⑤在点动"上行""下行"及运行过程中，任何人不得接触混合机，防止损伤。

（3）注意事项

①调整混合机处于立位时加料，加料量控制在料筒容积的50%以内。搅拌转数、混合时间可根据配料不同进行调整。调速时应慢进行，不可急扭调速旋钮。

②混合机搅拌桨运行过程中，不得用手接触物料，防止事故发生。

③加入炼蜜时应边搅拌边缓慢均匀加入，搅拌至均匀。

④泵运转有异常升温和噪声时，需立即停机检查。工作结束后对相关部件进行润滑保养。

3. 生产记录样表（表3-3-87）

表3-3-87　槽型混合机制丸块记录

产品名称		批号		规格	
生产工序起止时间		月　日　时　分 —— 月　日　时　分			
混合机号		第（　　）号		第（　　）号	
设备状态确认		正常□　异常□		正常□　异常□	
药粉量（kg）					
转速（r/min）					
用蜜量（kg）					
成品情况					
丸块量（kg）					
操作人		复核人/日期			
备注					

三、使用全自动中药制丸机制丸

1. 技能考核点

（1）能根据药条出条速度，调整切丸速度，使出条与制丸刀速度相匹配。

（2）正确操作全自动中药制丸机进行制丸。

（3）判断丸条、丸的质量。

（4）工作结束后应将料仓和刀轮上的残留物清洗干净。

2. 操作程序、操作规程及注意事项

（1）操作程序　开机前的准备→加料→制丸条→制丸→关机→清场→填写记录

（2）操作规程

①润湿制丸刀。

②将制出的药条放在测速电机轮上，并从减速控制器下面穿过。再放到送条轮上，通过顺条器进入制丸刀轮进行制丸。

③工作开始一般是先将一根药条，通过测速发电机轮和相减速控制器，待进一步确认速度调好后，再将共余几根药条依次放上。

④可通过更换出条口与制丸刀来制出所需直径的药丸。

（3）注意事项

①注意药料的硬度、勿将太硬药或杂物投入料箱以免损伤推料系统。

②机器工作时切勿将手或异物置入推进器和制丸刀，否则易发生危险。

③清洗时不要划伤制丸刀。制丸刀工作时防止掉入异物，以免损伤。

④严禁搬动制丸刀轴，易造成制丸刀轴弯曲，影响制丸。

⑤经常检查乙醇通道是否泄露，避免发生火灾。

⑥清洁触摸屏不能用乙醇、汽油等化学稀料擦拭，以免损坏触摸屏表面。

3. 生产记录样表（表3-3-88）

表3-3-88　全自动中药制丸机制丸记录

制丸开始时间：							结束时间：			
操作指令							工艺参数			
将物料均匀送入物料斗中，开机后进行制粒							搅拌时间： 出条与切丸速度：			
本批产品分＿＿＿锅投料　每锅投：丸块＿＿＿kg、蜂蜜＿＿＿kg（投料后在下表相应空格内打"√"）										
锅次 物料名称	一	二	三	四	五	六	七	八	九	十
丸块										
蜂蜜										
水										
操作人：							复核人：			
备注：										
现场质量控制情况										
工序		监控点		监控项目			频次		检查情况	
制丸		丸条、丸		制丸条与丸的质量			随时		□正常　□异常	
工序负责人：					技术主管：					

第十五节 胶剂制备

相关知识要求

知识要点

1. 胶剂滤过澄清、凝胶、切胶、晾胶、闷胶的方法、设备、操作。

2. 胶剂的质量要求。

胶剂系指动物的皮、骨、甲或角，用水煎取胶质，浓缩成稠膏状，经干燥后制成的固体块状内服制剂。初级工部分介绍了胶剂的含义、特点、分类、原料、擦胶与印字的相关内容，在此基础上，中级工部分介绍胶液滤过、凝胶、切胶、晾胶、闷胶及胶剂质量要求等知识。

过滤设备的操作规程参见技能部分"使用板框过滤器滤过胶液""按质量控制点监控胶剂滤液质量"；凝胶、切胶的操作规程参见技能部分"凝胶、切胶"；晾胶、闷胶的操作规程参见技能部分"晾胶、闷胶"。

一、滤过澄清的方法与设备

熬胶时每次提取的胶液，应趁热用 100 目筛网过滤，否则因胶液冷却后黏度增大而难于过滤。收集熬取的胶液置静置罐中，静置数小时后，除去沉淀及杂质。由于胶液随温度的降低黏度加大，细小杂质不易沉淀下来，常加入明矾，起促沉淀作用。加入明矾的量视品种和胶液的黏度而定，加入量一般为总胶液的 0.05%~0.1%，搅拌均匀后静置 8~12 小时过滤，得到澄清的胶液。明矾用量不宜过大，否则易使胶液变涩、变苦。亦有采取自然沉降法，或采用中、高速离心法分离。

二、凝胶与切胶的方法与设备

出锅的稠厚胶液趁热倾入已涂有少量植物油的不锈钢凝胶盘内，置于室温 8~12℃放置，胶液即凝成胶块，此过程称为胶凝，一般需 12~24 小时，得到含水的固体凝胶，俗称胶坨。根据收胶时的水分、胶的成品规格以及形状尺寸的要求，计算出所要切的胶片重量及尺寸，用切胶机将胶坨切成一定规格的小片，此过程俗称开片。

如果胶坨过"老"，可在切胶前用湿毛巾盖润后再切；胶坨过"嫩"，则可延长胶凝时间，待软硬合适时再切胶。切胶时要切去表面的麻点，俗称打皮。切胶时要求刀口平，以防出现重复刀口痕迹。若手工切胶，应一刀切过。

三、晾胶、闷胶的方法与设备

胶片切成后，将胶片置于有温控、防尘设施的晾胶室内，摊放在晾胶架上。也可分层摊放在竹帘上，使其在微风阴凉的条件下干燥。一般刚切完的胶块，每隔 48 小时或 3~5 日翻动一次，然后延长翻动周期，使两面水分均匀蒸发，以免成品胶块在干燥后易出现四周高，中间低的"塌顶"现象。数日后，待胶片表面干燥变硬后，将胶片放入木箱内，密闭闷之（使内部水分向胶片表面扩散），此操作称为闷胶，2~3 天后，将胶片取出，再放在竹帘上晾之。数日后，再将胶片置于木箱中闷胶 2~3 天，如此反复操作 2~3 次，即可达到干燥的目的。目前晾胶车间多采用空调除湿干燥，也可用烘房设备通风晾胶。

四、胶剂的质量要求

胶剂应为色泽均匀、无异常臭味的半透明固体。能溶于水，无不溶物，不应有明显的混浊现象。

1. 水分

取供试品 1g，置扁形称量瓶中，精密称定，加水 2ml，置水浴上加热使溶解后再干燥，使厚度不超过 2mm，照《中国药典》水分测定法测定，不得过 15.0%。

2. 总灰分

照《中国药典》灰分测定法测定，应符合规定。

3. 重金属、砷盐

照《中国药典》重金属、砷盐检查法检查，应符合规定。

4. 微生物限度

照《中国药典》非无菌产品微生物限度检查：微生物计数法和控制菌检查法及非无菌药品微生物限度标准检查，应符合规定。

技能要求

1. 能使用过滤设备滤过胶液，按质量控制点监控滤液质量。

2. 能凝胶、切胶、晾胶、闷胶。

一、使用板框过滤器滤过胶液

1. 技能考核点

（1）将滤材规范安装于过滤板板层内，并进行紧固；按要求进行过滤操作。

（2）判断过滤液过滤效果并处置。

2. 操作程序、操作规程及注意事项

（1）操作程序　选择滤材→安装滤材→试漏→过滤→清场→填写记录

（2）操作规程

①在滤框两侧先铺好滤材，装好板框，压紧活动机头上的螺旋。将待分离的药液放入贮液浆罐内，开动搅拌器以免产生沉淀。在滤液排出口准备好滤液接收器。

②开启空气压缩机，将压缩空气送入贮浆罐，注意压缩空气压力表的读数，待压力达到规定值，准备开始过滤。

③开启过滤压力调节阀，注意观察过滤压力表读数，过滤压力达到规定数值后，调节维持过滤压力，使其稳定。

④开启滤液贮槽出口阀，接着开启过滤器药液进口阀，将药液送入过滤器，过滤开始。

⑤观察滤液，若滤液为清液时，表明过滤正常。发现滤液有浑浊或带有滤渣，说明过滤过程中出现问题，应停止过滤，检查滤材及安装情况，滤板、滤框是否变形，有无裂纹，管路有无泄漏等。

⑥定时记录过滤压力，检查板与框的接触面是否有浊液泄漏。

⑦当出口处滤液量变得很小时，说明板框中已充满滤渣，过滤阻力增大，使过滤速度减慢，这时可以关闭药液进口阀，停止过滤。

⑧洗涤，开启洗水出口阀，再开启过滤器洗涤水进口阀，向过滤器内送入洗涤水，在相同压力下洗涤滤渣，自至洗涤符合要求。

（3）注意事项

①滤材的安装应覆盖板层上的滤孔，避免药液直接泄漏。

②过滤板层的紧固应适宜，以药液过滤不泄漏为宜，不得过度紧固造成对紧固装置的损坏。

③输液泵输送药液不得空转；采用真空过滤时，先将滤液储罐调节至适度真空值，再开启管路阀门，将药液抽送至板框过滤器过滤，直至过滤完毕，关闭阀门后，再卸掉滤液储罐的真空。

④过滤前胶液处理每次提取的胶汁，应趁热用 6 号筛网过滤，否则因胶液冷却后黏度增大而难于过滤。

收集熬取的胶汁置静置罐中，静置数小时后，除去沉淀及杂质。由于胶汁随温度的降低黏度加大，细小杂质不易沉淀下来，常加入明矾，起促沉淀作用。

加入明矾的量视品种和胶汁的黏度而定，一般加入量为总胶液的 0.05%~0.1%，搅拌均匀后静

置 8~12 小时分取上层澄清胶汁用板框过滤器滤过。再过滤，得到澄清的胶液。滤过澄清时，明矾用量不宜过大，否则易使胶汁变涩、变苦。

⑤有些药厂将明矾助沉法改为自然沉降法，或采用中、高速离心法分离，既能克服胶液黏度大、滤过困难的问题，也有利于流水线生产。

3. 生产记录样表（表 3-3-89）

表 3-3-89　板框过滤生产记录样表

药液名称		批号		规格	
月　日　时　分 —— 月　日　时　分					
操作参数					
板框过滤器编号					
待过滤药液编号					
过滤药液量（L）					
开始过滤时间		时　　分		时　　分	
结束过滤时间		时　　分		时　　分	
过滤用时间		时　　分		时　　分	
滤液储罐号 / 体积（L）					
滤液总体积（L）					
操作人		复核人 / 日期			
备注					

二、按质量控制点监控胶剂滤液质量

1. 技能考核点

（1）胶剂滤液的质量要求，并正确监控胶剂滤液质量。

（2）判别滤过过程中异常情况并进行处理。

2. 操作程序及注意事项

（1）操作程序　准备工作→取样检查→清场→填写记录

（2）注意事项

①药液过滤过程中，应严格按照设备标准操作程序、维护保养程序、取样检测标准操作程序和企业药液中间体质量标准进行操作和判定。

②操作人员每间隔 15 分钟（不同企业时间安排不同）取样一次，检查药液的可见异物、不溶性微粒、澄明度。

③针对不合格指标应展开调查分析，如为取样造成的，则应在不合格取样点重新取样检测；必要时采用前后分段取样和倍量取样的方法，进行对照检测，以确定不合格原因。

④滤过过程中随时观察过滤压力和滤液澄清情况。压力和澄清度发生变化时，通常会影响滤过质量。

3. 生产记录样表（表 3-3-90）

表 3-3-90　过滤监控记录样表

批号		班次 / 日期	
取样时间	澄明度	可见异物	不溶性微粒

结论：			
操作人：		日期：	
检查人签名：	确认结果：	日期：	

三、凝胶、切胶

1. 技能考核点

（1）切胶片重计算。

（2）正确进行凝胶、切胶的操作。

（3）切胶胶坨硬度的判断标准，并能采取方法调整至适当软硬。

2. 操作程序、操作规程及注意事项

（1）操作程序　准备工作→初凝→终凝→切胶→清场→填写记录

（2）操作规程

①初凝：切胶人员清点胶箱数量，检查每个胶箱上的物料标签，移至初凝间，并使胶箱中胶液面保持水平。与出胶人员做出交接。切胶人员在初凝间将胶液冷却至室温后，将装有胶液的胶箱移至终凝间。

②终凝：初凝至室温后转移至冷库，按冷库标准操作规程，开启冷库，将装有胶液的胶箱放置在终胶间冷库内，在 -4~10℃ 下冷凝至适宜硬度，冷凝时间为 12~24 小时。

③切胶：清除胶坨表面的胶渣后，将其放进全自动切胶机，选择合适的模式后（阿胶、鹿角胶），进行切胶操作。经手动模式试切合格后，进入自动模式，对切制的物料进给参数设定完毕，送料推进位置确定后，将物料放进导轨与推板贴紧，点击启 / 停按钮启动，设备将按设定的进给量自动运行。

④切胶过程中随机抽取胶块称量，如重量不符合要求，立即停止，调整胶块厚度，直至切出的胶块重量达标。

（3）注意事项

①根据收胶时的水分、胶的成品规格以及形状尺寸的要求，计算出所要切的胶片重量及尺寸，用切胶机将胶坨切成一定规格的小片，此过程俗称开片。

②如果胶坨过"老"，可在切胶前用湿毛巾盖润后再切；胶坨过"嫩"，则可延长胶凝时间，待软硬合适时再切胶。

③切胶时要切去表面的麻点，俗称"打皮"。切胶时要求刀口平，以防出现重复刀口痕迹。若手工切胶，应一刀切过，以防出现刀口痕迹。

④切胶片重的计算与切胶过程中片重的控制按照工艺规程执行。根据水分计算切胶下刀量。

$$每片下刀量（g）=31.25 \times （1-14\%）/（1-t）$$
$$（3-3-12）$$

式中：t 为本批水分。

3. 生产记录样表（表 3-3-91）

表 3-3-91　凝胶、切胶生产记录样表

标准						
	胶坨移入冷库后，每半小时记录一次温度，达到 -4~10℃温度范围内，计开始凝胶时间					
	：	：	：	：	：	：
凝胶	凝胶温度：		凝胶时间：　月　日　时　分—　月　日　时　分			
	凝胶量（箱）：		胶汁水分（%）：			
	操作人 / 日期：		复核人 / 日期：			
	过程监控：合格 □　不合格 □		现场 QA/ 日期：			

切胶	设备名称/编号：			
	接收量（箱）：		胶汁水分（%）：	
	每片下刀量(g)=31.25×$\frac{1-14\%}{1-t}$；式中 t 为本批出胶水分（%）＿＿＿		下刀量（N）：＿＿g	
	标准	重量：每8块不低于 N×8g＝＿＿＿×8g＝＿＿＿g；单块重量均为不低于 N×97%＝＿＿＿g		
		外观：长方体，表面平整、光滑，无"油皮"和"糊皮"		
		尺寸：长＿＿＿±＿＿＿cm，宽＿＿＿±＿＿＿cm，厚＿＿＿±＿＿＿cm		
	计算人/日期：	复核人/日期：		过程监控：合格□ 不合格□ 现场QA/日期：
	操作人员进行试切胶，试切胶后的胶块由 QA 检验，检验合格后进行切胶操作			
	切胶装量重量检查：切胶过程中每20分钟称重1次，每次分别称8块、连续称重3个单块			
	切胶时间：月 日 时 分— 月 日 时 分			
切胶时间				
8块重量				
单块重量				

四、晾胶、闷胶

1.技能考核点

（1）进行晾胶、闷胶操作。

（2）分析操作过程中遇到的问题。

2.操作程序、操作规程及注意事项

（1）操作程序 准备工作→晾胶→闷胶→清场→填写记录

（2）操作规程

①第一次晾胶：首先核对品名、批号、数量、日期，将胶车移至一次晾胶区并与操作人员交接，认真填写生产记录。房间温度控制在15~22℃，相对湿度55%~70%，晾置48小时或3~5日翻胶一次，胶块在晾胶床上晾7~15天，转移至二晾。

②第二次晾胶：将一次晾胶间的胶转移至二次晾胶间，并悬挂状态标志；房间温度控制在18~26℃，相对湿度50%~65%，胶块在晾胶床上晾5~10天，然后进入一次闷箱。

③闷箱：将胶拾起放入拾胶板，然后用拾胶板将胶块瓦入胶箱，排列整齐，并将每一排排紧；胶箱内一层一层瓦满胶块后，盖好箱盖，运至定置区域内整齐放置；本批胶块瓦箱完毕，在瓦胶箱上做好状态标志；操作结束后，按《瓦胶箱、拾胶板清洁标准操作规程》清洁生产用具。

④立箱：胶块在胶箱内平闷1~4天后，将瓦胶箱立起，在胶箱底部垫好塞子立稳，立箱4~8小时。

⑤塞箱：立箱过程中，由于胶块自身压力，将胶块压平，使胶箱上部留出空隙，晾胶工用本批胶块将胶箱上部空隙塞满。

⑥倒箱：塞完箱后，将胶箱放平，再将胶箱从另一端立起，垫好塞子，再立箱4~8小时。

⑦胶块闷箱后用运输车推至指定位置，出箱进行三次晾胶。

⑧第三次晾胶：准备好拾胶板、晾胶床等晾胶工具；将瓦胶箱内的胶块拾到拾胶板上，摆放至晾胶床上，再将胶块整齐摆好；出箱完毕，将晾胶床摆放整齐并悬挂状态标志。房间温度控制在18~26℃，相对湿度50%~65%。胶块在晾胶床上晾10~20天。报请 QA 取样，胶块水分符合要求时进行收胶，不合格继续晾置。

⑨收胶：根据检验结果，核对批号、数量。晾胶人员检查胶块外观质量后，将胶块从胶床上拾起排放在周转箱内，查清数量，挂牌标示，填写晾胶生产记录与擦胶工序进行交接。

（3）注意事项

①胶片切成后，将胶片置于有温控、防尘设施的晾胶室内，摊放在晾胶架上。也可分层摊

放在竹帘上，使其在微风阴凉的条件下干燥。一般刚切完的胶块，每隔48小时翻动一次，然后延长翻动周期，使两面水分均匀蒸发，以免成品胶块在干燥后易出现四周高，中间低的"塌顶"现象。

②数日后，待胶片表面干燥变硬后，将胶片放入木箱内，密闭闷之（使内部水分向胶片表面扩散），此操作称为闷胶，2~3天后，将胶片取出，再放在竹帘上晾之。数日后，再将胶片置于木箱中闷胶2~3天，如此反复操作2~3次，即可

达到干燥的目的。

③温度过低或湿度过高造成定形时间过长，会形成"瘫胶"现象；温度过高或湿度过低，晾胶片干燥过快，造成表面皲裂。

④晾、闷次数不足，会造成胶片水分不均一，易形成胶片经夏弯曲。

⑤目前晾胶车间多采用空调除湿干燥，也可用烘房设备通风晾胶。

3. 生产记录样表（表 3-3-92）

表 3-3-92 晾胶、闷胶批生产记录样表

晾胶	第一次晾胶：月 日 时 分 — 月 日 时 分	第一次翻胶：月 日 时 分 — 月 日 时 分
	第二次翻胶：月 日 时 分 — 月 日 时 分	第一次闷胶：月 日 时 分 — 月 日 时 分
	第一次立箱：月 日 时 分 — 月 日 时 分	第一次倒立箱：月 日 时 分 — 月 日 时 分
	第二次晾胶：月 日 时 分 — 月 日 时 分	第二次闷胶：月 日 时 分 — 月 日 时 分
	第二次立箱：月 日 时 分 — 月 日 时 分	第二次倒立箱：月 日 时 分 — 月 日 时 分
	第三次晾胶：月 日 时 分 — 月 日 时 分	第三次闷胶：月 日 时 分 — 月 日 时 分
	第三次立箱：月 日 时 分 — 月 日 时 分	第三次倒立箱：月 日 时 分 — 月 日 时 分

晾胶合格品（kg/块）：	收胶胶块水分（%）：
胶头量（kg/块）：	取样量（kg/块）：
操作人：	复核人：

物料平衡：（合格品数量 + 取样量 + 胶头量）/ 接收合格品数量 ×100% = 本工序的物料平衡范围规定为97%~100%，无偏差 □　有偏差 □	操作人 / 日期：
	复核人 / 日期：
收率：合格品数量 / 接收合格品数量 ×100% = 本工序的收率规定为90%~100%，无偏差 □　有偏差 □	操作人 / 日期：
	复核人 / 日期：

过程监控：　合格 □　　不合格 □ 现场 QA/ 日期：		
移交数量（块）：	移交人 / 日期：	接收人 / 日期：
偏差		
偏差处理		
备注：		

第十六节 黑膏药制备

相关知识要求

> **知识要点**
>
> 1. 贵重细料药的处理。
> 2. 粉碎设备、化料设备、膏药包装设备的操作。
> 3. 摊涂的方法、设备、操作。
> 4. 黑膏药的质量要求，膏药的重量差异检查法。

膏药系指饮片、食用植物油与红丹（铅丹）或宫粉（铅粉）炼制成膏料，摊涂于裱背材料上制成的供皮肤贴敷的外用制剂。前者成为黑膏药，后者成为白膏药。初级工部分介绍了膏药的含义、特点、分类、原辅料选择、筛分、去火毒等，在此基础上，中级工部分主要介绍黑膏药制备中贵重细料药处理、粉碎、化料、摊涂、包装以及黑膏药的质量要求。

粉碎设备的操作规程参见技能部分"粉碎贵重细料药"；化料设备的操作规程参见技能部分"使用化料罐融化膏药，兑入细料药"；摊涂设备的操作规程参见技能部分"使用摊涂机涂布膏药"；膏药包装设备的操作规程参见技能部分"使用膏药包装机包装"。

一、饮片

膏药中所用药材应依法加工，根据质地和价值可将药料分为一般饮片和细料；一般饮片为质地坚硬的根茎或藤脉等药料；细料为易挥发、热稳定性差和贵重的药料，例如：乳香、没药、冰片、红花和麝香等。

贵重细料药的处理：在细料的前处理中，通常将其研为细粉，于摊涂前加入经软化的膏药中，软化温度一般不超过70℃；也可以根据需要将粉碎好的细料，在膏药摊涂前均匀地撒在膏药表面。

二、制备

膏药投入膏滋储存锅中，打开锅温开关加热，待膏药全部融化后，在70℃以下加入细料药，搅拌均匀。膏滋经过最低部的电动阀门和喷嘴注入自动称量装置上的裱背材料上以达到规定重量。

摊涂机由膏滋储存装置、自动称量装置、压缩空气装置、温控装置、自动吹断装置、自动控制系统等构成。

三、质量要求

膏药的膏体应油润细腻、光亮、老嫩适度、摊涂均匀、无飞边缺口，加温后能粘贴于皮肤上且不移动。黑膏药应乌黑、无红斑；对皮肤无刺激性，加温后能粘贴于皮肤上，不脱落且不移动。膏药应密闭，置阴凉处贮藏。

1.软化点

测定膏药在规定条件下受热软化时的温度情况，用于检测膏药的老嫩程度，并可间接反映膏药的黏性。应符合《中国药典》的规定。

2.重量差异

取供试品5张，分别称定每张总重量，剪取单位面积（cm²）的裱背，称定重量，换算出裱背重量，总重量减去裱背重量，即为药膏重量，与标示重量相比较，应符合表3-3-93的规定。

表3-3-93　重量差异限度

标示重量	重量差异限度
3g及3g以下	±10%
3g以上至12g	±7%
12g以上至30g	±6%
30g以上	±5%

技能要求

技能要求

1. 能粉碎贵重细料药。
2. 能使用化料设备熔化膏药，兑入细料药。
3. 能使用摊涂设备涂布膏药，监控重量差异。
4. 能使用膏药包装设备包装。

一、粉碎贵重细料药

1. 技能考核点

（1）确认物料的符合性以及仪器状态。

（2）粉碎操作中应注意的问题。

2. 操作程序、操作规程及注意事项

（1）操作程序　操作前确认→加料→粉碎→清场→填写记录

（2）操作规程

①操作前确认：佩戴好防护用品（手套、防尘口罩）；保障物料的准确无误；对旋风分离器里的收集桶和接料袋进行检查确认。

②加料：将饮片加入料斗时，加料量（加料速度）不宜过大。

③粉碎：贵重细料药通常需粉碎至细粉或极细粉（按工艺要求的细度粉碎）；注意观察生产过程中的异常现象，比如剧烈振动、异声、轴承过热堵塞等，如有发现，应立即停机检查，排除故障。

（3）注意事项

①贵重中药材因其价格较贵，用量少，一般都采用单独粉碎，对细度和损耗都有严格要求。

②贵重中药材的粉碎，以选用密封性能强的小型粉碎机为多。

③根据应用的目的和药物剂型控制适当的粉碎程度。

3. 生产记录样表（表3-3-94）

表3-3-94　粉碎贵重细料药记录样表

操作起止时间		年　月　日　时　分 — 年　月　日　时　分				
设备编号				设备状态		
工艺参数要求						
品名		规格		批号		批量
理论量		实测量		残余量		收率（%）
操作人						
复核人				负责人		
异常情况记录：偏离工艺规程的偏差：有□　　无□						
备注：						

二、使用化料罐熔化膏药，兑入细料药

1. 技能考核点

（1）投料前能够确认物料的符合性以及仪器状态。

（2）掌握膏脂熔化和细料药混合操作中应注意的问题。

2. 操作程序、操作规程及注意事项

（1）操作程序　开机前的准备工作→投料→加热熔化→细料药混合→清场→填写记录

（2）操作规程

①熔化：开启搅拌桨进行膏脂搅拌时应先试运行；搅拌桨搅拌时严禁将手伸到保温锅内。

②细料药混合：混合罐中膏脂温度降到50~70℃时才能加入已粉碎过筛的细料药；搅拌时间应符合工艺规定。

（3）注意事项

①加入化料罐的膏脂已"去火毒"，并经检查符合要求，细料药混合均匀。

②加入细料药前，膏脂在化料罐中应通过加热、搅拌去尽水分。

3. 生产记录样表（表3-3-95）

表3-3-95 膏药混合岗位生产记录样表

品名：		序号：		批号：		料数：
生产日期：	年 月 日 — 日			混合锅编号：		
生产前检查						
a. 工作区域和附属设施是否确认到位			是□ 否□	操作人/时间		复核人/时间
b. 是否已经确认没有上批遗留的物料、记录等相关物品			是□ 否□			
c. 生产设备、仪器仪表等是否经过生产前确认，是否在待用状态			是□ 否□			
d. 状态标示卡是否已经填写完整			是□ 否□			
操作步骤与记录						操作人/时间
核对的物料信息是否与标签一致						
物料名称	批（序）号	总量（kg）	物料名称	批号	总量（kg）	
加热时间：___月___日___:___~___:___。						
操作人： ；复核人： 。						
加细料的时膏脂温度： ℃；混合搅拌时间： 月 日 ： 至 ：；膏脂数量： kg 细料用量：XX 量： kg、药材 XX 量： kg；						
操作人： ；复核人：						
药膏混合物料平衡 = $\dfrac{\text{混合后药膏数量（kg）}}{\text{混合前膏脂数量（kg）+ 细粉量（kg）}}$ ×100% = 范围：98.0%~100.0%						
偏差记录						
备注：			质量监控人：			

三、使用摊涂机涂布膏药

1. 技能考核点

（1）规范使用摊涂机。

（2）涂布过程中应注意的问题。

（3）判别摊涂后膏药的质量。

2. 操作程序、操作规程及注意事项

（1）操作程序 开机前的准备工作→膏体熔化→定量涂布→停机→清场→填写记录

（2）操作规程

①打开嘴温开关调到60℃以上。

②膏药投入锅中，打开锅温开关，锅温表调整到60~120℃之间。待膏药全部融化后，搅拌均匀。

③封闭锅盖打开气泵开关，调整锅温表到60~90℃左右并与嘴温表相差不超过5℃。（封锅时注意密封圈的干净度）

④挂上离合器，打开重量开关，打开开关面板上手动开关。在磅秤上放上药布，手离开药布，按下气压表边上的手动按钮，此时药嘴应打

开出药,当流出的药重量达到设定后,药嘴自动关闭。拿下膏药进行成型。在磅秤上重新放上药布,继续上面步骤。

(3)注意事项

①熔化:注意膏体加热温度合适,一般控制温度50℃左右,使膏体软化,便于摊涂。

②定量涂布:操作时药嘴离合器应与药嘴分离;盛药脂锅温度与嘴温度相差不超过5℃;摊涂后膏药重量差异符合规定。

③摊涂后膏药外观应符合规定(乌黑光亮、油润细腻、摊涂均匀、无红斑、无飞边缺口)。

3. 生产记录样表(表3-3-96)

表3-3-96 摊涂机涂布膏药记录样表

操作起止时间	年 月 日 时 分 —— 年 月 日 时 分			
操作人				
设备编号		设备状态		
工艺参数要求				
品名	规格	批号	批量	
理论量	实测量	残余量	收率(%)	
监控人		负责人		
异常情况记录:		偏离工艺规程的偏差:有□ 无□		
备注:				

四、监控摊涂过程中的重量差异

1. 技术考核点

(1)膏药重量差异判定标准。

(2)摊涂过程中重量差异检查。

2. 操作程序及注意事项

(1)操作程序

①判定标准:根据膏药标示重量的不同,其重量差异有不同的要求。在生产过程中,应根据所制备品种的标示重量进行判断。

②检查方法:取供试品5张,分别称定每张总重量,剪取单位面积(cm²)的裱背,称定重量,换算出裱背重量,总重量减去裱背重量,即为膏药重量,与标示重量相比较,应符合规定。

传统黑膏药的摊涂目前还是以手工为主,摊涂过程中,随时抽样测定重量,以保证剂量准确。

使用设备摊涂(机器滴注),注意调准滴注嘴与电子秤,按重量差异设置重量差异范围,摊涂过程中实时监控,对于超出差异范围的膏片及时剔除。

(2)注意事项

①控制取样时间点。

②出现重量差异超出限度范围时,在做好记录的同时,及时停机调整。

3. 生产记录样表(表3-3-97)

表3-3-97 摊涂过程中的重量差异记录样表

取样时间		重量				
	总重量/张					
	裱褙重量/cm²					
	膏药重量(g)					
操作者/日期		复核人/日期				
备注						

五、使用膏药包装机包装

1. 技能考核点

（1）包装机所需设置和调整的主要参数。

（2）判断膏药包装质量。

2. 操作程序、操作规程及注意事项

（1）操作程序 操作前确认→包装膜安装→参数设置→需要包装的产品放置到包装机输送带上（或连接自动下料系统）→包装卷膜进入热封模具自动制袋→包装→包装好的产品输送→清场→填写记录

（2）操作规程

①操作前确认：核对检查膏药及包装的品名、批号、重量；并确认包装机状态正常。

②参数设置：设定封口温度、切刀温度、袋长、墨轮温度等参数；安装批号，并空机运行至批号清晰、封口严密、切口整齐，并完全分离。

③包装：调整生产速度、调整物料进入袋中的位置，使其居中压膏药。

（3）注意事项

①随时检查封口的严密性。发现问题及时调整。

②整机的运行应达到"精准送膜、稳定传输物料、精确制袋、优质密封性、生产速度高"的要求。

③运转的切刀和齿轮、皮带轮可能导致拉入危险，工作时切勿将手伸入；注意设备上的热封系统，防止烫伤。

3. 生产记录样表（表3-3-98）

表3-3-98　膏药包装机包装岗位记录样表

操作起止时间		年　月　日　时　分　——		年　月　日　时　分	
品名		规格		批号	
待包装产品代码		袋材代码		袋材批号	
带包装产品合格证号		袋材发放人		待包装产品发放人	
待包装产品数量		袋材接收人		待包装产品接收人	
成品情况					
外观性状		密封性能		装量（张/袋）	
操作人/日期		审核人/日期			
异常情况记录：			偏离工艺规程的偏差：有□　无□		
备注：					

第十七节　制剂与医用制品灭菌

相关知识要求

知识要点

1. 过滤除菌的含义、特点、适用范围与操作。

2. 除菌滤膜的种类、选用、完整性检测及洁净处理。

卫生要求贯穿于药品生产的全过程，制剂及医用制品灭菌是过程控制中的重要环节。在制剂与医用制品生产的各个环节，强化卫生管理是保障产品质量的重要手段。

灭菌是指用适当的物理或化学手段将物品中活的微生物杀灭或除去，从而使物品残存活微生

物的概率下降至预期的无菌保证水平的方法。常用的灭菌方法有物理灭菌法、化学灭菌法。初级分册介绍了灭菌法的基础知识、干热灭菌、湿热灭菌、紫外线灭菌的含义、特点、适用范围、方法、设备、操作等，在此基础上，介绍过滤除菌及滤膜的相关知识。

过滤除菌的操作规程参见技能部分"使用无菌滤器除菌"。

一、过滤除菌

1. 含义

过滤除菌法是指利用细菌不能通过致密具孔滤材以除去气体或液体中微生物的方法。

2. 特点

供除菌用的滤器，要求能有效地从溶液中除净微生物，溶液能顺畅地通过，容易清洗，操作简便。除菌过滤膜有亲水性和疏水性两种材质，需根据过滤药液的性质进行选择，选择时应考虑滤材的密度、厚度、孔径及是否有静电作用。

此法应配合无菌操作法进行。

过滤除菌广泛应用于最终灭菌产品和非最终灭菌产品。但两种应用的目的是不同的。对于最终灭菌产品，药液进行过滤的目的是降低微生物污染水平；而非最终灭菌产品必须进行过滤除去所有细菌，达到注射要求。

该过程可以除去病毒以外的微生物，必须无菌操作，必要时在滤液中添加适当的防腐剂，不应对产品质量产生不良影响。

3. 适用范围

适用于对热不稳定的药物溶液、气体、水等的除菌。

二、除菌滤膜

1. 种类与选用

繁殖型细菌一般大于 $1\mu m$，芽孢不大于 $0.5\mu m$。药品生产中采用的除菌滤膜一般孔径不超过 $0.22\mu m$，一般采用 $0.22\mu m$ 的微孔滤膜过滤器、G6 垂熔玻璃滤器。除菌过滤膜的材质分亲水性和疏水性两种，根据过滤物品的性质及过滤目的选用。

2. 洁净处理

滤膜、滤器在使用前应进行洁净处理，并用高压蒸汽进行灭菌或在线灭菌。

3. 完整性检测

完整性检测是过滤除菌工作中必不可少的检测方法，除菌滤器（滤膜或滤芯）使用前后均需做完整性检测。完整性检测分破坏性检测和非破坏性检测两类。破坏性检测包括微生物挑战试验、颗粒挑战试验。非破坏性检测方法有泡点试验、扩散流试验和压力保持实验或压力衰减试验。

<hr>

技能要求

> 1. 能选择过滤除菌器滤膜。
> 2. 能洁净处理滤器和滤膜。
> 3. 能检测滤膜的完整性。
> 4. 能使用无菌滤器除菌。

一、选择过滤除菌器滤膜

①根据工艺目的选用 $0.22\mu m$ 的除菌级过滤器，$0.1\mu m$ 的除菌级过滤器通常用于支原体的去除。

②对无菌药品生产的全过程进行微生物控制，避免微生物污染。

③最终除菌过滤前，待过滤介质的微生物污染水平一般小于等于 $10cfu/100ml$。

④滤膜不得与产品发生反应、释放物质或吸附作用而对产品质量产生不利影响。

⑤设计时应注意药液过滤前后微生物污染水平的变化。

二、洁净处理滤器和滤膜

滤器和滤膜在使用前应进行洁净处理，并用高压蒸汽进行灭菌或在线灭菌，必要时可采样做细菌学检查。

更换生产品种和批次应先清洗滤器，再更换滤膜。

三、检测滤膜的完整性

完整性检测试验的目的是确定滤芯是否完好。只要过滤器被用于除菌，就应进行完整性测试。

在线测试还是离线测试，由实际工艺需要决定。除菌过滤器在使用前后均应做完整性测试，过滤前还是过滤后进行完整性测试的目的不同（图3-3-23）。

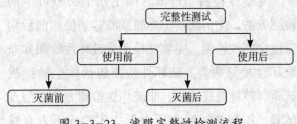

图3-3-23 滤膜完整性检测流程

1.平板过滤器的完整性试验（图3-3-24）

（1）起泡点试验 先将滤膜用纯水（亲水性滤膜）或异丙醇（疏水性滤膜，60%异丙醇/40%纯水溶液）湿润，连接平板式过滤器进、出口，滤器出口处用软管浸入水中，打开压缩空气或氮气阀慢慢加压，直到滤膜最大孔径处的水珠完全破裂，气体可以通过，观察水中鼓出的第一只气泡，即为起泡点压力。

不同孔径、不同材质的滤膜起泡点压力P是不同的，关键是起泡点必须与细菌截留相关联。起泡点压力P可参见各制造商的产品说明书，如：0.45μm：$P \geqslant 0.23\text{MPa}$（2.3kgf/cm²）；0.3μm：$P \geqslant 0.29\text{MPa}$（3.0kgf/cm²）；0.22μm：

$P \geqslant 0.39\text{MPa}$（4.0kgf/cm²）。

如起泡点压力小于此值，说明滤膜有破损或安装不严密。

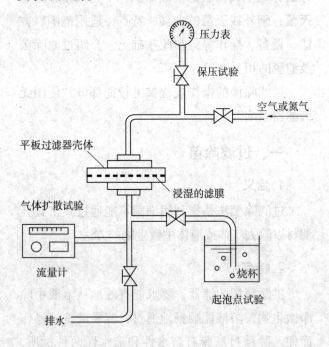

图3-3-24 平板过滤器的完整性试验装置

（2）气体扩散试验 安装1只流量计，观察气体的流量，与上述方法相似。关小空气阀门，使气体压力降到起泡点压力的80%左右（即略低于0.23MPa、0.29MPa或0.39MPa），连续向浸湿的滤膜供气，看流量计的读数。如无流量计，则可观察放气口的气泡，在15~20分钟里，无连续气泡从出口处逸出则为合格。

（3）保压试验 将压力加在浸湿的滤膜上，记下最初的压力值P，施加的压力约为起泡点压力的80%左右，然后关闭阀门，观察压力表的变化情况，由于空气通过滤膜，在一定时间内压力会下降，记录在一段时间内压力下降的数值即可。

（4）用于无菌生产的滤膜及滤器在用上述任一方法完成完整性试验后需进行消毒。方法是将整套平板过滤器（包括滤膜和滤器）放入高压消毒锅，用121℃清洁蒸汽消毒3分钟左右，但应注意防止蒸汽直接冲到滤膜的表面。

（5）注意事项

①为了保证在调换过滤膜时管道不受到细菌污染，一般可连续串接2只平板过滤器，这样当一只过滤器调换滤膜时，另一只过滤器仍可阻挡

尘粒和微生物。

②在正常使用中若发现滤速突然变快或太慢（或压力值升高），则表示膜已破损或微孔被堵塞，应及时更换新膜，并重复上面的试验。

2. 筒式过滤器的完整性（起泡点）试验（图3-3-25）

筒式过滤器的完整性试验方法与平板式过滤器类似，只是管道接法有所不同，以起泡点试验为例。

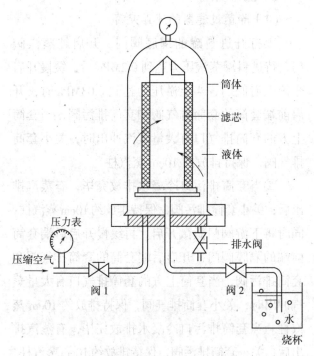

图3-3-25 筒式过滤器完整性试验的装置

（1）滤芯的"预湿润"

①过滤材料有疏水性和亲水性之分，所用的湿润液体也不尽相同。

●疏水性滤芯：如聚四氟乙烯滤膜，对于疏水性材料，表面张力大于 0.023N/m 的液体较难渗透滤膜，除非加大压力。水和许多酸以及有机溶液均是表面张力较大的液体，因此为了增加流通量，滤芯要用表面张力较低的液体"预湿润"。尽管湿润可通过增大压力强制进行，但为了安全、不使滤膜破损及保证充分湿润，滤芯还是应该预先浸湿。冲洗水量见各制造商提供的产品说明书（好的滤芯只需很少水量即可）。

浸湿的液体主要有：①异丙醇（20℃时，表面张力为 0.022N/m）；②60%纯水及40%异丙醇

的混合液体。应注意湿润的液体不同，最小起泡点的压力亦有所不同。

●亲水性滤芯：用纯水湿润即可。

②预湿润方法有两种：一种方法是把滤芯浸湿在异丙醇（或其他湿润液体）溶液中，开口处朝上，注意不要把异丙醇溅进滤芯的内壁部分（筒式滤芯一般是液体从外侧流向内侧），否则液体中可能含有的尘粒将影响最终过滤液的纯度。浸湿后将滤芯装入滤筒，另一种方法是将滤芯装入滤筒后再注入异丙醇。

（2）起泡点试验 滤芯材质：聚四氟乙烯。

①装上滤筒后关闭阀1、阀2。

②旋转取下压力表，将异丙醇(或6:4纯水 – 异丙醇混合液)慢慢倒入过滤器。

③当液体溢出时，将压力表装好，保证密封。

④开启压缩空气或氮气，开启阀1、阀2。

⑤缓慢加压到 34.3kPa（0.35kgf/cm²），控制30秒，观察滤器的气泡处。例如，筒体连接处及O形密封圈安装不严密或者滤膜没有被完全弄湿，则将有连续气泡出现，这时应检查所有连接处或调换O形圈或重新弄湿滤芯。

⑥若无气泡产生，则连续加压，直到在烧杯中观察有连续或稳定气泡出现，此时所显示的压力即为最小起泡点压力。

⑦最小起泡点压力的合格限度见制造商提供的参数值，是由滤膜的厚度（单层还是双层）、孔径、湿润介质（水、异丙醇）来决定的（表3-3-99）。

表3-3-99 最小起泡点检查

最小起泡压力 P	湿润液体	滤芯材质
≥ 0.15MPa	100%异丙醇	单层聚四氟乙烯膜 0.1μm
≥ 0.12MPa	40%异丙醇，60%纯水	单层聚四氟乙烯膜
≥ 0.025MPa	水	双层聚砜薄膜
≥ 0.021MPa	水	尼龙薄膜 0.2μm
≥ 0.014MPa	水	尼龙薄膜 0.4μm

（3）筒式过滤器在完整性试验结束后，投入正常生产前，应对滤芯进行冲洗（可从压力表处注入纯水冲洗），以去除残余的异丙醇。

3. 大型、多芯滤壳中过滤器的完整性测试

扩散/前进流或起泡点测试也可用来测试大型或小型过滤器组合件。但是较大的组合件（如＞30英寸过滤器或多芯的过滤器）上的累积扩散流增加的数量会降低完整性测试的实际可应用性。可以得到一个组合件特异的值（供应商提供）来测试多个滤芯，当该值低于线性累加的极限值时，需要进行风险评估证明此方法有效。如果组合件的扩散气流超过正确的限值，这个过滤器的滤芯可被分开测试，确证其完整性。

4. 产品润湿完整性测试

对于液体除菌过滤器，有些情况下，产品是最合适的润湿流体。通过产品润湿的试验数据和参比溶液润湿的相应参数（使用滤芯制造商推荐）来计算产品润湿过滤器的完整性检测参数，包括前进流限值、检测压力以及最小起泡点。

产品润湿完整性数值和参考流体润湿完整性数值之间的不同是由两者在测试气体的溶解性、扩散常数和表面张力上的不同引起的。

5. 用仪器做完整性试验

有些手动完整性测试方法需要下游操作，可能危害系统的无菌性。自动完整性测试仪器从滤芯的上游非无菌侧进行完整性测试，回避了下游污染的风险。使用仪器可保证在完整性测试过程中无菌性不受影响（图3-3-26）。

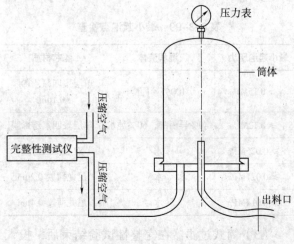

图3-3-26 完整性试验仪器安装示意图

四、使用无菌滤器除菌

1. 技能考核点

（1）除菌过滤器的消毒灭菌方法。

（2）规范使用无菌滤器除菌。

2. 操作程序、操作规程及注意事项

1）操作程序 开机前的准备工作→安装除菌滤芯→加料→除菌→关机→清场→填写记录

2）操作规程

（1）除菌过滤器的消毒灭菌

①打开进料罐的罐底阀门，开启纯蒸汽阀门，待进料罐蒸汽压力达到0.2MPa后，缓慢开启套筒上游阀门，当上游压力达到0.03MPa时，开启前端套筒的套筒排气阀和套筒排污阀，当套筒上方的套筒排气口有大量蒸汽冲出时，关小套筒排气阀，保持排放约10cm蒸汽柱。

②当套筒排污口冷凝水排放完毕，有蒸汽排出后，关小套筒排污阀，保持排放约10cm蒸汽柱，同时将下游阀门微微开启。再缓慢开启后端套筒前端的隔膜阀门，开启后端套筒的套筒排气阀和套筒排污阀，当套筒上方的套筒排气口有大量蒸汽冲出时，关小套筒排气阀，保持排放约10cm蒸汽柱。当套筒排污口冷凝水排放完毕，有蒸汽排出后，关小套筒排污阀，保持排放约10cm蒸汽柱。

③当下游压力表值逐渐升压时，应开大套筒下游阀门，使蒸汽在系统中顺利通过。并且可逐渐开大上游阀门，加大蒸汽流量，但上、下游压力差值要小于0.03MPa。

④当上、下游压力均达到0.1MPa以上，同时上、下游压差＜0.03MPa，管道末端温度表≥121℃时，开始计时消毒30分钟。

⑤消毒过程中如果蒸汽掉压、温度＜121℃，则需重新计时消毒。

⑥计时30分钟后依次从下游至上游关闭阀门，切勿突然打开排气阀或其他阀门，以免滤芯上、下游压差大于0.03MPa，造成破损。

（2）药液过滤

①开启进料罐的压缩空气阀门给罐体加压，待罐体压力表值到0.24~0.26MPa，关闭压缩空气

阀门。开启前端套筒上游阀门，同时打开套筒的排气阀、排污阀，至套筒排气阀和套筒排污阀排出药液后关闭，让套筒内充满药液。

②开启后端套筒上游阀门，同时打开套筒的排气阀、排污阀，至套筒排气阀和套筒排污阀排出药液后关闭，让套筒内充满药液。打开后端套筒下游阀门。

3）注意事项

①一个无菌过滤器不能同时过滤不同的产品，可被用于过滤同一产品的多个批次，但用前和用后必须进行完整性实验。

②一个无菌过滤器使用时限不能超过一个工作日（特殊情况例外）。

③在使用过程中若发现滤速突然变快或太慢

或压力值升高，则表示膜已破损或微孔被堵塞，应及时更换新滤膜，并重复上面的试验。

④除菌过滤器在消毒操作全过程中，一定严格控制上、下游压力差小于0.3Bar（0.03MPa），严禁超出滤芯允许的压力，否则会使滤芯变形损坏。

⑤套筒安装过程注意手部消毒，避免污染，套筒下游严禁开口。

⑥每次消毒时间为121℃以上30分钟，滤芯正常消毒30次需要更换。过滤前后做滤芯完整性测试，若不合格，应立即更换后重新灭菌和过滤。

⑦每次更换滤芯时，应及时填写滤芯更换记录。

3. 生产记录样表（表3-3-100）

表3-3-100 无菌滤器除菌记录样表

生产工序起止时间		月　日　时　分 ── 月　日　时　分		
无菌滤器编号		第（　　　）号		第（　　　）号
设备状态确认		正常□　异常□		正常□　异常□
温度（℃）				
压力（MPa）				
滤芯完整性				
药液量（L）				
滤过时间	开始	月　日　时　分		月　日　时　分
	结束	月　日　时　分		月　日　时　分
成品情况				
滤过总量（L）				
外观性状				
操作人		复核人/日期		
备注				

第四章　清场

药品生产包括许多生产单元与环节，每一单元与环节的操作完成后，为有效防止污染、差错和混淆，按照《药品生产质量管理规范》的要求，需要对生产现场的环境、设备、容器等进行清理、清洁并进行记录。

清场应安排在生产操作之后尽快进行。清场涉及至少四个方面：①物料（原辅料、半成品、包装材料等）、成品、剩余的材料、散装品、印刷的标志物；②生产指令、生产记录等书面文字材料；③生产中的各种状态标志等；④清洁卫生工作。

清场记录是批生产记录的文件之一。

第一节　设备与容器具清理

相关知识要求

1. 清场的程序。
2. 常用的清洁剂、消毒剂。

一、清场的程序

（1）文件的整理归位　将文件整理，并放到指定的存放区域。

（2）物料的转移与交接　将产品、原辅包材等物料按照不同类别整理，全部转移到指定的存放区域，按照程序进行交接处理，填写好物料台账，并作好标识。

（3）操作间环境的清洁　按操作间标准清洁规程进行清洁，确认清洁效果。

（4）工艺设备与生产工具的清洁　按照操作间清洁标准操作规程的要求，操作人员对设备、称量器具、工艺设备、生产工具、容器进行清洁。

（5）记录的收集与整理　日清场由操作人员整理记录，岗位负责人检查记录填写、整理的情况。批清场由操作人员整理记录，岗位负责人收集、审核记录，确认记录各项均符合要求后，批记录交岗位负责人。

（6）部分状态标志的更换　更换设备、容器、产品、物料的标志牌使其符合目前的状态情形。

（7）将清洁剂、消毒剂及清洁工具收集到指定的存放处。

（8）填写清场记录，请岗位负责人确认后，由现场质量管理员检查清场效果，合格后在清场记录上签字，发放清场合格证，操作人员悬挂清场合格状态标识牌。

（9）填写好工艺设备使用日志，清场记录纳入批生产记录。

二、常用的清洁剂、消毒剂

清洁剂（除饮用水、纯化水）、消毒剂应由专人管理，统一存放于指定位置，有明确标识。除了房间的清洁和清场外，生产作业过程中操作间不得存放和使用清洁剂和消毒剂。容器具、设备等使用清洁剂、消毒剂处理后，应按规定使用注射用水、纯化水或饮用水清洗干净，依据药品工艺特点来选择，以避免清洁剂、消毒剂残留。75%乙醇消毒的，可以不需要水清洗。清洁剂、消毒剂应在文件规定的有效期内使用，其配置、使用、保存和管理应有记录，相关人员应接受相应的培训。

常用的清洁剂：饮用水、纯化水、注射用水、枸橼酸、氢氧化钠、洗洁精等。

常用的消毒剂：纯蒸汽、过氧化氢、75%乙醇、0.1%~0.3%新洁尔灭、Bacteranios溶液、Surfanios溶液等。

技能要求

1. 能在清场结束后，取下"待清场"标识，换上"已清场"标识，并注明有效期。

2. 能将清洁剂、消毒剂与清洁用具在清洁工具间定置。

3. 能将操作间的物品定置。

一、清场状态标识与更换

1. 清场标识

生产操作完成后悬挂"待清场"标识。清场并经检查合格后，取下"待清场"标识，换上"已清场"标识。

2. 有效期的标注

"已清场"的标识牌上除了要标明清场日期、清场人、检查人以外，还应当根据清场方式与方法、清洁剂或消毒剂的不同，明确注明有效期。

二、操作间物品定置

1. 清洁剂、消毒剂与清洁用具定置

清洁剂、消毒剂与清洁用具分为一般生产区用、洁净区用、设备用。各生产区域的清洁工具应专用。不同级别洁净度的洁净工具应分开存放；清洁工具必须放在相应级别的洁具间内，由区域操作人员负责保管和使用。

2. 操作间其他物品定置

生产单元清洁后，生产设备、工具等物品应按规定定置。不同级别洁净度的生产工具等物品应分开存放在相应级别的生产区内，由岗位负责人负责保管和使用。

第二节　物料退库

相关知识要求

1. 原辅料退库的相关知识。

2. 包装材料退库的相关知识。

按照《药品生产质量管理规范》的规定，生产中的物料包括原料、辅料、包装材料等。

一、原辅料退库的相关知识

每批生产后剩余的原辅料、包装材料都需要由车间物料管理员与仓库保管员办理退库手续，并经现场质量管理员（QA）进行确认。

批生产结束后，由车间物料管理员及时统计剩余物料，填写退库单（一式三份），送现场QA人员。QA人员接到退库单后，到车间物料退料

区对需要退库的物料进行核查，未开封物料，检查包装是否完整、封口是否严密，确认物料无污染、数量准确、已开封物料，检查其包扎是否严密，确认物料无污染、无混淆、数量准确，确认没有问题后在退库单上签字确认。生产过程中出现的异常物料，经现场 QA 人员确认后，按照不合格品退库处理。车间接到签字批准的退库单，联系库房执行退库。

合格物料按照合格品退库，异常物料按照不合格品退库。

二、包装材料退库的相关知识

（1）每批产品包装完成后，对未用完的包装材料进行彻底清理。

（2）对清理的包装材料认真检查，统计好数量并填写包装材料退库清单。

（3）库管员认真检查复核并在包装材料退库清单上签字，如发现问题，由退库方进行清理。

（4）退到仓库后的包装材料均要分类好，按存放要求存放。将已印生产日期、生产批号、有效期（至）和未印生产日期、生产批号、有效期（至）的包装材料分别存放，分别处理。

①已印生产日期、生产批号、有效期的标签、说明书、合格证等一律销毁，并做好销毁记录，负责销毁人员及监督销毁人员均要签字。

②未加印生产日期、生产批号、有效期（至）的包装材料，码放在原批号的堆垛处。如库存内已无原批号物料，则单独存放。并在下次生产该产品时应先发放使用退库的包装材料。

（5）QA 对该程序进行监督检查，并在有关记录上签名。

技能要求

技能要求

1. 能将物料按品种、批次计数称量，并贴"封口签"封口退库。

2. 能在更换品种、规格时，将包装材料全部退库。

车间生产同一品种同一包装规格，仅进行批号更换时，则剩余物料可在车间内部履行结料手续，储存在相应的暂存间内，并有状态标识和相应记录，在下批生产时优先使用车间在生产过程中剩余的物料，在转存的时候需要由转入人员、物料管理员共同确认物料名称/编码、批号、数

量、状态。

当出现非连续生产、不合格物料、现场无法做物料暂存等情况时，需要做物料退库。

1. 物料退库步骤

按品种、批次计数称量，并贴"封口签"封口退库。

每批生产及包装剩余的原辅料、包装材料需要由车间相关人员与仓库管理员办理退库手续。

（1）批生产结束后，生产人员称量剩余物料、待销毁物料的重量或数量，然后打包、封装，做好物料标识，由车间管理员填写物料退库单（一式三份），交现场质量管理员审核（表3-4-1）。

表3-4-1　物料退库单

申请人			申请日期			车间负责人		
序号	品名	单位	物料编码	批号	供应商	厂商批号	退料量	退库原因

质量管理员签字／日期：		
□ 数量复核无误	□ 退库标签完备	□ 必要的包装已完成
车间退料员签字／日期	库管员核收签字／日期	
备注		

（2）质量管理员接到退库单后现场复核

①未拆包装物料：检查其包装是否完整，封口是否严密，确认物料无污染、数量准确。

②已拆包装物料：检查其扎口是否严密，确认物料无污染、无混淆、数量准确。

③当质量管理员对待退库物料有疑问时，车间管理员要对待退库物料进行重新核对，确保信息无误。

④受污染的物料、已打印批号、有效期的包装材料，不能直接退库，按照不合格品进行处理。

⑤QA对退库信息核对无误后，在退库单上进行签字确认，批准退库。

（3）车间管理员凭QA签字批准的退库单，将已清点的退料复原包装、封严封口，贴上"封口签"，逐个包件贴上退库标签和封箱，合格品贴绿色"合格品退库标签"，不合格品由QA贴红色"不合格品退库标签"。退库标签上应注明品名、规格、物料编码、批号、计量单位、供应商、退料量、退库日期、退库原因。

（4）库房人员按照生产提出的退库需求，到现场进行退库物料的接收。首先检查"物料退库单"上是否有现场QA签字，确认退库物料的状态（合格品、不合格品），然后核对退库物料的品名、供应厂家、入库编号、批号、规格、数量、退库日期，检查每一包件密封是否完好，"退库标签"是否完整、正确。

（5）核对无误后，在"物料退库单"上签字确认。"物料退库单"由质保、生产、仓库各留一份保存。

（6）库房人员将退库物料运送至仓库，按照状态（合格品、不合格品）分别放入合格品退料区和不合格品区。

2.更换品种、规格时，包装材料退库步骤

本批生产结束后，要进行换品种、换规格生产的，本批次使用的包装材料需要做退库处理，说明书、标签等印字类包装材料必须完全清除。现场退库步骤与正常生产结束后退库步骤相同。

第五章　设备维护

相关知识要求

 知识要点

1设备维护的含义、目的、分类及记录。
2设备维护保养要求与内容。

第一节　概述

一、含义与目的

维修是指为维持和恢复设备的额定状态及确定评估其实际状态的措施。维修是维护、检查及修理的总称。

维护是对现有设备的保养及日常管理，使设备在正常使用条件下最大限度地发挥其功能。维护保养的主要内容通常包括清扫、润滑、紧固、调整、修复或更换等。

设备维护的目的是降低设备故障发生的概率，保证设备的性能始终维持在确认的工艺性能状态，可持续的生产出高质量的产品。

企业应该制定书面的《设备维修保养管理规程》和《设备维护保养标准操作规程》，对工艺设备大修、日常维护和故障维修等进行明确的规定，定期对设备与工具维护保养，防止出现故障与污染，影响药品的质量和安全性。设备的预防性维护必须按照制定的已批准的预防性维护计划周期实施，经改造或重大维修的设备应进行适当的评估以判定是否需要再验证，符合要求后方可用于生产。

二、分类

维护保养按工作量大小和难易程度分为日常保养、一级保养、二级保养、三级保养等。日常保养和一级保养一般由操作工人承担，二级保养、三级保养在操作工人参加下，一般由专职保养维修工人承担。

1. 日常保养

又称例行保养。其主要内容是：进行清洁、润滑、紧固易松动的零件，检查零件、部件的完整。这类保养的项目和部位较少，大多数在设备的外部。

2. 一级保养

普遍地进行拧紧、清洁、润滑、紧固。此外，还需要对设备进行部分地调整。

3. 二级保养

内部清洁、润滑、局部解体检查和调整。

4. 三级保养

对设备主体部分进行解体检查和调整工作，对主要零部件的磨损情况进行测量、鉴定和记录，对达到规定磨损限度的零件加以更换。

在各类维护保养中，日常保养是基础。维护保养的类别和内容，要针对不同设备的生产工艺、结构复杂程度、规模大小等具体情况和特点加以规定。

三、记录

设备维护保养活动均需要记录与存档，记录应按 GMP 文件要求进行管理和保存，具备可追溯性。维护记录通常包括设备的使用日志以及专门详细记录维修活动内容的维修工单和维修记录。

1. 设备使用日志及记录

设备使用日志是一个简要的概括性文件，其中只需要简要记录所执行的活动以及参考文件编号即可，无需重复记录详细内容，但应确保可以通过设备日志的记录追溯到相关文件或记录。

关键设备应具有使用日志，用于记录所有的操作活动，如设备的使用、维修、校验、确认、验证、清洁等，记录中应包括操作日期、操作者签名、所生产及检验的药品名称（或编号）、规格、批号等。

每一台独立的设备都应有一本设备使用日志，一台主设备的附属设备可以与其主设备共用一本设备日志。使用中的设备日志一般放在设备附近的固定位置，按时间顺序进行记录。

设备维修部门负责相关部门设备日志的发放与收存，并对设备的故障进行分析，对设备的可靠性进行评估，从而得到设备的平均无故障时间（MTBF）及平均故障维修时间（MTTR）等经验数据，为维修质量、设备状况的改进提供基础信息。

2. 设备维修工单

设备维修工单是维修部门实施维修活动的过程文件。该文件记录了维修工作的原因、计划安排、执行时间、部件消耗、设备状况参数等维修过程中发生的详尽信息。维修工单可以分为预防性维修工单和故障性维修工单两类。

3. 维修记录

（1）维修申请部门提出申请时，应填报的信息包括：故障设备或设施的功能位置和设备代码、故障或隐患发生时间、故障现象描述、故障结果描述等。

（2）建议确立维修作业优先级，为每一个工作单分配一个优先级。维修优先级示例：紧急维修，期望立即执行；期望在 48 小时内执行；期望在一周内执行；不紧急维修，期望在一个月内执行即可。

（3）应定义工单执行的每个环节，填写人应填写的最基本的信息，如故障设备编号、故障报告时间、现象、维修开始、终止时间，维修结果描述等。

（4）维修任务结束后，执行人员应按 GMP 文件、记录管理的相关要求，清晰、准确、完整、如实地填写工单上规定的栏目，特别要对发现的问题及实施的维修进行详细说明。维修工单记录内容包括：故障原因描述、故障处理内容、备件和材料使用情况、系统或设备状况参数等。

（5）设备关键部件维修或更换后应进行设备再确认，确保维修后设备相关功能仍准确且稳定。维修人员应正确处理、清理维修活动中产生的废物，维修结束后应及时清理现场，确保维修现场干净、整洁。

4. 设备维护保养记录填写规定

设备维护保养记录的填写应符合生产记录填写的有关规定，书写规范，字迹清晰，词句简练、准确，无漏填或差错。如因差错需重新填写时，作废的单元应保留，注明作废原因，由注明人签名并填写日期，不得撕掉造成缺页。

第二节　设备维护保养

一、设备维护保养基本要求

设备维护保养标准操作规程应包含自主维护（AM）与预防维护（PM）。

AM应由设备的使用人员进行，属于工艺设备使用过程中的日常性维护，包括设备使用前的完好性检查，功能性检查，对松动部位的紧固等，设备运行中对设备运行状态判断是否出现异响、异动、温度异常等非正常状态，设备运行结束后对设备进行清洁清扫擦拭等工作。

PM应由设备的专业维护人员进行，是工艺设备运行一定时间后进行的预防性维护，属于定期维护，包括设备易损件的定期更换，设备零部件性能参数的定期检测，如温度、振动烈度、电阻等。设备的润滑由于比较专业，在制药行业内一般归属于PM范围。设备零部件的拆解清洁等，由企业的设备工程师组织维护。对于设备维护要求专业性特别高的自动化工艺设备如电路板、微电子线路系统等的维护应由设备生产厂家专业人员进行维护。

二、设备维护保养主要内容

设备的维护保养标准操作规程一般包括日常保养、设备润滑和检修周期。

1. 日常保养

系指操作人员对所操作设备每日（班）必须进行的保养。主要内容为班前检查、擦拭、调整、加油，班中的检查、调节，班后的清洁、归位等。

2. 设备润滑

设备润滑是维修活动的一项重要内容，其主要目的是减少设备零部件的磨损，延长设备的使用寿命。如果管理不当，润滑的执行及所用的润滑剂（包括润滑油、润滑脂）就会带来污染产品的风险。企业应建立完善的设备润滑管理程序，

一般应符合以下要求。

①根据对设备结构的分析并结合供货商的建议，为每一个设备建立润滑卡，包括设备润滑点、使用的润滑剂以及润滑周期等。

②根据设备的结构，明确必需使用食品级润滑剂的润滑点。

③如果润滑剂发生变化，应事先依据变更控制流程得到确认。

④应建立基于设备的润滑标准操作法，并在实施前对相关维修人员、生产人员或润滑工进行培训并记录。

⑤应确保使用的润滑剂容器的洁净，有明确的标识以防止使用错误，造成污染。

⑥设备选型时，应建议供货商充分考虑因设计原因造成润滑剂对产品的污染，可以通过设计接油装置（如接油槽、接油环等）以防止污染的发生。

⑦设备使用及维护人员应定期对设备的润滑系统进行检查与保养，及时清除可能对产品造成污染的润滑油及其他污染物。

设备润滑的主要部位有：轴承、齿轮、离合器、变速器、液力耦合器、液压系统、链条、钢丝绳、螺旋副（丝杠、螺母）、导轨等。

3. 检修周期

预防性维修包括小修、中修、大修，应根据设备结构性能特点制定不同设备的检修周期。

三、不同工作模块"设备维护保养规程"

国家职业技能标准《药物制剂工》中设备维护的工作内容分为17个工作模块。按所选工作模块，中级工应能维护保养相应的制剂设备。

有关设备维护保养规程的内容参见技能部分。

第三节　设备维护实施指导

药品生产企业应制定设备维护的管理程序及标准操作程序，在此基础上制定具体的预防性维修计划和预防性维修项目，具体计划与项目的实施，应明确设备的关键程度、掌握设备特点。对于新引进设备或在用设备发生变更时都应首先进行适当的评估，根据评估结果制定或修改预防性维修计划。

1. 概述

为了保证药品生产的连续开展，药品生产设备均需要制定详细的维护计划，包括维护对象、维护方式、维护周期三方面内容。

（1）**维护对象**　包括不同分类的制药设备，分为关键设备、重点设备和次要设备。

（2）**维护方式**　包括日常维护、点检、周期性检修以及不定期改善四种方式。

①日常维护：对设备的日常清扫、保洁、润滑及简单故障的排除，由设备操作工负责。点检是指对生产设备定点巡查、记录设备运行状态，为周期性检修提供依据，并及时发现隐患，一般由设备维修工、操作工、管理员共同完成。

②周期性检修：定期对设备进行专业维护，包括发现和消除故障隐患、部分或全部拆解设备、保持和恢复设备状态，由设备维修工负责，按检修内容的多少分为小修和大修。

③不定期局部改善：为了提高设备性能，由设备技术员、维修工、管理员根据设备需要实施技术改进或全面消除故障隐患。

（3）**维护周期**　维护周期指对设备周期性检测的周期。应根据设备的重要程度、使用频率、故障规律等情况设定设备的最佳维护周期，避免所有设备维护周期相同的情况，从而降低维护成本、提高设备维护效率。检修周期的长短顺序一般为关键设备＜重点设备＜次要设备；关键部件＜非关键部件。

2. 设备的分类及评估

药品生产企业中的设备包括生产设备、生产辅助设备（如真空泵等）及公共工程设备（如中央空调等），这些设备在药品生产中所发挥作用的重要程度不同。通过系统影响性评估可以将制药企业的设备进行分级管理，一般分为关键设备、重要设备和次要设备，其评估一般流程见图3-5-1。

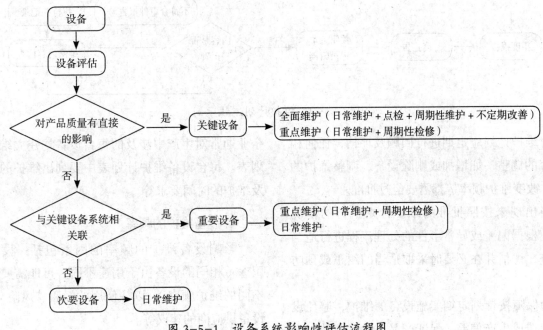

图 3-5-1　设备系统影响性评估流程图

关键设备的评估标准为是否对产品质量有直接影响。符合以下任意一点的设备，即为关键设备。①直接接触产品的设备；②用于生产药品需要的原料、辅料或溶剂的设备；③确保药品的质量、性状及防止污染的设备；④显示影响评估和处置产品数据的设备；⑤控制、检测药品生产重要环境及影响产品质量的工艺控制系统的相关设备；⑥清洁或灭菌设备。

重要设备的评估标准为是否与关键设备相关联，从而对产品质量有关联性影响。符合以下任意一点的设备即为重要设备。①影响关键设备的性能；②为关键设备提供公用设施或某一功能。

不符合以上标准的即为次要设备。

3. 设备维护计划

企业在制定维护计划时应根据评估的结果，按照设备重要程度设定不同层次的维护计划，包括维护方式和维护周期。其中维护方式分为全面维护、重点维护和日常维护三个层次，维护周期分为重点维护和日常维护两个层次。

（1）关键设备的维护方式是全面维护，包括日常维护、点检、周期性检修以及不定期改善。维护周期是重点维护，包括日常维护和周期性检修。

（2）重点设备的维护方式是重点维护，包括日常维护以及周期性检修。维护周期是日常维护。

（3）次要设备的维护方式是日常维护，维护周期也是日常维护。

设备维护计划由企业工程或维修部门从设备电气和机械方面的特性结合应用特点和周期等制定，并经过质量部门的批准。维护计划的内容包括设备名称、设备编号、负责部门或人员、具体的维护内容、每项维护项目的时间及期限、周期（频率）等（图3-5-2）。

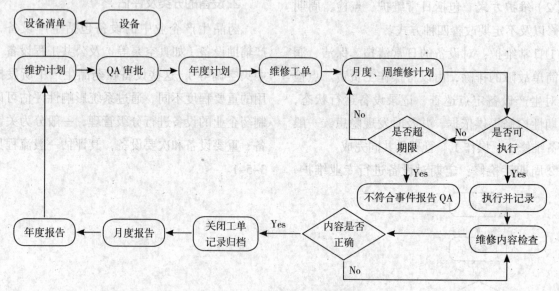

图 3-5-2 维护计划流程示例

对维护计划应定期进行回顾及评估，任何相关内容的调整，如增加或删除设备、调整维护的内容、改变维护频率等都需要经过批准。

当出现未按照批准的维护计划执行的情况时，应根据偏差或异常事件的处理流程进行适当的调查、评估并在必要时采取适当的纠正或预防措施。

为保障按计划定期实施设备的维护，避免设备故障造成生产偏差，保证产品质量，药品生产

企业通常对生产中涉及的每台设备均建立维护计划表。每台设备维护计划表中要列出维护的项目及维护的时间要求等。

4. 设备维护的频率

影响设备维护的频率的因素包括：设备的用途（相同的设备由于用途不同，可能需要设定不同的维护频率）、以往使用的经验、风险分析、设备供应商的建议等。

一般设备的预防性维修和保养计划可以制定为6个月对设备进行小范围的预防性维修，12个月进行一次较大范围的预防性维修，同时检查6个月预防性维修中的项目，48个月进行一次对设备整体范围的预防性维修，同时包含6个月以及12个月所实施的维护项目。

5. 实施举例（表3-5-1）

表3-5-1 举例 - 压片机维护内容计划

文件编号：　　　　　　　　　设备编号：　　　　　　　　　页码：

序号	检修项目	检修完好标准	检修周期
1	检查润滑系统有无泄露、堵塞、缺损	润滑系统无泄漏、堵塞、缺损	
2	检查上、下压轮是否磨损，相应轴承是否转动灵活，无晃动	上、下压轮无磨损，相应轴承转动灵活，无晃动	
3	检查上行、下行轨道是否磨损	上行、下行轨道无磨损	
4	检查强迫加料传动系统转动是否灵活	强迫加料传动系统	6个月
5	更换上、下冲密封圈	上、下冲密封圈已更换	
6	调整校验传感器	传感器有效	
7	清洁电控柜、变频器	电控柜、变频器已清洁	
……	……	……	
1	检查减速机是否运转平稳，无噪音	减速机运转平稳，无噪音	
2	更换充填轨	充填轨已更换	
3	更换压轮、压轮轴及压轮轴轴承	压轮、压轮轴及压轮轴轴承已更换	
4	更换电机轴承	电机轴承已更换	12个月
5	更换减速机润滑油，更换蜗杆轴端油封	减速机润滑油、蜗杆轴端油封已更换	
6	清理减速机积垢	减速机已清理	
……	……	……	
1	检查转台冲模孔是否磨损，必要时进行修理	转台冲模孔无磨损	
2	检查蜗轮蜗杆减速器：蜗轮表面是否磨损，蜗杆轴头是否磨损	蜗轮表面无磨损，蜗杆轴头无磨损	48个月
3	更换强迫加料器	强迫加料器已更换	
……	……	……	

起草人：　　　　　　　审核人：　　　　　　　批准人：

一般情况下先制定出各生产设备每次维修的项目和维修频率，综合该设备所有的维护项目制定出未来一年的年度维护计划，具体到每月时再根据年度计划制定出月度检修计划表，并按照计划实施。详见表3-5-2、表3-5-3中关键设备年度、月度检修计划表。

表3-5-2 关键设备年度维护计划表

文件编号：　　　　　　　　　设备编号：　　　　　　　　　页码：

序号	设备名称	设备编号	月份											
			1	2	3	4	5	6	7	8	9	10	11	12
1	制丸机	00001	PM						PM					
2	制粒机	00002	PM						PM					
3	包衣机	00003	PM						PM					
……			……						……					

编造人 / 日期：　　　　　　　审核人 / 日期：　　　　　　　批准人 / 日期：

表 3-5-3 关键设备月维护计划表

序号	设备名称	设备编号	检修类别	检修日期	维修人员	验收人员	指导文件	完成情况
1	制丸机	00001	PM					
2	制粒机	00002	PM					
3	包衣机	00003	PM					
······	······	······	······					

编造人 / 日期：　　　　　　　　　审核人 / 日期：　　　　　　　　　批准人 / 日期：

6. 维护计划的执行、检查和处理

制药企业应根据设备预防性维修计划制定出设备预防性维修的具体操作程序，由设备操作员、维修工、管理员共同执行。注重培养员工发现设备运行问题的意识，提高员工素质，打造"全员参与维修"模式。

企业要定期进行设备性能的检查，通过对计划实施前后设备维护现状的对比评价预防性维修计划的执行效果。有助于发现措施的有效性以及执行中的偏差，从中积累成功经验和发现存在的不足，进一步改善设备的预防性维修计划。

在预防性维修计划定期的执行、检查后，对计划实施中有效解决问题的计划给予肯定，并巩固推广，指导后续的工作；对不能解决问题的计划应制定新的解决方案。

技能要求

第一节　提取物设备维护

 技能要求

1. 能填写设备的维护保养记录。
2. 能维护保养浸渍设备、渗漉设备、离心设备、常压蒸发设备、减压蒸发设备、醇沉设备、烘干设备、减压干燥设备。

一、浸渍罐的维护保养

1. 技能考核点

（1）浸渍罐状态的检查确认。

（2）日常及定期检查维护和保养的内容。

（3）按规定要求填写相关记录。

2. 程序及注意事项

（1）生产前检查、维护和保养

①日常检查阀门开闭是否正常，阀门无泄漏。

②日常检查管道、管件无泄漏。

③日常检查仪表显示正常，在校验期内。

④日常检查循环泵运转正常，无泄漏。

⑤日常检查底盖气缸运行正常，气缸控制正常。

⑥日常检查底盖出液管有无损坏。

⑦日常检查蒸汽凝水阀运行正常。

（2）定期检查维护和保养

①定期检测循环泵电机振动烈度、温度、电阻值。

②定期循环泵电机润滑。

③定期更换循环泵机械密封。

④定期更换阀门。

⑤定期更换气缸密封。

⑥定期更换出液软管。

⑦定期校准仪表。

⑧定期紧固控制系统电气接线端子。

⑨定期检查电气指示灯是否正常。

（3）注意事项

①严格按浸渍生产前的检查确认要求，完成浸渍罐性能状态检查确认，满足要求后方可正式生产。

②仪表检定周期一般为一年，合格周期内可用于生产。

③设备清洁是日常维护保养的重要内容，生产结束后应严格按浸渍罐清洁的要求完成清洁。

3. 维护保养记录样表（表3-5-4）

表3-5-4　浸渍罐维护保养记录样表

项目	序号	点检内容	点检标准	点检周期	年　月　线										
---	---	---	---	---	1	2	3	4	5	6	7	8	9	10	…	31
机械电气设备	1	蒸汽调节阀	确认阀门能开启	每日开机前												
	2	阀门	无泄漏	每日运行中												
	3	法兰	无泄漏	每日运行中												
	4	视镜	无破损，无污垢、无泄漏	每日运行中												
	5	管道	无变形、无破损、无泄漏	每日运行中												
	6	电机	无异常声响、无剧烈振动	每日运行中												

项目	序号	点检内容	点检标准	点检周期	年　月　线											
					1	2	3	4	5	6	7	8	9	10	…	31
机械电气设备	7	泵	无泄漏、无剧烈振动	每日运行中												
	8	气缸	管路无泄漏、气压值正常、动作灵活	每日运行中												
	9	过滤器	无泄漏	每日运行中												
	10	阀岛柜	管路无泄漏、压力值显示正常	每日运行中												
	11	管路放排低点	排放阀门、盲板是否正常	每日运行中												
	12	浸渍罐气动柜压缩空气检查	浸渍罐大气缸与8个小气缸压缩空气的气压值为5~6.5bar	每日运行中												
	13	行程开关检查	检查提取罐罐盖关到位行程开关工作正常	每日运行中												
仪表照明	14	流量	显示正常	每日运行中												
	15	蒸汽压力	显示正常	每日运行中												
	16	温度	显示正常	每日运行中												
	17	液位	显示正常	每日运行中												
	18	视镜灯	罐内照明良好	每日运行中												
	19	触摸屏	屏幕清洁、功能参数显示正常、触摸动作灵敏	每日运行中												
点检标识	良好 √			点检者												
	故障 ×															
备注																

二、渗漉罐的维护保养

1. 技能考核点

（1）渗漉罐状态的检查确认。

（2）日常及定期检查维护和保养的内容。

（3）按规定要求填写相关记录。

2. 程序及注意事项

（1）生产前检查确认

①日常检查阀门开闭是否正常，阀门无泄漏。

②日常检查管道管件无泄漏。

③日常检查仪表显示正常，在校验期内。

④日常检查比例调节阀零点与高点位置。

⑤日常检查底盖气缸运行正常，气缸控制正常。

⑥日常检查底盖出液管有无损坏。

（2）生产过程中维护保养

①注意蒸汽压力在正常状态。

②管路保持通畅和没有泄漏。

③输液泵应满液运转，不得空转运行，无药液时应及时停泵操作。

（3）生产结束后维护保养

①按清洁规程，对渗漉设备进行清洁。

②检查合格后换挂合格标识。

（4）定期维护保养

①定期更换阀门。

②定期更换气缸密封。

③定期校准仪表。

④定期紧固控制系统电气接线端子。

⑤定期检查电气指示灯是否正常。

（5）注意事项

①严格按渗漉生产前的检查确认要求，完成渗漉筒性能状态检查确认，满足要求后方可正式生产。

②仪表检定周期一般为一年，合格周期内可用于生产。

③输液泵禁止空转运行。

④设备清洁是日常维护保养的重要内容，生产结束后应严格按渗漉罐清洁的要求完成清洁。

3. 维护保养记录样表（表3-5-5）

表3-5-5　渗漉罐维护保养记录样表

项目	序号	点检内容	点检标准	点检周期	年　　月　　线										
					1	2	3	4	5	6	7	8	9	10 …	31
机械电气设备	1	阀门	无泄漏	每日运行中											
	2	法兰	无泄漏	每日运行中											
	3	视镜	无破损，无污垢，无泄漏	每日运行中											
	4	管道	无变形、无破损、无泄漏	每日运行中											
	5	电机	无异常声响、无剧烈振动	每日运行中											
	6	泵	无泄漏、无剧烈振动	每日运行中											
	7	气缸	管路无泄漏、气压值正常、动作灵活	每日运行中											
	8	过滤器	无泄漏	每日运行中											
	9	阀岛柜	管路无泄漏、压力值显示正常	每日运行中											
	10	管路放排低点	排放阀门、盲板是否正常	每日运行中											
	11	渗漉罐气动柜压缩空气检查	渗漉罐大气缸压缩空气的气压值为5~6.5bar	每日运行中											
	12	行程开关检查	检查渗漉罐底部罐盖关到位行程开关工作正常	每日运行中											
仪表照明	13	流量	显示正常	每日运行中											
	14	液位	显示正常	每日运行中											
	15	视镜灯	罐内照明良好	每日运行中											
点检标识		良好 √		点检者											
		故障 ×													
备注															

三、离心机的维护保养

1. 技能考核点

（1）离心机状态确认。

（2）日常及定期检查维护和保养内容。

（3）按规定要求填写相关记录。

2. 程序及注意事项

（1）日常维护保养

①日常检查刮刀初始位置是否正常。

②日常检查传动三角带有无损坏。

③日常检查仪表显示正常，在校验期内。

④日常运行检查是否有异响。

⑤日常检查振动是否正常范围。

（2）生产结束后清洁维护保养

①严格按离心机清洁规程的要求进行清洁保养维护。

②检查按确认后换挂设备状态标识。

（3）定期维护保养

①定期检测电机振动烈度、温度、电阻值。

②定期传动电机润滑。

③定期主轴轴承润滑。

④定期校准仪表。

⑤定期紧固控制系统电气接线端子。

⑥定期检查电气指示灯是否正常。

⑦定期检测转鼓转速是否正常。

（4）注意事项

①离心机使用过程中，发现有异响，应立即停机检查，不能排除的应立即报修，由专业维修人员完成维修，确认维修符合要求后方可再使用。

②离心机离心生产结束后应及时按生产清场要求，按离心机清洁规程进行清洁。

3. 维护保养记录样表（表3-5-6）

表3-5-6　离心机维护保养记录样表

项目	序号	点检内容	点检标准	点检周期	年　月　线											
					1	2	3	4	5	6	7	8	9	10	…	31
机械电气设备	1	阀门	无泄漏	每日运行中												
	2	刮刀	无破损，无污垢、初始位置正常	每日运行中												
	3	管道	无变形、无破损、无泄漏	每日运行中												
	4	电机	无异常声响、无剧烈振动	每日运行中												
	5	泵	无泄漏、无剧烈振动	每日运行中												
	6	传动三角带	无损坏	每日运行中												
	7	仪表	显示正常，在校验期内	每日运行中												
	8	日常运行	运行正常，无异响	每日运行中												
	9	运行振动	在正常范围	每日运行中												
	10	行程开关	开启正常	每日运行中												
点检标识		良好 √		点检者												
		故障 ×														
备注																

四、常压蒸发设备的维护保养

1. 技能考核点

（1）常压蒸发设备的状态确认。

（2）日常及定期检查维护和保养内容。

（3）按规定要求填写相关记录。

2. 程序及注意事项

（1）正常生产前检查、维护和保养

①日常检查设备的阀门开闭是否正常，阀门无泄漏。

②日常检查管道、管件无泄漏。

③日常检查仪表显示正常，在校验期内。

④日常检查循环泵运转正常，无泄漏。

⑤日常检查出料摇柄装置运行正常。

⑥日常检查底部出液管有无损坏。

⑦日常检查蒸汽凝水阀运行正常。

（2）生产结束后维护保养

①按清洁规程，对常压蒸发设备进行清洁。

②检查合格后换挂合格标识。

（3）定期检查维护和保养

①定期检测循环泵电机振动烈度、温度、电阻值。

②定期循环泵电机润滑。

③定期更换循环泵机械密封。

④定期更换阀门。

⑤定期更换出液软管。

⑥定期校准仪表。

⑦定期紧固控制系统电气接线端子。

（4）注意事项

①严格按常压浓缩生产前的检查确认要求，完成常压蒸发设备的性能状态检查确认，满足要求后方可正式生产。

②仪表检定周期一般为一年，合格周期内可用于生产。

③输液泵禁止空转运行。

④设备清洁是日常维护保养的重要内容，生产结束后应严格按常压蒸发设备的清洁要求完成清洁。

3. 维护保养记录样表（表 3-5-7）

表 3-5-7　常压蒸发设备的维护保养记录样表

项目	序号	点检内容	点检标准	点检周期	年　月　线											
					1	2	3	4	5	6	7	8	9	10	…	31
机械电气设备	1	阀门	无泄漏	每日运行中												
	2	法兰	无泄漏	每日运行中												
	3	视镜	无破损，无污垢、无泄漏	每日运行中												
	4	管道	无变形、无破损、无泄漏	每日运行中												
	5	电机	无异常声响、无剧烈振动	每日运行中												
	6	泵	无泄漏、无剧烈振动	每日运行中												
	7	气缸	管路无泄漏、气压值正常、动作灵活	每日运行中												
	8	过滤器	无泄漏	每日运行中												
	9	阀岛柜	管路无泄漏、压力值显示正常	每日运行中												
	10	管路放排低点	排放阀门、盲板是否正常	每日运行中												
	11	行程开关检查	检查渗漉罐底部罐盖关到位行程开关工作正常	每日运行中												
仪表照明	12	流量	显示正常	每日运行中												
	13	液位	显示正常	每日运行中												
	14	视镜灯	罐内照明良好	每日运行中												
点检标识		良好 √　故障 ×		点检者												
备注																

五、减压蒸发设备的维护保养

1. 技能考核点

（1）减压蒸发设备的状态确认。

（2）日常及定期检查维护和保养内容。

（3）按规定要求填写相关记录。

2. 程序及注意事项

（1）正常生产前检查、维护和保养

①日常检查设备的阀门开闭是否正常，阀门无泄漏。

②日常检查管道、管件无泄漏。

③日常检查仪表显示正常，在校验期内。

④日常检查出液泵运转正常，无泄漏。

⑤日常检查蒸汽凝水阀运行正常。

⑥日常检查真空度是否正常。

⑦日常检查冷却水温度是否正常。

（2）生产结束后维护保养

①按清洁规程，对减压蒸发设备进行清洁。

②检查合格后换挂合格标识。

（3）定期检查维护和保养

①定期检测循环泵电机振动烈度、温度、电阻值。

②定期循环泵电机润滑。

③定期更换循环泵机械密封。

④定期更换阀门。

⑤定期清洗加热器列管及夹套。

⑥定期检查电气指示灯是否正常。

⑦定期更换出液软管。

⑧定期校准仪表。

（4）注意事项

①严格按减压浓缩生产前的检查确认要求，完成减压蒸发设备的性能状态检查确认，满足要求后方可正式生产。

②仪表检定周期一般为一年，合格周期内可用于生产。

③输液泵禁止空转运行。

④设备清洁是日常维护保养的重要内容，生产结束后应严格按减压蒸发设备的清洁要求完成清洁。

3. 维护保养记录样表（表3-5-8）

表3-5-8　减压蒸发浓缩设备的维护保养记录样表

项目	序号	点检内容	点检标准	点检周期	年　　月　　线　　号											
					1	2	3	4	5	6	7	8	9	10	11	12
机械电气设备	1	阀门	无泄漏	每日运行中												
	2	法兰	无泄漏	每日运行中												
	3	管道	无变形、无泄漏	每日运行中												
	4	快速接头	无变形、无泄漏	每日运行中												
	5	阀岛柜	管路无泄漏、压力值显示正常	每日运行中												
	6	真空	真空阀正常、真空值稳	每日运行中												
	7	电机	无异常声响、无剧烈振动	每日运行中												
	8	双联过滤器	无堵塞、无泄漏	每日运行中												
	9	泵	无泄漏、无剧烈振动	每日运行中												
	10	板式换热器	无泄漏	每日运行中												
	11	视镜	无破损、无污垢、无泄漏	每日运行中												
仪表	12	温度	显示正常	每日运行中												
	13	压力	显示正常	每日运行中												
	14	液位	显示正常	每日运行中												
	15	流量	显示正常	每日运行中												
	16	触摸屏	屏幕清洁、功能参数显示正常、触摸动作灵敏	每日运行中												
点检标识		良好 √		点检者												
		故障 ×														
备注																

六、醇沉罐的维护保养

1.技能考核点

（1）醇沉罐的状态确认。

（2）日常及定期检查维护和保养内容。

（3）按规定要求填写相关记录。

2.程序及注意事项

（1）正常生产前检查、维护和保养

①日常检查阀门开闭是否正常，阀门无泄漏。

②日常检查管道管件无泄漏。

③日常检查仪表显示正常，在校验期内。

④日常检查上清液吸液装置是否正常。

⑤日常检查冷冻水温度压力是否正常。

⑥日常检查搅拌桨旋转方向是否正确。

（2）生产结束后维护保养

①按清洁规程，对醇沉罐进行清洁。

②检查合格后换挂合格标识。

（3）定期检查维护和保养

①定期检测减速机电机振动烈度、温度、电阻值。

②定期减速机润滑、换油。

③定期更换阀门。

④定期校准仪表。

⑤定期紧固控制系统电气接线端子。

⑥定期检查电气指示灯是否正常。

（4）注意事项

①严格按醇沉罐生产前的要求检查确认，完成醇沉罐的性能状态检查确认，满足要求后方可正式生产。

②仪表检定周期一般为一年，合格周期内可用于生产。

③输液泵禁止空转运行。

④设备清洁是日常维护保养的重要内容，生产结束后应严格按醇沉罐生产后的清洁要求完成清洁。

3.维护保养记录样表（表3-5-9）

表3-5-9 醇沉罐的维护保养记录样表

项目	序号	点检内容	点检标准	点检周期	年　月　线　号											
					1	2	3	4	5	6	7	8	9	10	11	12
机械电气设备	1	阀门	无泄漏	每日运行中												
	2	法兰	无泄漏	每日运行中												
	3	管道	无变形、无泄漏	每日运行中												
	4	快速接头	无变形、无泄漏	每日运行中												
	5	真空	真空阀正常、真空值稳	每日运行中												
	6	搅拌电机	无异常声响、无剧烈振动	每日运行中												
	7	泵	无泄漏、无剧烈振动	每日运行中												
	8	视镜	无破损、无污垢、无泄漏	每日运行中												
仪表	9	温度	显示正常	每日运行中												
	10	压力	显示正常	每日运行中												
	11	液位	显示正常	每日运行中												
	12	流量	显示正常	每日运行中												
	13	触摸屏	屏幕清洁、功能参数显示正常、触摸动作灵敏	每日运行中												

项目	序号	点检内容	点检标准	点检周期	年　月　线　号											
					1	2	3	4	5	6	7	8	9	10	11	12
点检标识			良好　√	点检者												
			故障　×													
备注																

七、烘干箱的维护保养

1. 技能考核点

（1）烘干箱的状态确认。

（2）日常及定期检查维护和保养内容。

（3）按规定要求填写相关记录。

2. 程序及注意事项

（1）正常生产前检查、维护和保养

①日常检查阀门开闭是否正常，阀门无泄漏。

②日常检查管道管件无泄漏。

③日常检查仪表显示正常，在校验期内。

④日常检查隔板升降装置是否正常。

⑤日常检查蒸汽压力是否正常。

⑥日常检查箱门是否密闭。

⑦日常检查箱体隔板夹层是否泄漏。

（2）生产结束后维护保养

①按清洁规程，对烘干箱设备进行清洁。

②检查合格后换挂合格标识。

（3）定期检查维护和保养

①定期检测减速机电机振动烈度、温度、电阻值。

②定期更换阀门。

③定期校准仪表。

④定期检查烘干箱隔板夹层是否泄漏。

⑤定期检查电气指示灯是否正常。

（4）注意事项

①严格按烘干箱生产前的要求检查确认，完成烘干箱的性能状态检查确认，满足要求后方可正式生产。

②仪表检定周期一般为一年，合格周期内可用于生产。

③设备清洁是日常维护保养的重要内容，生产结束后应严格按烘干箱生产后的清洁要求完成清洁。

3. 维护保养记录样表（表3-5-10）

表3-5-10　烘干箱的维护保养记录样表

项目	序号	点检内容	点检标准	点检周期	年　月　线　号											
					1	2	3	4	5	6	7	8	9	10	11	12
机械电气设备	1	阀门	无泄漏	每日运行中												
	2	法兰	无泄漏	每日运行中												
	3	管道	无变形、无泄漏	每日运行中												
	4	快速接头	无变形、无泄漏	每日运行中												
	5	箱门	密闭、物破损	每日运行中												
	6	隔板	平整、无泄漏	每日运行中												
	7	隔板升降装置	运行自如													
	8	视镜	无破损、无污垢、无泄漏	每日运行中												

项目	序号	点检内容	点检标准	点检周期	年　月　线　号											
					1	2	3	4	5	6	7	8	9	10	11	12
仪表	9	温度	显示正常	每日运行中												
	10	压力	显示正常	每日运行中												
点检标识		良好　√		点检者												
		故障　×														
备注																

八、减压真空干燥箱的维护保养

1.技能考核点

（1）减压真空干燥箱的状态确认。

（2）日常及定期检查维护和保养内容。

（3）按规定要求填写相关记录。

2.程序及注意事项

（1）正常生产前检查、维护和保养

①日常检查阀门开闭是否正常，阀门无泄漏。

②日常检查管道管件无泄漏。

③日常检查仪表显示正常，在校验期内。

④日常检查隔板升降装置是否正常。

⑤日常检查蒸汽压力是否正常。

⑥日常检查箱门是否密闭。

⑦日常检查箱体隔板夹层是否泄漏。

⑧日常检查真空极限是否正常。

⑨日常检查传动三角带有无损坏。

⑩日常检查振动是否正常范围。

（2）生产结束后维护保养

①按清洁规程，对减压真空干燥箱设备进行清洁。

②检查合格后换挂合格标识。

（3）定期检查维护和保养

①定期检测减速机电机振动烈度、温度、电阻值。

②定期更换阀门和箱门密封条。

③定期校准仪表。

④定期检查减压真空干燥箱隔板夹层是否泄漏。

⑤定期检查电气指示灯是否正常。

（4）注意事项

①严格按减压真空干燥箱生产前的要求检查确认，完成减压真空干燥箱的性能状态检查确认，满足要求后方可正式生产。

②仪表检定周期一般为一年，合格周期内可用于生产。

③设备清洁是日常维护保养的重要内容，生产结束后应严格按减压真空干燥箱生产后的清洁要求完成清洁。

3.维护保养记录样表（表3-5-11）

表3-5-11　减压真空干燥箱的维护保养记录样表

项目	序号	点检内容	点检标准	点检周期	年　月　线　号											
					1	2	3	4	5	6	7	8	9	10	11	12
机械电气设备	1	阀门	无泄漏	每日运行中												
	2	法兰	无泄漏	每日运行中												
	3	管道	无变形、无泄漏	每日运行中												
	4	快速接头	无变形、无泄漏	每日运行中												
	5	箱门	密闭、物破损	每日运行中												

续表

项目	序号	点检内容	点检标准	点检周期	年　　月　　线　　号											
					1	2	3	4	5	6	7	8	9	10	11	12
机械电气设备	6	隔板	平整、无泄漏	每日运行中												
	7	隔板升降装置	运行自如	每日运行中												
	8	视镜	无破损、无污垢、无泄漏	每日运行中												
仪表	9	温度	显示正常	每日运行中												
	10	真空	显示正常	每日运行中												
	11	压力	显示正常	每日运行中												
点检标识	良好　√			点检者												
	故障　×															
备注																

第二节　浸出药剂设备维护

技能要求

1. 能填写设备的维护保养记录。
2. 能维护保养洗瓶设备、配液设备、离心设备、化糖设备及灯检设备。

"离心机的维护保养"在第一节提取物设备维护中介绍，详细参见本章第一节"三、离心机的维护保养"。本节不再重复论述。

一、超声波洗瓶机的维护保养

1.技能考核点

（1）洗瓶设备状态的确认检查。
（2）日常及定期检查维护和保养的内容。
（3）按规定要求填写相关记录。

2.程序及注意事项

（1）保养与检查

①开机前点验，其中包括供给压缩空气是否达到额定值，机器外观有无异常，各处连接有无松动，紧固零件有无松动，电源开通时有无异味。

②停机后点验，包括切断机器电源，机器输送部分材料有无残留等。

（2）润滑

①各润滑点加润滑油。

②齿轮与凸轮的运行表面应保持有油脂润滑，驱动链可以用润滑脂，也可以用润滑油。

③润滑零件之前要先清除堆积的脏物和过多的旧油脂。

④要保持齿形带上没有油脂。

3.要求

（1）每年对洗瓶机进行1~2次除垢，根据实际情况对喷管用1%硫酸溶液浸泡。

（2）设备在运行中若有异常现象和声音应立即停机检查。

（3）在电气设备上工作之前，保证电源断开。

（4）只有在回路没有压力时才可在气动部件上进行工作。

（5）设备周围环境卫生保持清洁干净、无杂物、污垢、物料堆放整齐。

（6）每次全线大清洗时，应清理干净机器上的（包括输送带上）灰尘等杂物，对地沟进行清理刷洗，地面进行刷洗。

（7）每天生产结束后对筛网、过滤筒及喷管进行拆洗，冲洗预浸槽，清理出瓶台。

（8）连续生产7~15天进行一次大清洗及换碱水，大清洗时排空所有箱体，打开入孔门，清

理出箱体内的玻璃碴及商标等污物，用水对各箱体进行冲洗；对所有过滤网及过滤筒进行清理，拆洗各区喷管并疏通各喷嘴；对周围地面及水沟进行刷洗。

4. 维护保养记录样表（表3-5-12）

表3-5-12 超声波洗瓶机的维护保养记录样表

项目	序号	点检内容	点检标准	点检周期	年　月　线　号											
					1	2	3	4	5	6	7	8	9	10	11	12
机械电气设备	1	外表	无污垢	每日运行中												
	2	开关	无腐蚀	每日运行中												
	3	连接管处	密封	每日运行中												
	4	电机	无异常声响、无剧烈振动	每日运行中												
	5	日常运行	运行正常，无异响	每日运行中												
	6	运行振动	在正常范围	每日运行中												
	7	各润滑点	润滑良好	每日运行中												
仪表	8	压力表	显示正常	每日运行中												
	9	温度	显示正常	每日运行中												
	10	水位	显示正常	每日运行中												
点检标识		良好 √		点检者												
		故障 ×														
备注																

二、配液罐的维护保养

1. 技能考核点

（1）配液罐状态的确认检查。

（2）日常及定期检查维护和保养的内容。

（3）按规定要求填写相关记录。

2. 程序及注意事项

（1）经常检查零部件的松紧、磨损情况，发现异常时应及时检修。

（2）严禁用于对储液罐有腐蚀的介质环境。在储存酸碱等液体时，应对储液罐进行钝化处理。

（3）定期对搅拌器运转情况及机械密封、刮板磨损情况进行检查，发现有异常噪音、磨损等

情况应及时修理。

3. 要求

（1）每个生产周期结束后，对设备进行彻底清洁。

（2）根据生产频率，定期检查设备有无螺丝松动、垫片损坏、泄漏等可能影响产品质量的因素，并及时做好检查记录。

（3）搅拌器至少每半年检查一次，减速机润滑油不足时应立即补充，半年换油一次。

（4）每半年要对设备筒体进行一次试漏试验。

（5）长期不用应对设备进行清洁，并干燥保存。再次启用前，需对设备进行全面的检查，符合要求后方能投入生产使用。

（6）日常要做好设备的使用日记，包括运行、维修等情况。

（7）每次维修后应对设备进行运行确认，大修后要对设备进行再验证。

（8）配液罐必须在蒸汽进口管路上安装压力表及安全阀，并在安装前及使用过程中定期检查，如有故障，要即时调整或修理。

（9）安全阀的压力设定，可根据需要调整压力，但不得超过规定的工作压力。

（10）配液罐使用期间，严禁打入孔及各连接管卡。

（11）配液罐各管道连接为卡盘式结构，如使用过程中有漏液跑气现象，应及时更换其密封圈。

4. 维护保养记录样表（表3-5-13）

表3-5-13　配液设备维护保养记录样表

项目	序号	点检内容	点检标准	点检周期	年　月　线　号											
					1	2	3	4	5	6	7	8	9	10	11	12
机械电气设备	1	外表	无污垢	每日运行中												
	2	开关	正常	每日运行中												
	3	减速机	无异常声响、温度正常	每日运行中												
	4	电机	无异常声响、温度正常	每日运行中												
	5	罐体	表明光滑、无明显腐蚀	每日运行中												
	6	阀门	灵活、无跑冒滴漏现象	每日运行中												
	7	密封垫	完好、无腐蚀	每日运行中												
	8	螺栓	稳固、无腐蚀、无缺失	每日运行中												
	9	电器线路	完好、无破损	每日运行中												
	10	搅拌器	运转正常	每日运行中												
仪表	11	压力表	显示正常	每日运行中												
	12	安全阀	显示正常	每日运行中												
其它	13	减速机油质	应透亮，无发黑、变白等异常	每日运行中												
点检标识		良好 √		点检者												
		故障 ×														
备注																

三、化糖罐的维护保养

1. 技能考核点

（1）化糖罐状态的确认检查。

（2）日常及定期检查维护和保养的内容。

（3）按规定要求填写相关记录。

2. 程序及注意事项

化糖罐为蒸汽带压容器，不得超压操作，阀门系统不得有跑、冒、滴、漏现象，以免烫伤操作人员。

3. 要求

（1）定期检查设备周围漏液情况、检查仪表等是否显示正常、对罐体外部进行清洁保养。

（2）每次使用后应按照化糖罐的清洁规程进行清洁和清场，保证仪器的洁净度符合规定。

（3）本设备大修周期一般为一年，根据使用物料特性及设备运转情况自行掌握。大修时所有滚动轴承均需检验或更换，并添加润滑油。

4. 维护保养记录样表（表3-5-14）

表 3-5-14 化糖罐维护保养记录样表

项目	序号	点检内容	点检标准	点检周期	年　月　线　号											
					1	2	3	4	5	6	7	8	9	10	11	12
机械电气设备	1	外表	无污垢	每日运行中												
	2	开关	正常	每日运行中												
	3	阀门	无跑冒滴漏现象	每日运行中												
	4	电机	无异常声响、温度正常	每日运行中												
	5	罐体	无漏液	每日运行中												
仪表	6	压力表	显示正常	每日运行中												
	7	安全阀	显示正常	每日运行中												
	8			每日运行中												
点检标识		良好　√		点检者												
		故障　×														
备注																

四、灯检机的维护保养

1. 技能考核点

（1）灯检机状态的确认检查。

（2）日常及定期检查维护和保养的内容。

（3）按规定要求填写相关记录。

2. 程序及注意事项

（1）每次使用前检查各零部件的连接是否松动，如有松动，必须拧紧，随时更换损坏件，定期对紧固件进行紧固，以免工作中事故发生。

（2）每次使用前检查各电器元件是否有松动或损坏，各电源开关是否连接完好，确保无故障。

（3）操作完毕后，关闭电源，用高级镜头纸擦拭镜头，清理卫生时为镜头加镜头盖。用细软布擦拭仪器的表面，目测无清洁剂残留，再用清洁布擦干，再用纱布沾上 75% 乙醇进行对设备表面进行擦拭。灯箱内壁必须使用毛刷进行清洁。

（4）每周检查机械传动部件，特别是压杆铜套部件和齿轮部件是否需要加注润滑油。

（5）每周检查旋瓶底座及压头 压头全部放下（避免第二天跑瓶掉瓶），瓶子底座（即瓶支撑圈）无玻璃碴，底座玻璃片无明显脏点，否则底光无法穿透，影响检测效果。

（6）每周检查背光源：第 2 工位和第 4 工位光源要无脏点，需先用湿抹布擦干净（但需注意防止光源进水），再用干抹布擦干，且无水印残留。

检查方法：目测光源上无可擦异物即可。开机运行（不进瓶），开启检测，连接到第 2 工位和第 4 工位，将图片显示方式改为显示有瓶无瓶图像，依次观察两路光源上是否有脏点和异常。如果第 2 工位光源内部有脏点，需将光源拆下（需要专人拆卸），然后擦干净。

（7）每周检查镜头 镜头上无较大脏点和脏印，镜头螺丝无松动现象。

检查方法：利用电筒和镜子，依次检查各镜头（不要将镜头拧下），发现较大脏点时用专用的镜头抹布擦拭，先用湿抹布擦干净，然后用干抹布擦干。

在以下情况下镜头容易脏，需要进行镜头卫生检查。

①发现检测数据异常，可能是因镜头太脏，引起误剔。

②产品没甩水，旋瓶时，镜头上沾水。

③机械碎瓶掉瓶比较多，药液溅到镜头上。

（8）每周进行剔废测试。

3. 维护保养记录样表（表 3-5-15）

表 3-5-15　灯检机维护保养记录样表

项目	序号	点检内容	点检标准	点检周期	年　　月　　线　　号											
					1	2	3	4	5	6	7	8	9	10	11	12
机械电气设备	1	外表	无污垢	每日运行中												
	2	开关	正常	每日运行中												
	3	日常运行	运行正常，无异响	每日运行中												
	4	镜头	无脏点、显示正常	每日运行中												
	5	机械传动部件	润滑良好	每日运行中												
	6	各零部件	紧固、无松动	每日运行中												
	7	光源	无脏点、无水印	每日运行中												
点检标识	良好 √			点检者												
	故障 ×															
备注																

第三节　液体制剂设备维护

技能要求

1. 能填写设备的维护保养记录。
2. 能维护保养洗瓶设备、配液设备、分散设备、乳化设备及灯检设备。

"超声波洗瓶机的维护保养""配液罐的维护保养""灯检机的维护保养"在第二节浸出药剂设备维护中介绍，详细参见本章第二节"一、超声波洗瓶机的维护保养""二、配液罐的维护保养""四、灯检机的维护保养"。本节不再重复论述。

一、胶体磨的维护保养

1. 技能考核点

（1）胶体磨状态的检查确认。

（2）维护保养的内容及注意事项。

（3）按规定要求填写相关记录。

2. 程序及注意事项

（1）密封件分为静、动密封。静密封采用 O 型橡胶圈，动密封采用硬质机械组合式密封。发现硬质密封面有划伤应立即在平板玻璃或平板铸件上进行研磨修复，研磨料为 ≥ 200# 碳化硅研磨膏。若密封件破损或裂痕严重请立即更换。

（2）当更换分散物料时，必须检查机封和 O 圈的材料是否仍然适合。

（3）须在设备功能完好的情况下使用，特殊安全装置要定期检查。

（4）胶体磨为高精密机械，线速高达 23m/s，磨盘间隙极小。检修后装回，用工具转动看是否摩擦。

（5）在机器使用的地方，操作说明一直是清晰和完全可用的。

（6）机器只能由授权合格的专业人员来进行操作、保养、维修。

（7）修理机器时，在拆开、装回调整过程中，绝不许用铁锤直接敲击。应用木槌或垫上木块轻轻敲击，以免损坏零部件。

3. 维护保养记录样表（表 3-5-16）

表 3-5-16　胶体磨维护保养记录样表

项目	序号	点检内容	点检标准	点检周期	年　月　线　号											
					1	2	3	4	5	6	7	8	9	10	11	12
机械电气设备	1	外表	无污垢	每日运行中												
	2	开关	正常	每日运行中												
	3	减速机	无异常声响、温度正常	每日运行中												
	4	电机	无异常声响、温度正常	每日运行中												
	5	密封件	完好、无腐蚀、无破损	每日运行中												
	6	螺栓	稳固、无腐蚀、无缺失	每日运行中												
	7	电器线路	完好、无破损	每日运行中												
	8	日常运行	运行正常，无异响	每日运行中												
	9	研磨磨头	无磨损	每日运行中												
	10	各润滑点	润滑良好	每日运行中												
点检标识		良好 √　　故障 ×		点检者												
备注																

二、乳匀机的维护保养

1. 技能考核点

（1）乳匀机状态的检查确认。

（2）维护保养的内容及注意事项。

（3）按规定要求填写相关记录。

2. 程序及注意事项

（1）润滑油满 750 个操作小时或颜色变成乳白色应更换。

更换方法：拧开装在变速箱排油孔螺帽，用塑料管将废油引出（置于油桶内，待沉淀后，上面清洁油可重复用），拧紧排油孔螺帽，建议将机器开动 5 分钟在 0 压下用柴油在齿轮箱内冲洗，直到所有驱动部件彻底清洗干净后，排去柴油，注入新的润滑油。

（2）机器运转一段时间，若有异常声音，应注意将传动部分紧固件拧紧，传动皮带收紧。

（3）泵体内各密封件、阀件均属于易损件；机器使用一段时间后，由于易损件产生泄露引起压力表指针摆动大，流量不足或形成脉冲状，压力上不去，粉碎效果不好等现象，这属于正常保养范围，维修人员只要及时检查更换或修磨即可。

3. 维护保养记录样表（表 3-5-17）

表 3-5-17　乳匀机维护保养记录样表

项目	序号	点检内容	点检标准	点检周期	年　月　线　号											
					1	2	3	4	5	6	7	8	9	10	11	12
机械电气设备	1	外表	无污垢	每日运行中												
	2	开关	正常	每日运行中												
	3	减速机	无异常声响、温度正常	每日运行中												
	4	电机	无异常声响、温度正常	每日运行中												
	5	阀门	阀门开启灵活、无跑冒滴漏	每日运行中												
	6	密封垫	完好、无腐蚀、无破损	每日运行中												
	7	螺栓	稳固、无腐蚀、无缺失	每日运行中												
	8	电器线路	完好、无破损	每日运行中												
	9	日常运行	运行正常，无异响	每日运行中												
	10	各润滑点	润滑良好	每日运行中												
仪表	11	压力表	显示正常	每日运行中												
点检标识		良好　√		点检者												
		故障　×														
备注																

第四节　注射剂设备维护

1. 能填写设备的维护保养记录。

2. 能维护保养洗瓶设备、配液设备、分散设备、乳化设备、灯检设备及贴标设备。

　　"超声波洗瓶机的维护保养""配液罐的维护保养""灯检机的维护保养"在第二节浸出药剂设备维护中介绍过，详细参见本章第二节"一、超声波洗瓶机的维护保养""二、配液罐的维护保养""四、灯检机的维护保养"。"胶体磨的维护保养""乳匀机的维护保养"在第三节液体制剂设备

维护中介绍过，详细参见本章第三节"一、胶体磨的维护保养""二、乳匀机的维护保养"。本节不再重复论述。本节详细介绍贴标机的维护保养。

1. 技能考核点

（1）贴标机状态的检查确认。

（2）贴标机维护保养的内容及注意事项。

（3）按规定要求填写相关记录。

2. 程序及注意事项

1）日常维护保养

（1）生产准备　每日开机通电前，查看传

送带上是否有杂物，如扳手、螺丝刀等；观察电源、气源情况是否正常，电源线、气管是否有破损。

（2）生产结束　每日生产结束后，应关闭电源、气源。

①对机器进行清洁，可用干的软布擦拭机器的外表面，在尘埃较多，又擦拭不到的地方，可用压缩空气吹扫。

②输送带上如沾有药渍可用绞干的湿布擦拭。

③擦拭时，要注意观察机器上是否有松动的螺钉，如发现有松动的地方，应即刻旋紧。

2）定期维护保养（表3-5-18）

表3-5-18　贴标机定期维护表

维护对象	时间间隔				
	调试后2周	每2周	每一个月	每3个月	必要时
传动带着	调节/设定		检查/维护		更换
调节零部件		检查/维护			更换
导向件及执行件		检查/维护			更换
轴承				检查/维护	更换
收卷辊组件			检查/维护		更换
电子系统			检查/维护		更换
气动系统			检查/维护		更换
安全防护装置					更换

3）润滑（表3-5-19）

表3-5-19　贴标机润滑保养

润滑部位	润滑方式	时间间隔	使用的润滑剂
轴承	人工定期润滑	2个月	机械油46（GB443-89）
		6个月	
调节螺旋及其导杆	人工定期润滑	1个月	机械油46（GB443-89）
		3个月	
传动齿轮	人工定期润滑	1个月	2号锂基润滑脂（GB7324-87）
		3个月	
凸轮传动	人工定期润滑	1个月	2号锂基润滑脂（GB7324-87）
		3个月	

3.维护保养记录样表（表3-5-20）

表3-5-20　贴标机维护保养记录样表

项目	序号	点检内容	点检标准	点检周期	年　月　线　号											
					1	2	3	4	5	6	7	8	9	10	11	12
机械电气设备	1	外表	无污垢	每日运行中												
	2	开关	正常	每日运行中												
	3	机械零件	无松动、无脱落，润滑良好	每日运行中												
	4	橡皮轮	无标签沾染	每日运行中												
	5	电机	无异常声响	每日运行中												
	6	变速箱	无异常声响、无漏油	每日运行中												
	7	指示灯、按钮、报警器	正常	每日运行中												
	8	电器柜	正常	每日运行中												
点检标识		良好　√		点检者												
		故障　×														
备注																

第五节　气雾剂与喷雾剂设备维护

技能要求

　　1.能填写设备的维护保养记录。
　　2.能维护保养配液设备、分散设备、乳化设备及混合设备。

　　"配液设备的维护保养"在第二节浸出药剂设备维护中介绍过，详细参见本章第二节"二、配液罐的维护保养"。"分散设备的维护保养""乳化设备的维护保养"在第三节液体制剂设备维护中介绍过，详细参见本章第三节"一、胶体磨的维护保养""二、乳匀机的维护保养"。本节不再重复论述。本节详细介绍混合设备的维护保养。

1.技能考核点

（1）混合设备状态的检查确认。

（2）维护保养的内容及注意事项。

（3）按规定要求填写相关记录。

2.程序及注意事项

（1）V型混合机的维护保养

①检查、确认部件齐全。

②检查、紧固所有紧固件。

③检查、紧固密封件。

④保持设备内外干净，无油污、灰尘、铁锈、杂物。

⑤加注减速机的润滑油，油位高度至油标居中位置。

⑥清扫、检查电气部件。

⑦料筒应避免硬物敲击，以防筒体变形而影响运转平稳。

⑧填写维护保养记录。

（2）三维运动混合机的维护保养

①检查、确认部件齐全。

②检查、紧固所有紧固件。

③检查、紧固密封件。

④保持设备内外干净，无油污、灰尘、铁锈、杂物。

⑤加料口加料后应将快速装拆封盖紧固好。

⑥出料口出料后应将出料盖紧固好。

⑦检查转动、传动部件，加注润滑。

⑧清扫、检查电气部件。

⑨料筒应避免硬物敲击，以防筒体变形而影响运转平稳。

⑩填写维护保养记录。

3. 维护保养记录样表（表3-5-21）

表3-5-21　混合设备维护保养记录样表

项目	序号	点检内容	点检标准	点检周期	年　月　线　号											
					1	2	3	4	5	6	7	8	9	10	11	12
机械电气设备	1	外表	无污垢	每日运行中												
	2	开关	正常	每日运行中												
	3	轴承、链条	润滑良好	每日运行中												
	4	主传动轴	无弯曲磨损	每日运行中												
	5	汽缸	正常	每日运行中												
	6	活塞杆	无弯曲磨损	每日运行中												
点检标识	良好　√　　故障　×			点检者												
备注																

第六节　软膏剂设备维护

技能要求

1. 能填写设备的维护保养记录。

2. 能维护保养分散设备、搅拌夹层设备、软膏研磨设备。

"分散设备的维护保养"在第三节液体制剂设备维护中介绍过，详细参见本章第三节"一、胶体磨的维护保养"。本节不再重复论述。

一、搅拌夹层设备的维护保养

1. 技能考核点

（1）搅拌夹层设备状态的检查确认。

（2）维护保养的内容及注意事项。

（3）按规定要求填写相关记录。

2. 程序及注意事项

（1）检查液体过滤器滤网是否完好，清洗进料管路中的过滤片，使用前清洗干净，确保机器正常运行。

（2）检查夹层锅进汽管和出水管接头是否漏汽，当旋紧螺帽不解决问题时，应添加或更换填料。

（3）压力表和安全阀应定期检查，如有故障及时调换和修理。

（4）减速箱开始使用50小时后，应拆下来放掉润滑油，用煤油或柴油冲洗，加入30#~40#干净机油，搅拌夹层锅，使用150小时后，第二次换油，以后可视具体情况，每使用到1000小时左右换油一次。

（5）夹层锅使用 5 年后，建议进行安全性水压试验，以后进行水压试验的间隔时间，按各地技术部门的要求进行。

（6）夹层锅外层锅体使用 4.0~5.5mm 厚的钢板制造。当外锅经多年锈蚀减薄到 2mm 以下时，应停止使用。

3. 维护保养记录样表（表 3-5-22）

表 3-5-22　搅拌夹层设备维护保养记录样表

项目	序号	点检内容	点检标准	点检周期	年　　月　　线　　号											
					1	2	3	4	5	6	7	8	9	10	11	12
机械电气设备	1	开关	正常、灵活无腐蚀	每日运行中												
	2	电路装置	正常	每日运行中												
	3	水路	无漏水	每日运行中												
	4	润滑部位	润滑良好	每日运行中												
	5	蒸汽进出阀门	灵活无损坏	每日运行中												
	6	锅体	无漏气、是否减薄到 2mm 以下	每日运行中												
	7	搅拌叶片、搅拌臂	运行正常	每日运行中												
	8	冷凝水	正常排放	每日运行中												
仪表	9	压力表	显示正常	每日运行中												
	10	安全阀	显示正常	每日运行中												
点检标识		良好 √		点检者												
		故障 ×														
备注																

二、软膏研磨设备的维护保养

1. 技能考核点

（1）软膏研磨设备状态的检查确认。

（2）软膏研磨设备维护保养的内容及注意事项。

（3）按规定要求填写相关记录。

2. 程序及注意事项

（1）三辊研磨机的维护保养

①操作前先检查电源线管，开关按钮是否正常，降温循环水是否有，一切正常方可开机。

②操作中应固定好储油桶，避免有油溢出。

注意是否有异常，时刻注意辊筒上是否有杂物，如有则应立刻停机。以免影响品质和发生安全事故。

③出料刀片的锋口在安装前应仔细修正、精研光滑，绝对不允许留有毛刺和裂口，刀片用短以后，可以拧松沉头螺钉，向外移出再用。

④使用过程发现辊筒变形，必须停止使用，重新修磨。辊筒修磨次数过多，辊筒直径小于要求后，会产生传动齿轮顶紧而辊筒相互之间留有缝隙的现象。

⑤生产完成后要及时清洗辊筒和清理周围卫生，关闭相关电源开关。

⑥连续使用半年后，定期进行维修、拆洗，

换上洁净润滑油，并仔细检查油路的畅通情况，发现问题及时修复。

（2）胶体磨的维护保养　参见本章第三节"一、胶体磨的维护保养"。

3. 维护保养记录样表（表3-5-23）

表3-5-23　软膏研磨维护保养记录样表

项目	序号	点检内容	点检标准	点检周期	年　月　线　号											
					1	2	3	4	5	6	7	8	9	10	11	12
机械电气设备	1	外表	无污垢	每日运行中												
	2	研磨装置喷水管口	无堵塞	每日运行中												
	3	各润滑点	润滑良好	每日运行中												
	4	顶尖	无磨损	每日运行中												
	5	电机	无噪声	每日运行中												
	6	开关	正常	每日运行中												
	7	储油箱	油位正常	每日运行中												
	8	导轨	无磨损、润滑	每日运行中												
	9	研磨磨头	无磨损	每日运行中												
	10	连接轴	无磨损、润滑良好	每日运行中												
点检标识		良好　√		点检者												
		故障　×														
备注																

第七节　贴膏剂设备维护

技能要求

1. 能填写设备的维护保养记录。
2. 能维护保养切胶设备、炼胶设备、切片设备、打膏设备、滤胶设备。

一、切胶设备的维护保养

1. 技能考核点

（1）切胶设备状态的确认检查。

（2）维护保养的内容及注意事项。

（3）按规定要求填写相关记录。

2. 程序及注意事项

（1）仪器安装过程必须良好接地并放置水平，确保设备及人身安全。

（2）经常检查各加油孔是否畅通，避免断油。

（3）切刀及工作台面不应有油污。

（4）经常检查各传动部件是否松动。

（5）刀刃避免与硬物接触，以免损伤刀口，不使用时，须涂抹防锈油。

（6）刀片使用一定周期时，需要重新磨刀。

（7）操作及检修时禁止将手深入刀口之间，维护保养时应切断电源。

3. 要求

（1）工作时严禁将手伸入切刀活动的区域。

（2）开机前检查各机械元件、电气控制元件、仪表装置的安全性。

（3）确认液压站油位正常、油路通畅无泄漏，压力满足生产需求。

（4）维修和维护保养时，必须关闭电源、在停机的状态下操作并设置专人监护。

4. 维护保养记录样表（表 3-5-24）

表 3-5-24　切胶设备维护保养记录样表

项目	序号	点检内容	点检标准	点检周期	年　月　线　号											
					1	2	3	4	5	6	7	8	9	10	11	12
机械电气设备	1	外表	无污垢	每日运行中												
	2	开关	正常	每日运行中												
	3	加油孔	通畅、无堵塞	每日运行中												
	4	切刀	无污垢、是否需要磨刀	每日运行中												
	5	传动部件	无松动	每日运行中												
	6	刀刃	无破损	每日运行中												
	7	刀架	无裂纹、紧固螺栓无松动	每日运行中												
	8	液压站	油位正常、无泄漏	每日运行中												
点检标识	良好 √　故障 ×			点检者												
备注																

二、炼胶设备的维护保养

1. 技能考核点

（1）炼胶设备状态的确认检查。

（2）维护保养的内容及注意事项。

（3）按规定要求填写相关记录。

2. 程序及注意事项

（1）开机前必须检查急停按钮是否灵敏可靠。

（2）开机后应及时向注油部位注油。

（3）经常检查电动机和轴承的升温情况。

（4）开机前检查各开关位置，各部件是否安全可靠。

（5）检查各开关是否灵敏。

（6）空机调大辊距时，调完后应加少量胶料以清除调距装置间隙，然后再正常加料。

（7）经常注意电动机电路是否超负荷，有无异常。

（8）经常检查各接线处是否有打火及发热变色现象。

3. 要求

（1）每天开机时先往轴承内加注黄油润滑，加少量料预热 5 分钟后再加料塑炼，在机器运转过程中随时添加，严防断油状态工作。

（2）减速机内部、大小驱动齿轮及辊筒速比齿轮均添加 2 号齿轮油润滑，油量以能接触齿高为宜。

（3）减速机内的机油一般每半年更换一次，

平时检查存油量及油质，调距装置和安全拉杆装置注入机油润滑。

4. 维护保养记录样表（表 3-5-25）

表 3-5-25 炼胶设备维护保养记录样表

项目	序号	点检内容	点检标准	点检周期	年 月 线 号											
					1	2	3	4	5	6	7	8	9	10	11	12
机械电气设备	I	外表	无污垢	每日运行中												
	2	开关	正常	每日运行中												
	3	电动机	温度正常	每日运行中												
	4	轴承	温度正常、无断油	每日运行中												
	5	电动机电路	无异常	每日运行中												
	6	各接线处	无打火、无发热变色	每日运行中												
	7	减速机	润滑良好	每日运行中												
	8	机油	油量、油质正常	每日运行中												
点检标识		良好 √		点检者												
		故障 ×														
备注																

三、切片设备的维护保养

1. 技能考核点

（1）切片设备状态的确认检查。

（2）维护保养的内容及注意事项。

（3）按规定要求填写相关记录。

2. 程序及注意事项

（1）仪器安装过程必须良好接地并放置水平，确保设备及人身安全。

（2）经常检查各加油孔是否畅通，避免断油。

（3）经常检查各传动部件、电线线路是否松动。

（4）刀刃避免与硬物接触，以免损伤刀口，不使用时，须涂抹防锈油。

（5）刀片使用一定周期时，需要重新磨刀。

（6）操作及检修时禁止将手深入刀口之间，

维护保养时应切断电源。

3. 要求

（1）为防止静电、保证安全，必须接好地线。

（2）必须对设备结构、性能、原理熟练掌握后才可操作。

（3）设备在运转过程中，不得用手接触任何转动部位，包括刀口、辊筒、电器部位等。

（4）每次需清洗刀口时，先关掉主机电源，将切片速度调到零位后，再将安全木放在刀口下方，方可清洗刀口。

（5）两人操作时一定要听到对方允许后另一方才可开机。

（6）如遇到紧急情况下，可以按下控制面板上的急停开关。

4. 维护保养记录样表（表 3-5-26）

表3-5-26 切片设备维护保养记录样表

项目	序号	点检内容	点检标准	点检周期	年 月 线 号											
					1	2	3	4	5	6	7	8	9	10	11	12
机械电气设备	1	外表	无污垢	每日运行中												
	2	开关	正常	每日运行中												
	3	加油孔	是否通畅	每日运行中												
	4	传动部件	无松动	每日运行中												
	5	电线线路	无松动	每日运行中												
	6	刀头距离定尺板	2mm	每日运行中												
	7	防锈油	是否充足	每日运行中												
	8	刀头	是否需要更换	每日运行中												
仪器	9	电压表	显示正常	每日运行中												
	10	温度表	显示正常	每日运行中												
	11	电机转速	显示正常	每日运行中												
点检标识	良好 √			点检者												
	故障 ×															
备注	操作及检修时禁止将手深入刀口之间，维护保养时应切断电源															

四、打膏设备的维护保养

1. 技能考核点

（1）打膏设备状态的确认检查。

（2）维护保养的内容及注意事项。

（3）按规定要求填写相关记录。

2. 程序及注意事项

（1）操作人员必须持证上岗操作。

（2）佩戴规定的劳动保护用品，有毒有害的场合，要配备好防护器具，作应急之用。

（3）不得用水直接冲洗电动机、减速机、保温层、仪表、仪器等。

（4）设备运转时，不得清理、擦拭运转零件部位。

（5）不得带压拧紧或松开螺栓及修理受压元件。

（6）维护保养时，悬挂"禁止合闸"警告牌。

（7）检修釜体时，需加隔离盲板，并进行清理置换，经取样分析合格后，方能进行工作。

（8）釜内作业，视具体条件，采取通风设施或间歇作业，不得强行连续作业，同时设立监护人，配备救护绳索，以保证应急撤离。监护人员不得擅自离岗。

（9）动火时办理动火证，焊接完成后，及时清理所用工具设备，检修临时灯采用低压36V，釜内照明应使用电压不超过24V防爆灯，检验仪器和修理工具的电源电压不超过24V，必须采用防直接接触带电体的保护措施。

3. 要求

（1）为防止静电、保证安全，必须接好地线。

（2）经常检查釜体及零部件是否有变形、裂纹、腐蚀等现象。保持紧固件无松动，传动带松紧合适。

（3）保持润滑体系统清洁、通畅，按照润滑图表所示位置加注润滑油。

（4）按照操作规程开机，正确控制各项工艺参数。

（5）保持密封装置清洁、通畅，温度符合要求，密封性能良好。

（6）及时消除跑、冒、滴、漏，保持周围环境整洁。

表3-5-27 打膏设备维护保养记录样表

项目	序号	点检内容	点检标准	点检周期	年 月 线 号											
					1	2	3	4	5	6	7	8	9	10	11	12
机械电气设备	1	外表	无污垢	每日运行中												
	2	釜体	无变形、无裂纹、无腐蚀	每日运行中												
	3	零部件	无变形、无裂纹、无腐蚀	每日运行中												
	4	紧固件	无松动、无变形	每日运行中												
	5	传动带	是否松紧合适	每日运行中												
	6	搅拌轴	是否转速正常	每日运行中												
	7	轴封	无泄漏	每日运行中												
	8	减速机	是否转速正常	每日运行中												
仪表	9	保温层	显示正常	每日运行中												
	10	压力表	显示正常	每日运行中												
	11	温度表	显示正常	每日运行中												
点检标识		良好 √ 故障 ×		点检者												
备注			保养维护时，悬挂"禁止合闸"警告牌													

五、滤胶设备的维护保养

1.技能考核点

（1）滤胶设备状态的确认检查。

（2）维护保养的内容及注意事项。

（3）按规定要求填写相关记录。

2.程序及注意事项

（1）操作人员必须持证上岗操作。

（2）佩戴规定的劳动保护用品，有毒有害的场合，要配备好防护器具，作应急之用。

（3）设备运转时，不得清理、擦拭运转零件部位。

（4）维护保养时，悬挂"禁止合闸"警告牌。

3.要求

（1）为防止静电、保证安全，必须接好地线。

（2）按照操作规程开机，正确控制各项工艺参数。

（3）及时消除跑、冒、滴、漏，保持周围环境整洁。

4.维护保养记录样表（表3-5-28）

表 3-5-28　滤胶设备维护保养记录样表

项目	序号	点检内容	点检标准	点检周期	年　　月　　线　　号											
					1	2	3	4	5	6	7	8	9	10	11	12
机械电气设备	1	外表	无污垢	每日运行中												
	2	内表面	无异常磨损	每日运行中												
	3	滤芯或滤袋	无破损、无堵塞	每日运行中												
	4	密封圈	无破损	每日运行中												
	5	各装置	运行正常、无松动、无异常响声	每日运行中												
	6	机械密封	无磨损、无漏气	每日运行中												
	7	转动部件	润滑良好	每日运行中												
	8	电器线路	完好、无破损	每日运行中												
仪表	9	压力表	显示正常	每日运行中												
	10	温度表	显示正常	每日运行中												
点检标识		良好　√		点检者												
		故障　×														
备注																

第八节　栓剂与膜剂设备维护

1. 能填写设备的维护保养记录。

2. 能维护保养化料设备、装袋设备。

一、化料设备的维护保养

1. 技能考核点

（1）化料设备状态的确认检查。

（2）维护保养的内容及注意事项。

（3）按规定要求填写相关记录。

2. 程序

（1）检查上次清洁合格证是否完好。

（2）每班须检查视孔、灯孔各连接管处密封性能。密封圈如有损坏予以更换。

（3）检查化料罐压力表及安全阀是否有效。

（4）运行前应检查搅拌旋转方向。

（5）定期对搅拌器减速机运行情况进行检查，减速机润滑油不足时应立即补充，半年换油一次。

（6）检查热水器罐量，不足时需补充。

（7）每天班后或更换品种前，需对本罐及连接管道进行彻底清洗。

3. 注意事项

（1）检查各连接处密封性能。

（2）检查压力表与安全阀有无问题。

4. 维护保养记录样表（表 3-5-29）

表 3-5-29 化料设备维护保养记录样表

项目	序号	点检内容	点检标准	点检周期	年　月　线　号											
					1	2	3	4	5	6	7	8	9	10	11	12
机械电气设备	1	外表	无污垢	每日运行中												
	2	开关	正常	每日运行中												
	3	连接管	密封良好、无泄漏	每日运行中												
	4	搅拌器	正常	每日运行中												
	5	密封圈	无破损	每日运行中												
	6	减速机	运行正常、油量充足	每日运行中												
	7	热水器	罐量充足	每日运行中												
仪表	8	压力表	正常	每日运行中												
	9	安全阀	正常	每日运行中												
点检标识		良好 √		点检者												
		故障 ×														
备注																

二、装袋设备的维护保养

1. 技能考核点

（1）装袋设备状态的确认检查。

（2）维护保养的内容及注意事项。

（3）按规定要求填写相关记录。

2. 程序及注意事项

（1）定期对真空管道、气源管清洗或更换。

（2）定期对电线进行更换，对控制柜及接线箱内接线端子进行检查并紧固，定期检查接近开关和光电开关与设备感应距离是否合适，及时调整。

（3）电线如需有接头，整根线只允许有一个接头。

（4）每周对称重感应器紧固螺丝进行检查、校准。短时间停用，应每周检查试运行一次，长时间停用，应每月试运行一次保持备用状态。

3. 要求

（1）开机前检查电、气控制开关、旋钮开关等是否安全、可靠；各操作机构、转动部位、档位、限位开关等位置是否正常。

（2）使用时严格按照操作规程使用设备，设备内、外、上、下不得放置与设备无关物品，随时注意观察各部件运转情况和仪器仪表指示的准确性、灵敏性。

（3）仔细聆听设备各部位是否异响，观察理片、送片、装袋、封口工位是否异常。

（4）及时紧固已松动部位，及时对需要润滑部位润滑。

4. 维护保养记录样表（表 3-5-30）

表 3-5-30 装袋设备维护保养记录样表

项目	序号	点检内容	点检标准	点检周期	年　月　线　号											
					1	2	3	4	5	6	7	8	9	10	11	12
机械电气设备	1	外表	无污垢	每日运行中												
	2	开关	正常	每日运行中												
	3	连接管	密封、润滑良好	每日运行中												
	4	电气系统	运行正常	每日运行中												
	5	各部位	运转正常、无异响	每日运行中												
	6	装袋工位	无异常	每日运行中												
	7	封口工位	无异常	每日运行中												
仪表	8	显示屏	无异常	每日运行中												
点检标识		良好 √		点检者												
		故障 ×														
备注																

第九节　散剂、茶剂与灸熨剂设备维护

技能要求

1. 能填写设备的维护保养记录。

2. 能维护保养粉碎设备、筛分设备、混合设备及烘干设备。

"混合设备的维护保养"在第五节气雾剂与喷雾剂设备维护中介绍，详细参见本章第五节"混合设备的维护保养"；"烘干设备的维护保养"在第一节提取物设备维护中介绍，详细参见本章第一节"七、烘干箱的维护保养"。本节不再重复论述。

一、粉碎设备的维护保养

1. 柴田式粉碎机

（1）技能考核点

①柴田式粉碎机状态确认。

②维护保养内容。

③按规定要求填写相关记录。

（2）程序及注意事项

①检查、确认部件齐全。

②保持设备内外干净，无油污、灰尘、铁锈、杂物。

③检查轴承、转动部件润滑状况，轴承加注一次润滑脂；其他转动部件加注润滑油。

④检查各部件配合间隙，紧固松动部位。

⑤清扫、检查电气部件。

⑥填写维护保养记录。

2. 球磨机

（1）技能考核点

①球磨机状态确认。

②维护保养内容。

③按规定要求填写相关记录。

（2）程序及注意事项

①检查、确认部件齐全。

②保持设备内外干净，无油污、灰尘、铁锈、杂物。

③检查、紧固连接螺丝。

④检查转动、传动部位，加注润滑油。

⑤锅杆、锅轮轻涂润滑油脂一次，并对倾斜支撑架上的两个轴承进行清洗，更换润滑油脂。

⑥清扫、检查电气部件。

⑦填写维护保养记录。

3. 维护保养记录样表（表3-5-31）

表3-5-31　粉碎设备维护保养记录样表

项目	序号	点检内容	点检标准	点检周期	年　月　线　号											
					1	2	3	4	5	6	7	8	9	10	11	12
机械电气设备	1	外表	无污垢	每日运行中												
	2	风机	位置正确	每日运行中												
	3	电机	无异常声响	每日运行中												
	4	螺栓	无松动	每日运行中												
	5	轴承、转动部件	润滑良好	每日运行中												
	6	腔体、管道	温度正常	每日运行中												
	7	运行振动	在正常范围	每日运行中												
	8	日常运行	运行正常、无异响	每日运行中												
仪表	9	电流表	正常	每日运行中												
点检标识			良好　√	点检者												
			故障　×													
备注																

二、振动筛的维护保养

1. 技能考核点

（1）振动筛状态确认。

（2）维护保养内容。

（3）按规定要求填写相关记录。

2. 程序及注意事项

（1）检查、确认部件齐全。

（2）保持设备内外干净，无油污、灰尘、铁锈、杂物。

（3）检查、紧固所有紧固件。

（4）检查转动、传动部位，加注润滑油。

（5）严禁在未安装筛网和门未关闭的情况下开机。

（6）清扫、检查电气部件。

（7）填写维护保养记录。

3. 维护保养记录样表（表3-5-32）

表 3-5-32 振动筛维护保养记录样表

项目	序号	点检内容	点检标准	点检周期	年　月　线　号											
					1	2	3	4	5	6	7	8	9	10	11	12
机械电气设备	1	外表	无污垢	每日运行中												
	2	激振器	温度≤80℃、无漏油、无杂音	每日运行中												
	3	润滑部位	润滑良好	每日运行中												
	4	弹簧	压缩量均衡、无龟裂、不扭斜、不锈蚀	每日运行中												
	5	筛帮	铆钉无缺少、无裂纹	每日运行中												
	6	筛网	清洁、无异物	每日运行中												
	7	各部件	齐全、无缺少	每日运行中												
	8	筛机	无卡堵、无磨损	每日运行中												
点检标识		良好　√		点检者												
		故障　×														
备注																

第十节　颗粒剂设备维护

技能要求

1. 能填写设备的维护保养记录。

2. 能维护保养混合设备、挤压制粒设备、高速搅拌制粒设备、烘干设备、整粒设备。

"混合设备的维护保养"在第五节气雾剂与喷雾剂设备维护中介绍过，详细参见本章第五节"混合设备的维护保养"。"烘干设备的维护保养"在第一节提取物设备维护中介绍过，详细参见本章第一节"七、烘干箱的维护保养"。本节不再重复论述。

一、挤压式颗粒机的维护保养

1. 技能考核点

（1）挤压式颗粒机状态的确认检查。

（2）维护保养的内容及注意事项。

（3）按规定要求填写相关记录。

2. 程序及注意事项

（1）中修（每运行一年一次）

①检查电器开关是否灵敏。

②检查机械传动是否磨损。

（2）检修前的准备

①技术准备：熟悉设备说明书有关技术标准、图纸等技术资料；分析设备运行记录、历次修理记录，了解设备缺陷，功能失常等技术状态。

②物质准备：拆卸工具及转速表、绝缘及耐压等检验测试仪器及设备；试车用的药粉；需更换的备件。

③安全准备：明确检修、试车等安全技术措施；切断电源。

④组织准备：安排好检修时间；明确检修责任人员。

（3）检修方法及质量标准

①电器开关正常，电机绝缘符合要求。

②检查各部件是否磨损，如磨损应及时更换。

③减速机油应定期更换。一般每运行半年更换一次。

（4）试车与验收

①试车前的准备：检查电源线连接是否正确；手拨各种转动件，检查是否有碰撞现象；检查油标和添加润滑油。

②空载试车：设备运转无异常震动和杂音，无发热现象；各紧固件无松动。

③负荷试车：负荷试车应达到说明书规定的各项的要求，各系统工作稳定、可靠；负荷试车时间不少于30分钟。

④验收：检修质量符合要求，检修记录齐全准确，各部件、系统经试车合格，办理验收手续，交付生产使用。

3.要求

（1）严格按照操作规程操作设备。

（2）在设备使用过程中，出现异常声音，工作腔、轴承座升温过高或轴承座内进水等异常现象，应立即停机检查轴承及密封圈，如有损坏应立即更换。

（3）每使用三个月检查机箱和减速箱内油位是否正常，不够时及时添加。

（4）机器温度过高时，应及时停机检查。

（5）经常检查各紧固件是否松动。

（6）检查有无异常震动及杂音。

（7）每班完毕后，应将垫片、筛网等拆卸下来，经彻底清洗后再装上。

4.维护保养记录样表（表3-5-33）

表3-5-33 挤压式颗粒机维护保养记录样表

项目	序号	点检内容	点检标准	点检周期	年 月 线 号											
					1	2	3	4	5	6	7	8	9	10	11	12
机械电气设备	1	外表	清洁、无生锈	每日运行中												
	2	传动件	灵活无磨损	每日运行中												
	3	油泵、油管	出油通畅	每日运行中												
	4	电器系统	无脱落、无异常	每日运行中												
	5	减速器	油量正常、油质清洁	每日运行中												
	6	机械部分	无松动、温度正常	每日运行中												
	7	转动轴、转动部件	润滑良好	每日运行中												
	8	垫片、筛网	无污垢、无破损	每日运行中												
	9	开关	正常	每日运行中												
	10	密封圈	无破损	每日运行中												
	11	日常运行	运行正常，无异响	每日运行中												
点检标识		良好 √ 故障 ×		点检者												
备注																

二、高速搅拌制粒机的维护保养

1. 技能考核点

（1）高速搅拌制粒机状态的确认检查。

（2）维护保养的内容及注意事项。

（3）按规定要求填写相关记录。

2. 程序及注意事项

（1）设备的目视检查

①启动前检查机器的外部有无损坏或变形，检查所有接地线是否都已正确连接。

②检查料缸内部有无划伤或变形。

③检查料缸和搅拌桨下有无异物，如有则进行清除。

④检查料缸盖口的安全检测装置。

⑤检查搅拌桨是否清洁并完好无损及是否有松动。

⑥检查制粒刀是否清洁并完好无损及是否有松动。

⑦检查机器底座内部有无漏水痕迹、积液或液体的痕迹。

⑧释放两缸盖锁紧装置，将密封圈正确放置，检查缸盖和料缸法兰周圈的密封状况。

（2）安全连锁检查

启动设备前，要检查安全连锁系统是否正确运行，在料缸缸盖打开的状态下：①搅拌电机不能启动；②制粒电机不能启动；③出料口阀不能启动。

（3）检查紧急制动按钮操作

①操作之前，要检查所有的紧急制动按钮是否正常。

②确定设备已经可以进行操作之后，依次按下每个紧急制动按钮，然后尝试启动机器，每个测试后将紧急制动按钮复位。

③最初启动机器后，依次按下紧急制动按钮，确保机器能够正确制动，测试后将每个紧急制动按钮复位。

（4）气压检查

①检测总进气压力不低于 0.6MPa。必要时进行调节。

②检查搅拌桨和制粒刀轴的气密性状况。

（5）操作检查　开始混合和制粒前：确保出料阀门已关闭；确保密封排气气压正确。启动本机，并执行以下运行检查。

①检查所有的设备和控制是否有异常的噪声或振动。

②验证搅拌电机和制粒电机电流不过载。

③检查料缸盖开启状态下搅拌桨和制粒刀被锁定。

（6）日常使用后，更换产品前进行清洗程序

①本机只能加入水和清洁剂进行清洗。

②加入清洁液体时不能高于制粒刀轴心的水平。

③搅拌桨或制粒刀运行时，观察窗不能打开。

④打开缸盖或出料口盖前，清洗液体应从缸中排出，以避免接触热的或污染性的液体。

⑤热水清洗操作过程中，机器外表面变热，不能触摸。

⑥清洗完成后，清洗液体已经排净之后，才能将机器的电源和供气隔开。

⑦清洗液体必须在控制模式下从机器中排出，以避免工作人员接触。

（7）参照在位清洗界面进行操作

①进入触摸屏清洗界面，启动清洗程序向料缸中加入水。若加入是热水，温度不得超过80℃。

②关闭料缸缸盖和出料口斜道盖，并更换滤罩。启动搅拌电机和制粒电机，使其快速运行至设定时间。

③停止搅拌电机和制粒电机，关闭进水阀。

④打开料缸盖，检查所有表面是否清洁，如有必要重复上述步骤。

⑤打开压缩空气，关上料缸缸盖，启动搅拌电机和制粒电机，使其快速运行至少 30~60 秒，使轴的密封区干燥。

⑥取下料缸缸盖和出料口盖密封，并进行清洗和干燥，必须使用清洁的温水。

⑦彻底清洁出料口斜道区域。

⑧冲洗安装缸盖和出料口盖密封。

⑨确认所有的出料口活塞和清洗阀门都关闭。

⑩完成清洗程序后，可以检查是否满足清洗要求。

3. 要求

（1）严格按照操作规程操作设备。

（2）在设备使用过程中，出现异常震动及杂音，应立即停机检查轴承及密封圈，如有损坏应立即更换。

（3）每2年或运行8000小时后（后者通常更快），更换减速机润滑剂。

（4）对老化的软管和密封圈应取下并更换，更换的软管和密封圈要与取下的规格相同。

（5）经常检查各紧固件是否松动。

（6）每班完毕后，应清理电机外壳和周围区域，清除所有粉尘和残渣。

4. 维护保养记录样表（表3-5-34）

表3-5-34　高速搅拌制粒机维护保养记录样表

项目	序号	点检内容	点检标准	点检周期	年　月　线　号											
					1	2	3	4	5	6	7	8	9	10	11	12
机械电气设备	1	外表	无污垢、无变形	每日运行中												
	2	搅拌桨	转动灵活、无破损	每日运行中												
	3	制粒刀	转动灵活、无破损	每日运行中												
	4	按钮开关指示灯	正常	每日运行中												
	5	紧固螺丝	紧固性良好	每日运行中												
	6	活塞	进退灵活	每日运行中												
	7	压缩空气气压	正常	每日运行中												
	8	轴承	无损坏	每日运行中												
	9	密封圈	无损坏、气密性良好	每日运行中												
	10	开关	正常	每日运行中												
	11	日常运行	运行正常，无异响	每日运行中												
点检标识		良好 √		点检者												
		故障 ×														
备注																

三、整粒设备的维护保养

1. 技能考核点

（1）整粒设备状态的确认检查。

（2）维护保养的内容及注意事项。

（3）按规定要求填写相关记录。

2. 程序及注意事项

（1）**大修**（每运行三个月一次）

①检查电机绝缘情况，联轴器是否松动。

②检查机械振动器是否松动。

（2）**检修前的准备**

①技术准备：熟悉设备说明书有关技术标准、图纸等技术资料；分析设备运行记录、历次修理记录，了解设备缺陷、功能失常等技术状态。

②物质准备：拆卸工具及转速表、绝缘及耐压等检验测试仪器及设备；试车用的药粉；需更换的备件。

③安全准备：明确检修、试车等安全技术措施；切断电源。

（3）组织准备

①安排好检修时间。

②明确检修责任人员。

（4）检修方法及质量标准

①电器开关损坏的应更换，电机绝缘要求符合 GB 6225 规定。

②机械振动器中的重锤块的相位角发生变化时，应及时调整。

③电机联轴器松动应更换。

（5）试车与验收

①试车前的准备：检查电源线连接是否正确；手拨各种转动件，检查是否有碰撞现象。

②空载试车：设备运转无异常震动和杂音；各紧固件无松动。

③负荷试车：负荷试车应达到说明书规定的各项的要求，各系统工作稳定、可靠；负荷试车时间不少于 30 分钟。

④验收：检修质量符合要求，检修记录齐全准确，各部件、系统经试车合格，办理验收手续，交付生产使用。

3. 要求

（1）严格按照维护、保养操作规程维护、保养设备。

（2）机器温度过高时，应及时停机检查。

（3）紧固件松动时应及时紧固。

（4）有异常震动及杂音时应及时停机检修。

（5）每班生产完毕后，应将筛网层拆分开，清洁干净后再装上。

4. 维护保养记录样表（表 3-5-35）

表 3-5-35　整粒设备维护保养记录样表

项目	序号	点检内容	点检标准	点检周期	年　月　线　号											
					1	2	3	4	5	6	7	8	9	10	11	12
机械电气设备	1	外表	无油污	每日运行中												
	2	各润滑点	润滑良好	每日运行中												
	3	机械部分	无松动	每日运行中												
	4	电器系统	连接牢靠	每日运行中												
	5	筒壳	固定在机体上	每日运行中												
	6	筛网	清洁、无破损	每日运行中												
	7	开关	正常	每日运行中												
	8	日常运行	运行正常，无异响	每日运行中												
仪表	9	转速表	显示正常	每日运行中												
点检标识		良好　√ 故障　×		点检者												
备注																

第十一节　胶囊剂设备维护

1. 能填写设备的维护保养记录。

2. 能维护保养化胶设备、配液设备、选丸设备、软胶囊干燥设备、脱油设备、混合设备、胶囊抛光设备。

"配液设备的维护保养"在第二节浸出药剂设备维护中介绍，详细参见本章第二节"二、配液罐的维护保养"；"混合设备的维护保养"在第五节气雾剂与喷雾剂设备维护中介绍，详细参见本章第五节"混合设备的维护保养"。本节不再重复论述。

一、化胶罐的维护保养

1. 技能考核点

（1）化胶罐状态的确认检查。

（2）维护保养的内容及注意事项。

（3）按规定要求填写相关记录。

2. 程序及注意事项

（1）程序

①检查上次清洁合格证是否完好。

②每班须检查视孔、灯孔、入孔各连接管处密封性能。密封圈如有损坏应更换。

③经常检查化胶罐压力表及安全阀是否有效。

④运行前应检查搅拌旋转方向，不得反转。

⑤定期对搅拌器减速机运行情况进行检查，减速机润滑油不足时应立即补充，半年换油一次。

⑥检查热水器罐量，不足时需补充。

⑦每天班后或更换品种前，需对本罐及连接管道进行彻底清洗。

（2）注意事项

①检查各连接处密封性能。

②检查压力表与安全阀有无问题。

3. 维护保养记录样表（表3-5-36）

表3-5-36　化胶罐维护保养记录样表

项目	序号	点检内容	点检标准	点检周期	年　月　线　号											
					1	2	3	4	5	6	7	8	9	10	11	12
机械电气设备	1	外表	无污垢	每日运行中												
	2	开关	正常	每日运行中												
	3	连接管	无泄漏	每日运行中												
	4	搅拌器	运行正常	每日运行中												
	5	搅拌器减速机	运行正常	每日运行中												
	6	密封圈	无损坏	每日运行中												
	7	热水器	罐量充足	每日运行中												
仪表	8	压力表	显示正常	每日运行中												
	9	安全阀	显示正常	每日运行中												
	10	温度	显示正常	每日运行中												
点检标识		良好　√		点检者												
		故障　×														
备注																

二、选丸设备的维护保养

滴制法通常选择震荡筛选丸机，详细参见本章第十三节"选丸设备的维护保养"。

压制法通常选用灯检法和人工选丸法，以下详细介绍灯检法。

1. 技能考核点

（1）灯检机状态的确认检查。

（2）清洁灯检台面残留物料。

（3）维护保养的内容及注意事项。

（4）按规定要求填写相关记录。

2. 程序及注意事项

（1）程序

①清洁灯检台面，保证每次灯检后无污物残留。

②每次使用前均应检查灯检台灯源亮度，保证足够亮度，并对亮度不足灯源及时更换。其余参见第二节"四、灯检机的维护保养"。

（2）注意事项

①检查灯检台面清洁情况。

②检查灯源情况。

3. 维护保养记录样表

维护保养记录参见本章第二节"四、灯检机的维护保养"。

三、软胶囊干燥设备的维护保养

1. 技能考核点

（1）转笼式软胶囊干燥设备状态的确认检查。

（2）维护保养的内容及注意事项。

（3）按规定要求填写相关记录。

2. 程序及注意事项

（1）程序

①定期检查电器系统中各组件和控制回路的绝缘电阻及接地的可靠性，以确保用电安全。

②经常保持两侧胶皮轮上清洁无油，发现油污及时清洁、擦拭，防止意外腐蚀。

③明胶盒和输胶管在停止使用时，及时清洁干净。

④遇到液状石蜡里有杂质或其他原因造成油滚轴滤套出油不畅时，可以将油滚轴端部的进油管从旋转接头上摘下，然后将杂质等从滤套上清除，即可使用。

⑤每班要检查主机传动同步带、输送机输送带及送丸器输送带的张紧程度，发现过松则应及时调整。

⑥定期清理接连烘干机上风机罩的进风口，保证干燥用风的清洁与通畅。

（2）注意事项

①各部件清洁情况。

②主机传动同步带、输送机输送带及送丸器输送带的张紧程度。

③进风口清洁情况。

3. 维护保养记录样表（表3-5-37）

表 3-5-37 选丸设备维护保养记录样表

项目	序号	点检内容	点检标准	点检周期	年　月　线　号											
					1	2	3	4	5	6	7	8	9	10	11	12
机械电气设备	1	外表	无污垢	每日运行中												
	2	开关	正常	每日运行中												
	3	胶皮轮	清洁无残留	每日运行中												
	4	明胶盒	清洁无残留	每日运行中												
	5	输胶管	清洁无残留	每日运行中												

项目	序号	点检内容	点检标准	点检周期	年　月　线　号											
					1	2	3	4	5	6	7	8	9	10	11	12
机械电气设备	6	主机传动同步带	松紧适度	每日运行中												
	7	输送机输送带	松紧适度	每日运行中												
	8	送丸器输送带	松紧适度	每日运行中												
	9	进风口	清洁、通畅	每日运行中												
仪表	10	温度表	显示正常	每日运行中												
点检标识		良好 √　　　　　故障 ×		点检者												
备注																

四、脱油设备的维护保养

1. 技能考核点

（1）正常生产前的脱油设备状态的检查确认。

（2）脱油设备维护保养的内容及注意事项。

（3）按规定要求规范和完善填写相关记录。

2. 程序及注意事项

软胶囊脱油一般采用转笼中加无纺布或滤纸吸附，或采用乙醇洗脱后干燥。

（1）定期检查电器、电路系统各组件的完好性，确保使用安全。

（2）试运行检查运转是否异常。

（3）保持转笼内壁光滑，无尖角、毛刺。

（4）生产后及时清洁，保障无异物残留。

（5）如采用乙醇洗去软胶囊表面的润滑油，应及时干燥，并注意操作时的通风和安全性。

3. 维护保养记录样表（表3-5-38）

表3-5-38　脱油设备维护保养记录样表

项目	序号	点检内容	点检标准	点检周期	年　月　线　号											
					1	2	3	4	5	6	7	8	9	10	11	12
机械电气设备	1	外表	无污垢	每日运行中												
	2	开关	正常	每日运行中												
	3	连接管	密封性良好	每日运行中												
	4	底板	无变形	每日运行中												
	5	转笼	内壁光滑、无尖角、毛刺	每日运行中												
	6	电路系统	无异常	每日运行中												
	7	日常运行	运行正常，无异响	每日运行中												
点检标识		良好 √　　　　　故障 ×		点检者												
备注																

五、胶囊抛光设备的维护保养

1. 技能考核点

（1）胶囊抛光设备状态的确认检查。

（2）维护保养的内容及注意事项。

（3）按规定要求填写相关记录。

2. 程序及注意事项

（1）程序

①设备必须定期维护，使设备发挥应有的性能，设备周围、操作现场要保持清洁。

②日常保养在每天下班的15~30分钟前，由操作人进行，检查部位配件是否缺失，螺丝是否紧固，以防止在使用时脱落。

③润滑：电机轴承半年更换一次润滑脂、锂基脂。

（2）注意事项

①各部件清洁情况。

②各部件固定情况，轴承及链条润滑情况。

3. 维护保养记录样表（表3-5-39）

表3-5-39 胶囊抛光设备维护保养记录样表

项目	序号	点检内容	点检标准	点检周期	年 月 线 号											
					1	2	3	4	5	6	7	8	9	10	11	12
机械电气设备	1	外表	无污垢	每日运行中												
	2	开关	正常	每日运行中												
	3	连接管	密封性良好	每日运行中												
	4	电机轴承	润滑良好	每日运行中												
	5	螺丝	紧固、无脱落	每日运行中												
	6	电路系统	无异常	每日运行中												
	7	日常运行	运行正常，无异响	每日运行中												
点检标识		良好 √		点检者												
		故障 ×														
备注																

第十二节　片剂设备维护

技能要求

1. 能填写设备的维护保养记录。

2. 能维护保养配液设备、混合设备、烘干设备及整粒设备。

"配液设备的维护保养"在第二节浸出药剂设备维护中介绍，详细参见本章第二节"二、配液罐的维护保养"；"混合设备的维护保养"在第五节气雾剂与喷雾剂设备维护中介绍，详细参见本章第五节"混合设备的维护保养"；"整粒设备的维护保养"在第十节颗粒剂设备维护中介绍，详细参见本章第十节"三、整粒设备的维护保养"。本节不再重复论述。本节详细介绍沸腾干燥机的维护保养。

1. 技能考核点

（1）沸腾干燥机状态的检查确认。

（2）维护保养的内容及注意事项。

（3）按规定要求规范和完善填写相关记录。

2.程序及注意事项

（1）经常检查进出料漏的焊接、固定情况，每班检查一次，检查有无开裂、磨损，固定是否牢固，仓壁振动器固定螺栓有无松动、脱落现象，并定期加油，每周 2 次。

（2）检查筒体有无开裂、窜动、变形现象，每班 1 次。

（3）检查托轮、托圈磨损情况，托圈挡块有无开焊、脱落现象，托轮各部位螺栓有无松动现象，每班 1 次。

（4）检查小齿、大齿圈磨损情况，各部位螺栓有无松动、齿有无断裂现象，大齿圈弹簧板有无断裂、开焊现象。每两天往大小齿轮注入黄油 1 次，保持其良好的润滑。

（5）检查主传动、慢动部位的各部位螺栓有无松动，检查减速机内润滑油情况，减速机内润滑油保持在油标上、下刻度 2/3 处，低于下刻度需向减速机内注入规定的润滑油，每班检查 1 次。

（6）检查筒体内与物料板、导料板有无开焊、磨损、脱落、变形，每停机必须进行检查。

（7）检查各处阀门的开启情况，阀门开闭灵活，使用要可靠，各联接螺栓要齐全紧固，每班 1 次。

（8）干燥箱内耐火材料有无开裂脱落现象，停机 8 小时以上必须进行检查。

3.维护保养记录样表（表 3-5-40）

表 3-5-40　沸腾干燥机维护保养记录样表

项目	序号	点检内容	点检标准	点检周期	年　月　线　号											
					1	2	3	4	5	6	7	8	9	10	11	12
机械电气设备	1	外表	无污垢	每日运行中												
	2	筒体	无开裂、无窜动、无变形	每日运行中												
	3	进出料口	无开裂、无破损	每日运行中												
	4	仓壁振动器	无松动	每日运行中												
	5	螺栓	无松动	每日运行中												
机械电气设备	6	减速机润滑油	油量充足	每日运行中												
	7	阀门	灵活无损坏	每日运行中												
	8	干燥箱内耐火材料	无开裂、无脱落	每日运行中												
	9	开关	正常	每日运行中												
仪表	10	温度	显示正常	每日运行中												
	11	风量	显示正常	每日运行中												
点检标识	良好 √			点检者												
	故障 ×															
备注																

第十三节 滴丸剂设备维护

技能要求

1. 能填写设备的维护保养记录。
2. 能维护保养化料设备、脱油设备及选丸设备。

"化料设备的维护保养"在第八节栓剂设备维护中介绍,详细参见本章第八节"一、化料设备的维护保养";"脱油设备的维护保养"在第十一节胶囊剂设备维护中介绍,详细参见本章第十一节"四、脱油设备的维护保养"。本节不再重复论述。本节详细介绍选丸设备的维护保养。

1. 技能考核点

（1）选丸机状态的检查确认。

（2）维护保养的内容及注意事项。

（3）按规定要求填写相关记录。

2. 程序及注意事项

（1）离心式自动选丸机的螺距、倾角和表面光滑度是影响选丸效果的关键因素,所以螺旋式选丸机的维护和保养重点是确保设备不受外力的挤压和撞击,防止螺旋轨道发生形变,防止滑道表面划伤或者撞击形变,每次生产结束要对滑道进行清洁,保持干爽洁净即可。

（2）筛丸机的正常使用环境应在5~35℃,相对湿度不大于80%,维护保养重点是对震动传动机构的润滑维护和保养,定期确认震动频率,确认筛网的孔径尺寸,是否发生形变或磨损。

（3）选丸岗每次生产前检查筛网的完整性,禁止使用严重变形或破损的筛网;每次大清时,需要清洁擦丸机的出风风道,将出风风道内的存留物清除干净。

（4）环境湿度较大时,擦丸机冷凝水管道会聚集大量冷凝水,需将冷凝水及时排出。

（5）擦丸机运转时应识别擦丸机转笼电机、进出风的风道是否有异响,如有异响及时维修。

3. 维护保养记录样表（表3-5-41）

表3-5-41 选丸设备维护保养记录样表

项目	序号	点检内容	点检标准	点检周期	年　月　线　号											
					1	2	3	4	5	6	7	8	9	10	11	12
机械电气设备	1	外表	无污垢	每日运行中												
	2	开关	正常	每日运行中												
	3	筛网	无变形、无磨损	每日运行中												
	4	滚筒筛	无污垢、无损坏变形	每日运行中												
	5	检丸器	清洁、闸门灵活	每日运行中												
	6	电器系统	无老化、松动、脱落	每日运行中												
	7	螺钉	无松动	每日运行中												
	8	电机	油泵内油位达要求	每日运行中												
	9	日常运行	运行正常,无异响	每日运行中												
点检标识		良好 √		点检者												
		故障 ×														
备注																

第十四节　泛制丸与塑制丸设备维护

1. 能填写设备的维护保养记录。

2. 能维护保养炼蜜设备、混合设备、烘干设备及选丸设备。

"混合设备的维护保养"在第五节气雾剂与喷雾剂设备维护中介绍，详细参见本章第五节"混合设备的维护保养"；"烘干设备的维护保养"在第一节提取物设备维护中介绍，详细参见本章第一节"七、烘干箱的维护保养"；"选丸设备的维护保养"在第十三节滴丸剂设备维护中介绍，详细参见本章第十三节"选丸设备的维护保养"。本节不再重复论述。本节详细介绍炼蜜设备的维护保养。

1. 技能考核点

（1）炼蜜设备状态的检查确认。

（2）维护保养的内容及注意事项。

（3）按规定要求填写相关记录。

2. 程序及注意事项

1）日常维护保养

（1）每班前后检查设备。检查设备外观，应整体干净、整齐。检查电气部分，各按钮开关反应正常，如果发现异常应及时调整、修理或更换。不得使用有异常状况的设备。

（2）检查压力表、安全阀、真空管道、阀门、温度表是否完好。检查各种软管及接头是否完好、无破损、无泄漏。各蜜、水管道阀门处于关闭状态。

（3）检查温、炼蜜系统过滤器，如过滤网破损应及时更换。

（4）运行中操作员应随时监控设备的运行状态。如果发现异常情况要及时停机，检查故障原因，如需要维修人员进行检修，及时报修。

（5）每班后，按清洁规程要求擦拭设备。保持设备的清洁、整齐。

（6）清晰完整地填写运行记录。

2）二级维护保养

（1）每三个月进行二级保养，由维修工、电工与操作员共同实施。

（2）维修工检查机械状态。

①检查轴承润滑情况，检查减速器是否亏油，有无渗漏，油质是否合格。如达不到使用要求，要进行润滑或更换。

②检查各罐的密封情况，如有密封问题要及时解决，对老化密封垫、圈进行更换。

③操作工清洗过滤器，清洗中若发现不易冲洗掉的污物，可手工去除。发现滤网破损，应及时更换。

④维修工更换的零部件应使用原厂部件，如果不使用原厂部件，应由本厂设备科进行统一采购。标准件应选用符合国家标准且与本厂洁净级别要求相当的部件。更换前应检查零部件的完整性。不得安装不合格的零部件。

⑤结束保养工作后，维修工应将设备恢复原状。特别是拧好各种螺丝钉。防止金属异物混入物料的可能。

（3）电工检修控制箱。

①对电器控制箱进行除尘，各接线端子无松动现象，电线无老化迹象。

②热继电器、熔断器等电力原件反应灵敏，能在电路超负荷时起到保护作用，如反应迟钝要进行更换。

（4）检查设备运行记录，有无故障记录，异常声响、异常升温的记录。

如果发现异常应及时调整、修理或更换。需要两人以上操作时，操作员应协助维修人员完成维修保养工作。

（5）完成以上维护保养工作后，维修工应收集好自己的工具，不得遗留在现场。

（6）保养后的清洁。

①操作员用洁净的擦布蘸饮用水擦拭设备外表面两遍，擦拭后不得有污迹。用饮用水加温涮洗罐体设备内表面两遍，涮洗后将水排净。

②操作员使用洁净的干擦布擦拭配电盘和按钮开关。

③用干棉纱擦拭电机等。

（7）填写二级维护保养记录。

3）三级维护保养

（1）每三年进行一次，由维修工与电工共同完成，需要时操作员应配合完成三级保养。

（2）进行二级保养的工作。

（3）拆卸检查滚动轴承完好情况并进行润滑。轴承有损伤的要更换。

（4）更换减速器润滑油。轴承用钙基脂黄油各 2ml，减速器用 50# 机油加至油镜 2/3 处。

（5）检查电机转数（一般空载检查），与电机标称的额定值进行比较，差异超过 5% 时应更换电机。

（6）检查电气线路及开关、控制按钮、电线的完好。如果发生线路老化、损坏应进行更换。

（7）保养后清洁设备，清晰完整地填写三级维护保养记录。

4）有关安全的特别提示

（1）擦拭和保养工作必须在停机断电的情况下进行。

（2）两人以上进行维护保养工作要相互协调。

（3）电气故障应由电工进行维修。

3. 维护保养记录样表（表 3-5-42）

表 3-5-42 炼蜜设备维护保养记录样表

项目	序号	点检内容	点检标准	点检周期	年　　月　　线　　号											
---	---	---	---	---	1	2	3	4	5	6	7	8	9	10	11	12
机械电气设备	1	外表	无污垢	每日运行中												
	2	开关	正常	每日运行中												
	3	炼蜜腔	无污垢	每日运行中												
	4	搅拌装置	运转正常	每日运行中												
	5	加热系统	正常	每日运行中												
	6	管道、阀门	无滴漏	每日运行中												
	7	过滤器	无污垢、无损坏变形	每日运行中												
	8	炼蜜储罐	干燥清洁	每日运行中												
	9	电器系统	无异常	每日运行中												
	10	电线	无老化、无松动脱落	每日运行中												
	11	密封垫、圈	无破损	每日运行中												
仪表	12	温度表	显示正常	每日运行中												
	13	压力表	显示正常	每日运行中												
	14	安全阀	显示正常	每日运行中												
点检标识		良好　√		点检者												
		故障　×														
备注																

第十五节　胶剂设备维护

 技能要求

1. 能填写设备的维护保养记录。
2. 能维护保养过滤设备、浓缩设备。

一、板框过滤器的维护保养

1. 技能考核点

（1）板框过滤器状态的检查确认。

（2）维护保养的内容及注意事项。

（3）按规定要求填写相关记录。

2. 程序及注意事项

（1）检查滤板间密封面的密封性能，如有松动、漏液等现象及时更换。检查板框过滤器的各连接部件有无松动，应及时紧固调整。

（2）要经常清洗、更换板框过滤器的滤材，工作完毕时应及时清理残渣，不能在板框上干结成块，以防止再次使用时漏料。经常清理水条和排水孔，保持畅通。

（3）要经常更换板框过滤器的机油或液压油，对于转动部件要保持良好的润滑。压紧轴或压紧螺杆应保持良好的润滑，防止有异物。

（4）压力表应定期校验，确保其灵敏度。

（5）过滤器长期不用应上油封存，板框应平整地堆放，防止弯曲变形。

（6）每班检查液压系统工作压力和油箱内油量是否在规定范围内。

（7）操作人员应随时打扫设备卫生，保持过滤器干净整洁，使设备本体及周围无滤饼、杂物等。

3. 维护保养记录样表（表3-5-43）

表3-5-43　板框过滤器维护保养记录样表

项目	序号	点检内容	点检标准	点检周期	年　月　线　号											
					1	2	3	4	5	6	7	8	9	10	11	12
机械电气设备	1	外表	无污垢	每日运行中												
	2	内表面	无异常磨损	每日运行中												
	3	滤芯或滤袋	无破损、无堵塞	每日运行中												
	4	密封圈	无破损	每日运行中												
	5	各装置	运行正常，无松动、无异常响声	每日运行中												
	6	机械密封	无磨损、无漏气	每日运行中												
	7	板框	无弯曲变形	每日运行中												
	8	转动部件	润滑良好	每日运行中												
仪表	9	压力	显示正常	每日运行中												
	10	温度	显示正常	每日运行中												
点检标识	良好　√			点检者												
	故障　×															
备注																

二、胶剂浓缩设备（蒸汽夹层锅）的维护保养

1. 技能考核点

（1）蒸汽夹层锅状态的检查确认。

（2）维护保养的内容及注意事项。

（3）按规定要求填写相关记录。

2. 程序及注意事项

（1）为保持清洁，锅体每使用一次，即应清洗一次。使用蒸汽压力，不得长时间超过额定工作压力。

（2）进汽时应缓慢开启进汽阀，达到所需用压力为止，冷凝水出口处的截止阀，如装有疏水器，应始终将阀门打开；如无疏水器，则先将阀门打开直到有蒸汽溢出时再将阀门关小，开启程度保持在有少量水汽溢出为止。

（3）压力表和安全阀应定期检查，如有故障及时调换和修理。用户可根据使用蒸汽的压力，自行调整安全阀。

（4）使用过程中，注意蒸汽压力的变化，用进汽阀适时调整。

（5）停止进气后，应将锅底的直嘴旋塞开启，放完余水。

（6）可倾式和搅拌式夹层锅，每班使用前，应在各转动部位加油。

（7）定期检查蜗轮、蜗杆的啮合度，如间隙过大，可通过蜗杆上的轴承调节。

3. 维护保养记录样表（表3-5-44）

表 3-5-44 蒸汽夹层锅维护保养记录样表

项目	序号	点检内容	点检标准	点检周期	年 月 线 号											
					1	2	3	4	5	6	7	8	9	10	11	12
机械电气设备	1	外表	无污垢	每日运行中												
	2	电路装置	正常	每日运行中												
	3	进气管	无泄露	每日运行中												
	4	出水管	无泄露	每日运行中												
	5	蒸汽进出阀门	灵活无损坏	每日运行中												
	6	锅体	清洁、无漏气、是否减薄到2mm以下	每日运行中												
	7	转动部位	润滑良好	每日运行中												
	8	冷凝水	正常排放	每日运行中												
仪表	9	压力表	显示正常	每日运行中												
	10	安全阀	显示正常	每日运行中												
点检标识		良好 √		点检者												
		故障 ×														
备注																

第十六节 膏药设备维护

1. 能填写设备的维护保养记录。

2. 能维护保养粉碎设备、筛分设备、化料设备及炼油设备。

"粉碎设备的维护保养""筛分设备的维护保养"在第九节散剂、茶剂与灸熨剂设备维护中介绍,详细参见本章第九节"一、粉碎设备的维护保养""二、筛分设备的维护保养"。"化料设备的维护保养"在第八节栓剂设备维护中介绍,详细参见本章第八节"一、化料设备的维护保养"。本节内容不再重复论述。本节详细介绍炼油设备的维护保养。

1. 技能考核点

(1)炼油设备状态的检查确认。

(2)维护保养的内容及注意事项。

(3)按规定要求填写相关记录。

2. 程序及注意事项

(1)定期清理炸料炼油锅,保持设备外部与内部的干净。

(2)检查清理油管、放料管,保证管道畅通。

(3)检查各部位的密封情况,发现跑、冒、滴、漏,及时进行检修。

(4)温度表应按规定时间进行校对,不合格的严禁使用。

(5)填写设备维护保养记录。

3. 维护保养记录样表 (表3-5-45)

表3-5-45 炼油设备维护保养记录样表

项目	序号	点检内容	点检标准	点检周期	年　月　线　号											
					1	2	3	4	5	6	7	8	9	10	11	12
机械电气设备	1	外表	无污垢	每日运行中												
	2	锅体	无破损	每日运行中												
	3	油管	畅通、无堵塞	每日运行中												
	4	放料管	畅通、无堵塞	每日运行中												
	5	阀门	密封、无跑冒滴漏现象	每日运行中												
	6	管路	无泄漏	每日运行中												
仪表	7	温度	显示正常	每日运行中												
点检标识		良好 √		点检者												
		故障 ×														
备注																

第十七节　制剂与医用制品灭菌设备维护

技能要求

1. 能填写设备的维护保养记录。
2. 能维护保养干热灭菌设备、紫外线灭菌设备。

一、干热灭菌设备的维护保养

1. 技能考核点

（1）干燥灭菌设备状态的检查确认。

（2）维护保养的内容及注意事项。

（3）按规定要求填写相关记录。

2. 程序

（1）工作人员按洁净区更衣、更鞋标准操作规程更衣更鞋后进入工作岗位。

（2）设备使用前应确认干热灭菌柜已有"已清洁"标识。

（3）核对待灭菌区的待灭菌物品名称和数量，将待灭菌物品逐件整齐摆放在灭菌柜各板层上，要求各物品之间留有3cm以上的空隙。同时注意，灭菌物品放置时应尽可能避开冷点位置。

（4）将设备状态标识更换为"正常运行"。

（5）按净化热风循环烘箱标准操作规程〔LT.Z 02–08（o）–037〕进行干热灭菌操作，灭菌程序为250℃，60分钟。

（6）灭菌物品取用后，按净化热风循环烘箱清洁标准操作规程进行清洁。

3. 注意事项

（1）在灭菌过程中密切注意升温速度，若灭菌过程中出现温度掉落，达不到250℃，在5分钟以内的，在原定灭菌时间达到后延长5分钟；超过5分钟的，则应重新启动灭菌程序。灭菌操作过程中及时做好记录。

（2）在冷却过程中不得关闭压缩空气。

4. 要求

（1）保持设备清洁，各部件齐全有效。

（2）每班按要求检查风筒、管道等部件是否有泄漏现象。

（3）控制探头要定期校验，一般半年或一年校验一次。

（4）经常检查各紧固件是否松动，如松动加以紧固。

5. 维护保养记录样表（表3–5–46）

表3–5–46　干热灭菌设备维护保养记录样表

项目	序号	点检内容	点检标准	点检周期	年　月　线　号											
---	---	---	---	---	1	2	3	4	5	6	7	8	9	10	11	12
机械电气设备	1	水、气管路	无泄露、无破损、无腐蚀	每日运行中												
	2	排风风机	运转正常	每日运行中												
	3	进风口	运转正常	每日运行中												
	4	循环风机	运转正常	每日运行中												
	5	门开关	无损坏	每日运行中												
	6	风筒	无泄漏	每日运行中												
	7	日常运行	运行正常，无异响	每日运行中												

项目	序号	点检内容	点检标准	点检周期	年 月 线 号											
					1	2	3	4	5	6	7	8	9	10	11	12
仪表	8	温度	显示正常	每日运行中												
	9	压力表	显示正常	每日运行中												
	10	压差表	显示正常	每日运行中												
点检标识		良好 √		点检者												
		故障 ×														
备注																

二、紫外灭菌灯的维护保养

1. 技能考核点

（1）紫外灭菌灯状态的检查确认。

（2）维护保养的内容及注意事项。

（3）按规定要求填写相关记录。

2. 程序

（1）日常保持紫外灯管无尘、无油垢。

（2）每次记录使用时间，确认在有效期内。

3. 注意事项

（1）操作人员应记录灯管的累计使用时间，当接近平均寿命 3000 小时，或发现消毒灭菌效果不合格时，应更换新灯管。

（2）高压紫外线灯有强烈的辐射，观察和接近灯管时应戴有色眼镜和穿工作服，防止灼伤眼睛和皮肤。

（3）紫外线灭菌的适宜温度为 10~55℃，相对湿度 45%~60%。

（4）紫外线以直线传播，强度与距离的平方成比例减弱。被灭菌物品应当与紫外灯距离较近，通常在房间里安装的紫外灯距地面 1.8~2.0m。

（5）紫外线穿透力弱，但能穿透清洁的空气和纯净的水。在药品生产领域广泛用于空气灭菌与表面灭菌。

4. 要求

（1）经常保证设备清洁、完好。

（2）按相关规定进行维护、检修。

5. 维护保养记录样表（表 3-5-47）

表 3-5-47　紫外线灭菌灯维护保养记录样表

项目	序号	点检内容	点检标准	点检周期	年 月 线 号											
					1	2	3	4	5	6	7	8	9	10	11	12
机械电气设备	1	开关	无损坏	每日运行中												
	2	紫外灯管	无尘、无污垢	每日运行中												
	3	紫外灯强度	使用时间	每日运行中												
	4	电器线路	完好、无破损	每日运行中												
点检标识		良好 √		点检者												
		故障 ×														
备注																

扫一扫看大纲

第一章 制剂准备

第一节 生产文件准备

知识要点

1. 生产管理文件种类。
2. 生产文件管理相关知识。

一、生产管理文件种类

按照药品生产质量管理规范（GMP）的要求，药品生产管理的文件按其属性分为标准性文件和记录两大类。标准性文件可分为：管理规程（SMP）、技术标准（STP）和操作规程（SOP）。

（1）**管理规程（SMP）** 是指经批准用于行使生产、计划、指挥控制等管理职能而制定的书面要求，为一般的管理制度、标准、程序等。

（2）**技术标准（STP）** 包括产品生产工艺，物料（原料、辅料、包装材料）与产品（中间产品、成品）的质量标准。

（3）**操作规程（SOP）** 是指经批准用以指示操作的通用性文件或管理方法，是按工艺流程制订生产操作的标准规程。

（4）**记录** 包括生产记录（批生产记录、批包装记录、生产操作记录）及各种台账、凭证等。

二、生产文件管理内容

生产管理部门应设文件管理人员，负责文件的管理和控制，包括生产文件（包括生产记录）的接收、复印、发放、保管、收回等工作；负责按规定接收和下发文件，保证每一个生产岗位均有与该岗位相关的文件；严格按照文件管理要求复制生产文件和记录；确保生产现场为现行版本文件，无过期文件；确保填写记录内容正确。

技能要点

1. 检查生产管理文件的完整齐备。
2. 核对批生产指令与工艺规程的一致。

一、检查生产管理文件的完整齐备

生产前应有岗位负责人员对生产现场所用生产文件进行是否完整齐备，对照本岗位文件审核表进行核对，确认本岗位文件完整齐备。相关样表见表4-1-1。

表 4-1-1　检查生产管理文件的完整齐备样表

产品名称			产品批号	
规　格			生产岗位	
审 核 项 目	标　准		审核情况	
			车间	岗位
1.工艺要求	完整齐备		是□　否□	是□　否□
2.设备要求	完整齐备		是□　否□	是□　否□
3.清场要求	完整齐备		是□　否□	是□　否□
审核人 / 日期			复核人 / 日期	
结论：				
备注：				

二、核对批生产指令与工艺规程的一致性

生产前岗位应有负责人员对部门下发的生产指令，对照生产工艺规程进行生产技术参数、工艺参数的核对，保证批生产指令与工艺规程的一致性。相关样表见表 4-1-2。

表 4-1-2　核对批生产指令与工艺规程的一致性样表

产品名称			产品批号	
规　格			生产岗位	
审 核 项 目	标　准		审核情况	
			车间	岗位
1.生产技术参数	与工艺规程的一致性		是□　否□	是□　否□
2.工艺参数	与工艺规程的一致性		是□　否□	是□　否□
审核人 / 日期			复核人 / 日期	
结论：				
备注：				

第二节　生产现场准备

相关知识要求

生产设备试运行管理相关知识。

生产设备试运行管理包括：设备运行、设备

清洁、日志记录。

1. 设备运行

生产设备应当有明确的操作规程；生产设备应当在确认的参数范围内使用；生产设备应当有

明显的状态标识，标明设备编号和内容物（名称、规格、批号），没有内容物的应当标明清洁状态；不合格的设备如有可能应当搬出生产和质量控制区，未搬出前，应当有醒目的状态标识；设备主要固定管道应当标明内容物名称和流向。

2. 设备清洁

生产设备清洁的操作规程应当规定具体而完整的清洁方法、清洁用设备或工具、清洁剂的名称和配制方法、去除前一批次标识的方法、保护已清洁设备在使用前免受污染的方法、已清洁设备最长的保存时限、使用前检查设备清洁状况的方法，使操作者能以可重现的、有效的方式对各类设备进行清洁。

如需拆装设备，还应当规定设备拆装的顺序和方法；如需对设备消毒或灭菌，还应当规定消毒或灭菌的具体方法、消毒剂的名称和配制方法。必要时，还应当规定设备生产结束至清洁前所允许的最长间隔时限。

已清洁的生产设备应当在清洁、干燥的条件下存放。

3. 日志记录

用于药品生产或检验的设备和仪器，应当有使用日志。记录内容包括使用、清洁、维护和维修情况以及日期、时间、所生产及检验的药品名称、规格和批号等。

技能要求

技能要点

　　1. 开机检查设备运行状态。
　　2. 在确认符合生产要求后，悬挂设备"运行状态"标识。

生产车间应建立生产现场状态标识管理规程，以便规范操作，保证设备、物料等能反映正确的状态。

一、开机检查设备运行状态

1. 开机前检查

（1）设备是否有"完好设备"状态标识，确认机器处于完好状态。

（2）检查设备润滑情况。

（3）检查设备模具配件型号规格是否匹配。

（4）自控系统是否灵敏。

（5）检查设备推（送）料系统连接是否完好。

（6）检查电源开关及自控开关是否安全。

2. 设备试运行

粉碎机、混合机、压片机等中小型单体设备，进行单机试车后即可交付生产。对复杂的大型机组、生产作业线等，特别是跨不同洁净区域、不同生产环节等连续生产的产品，必须进行单机、联动、投料等试车阶段。

试运行一般可分为准备工作、单机试车、联动试车、投料试车和试生产五个阶段来进行。前一阶段是后一阶段试车的准备，后一阶段的试车必须在前一阶段完成后才能进行。

大型项目设备试运行的顺序，要根据安装施工的情况而定，但一般是公用设备先试车，然后再对产品生产系统的各个装置进行试车。试运行中，一般采取以下顺序：①先无负荷到负荷；②由部件到组件，由组件到单机，由单机到机组；③先主动系统后从动系统；④先低速逐级增至高速；⑤先手控、后遥控，最后进行自控运转。

设备技术人员、岗位操作人员应参加试运行的全过程，做好各种检查及记录，如：传动系统、电气系统、润滑、液压、气动系统的运行状况。试车中如出现异常，应立即进行分析并采取相应措施。

试运行中发现故障或异常，应立即停止试运行，在分析原因排除故障后，才能重新启动试运行。

3. 试运行评价

按照设备参数、工艺要求，考核运行结果是否符合预期的规定（表4-1-3）。

二、悬挂设备"运行状态"标识

1. 生产设备应当有明显的状态标识，标明设备编号和内容物（名称、规格、批号）；没有内容物的应当标明清洁状态。

2. 不合格的设备如有可能应当搬出生产和质量控制区，未搬出前，应当有醒目的状态标识。

3. 设备主要固定管道应当标明内容物名称和流向。

4. 设备状态通常有以下四种情况：

①运行：表明此设备正在进行生产操作；

②完好：表明生产已结束，设备未运行且无故障；

③停用：表明设备未运行，有故障且未检修；

④检修：表明设备有故障且正在进行维修。

设备运行状态记录样表见表4-1-4。

表 4-1-3 试运行评价清单

产品名称		产品批号	
规　　格		生产岗位	
核对项目	核对内容	标　　准	审核情况
1. 标签标识	设备	与批生产指令的一致性	是□　否□
	操作间		是□　否□
2. 清场	设备	悬挂合格标识	是□　否□
	容器具		是□　否□
	生产现场		是□　否□
3. 洁净区	压差	与产品生产环境要求的适用性	是□　否□
	温度		是□　否□
	湿度		是□　否□
4. 连接状态	输送管道	连接完好	是□　否□
	设备		是□　否□
5. 设备运行	单机运行	运行状态良好	是□　否□
	联动运行		是□　否□
	投料运行		是□　否□
	试生产		是□　否□
	状态标识	悬挂在指定位置	是□　否□
审核人/日期		复核人/日期	
结论：			
备注：			

表 4-1-4　设备运行状态记录表

设备名称						设备编号			
运行记录						数据记录			
日期	开机时间	维修时间	故障描述	原因	产品型号	生产记录	合格数量	合格率	记录员

第二章　配料

第一节　领料

> **知识要点**
>
> 1. 领料异常情况处理相关规定。
> 2. 洁净区域物料交接相关规定。

一、领料异常情况处理相关规定

领用的原辅料和包装材料必须符合药品生产要求，领料过程中出现异常必须通报现场质量人员和车间管理人员，及时处理，减少因物料异常对产品质量或生产进度造成的影响。

1. 进入生产区之前

在领料过程中如发现物料性状异常（物料为透明包装，可以直接目视检查包装表面有无异物、物料颜色是否正常等）、包装严重破损导致原辅料有漏出或者包装材料不能正常使用、物料数量异常、批次信息错误等情况，需要及时与库房人员确认，并通知生产主管和质量保证（QA）人员，检查同批次领入的其他物料是否存在异常。生产主管和QA人员应根据结果评估异常物料的影响，对异常物料做隔离或直接退库处理，必要时提报GMP事件，防止异常物料进入生产区。

2. 进入生产区之后

物料领入生产区进入到暂存间，在登记台账或生产过程中发现异常，包括原辅料性状异常（内包装表面附着异物、内包装破损、物料混入异物、物料结块等），印字包装材料印刷问题（批号错误、错字、错行等），卷材类包装材料出现断裂、毛边严重，物料条码签信息（名称、批号、

数量）与物料不一致，影响正常生产时，应立即停止使用异常物料，并上报生产主管和QA人员。同时对本批次领入的其他物料进行反查，由生产主管和质量管理员对问题影响进行评估，及时提报GMP事件，对异常物料按照规定进行处理，避免对产品生产带来影响。

二、洁净区域物料交接相关规定

1. 进出洁净区物料交接

所有物品物料进入洁净区必须经过外清洁间清洁后，经缓冲间进入洁净区。废弃物及其他出车间的物品物料必须经过缓冲间、外清洁间出洁净区。外清洁间、缓冲间与洁净区相通的门采用互锁装置，避免同时开启。

库房人员根据领料申请，将原辅料、包装材料运输至外清洁间。同时通知洁净区物料管理员，物料管理员将洁净区专用周转车放入缓冲间。库房人员将物料除去外包装，同时需要核对物料条码签与物料的内标识信息一致（物料条码签由库房人员进行粘贴，包含物料名称、物料编码、批次、有效期、供应商等信息），核对无误后将外包装上的物料条码签揭下并粘贴在内包装上。若外包装不能除去则由生产人员在外清洁间对该物料外表面进行清洁。库房人员将处理好的物料转移到洁净区专用周转车上。库房人员只能进入缓冲间。

2. 洁净区内物料交接

车间生产的中间产品、待包装产品在转存的

时候需要由转入人员、物料管理员共同确认，包括物料名称、物料编码、批号、数量、状态。

每日或每批生产结束后，中间站物料管理员与物料或产品转运人员共同确认中间产品、待包装产品的数量及可用肉眼观察到的质量状况（包装有无破损、药品有无洒落、有无异物），确认合格后将半成品存放到指定位置，挂上相应的状态标识，并填写进站台账。

批生产结束后，物料管理员对待验品悬挂待验状态标识。质量管理员负责确认检验结果，检验合格通知现场负责人，并在批记录上签字及记录日期，中间站管理员在该批半成品存放处挂上合格状态标识，等待转序通知。

中间产品、待包装产品按照批号分区域码放整齐，做好标识并与账物卡相符。

中间站物料管理员接到转序通知后，再次核对将要转序批号产品是否处于合格状态，同时复核该批的数量、肉眼可观察到的质量状况（包装有无破损、有无异物），并由现场质量管理员确认。

接收工序的岗位负责人验收转序的产品品名、数量和质量，若符合下一工序要求，则与中间站物料管理员共同填写转序单并签字，由现场质量管理员最终签字确认。转序时领用人员应及时填写出站台帐。

技能要求

技能要点

1. 及时上报物料的异常情况。
2. 防护进出洁净区域的物料。

一、物料异常情况上报

1. 物料质量异常

物料质量异常指原辅料的性状出现异常（结块、颜色异常、存在异物等）。出现质量异常时，应不接收或暂停使用，及时通报 QA 人员，提报 GMP 事件。检查该批次领入的所有原辅料，确认异常物料种类及数量，将有异常的物料分离，单独存放，并做好记录和标识，异常物料数量较多影响生产的需要再次领料。问题严重的由 QA 人员对本次领入的同批物料全部冻结，做退库处理，领用其他批次物料保证生产正常进行。

2. 包装异常

包装异常包括：印字包装材料出现印刷错误（批号错误、错字、错行等），卷材类包装材料出现断裂、毛边严重，原辅料从包装中有漏出或者包装材料有破损无法正常使用等。出现包装异常应通知现场 QA 人员和车间管理人员，提报 GMP

事件，检查该批次领入原辅料、包装材料，确认没有问题后方可继续使用，剩余可用的物料如果不满足生产要求，需要再次领料，因包装破损不能使用的物料做退库处理。

3. 物料信息异常

物料接收过程中发现数量、批次异常，未粘贴合格证或物料条码签，合格证或物料条码签上信息与物料不一致等信息不符情况，物料管理员暂不接收，通知库房人员，由库房人员处理。

二、进出洁净区域物料的防护

所有物料只能经由缓冲间或者带有缓冲功能的传递窗进出洁净区，物料进出洁净区保护及要求如下：

1. 物料进洁净区

（1）物料在进洁净区之前必须有包装，且外包装不能脱掉或有明显破损（内包装不允许有破损），非生产物料必须经过必要的清洁才能进入洁净区。

（2）进入洁净区之前须脱掉外包装，并存放在指定位置（仓储区或者外清洁间），一般由库房人员拆除物料的外包装，若外包装不能除去则由生产人员在外清间对该物料外表面进行清洁。

（3）库房人员开启缓冲间至外清间一侧的房门，同时保证缓冲间至洁净区的房门关闭，在拆外包装的过程中物料合格证或条码签不得撕毁，需要从外包装取下并立即粘贴在对应的内包装上，等生产人员进一步核对物料信息。

（4）库房人员在拆包装过程要保证物料内包装的整洁，必要时用抹布清理内包装。

（5）库房人员将只剩内包装的物料平稳放在物料周转车上，避免因扔掷物料出现的内包装破损。

（6）退去外包装的物料全部转移到周转车后，库房人员关闭缓冲间的门，退至外清洁间，然后车间物料管理员进入缓冲间，做物料交接，没有问题后，将物料运出缓冲间至洁净区，之后关闭缓冲间至洁净区一侧房门。

（7）通过传递窗进入洁净区的物料要求和流程与上面一致，进入传递窗之前物料必须经过必要清洁，非洁净区人员开启传递窗后将物料放在传递台上，待外侧窗门关闭后洁净区接收人员才可开启洁净区一侧传递窗门取走物料，并关闭传递窗。

2. 物料出洁净区

（1）物料退库　退库物料必须进行必要包装，使用塑料袋或者纸箱包装，保证物料不会发生混淆，不会出现物料洒落，用扎带或封口签密封，并张贴标识或标签。库房人员按照车间需求将空箱送入外清间，清洁人员在外清间对该车辆和空箱进行清洁，库房人员当场确认清洁后方可进入缓冲间；洁净区操作人员把退库物料放入停在缓冲间车辆上的空箱内，在该空箱上贴上退库标签，质保部的QA人员进行确认并签字；库房人员进入缓冲间，按照要求清点转出物料，如出现差错则立即通知洁净区物料管理员重新进行核对，无误后方可接收。

（2）通过传递窗转移　转移前用双层塑料袋包装，整理、称重、扎口，由洁净区岗位人员通过传递窗直接交给非洁净区岗位人员运到指定位置。

第二节　称量

相关知识要求

称量异常情况处理相关规定。

称量过程中出现的异常情况要及时处理，避免对生产过程和产品质量造成不良影响。

1. 称量器具异常

（1）称量器具位置发生变化不影响称量器具正常使用的，需要用校验工具（标准砝码）对称量器具重新校验，如果没有校验工具的需要联系专业计量人员进行校验，保证称量器具的正常使用。

（2）称量器具无法正常工作、不能开机、因磕碰造成的称量和显示部件变形、不显示称量结果等，需要提交GMP事件，及时报告异常，与质量人员一起，确定应急处理措施，保障生产正常运行，并联系计量人员、质量人员、供应商尽快确认影响，避免同类事件发生。

2. 称量过程及结果异常

（1）称量过程中出现原、辅物料洒落，被污染不能再次使用的，收集包装后，存放到指定区域，做好记录和标识，按照不合格品处理。

（2）称量结果出现异常，及时报告生产和质量管理人员，追溯称量过程。从称量器具、称量人员操作、物料等方面分析产生数据异常的原因，并按照GMP事件中制定的预防纠正措施处理。

技能要求

技能要点

1. 及时上报称量物料的数值差异。

2. 复核批生产记录与批生产指令的一致性,并移交下一工序。

一、称量物料的数值差异上报

称量过程中出现的物料数值异常要及时上报车间管理人员,避免对生产过程和产品质量造成不良影响。

(1)称量过程中出现数值不稳定,导致不能正常读取称量数值,需要及时上报车间管理人员,更换新的电子天平进行称量操作,并追查电子天平出现异常的原因。

(2)首次称量数据和称量复核数据两者差异较大,超过电子秤的检定分度值时,需要及时上报车间管理人员,并提报 GMP 事件,追查原因。

二、批生产记录的复核与移交

1. 复核与移交

批生产指令是指根据生产需要下达的、有效组织生产的指令性文件。称量的批生产记录是记录产品称量过程中的相关数据及参数,批生产指令要附在批生产记录上面,跟随生产流程走,最后连同其他记录一起装订成批生产记录,因此生产指令是批记录的一部分。

生产过程中所有称量操作都要复核,以保证批生产记录与批生产指令的一致性。复核内容包括被称量物料的品名、编码、规格、批号、数量等;计量衡器称量范围,是否有校验合格证,是否在有效期内;衡器校正、置零;称量好的物料及其重量,复核其皮重、毛重、净重、剩余物料净重等。另外,所有计算复核要以原始记录为依据进行复核、计算确认,包括批生产指令工艺处方及投料量计算,粒重计算,原辅料、印刷包装材料用量的复核以及各岗位收率、物料平衡计算的复核等。

称量过程中,注意填写设备使用日志(表4-2-1)和批生产记录。设备使用日志填写无误后存放在设备旁指定位置。

生产结束后复核过的批记录经车间主任和现场质量主管签字确认,上交给质量管理部,与产品放行单一起交质量授权人审批放行,由质量管理部门统一存档于档案室。

表 4-2-1 称量设备使用日志

封面

文件编号:

设备使用日志

设备名称:_____

规格型号:_____

资产编号:_____

使用部门:_____

安装位置:_____

使用日期:___年__月__日至___年__月__日

日志内容

使用日期:_____年____月____日

班前检查	设备状态为_____ □正常 □异常 □故障		确认人:_____
	设备部件齐全_____ □是 □否		复核人:_____
	仪器仪表在校验期内_____ □是 □否		
	设备安全防护措施正常_____ □是 □否		
	清洁□/消毒□ 在有效期内____ □是 □否		

开始时间	结束时间	生产品种名称	规格	批号	操作人员

班后检查	设备状态为_____□正常 □异常 □故障 设备部件齐全_____□是 □否			确认人：_____ 复核人：_____	
清洁操作			□是 □否		

开始时间	结束时间	清洁规程	清洁人	检查人

维护操作		□是 □否		

开始时间	结束时间	维护内容	维护人	检查人

维修操作		□是 □否		

开始时间	结束时间	维修内容	维修人	检查人

2. 复核批生产记录注意事项

（1）操作记录位于各岗位的操作现场，每一步操作过程结束后须及时、准确地填写记录，笔迹应足以保证其复印清晰可见，确保字迹清楚并能够被书写人以外的其他人识别。

（2）不得用铅笔或圆珠笔填写，应使用蓝色或黑色的钢笔或签字笔填写。

（3）记录不得随意撕毁或任意涂改。不得使用修正液、修正带。记录填写的任何更改都应当签注姓名和日期，并使原有信息仍清晰可辨，必要时，应说明理由。记录如需重新誊写，原有记录不得销毁，应作为重新誊写记录的附件保存，重新领取的记录要进行登记并注明原因，并在誊写的记录上有部门领导或主管的签字和誊写日期。

（4）按表格内容填写齐全，不得留有空格，如无内容填写时要用"—"或"/"或"NA"表示，

以证明不是填写者疏忽。

（5）不能省略填写或简写，应按标准名称填写。操作者和复核者均应填全名，不得只写姓或名。当内容与上项内容相同时应重复抄写，不得省略或用"同上"表示，不得写"→"；需要写数据的不得写"符合规定"或"符合"；需要写意见的不得空项，必须注明意见并签名。

（6）记录的签名必须亲笔签字，不得代笔或盖印章。

（7）填写日期一律横写，并不得简写。如"2018.03.05"，不得写为"18.3.5"。

（8）应当尽可能采用生产和检验设备自动打印的记录、图谱和曲线图等，并标明产品或样品的名称、批号和记录设备的信息。所有打印品、图表、照片和其他类似文件必须签注姓名和日期。如果需要将原始记录粘贴在日志上，应采用骑缝方式签署姓名和日期。

第三章 制备

药品生产工艺由多个相互联系、相互影响的操作环节组成，严格、规范的操作是药品生产工艺持续稳定、生产出合格药品及安全操作的根本保障。本章内容涉及提取物制备、浸出药剂制备、液体药剂制备、注射剂制备、气雾剂与喷雾剂制备、软膏剂与乳膏剂制备、贴膏剂制备、栓剂制备等17个部分。

每个操作工序开始前都应进行查验上一工序的标识卡内容是否完整，核对物料与标识卡的名称、编号是否相符；确认配电柜、电路、电机等处于正常运行状态，各仪表正常联结；确认设备及环境已清场合格；无与上批物料有关的任何标记；操作结束后，都应按照工艺要求填写生产记录和清场。这些内容参见相关章节，本章不再论述。

第一节 提取物制备

相关知识要求

1. 水蒸气蒸馏法的含义、适用范围、操作方法与设备；多功能提取设备水蒸气蒸馏的操作。

2. 常压蒸发、减压蒸发、薄膜蒸发、多效蒸发的含义、特点、常用设备与操作。

3. 浓缩的含义、目的及影响浓缩效率的因素。

4. 相对密度测定法。

5. 精制的含义、目的与方法。

6. 水提醇沉法的含义与操作。

中药提取物制备方法的选择应根据处方中药材特性及所含组分的理化性质、剂型要求及工艺特点、溶剂性质和生产实际等综合考虑。常用的提取方法主要有煎煮法、浸渍法、渗漉法、回流法、水蒸气蒸馏法等；常用的分离方法有沉降分离法、离心分离法、滤过分离法；常用的干燥方法有烘干法、减压干燥法、喷雾干燥法、沸腾干燥法等。初级工、中级工部分介绍了煎煮法、浸渍法、离心分离、干燥等相关知识，在此基础

上，进一步介绍浸提、精制、浓缩相关知识，包括水蒸气蒸馏法，水提醇沉法，常压、减压、薄膜、多效蒸发法等。

多功能提取设备水蒸气蒸馏的操作规程参见技能部分"一、使用多功能提取设备提取挥发油"，常压蒸发设备的操作规程参见技能部分"二、使用常压蒸发器浓缩药液"，减压蒸发的操作规程参见技能部分"三、使用减压蒸发器浓缩药液"，薄膜蒸发设备的操作规程参见技能部分"四、使用薄膜蒸发器浓缩药液"，多效蒸发设备的操作规程参见技能部分"五、使用多效蒸发器浓缩药液"，相对密度测定法参见技能部分"六、测定浓缩液相对密度""七、测定浸膏相对密度"，醇沉设备的操作规程参见技能部分"八、使用醇沉罐精制药液"。

一、浸提

1. 水蒸气蒸馏法

（1）含义 水蒸气蒸馏法是将含有挥发性

成分的药材，通入水蒸气或与水共蒸馏，使挥发性成分随水蒸气一并蒸馏出，并经冷凝后进行油水分离得到挥发性成分的一种浸提方法。基本原理：根据道尔顿定律，相互不溶也不起化学作用的液体混合物的蒸汽总压，等于该温度下各组分饱和蒸汽压（即分压）之和。因此，尽管各组分本身的沸点可能高于混合液的沸点，但当分压总和等于大气压时，液体混合物即开始沸腾并被蒸馏出来。

（2）适用范围　水蒸气蒸馏法适用于具有挥发性，且能随水蒸气蒸馏出而不被破坏，与水不发生反应、难溶或不溶于水的化学成分的提取分离，如挥发油的提取。

（3）水蒸气蒸馏的方法与设备　水蒸气蒸馏法分为：共水蒸馏法、通水蒸气蒸馏法和水上蒸馏法。

① 共水蒸馏法：将药材置于筛板或直接放入蒸馏锅内，加水浸没药材，加热进行蒸馏的方法。该方法常用于挥发油的提取。由于可以同时得到挥发性成分和药材的水煎液，故又称"双提法"。

② 水上蒸馏法：将药材置于筛板上，向锅内加入满足蒸馏要求的水量，但水面不得高于筛板，并能保证水沸腾至蒸发时不溅湿料层。一般采用回流水，保持锅内水量恒定以满足产生足够饱和蒸汽将挥发性成分蒸馏出。

③ 通水蒸气蒸馏法：将药材置于筛板上，在筛板下安装一条带孔环行管，由外来带压蒸汽通过小孔直接喷出，进入筛孔通过药材层进行加热并达到蒸汽状态，将与水互不相溶的挥发性成分随水蒸气馏出。

常用设备为带有挥发油油水分离装置的多功能提取罐，或带挥发油油水分离器的多功能提取罐组集成的挥发油专用提取生产线。

二、精制

1. 含义

精制是采用适当的方法和设备除去提取液中杂质的操作。经浸提得到的浸提液，为满足制剂和质量需要对浸出药液进行适当纯化处理，富集有效组分并除去非功效组分。

2. 方法

常用的纯化精制方法有：水提醇沉淀法、醇提水沉淀法、酸碱调节法等，其中以水提醇沉淀法应用尤为广泛。随着科学技术的发展，超滤法、澄清剂法、大孔树脂吸附法愈来愈受到重视，尤其是超滤法和大孔吸附树脂技术，已在中药提取物制备中得到较多的研究和应用。

水提醇沉法

（1）含义与工艺依据　水提醇沉法是先以水为溶剂浸提药材有效成分，将浸提液进行浓缩得到浓缩液后，再加入乙醇至一定浓度沉淀去除杂质的方法。广泛用于中药水浸提液的纯化，以降低制剂的服用量，或增加制剂的稳定性和澄清度，也可用于制备具有生理活性的多糖和糖蛋白。工艺设计依据：

① 根据药材成分在水和乙醇中的溶解性：通过水和不同浓度乙醇交替处理，可以选择性地溶解保留生物碱类、苷类、黄酮类、蒽醌、香豆素、氨基酸、有机酸等有效成分，沉淀蛋白质、黏液质、纤维素、蜡质、树脂、树胶、糊化淀粉、油脂等无效成分或杂质；

② 根据生产的实际情况：水为生产中最常用的溶剂，浸出范围广，选择性差，极易浸出大量的无效成分，一般提取液体积大，有效成分含量低，不利于制剂，醇沉可以除去某些杂质，达到精制、减小剂量、便于制剂的目的。同时乙醇沸点适中（78℃），来源广泛易得，可回收重复使用。如采用其他有机溶剂则损耗大、成本高、有安全隐患等。

（2）操作方法　中药材饮片用水提取后滤过，滤液浓缩至一定的相对密度，加入乙醇至规定的醇浓度，静置冷藏适当时间，分离去除沉淀，回收乙醇后制得澄清的液体。操作要点包括：

① 药液的浓缩：水提取液应经浓缩后再加乙醇处理，这样可使沉淀完全，减少乙醇用量。实际生产中，判断正在加热的清膏及成品膏是否达到规定的相对密度，除了按《中国药典》要求的采用比重瓶法外，通常用波美计测量。

② 药液温度：为减少和防止乙醇挥发，加入

乙醇时，药液温度一般为室温。

③ 加醇的方式：多次醇沉、慢加快搅有助于杂质的除去和减少有效成分的损失。

④ 含醇量的计算：调药液含醇量达某种浓度时，只能将计算量的乙醇加入到药液中，采用乙醇计在含醇的药液中测量的方法是不正确的。

⑤ 冷藏与处理：醇沉后一般在室温或5~10℃下静置12~24小时，以加速胶体杂质凝聚，便于分离。但若含醇药液降温太快，微粒碰撞机会减少，会导致沉淀颗粒较细，难于滤过。醇沉液充分静置冷藏后，先虹吸上清液，下层稠液再慢慢过滤。

三、浓缩

（一）含义及影响因素

1. 含义

浓缩是指在沸腾状态下，经传热过程，利用气化作用将挥发性大小不同的物质进行分离，从液体中除去溶剂得到浓缩液的操作。中药提取液经浓缩可制成一定规格的半成品，或进一步制成成品，或浓缩成过饱和溶液使析出结晶。

2. 影响因素

对于中药提取物制备而言，浓缩是必不可少的工艺步骤，药液中所含成分性质、溶剂种类、浓缩温度与真空度、浓缩操作模式等都会影响浓缩的效率。蒸发浓缩在沸腾状态下进行时效率最高，沸腾蒸发的效率常以蒸发器的生产强度来表示。即单位时间、单位传热面积上所蒸发的溶剂量或水量，而生产强度与传热温度差及传热系数成正比，与蒸汽的二次气化潜能成反比。

（1）传热温度差的影响　气化是由于获得了足够的热能，使分子振动能力超过了分子间内聚力而产生的。因此，在蒸发过程中必须不断地向料液供给热能。良好的传导传热必须有一定的传热温差。

提高加热蒸汽的压力可以提高传热温度差，但应注意可能导致热敏性成分破坏。采用减压方法适当降低冷凝器中二次蒸汽的压力，可降低料液的沸点和提高传热温度差。因此及时移去蒸发

器中的二次蒸汽，有利于蒸发过程顺利进行。

传热温度差的提高也应有一定的限度。因为要维持冷凝器中二次蒸汽过低的压力，则真空度过高，既不经济，也易因料液沸点降低而引起黏度增加，使传热系数降低。

蒸发操作过程中，随着蒸发时间的延长，料液浓度增加，其沸点逐渐升高，会使传热温度差逐渐变小，蒸发速率变慢。

在蒸发过程中还需要控制适宜的液层深度。因为下部料液所受的压力（液柱静压头）比液面处高，相应的下部料液的沸点就高于液面处料液的沸点，形成由于液柱静压头引起的沸点升高。沸腾蒸发可以改善液柱静压头的影响。一般不宜过度加深液层的深度。

（2）传热系数的影响　传热系数越大，蒸发浓缩效率越高。增大传热系数的主要途径是减少各部分的热阻。通常管壁热阻很小，可略去不计；在一般情况下，蒸汽冷凝的热阻在总热阻中占的比例不大，但操作中应注意对不凝性气体的排除，否则，其热阻也会增大。管内料液侧的垢层热阻，在许多情况下是影响传热系数的重要因素，尤其是处理易结垢或结晶的料液时，往往很快就在传热面上形成垢层，致使传热速率降低。为了减少垢层热阻，除了要加强搅拌和定期除垢外，还可以从设备结构上改进。

（二）方法与设备

1. 常压蒸发

（1）含义　常压蒸发是药液在一个大气压下进行蒸发的方法，又称常压浓缩。

（2）特点　若待浓缩药液中的有效成分耐热，而溶剂又无燃烧性、无毒害、无经济价值，可采用此法进行浓缩。大规模化中药提取物制备过程中一般不采用。浓缩速度慢、时间长，药物成分容易破坏；适用于非热敏性药物的浓缩。

（3）常用设备　常用设备为带夹层的敞口蒸发锅，不减压的单效浓缩器。

2. 减压蒸发

（1）含义　减压蒸发是在密闭的容器内，抽

真空降低内部压力，使药液的沸点降低而进行蒸发的方法，又称减压浓缩，是最常用的浓缩方法。

（2）特点　减压蒸发，属于低温蒸发，能够防止或减少热敏性物质的分解；增大传热温度差，强化蒸发操作；并能不断地排除溶剂蒸汽，有利于蒸发顺利进行；同时，沸点降低，可利用低压蒸汽或废气加热。但料液沸点降低，其气化潜热随之增大，因而减压蒸发比常压蒸发会消耗更多的加热蒸汽。

（3）常用设备

①减压浓缩装置：通过抽气减压使药液在减压和较低温度下浓缩，可以在浓缩过程中回收乙醇等有机溶剂。减压浓缩时应避免由于冷凝不充分或真空度过大，造成乙醇等有机溶剂损失，减压蒸发设备示意图如下（图4-3-1）。

②真空浓缩罐：对于以水为溶剂提取药液，常用真空浓缩罐进行浓缩。

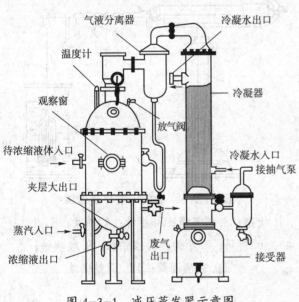

图 4-3-1　减压蒸发器示意图

3.薄膜蒸发

（1）含义　薄膜蒸发是使药液在蒸发时形成薄膜，增加气化表面进行蒸发的方法，又称薄膜浓缩。薄膜蒸发的进行方式有两种：一是使液膜快速流过加热面进行蒸发；二是使药液剧烈地沸腾使产生大量泡沫，以泡沫的内外表面为蒸发面进行蒸发。前者在短暂的时间内能达到最大蒸发量，但蒸发速度与热量供应间的平衡较难掌握，料液变稠后易黏附在加热面上，加大热阻，影响

蒸发，故较少使用。后者目前使用较多，一般采用流量计控制液体流速，以维持液面恒定，否则也易发生前者的弊端。

（2）特点　蒸发速度快，受热时间短；不受药液静压和过热影响，成分不易被破坏；可在常压或减压下连续操作；能将溶剂回收重复利用。

（3）常用设备　常用的浓缩设备有升膜式薄膜蒸发器、降膜式薄膜蒸发器、刮板式薄膜蒸发器、离心式薄膜蒸发器。

升膜式薄膜蒸发器示意图如下（图4-3-2）。

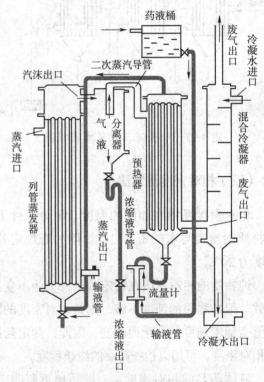

图 4-3-2　升膜式蒸发器示意图

4.多效蒸发

（1）含义　多效蒸发系将两个或多个减压蒸发器并联形成的浓缩设备。操作时，药液进入减压蒸发器后，给第一个减压蒸发器提供加热蒸汽，药液被加热后沸腾，所产生的二次蒸汽通过管路通入第二个减压蒸发器中作为加热蒸汽，这样就可以形成两个减压蒸发器并联，称为双效蒸发器。同样可以有三个或多个蒸发器并联形成三效或多效蒸发器。制药生产中应用较多的是二效或三效浓缩。

（2）特点　由于二次蒸汽的反复利用，因此多效蒸发器是节能型蒸发器，能够节省能源，提

高蒸发效率。为了提高传热温差，多效蒸发器一般在真空下操作，使药液在较低的温度下沸腾。

（3）常用设备　常用的设备为双效浓缩器和三效浓缩器。并流式三效蒸发流程图如下（图4-3-3）。

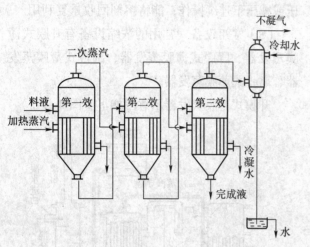

图 4-3-3　并流三效蒸发流程图

（三）相对密度测定法

相对密度系指在相同的温度、压力条件下，某物质的密度与水的密度之比。除另有规定外，温度为 20℃。

纯物质的相对密度在特定的条件下为不变的常数。但如物质的纯度不够，则其相对密度的测定值会随着纯度的变化而改变。因此，测定药品的相对密度，可用以检查药品的纯杂程度。

液体药品的相对密度，一般用比重瓶测定；测定易挥发液体的相对密度，可用韦氏比重秤。用比重瓶测定时的环境（指比重瓶和天平的放置环境）温度应略低于 20℃ 或各品种项下规定的温度。比重瓶和韦氏比重秤的示意图如下（图4-3-4，图4-3-5）。

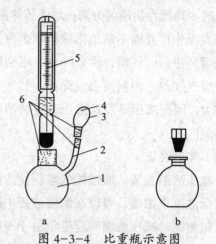

图 4-3-4　比重瓶示意图

1.比重瓶主体；2.侧管；3.侧孔；
4.罩；5.温度计；6.玻璃磨口

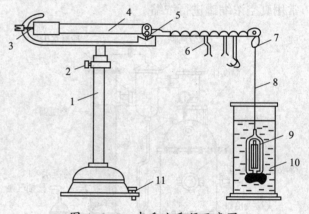

图 4-3-5　韦氏比重秤示意图

1.支架；2.调节器；3.指针；4.横梁；5.刀口；
6.游码；7.小钩；8.细铂丝；9.玻璃锤；
10.玻璃圆筒；11.调整螺丝

技能要求

1.使用多功能提取设备提取挥发油。

2.使用常压蒸发设备、减压蒸发设备、薄膜蒸发设备、多效蒸发设备浓缩药液。

3.测定浓缩液、浸膏的相对密度。

4.使用醇沉设备精制药液。

中药提取物的制备过程，一般由浸提、分离、浓缩、干燥等工序构成。各工序执行的程度，直接影响到了提取物的质量。

一、使用多功能提取罐提取挥发油

1.技能考核点

（1）确认拟投料中药材饮片满足挥发油提取

要求。

（2）确认多功能提取罐的设备状态符合挥发油提取的要求。

（3）掌握挥发油提取开始计时的时间点。

（4）根据挥发油提取过程中凝水温度和量，进行蒸汽压力调节。

（5）水蒸气直接蒸馏过程中，能够维持油水分离器中油水的平衡，保持油水不会从分油口中溢出。

2. 操作程序、操作规程及注意事项

（1）操作程序　投料前确认→投料→提取→放液→出渣处置→清场→填写记录

（2）操作规程

① 关闭提取罐底盖，控制底盖的开合气缸关闭底盖，再控制底盖的锁紧气缸将底盖锁紧。

② 加料：打开多功能提取罐加料口，使投料设备与加料口联通，加料完毕后关闭加料口。加料过程应开启除尘系统。

③ 加溶媒：反冲洗与切线循环阀门应处于关闭状态。打开饮用水管路阀加水或打开其他溶媒管路阀加溶媒。

④ 浸提模式确定：若正常提取，放空口处于打开状态；若回流提取，关闭放空口，打开回流管阀门；若收油提取，打开收油器阀门。

⑤ 加热：打开蒸汽总阀门，打开底部和夹层进蒸汽阀门，开始加热。沸腾后，根据工艺要求对蒸汽阀门进行调节，保持溶媒的温度或沸腾状态。

⑥ 如需循环提取时，则打开切线循环管路上阀门，再开启药液泵。循环结束后，关闭循环管路上泵与阀门。

⑦ 出液：药液煎煮完毕后，关闭蒸汽阀，打开出液阀，开启药液泵，将药液输送至相应储罐。

（3）注意事项

① 采用共水蒸馏收集挥发油时，需要适当调节夹层及底部蒸汽阀门，保证收油过程中，回流量始终符合工艺要求。

② 采用直通蒸汽收集挥发油的过程中，当收油器内挥发油达到一定液位时，通过油水分离器中的底部排水阀门控制，使油水分离器中的油水高度维持一定高度，以挥发油不从分油口溢出为宜。

③ 收集挥发油过程中，关注油水分离前的水位变化，随时调节阀门控制油水分离装置的集油状态；按规定分离收集、计量挥发油，并及时填写生产记录。

④ 挥发油收集：将半成品油倒入混合容器中，混合均匀后，静置。将挥发油分离并装入密封的棕色玻璃瓶内。按要求取样后密封容器、称重、计算出油率并做好标识，密封放入冷库储存。

3. 生产记录样表（表4-3-1，表4-3-2）

表4-3-1　多功能提取罐共水蒸馏挥发油生产记录

产品名称			批号			规格		
	月　日　时　分 ——— 月　日　时　分							
操作参数								
罐　号	第（　）号		第（　）号		第（　）号		第（　）号	
实际加水量	L		L		L		L	
开始加热时间	时　分		时　分		时　分		时　分	
开始沸腾时间	时　分		时　分		时　分		时　分	
加热到沸腾时间	分		分		分		分	
蒸馏结束时间	时　分		时　分		时　分		时　分	
蒸馏总时间	分		分		分		分	
各罐挥发油量	L		L		L		L	

操作人 / 日期		复核人 / 日期		
总挥发油静置和分油	从　日　时　分至　日　时　分			
单包装瓶油量	瓶号：　/　　kg	瓶号：　/　　kg	瓶号：　/　　kg	瓶号：　/　　kg
出油率 %	%　　操作人		复核人 / 日期	
备注				

表 4-3-2　多功能提取罐直通水蒸气蒸馏挥发油生产记录

产品名称		批号		规格	
月　日　时　分 —— 月　日　时　分					
操作参数					
罐　号	第（　）号	第（　）号	第（　）号	第（　）号	
水蒸气压力	MPa	MPa	MPa	MPa	
开始直通蒸汽时间	时　分	时　分	时　分	时　分	
凝水开始出油时间	时　分	时　分	时　分	时　分	
停止蒸馏时间	时　分	时　分	时　分	时　分	
蒸馏用时时间	分	分	分	分	
各罐挥发油量	L	L	L	L	
操作人 / 日期		复核人 / 日期			
总挥发油静置和分油	从　日　时　分至　日　时　分				
单包装瓶油量	瓶号：　/　　kg	瓶号：　/　　kg	瓶号：　/　　kg	瓶号：　/　　kg	
出油率 %	%　　操作人		复核人 / 日期		
备注					

二、使用常压蒸发器浓缩药液

1. 技能考核点

（1）按浓缩标准操作规程完成药液的浓缩。

（2）确认浓缩器状态等符合浓缩操作。

（3）理解后期浓缩药液浓缩速度宜适度慢些的原因。

2. 操作程序及注意事项

（1）操作程序　浓缩前准备→加入药液→加热沸腾→搅拌→检测相对密度→收膏→清场→填写记录

（2）注意事项

①浓缩时药液加入量不超过浓缩器容积的2/3，以免加热沸腾时溢出。

②根据药液沸腾程度，适度调节夹层蒸汽，以维持适度的蒸发速度，又保证浓缩不逸锅；浓缩过程应保持浓缩药液的平衡，前期浓缩速度可快些，达到一定稠度后应降低浓缩速度，以避免粘壁结垢。注意及时补加药液，以免造成结壁炭化，影响浸膏质量。

③浓缩过程应注意时时搅拌，防止浓缩药液粘壁和结垢；浓度程度以浸膏达到相对密度为终点。

④浓缩过程中避免触碰浓缩器壁造成烫伤。

3. 生产记录样表（表 4-3-3）

表4-3-3　水浸提药液常压浓缩记录

产品名称			批号		
起止日期		月　日　时　分——　　月　日　时　分			
设备编号		第（　　　　　）号组合浓缩器			
药液过滤确认	过滤设备编号：		过滤滤材：	已过滤□　　未过滤□	
检查人					
水浸提液总体积				L	
时间（每30分钟记录一次）		夹层蒸汽压力		温度	
开始：　时　分					
时　分					
时　分					
时　分					
结束：　时　分					
浓缩总时间		小时　　　分钟			
浓缩液相对密度/温度	（　　　　℃）		浓缩液程度	%	
浓缩液体积		L			
操作人/日期		复核人/日期			
备注					

三、使用减压蒸发器浓缩药液

1. 技能考核点

（1）按浓缩标准操作规程完成药液的浓缩。

（2）确认浓缩器状态等符合浓缩操作要求。

（3）能理解真空、蒸汽压力和进药液量对浓缩操作顺畅性的影响，并能够对这些参数进行调节，以保证浓缩的顺畅进行。

（4）采取措施预防浓缩过程跑料。

2. 操作程序、操作规程及注意事项

（1）操作程序　浓缩前准备→加入药液→加热沸腾→控制真空度和加热蒸汽→检测相对密度→收膏→清场→填写记录

（2）操作规程

①接通电源，开启离心泵，形成负压，在负压达到0.5MPa时，抽吸提取液。

②开启蒸汽，并逐渐开启已被药液浸没的加热环。

③待液面升至规定位置，停止抽液。

④将负压控制在0.08~0.09MPa，蒸汽压力控制在<0.15MPa范围内，保证温度不高于工艺要求的温度，从视镜观察液面应呈沸腾状态，不能出现暴沸及药液随二次蒸汽溢出锅外的情况。

⑤蒸发过程中观察液面下降及沸腾情况，及时向罐内补液，随时观察各压力表指示值，不得超出工艺规定的数值。

⑥浓缩液比重达工艺要求时停机，通过放料阀经筛网过滤，物料存入规定容器中。

（3）注意事项

①确定冷却水循环系统已开，保证浓缩过程中气化的溶媒冷却，使浓缩顺畅进行。

②浓缩罐中的药液量，应不超过浓缩罐视镜的上沿，以避免浓缩时跑料。

③注意浓缩操作方式，一般药液至浓缩罐的规定位置后，先抽真空至规定范围后，再开启蒸汽阀门开度，设定蒸汽压力进行加热。浓缩过程中应不断观察真空度和浓缩温度变化，便于适度调节蒸汽压力，使浓缩顺畅进行。浓缩程度以浸膏达到规定的相对密度为终点。

④浓缩过程出现跑料时，立即适度降低真空度，同时关闭蒸汽阀门。待真空恢复正常后再开启蒸汽阀门和蒸汽压力继续浓缩。

3. 生产记录样表（表4-3-4）

表4-3-4　乙醇药液减压浓缩记录样表

产品名称			批号		
本工序生产起止日期		月　日　时　分　——　月　日　时　分			
设备编号		第（　　　　）号组合浓缩器			
过滤器确认		完好洁净 □　　非完好洁净 □			
检查人/日期					
药液总体积					L
时间		真空度（MPa）		温度（℃）	
开始					
时　分					
时　分					
时　分					
结束					
浓缩开始时间		月　日　时　分			
浓缩结束时间		月　日　时　分			
浓缩总时间		小时　　分钟			
浓缩液相对密度/温度		（　　　℃）	浓缩液程度		%
浓缩液体积		L	回收乙醇：（L/%）		L/　　%
操作人			立复核人/日期		
备注					

四、使用薄膜蒸发器浓缩药液

1. 技能考核点

（1）按浓缩标准操作规程完成药液的浓缩。

（2）确认浓缩器状态等符合浓缩操作要求。

（3）理解真空对浓缩操作顺畅性的影响，并能够对其进行调节，以保证浓缩的顺畅进行。

（4）采取措施预防浓缩过程跑料。

2. 操作程序、操作规程及注意事项

（1）操作程序　浓缩前准备→加入药液→浓缩→控制真空度和药液流速→检测相对密度→收膏→清场→填写记录

（2）操作规程

①开启进料阀，依靠真空度把料液抽进设备中。

②启动旋转薄膜蒸发器的电机，缓慢打开蒸汽阀，让蒸汽进入夹套，从旁通阀排除夹套内不凝性气体后，再接通疏水器。调节蒸汽压力在0.15MPa左右。

③从底部视镜观察出料情况，严禁在设备内部充满液体情况下运转。

④按要求取样分析浓缩液浓度，调节进料阀，开启量大小使浓缩液达到预定需要的浓度。

（3）注意事项

①药液泵与循环泵禁止空转，出液完毕后要及时关泵。

②一般采用流量计控制药液流速，以维持液

面恒定和减少浓缩过程中料液变稠后在加热面上的黏附,影响蒸发效率。浓度程度以浸膏达到规定的相对密度为终点。

③ 压缩机出口管路有冷凝水存在的情况下,不能启动压缩机,否则会对压缩机造成损坏。

3. 生产记录样表(表4-3-5)

表4-3-5 药液浓缩生产记录样表

文件编号			×××提取液浓缩批记录		文件版本号	
					文件生效日期	
物料编号		产品名称		批号	规格	
操作指导			操作记录			
			浓缩开始日期/时间	日 时 分	浓缩结束日期/时间	日 时 分
			检查结果确认	检查人	现场质量人员确认/日期	
			合格□ 不合格□			
			合格□ 不合格□			
			合格□ 不合格□			
			设备编号	浓缩前浸提液总体积		
			生产前检查	合格□ 不合格□		
			操作人	复核人/日期		

1. 生产前检查
xxxxx（内容）
xxxxx
xxxxx
xxxxx
………

2. 提取液按照《MVR浓缩系统使用、清洁标准操作规程》进行操作:
xxxxxxx
xxxxx
xxxxx
xxxxx
xxxxx
……….

3. 注意事项
如控制起泡状态,防止跑药。浓缩相对密度控制最佳1.xxx~1.xxx。

浓缩过程记录（每隔 分钟记录）				
系统状态	预热		蒸发	
蒸汽开启时间	月 日 时 分		月 日 时 分	
阶段起始时间	日 时 分— 日 时 分		日 时 分— 日 时 分	
阶段时长	时 分		时 分	
浓缩参数	时间	一效物料温度（℃）	二效物料温度（℃）	蒸发器真空度（mba）	分离器真空度（mba）
过程参数	时 分				
	时 分			r	r
	时 分				
	时 分				
结束参数	时 分				
相对密度		浓缩液总体积（L）		L	
操作人		复核人/日期			
QA		浓缩液相对密度符合要求,允许出液			
QA确认/日期					

备注

五、使用多效蒸发器浓缩药液

1. 技能考核点

（1）按浓缩标准操作规程完成药液的浓缩。

（2）确认浓缩器状态等符合浓缩操作要求。

（3）能理解真空、蒸汽压力和进药液量对浓缩操作顺畅性的影响，并能够对这些参数进行调节，以保证浓缩的顺畅进行。

（4）采取措施预防浓缩过程跑料。

2. 操作程序、操作规程及注意事项

（1）操作程序　浓缩前准备→加入药液→浓缩→控制真空度和药液流速→检测相对密度→收膏→清场→填写记录

（2）操作规程

①进料：启动进料泵，向第一级进料，同时启动真空泵，调节真空度；当第一级料液达到第一块视镜时，料液靠压差向第二级进料；同样向第三级进料。

②开蒸汽：当第三级开始进料时，缓慢打开第一级蒸汽进气阀门进行加热，调节蒸汽阀门，分别控制各级真空度。

③检测浓缩程度、出料：打开取样阀门，取样检测药液浓度程度。

④调整进料量：根据各效蒸发器中药液液位和出料情况，适当调节各效的进料阀门，使得各效液位保持在合理位置。

（3）注意事项

①浓缩时根据不同品种的要求调节各效真空与温度。一效真空度不得超过 0.04MPa，二效不得超过 0.06MPa，三效不得超过 0.08MPa，但可根据实际情况自行调配各效真空度。浓缩过程随时从视镜观察液面高度和状态，不能出现暴沸及药液溢出的情况。

②浓缩过程中随时观察浓缩状态，及时向罐内补液，严格控制进液速度及蒸发量。若浓缩过程出现跑料现象，应立即消除真空，关闭蒸汽阀门，待料液恢复正常后，再开机调整。

3. 生产记录样表（表 4-3-6）

表 4-3-6　多效浓缩生产记录样表

产品名称		批号	
生产起止日期	月　日　时　分——　月　日　时　分		
设备编号	第（　）号组合浓缩器		
过滤器确认	完好洁净□　非完好洁净□	200目□	
检查人			
提取液总体积			L
时间	真空度（MPa）	温度（℃）	
开始：时　分			
时　分			
时　分			
结束：时　分			
浓缩开始时间	月　日　时　分		
浓缩结束时间	月　日　时　分		
浓缩总时间	小时　分钟		
浓缩液相对密度/温度	（℃）	浓缩液程度	%
浓缩液体积（L）			
操作人	复核人/日期		
备注			

六、测定浓缩液相对密度

1. 技能考核点

（1）按浓缩药液的质量控制要求，预先准备好相对密度测定的相应器具。

（2）按浓缩液相对密度测定的要求，完成浓缩液的相对密度测定。

（3）根据工艺要求的相对密度值规定，选择合适的相对密度计进行测定。

2. 操作程序及注意事项

（1）操作程序　测定准备→取样→测定→填写记录

（2）操作规程

①比重瓶测定法

取洁净、干燥并精密称定重量的比重瓶（图4-3-4a），装满供试品（温度应低于20℃或各品种项下规定的温度）后，装上温度计（瓶中应无气泡），置20℃（或各品种项下规定的温度）的水浴中放置若干分钟，使内容物的温度达到20℃（或各品种项下规定的温度），用滤纸除去溢出侧管的液体，立即盖上罩。然后将比重瓶自水浴中取出，再用滤纸将比重瓶的外面擦净，精密称定，减去比重瓶的重量，求得供试品的重量后，将供试品倾去，洗净比重瓶，装满新沸过的冷水，再照上法测得同一温度时水的重量，按下式计算，即得。

$$供试品的相对密度 = \frac{供试品重量}{水重量}$$

取洁净、干燥的并精密称定重量的比重瓶（图4-3-4b），装满供试品（温度应低于20℃或各品种项下规定的温度）后，插入中心有毛细孔的瓶塞，用滤纸将从塞孔溢出的液体擦干，置20℃（或各品种项下规定的温度）恒温水浴中，放置若干分钟，随着供试液温度的上升，过多的液体将不断从塞孔溢出，随时用滤纸将瓶塞顶端擦干，待液体不再由塞孔溢出，立即将比重瓶自水浴中取出，再用滤纸将比重瓶的外面擦净，精密称定，减去比重瓶的重量，求得供试品的重量后，将供试品倾去，洗净比重瓶，装满新沸过的冷水，再照上法测得同一温度时水的重量，按下式计算，即得。

$$供试品的相对密度 = \frac{供试品重量}{水重量}$$

②韦氏比重瓶法

取20℃时相对密度为1的韦氏比重秤，用新沸过的冷水将所附玻璃圆筒装至八分满，置20℃（或各品种项下规定的温度）的水浴中，搅动玻璃圆筒内的水，调节温度至20℃（或各品种项下规定的温度），将悬于秤端的玻璃锤浸入圆筒内的水中，秤臂右端悬挂游码于1.0000处，调节秤臂左端平衡用的螺旋使平衡，然后将玻璃圆筒内的水倾去，拭干，装入供试液至相同的高度，并用同法调节温度后，再把拭干的玻璃锤浸入供试液中，调节秤臂上游码的数量与位置，使平衡，读取数值，即得供试品的相对密度。

（3）注意事项

①取样量筒和搅拌棒应干燥洁净。

②应注意浓缩液测定相对密度时的温度，测定尽可能快速，避免环境温度影响测定。一般测定两次，取平均值。当浓缩液温度过低时，应将取样在规定温度的恒温水浴中加热至规定温度（±1℃）；若浓缩液温度偏高，应降至规定温度后测定并记录。

③相对密度值未达到规定值时，应重新对浓缩罐药液抽真空，打开进液口阀门，利用真空将取样药液通过进液口进入浓缩罐，继续浓缩至规定的相对密度。

3. 生产记录样表（表4-3-7）

表4-3-7　浓缩药液相对密度测定记录样表

产品名称		批号	
浸膏总质量（kg）		取样量（ml）	
取样编号		检验编号	
检验内容			

比重瓶相对密度测定法：

分析天平编号：　　　　　　　　恒温水浴仪编号：

取洁净、干燥并精密称定重量的比重瓶，精密称定＿＿＿＿g；用洁净滴管装满供试品（温度应低于20℃或各品种项下规定的温度）后，装上温度计（瓶中应无气泡），置20℃（或各品种项下规定的温度）的水浴中放置若干分钟，使内容物的温度达到20℃（或各品种项下规定的温度），用滤纸除去溢出侧管的液体，立即盖上带溢孔的磨口塞。然后将比重瓶自水浴中取出，再用滤纸将比重瓶的外面擦净，精密称定＿＿＿＿g，减去比重瓶的重量，求得供试品的重量＿＿＿＿g，将供试品倾去，洗净比重瓶，装满新沸过的冷水，再照上法精密测定＿＿＿＿g，减去比重瓶重量测得水的重量＿＿＿＿g，按下式计算，即得

$$供试品的相对密度 = \frac{供试品重量}{水重量}$$

浸膏的相对密度 = 浸膏的重量 / 纯水的重量　（合格标准：应在 ×.×××× 至 ×.×××× 范围内）

结论：符合规定□　　　　　　不符合规定□

检验人 / 日期　　　　　　　　　复核人 / 日期

| 备注 | |

七、测定浸膏相对密度

1. 技能考核点

（1）按浸膏相对密度规定的测定方法，熟练完成相对密度的测定；按照浸膏质量控制的要求不同，选择合适的浸膏相对密度测定方法和适宜精度的相对密度计测定。

（2）计算 20℃韦氏比重瓶测定的供试品的相对密度值。

2. 操作程序及注意事项

（1）操作程序　测定准备→取样→测定→填写记录

（2）注意事项

①根据浸膏相对密度控制的要求，选择合适的相对密度测定方法。

②采用比重瓶或韦氏比重瓶法测定相对密度，没有特别说明，测定温度一般为20℃。

③用于测定浓缩液用的比重瓶、装供试品的容器都应是洁净干燥的。

④测定相对密度用的水应是新沸过的蒸馏水。

⑤易挥发液体的相对密度测定，采用韦氏比重瓶法；对于韦氏比重瓶法测定，如比重秤系在4℃时相对密度为1，则用水校准时游码应悬挂于0.9982处，并应将在20℃时测得的供试品相对密度除以0.9982。

3. 生产记录样表（表4-3-8）

表4-3-8　浸膏相对密度测定记录样表

产品名称		批号	
浸膏总质量（kg）		取样量（ml）	
取样编号		检验编号	
检验内容			

比重瓶相对密度测定法：

分析天平编号：　　　　　　　　恒温水浴仪编号：

取洁净、干燥并精密称定重量的比重瓶，精密称定＿＿＿＿g；用洁净滴管装满供试品（温度应低于20℃或各品种项下规定的温度）后，装上温度计（瓶中应无气泡），置20℃（或各品种项下规定的温度）的水浴中放置若干分钟，使内容物的温度达到20℃（或各品种项下规定的温度），用滤纸除去溢出侧管的液体，立即盖上带溢孔的磨口塞。然后将比重瓶自水浴中取出，再用滤纸将比重瓶的外面擦净，精密称定＿＿＿＿g，减去比重瓶的重量，求得供试品的重量＿＿＿＿g，将供试品倾去，洗净比重瓶，装满新沸过的冷水，再照上法精密测定＿＿＿＿g，减去比重瓶重量测得水的重量＿＿＿＿g，按下式计算，即得

$$供试品的相对密度 = \frac{供试品重量}{水重量}$$

浸膏的相对密度 = 浸膏的重量 / 纯水的重量　（合格标准：应在 ×.×××× 至 ×.×××× 范围内）

结论：符合规定□　　　　　　不符合规定□

检验人 / 日期　　　　　　　　　复核人 / 日期

| 备注 | |

八、使用醇沉罐精制药液

1. 技能考核点

（1）按水提醇沉工艺在醇沉罐上完成醇沉操作。

（2）根据浓缩液量，计算加入用于醇沉的乙醇量。

（3）进行加入乙醇操作，并能避免误操作。

（4）理解醇沉温度对醇沉效果的影响，能够发现醇沉过程的异常并及时上报。

（5）确定醇沉上清液是否符合要求，并有解决的方法。

2. 操作程序、操作规程及注意事项

（1）操作程序　醇沉准备→加入药液→醇量计算→搅拌状态下加入乙醇→静置（室温或冷藏）→吸取上清液→滤过→清场→填写记录

（2）操作规程

① 关闭出渣阀。关闭醇沉罐底部出渣阀。

② 装料。将需醇沉的药液储罐出液口与醇沉罐进液口连接管路阀门打开，利用真空进行加料。加药量根据工艺标准要求进行。

③ 加醇。打开醇沉罐搅拌桨，然后打开醇沉罐加醇管路阀进行加醇操作。并再次确认冷冻水阀为打开状态。

④ 搅拌。加醇后搅拌桨继续运行至工艺规定时间。

⑤ 醇沉。搅拌结束后静置醇沉，达到标准要求后取样检测，检测合格后醇沉结束。

⑥ 出液。利用上清液出液装置进行出液操作，将上清液输送至相应储罐。

⑦ 出渣。打开底部出渣阀将底部药渣排出。

（3）注意事项

① 严格按照计算公式计算理论加乙醇量；加醇时药液温度、搅拌速度应符合规定要求。

② 一般以加乙醇结束并搅拌均匀后，开始计算醇沉时间；醇沉时间不得超过工艺所允许的时长。

③ 上清液在吸取过程中，以被吸取清液的液面中任何一点看见渣子（沉淀物）为停止吸取上清液的判断依据。分离后的上清液应目视澄清。

3. 生产记录样表（表4-3-9）

表 4-3-9　醇沉工序生产记录样表

产品名称		批号			规格		
生产工序起止时间		月　日　时　分 —— 月　日　时　分					
醇沉罐号		第（　）号罐			第（　）号罐		
阀门状态确认		正常□　异常□			正常□　异常□		
高浓度乙醇实测浓度		%		乙醇实测温度		℃	
折合成20℃时乙醇浓度		%					
罐浓缩液量（L）							
计算理论罐乙醇用量（L）							
罐乙醇实际用量（L）							
加醇搅拌起止时间	开始	月　日　时　分			月　日　时　分		
	结束	月　日　时　分			月　日　时　分		
搅拌时间总计（分）							
醇沉静置开始时间		月　日　时　分			月　日　时　分		
醇沉静置结束时间		月　日　时　分			月　日　时　分		
醇沉静置时间		小时　分			小时　分		
分离上清液体积（L）							
操作人			复核人／日期				
备注							

第二节 浸出药剂制备

相关知识要求

> 1. 单糖浆、糖浆剂、合剂的制备。
> 2. 糖浆剂、合剂的质量要求。
> 3. 相对密度测定法。

浸出药剂系指用适宜的溶剂和方法浸提饮片中有效成分，直接或再经一定的制备工艺过程而制得的可供内服或外用的一类制剂，常用浸出制剂主要有酒剂、酊剂、露剂、煎膏剂、糖浆剂、合剂等。

在初级工、中级工部分已经介绍了浸出药剂制备的基础操作，酒剂、酊剂、露剂、煎膏剂、糖浆剂、合剂的含义与特点，浸出制剂的配液操作、煎膏剂的制备、精滤操作、浸出制剂的质量要求等内容。在此基础上，介绍浸出制剂中糖浆剂的制备方法、设备、质量要求等内容。

"相对密度测定法"参见第一节理论部分"（三）相对密度测定法"。

一、糖浆剂

（一）单糖浆剂的制备

单糖浆剂的制备方法有热溶法和冷溶法两种。

（1）**热溶法** 将蔗糖加入沸蒸馏水，加热使溶解，滤过，从滤器上加蒸馏水至规定容量，即得。

热溶法的优点是蔗糖易于溶解，糖浆易于滤过，同时可以杀死微生物，滤除因加热而凝固的少量蛋白质，使糖浆利于保存。但加热时间不宜太长（一般沸后5分钟），温度不宜超过100℃，否则转化糖的含量过高，制品的颜色容易变深。故最好在水浴或蒸汽浴上进行，溶后即趁热保温滤过。

（2）**冷溶法** 在室温下将蔗糖溶解于蒸馏水中，待完全溶解后，滤过，即得。

冷溶法的优点是制得的糖浆色泽较浅或呈无色，转化糖较少。因糖溶解时间较长，生产过程中容易受微生物污染，故常用密闭容器或渗漉筒溶解。

（二）糖浆剂的制备

糖浆剂制备的一般工艺流程为：浸提→净化→浓缩→配制→滤过→分装→成品。

根据药物性质有热溶法、冷溶法和混合法。热溶法和冷溶法同单糖浆制备方法。热溶法适用不含挥发性成分的糖浆、受热较稳定的药物糖浆和有色糖浆的制备；冷溶法适用于对热不稳定或挥发性药物制备糖浆。

混合法：将药物与单糖浆直接混合而制得。药物如为水溶性固体，可先用少量蒸馏水制成浓溶液后再与单糖浆混匀；在水中溶解度较小的药物，可加少量适宜的溶剂溶解，再加入单糖浆中混匀；药物为可溶性液体或液体制剂，可直接加入单糖浆混匀；药物为含乙醇的制剂（如酊剂、流浸膏剂等），与单糖浆混合时往往发生浑浊而不易澄清，可加适量甘油助溶，或加滑石粉等作助滤剂滤净；药物为水浸出制剂，因含蛋白质、黏液质等易发酵、长霉变质，可先加热至沸腾后5分钟使其凝固滤除，必要时可浓缩后加乙醇处理；药物如为干浸膏应先粉碎后加少量甘油或其他适宜稀释剂，在研钵中研匀后再与单糖浆混匀。

糖浆剂的制备需要使用到化糖罐、调配罐、初滤设备、精滤设备、储液罐、干燥灭菌机、洗瓶机、灯检机、灌封机等设备。

（三）质量要求与检查

糖浆剂应澄清；在贮存期间不得有酸败、异

臭、产生气体或其他变质现象。含药材提取物的糖浆剂，允许含少量轻摇即散的沉淀。

糖浆剂含糖量应不低于45%（g/ml），必要时可添加适量的乙醇、甘油和其他多元醇作稳定剂；加入抑菌剂品种与用量应符合国家标准的有关规定，且不影响成品的稳定性，并应避免对检验产生干扰。在制剂确定处方时，同时应进行抑菌效力检查。通常山梨酸和苯甲酸的用量不得超过0.3%（其钾盐、钠盐的用量分别按酸计），羟苯酯类的用量不得过0.05%。必要时可加入适量的乙醇、甘油或其他多元醇作稳定剂。

按照《中国药典》糖浆剂项下的要求检查相对密度、pH值、装量、微生物限度，应符合规定。

二、合剂

（一）合剂的制备

合剂制备的一般工艺流程：
浸提→净化→浓缩→分装→灭菌→成品。

1. 浸提

一般按汤剂的煎煮法进行浸提。若方中有含挥发性成分的药材，可先用水蒸气蒸馏法提取挥发性成分，药渣再与其他药材一起煎煮。此外，亦可根据药材有效成分的特性，选用不同浓度的乙醇或其他溶剂，采用渗漉法、回流法等方法浸提。

2. 净化

多数均采用水提醇沉法纯化处理。

3. 浓缩

浓缩程度一般以每日服用量在30~60ml为宜。经醇沉纯化处理的合剂，应先回收乙醇，再浓缩，每日服用量控制在20~40ml。在汤剂基础上制成的合剂，其浓缩程度原则上与每日服用剂量相等。

4. 分装

药液中加入一定量的矫味剂、防腐剂等附加剂，经粗滤、精滤后，灌装于无菌洁净干燥的容器中，或者按单剂量灌装于指形管或适宜容器中，密封。

5. 灭菌

一般采用煮沸灭菌法、流通蒸汽灭菌法或热压灭菌法进行灭菌。

合剂的制备需要使用到化糖罐、调配罐、初滤设备、精滤设备、储液罐、洗瓶机、灯检机、灌封机等设备。

（二）合剂的质量要求与检查

按照《中国药典》合剂项下的要求检查装量、微生物限度、pH、相对密度。应符合规定。

技能要求

技能要点

1. 使用化糖设备制备单糖浆。
2. 使用配液设备制备糖浆剂、合剂。
3. 测定药液的相对密度。

一、使用化糖罐制备单糖浆

1. 技能考核点

（1）单糖浆调配操作。

（2）单糖浆的质量要求及检测方法。

2. 操作程序、操作规程及注意事项

（1）操作程序　准备→投料→加热→过滤→调配→清场→填写记录

（2）操作规程

① 称量前校正台秤，进行称量，做到称量轻、稳。

② 在化糖罐中加入纯化水，将纯化水加热至60℃时，按照指令要求将定量的蔗糖缓慢加入化

糖罐中，边加边搅拌，直到糖浆溶液全部澄明后停止加热。

③待降温至规定温度后经输送泵、滤器抽送至配液罐中。

（3）注意事项

① 化糖罐、输料管道按规定进行循环清洁、消毒。

② 配制用水应使用新制且贮存时间不超过24小时的纯化水。

③ 加入蔗糖后，加热时间不宜过长（溶液加热至沸后5分钟即可），温度不宜超过100℃，以免转化糖量增多，糖浆剂颜色变深。

④ 单糖浆浓度为85%（g/ml）或64.72%（g/g），可用糖度计检测。

3. 生产记录样表（表4-3-10）

表4-3-10 化糖罐制备单糖浆操作记录样表

产品名称		批号		规格	
生产工序起止时间		月 日 时 分 ——		月 日 时 分	
配制罐号		第（　）号罐		第（　）号罐	
设备状态确认		正常□ 异常□		正常□ 异常□	
温度（℃）					
压力（MPa）					
蔗糖量（kg/L）					
配制时间	开始	月 日 时 分		月 日 时 分	
	结束	月 日 时 分		月 日 时 分	
搅拌速度（r/min）					
成品情况					
含糖量					
总量（kg/L）					
外观性状					
操作人		复核人 / 日期			
备注					

二、使用配液罐配制糖浆剂

1. 技能考核点

（1）配液罐配制糖浆剂的调配操作。

（2）糖浆剂防腐剂的添加要求。

2. 操作程序、操作规程及注意事项

（1）操作程序　准备→投料→配制→清场→填写记录

（2）操作规程

① 根据生产部门下达的批生产指令单领取配制物料，将浓缩好的浸膏、药液、蔗糖、纯化水等及其他原辅料称量、复核。操作人员核对物料品名、规格、数量后，由领料人及保管员在领料单上签字。

② 按指令要求向化糖罐加入定量纯化水，投入称量好的蔗糖，加热搅拌，使其溶解完全后降温至规定温度，经输送泵、过滤器抽送至配液罐。

③ 将称量好的药液经输送泵抽送至配液罐，搅拌至均匀。

④ 按化糖罐使用要求加入一定量的纯化水冲洗化糖罐两次，冲洗液一并抽至配液罐。

⑤ 向配液罐中加入纯化水至药液总量，并打

开搅拌器搅拌，使药液混合均匀，经输送泵、过滤器抽送至贮液罐。

⑥ 根据产品工艺要求，将纯化水或其他辅料加入配液罐中，调配至工艺规定量，搅拌时间至工艺要求的时间即可。

⑦ 灌封前经微孔滤膜过滤一遍，配好的药液过滤后及时请验，由车间化验室检测澄清度、pH值、相对密度和性状等。悬挂状态标志，标明药液品名、产品批号、生产时间、配液量等，请验合格后，由车间 QA 发放中间产品报告书，通知灌封岗位，进行灌封。

（3）注意事项

① 根据工艺要求选用热熔法、冷溶法或混合法。

② 配液时加纯化水，宜慢加快搅。临近终点时，更要小心操作，防止水过量。

③ 加入蔗糖后，加热时间不宜过长，以免转化糖量增多。

④ 多数情况下，糖浆剂需加入防腐剂，山梨酸和苯甲酸的用量不得超过 0.3%（其钾盐、钠盐的用量分别按酸计），羟苯酯类的用量不得超过 0.05%，如需加入其他附加剂，其品种与用量应符合国家标准的有关规定，不影响成品的稳定性，并应避免对检验产生干扰，必要时可加入适量的乙醇、甘油或其他多元醇。

⑤ 防腐剂加入前，应注意将配液罐夹层通水冷却至 40~60℃时方可加入，以免产生反应而影响防腐效果。

⑥ 生产过程中产生的废液或沉淀物按废弃物进行处理。

3. 生产记录样表（表 4-3-11）

表 4-3-11　配液罐配制糖浆剂操作记录样表

产品名称		批号		规格		
生产工序起止时间		月　日　时　分 ——		月　日　时　分		
配制罐号		第（　　）号罐		第（　　）号罐		
设备状态确认		正常□　异常□		正常□　异常□		
温度（℃）						
压力（MPa）						
浸膏量（kg/L）						
蔗糖量（kg/L）						
防腐剂种类/用量						
配制时间	开始	月　日　时　分		月　日　时　分		
	结束	月　日　时　分		月　日　时　分		
搅拌速度（r/min）						
成品情况						
含糖量						
总量（kg/L）						
外观性状						
操作人		复核人/日期				
备注						

三、使用配液罐配制合剂

1. 技能考核点

（1）使用配液罐配制合剂。

（2）合剂含糖量、防腐剂添加的要求。

2. 操作程序、操作规程及注意事项

（1）操作程序　准备→投料→配制→清场→填写记录

（2）操作规程　参见本节技能部分"二、使用配液罐配制糖浆剂"。

（3）注意事项

① 配液时加纯化水，宜慢加快搅。临近终点时，更要小心操作，防止水过量；

② 合剂若加入蔗糖，除另有规定外，含蔗糖量应不高于 20%（g/ml）。

③ 加入蔗糖后，加热时间不宜过长，以免转化糖量增多；

④ 根据需要可加入适宜的附加剂，如加入防腐剂、山梨酸和苯甲酸的用量不得超过 0.3%（其钾盐、钠盐的用量分别按酸计），羟苯酯类的用量不得超过 0.05%。如加入其他附加剂，其品种与用量应符合国家标准有关规定，不影响成品的稳定性，并应避免对检验产生干扰。必要时可加入适量的乙醇。

⑤ 配液罐在进料时应确保配液罐、输送管道的清洁，保障物料不会受到污染。

⑥ 物料输入配液罐前关闭所有的阀门，最后打开配液罐的进料阀。

⑦ 配料罐在进行配料时需要注意配液罐内的蒸汽压力、控制蒸汽阀，保持罐内压力的正常。

⑧ 配液罐在使用完毕后，需要进行清洗，可以使用清洗剂、清洗球清洗，也可向罐内通入蒸汽进行灭菌消毒。

3. 生产记录样表（表 4-3-12）

表 4-3-12　配液罐配制合剂操作记录样表

产品名称		批号		规格	
生产工序起止时间		月　日　时　分 ——		月　日　时　分	
配制罐号		第（　）号罐		第（　）号罐	
设备状态确认		正常□　异常□		正常□　异常□	
温度（℃）					
压力（MPa）					
浸膏量（kg/L）					
蔗糖量（kg/L）					
防腐剂种类/用量					
配制时间	开始	月　日　时　分		月　日　时　分	
	结束	月　日　时　分		月　日　时　分	
搅拌速度（r/min）					
成品情况					
总量（kg/L）					
相对密度					
pH					
外观性状					
操作人		复核人/日期			
备注					

四、测定药液的相对密度

1. 技能考核点

（1）药液相对密度检查的方法。

（2）根据药液情况选择适宜的测定方法。

2. 操作程序、操作规程及注意事项

（1）操作程序　准备→取样→检查→清场→填写记录

（2）操作规程

①比重瓶测定法

取洁净、干燥并精密称定重量的比重瓶（图4-3-4a），装满供试品（温度应低于20℃或各品种项下规定的温度）后，装上温度计（瓶中应无气泡），置20℃（或各品种项下规定的温度）的水浴中放置若干分钟，使内容物的温度达到20℃（或各品种项下规定的温度），用滤纸除去溢出侧管的液体，立即盖上罩。然后将比重瓶自水浴中取出，再用滤纸将比重瓶的外面擦净，精密称定，减去比重瓶的重量，求得供试品的重量后，将供试品倾去，洗净比重瓶，装满新沸过的冷水，再照上法测得同一温度时水的重量，按下式计算，即得。

$$供试品的相对密度 = \frac{供试品重量}{水重量}$$

取洁净、干燥的比重瓶（图4-3-4b）并精密称定重量，装满供试品（温度应低于20℃或各品种项下规定的温度）后，插入中心有毛细孔的瓶塞，用滤纸将从塞孔溢出的液体擦干，置20℃（或各品种项下规定的温度）恒温水浴中，放置若干分钟，随着供试液温度的上升，过多的液体将不断从塞孔溢出，随时用滤纸将瓶塞顶端擦干，待液体不再由塞孔溢出，立即将比重瓶自水浴中取出，再用滤纸将比重瓶的外面擦净，精密称定，减去比重瓶的重量，求得供试品的重量后，将供试品倾去，洗净比重瓶，装满新沸过的冷水，再照上法测得同一温度时水的重量，按下式计算，即得。

$$供试品的相对密度 = \frac{供试品重量}{水重量}$$

②韦氏比重瓶法

取20℃时相对密度为1的韦氏比重秤，用新沸过的冷水将所附玻璃圆筒装至八分满，置20℃（或各品种项下规定的温度）的水浴中，搅动玻璃圆筒内的水，调节温度至20℃（或各品种项下规定的温度），将悬于秤端的玻璃锤浸入圆筒内的水中，秤臂右端悬挂游码于1.0000处，调节秤臂左端平衡用的螺旋使平衡，然后将玻璃圆筒内的水倾去，拭干，装入供试液至相同的高度，并用同法调节温度后，再把拭干的玻璃锤浸入供试液中，调节秤臂上游码的数量与位置，使平衡，读取数值，即得供试品的相对密度。

（3）注意事项　液体药品的相对密度，一般用比重瓶法测定；易挥发液体的相对密度，可用韦氏比重秤测定。操作过程应有详细记录数据，测定符合规范。

3. 生产记录样表（表4-3-13）

表4-3-13　药液相对密度检查记录样表

批号		班次/日期	
取样批次	相对密度	是否合格	
相对密度：共检查　　　次，			
操作人：		日期：	
检查人签名：　　　　　确认结果：		日期：	

第三节　液体制剂制备

相关知识要求

> 1. 高分子溶液剂的含义、特点与制备注意事项。
>
> 2. 精滤的方法、设备及操作注意事项。
>
> 3. 常用乳化剂及乳剂制备方法、稳定性及质量评价。

液体制剂系指药物分散在适宜的分散介质中制成的液态制剂。根据分散介质中药物粒子大小不同，液体制剂分为真溶液型、胶体溶液型、乳状液型、混悬液型四种分散体系。

在初级工、中级工部分介绍了液体制剂的基础知识、乳剂及混悬剂的含义和特点、低分子溶液剂、混悬剂的相关知识及制备，以及初滤的方法、设备、操作和注意事项。在此基础上，介绍高分子溶液剂、乳剂的相关知识及制备，以及精滤的方法、设备、操作注意事项。

乳化设备的操作规程参见本节技能部分"四、使用乳匀机配制乳剂"。精滤设备的操作规程参见本节技能部分"一、使用微孔滤膜滤器滤过药液""二、监控微孔滤膜滤过的滤液质量"。

一、高分子溶液剂

高分子化合物以单分子形式分散于溶剂中形成的溶液称为高分子溶液，又称亲水胶体溶液。

（一）含义与特点

蛋白质、酶、纤维素类溶液及淀粉浆、胶浆、右旋糖酐、聚维酮溶液等高分子化合物分子结构中含有许多亲水基团，如 –OH、–COOH、–NH$_2$ 等，能发生水合作用。水化后以分子状态分散在水中制成均匀分散的液体制剂，属于热力学稳定体系。

随着高分子化合物中非极性基团数目的增多，高分子的亲水性降低。亲水性弱的高分子化合物溶解于非水溶剂中形成高分子溶液，称为非亲水性高分子溶液，如玉米朊乙醇溶液。

（二）性质

（1）溶解性能　亲水性高分子化合物在溶剂中的溶解首先要经过溶胀过程，即先溶胀后溶解。这种特性是由高分子的结构与分子量确定的。溶胀系指水分子渗入到高分子化合物分子间的空隙中，与高分子中的亲水基团发生水化作用而使其体积膨胀，使高分子空隙间充满了水分子，这一过程称为有限溶胀。随着溶胀过程继续进行，高分子的分子间作用力（范德华力）降低，最后完全分散在水中而形成高分子溶液，这一过程称为无限溶胀过程。经过搅拌或加热等过程可以加速无限溶胀过程。高分子化合物的溶解过程亦称为胶溶。

（2）带电性　高分子水溶液中高分子化合物结构的某些基团因解离而带电，有的带正电、有的带负电。带正电荷的高分子溶液有琼脂、血红蛋白、血浆蛋白等；带负电荷的有淀粉、阿拉伯胶、西黄芪胶、海藻酸钠等。一些高分子化合物所带电荷受溶液 pH 值的影响，随 pH 值的不同可带正电或负电。

（3）稳定性　高分子溶液的稳定性主要由高分子化合物的水化作用和荷电性两方面决定。高分子化合物含有的亲水基能与水形成较牢固的水化膜，可阻碍分子间的相互聚集，使高分子溶液处于稳定状态，这是高分子溶液稳定的主要原因。但高分子溶液的水化膜及荷电性发生变化时，则易发生聚集沉淀。如向高分子溶液中加入大量电解质或乙醇、丙酮等脱水剂时，会破坏高分子质点水化膜而使其凝结沉淀；带相反电荷的两种高分子的溶液混合时，两种高分子因电荷中和而发生絮凝；加入絮凝剂或溶液 pH 值发生改变也会使高分子溶液聚集沉淀。

（三）制备注意事项

高分子溶液制备多采用溶解法，首先要经过溶胀过程，包括有限溶胀与无限溶胀过程。由溶胀到溶解一般需要很长时间才能达到溶解平衡。在有限溶胀过程中，通过将高分子化合物粉碎成小块或粉末可以增大与水分子的接触面积，而在无限溶胀过程则可以通过加热或搅拌等措施加快溶解进程。如制备明胶溶液时，先将明胶碎成小块，置水中浸泡 3~4 小时，使其吸水膨胀（有限溶胀过程），然后加热并搅拌使其形成明胶溶液（无限溶胀过程）。琼脂、阿拉伯胶、西黄芪胶、羧甲基纤维素钠等在水中的溶解过程均与明胶相同。淀粉遇水立即膨胀，但无限溶胀过程必须加热至 60~70℃才能制成淀粉浆。甲基纤维素则可直接溶于冷水中。

二、精滤

（1）**方法与设备** 精滤即精密过滤技术，又称微过滤，常用孔径为 0.45μm、0.22μm 的过滤器，主要用于药液中细菌和微小杂质的过滤。常用的精密过滤器有折叠式滤芯、熔喷滤芯、滤膜等。

精滤是在初滤基础上进行的。常用垂熔玻璃滤器（垂熔玻璃滤器 G3 常压过滤，G4 加压或减压过滤，G6 灭菌过滤。此类滤器可热压灭菌，用后要用水抽洗，并以清洁液或 1%~2% 硝酸钠硫酸液浸泡处理）、微孔滤膜滤器、超滤膜滤器等。微孔滤膜用于精滤（0.45~0.8μm）或无菌过滤（0.22~0.3μm）。

（2）**操作注意事项** 除初滤中涉及的事项外，精滤操作还需注意膜前和膜后压力，以及膜前后压差是否符合要求，并严禁出料阀在关闭的情况下启动抽料泵；使用微孔滤膜过滤器时，滤膜用后应弃去，避免不同产品之间产生交叉污染；精滤器易堵塞，药液温差变化大时会引起滤器破裂，因此操作时确保不超温、不超压、不反压。

三、乳剂

（一）常用的乳化剂

根据乳化剂性质不同分为表面活性剂类乳化剂、亲水性高分子化合物、固体微粒类乳化剂和辅助乳化剂。

1. 表面活性剂类乳化剂

分子中有较强的亲水基和亲油基，乳化能力强，性质比较稳定，容易在乳滴周围形成单分子乳化膜。不同类型的表面活性剂混合使用乳化效果更好。

阴离子表面活性剂有硬脂酸钠、硬脂酸钾、油酸钠、油酸钾、硬脂酸三乙醇胺皂、十二烷基硫酸钠等；非离子型表面活性剂有聚山梨酯类、卖泽类、苄泽类、泊洛沙姆等；两性离子型表面活性剂有卵磷脂、大豆磷脂等。

2. 亲水性高分子化合物

主要为天然的亲水性高分子材料。由于其亲水性强，多用于 O/W 型乳剂。亲水性高分子化合物水溶液具有黏性强的特点，有利于乳剂的稳定性，使用这类乳化剂需加入防腐剂。

（1）**阿拉伯胶** 为阿拉伯酸的钠、钙、镁盐的混合物，可制备 O/W 型口服乳剂。常用浓度为 10%~15%，乳剂在 pH 值 2~10 范围内较稳定；阿拉伯胶内含有氧化酶，容易使胶氧化变质或对一些药物有降解作用，所以使用前应在 80℃加热约 30 分钟使之破坏。阿拉伯胶乳化能力较强，但黏度较小，常与西黄芪胶、果胶或琼脂等混合使用。多用于制备植物油、挥发油的乳剂。

（2）**西黄芪胶** 其水溶液具有较高的黏度，pH 值 5 时溶液黏度最大，0.1% 溶液为稀胶浆，0.2%~2% 溶液呈凝胶状；西黄芪胶乳化能力较差，一般与阿拉伯胶合并使用制备 O/W 型乳剂。

（3）**杏树胶** 为棕色块状物，用量为 2%~4%；乳化能力和黏度均超过阿拉伯胶，可作为阿拉伯胶的代用品。

（4）**明胶** 为两性蛋白质，易受溶液的 pH

及电解质的影响产生凝聚作用。为 O/W 型乳化剂，用量为油量的 1%~2%。常与阿拉伯胶合并使用，使用时须加防腐剂。

3. 固体微粒类乳化剂

为不溶性固体粉末，可作为水、油两相的乳化剂。这种粉末可被油水两种液体润湿到一定程度。形成乳剂的类型由接触角 θ 决定的，一般 $\theta < 90°$ 易被水润湿，形成 O/W 型乳剂，$\theta > 90°$ 易被油润湿，形成 W/O 型乳剂。

常用的 O/W 型乳化剂有氢氧化铝、二氧化硅、氢氧化镁、硅皂土等；W/O 型乳化剂有氢氧化锌、氢氧化钙、硬脂酸镁等。

4. 辅助乳化剂

乳化能力一般很弱或无乳化能力，但黏性大，能提高乳剂的黏度，并能增强乳化膜的强度，防止乳滴合并，因而与乳化剂合并使用能增加乳剂稳定性。

常用的增加水相黏度的辅助乳化剂主要有甲基纤维素，羧甲基纤维素钠、羟丙基纤维素、海藻酸钠、琼脂、黄原胶、瓜耳胶、果胶、骨胶原等；增加油相黏度的辅助乳化剂主要有鲸蜡醇、硬脂醇、硬脂酸、蜂蜡等。

（二）乳剂的稳定性

1. 影响乳剂稳定性的因素

（1）乳化剂的性质与用量　制备乳浊液型药剂的过程有分散过程与稳定过程。分散过程主要是借助机器力将分散相分割成微小液滴，使其均匀地分散于连续相中；稳定过程是使乳化剂在被分散了的液滴周围形成薄膜，以防止液滴聚集合并。应使用能显著降低界面张力的乳化剂或形成较牢固界面膜的乳化剂，以利于乳剂的稳定。

一般乳化剂用量越多，则乳浊液越易于形成，且稳定。但用量过多，往往造成外相过于黏稠，不易倾倒，且造成浪费。一般用量为所制备乳剂量的 0.5%~10%。

（2）分散相的浓度与乳滴大小　乳浊液的类型虽然与乳化剂的性质有关，但当分散相浓度达到 74% 以上时，则容易转相或破裂。根据经验，

一般最稳定的乳浊液分散相浓度为 50% 左右，25% 以下和 74% 以上时均易发生不稳定现象。乳剂的稳定性还与乳滴的大小有关，乳滴越小乳剂越稳定。乳剂中乳滴大小不均匀时，小乳滴通常填充于大乳滴之间，使乳滴聚集性增加因而容易引起乳滴的合并。为了保持乳剂稳定，在制备乳剂时应尽可能保持乳滴大小均匀。

（3）黏度与温度　乳浊液的黏度越大越稳定，但所需乳化的功亦大。黏度与界面张力均随温度的提高而降低，故提高温度有利于乳化，但过热、过冷均可使乳浊液稳定性降低，甚至破裂。试验证明，最适温度为 50~70℃。但贮存的温度以室温为最佳，温度升高可促进分层。

2. 乳剂不稳定现象

乳浊液属于热力学不稳定的非均相体系。不稳定性有分层、絮凝、转相、合并、破裂及酸败等现象。

（1）分层　乳剂放置过程中出现分散相粒子上浮或下沉的现象，又称乳析。经过振摇后能够很快再分散均匀。分层速度符合 Stoke's 公式。减少乳滴的粒径、降低分散相和分散介质之间的密度差、增加分散介质的黏度，都可以改善乳剂分层的现象。乳剂分层也与分散相和分散介质的相比有关，通常分层速度与相比成反比，分散相浓度低于 25% 乳剂很快分层，达 50% 时就能明显减小分层速度。

（2）絮凝　分散相的乳滴发生可逆的聚集成团的现象。发生絮凝的条件是乳滴表面 ζ-电位降低，排斥力减弱，乳滴间的范德华引力促使其产生絮凝力。絮凝状态仍保持乳滴及其乳化膜的完整性，因此乳剂的絮凝是一个可逆过程。但该现象说明乳剂的稳定性降低，往往是破乳的前奏。

（3）转相　由于某些条件的变化而改变乳剂的类型，如由 O/W 型转变为 W/O 型或相反。转相主要是由于乳化剂的性质改变而引起。向乳剂中加入相反类型的乳化剂可使乳剂转相，特别是两种乳化剂的量接近或相等时，更容易转相。转相时两种乳化剂的量比称为转相临界点，在转相临界点上乳剂不属于任何类型，但能很快向某种

类型乳剂转化。

（4）破乳 乳剂絮凝后分散相乳滴与连续相分离成不相混溶的两层液体的现象。破乳后的乳剂再加以振摇，也不能恢复原来状态，所以破乳是不可逆的。

（5）酸败 乳剂受外界因素及微生物的影响，使油相或乳化剂等发生变质。通常加入抗氧剂和防腐剂，防止氧化或酸败。

（三）制备方法与设备

1. 制备方法

乳剂中药物加入的方法：若药物可溶解于油相，可先将药物溶于油相再制成乳剂；若药物可溶于水相，可先将药物溶于水相后再制成乳剂；若药物既不溶于油相也不溶于水相，可用亲和性大的液相研磨药物，再将其制成乳剂；也可先用少量已制成的乳剂研磨药物，再与其余乳剂混合均匀。

①干胶法：先制备初乳，在初乳中油、水、胶有一定的比例，若用植物油，其比例为4∶2∶1，若用挥发油，比例为2∶2∶1，而用液状石蜡，比例为3∶2∶1。本法适用于阿拉伯胶及阿拉伯胶与西黄芪胶的混合胶。制备时先将阿拉伯胶分散于油中，研匀，按比例加水，用力研磨制成初乳，再加水将初乳稀释至全量，混匀即得。

②湿胶法：本法也需要制备初乳，初乳中油水胶的比例与上法相同。先将乳化剂分散于水中，再将油加入，用力搅拌使成初乳，加水将初乳稀释至全量，混匀即得。

③新生皂法：油水两相混匀时，两相界面生成新生态皂类乳化剂，通过搅拌制成乳剂。植物油中含有硬脂酸、油酸等有机酸，加入氢氧化钠、氢氧化钙、三乙醇胺等，在一定温度（70℃）或搅拌条件下生成的新生皂为乳化剂，可形成乳剂。如形成的是一价皂则为O/W型乳化剂，如形成的是二价皂则为W/O型乳化剂。

④两相交替加入法：向乳化剂中交替、少量、多次地加入水或油，边加边搅拌，即可形成乳剂。适用于天然高分子类乳化剂、固体粉末状乳化剂的乳剂制备，一般乳化剂的用量较多。

⑤机械法：将油相、水相、乳化剂混合后用乳化机械制成乳剂。机械法制备乳剂可以不考虑混合顺序，借助于机械提供的强大能量，很容易制成乳剂。

2. 设备

（1）乳匀机 通过不同形式的机械力将初乳再次进行分散，或将油与水两相直接粉碎成适宜的粒径。制备时先用其他方法初步乳化，再用乳匀机乳化，效果更佳。

（2）胶体磨 利用高速旋转的转子和定子之间的缝隙产生强大剪切力使两相乳化。口服或外用乳剂常选用本法制备。

（3）搅拌乳化装置 小量制备可用乳钵，大量制备可用搅拌机，分为低速搅拌乳化装置和高速搅拌乳化装置。组织捣碎机属于高速搅拌乳化装置。

（4）超声波乳化装置 一般利用10kHz~50kHz高频振动来将液体打碎，可制备O/W和W/O型乳剂。黏度大的乳剂不宜用本法制备。

（四）质量评价

1. 乳剂粒径

乳剂粒径大小是衡量乳剂质量的重要指标。不同用途的乳剂对粒径大小要求不同，如静脉注射乳剂，其粒径应在1μm以下，其他用途的乳剂粒径也都有不同要求。测定方法有库尔特计数器测定法、激光散射光谱法、显微镜测定法、透射电镜法等。

2. 乳剂分层

分层过程的快慢是衡量乳剂稳定性的重要指标。口服乳剂以半径为10cm的离心机每分钟4000转的转速（约1800g）离心15分钟，如不分层可认为乳剂质量稳定；以3750r/min速度离心5小时，相当于1年的自然分层的效果。将乳剂放于5℃、35℃温度下，12小时改变一次温度，共12天进行比较观察，可用于评价乳剂的稳定性。

3. 乳粒合并速度

乳滴合并速度符合一级动力学规律，即：

$$\lg N = \lg N_0 - \frac{kt}{2.303} \qquad (3-1)$$

式中：N 为 t 时间的乳滴数；N_0 为 t_0 时间的乳滴数；k 为合并速度常数；t 为时间。测定随时间 t 变化的乳滴数 N，求出合并速度常数 k，估计乳滴合并速度，用以评价乳剂稳定性大小。

4. 稳定常数

乳剂离心前后光密度变化百分率称为稳定常数，用 K_e 表示。

$$K_e = \frac{A_0 - A}{A} \times 100\% \qquad (3-2)$$

式中：K_e 为稳定常数；A_0 为未离心乳剂稀释液的吸光度；A 为离心后乳剂稀释液的吸光度。

5. 低温、高温稳定性

试样在 0℃保持 1 小时，记录有无固体和油状物析出，继续在 0℃贮存 7 天，离心将固体析出物沉降，记录其体积；或置于 0~-20℃冰箱中冷藏，分别设置不同的温度，14 天后取出。如无冻结、浑浊、分层或沉淀则为合格，如有上述情况之一者，在室温下放置 2 小时，观察外观情况，若冻结、浑浊、分层或沉淀现象消失，能恢复透明状态也为合格。反复试验多次、重复性好，即为低温稳定性合格。

高温试验是将样品装入安瓿瓶中，在 54℃±2℃的恒温箱里贮存 14 天，要求外观保持均相透明，若出现分层，于室温振摇后能恢复原状则视为合格。分析有效成分含量，其分解率一般应小于 5%~10%。

6. 透明温度范围

由于非离子表面活性剂对温度的敏感性很大，因而乳剂只能在一定温度范围内保持稳定透明。为使乳剂产品有一定适用性，在配方研究中，必须利用各种方法扩大这个温度范围，一般要求 0~40℃保持透明不变，好的可达到 -5~60℃。

技能要求

技能要点

1. 使用配液设备配制高分子溶液剂。
2. 使用精滤设备滤过药液。
3. 使用乳化设备配制乳剂，质量控制点监控乳剂质量。

一、使用微孔滤膜滤器滤过药液

1. 技能考核点

（1）确认滤过过程中压力变化的原因。
（2）进行滤过操作。

2. 操作程序、操作规程及注意事项

（1）操作程序　准备→滤过→清场→填写记录

（2）操作规程

① 使用前的准备工作：选择适宜的微孔滤膜。检查过滤器的清洁状况，使用前应将过滤器重新进行清洁处理。新领用滤膜在使用前先在新鲜的纯化水内浸润 24 小时，以使滤膜充分温润。将处理后的滤膜装入过滤器内，检查合格后方能正式使用。

② 开机使用：使用时先将过滤器内的空气排尽，否则被过滤的液体无法过滤。打开过滤系统的阀门及给压泵，将需过滤的溶液或气体经压泵加压滤过，过滤后的液体检查其澄明度须符合规定。

③ 过滤后的清场：生产结束或药液过滤完毕后，先关闭给压泵电源，再关闭管路上的阀门。测试过滤后的滤膜仍须作起泡点测试检验，以明确过滤过程中的质量可靠性。及时填写相关记录。

（3）注意事项

① 过滤过程中，随时注意过滤器上的压力

表指针变化范围，若指针变化范围突然增大或变小，应立即停止过滤，查明原因，进行处理后方可重新过滤。

② 滤膜在使用前应先在新鲜的纯化水内浸润24 小时，以使滤膜充分温润。

③ 使用时应先将过滤器内的空气排尽，否则被过滤的液体无法过滤。

3. 生产记录样表（表 4-3-14）

表 4-3-14　微孔滤膜滤器滤过药液生产记录样表

产品名称		批号			规格	
	月　日　时　分 —— 月　日　时　分					
操作参数						
微孔滤膜滤器编号						
待过滤药液储编号						
微孔滤膜规格						
过滤药液量（L）						
开始过滤时间	从　　时　　分			从　　时　　分		
结束过滤时间	从　　时　　分			从　　时　　分		
过滤用时间	时　　分			时　　分		
滤液储罐号/体积						
滤液总体积（L）						
过滤过程中压力与速度情况						
操作人			复核人/日期			
备注						

二、监控微孔滤膜滤过的滤液质量

1. 技能考核点

（1）滤过过程中滤液质量的检查。

（2）判别滤过过程中异常情况并进行处理。

2. 操作程序、操作规程及注意事项

（1）操作程序　准备→取样检查→清场→填写记录

（2）操作规程

操作人员每间隔 15 分钟（不同企业时间安排不同）取样一次，检查药液的可见异物、不溶性微粒、含量测定。根据要求可以选择下列检测指标：

可见异物：当药液经过滤后，再用洁净干燥的 250ml 具塞玻璃瓶，取样 200ml 药液，观察可见异物。

含量测定：过滤前取样测定：当药液稀配好后，用预先干净干燥具塞 250ml 的玻璃瓶，取 200ml 药液，检测药液中活性成分的含量；过滤后取样测定：当药液经微孔滤膜过滤后，再灌装取样，用于预先干净干燥具塞 250ml 的玻璃瓶，取样 200ml 药液，检测药液中活性成分的含量。

（3）注意事项

①药液过滤过程中，严格按照设备标准操作程序、维护保养程序、取样检测标准操作程序和企业药液中间体质量标准进行操作和判定。

②针对不合格指标应展开调查分析，如为取样造成的，则应在不合格取样点重新取样检测；必要时采用前后分段取样和倍量取样的方法，进行对照检测，以确定不合格原因。

③滤过过程中随时观察过滤压力和滤液澄清情况。压力和澄清度发生变化时，通常会影响滤过质量。

3. 生产记录样表（表 4-3-15）

表4-3-15 微孔滤膜滤器滤过效果记录样表

批号				班次 / 日期	
取样时间	外观性状	可见异物	不溶性微粒	吸附研究	

性状：共检查　　次，
可见异物：共检查　　次，
不溶性微粒：共检查　　次，
吸附情况：

结论：

操作人：		日期：	
检查人签名：	确认结果：	日期：	

三、使用配液罐配制高分子溶液剂

1. 技能考核点

（1）配制高分子溶液剂。

（2）配液罐状态确认。

2. 操作程序及注意事项

（1）操作程序　准备→高分子化合物→溶胀（加热）→搅拌（降温）→清场→填写记录

（2）注意事项

① 高分子由溶胀到溶解一般需要较长时间才能达到溶解平衡，如高分子化合物对热稳定，可通过加热与搅拌方式加速完成溶解；对热不稳定的高分子则不能采用加热与搅拌方式，而是通过自然溶胀达到溶解平衡。

② 配液罐在进料时应确保配液罐、输送管道的清洁，保障物料不会受到污染。

③ 物料输入配液罐前关闭所有的阀门，最后打开配液罐的进料阀。

④ 配料罐在进行配料时需要注意配液罐内的蒸汽压力、控制蒸汽阀，保持罐内压力的正常。

⑤ 根据工艺需要进行加热或降温操作，温度达到设定值时，应关闭蒸汽阀或冷水阀。

⑥ 要规范配液罐的操作，保证工艺卫生及药品生产质量。

⑦ 配制后需要保持配液罐洁净，延长设备使用寿命。

⑧ 无需搅拌操作时，可关闭搅拌器。

⑨ 在未开进料阀之前，不能打开进料泵；在未开出料阀之前，不能打开出料泵。

3. 生产记录样表（表4-3-16）

表4-3-16 配液罐配制高分子溶液剂记录样表

产品名称		批号		规格	
生产工序起止时间		月　日　时　分 ———		月　日　时　分	
配制罐号		第（　　）号罐		第（　　）号罐	
设备状态确认		正常□　异常□		正常□　异常□	
高分子化合物（kg/L）					
溶胀时间（分）					
温度（℃）					

蒸汽压力（mpa）			
纯水量（kg/L）			
搅拌速度（r/min）			
其他溶剂/种类、用量			
抑菌剂/种类、用量			
配制时间	开始	月　日　时　分	月　日　时　分
	结束	月　日　时　分	月　日　时　分
成品情况			
配制总量（kg/L）			
外观性状			
操作人		复核人/日期	
备注			

四、使用乳匀机配制乳剂

1. 技能考核点

（1）操作前后的检查操作。

（2）正确使用乳匀机配制乳剂。

（3）生产中的常见问题及处理措施。

2. 操作程序、操作规程及注意事项

（1）操作程序　准备→物料混合→加压均质→配制→清场→填写记录

（2）操作规程

① 启动：检查打开冷却水是否正常，接通电源开关是否正常。旋松二级阀的手柄和一级阀的手柄，在料斗中注 2/3 的热水（水温 75~85℃）。启动开关，使物料管水正常流出，与料斗中的热水进行循环，使均质机预热至理想的温度。

② 均质机加压：二级阀先升压。在机器无异常嘈杂声时，把热水排空，添加物料。添加物料时确保均质机连续供料和出料，避免混入空气。当物料和水的混合物排放完后再进行物料管和料斗的物料循环，逐渐旋紧二级阀手柄，这时压力表显示相应的压力值，再逐渐旋紧二级阀手柄直至压力表显示所需要的压力值为止。注意不得超过其额定压力的上限；一级阀再升压。逐渐旋紧

一级阀手柄至压力表显示预先压力为止。

③ 出料：完成上述操作程序后，将物料管接入物料容器。

④ 卸压：均质机负荷工作结束时，必须旋松所有工作阀柄，先松一级阀柄后松二级阀柄，使压力表显示为零。

⑤ 清洗：均质机工作结束后用清水（使用热水，水温 65~75℃），清洗泵体、工作阀体的物料，并将水放净。

⑥ 停机：切断电源，关闭冷却水。

（3）注意事项

① 制备时可先用其他方法初步乳化，再用乳匀机乳化，效果较好。

② 在进行细胞破碎时对细胞内的油性物质，如脂肪、脂质体、蛋白质等生物物质应进行提取或去除。

③ 乳匀机不出料的原因及解决办法：料斗缺料：按操作程序正常加料；泵腔混进空气：均质机卸压，正常后重新按程序操作；料斗进料口堵塞：切断电源，拆除料斗，清理进料口。

④ 乳匀机泄漏的原因及解决办法：泄漏处螺母未旋紧：适当旋紧泄漏处螺母；泄漏处装配不佳或密封件损坏：拆下重装或更换新密封件。

⑤ 乳剂粒径过大的原因及解决办法：压力

选用不当：按物料性能，制定最佳压力；物料预搅拌不良：改善预搅拌；一级阀或二级阀的阀芯阀座接触处磨损：卸下一级阀体或二级阀体进行修复。

3. 生产记录样表（表 4-3-17）

表 4-3-17 乳匀机配制乳剂记录表

产品名称		批号		规格	
生产工序起止时间		月　日　时　分 ——— 月　日　时　分			
乳匀机号		第（　　）号		第（　　）号	
设备状态确认		正常□　异常□		正常□　异常□	
温度（℃）					
蒸汽压力（mpa）					
药物（kg/L）					
油相					
纯水量（kg/L）					
剪切速度（r/min）					
其他溶剂/种类、用量					
一级阀压力（bar）					
二级阀压力（bar）					
均质时间	开始	月　日　时　分		月　日　时　分	
	结束	月　日　时　分		月　日　时　分	
成品情况					
配制总量（kg/L）					
外观性状					
操作人		复核人/日期			
备注					

五、按质量控制点监控乳剂质量

1. 技能考核点

（1）按质量控制点监控乳剂质量。

（2）判别制备的乳剂质量。

2. 操作程序及注意事项

（1）操作程序　准备→抽样→检查→清场→填写记录

（2）注意事项

① 乳剂制备过程中，应严格按照设备标准操作程序、维护保养程序、取样检测标准操作程序和企业乳剂中间体质量标准进行操作和判定。

② 操作人员每间隔 15 分钟（不同企业时间安排不同）取样一次，检查乳剂的粒径大小、分层情况、药物含量等。

③ 检测指标包括：

粒径大小：检测方法包括显微镜测定法、电感应测定法、激光散射光谱（PCS）法、投射电镜法等。

分层情况：为了在短时间内观察乳剂的分层，用离心法加速其分层。以半径 10cm 的离心机，用 4000r/min 离心 15 分钟，如不分层可认为乳剂质量稳定。此法可用于比较各种乳剂间的分层情况，以估计其稳定性。

药物含量：检测药物含量是否符合中间体标准。

④ 出现个别指标不符合标准的结果时，应针对不合格指标展开调查分析，确认为取样造成的，在不合格取样点重新取样检测，重新检测的项目必须合格。

3. 生产记录样表（表 4-3-18）

表 4-3-18　按质量控制点监控乳剂质量记录样表

批号			班次 / 日期	
取样时间	粒径大小		分层情况	
粒径大小：共检查　　次， 分层情况：共检查　　次，				
操作人：			日期：	
检查人签名：		确认结果：	日期：	

第四节　注射剂制备

相关知识要求

知识要点

1. 精滤的方法、设备及操作注意事项。

2. 过滤除菌的含义、特点、适用范围，除菌器滤膜的种类与选用，滤膜、滤器的洁净处理，除菌滤膜的完整性检测，过滤除菌的操作。

3. 粉针剂粉末分装及灭菌水溶液冷冻干燥。

注射剂系指原料药物或与适宜的辅料制成的供注入体内的灭菌溶液、乳状液、混悬液。初级工、中级工部分中介绍了注射剂的含义、特点、分类、制备基本操作以及注射剂的溶剂、附加剂、配液操作、初滤操作、灌封操作等内容。在此基础上，本节介绍精滤的方法、设备、操作规程、注意事项，过滤除菌的含义、特点、适用范围以及粉针剂无菌粉末分装及灭菌水溶液冷冻干燥。

精滤设备的具体操作规程参见第三章第三节技能部分"一、使用微孔滤膜滤器滤过药液""二、监控微孔滤膜滤过的滤液质量"。过滤除菌的具体操作规程参见本节技能部分"一、选择过滤除菌滤膜""二、滤器与滤膜洁净处理""三、检测滤膜的完整性""四、使用无菌滤器除菌"，冷冻干燥设备的具体操作规程参见本节技能部分"五、使用冷冻干燥机冻干药液"，粉末分装设备的具体操作规程详见本节技能部分"六、使用粉末分装机分装注射用无菌粉末"。

一、注射剂的滤过

注射剂的滤过是保证注射液澄明的重要操作，滤器按其截留能力可分为初滤（也称为粗滤或预滤）和精滤。如药液中沉淀物较多时，特别加活性炭处理的药液须初滤后方可精滤。以免沉淀堵塞滤孔。精滤通常在注射剂灌封前进行，一般常用 G4 垂熔玻璃滤器和微孔滤膜滤器。

1. 精滤

（1）方法与设备　精滤即精密过滤技术，又称微过滤，常用孔径为 0.45μm、0.22μm 的过滤器，主要用于药液中细菌和微小杂质的过滤。常用的精密过滤器有折叠式滤芯、熔喷滤芯、滤膜等。精滤是在初滤基础上进行的。常用垂熔玻璃滤器（垂熔玻璃滤器 G3 常压过滤，G4 加压或减压过滤，G6 灭菌过滤。此类滤器可热压灭菌，用后要用水抽洗，并以清洁液或 1%~2% 硝酸钠硫酸液浸泡处理）、微孔滤膜滤器、超滤膜滤器等。微孔滤膜用于精滤（0.45~0.8μm）或无菌过滤（0.22~0.3μm）。

（2）操作注意事项　除需注意初滤中涉及的事项外，精滤操作还需注意膜前和膜后压力，以及膜前后压差是否符合要求，并严禁在出料阀关闭的情况下启动抽料泵；使用微孔滤膜过滤器时，滤膜用后应弃去，避免不同产品之间产生交叉污染；精滤器易堵塞，药液温差变化大时会引起滤器破裂，因此操作时确保不超温、不超压、不反压。

2. 过滤除菌

（1）含义、特点与适用范围　过滤除菌系指利用细菌不能通过致密具孔滤材的原理以除去气体或液体中微生物的方法。包括液体和气体除菌过滤。该过程可以除去病毒以外的微生物；必须无菌操作；必要时在滤液中添加适当的防腐剂，但不应对产品质量产生不良影响。

过滤除菌广泛应用于最终灭菌产品和非最终灭菌产品。但两种应用的目的不同。对于最终灭菌产品，药液进行过滤的目的是降低微生物污染水平；而非最终灭菌产品必须进行过滤除去所有细菌，达到注射要求。常用于气体、热不稳定的药品溶液或原料的除菌。

（2）除菌器滤膜的种类与选用　繁殖型细菌一般大于 1μm，芽胞不大于 0.5μm。药品生产中采用的除菌滤膜一般孔径不超过 0.22μm，一般采用 0.22μm 的微孔滤膜过滤器、6 号垂熔玻璃滤器。

除菌过滤膜的材质分亲水性和疏水性两种，根据过滤物品的性质及过滤目的选用。

（3）滤膜和滤器的洁净处理　滤膜、滤器在使用前应进行洁净处理，并用高压蒸汽进行灭菌或在线灭菌。

（4）除菌滤膜的完整性检测　完整性检测是过滤除菌工作中必不可少的检测方法，除菌滤器（滤膜或滤芯）使用前后均需做完整性检测。完整性检测分破坏性检测和非破坏性检测两类。破坏性检测包括微生物挑战试验、颗粒挑战试验。非破坏性检测方法有泡点试验、扩散流试验和压力保持试验或压力衰减试验。

二、粉针剂

注射用无菌粉末，简称为粉针剂，系指供临用前用适宜的无菌溶液配制成溶液的无菌粉末或无菌块状物。可用适宜的注射用溶剂配制后注射，也可用静脉输液配制后静脉滴注。其中无菌粉末用冷冻干燥法或喷雾干燥法制得；无菌块状物用冷冻干燥法制得。

制成粉针剂后，会提高药物制剂的稳定性且便于运输与贮藏。适用于对热敏感或在水中不稳定的药物、对湿热敏感的抗生素及生物制品。粉针剂的生产必须采用无菌操作法进行。

1. 无菌粉末直接分装法

粉剂分装机按其结构可分为气流分装机和螺杆分装机。螺杆分装机利用螺杆的间歇旋转将药物装入瓶内达到定量分装的目的，具有结构简单，无需净化压缩空气及真空系统等附属设备，使用中不会产生漏粉、喷粉，具有调节装量范围大以及原料药粉损耗小等优点，但速度较慢。气流分装机利用真空吸取定量容积粉剂，再通过净化干燥压缩空气将粉剂吹入玻璃瓶中。特点是在粉腔中形成的粉末块直径幅度较大，装填速度亦快，一般可达 300~400 瓶/分钟，装量精度高，自动化程度高。

一般可采用灭菌溶剂结晶、喷雾干燥等方法制备无菌粉末，必要时进行粉碎和过筛。按照无菌操作法进行分装，分装后应立即加塞并用铝盖密封。另外，可按照热压灭菌法对耐热品种进行补充灭菌。

2. 灭菌水溶液冷冻干燥法

将药物配制成注射溶液，再按规定方法除菌、滤过，滤液在无菌条件下立即灌入相应的容器中，经冷冻干燥后得干燥粉末，最后在灭菌条件下封口即得。采用冷冻干燥法制备的粉针剂常出现含水量过高、喷瓶、产品外观萎缩或成团等问题，可通过改进工艺条件或添加适量填充剂加以解决。常用的填充剂有葡萄糖、甘露醇、氯化钠等。

常用设备为冷冻干燥机（图 4-3-6）。不同种类和规格的冷冻干燥机结构和原理大致相同。主要由制冷系统、真空系统、加热系统和控制系统四部分组成，结构上包括冻干箱（或称干燥箱）、冷凝器（或称水汽凝集器）、冷冻机、真空泵和阀门、电气控制元件等。冷冻干燥的过程主要包括预冻、升华干燥和再干燥。冷冻干燥设备的具体操作规程参见本节技能部分"五、使用冷冻干燥机冻干药液"。

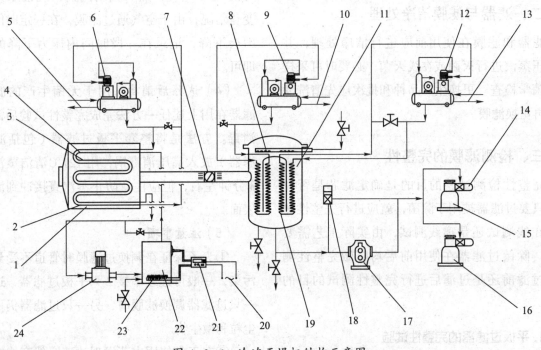

图 4-3-6　冷冻干燥机结构示意图

1. 冻干箱；2. 冷冻管；3. 搁板（单板示意）；4. 油加温管；5.10.13. 冷凝水进出管；6.9.12. 冷冻机；
7. 蝶阀；8. 化霜喷水管；11. 水汽凝华器；14. 电磁放气截止阀；15.16. 旋转真空泵；17. 罗茨真空泵；
18. 电磁阀；19. 冷凝管；20. 加热电源；21. 加热温度控制仪；22. 油箱；23. 加热器；24. 循环油泵

技能要求

 技能要点

1. 能使用精滤设备滤过药液。
2. 能选择过滤除菌滤膜，洁净处理滤器与滤膜，检测滤膜的完整性以及使用无菌滤器除菌。
3. 能使用冷冻干燥设备干燥物料。
4. 能使用粉末分装设备分装注射用无菌粉末。

"使用精滤设备滤过药液"已在第三节液体制剂制备中介绍过，本节不再重复论述，请分别参见本章第三节"一、使用微孔滤膜滤器滤过药液""二、监控微孔滤膜滤过的滤液质量"。

一、选择过滤除菌滤膜

（1）根据工艺目的通常选用 0.22 微米的除菌

级过滤器。0.1 微米的除菌级过滤器一般用于支原体的去除。

（2）对无菌药品生产的全过程进行微生物控制，避免微生物污染。

（3）最终除菌过滤前，待过滤介质的微生物污染水平一般小于等于 10cfu/100ml。

（4）滤膜不得与产品发生反应、释放物质或吸附作用而对产品质量产生不利影响。

（5）设计时应注意药液过滤前后微生物污染水平的变化。

二、滤器与滤膜洁净处理

滤器和滤膜在使用前应进行洁净处理，并用高压蒸汽进行灭菌或在线灭菌，必要时可采样做细菌学检查。更换生产品种和批次应先清洗滤器，再更换滤膜。

三、检测滤膜的完整性

完整性检测试验的目的是确定滤芯是否完好。只要过滤器被用于除菌，就应进行完整性测试。在线测试还是离线测试，由实际工艺需要决定。除菌过滤器在使用前后均应做完整性测试，过滤前还是过滤后进行完整性测试的目的不同。

1. 平板过滤器的完整性试验

（1）起泡点试验　先将滤膜用纯水（亲水性滤膜）或异丙醇（疏水性滤膜，60% 异丙醇 /40% 纯水溶液）湿润，连接平板式过滤器进、出口，滤器出口处用软管浸入水中，打开压缩空气或氮气阀慢慢加压，直到滤膜最大孔径处的水珠完全破裂，气体可以通过，观察水中鼓出的第一只气泡，即为起泡点压力。

不同孔径不同材质的滤膜其起泡点压力 P 是不同的，关键是起泡点必须与细菌截留相关联。起泡点压力 P 可参见各制造商的产品说明书，如：0.45μm：$P \geqslant 0.23$MPa（2.3kgf/cm^2）；0.3μm：$P \geqslant 0.29$MPa（3.0kgf/cm^2）；0.22μm：$P \geqslant 0.39$MPa（4.0kgf/cm^2）。

如起泡点压力小于此值，说明滤膜有破损或

安装不严密。

（2）气体扩散试验　安装 1 只流量计，观察气体的流量，与上述方法相似。关小空气阀门，使气体压力降到气泡点压力的 80% 左右（即略低于 0.23MPa、0.29MPa 或 0.39MPa），连续向浸湿的滤膜供气，看流量计的读数。如无流量计，则可观察放气口的气泡，在 15~20 分钟里，无连续气泡从出口处逸出则为合格。

（3）保压试验　将压力加在浸湿的滤膜上，记下最初的压力值 P，施加的压力约为起泡点压力的 80% 左右，然后关闭阀门，观察压力表的变化情况，由于空气通过滤膜，在一定时间内压力会下降，记录在一段时间内压力下降的数值即可。

（4）试验后消毒　用于无菌生产的滤膜及滤器在用上述任一方法完成完整性试验后需进行消毒。方法是将整套平板过滤器（包括滤膜和滤器）放入高压消毒锅，用 121℃清洁蒸汽消毒 3 分钟左右，但应注意防止蒸汽直接冲到滤膜的表面。

（5）注意事项

①为了保证在调换过滤膜时管道不受到细菌污染，一般可连续串接 2 只平板过滤器，这样当一只过滤器调换滤膜时，另一只过滤器仍可阻挡尘粒和微生物。

②在正常使用中若发现滤速突然变快或太慢（或压力值升高），则表示膜已破损或微孔被堵塞，应及时更换新膜，并重复上面的试验。

2. 筒式过滤器的完整性（起泡点）试验

筒式过滤器的完整性试验方法与平板式过滤器类似，只是管道接法有所不同，以起泡点试验为例。

（1）滤芯的"预湿润"　过滤材料有疏水性和亲水性之分，所用的湿润液体也不尽相同。疏水性滤芯如聚四氟乙烯滤膜，对于疏水性材料，表面张力大于 0.023N/m 的液体较难渗透滤膜，除非加大压力。水和许多酸以及有机溶液均是表面张力较大的液体，因此为了增加流通量，过滤芯要用表面张力较低的液体"预湿润"。尽管湿润可通过增大压力强制进行，但为了安全、不使滤膜破损及保证充分湿润，滤芯还是应该预先浸湿。冲洗水量见各制造商提供的产品说明书（好的滤芯只需很少水量即可）。浸湿的液体主要有：①异丙醇（20℃时，表面张力为 0.022N/m）；② 60% 纯水及 40% 异丙醇的混合液体。应注意湿润的液体不同，最小起泡点的压力亦有所不同。亲水性滤芯用纯水湿润即可。

预湿润方法有两种。一种方法是把滤芯浸湿在异丙醇（或其他湿润液体）溶液中，开口处朝上，注意不要把异丙醇溅进滤芯的内壁部分（筒式滤芯一般是液体从外侧流向内侧），否则液体中可能含有的尘粒将影响最终过滤液的纯度。浸湿后将滤芯装入滤筒，另一种方法是将滤芯装入滤筒后再注入异丙醇。

（2）起泡点试验　滤芯材质：聚四氟乙烯。

①装上滤筒后关闭阀1、阀2。

②旋转取下压力表，将异丙醇（或纯水∶异丙醇混合液 6∶4）慢慢倒入过滤器；

③当液体溢出时，将压力表装好，保证密封。

④开启压缩空气或氮气，开启阀1、阀2。

⑤缓慢加压到 34.3kPa（0.35kgf/cm²），控制 30 秒，观察滤器的气泡处。例如，筒体连接处及 O 形密封圈安装不严密或者滤膜没有被完全弄湿，则将有连续气泡出现，这时应检查所有连接处或调换 O 形圈或重新弄湿滤芯。

⑥若无气泡产生，则连续加压，直到在烧杯中观察有连续或稳定气泡出现，此时所显示的压力即为最小起泡点压力。

⑦最小起泡点压力的合格限度见制造商提供的参数值，是由滤膜的厚度（单层还是双层）、孔径、湿润介质（水、异丙醇）决定的（表4-3-19）。

表 4-3-19　最小起泡点压力检查

最小起泡压力 P	湿润液体	滤芯材质
≥ 0.15MPa	100% 异丙醇	单层聚四氟乙烯膜 0.1μm
≥ 0.12MPa	40% 异丙醇，60% 纯水	单层聚四氟乙烯膜
≥ 0.025MPa	水	双层聚砜薄膜
≥ 0.021MPa	水	尼龙薄膜 0.2μm
≥ 0.014MPa	水	尼龙薄膜 0.4μm

（3）滤芯的冲洗　筒式过滤器在完整性试验结束后，投入正常生产前，应对滤芯进行冲洗（可从压力表处注入纯水冲洗），以去除残余的异丙醇。

3. 大型、多芯滤壳中过滤器的完整性测试

扩散/前进流或起泡点测试也可用来测试大型或小型过滤器组合件。但是较大的组合件（如 > 30 英寸过滤器或多芯的）上的累积扩散流增加的数量会降低完整性测试的实际可应用性。可以通过一个组合件特异的值（供应商提供）来测试多个滤芯，当该值低于线性累加的极限值时，需要进行风险评估证明此方法有效。如果组合件的扩散气流超过正确的限值，这个过滤器的滤芯可被分开测试，确证其完整性。

4. 产品润湿完整性测试

对于液体除菌过滤器，有些情况下，产品是最合适的润湿流体。通过产品润湿的试验数据和参比溶液润湿的相应参数（使用滤芯制造商推荐）来计算产品润湿过滤器的完整性检测参数，包括前进流限值、检测压力以及最小起泡点。

产品润湿完整性数值和参考流体润湿完整性数值之间的不同是由两者在测试气体的溶解性、扩散常数和表面张力上的不同引起的。

5. 用仪器做完整性试验

有些手动完整性测试方法需要下游操作，可

能危害系统的无菌性。自动完整性测试仪器从滤芯的上游非无菌侧进行完整性测试，回避了下游污染的风险。使用仪器可保证在完整性测试过程中无菌性不受影响。

四、使用无菌滤器除菌

1. 技能考核点

（1）除菌过滤器的消毒灭菌方法。

（2）安装除菌滤芯。

（3）使用无菌滤器除菌。

2. 操作程序、操作规程及注意事项

（1）操作程序　开机前的准备工作→安装除菌滤芯→加料→除菌→关机→清场→填写记录

（2）操作规程

①除菌过滤器的消毒灭菌

A. 打开进料罐的罐底阀门，开启纯蒸汽阀门，待进料罐蒸汽压力达到 0.2MPa 后，缓慢开启套筒上游阀门，当上游压力达到 0.03MPa 时，开启前端套筒的套筒排气阀和套筒排污阀，当套筒上方套筒排气口有大量蒸汽冲出时，关小套筒排气阀，保持排放约 10cm 蒸汽柱。

B. 当套筒排污口冷凝水排放完毕，有蒸汽排出后，关小套筒排污阀，保持排放约 10cm 蒸汽柱，同时将下游阀门微微开启。再缓慢开启后端套筒前端的隔膜阀门，开启后端套筒的套筒排气阀和套筒排污阀，当套筒上方套筒排气口有大量蒸汽冲出时，关小套筒排气阀，保持排放约 10cm 蒸汽柱。当套筒排污口冷凝水排放完毕，有蒸汽排出后，关小套筒排污阀，保持排放约 10cm 蒸汽柱。

C. 当下游压力表值逐渐升压时，应开大套筒下游阀门，使蒸汽在系统中顺利通过。并且可逐渐开大上游阀门，加大蒸汽流量，但上、下游压力差值要小于 0.03MPa。

D. 当上、下游压力均达到 0.1MPa 以上，同时上、下游压差 < 0.03MPa，管道末端温度表 ≥ 121℃时，开始计时消毒 30 分钟。

E. 消毒过程中如果蒸汽掉压、温度 < 121℃，则需重新计时消毒。

F. 计时 30 分钟后依次从下游至上游关闭阀门，切勿突然打开排气阀或其他阀门，以免滤芯上、下游压差大于 0.03MPa，造成破损。

②药液过滤

A. 开启进料罐的压缩空气阀门给罐体加压，待罐体压力表值到 0.24MPa~0.26MPa，关闭压缩空气阀门。开启前端套筒上游阀门，同时打开套筒的排气阀、排污阀，至套筒排气阀和套筒排污阀排出药液后关闭，让套筒内充满药液。

B. 开启后端套筒上游阀门，同时打开套筒的排气阀、排污阀，至套筒排气阀和套筒排污阀排出药液后关闭，让套筒内充满药液。打开后端套筒下游阀门。

（3）注意事项

①一个无菌过滤器不能同时过滤不同的产品，可被用于过滤同一产品的多个批次，但用前和用后必须进行完整性实验。

②一个无菌过滤器使用时限不能超过一个工作日（特殊情况例外）。

③在使用过程中若发现滤速突然变快或太慢或压力值升高，则表示膜已破损或微孔被堵塞，应及时更换新滤膜，并重复上面的试验。

④除菌过滤器在消毒操作全过程中，一定严格控制上、下游压力差小于 0.3Bar（0.03MPa），严禁超出滤芯允许的压力，否则会使滤芯变形损坏。

⑤套筒安装过程注意手部消毒，避免污染，套筒下游严禁开口。

⑥每次消毒时间为 121℃以上 30 分钟，滤芯正常消毒 30 次需要更换。过滤前后做滤芯完整性测试，若不合格，应立即更换后重新灭菌和过滤。

⑦每次更换滤芯时，应及时填写滤芯更换记录。

3. 生产记录样表（表 4-3-20）

表4-3-20　无菌滤器除菌生产记录样表

生产工序起止时间		月 日 时 分 —— 月 日 时 分	
无菌滤器编号		第（　　）号	第（　　）号
设备状态确认		正常□　异常□	正常□　异常□
温度（℃）			
压力（MPa）			
滤芯完整性			
药液量（L）			
滤过时间	开始	月 日 时 分	月 日 时 分
	结束	月 日 时 分	月 日 时 分
成品情况			
滤过总量（L）			
外观性状			
操作人		复核人／日期	
备注			

五、使用冷冻干燥机冻干药液

1. 技能考核点

（1）冷冻干燥机的操作要求。

（2）视镜灯、板层距离等要求。

（3）真空度达不到正常工作要求的解决办法。

（4）冷阱温度偏高的解决办法。

（5）突然停机的解决办法。

2. 操作程序、操作规程及注意事项

（1）操作程序　准备→清洗→灭菌→泄漏率检测→产品进箱→预冻→升华干燥→解吸干燥→预放气→压塞→产品出箱→除霜→结束→清场→填写记录

（2）操作规程

① 进入冷冻干燥界面，参数管理并下载配方，冷冻控制开始，板层预冷作为在常温下装载的选项。如果不需要，则进行下一步。

② 预冻：运行循环泵；运行压缩机。打开板冷阀，直到硅油的入口温度（在配方管理中设置好的）低于或相等于所设置的数值。为了确保产品完全冻结，通过掺冷阀来进行保温，通过设置的数值来确保产品在完全冷冻下保持一定的时间。

③ 制冷冷凝器：通过打开冷凝阀，关闭板冷阀来制冷冷凝器，直到冷凝器的温度（在参数管理中已设置好的）低于或等于冷凝器所设置的温度。一般温度为 -45℃，在此期间通过阀门来掺冷控制产品的温度。

④ 箱体抽真空：在冷凝器的温度在 -45℃并保持设定时间后，运行真空泵以及罗茨泵，并打开小蝶阀和中隔阀来抽箱体真空到设定值，在此期间通过掺冷阀来控制产品的温度。

⑤ 升华干燥阶段：运行电加热：在箱体压力低于设定值（在参数管理中已经设置好的），运行电加热开始一次干燥阶段。备注：通过入口的硅油来控制温度，温度数值由对话窗口进行设置，通过箱体上真空探头来控制压力，其数值也可由对话窗口进行设置。这些也应用于其他步骤。

⑥ 压力升高测试来判断循环的结束：关闭中

隔阀，如果压力变化在允许的范围内，则循环结束；如果超过变化范围则按设定压力判断次数运行，设定间隔时间后再次判断，如合格则循环结束，如不合格点击"运行确认"按钮，进入"完成运行"窗口，重新设置运行，直至合格。

⑦ 真空复压及压塞：干燥箱先根据配方参数恢复到设定压力，然后根据配方参数执行压塞操作。

⑧ 板层制冷可作为在一定温度下产品出箱的可选项。

（3）注意事项

① 禁止水泵在无水的条件下运转设备。

② 禁止在无氟利昂条件下运转压缩机。

③ 禁止在保持真空状态下开启箱门。

④ 在进行压塞操作之前，必须保证西林瓶均匀地布满每块板层。如果西林瓶没有均匀地布满板层，在进行压塞操作时会有压碎西林瓶的风险。如果西林瓶不够布满整块板层，也要保证西林瓶均匀地分布在板层上。

⑤ 视镜灯的观察不能连续超过2分钟，否则视镜灯会过热导致按钮损坏以及电线短路。如果需要连续看的，应间隔5分钟。

⑥ 无菌过滤器可能处于过压或欠压状态，设备使用中禁止拆卸。当需要对有关系统进行检漏，应采用氮气打压，不要采用其他气体，以免发生危险。

⑦ 当板层总体上升时，板层下托架与箱体底部最好不要超过300mm，以免金属软管被拉坏。

⑧ 本设备未进行防爆设计，设备内部或周围禁止使用可燃性液体或气体。

⑨ SIP灭菌进蒸汽前，确认所有门插销处于安全锁紧状态，并且灭菌过程中，箱门前严禁站人。

⑩ 当对制冷系统进行检修时，释放制冷剂，由于制冷剂温度很低，谨防与皮肤接触，以免被冻伤。

⑪ 箱体内外部的表面温度可能会很高或很低，谨防与皮肤接触，以免冻伤或烫伤。

3. 生产中的常见故障及处理措施

① 真空度达不到正常工作要求的解决办法：检查真空泵与主机之间的连接，卡箍是否正确卡紧；有机玻璃罩下端平面是否清洁，有无损伤；"O"型密封圈是否清洁，放置是否正确；真空泵工作是否正常，观察泵油是否清洁；真空阀是否拧紧。

② 冷阱温度偏高的解决办法：环境温度过高，散热不良。将机器置于环境温度合适，通风良好处；如若制冷系统故障，请与厂商技术工程师联系。

③ 突然停机的解决办法：如保险丝熔断，拔掉一切电源，更换；真空泵可能吸入异物，立即断电检查，清除异物。

4. 生产记录样表（表4-3-21）

表4-3-21　冷冻干燥机冻干药液操作生产记录样表

产品名称		批号		规格	
生产工序起止时间		月　日　时　分 ———		月　日　时　分	
设备状态确认		正常□　异常□		正常□　异常□	
消毒温度（℃）					
消毒压力（MPa）					
化霜压力（MPa）					
冷阱抽空压力（MPa）					
盘管最终温度（℃）					
后箱出口最终温度（℃）					

干燥时间（min）			
后箱清洗时间（min）			
后箱排水时间（min）			
前箱清洗时间（min）			
前箱排水时间（min）			
干燥时间（min）			
单块板层清洗时间（min）			
板层升降设定值			
冷阱1设定温度（℃）			
冷阱2设定温度（℃）			
压缩机1回气温度设定（℃）			
压缩机2回气温度设定（℃）			
压缩机1喷液设定温度（℃）			
压缩机2喷液设定温度（℃）			
过滤器消毒压力（MPa）			
过滤器消毒温度（℃）			
过滤器消毒时间（min）			
过滤器干燥时间（min）			
冻干时间	开始	月　日　时　分	月　日　时　分
	结束	月　日　时　分	月　日　时　分
成品情况			
冻干总量（kg）			
外观性状			
操作人		复核人/日期	
备注			

六、使用粉末分装机分装注射用无菌粉末

1. 技能考核点

（1）使用粉末分装机分装注射用无菌粉末。

（2）粉剂分装时装药量误差的原因分析。

2. 操作程序、操作规程及注意事项

（1）操作程序　准备→分装→清场→填写记录

（2）操作规程

①原料无菌粉末及容器的处理：可采用灭菌溶剂结晶、喷雾干燥等方法制备无菌粉末，必要时进行粉碎和过筛。容器的处理及相应质量要求同注射剂。一般采用干热灭菌法或红外线灭菌法。

②分装：按无菌操作法进行，分装后应立即加塞并用铝盖密封。相应的设备有螺旋自动分装

机、插管分装机、真空吸粉分装机等。

③灭菌和异物检查：可按照热压灭菌法对耐热品种进行补充灭菌；不耐热品种，应严格无菌操作。目测法检查异物。

④贴签（印字）包装：根据包装指令从仓库领取标签、合格证、纸箱、说明书、纸芯、粘胶带并核对数量、品名、规格及包装材料质量，并与待包装药品品名、规格、数量一致。按产品规格及内包装岗位操作规程进行内包装。控制横封、纵封温度，注意随时检查外观、密封性、装量及批号打印情况。

（3）注意事项

① 机器上任何可以取下进行维护和修理的面板或机器盖板，只能在机器处于非运行状态时进行，且只有受过培训的规定人员才能打开机器盖板，机器重新启动前必须重新安装好这些机器盖板。

② 在自动模式下运行机器时，严禁打开固定或活动安全门。

③ 粉剂分装时装药量的误差与下列因素有关：

a. 分装头旋转时的径向跳动使分装孔药面不平；

b. 分装头后端面跳动使真空、压缩空气泄漏、串通；

c. 分装头外圆表面粗糙而黏附药粉；

d. 分装孔内表面粗糙而黏附药粉；

e. 分装孔分度不准使药粉卸在瓶口外；

f. 分装孔不圆使得装粉时药粉被吸走；

g. 分装头内腔八边形与轴线不垂直造成气体泄漏；

h. 粉剂隔离塞过于疏松或过密；

i. 压缩空气压力不稳使得流量过大或过小；

g. 药粉的粒径、含水量、流动性造成装量的变化。

3. 生产记录样表（表 4-3-22）

表 4-3-22　粉末分装机分装注射用无菌粉末操作记录样表

产品名称		批号		规格		
生产工序起止时间		月　日　时　分 ——		月　日　时　分		
设备状态确认		正常□　异常□		正常□　异常□		
总装机容量（kw）						
生产能力（瓶/min）						
吹粉压力（MPa）						
吹气清洁压力（MPa）						
吸粉真空压力（MPa）						
吸粉保持真空压力（MPa）						
药粉的粒径						
药粉的含水量						
分装时间	开始	月　日　时　分		月　日　时　分		
	结束	月　日　时　分		月　日　时　分		
成品情况						
分装总量（kg）						
外观性状						
操作人			复核人/日期			
备注						

第五节　气雾剂与喷雾剂制备

▉▉▉▉ 相关知识要求 ▉▉▉▉

> **知识要点**
>
> 　1. 气雾剂的附加剂、抛射剂，喷雾剂的附加剂。
> 　2. 乳剂的制备方法、设备与操作。
> 　3. 抛射剂的填充方法与设备。

　　气雾剂与喷雾剂属于气体动力型制剂，在初级工、中级工部分中介绍了气雾剂与喷雾剂的含义、特点、分类、组成、制备以及质量要求等内容。在此基础上介绍气（喷）雾剂的附加剂、气雾剂的抛射剂、抛射剂的填充方法与设备以及乳剂的制备方法、设备与操作。

　　关于乳剂的制备方法与设备、操作规程在液体制剂制备中已介绍，详细参见本章第三节液体制剂技能部分"四、使用乳匀机配制乳剂"。

　　压力罐装设备的操作规程参见本节技能部分"五、使用压力灌装机填充抛射剂"；气雾剂检漏设备的操作规程参见本节技能部分"六、使用气雾剂检漏设备检查封帽的严密性"。

一、气雾剂

（一）组成

1. 药物与附加剂

　　为制备质量稳定的溶液型、混悬型或乳剂型气雾剂，制剂中除药物外，需加入附加剂，如助溶剂、潜溶剂、润湿剂、乳化剂、稳定剂，必要时还添加矫味剂、抗氧剂和防腐剂。吸入气雾剂中所有附加剂均应对呼吸道黏膜和纤毛无刺激性、无毒性。非吸入气雾剂及外用气雾剂中所有附加剂均应对皮肤或黏膜无刺激性。

　　常用的附加剂：①潜溶剂，如乙醇、丙二醇等；②乳化剂，如硬脂酸三乙醇胺皂、吐温、

司盘等；③助悬剂，如司盘、月桂醇硫酸钠等；④增溶剂、抗氧剂、防腐剂等。

2. 抛射剂

　　抛射剂是喷射药物的动力，有时兼作药物的溶剂和稀释剂。抛射剂分为液化气体与压缩空气两类，药用气雾剂中常用液化气体。理想的抛射剂为适宜的低沸点液态气体，常压下沸点低于室温，常温下蒸汽压力大于大气压，当阀门打开时，压力骤降，抛射剂急剧气化，将容器内药物以雾状微粒喷出。抛射剂应为惰性气体，对机体无毒、无致敏性及刺激性；无色、无嗅、不易燃、不易爆，且价格低廉。

　　（1）氢氟烷烃类　不含氯，不破坏大气臭氧层，对全球气候变暖的影响明显低于氯氟烷烃类，在人体内残留少，毒性低。如四氟乙烷（HFA 134a）、七氟丙烷（HFA 227），二甲醚等。二甲醚又称甲醚，有很好的水溶性，较好的安全性能，但由于其蒸汽压较高，一般不单独应用。

　　（2）压缩气体　常用的有二氧化碳、氮气等，此类抛射剂化学性质稳定，不与药物和容器发生化学反应，不燃烧。但其液化气体常温下蒸汽压过高，对耐压容器耐压性要求高。使用时压力波动，多用于喷雾剂。

　　（3）碳氢化合物　常用丙烷、正丁烷、异丁烷等。此类抛射剂价廉易得，基本无毒和惰性。但易燃烧、爆炸，不宜单独使用，常与其他抛射剂混合使用。

　　实际应用中单一的抛射剂往往很难达到用药要求，故一般多采用混合抛射剂，并通过调整用量、比例来达到调整喷射能力的目的。

（二）乳状液的配制

　　乳状液型气雾剂（也称泡沫型气雾剂）是指

药物、抛射剂在乳化剂的作用下，经乳化制成的乳状液型气雾剂。药物呈泡沫状喷出。设计时应注意以下几点：①抛射剂的选择。当抛射剂的蒸汽压高且用量多时，可得黏稠、有弹性的泡沫，射程亦远；当抛射剂的蒸汽压低且用量少时，则得柔软、平坦的湿泡沫。所以应根据需要，采用适宜的混合抛射剂，使泡沫稳定持久或快速崩裂而成药物薄膜。抛射剂用量一般为 8%~10%，若喷出孔直径小于 0.5mm 时，用量为 30%~40%。②乳化剂的选用。应根据药物性质和治疗需要，选择合适的乳化剂。

（三）抛射剂的填充方法与设备

抛射剂的填充方法对不同用途的气雾剂有所区别。对药用气雾剂，要求抛射剂添加用量准确，而对于非药用气雾剂，很多情况是要求填充速度。

1. 压灌法

压力灌装法是先将配好的药液在室温下灌入容器内，再将阀门装上并轧紧，然后通过压装机压入定量的抛射剂（先将容器内空气抽去或其他方法驱除空气）。该法生产速度较慢，使用过程中压力的变化幅度较大。采用高速旋转压装抛射剂的工艺，可将容器输入、分装药液、驱赶空气、加轧阀门、压装抛射剂、产品包装输出于一体。

生产设备系用真空抽除容器内空气，可定量压入抛射剂，因而产品质量稳定，生产效率大为提高。

2. 冷灌法

药液借助冷却装置冷却至 -20℃，抛射剂冷却至沸点以下至少 5℃。先将冷却的药液灌入容器中，随后加入已冷却的抛射剂（也可同时加入）。立即装上阀门并轧紧，操作必须迅速完成，以减少抛射剂的损失。

冷灌法速度快，对阀门无影响，成品压力较稳定，但需制冷设备和低温操作，抛射剂损失较多。含水产品不易用此法。

3. 阀下灌法

该法是在常温下，即将进行压盖前，直接将抛射剂加入已就位的阀门下方的容器中。该法的优点是可快速将大量抛射剂加入容器，适用于非药用气雾剂。但该法抛射剂损失较多。

生产设备为压力灌装机，示意图如下（图4-3-7）。

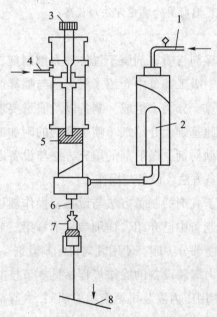

图 4-3-7　脚踏式抛射剂压灌法装置示意图
1.抛射剂进口；2.滤棒；3.装置调节器；4.压缩空气进口；5.活塞；6.灌装针；7.容器；8.脚踏板

二、喷雾剂的附加剂

喷雾剂主要使用机械装置将瓶中液体进行雾化。喷雾剂在生产和贮藏期间根据需要可加入溶剂、助溶剂、抗氧剂、防腐剂、表面活性剂等附加剂。吸入喷雾剂中所有附加剂均应为生理可接受物质，且对呼吸道黏膜和纤毛等无刺激性、无毒性，性质稳定，与原料药物不起作用。

技能要求

技能要点

1.使用乳化设备制备乳剂。

2.按照质量控制点监控药液质量。

3.使用压力罐装设备填充抛射剂。

4.使用气雾剂检漏设备检查封帽的严密性。

一、使用乳匀机制备乳剂

乳匀机乳化后药物粒径分布均匀，稳定性好。电动乳匀机使用压缩空气，避免了空气经压缩产生的水分进入腔体而污染样品。具体可参见本章第三节技能部分"四、使用乳匀机制备乳剂"。

二、按质量控制点监控药液质量

1.技能考核点

（1）质量控制点监控药液质量的操作。

（2）按生产指令和工艺要求，药液质量应符合要求。

2.操作程序及注意事项

（1）操作程序

①取样：取3倍检测量的样品。

②送样：填写相应的请验单，并送样。

③检测：由QC部门检测，并出具检测报告。

④继续操作或进行下一道工序。

⑤结果判断及处理：参考中间产品的质量标准，如果符合标准，则继续操作或进行下一操作，若不合格则根据工艺流程做相应调整，再次取样和检测，直到合格为止，或停止。

（2）注意事项

①需等到QC检测合格并出具检测报告后方可继续操作或下一道工序。

②如果QC检测不合格，要快速及时找出原因，判断是否能够通过合规途径解决问题，如果不能则停止操作，该批次作废。

三、按质量控制点监控混悬剂质量

混悬剂的质量控制操作基本同本节"二、按质量控制点监控药液质量"。其不同点为混悬剂还需控制原料药的粒径分布。原料药微粉处理后，混合，由生产人员按照固体粉末取样原则取样，送QC检测。QC人员根据中间产品的质量标准检测，并出具检测报告。中间产品合格后方可继续操作或进行下一工序。

四、按质量控制点监控乳剂质量

乳剂的质量控制操作基本同本节"二、按质量控制点监控药液质量"。其不同点为乳剂还需控制中间产品的粒度。由生产人员按照规定的取样原则取样，送QC检测。QC人员根据中间产品的质量标准检测，并出具检测报告。中间产品合格后方可继续操作或进行下一工序。

五、使用压力灌装机填充抛射剂

1.技能考核点

（1）能够正确操作压力灌装机填充抛射剂。

（2）能够按生产指令和工艺要求，掌握抛射剂充填量调节的操作。

2.操作程序及注意事项

抛射剂的填充在气雾剂生产中通常和灌装、封帽处于同一操作平台，因此其操作前准备、操作过程以及抛射剂填充后操作内容和使用灌装机分装药液内容基本一致。

（1）操作规程

①确认设备状态标识为"设备完好，待运行"；电源已开启；各种仪表校验合格证都在有效期内；压缩空气已开启，管线无泄漏；理阀系统、理瓶系统运转正常；抛射剂与灌装系统的连接正常。

②提起截气阀，松开锁紧手柄，转动体积指示表盘调节填充量（顺时针增加填充量，逆时

针减小填充量）；调节后拧紧锁紧手柄，落下截气阀。

③按产品工艺要求，确认抛射剂的填充量，计算填充量控制范围。

④封帽的药瓶经理瓶系统输送到抛射剂充填装置部位，完成抛射剂的填充。在充填过程中根据各产品工艺要求，监控抛射剂填充量，并填入批生产规程/批生产记录中。

（2）注意事项　抛射剂的填充主要有压灌法与冷灌法。压灌法的设备简单，不需低温操作，抛射剂损耗较少，但生产效率稍低，且使用过程中压力的变化幅度较大。冷灌法速度快，对阀门无影响，成品压力较稳定，但需制冷设备和低温操作，抛射剂损失较多，含水的药品不宜用此法。

3. 生产记录样表（表4-3-23）

表4-3-23　压力灌装机填充抛射剂记录样表

产品名称		批号			规格		
起止时间		月　日　时　分 ——			月　日　时　分		
灌装机编号		第（　　）号			第（　　）号		
设备状态确认		正常□　异常□			正常□　异常□		
灌装速度（瓶/分）							
温度（℃）							
压力（Pa）							
抛射剂填充量							
灌装时间	开始	月　日　时　分			月　日　时　分		
	结束	月　日　时　分			月　日　时　分		
成品情况							
外观性状							
成品量（瓶）							
密封情况							
操作人			复核人/日期				
备注							

六、使用气雾剂检漏设备检查封帽的严密性

1. 技能考核点

（1）正确操作气雾剂检漏设备进行封帽的严密性检查操作。

（2）按生产指令和工艺要求，调节设备参数。

2. 操作程序、操作规程及注意事项

（1）操作程序　开机前的准备工作→开机→关机→清场→填写记录

（2）操作规程

①检查检漏设备和压缩空气机状态标识为"设备完好，待运行"；确认电源已开启；确认校验合格证在有效期内。准备不合格品盘和状态标识牌。

②开通电源，设置温度为55℃。

③待液体温度达到55℃±1℃时，将气雾剂倒入检漏设备中，观察3~5分钟内是否有气泡产生，或者有样品浮在液面上。

④如出现步骤③中的现象，则调整封帽参数，再次检测。

⑤将产生气泡或浮在液面上的样品剔除，并放到不合格品盘。

⑥将合格产品取出，并用压缩空气吹干，目测无水珠。

⑦结果判断及处理：气雾剂在检漏设备中出现冒泡或者浮在液面上说明封帽不严，需要及时调整封口参数。

⑧产品检漏结束后，关闭设备电源，打开检漏设备底部排水阀，将水排空；使用洁净抹布将检漏设备擦干。

（3）注意事项

①按照工艺要求向检漏设备内加入规定量的水，打开电源开关，根据工艺要求设定加热温度。

②气雾剂在检漏设备中保持3~5分钟，时间不可过短或过长。过短无法判断封帽的严密性；过长会影响产品的稳定性。

3. 生产记录样表（表4-3-24）

表4-3-24　检漏设备检查封帽的严密性记录样表

操作要求	实际参数
检漏槽内有足够量的纯化水，设置温度为55℃	设置温度：＿＿＿＿＿℃
按照检漏岗位标准操作规程，所有灌装岗位生产的半成品均检漏5分钟	检漏开始时间：＿＿＿＿＿ 检漏结束时间：＿＿＿＿＿
统计本批检漏过程中的泄漏率（检漏合格数 / 检漏总数量）（≤ 5.0‰）	检漏合格数：＿＿＿＿＿ 检漏总数量：＿＿＿＿＿ 检漏泄漏率：＿＿＿＿＿
记录人：　　　　　复核人：	日期：　　年　　月　　日
备注：	

第六节　软膏剂与乳膏剂制备

相关知识要求

知识要点

1. 软膏剂基质的净化与灭菌；乳膏剂的基质。
2. 乳化法制备乳膏剂的方法与设备。
3. 真空乳化搅拌设备的操作规程。

软膏剂和乳膏剂系指采用适宜的基质将药物制成半固体或近似固体的一类剂型，该类制剂多广泛应用于皮肤科与外科。在初级工、中级工部分已介绍了软膏剂与乳膏剂的含义、特点、分类，软膏剂的基质、制备方法与设备、质量要求以及软膏研磨设备、搅拌夹层设备、分散设备的操作过程，在此基础上介绍乳膏剂的基质、基质的净化与灭菌，乳化法制备乳膏剂的方法与设备，真空乳化搅拌设备的操作规程。其中，真空乳化搅拌设备的操作规程参见本节技能部分"二、使用真空均质制膏机制备乳膏剂"。

一、软膏剂基质的净化与灭菌

对于油脂性基质，应先加热熔融后用数层细布或120目铜丝筛趁热滤过，除去杂质。然后再加热到150℃灭菌1小时以上，并除去水分。如用直火加热须注意防火；用蒸汽夹层锅加热（图4-3-8），须用耐高压的夹层锅，在蒸汽压力升到490.35kPa（5kg/cm²）时，锅内温度才能达到150℃。

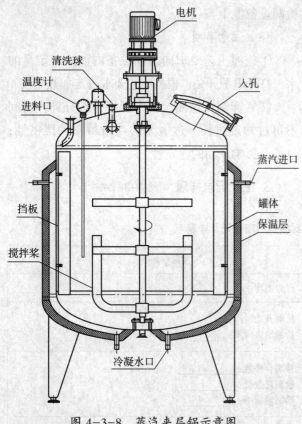

图 4-3-8　蒸汽夹层锅示意图

（标注：电机、清洗球、温度计、进料口、入孔、蒸汽进口、罐体、保温层、挡板、搅拌浆、冷凝水口）

二、乳膏剂

（一）基质

由水相、油相（固体或半固体）、乳化剂组成。常用的油相多为固体，主要有硬脂酸、石蜡、蜂蜡、十八醇与十六醇等，有时为调节稠度需加入液体石蜡、凡士林或植物油等；常用的乳化剂有皂类、月桂醇硫酸钠、单硬脂酸甘油酯、聚山梨酯等。

乳剂型基质分为水/油（W/O）和油/水（O/W）型。乳化剂对形成乳剂基质的类型起关键作用，乳化剂的表面活性作用可促进药物与皮肤接触。W/O 型基质能吸收部分水分，水分只能缓慢蒸发，对皮肤有缓和的冷爽感，故称"冷霜"，同时该基质不易从皮肤上被水清洗；O/W 型基质能与大量水混合，无油腻感，易于涂布和清洗，色白如雪，故称"雪花膏"。

乳剂型基质的特点是对油、水均有一定的亲和力，易与创面的渗出液或分泌物混合；不阻止皮肤表面分泌物的分泌和水分蒸发，因此对皮肤的正常功能影响较小。O/W 型基质软膏中药物的释放和穿透皮肤一般比其他基质快。但采用 O/W 型基质制成的软膏剂用于分泌物较多的皮肤病时，其吸收的分泌物可重新进入皮肤而使炎症恶化。通常乳剂型基质适用于亚急性、慢性、无渗出液的皮肤和皮肤瘙痒症，忌用于糜烂、溃疡、水疱及化脓性创面。不适于遇水不稳定的药物。O/W 型基质在贮存过程中易变硬和霉变，常需加入尼泊金类、氯甲酚、三氯叔丁醇等防腐剂和甘油、丙二醇、山梨醇等保湿剂。遇水不稳定的药物不宜用乳剂型基质制备软膏。

1. 皂类

（1）一价皂　为一价金属离子钠、钾、铵的氢氧化物、硼酸盐或三乙醇胺等有机碱与脂肪酸（如硬脂酸或油酸）作用生成的新生皂，HLB 值为 15~18，为 O/W 型乳化剂，但若处方中油相含量过多时能转相为 W/O 型乳剂型基质。一价皂的乳化能力随脂肪酸中碳原子数从 12 到 18 而递增，但大于 18 后乳化能力反而降低，故常用碳原子数为 18 的硬脂酸，其用量为基质总量的 10%~25%，主要作为油相成分，部分与碱反应形成新生皂，未反应的硬脂酸作为油相，被乳化成乳粒，并增加基质的稠度。硬脂酸制成的乳剂型基质，光滑美观，涂于皮肤，水分蒸发后在皮肤表面形成一层硬脂酸膜而具保护性。硬脂酸常与适当的油脂性物质（如凡士林、液体石蜡等）合用而改善润滑作用、调节其稠度和涂展性。

以钠皂为乳化剂制成的基质较硬，以钾皂为乳化剂制成的基质较软，以新生有机铵皂为乳化剂制成的基质较为油腻、光亮美观。因此后者常与前两者合用或单用作乳化剂。一价皂基质易被酸、碱，及钙、镁、铝等离子或电解质破坏，不宜与酸性或强碱性药物配伍。

（2）多价皂　由二、三价的钙、镁、锌、铝等金属离子氧化物与脂肪酸作用形成的多价皂。亲油性强于亲水性，HLB 值小于 6，形成 W/O 型乳剂型基质。新生多价皂较易形成，且油相的比例大，黏度较水相高，形成的 W/O 型基质稳定。

2.脂肪醇硫酸（酯）钠类

常用十二烷基硫酸钠，又称月桂醇硫酸钠，为阴离子型表面活性剂。HLB 值为 40，常与 W/O 型乳化剂合用，如十六醇、十八醇、硬脂酸甘油酯和司盘类等，以调整 HLB 值，使其达到油相所需范围。常用量为 0.5%~2%。与阳离子型表面活性剂及阳离子药物配伍会失去乳化能力。乳化作用适宜的 pH 值为 6~7。

3.高级脂肪醇与多元醇/酯类

（1）十六醇及十八醇　十六醇，即鲸蜡醇，熔点 45~50℃；十八醇，即硬脂醇，熔点 56~60℃，均不溶于水但有一定的吸水能力，吸水后形成 W/O 型乳剂型基质，在 O/W 乳剂基质中液可以增加乳剂的稳定性和稠度。

（2）硬脂酸甘油酯　单、双硬脂酸甘油酯的混合物，主要含单硬脂酸甘油酯。白色蜡状固体，熔点大于 55℃，不溶于水，可溶于热乙醇、液体石蜡及脂肪油中。HLB 值为 3.8，是较弱的 W/O 型乳化剂，与一价皂或十二烷基硫酸钠等合用，可得 O/W 型乳剂型基质，常用作乳剂型基质的稳定剂或增稠剂。

（3）脂肪酸山梨坦与聚山梨酯类　均为非离子型表面活性剂。脂肪酸山梨坦 HLB 值为 4.3~8.6，为 W/O 型乳化剂；聚山梨酯 HLB 值为 10.5~16.7，为 O/W 型乳化剂。均可单独作软膏的乳化剂，也与其他乳化剂合用而调节适当的 HLB 值。无毒、中性、对热稳定，对黏膜与皮肤的刺激性小，能与酸性盐、电解质配伍，但与碱类、重金属盐、酚类及鞣质配伍会有变化。聚山梨酯类能抑制尼泊金类、季铵盐类、苯甲酸等抑菌剂的效能，可以适当增加防腐剂用量予以克服。

（4）聚氧乙烯醚类

①平平加 O：以十八醇聚乙二醇 -800 醚为主要成分的混合物，为非离子表面活性剂，HLB 值为 16.5，O/W 型乳化剂。在冷水中溶解度比热水中大，1% 水溶液 pH 值 6~7，对皮肤无刺激性，性质稳定，其用量一般为油相的 5%~10%。为提高乳化效率，增加基质的稳定性，常与其他辅助乳化剂合用。

②乳化剂 OP：以聚氧乙烯（20）月桂醚为主的烷基聚氧乙烯醚的混合物，为非离子 O/W 型乳化剂，HLB 值为 14.5，在冷水中溶解度大于热水中，用量一般为油相的 5%~10%。对皮肤无刺激，性质稳定，常与其他乳化剂合用。水溶液含大量高价金属离子，如锌、铁、铜、铝时其表面活性作用会降低，不宜与酚羟类化合物（苯酚、间苯二酚、麝香草酚、水杨酸等）配伍。

（二）乳化法制备乳膏剂的方法与设备

1.乳化法

将油水两相分别加热后经搅拌混合制备而成。包括熔化过程与乳化过程。首先，油相成分置于夹套容器中，加热到 70℃ ~75℃ 使其熔化或液化，使所有成分形成均匀的状态，过滤备用；在另外容器中，水相成分加热到稍高于 75℃。恒速搅拌下油、水两相混合，持续搅拌，使混合相慢慢冷却，直到乳剂形成。药物活性成分可以在冷却阶段加入，通常这些活性成分在加入前已磨细成高度分散的状态。

乳化法中油、水两相的混合方法有三种：

（1）两相同时掺和，适用于连续的或大批量的操作。

（2）分散相加到连续相中，适用于含小体积分散相的乳剂系统。

（3）连续相加到分散相中，适用于多数乳剂系统，在混合过程中可引起乳剂的转型，从而产生更为细小的分散相粒子。如制备 O/W 型乳剂基质时，水相在搅拌下缓缓加到油相中，开始时水相的浓度低于油相，形成 W/O 型乳剂；当更多的水加入时，乳剂黏度继续增加，W/O 型乳剂的体积也扩大到限度，超过此限，乳剂黏度降低，发生乳剂转型而成 O/W 型乳剂，使油相得以更细地分散。

2.药物的处理

（1）可溶于基质中的药物宜分别溶解在水相或油相基质中制成溶液型软膏。

（2）对不溶性药物，采用适宜方法研磨成细粉，并通过 6 号筛，与少量基质研匀，再与其余基质研匀；若处方中含有液体石蜡、植物油和甘油等液体组分，可先与这些组分研匀成细糊状后再与其余基质混匀；也可选择适当的溶剂将其研磨成均匀的混悬液，再与其他基质混匀。

（3）中药煎剂、流浸膏等，可先浓缩至一定相对密度，再与基质混合；固体浸膏可加少量水或醇使之软化或研成糊状，再与基质混匀。

（4）将易氧化、热敏和挥发性药物加入基质时，基质温度不宜过高，以减少药物的破坏和损失。

3. 乳化设备

乳化设备对于软膏剂的制备影响很大。常用乳化设备有高湍流度的乳化器和多重搅拌机器，前者一般包括三个顶端入口的同轴搅拌器，一个锚式搅拌器和一个能自我调节的聚四氟乙烯刮削器，使制剂得到充分混合。多重搅拌机器则包括一个混合乳化器（用于高度剪切），一个高速分散器（将固体分散成黏稠的液体），还有一个锚式搅拌器，用于在低剪切力时提供最大量的混合运动。另外一种用于大批量搅拌是将双运动、反向旋转搅拌及均质运动组合使用，以适应多种混合

用途。为了提高油相的稳定性，当乳剂形成后，还可以用胶体磨作进一步的分散。

真空乳化搅拌设备示意图如下（图4-3-9）。

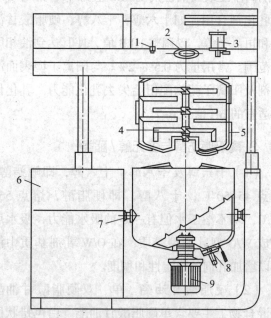

图4-3-9 真空制膏机示意图

1.加料球阀；2.视镜及刮水器；3.香料瓶；4.内搅拌桨；5.带刮板外搅拌桨；6.操作面板；7.翻转轴；8.出料阀；9.均质乳化器

技能要求

1. 净化、灭菌基质。

2. 使用真空乳化搅拌设备制备乳膏剂。

一、蒸汽夹层锅净化、灭菌基质

1. 技能考核点

（1）蒸汽夹层锅净化、灭菌基质的工作原理。

（2）油性基质的净化灭菌方法。

（3）熟练进行升温、降温操作。

2. 操作程序、操作规程及注意事项

（1）操作程序　开机前的准备工作→开机→净化、灭菌→关机→清场→填写记录

（2）操作规程

①对于油性基质，应先加热熔融后用数层细布或七号铜丝筛趁热滤过，除去杂质。然后再加热到150℃持续1小时以上进行灭菌，同时可除去水分。

②用蒸汽夹层锅加热，需用耐高压的夹层锅，在蒸汽压力升到490.35kPa（5kg/cm²）时，锅内温度才能达到150℃。

③加热操作：打开排水阀、排气阀，排净夹层锅内冷凝水蒸气2~3分钟。打开蒸汽进口阀门，将锅内物料加热2~3分种后，关小排气阀、排水阀并观察压力表的指示值在允许的范围内。当温度达到设定值时，应关闭蒸汽进口阀门，需恒温时，关闭排气阀、排水阀。

④降温操作：打开排气阀、排水阀，排放夹层锅内热汽、热水，打开给水阀向夹层锅内供应冷水，降低锅内物料温度，当温度达到设定值时，关闭搅拌器。

⑤停机操作：打开出料阀将锅内物料排放至规定容器内，打开排气阀、排水阀，排净夹层内的水、汽，排净后再复核检查给水阀、蒸汽进口阀的关闭情况。

（3）注意事项

①在设备运行过程中，严格控制蒸汽压小于设备规定的使用压力。

②在设备清洁或检查维修时，必须关闭蒸汽进口阀，防止被烫伤。

③在设备使用过程时，注意声音是否正常，否则应迅速找出原因并予以排除。

3. 生产记录样表（表4-3-25）

表4-3-25　蒸汽夹层锅生产记录样表

产品名称		批号		规格	
起止时间		月　日　时　分 —— 月　日　时　分			
夹层锅编号		第（　　）号		第（　　）号	
设备状态确认		正常□　异常□		正常□　异常□	
基质（kg/L）					
温度（℃）					
压力（MPa）					
操作时间	开始	月　日　时　分		月　日　时　分	
	结束	月　日　时　分		月　日　时　分	
成品情况					
外观性状					
成品量（kg/L）					
操作人		复核人／日期			
备注					

二、使用真空均质制膏机制备乳膏剂

1. 技能考核点

正确操作真空均质制膏机制备乳膏剂。

2. 操作程序、操作规程及注意事项

（1）操作程序　开机前的准备工作→开机→制膏→关机→清场→填写记录

（2）操作规程

①将水相、油相物料经称量分别投入水相锅和油相锅，开始加热，待加热快完成时，开动搅拌器，使物料混合均匀；

②开动真空泵，待乳化锅内真空度达到 –0.05MPa 时，开启水相阀门，待水相吸进一半时，关闭水相阀门；

③开启油相阀门，待油相吸进后关闭油相阀门；开启水相阀门直至水相吸完，关闭水相阀门，停止真空系统；

④开动乳化10分钟后停止，开启刮板搅拌器及真空系统，当锅内真空度达 –0.05MPa 时，关闭真空系统。开启夹套阀门，在夹套内通冷却水冷却；

⑤待乳剂制备完毕后，停止刮板搅拌，开启阀门使锅内压力恢复正常，开启压缩空气排出物料。

（3）注意事项

①乳化法是将油水两相分别加热后经搅拌混合制备而成。包括熔化过程与乳化过程。生产中常采取两相同时掺和或连续相加到分散相中。

②根据药物的特性，分别采取溶解于基质、粉碎成细粉加入等方式。

③易氧化、热敏和挥发性药物加入基质时，基质温度不宜过高，以减少药物的破坏和损失。

3. 生产记录样表（表4-3-26）

表4-3-26　真空均质制膏机制备乳膏剂生产记录样表

产品名称		批号		规格		
起止时间		月　日　时　分 ——　月　日　时　分				
真空均质机编号		第（　　）号		第（　　）号		
设备状态确认		正常□　异常□		正常□　异常□		
药物（kg）						
油相（kg）						
水相（kg）						
附加剂（kg）						
转速（r/min）						
均质速度/压力（Pa）						
温度（℃）	油相					
	水相					
制备时间	开始	月　日　时　分		月　日　时　分		
	结束	月　日　时　分		月　日　时　分		
成品情况						
外观性状						
软膏量（kg）						
操作人		复核人/日期				
备注						

第七节　贴膏剂制备

相关知识要求

知识要点

1. 涂布的方法、设备及操作。

2. 覆膜的方法、设备及操作。

贴膏剂是指将原料药物与适宜的基质制成的膏状物、涂布于背衬材料上供皮肤贴敷，可产生局部或全身作用的制剂。包括橡胶贴膏、凝胶贴膏。在初级工、中级工部分介绍了橡胶贴膏和凝胶贴膏的含义、特点、组成、质量要求，橡胶的处理，切胶、压胶、炼胶、浸胶的方法与设备、操作规程以及打膏设备、装量设备的操作规程等，在此基础上介绍涂布和覆膜的方法、设备以及操作。

"涂布设备的操作规程"参见本节技能部分"一、使用涂布机涂布膏料"。"覆膜设备的操作规程"参见本节技能部分"二、使用覆膜机压合防粘层"。

一、橡胶贴膏

（一）涂布与回收溶剂

完成制浆工序后，胶浆中含有一定量的溶剂油，在涂布工序中需要对溶剂进行排除并实施回收。该工序是橡胶贴膏制备过程中很重要的一道工序。它是将含药胶体通过涂布装置涂布于背衬材料或防粘层材料上的一种工艺。涂布时，将基材装在涂布机上，前车不断地加适量胶浆涂布，调整涂布厚度，在操作过程中，按要求取样检测含膏量，保证涂胶符合质量要求，操作人员根据每次取样检测的含膏量进行调整。

涂布后，含有溶剂的膏面需要烘干挥发溶剂。设定隧道烘箱在合理的温度范围，控制膏布运行速度，使膏布通过烘箱进行连续干燥挥去溶剂。挥去溶剂的膏布，在一定温度下迅速冷却。冷却后的膏面，经过分切刀分切成一定宽度的膏卷，进入下一道工序。经过隧道烘箱加热挥发的汽油，进入冷却塔，重新收集后进行回收再利用。

（二）涂布方法与设备

含药胶体中有一定量的溶剂，具有较好的流动性，一般采用刮涂法、蘸涂法、喷涂法、辊涂法、挤涂法制备。主要的不同之处在于涂布头设计。

1. 刮涂法

一般包括刮棒涂布、刮板涂布、刮刀涂布、逗号辊涂布四种方式，其中以刮刀涂布和逗号辊涂布应用最为广泛。刮刀涂布方法是将胶体通过刮刀与底板或底辊形成的间隙，均匀涂布于背衬材料或防粘层材料上面，胶体处在刮刀与盛胶板所组成的胶槽中，通过间隙向涂布材料供胶，通过调整刮刀与底辊的间隙，可以控制涂布的厚度。刮刀刀刃的安装方向应与底辊的径向方向一致，位置应在胶布与底辊的相切点，偏向胶槽一侧1~2mm。刮刀的形状有棒状、木楔形、薄刀形、逗号辊形等。

2. 蘸涂法

半浸在盛胶槽内的蘸胶辊把含药胶体黏附在蘸胶辊的表面上，经计量辊除去多余的胶体后，将蘸胶辊上剩余厚度一定的胶体涂布在基材上面。蘸涂法仅适用于黏度小，流动性好的胶体。蘸胶涂布速度快、涂层薄、干燥固化时间短。

3. 喷涂法

在涂布材料外侧一定间距设置一个或若干个喷头，利用定量泵将胶体挤压出喷头并黏附在涂布材料上的一种涂布方式。属于高效稳定的一种涂布方法。

4. 辊涂法

含药胶体与背衬材料、防粘层材料一同通过一对异向转动的涂布辊之间的间隙，在两个涂布辊滚动挤压下，把含药胶体涂布在背衬上，同时复合防粘层材料。也可以将含药胶体首选与背衬材料粘合在一起，初步固化后，再通过复合辊复合上防粘层材料。辊涂法适宜于流动性差、较稠的含药胶体。

5. 挤涂法

胶体在压力作用下，通过小孔或缝隙挤出，涂布于背衬或防粘层材料上的一种涂布方式，与喷涂法类似。该工艺兼具喷涂和刮涂的优点，既可以定量稳定供胶，又可以实现刮涂的膏面效果。

溶剂法涂布设备主要有放卷装置、供料装置、涂布头、纠偏器、烘干装置、冷却装置、收卷装置等组成。溶剂法涂布设备示意图如下（图4-3-10）。

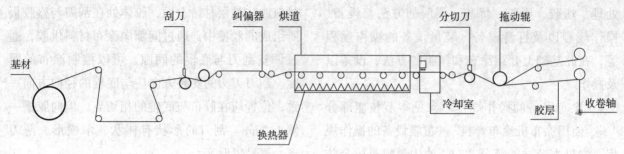

图 4-3-10　溶剂法涂布设备示意图

（三）覆膜的方法与设备

在收卷前没有复合防粘层的膏布卷，需要在专门的复合机上复合防粘层材料。覆膜一般有单面覆膜和双面覆膜，设备有半自动设备和全自动设备。半自动设备的覆膜方法是将膏卷和防粘层材料一块拉伸至收卷轴上，同时，膏卷黏性面复合至防粘层材料，并对应整齐。覆膜时启动电源，采用脚踏点动、手掌展平的方式，通过收卷轴的转动，带动膏布卷和防粘层卷的复合。若进行双面覆膜，需要采用双面防粘层材料，并将单面覆膜后的膏卷装在原防粘层材料的位置，再次复合一层膏卷。

半自动设备对操作人员的技能要求较高，劳动强度大；全自动设备可以充分降低人员的劳动强度。半自动覆膜设备主要有电机、脚踏、收卷轴、放卷轴组成；全自动覆膜设备主要有放卷轴、剥离轴、纠偏器、复合压辊、收卷轴组成。覆膜机示意图如下（图 4-3-11，图 4-3-12）。

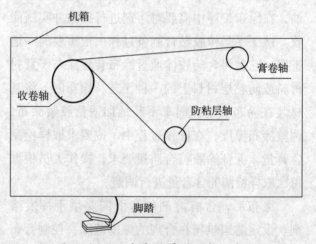

图 4-3-11　半自动覆膜设备示意图

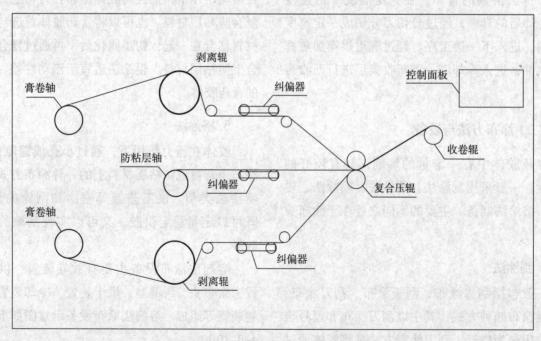

图 4-3-12　全自动覆膜设备示意图

二、凝胶贴膏

（一）涂布与覆膜

凝胶贴膏由于胶体黏性小，内聚力小，含水量多，存在固化反应等原因，涂布与复合需要同步进行，而且涂布后不收卷，直接分切成膏片。涂布方法多采用辊涂法，该法是将混匀的胶体置于背衬材料和防粘层材料之间，三者一起通过一对相向转动的辊筒的间隙，一次完成背衬材料、胶体和防粘层的复合，即可完成涂布过程。

（二）加衬与切割

复合完成后，直接进行分切成型，剪切工艺是首先将复合好的整幅膏布通过纵向分切刀分切成条状，再通过横向分切刀分切成不同规格尺寸的贴片。模切工艺是将复合好的膏布通过一对相对运动的模切辊，一次成型为成品贴片。贴片的形状和尺寸，由模切辊上的模具决定。

技能要求

技能要点

1. 使用涂布设备涂布膏料。
2. 使用覆膜设备压合防粘层。

一、使用涂布机涂布膏料

1. 技能考核点

（1）涂胶机的工作原理，正确操作涂胶机。

（2）不同品种涂胶工艺要求，包括涂胶速度、烘道温度、含膏量、设备张力、分切尺寸等。

（3）处理简单的设备故障。

2. 操作程序、操作规程及注意事项

（1）操作程序　开机前的准备工作→开机→基材装到涂布机上→前车连续不断地添加适量的胶浆→涂布→切条→关机→清场→填写记录

（2）操作规程

①基材装到涂布机上：将基材按照涂布机操作规程装到涂布机上，前车连续不断地添加适量的胶浆，调整涂布的厚度，控制含膏量在合理的范围内。

②烘道温度控制：一般采取烘道两端温度低，中间温度高的办法，使涂胶膏面经过烘道后，有机溶剂被挥发，胶体实现固化，有利于分切和收卷。

③烘道蒸汽压：烘道中蒸汽压力一般控制在0.4~0.8MPa。经烘箱挥去溶剂的膏布，在空调冷风作用下迅速冷却。

④切条：冷却后的膏面，按照产品尺寸要求，经分切刀分切成一定宽度的膏布条，再收成膏卷。

（3）注意事项

①生产过程中防止胶浆溢流、膏面跑偏、纵布、断布、褶皱等问题。

②涂胶时前后车必须各有二人在场，二人严密配合，前后车同步运行，防止操作失误，并不得伤害自己和他人。

③涂胶前要空机运转检查，严禁设备故障运行。

④操作过程中，应取样检测含膏量。

⑤涂胶时，控制合理的含膏量、涂胶速度、烘干温度和布幅张力，防止膏面变形严重，影响收卷和切片。

⑥膏面的一般要求为：膏面表面应光洁、厚薄均匀、色泽一致，微粒分布均匀，无脱膏、失黏现象；膏布洁净、无漏膏，色泽一致，平整无皱折、接头，周围切线平直不歪斜、无毛絮。膏布进行60℃耐热实验后，背衬面应无渗油现象，膏面应有光泽，用手指触试膏面仍有黏性。

3. 生产记录样表（表4-3-27）

表 4-3-27 涂布机涂布生产记录样表

涂布机组		设备名称			设备编号			设备状态	
品名		规格			批号			批量	
胶浆桶编号	净重（kg）	胶浆桶编号	净重（kg）		胶浆桶编号	净重（kg）		胶浆桶编号	净重（kg）

物料名称	供货单位	批号	领用量（kg）	追加量（kg）	结余量（kg）	实用量合计（kg）	

班次		班		班		班	
操作起止时间		月　日　时　分至 月　日　时　分		月　日　时　分至 月　日　时　分		月　日　时　分至 月　日　时　分	
涂布厚度（mm）				涂布膏重（g）			
涂胶速度（cm/min）				烘干温度（℃）			
操作人							
负责人							
监控人							
工艺要求及操作方法							
实际操作过程							
异常情况记录：偏离工艺规程的偏差：有□　　无□							
备注：							

二、使用覆膜机压合防粘层

1. 技能考核点

正确操作覆膜机。

2. 操作程序、操作规程及注意事项

（1）操作程序　开机前的准备工作→开机→安装防粘纸和膏卷→覆膜→关机→清场→填写记录

（2）操作规程

①安装防粘纸和膏卷：点动脚踏，确认设备处于正常状态，将防粘纸和打孔后的膏卷分别安装到覆膜放卷轴上。将防粘纸黏性面向上，与膏卷黏性面接合后，拉置覆膜机收卷轴上，调整放卷轴、收卷轴的中心线在同一条直线上。

②覆膜：覆膜时，应使防粘纸的两侧留边宽度一致，同时覆膜后膏卷不卷曲、皱缩，以免影响切片和包装。通常情况下，膏布两侧的盖衬基本对称，防粘层宽出膏布边应不小于 0.5mm。

（3）注意事项

①生产过程中防止膏卷跑偏、纵卷，膏面粘连。

②覆膜时应戴防保手套，防止防粘纸运转时边缘割伤皮肤。

③覆膜前要空机运转检查，严禁设备故障运行。

3. 生产记录样表（表 4-3-28）

表 4-3-28 覆膜机压合防粘层生产记录样表

涂布机组		设备名称		设备编号		设备状态	
品名		规格		批量		批号	
班次		班		班		班	
操作起止时间							
数量（m） 盖衬信息		名　称： 供应商： 规　格： 批　号：		名　称： 供应商： 规　格： 批　号：		名　称： 供应商： 规　格： 批　号：		
盖衬领用量（kg）							
盖衬实用量（kg）							
盖衬剩余量（kg）							
盖衬套筒总量（kg）							
岗位废弃品（kg）							
操作人							
负责人							
监控人							
异常情况记录 偏离工艺规程的偏差：　　有□；　　无□。 批准人／日期：							
备注：							

第八节　栓剂制备

相关知识要求

 知识要点

1. 栓剂的制备方法、设备与操作。
2. 栓剂的质量要求。

栓剂系指提取物或药粉与适宜基质制成供腔道给药的固体剂型。栓剂在常温下为固体，纳入人体腔道后，在体温下能迅速软化熔融或溶解于分泌液，逐渐释放药物而产生局部或全身作用。在初级工、中级工部分，介绍了栓剂的含义、特点、分类、栓剂的基质与润滑剂。在此基础上，介绍栓剂的制备方法、设备与操作、质量要求等内容。

制栓设备的操作规程详细参见本节技能部分"一、使用制栓设备制栓""二、栓膜温度、灌装温度、冷却温度控制""三、在制栓过程中监控完整度、光滑度、硬度、色泽、重量差异"。

一、栓剂的制备方法与设备

栓剂的制备方法有搓捏法、冷压法及热熔法。搓捏法除手工少量制备外，已基本不用。生产中目前以热熔法应用最广泛。

1. 热熔法的制备工艺流程

熔融基质→加入药物（混匀）→注模→冷却→刮削→脱模→除润滑剂→质量检查→成品栓剂→包装。

2. 制法与设备

将计算量的基质锉末加热熔化，加入药物混合均匀后，倾入冷却并涂有润滑剂的栓模中（稍微溢出模口为度）。放冷，待完全凝固后，削去溢出部分，开模取出，即得栓剂。生产中多采用旋转式制栓机及全自动栓剂灌装（可以完成栓剂制壳、灌装、冷却成型、封尾剪切等全部过程）。

（1）**栓模处理** 根据用药途径及特点选择适宜栓模。直肠栓常选鱼雷形、阴道栓常选鸭嘴型。对栓模质量进行检查，剔除破损、边缘不整齐、内部不光滑的栓模，清洁洗涤栓模，必要时进行栓模消毒。应用时涂润滑剂。

将计算量的基质锉末在水浴上加热熔化（勿使温度过高）。然后将不同的药物加入研末混合，使药末均匀分散于基质中，然后倾入冷却并涂有润滑剂的栓模（图4-3-13，图4-3-14）中至稍有溢出模口为度，冷却，完全凝固后，用刀削去溢出部分。开启模型，推出栓剂，晾干，包装。

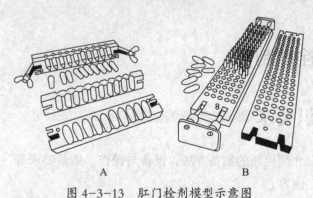

图4-3-13 肛门栓剂模型示意图

图4-3-14 阴道栓模型示意图

装即得。为了避免过热，一般在基质熔融达到2/3时即应停止加热，适当搅拌。熔融的混合物在注模时应迅速，并要一次注完，以免发生液体凝固。

（2）**药物的处理** ①中药水提浓缩液或溶于水的药物可直接与熔化的水溶性基质混合，或药物加少量水溶解，再以适量羊毛脂吸收后与油脂性基质混合；挥发油量大时可考虑加入适宜乳化剂使药物与基质乳化；能溶于油脂的药物可直接混入已熔化的油脂性基质中，使之溶解。必要时可加适量石蜡或蜂蜡调节硬度。②某些中药细粉、浸膏粉、矿物，一般可粉碎成最细粉，采用等量递增法混悬于基质中。

（3）**成型** 将混合均匀的含有药物与基质的混合物一次倾入冷却并涂有润滑剂的模具中，倾入量至稍溢出模口为度，冷却待完全凝固后，削去溢出部分，开模取出栓剂，包装即得；目前已有自动生产线，可以直接将混合物注入塑料模具中，封口，凝固即得。

典型的旋转式栓剂机（图4-3-15）的产量为每小时3500~6000粒。操作时先将栓剂软材注入加料斗，斗中保持恒温和持续搅拌，模型的滑润通过涂刷或喷雾来进行，灌注的软材应满盈。软材凝固后，削去多余部分，注入和刮削装置均由电热控制其温度。冷却系统可按栓剂软材的不同来调节，往往通过调节冷却转台的转速来完成。当凝固的栓剂转至抛出位置时，栓模即打开，栓即被一钢制推杆推出，模型又闭合，而转移至喷雾装置处进行滑润，再开始新的周转。温度和生产速度可按能获得最适宜的连续自动化的生产要求来调整。

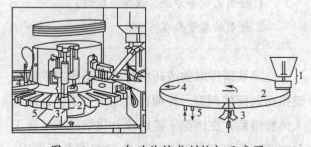

图4-3-15 自动旋转式制栓机示意图

1.饲料装置及加料斗；2.旋转式冷却台；3.栓剂抛出台；4.刮削设备；5.冷冻剂入口及出口

二、栓剂的质量要求

栓剂中的药物与基质应混合均匀，其外形应完整光滑，塞入腔道后应无刺激性，应能融化、软化或溶化，并与分泌液混合、逐渐释放出药物，产生局部或全身作用；应有适宜的硬度，在包装或贮藏时保持不变形，无发霉变质现象。

1. 外观

栓剂外型应完整光滑，无裂缝，不起霜或变色，药物与基质应混合均匀，栓剂外形应完整光

滑。有适宜的硬度，塞入腔道后能软化、熔融或溶解，贮藏期间能保持不变形，无发霉变质现象。

2. 重量差异

栓剂的重量差异限度应符合规定（表4-3-29）。

检查法：取供试品10粒，精密称定总重量，求得平均粒重后，再分别精密称定各粒的重量，每粒重量与平均粒重相比较（有标示粒重的栓剂，每粒重量应与标示粒重比较），超出重量差异限度的栓剂不得多于1粒，并不得超出限度1倍。

表 4-3-29 栓剂的重量差异限度

标示粒重或平均粒重	重量差异限度
1.0g 及 1.0g 以下	±10%
1.0g 以上至 3.0g	±7.5%
3.0g 以上	±5%

3. 融变时限

按照融变时限检查法规定的装置和方法（各加挡板）进行。

检查法：取供试品3粒，在室温放置1小时，分别放在3个金属架的下层圆板上，装入各自的套筒内，并用挂钩固定。除另有规定外，将上述装置分别垂直浸入盛有不少于4L的37.0℃±0.5℃水的容器中，其上端位置应在水面下90mm处。容器中装有转动器，每隔10分钟在溶液中翻转该装置一次。

结果判断：除另有规定外，脂肪性基质的栓剂3粒均应在30分钟内全部融化、软化或触压时无硬芯；水溶性基质的栓剂3粒均应在60分钟内全部溶解。如有1粒不符合规定，应另取3粒复试，均应符合规定。

4. 微生物限度

除另有规定外，照非无菌产品微生物限度检查：微生物计数法和控制菌检查法及非无菌药品微生物限度标准检查，应符合规定。

技能要求

技能要点

1. 使用制栓设备制栓。

2. 控制栓模温度、灌注温度、冷却温度。

3. 制栓过程中监控栓剂完整度、光滑度、硬度、色泽、重量差异。

一、使用制栓设备制栓

1. 技能考核点

正确操作制栓设备制栓。

2. 操作程序、操作规程及注意问题

（1）操作程序　开机前的准备工作→开机→关机→清场→填写记录

（2）操作规程

①检查设备是否完好并具有"已清洁"的状态标志；领取与生产中间产品相对应的材料。换上与生产中间产品相应批号的钢字粒。

②打开电源开关，调试机器，机器正常运转，开始进行生产操作。操作过程中注意控制栓膜温度、灌注温度与速度、冷却温度。

③每间隔一定时间取样检查栓剂的完整度、光滑度、硬度、色泽、重量差异。

（3）注意事项

①注意设备运行速度、药液温度以及冷却温度。

②生产过程中经常检查成品外观质量，机器运转情况，如有异常立即停机检查，正常后方可生产。

3. 生产记录样表（表4-3-30）

表4-3-30　制栓设备生产记录样表

产品名称		批号		规格	
生产工序起止时间		月　日　时　分——		月　日　时　分	
制栓机编号		第（　　）号		第（　　）号	
设备状态确认		正常□　异常□		正常□　异常□	
药物（kg/L）					
灌注温度（℃）					
栓模温度（℃）					
冷却温度（℃）					
灌注速度					
制备时间	开始	月　日　时　分		月　日　时　分	
	结束	月　日　时　分		月　日　时　分	
成品情况					
栓剂总量（kg）/数量					
外观性状					
操作人		复核人/日期			
备注					

二、栓模温度、灌注温度、冷却温度控制

1. 技能考核点

（1）制栓过程中温度与产品成型的关系。

（2）判断栓剂质量并调节栓模温度、灌注温度、冷却温度。

2. 操作注意事项

（1）通过人机界面设定栓模温度、储液罐温度、冷却温度、灌注速度。

（2）栓模温度或冷却温度过低，灌注速度过慢，可能会导致注模时基质凝固过快或有局部凝固现象，从而出现栓剂的外观不均一现象。

（3）生产过程中经常检查成品外观质量，及时调整相关参数。

3. 生产记录样表（表4-3-31）

表4-3-31　制栓过程中温度控制记录样表

产品名称	批号		规格	
生产工序起止时间	月　日　时　分——		月　日　时　分	
制栓机编号	第（　　）号		第（　　）号	
设备状态确认	正常□　异常□		正常□　异常□	

药物（kg/L）			
灌注温度（℃）			
栓模温度（℃）			
冷却温度（℃）			
灌注速度			
制备时间	开始	月　日　时　分	月　日　时　分
	结束	月　日　时　分	月　日　时　分
成品情况			
栓剂总量（kg）/ 数量			
外观性状			
操作人		复核人 / 日期	
备注			

三、在制栓过程中监控完整度、光滑度、硬度、色泽、重量差异

1. 技能考核点

（1）监控制栓过程中栓剂的完整度、光滑度、硬度、色泽、重量差异。

（2）判断栓剂质量。

2. 操作注意事项

操作人员每间隔 30 分钟（不同企业时间安排不同）取样一次，检查栓剂的完整度、光滑度、硬度、色泽、重量差异。

（2）栓剂外形应完整光滑，无裂缝，不起霜或变色，药物与基质应混合均匀，栓剂外形应完整光滑。有适宜的硬度。

（3）照《中国药典》重量差异检查法规定的方法进行，栓剂重量差异限度如下表所示规定（表 4-3-32）。

表 4-3-32　栓剂的重量差异限度

标示粒重或平均粒重	重量差异限度
1.0g 及 1.0g 以下	± 10%
1.0g 以上至 3.0g	± 7.5%
3.0g 以上	± 5%

3. 生产记录样表（表 4-3-33）

表 4-3-33　制栓过程中监控完整度、光滑度、硬度、色泽、重量差异记录样表

批号					班次 / 日期		
取样时间	完整度	光滑度	硬度	色泽	重量差异：		
					栓剂重量		
					平均重量		
					栓剂重量		
					平均重量		

外观性状：共检查　　　次，
装量差异：共检查　　　次，

操作人：　　　　　　　　　　　　　　　日期：

检查人签名：　　　　　确认结果：　　　　　日期：

第九节 散剂、茶剂与熨剂制备

相关知识要求

知识要点

　　1. 散剂分剂量包装、等量递增法与特殊散剂。

　　2. 散剂、茶剂的质量要求。

　　3. 煅制铁屑的方法、设备与操作。

　　在初级工、中级工部分，介绍了散剂、灸剂、熨剂、茶剂的含义、特点与分类，粉碎、筛析、混合、烘干的含义、目的、方法、设备及操作规程，茶块、艾条的制备方法、设备及操作规程等，在此基础上，介绍散剂分剂量、等量递增法与特殊散剂、散剂与茶剂质量要求、煅制铁屑的方法设备以及操作规程等。

　　袋装设备的操作规程参见本节技能部分"三、使用装袋机包装散剂、茶剂""四、监控装袋机装袋过程中的装量差异"。锻炉的操作规程参见本节技能部分"二、使用煅炉煅制铁屑"。

一、散剂

（一）分剂量

　　分剂量是指将混合均匀的药物粉末按剂量要求进行分装的操作。分剂量的方法包括：

　　①重量法：是指用戥秤或天平将药物粉末逐份称量进行分剂量的方法。该法剂量准确，但难以机械化生产，效率低。适用于含毒性药物、贵重细料药物的散剂。

　　②容量法：是指根据一定重量的药物粉末所占容积，用固定容量的容器进行分剂量的方法。但准确性较重量法差，可机械化生产，效率高。小量制备可采用容量药匙或分量器；工业生产采用自动分装设备，但药粉的密度、吸湿性、流动性、黏附性以及分剂量的速度等对分剂量准确性均有影响，应注意检查并及时加以调整。

　　散剂定量包装机主要是由贮粉器、抄粉匙、旋转盒及传送装置等四部分组成，借电力转动（图4-3-16）。操作时将散剂置于贮粉器1内，通过搅拌器12的搅拌使药粉均匀混合，由螺旋输送器2将药粉输入旋转盒6内，当轴3转动时，带动链带11，连在链带上的抄粉匙5即抄满药粉，经过刮板4刮平后，迅速沿顺时针方向倒于右方纸上。同时抄粉匙敲击横杆16，可使匙内散剂敲落干净（图4-3-17）。另在偏心轮14的带动下，空气唧筒9间歇地吸气或吹气，空气吸纸器7与通气管17和空气唧筒9相连，借唧筒的作用使空气吸纸器左右往复移动。当吸纸器在左方时，将已放上散剂之纸吹起，并向右移至传送带8上，随即吸气，使装有散剂的纸张落于传送带而随之向前移动，完成定量分包的操作。

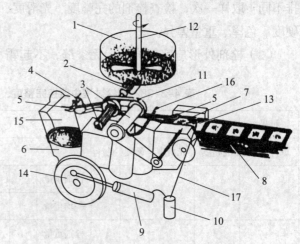

图4-3-16　散剂定量分包机示意图

1.贮粉器；2.螺旋输粉器；3.轴承；4.刮板；5.抄粉匙；6.旋转盘；7.空气吸纸器；8.传送带；9.空气唧筒；10.安全瓶；11.链带；12.搅拌器；13.纸；14.偏心轮；15.搅粉铲；16.横杆；17.通气管

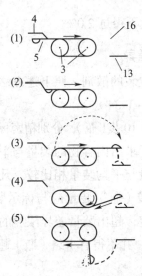

图 4-3-17 散剂定量分包机抄粉匙工作过程

（二）等量递增法与特殊散剂的制备

等量递增法是散剂中常用的混合方法，特别是药物比例相差悬殊时。操作方法为将量小的粉末与等量量大的粉末置混合器内混匀后，再继续加入与上述混合物等量的量大粉末，混匀；如此倍量增加至量大的粉末全部加完混匀为止。

1. 含毒性药物散剂

散剂中如含有毒性药物，如硫酸阿托品、马钱子等，因毒性药物的剂量小，分剂量时易出现剂量误差。为保证剂量的准确性，一般在毒性药物中添加一定比例量的辅料稀释制成倍散。

常用的稀释剂有乳糖、淀粉、糊精、蔗糖、碳酸钙、硫酸钙等，倍散制备时常添加胭脂红、靛蓝等着色剂，目的是通过观察颜色的均匀程度来辅助判断药物与稀释剂是否混合均匀，同时也可借助颜色深浅来识别倍散的稀释倍数。

倍散的稀释比例与服用药物剂量有关。剂量在 0.01~0.1g 时，可制成 10 倍散（药物与稀释剂比例为 1:9）；剂量在 0.01g 以下时，可制成 100 倍或 1000 倍散。

2. 含低共熔混合物散剂

在室温条件下，两种或两种以上的药物经混合后出现润湿或液化的现象，称为低共熔现象。樟脑与薄荷脑、薄荷脑与冰片、樟脑与水杨酸苄酯等都能产生低共熔现象。

根据药物形成低共熔物后药理作用的变化，制备时通常遵循以下原则：①药物形成低共熔物后，药理作用增强或无明显变化，宜先形成低共熔物，再与其他药物混合。②药物形成低共熔物后，药理作用减弱，则应分别用其他组分稀释，避免出现低共熔现象。

3. 含液体药物散剂

当处方中含有液体时，如挥发油、非挥发性液体药物、流浸膏、中药提取液及稠浸膏等，应根据液体药物的性质、用量及处方中其他固体组分的用量进行处理：若液体量较少时，可用方中的固体组分吸收后混匀；若液体量较多、固体组分不能完全将其吸收时，可加适宜辅料（如乳糖、淀粉、蔗糖、磷酸钙等）吸收；若液体量过多，且属于非挥发性成分时，可采用适宜的干燥方法除去大部分水分，使呈稠膏状，再加入固体组分或辅料混匀，低温干燥，研细混匀。

（三）散剂的质量要求

散剂应干燥、疏松、混合均匀、色泽一致。供制散剂的原料药均应粉碎。口服用散剂为细粉；儿科用及局部用散剂应为最细粉。散剂中可含或不含辅料。口服散剂根据需要时可加矫味剂、芳香剂、着色剂等。为防止胃酸对生物制品散剂中活性成分的破坏，散剂稀释剂中可调配中和胃酸的成分。

散剂可单剂量包（分）装，多剂量包装的散剂应附分剂量的用具。含毒性药物的口服散剂应单剂量包装。散剂应密闭贮存，含挥发性药物或易吸潮药物的散剂应密封贮存。生物制品应采用防潮材料包装。

散剂用于烧伤治疗时，如为非无菌制剂的，应在标签上标明"非无菌制剂"；产品说明书中应注明"本品非无菌制剂"，同时，在适应证下应明确"用于程度较轻的烧伤（Ⅰ°或浅Ⅱ°）"；注意事项下应规定"应遵医嘱使用"。

1. 粒度

化学药局部用散剂和用于烧伤或严重创伤的中药局部用散剂及儿科用散剂，化学药散剂通过七号筛（中药通过六号筛）的粉末重量，不得少于95%。

2. 外观均匀度

取供试品适量，置光滑纸上，平铺约5cm²，将其表面压平，在明亮处观察，应色泽均匀，无花纹与色斑。

3. 水分

中药散剂照水分测定法，不得超过9.0%。

4. 干燥失重

化学药和生物制品散剂，除另有规定外，取供试品，照干燥失重法测定，在105℃干燥至恒重，减失重量不得过2.0%。

5. 装量差异

单剂量包装的散剂，照下述方法检查，应符合规定（表4-3-34）。

取供试品10袋（瓶），分别精密称定每袋（瓶）内容物重量，求出内容物的装量与平均装量。每袋（瓶）装量与平均装量相比较。凡有标示装量的散剂，每袋（瓶）装量应与标示装量相比较。按表中的规定，超出装量差异限度的散剂不得多于2袋（瓶），并不得有1袋（瓶）超出装量差异限度的1倍。

表 4-3-34　散剂装量差异限度表

平均装量或标示装量	装量差异限度（中药、化学药）	装量差异限度（生物制品）
0.1g 及 0.1g 以下	±15%	±15%
0.1g 以上至 0.5g	±10%	±10%
0.5g 以上至 1.5g	±8%	±7.5%
1.5g 以上至 6g	±7%	±5%
6g 以上	±5%	±3%

凡规定检查含量均匀度的化学药物和生物制品散剂，一般不再进行装量差异检查。

6. 装量（最低装量）

多剂量包装的散剂，照《中国药典》最低装量检查法检查，除另有规定外，取供试品5个（50g以上者3个），除去外盖和标签，容器外壁用适宜的方法清洁并干燥，分别精密称定重量，除去内容物，容器用适宜的溶剂洗净并干燥，再分别精密称定空容器的重量，求出每个容器内容物的装量与平均装量，均应符合下表的有关规定。如有1个容器装量不符合规定，则另取5个（50g以上者3个）复试，应全部符合规定（表4-3-35）。

表 4-3-35　散剂装量限度表

标示装量	平均装量	每个容器装量
20g 以下	不少于标示装量	不少于标示装量的93%
20g 以上至 50g	不少于标示装量	不少于标示装量的95%
50g 以上	不少于标示装量	不少于标示装量的97%

7. 无菌

用于烧伤（除Ⅰ°或浅Ⅱ°等程度较轻的烧伤外）、严重创伤或临床必需无菌的局部用散剂，照《中国药典》无菌检查法检查，应符合规定。

8. 微生物限度

照《中国药典》非无菌产品微生物限度检查。微生物计数法和控制菌检查及非无菌药品微生物限度标准检查，应符合规定。凡规定进行杂菌检查的生物制剂散剂，可不进行微生物限度检查。

二、茶剂的质量要求

制备茶剂所用饮片应按规定适当粉碎，并混合均匀。凡喷洒提取液的，应喷洒均匀。饮片及提取物在加入黏合剂或蔗糖等辅料时，应混合均匀。

茶剂一般应在80℃以下干燥，含挥发性成分较多的应在60℃以下干燥，不宜加热干燥的应选用其他适宜的方法进行干燥。

茶叶和饮用茶袋均应符合饮用茶标准的有关要求。茶剂应密闭贮存，含挥发性及易吸湿药物的茶剂应密封贮存。

1. 水分

不含糖块状茶剂：取供试品，研碎，照《中国药典》水分测定法测定，不得过12.0%。

含糖块状茶剂：取供试品，破碎成直径约3mm的颗粒，照《中国药典》水分测定法测定，不得过3.0%。

袋装茶剂与煎煮茶剂：照《中国药典》水分测定法测定，除另有规定外，不得过12.0%。

2. 溶化性

含糖块状茶剂，取供试品1块，加20倍量的热水，搅拌5分钟，应全部溶化，可有轻微浑浊，不得有焦屑等。

3. 重量差异

块状茶剂，取供试品10块，分别称定重量，每块的重量与标示重量相比较，按表的规定，超出重量差异限度的不得多于2块，并不得有1块超出限度1倍。

4. 装量差异

除另有规定外，袋装茶剂与煎煮茶剂，取供试品10袋（盒），分别称定每袋（盒）内容物的重量，每袋（盒）装量与标示装量相比较，按下表规定（表4-3-36，表4-3-37），超出装量差异限度的不得多于2袋（盒），并不得有1袋（盒）超出限度1倍。

表4-3-36　茶剂的重量或装量差异限度表

标示重量或标示装量	重量或装量差异限度
2g 及 2g 以下	±15%
2g 以上至 5g	±12%
5g 以上至 10g	±10%
10g 以上至 20g	±6%
20g 以上至 40g	±5%
40g 以上	±4%

表4-3-37　含糖茶块重量差异限度表

标示重量	重量差异限度
6g 及 6g 以下	±7%
6g 以上	±5%

5. 微生物限度

除煎煮茶剂外，照《中国药典》非无菌产品微生物限度检查：微生物计数法和控制菌检查及非无菌药品微生物限度标准检查，应符合规定。

三、熨剂制备过程中铁屑的煅制方法与设备

熨剂是指煅制铁砂与药汁、米醋拌匀，晾干而制成的外用固体药剂。使用时利用铁屑与醋酸

发生化学放热反应产生的热刺激及药物蒸汽透入熨贴患部达到宣通经络、祛风散寒的治疗目的。熨剂多选用具有治疗风寒湿痹的药物与铁屑配合使用，共奏疗效。制备简单，使用方便，可反复利用，费用低廉。使用时，将药袋揉搓1~2分钟，发热后将袋面朝外，敷于患处，注意保温，作用可达24小时以上。

熨剂主要用铁砂，并配合应用治疗风寒湿痹的药物。煅制铁屑一般使用煅炉。制备时将处方药物加适量米醋、水煎煮，滤过，合并滤液；将铁屑置煅炉内煅制，待铁屑变为暗红色时取出；立即将上述滤液倒入铁屑中，搅匀，晾干，粉碎成粗粉，过筛，装袋，即得。锻炉示意图如下（图4-3-18）。

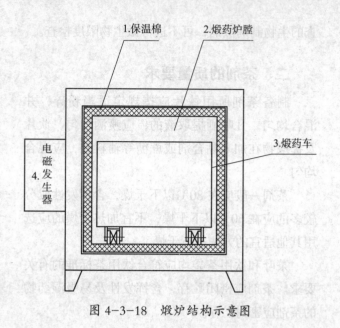

图4-3-18　煅炉结构示意图

技能要求

> 1. 制备毒性药物、贵重药、剂量小药物的散剂。
> 2. 使用锻炉煅制铁屑。
> 3. 使用装袋设备包装散剂、茶剂并在装袋过程中监控装量差异。

一、制备毒性药物、贵重药、剂量小药物的散剂

1. 技能考核点

（1）正确操作研钵制备毒性药物、贵重药、剂量小药物的散剂。

（2）倍散的混合均匀度符合要求。

2. 操作程序及注意事项

（1）操作规程

①将毒性药物、贵重药、剂量小药物与相同重量的稀释辅料混合均匀。

②再将该混合物与等量的稀释辅料混匀。

③如此反复加入混合，将毒性药物、贵重药、剂量小药物制成一定规格的倍散。

（2）注意事项

①散剂中如含有毒性药物，如硫酸阿托品、马钱子等，因毒性药物的剂量小，分剂量时易出现剂量误差。为保证剂量的准确性，一般在毒性药物中添加一定比例量的辅料稀释制成倍散。

②倍散的稀释比例与服用药物剂量有关。剂量在0.01~0.1g时，可制成10倍散（药物与稀释剂比例为1:9）；剂量在0.01g以下时，可制成100倍散或1000倍散。配制倍散应采用等量递增法将药物与稀释剂混匀。

③倍散制备时常添加胭脂红、靛蓝等着色剂，目的是通过观察颜色的均匀程度来辅助判断药物与稀释剂是否混合均匀，同时也可借助颜色深浅来识别倍散的稀释倍数。

3. 生产记录样表（表4-3-38）

表 4-3-38　使用研钵制备记录样表

产品名称		批号		
生产工序起止时间		月　日　时　分 ——　月　日　时　分		
研钵规格				
状态确认		正常□　　异常□		
药物（g）				
辅料1（g）				
辅料2（g）				
色素				
混合时间	开始	月　日　时　分		
	结束	月　日　时　分		
外观性状				
成品量（kg）				
操作人		复核人/日期		
备注				

二、使用煅炉煅制铁屑

1.技能考核点

（1）正确操作煅炉锻制铁屑。

（2）把握煅制铁屑合适的取出时机。

2.操作程序、操作规程及注意事项

（1）操作程序　开机前的准备工作→开机→煅制→淬制→关机→清场→填写记录

（2）操作规程

①接通电源。

②根据工艺要求设置煅炉温度和时间。

③将铁屑置煅炉内煅制，待铁屑变为暗红色时取出。

④立即将药物提取液（处方药物加适量米醋、水煎煮，滤过，合并滤液）倒入铁屑中，搅匀。

⑤清洁煅炉。

（3）注意事项

需按生产指令和工艺要求，设置煅炉温度和时间。注意把握铁屑的取出时机。

3.生产记录样表（表4-3-39）

表 4-3-39　使用煅炉制铁屑记录样表

产品名称		批号		
生产工序起止时间		月　日　时　分 ——　月　日　时　分		
煅炉规格				
状态确认		正常□　　异常□		
铁屑（kg）				
药液1				
药液2				
制备时间	开始	月　日　时　分		
	结束	月　日　时　分		

外观性状	
成品量（kg）	
操作人	复核人／日期
备注	

三、使用装袋机包装散剂、茶剂

1. 技能考核点

（1）装袋机的工作原理，操作装袋机进行包装。

（2）加热温度设置及简单设备故障的处理。

（3）包装的密封性。

2. 操作程序、操作规程及注意事项

（1）操作程序　开机前的准备工作→部件安装→开机运行→填料包装→关机→清场→填写记录。

（2）操作规程

①打开电源开关、压缩空气阀门。

②将铝塑复合膜卷装入薄膜放卷轴，依次穿过固定导辊、游动导辊、V形分卷板、分卷板导辊，把复合膜穿过密封器中间，利用手动设备使复合膜穿过纵切、横切。

③将各模块依次安装到位，固定锁紧后恢复至原位置，最后关闭所有的安全防护门。

④打开半自动选择器，点击料斗装置下降运动，点击定量器装置下降运动。

⑤打开加热开关，设定温度控制表温度，纵封辊与横封辊160℃~220℃；温升时间大约20~25分钟，加热情况由温控表显示。

⑥投入物料，开机运行。

⑦正常停机时，按"停止"按钮，终止生产。

（3）注意事项

①温度的设置：温度设定的数值按照设备运行速度而定，当运行速度较高时可适当提高设定温度。

②待成型预热温度达到设置温度后，即可按"启动"按钮开机，将定料器装置、料斗装置依次下降。一切正常后，就可以充填上料，正常运转设备。

③应注意封口严密，尤其是含挥发性或吸湿性成分的散剂。

3. 生产记录样表（表4-3-40）

表4-3-40　使用装袋机包装散剂、茶剂记录样表

操作指令						工艺参数		
按照包装指令，从包装仓库限量领取复合膜，除去外包装后，按规定净化处理进入内包区。按产品规格及内包装岗位操作规程进行内包装。控制横封、纵封温度，注意随时检查外观、密封性、装量及批号打印情况						横封、纵封温度（℃）		
抽样次数	1	2	3	4	5	6	7	备注
装量（g）								
密封性（√）								
横封温度（℃）				纵封温度（℃）				
抽样量（袋）		半成品量 kg				废药量 kg		
废包材量 kg		剩余包材量 kg						

收率＝［半成品重量－（包材实际领用量＋包材结存量－剩余包材量－废包材量）］／领取颗粒量×100%＝＿＿＿＿＿＿（92%~100%）

物料平衡率＝（半成品重量＋废药量＋废包材量＋抽样量）／（领取颗粒量＋包材实际领用量＋包材结存量－剩余包材量）×100%＝＿＿＿＿＿（92%~100%）

四、监控装袋机装散剂过程中的装量差异

1. 技能考核点

掌握重量差异检查标准，并在生产中按规定进行检查。

2. 操作规程

① 调整定量分装器容积，装量。

② 启动装袋机进行分装，在复合铝膜的一端打印生产批号，按生产常用生产速度连续负荷运行40分钟。

③ 取样。在启动包装机5、20、35分钟后取样3次，每次随机取样10袋。

④ 装量差异检测。

3. 生产记录样表（表4-3-41）

表4-3-41　监控装袋机装散剂过程中的装量差异记录样表

批号				班次/日期			
生产工序起止时间							
设备状态确认				正常□		异常□	
取样时间	密封性		装量差异				
		毛重（g）					
		空袋重（g）					
		净重（g）					
		装量差异（√或×）					
操作人：			日期：				
复核人：			日期：				
备注：							

第十节　颗粒剂制备

相关知识要求

知识要点

1. 高速搅拌制粒的方法、设备及操作。

2. 沸腾制粒的方法、设备及操作。

3. 干法制粒的方法、设备及操作。

颗粒剂系指药物与适宜的辅料混合制成具有一定粒度的干燥颗粒状制剂。颗粒剂主要供内服，可直接吞服，也可分散或溶解在水中服用。颗粒剂根据在水中溶解情况可分为可溶颗粒、混悬颗粒、泡腾颗粒、肠溶颗粒、缓释颗粒和控释颗粒等。在初级工、中级工部分，介绍了颗粒剂的含义、特点、分类、质量要求、包装以及混合、烘干、整粒、挤压制粒、包装等的方法、设备及操作，在此基础上，介绍高速搅拌制粒、沸腾制粒及干法制粒的方法、设备及操作。

高速搅拌制粒设备、沸腾制粒设备及干法制粒设备的操作规程分别参见本节技能部分"一、使用高速搅拌制粒机制颗粒""二、使用沸腾制粒机制颗粒""三、使用干法制粒机制颗粒"。

制粒的方法与设备

制粒是在物料中加入适宜的润湿剂或黏合剂，经加工制成具有一定形状与大小的颗粒状制剂的操作。

1. 高速搅拌制粒的方法与设备

物料加入黏合剂后，在搅拌桨的作用下使物料混合、翻动、分散甩向器壁后向上运动，形成从盛器壁底部沿器壁抛起旋转的波浪，波峰正好通过高速旋转的制粒刀，使均匀混合的物料在切割刀的作用下将大块颗粒搅碎、切割成带有一定棱角的小块，小块互相挤压、滚动而形成均匀的颗粒。主要制粒设备有高速搅拌制粒机，分为卧式和立式两种（图4-3-19），其制粒的主要部件包括混合槽、搅拌桨、制粒刀等（图4-3-20）。

高速搅拌制粒的特点主要有以下三个：①可制备不同松紧度的颗粒，以满足压片、胶囊填充等不同的需要。②在一个容器中完成混合、捏合和制粒过程，工序少、操作简单、快速。③颗粒粒径大小不易控制。

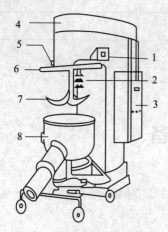

图 4-3-19　高速搅拌制粒机示意图
1. 视孔；2. 制粒刀；3. 电器箱；4. 机身；5. 送料口；6. 安全环；7. 桨叶；8. 盛器

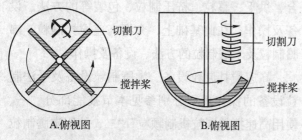

A. 俯视图　　　　B. 俯视图

图 4-3-20　高速搅拌制粒机内部结构图

2. 沸腾制粒的方法与设备

沸腾制粒又称流化喷雾制粒，是利用气流使药粉（或辅料）呈悬浮流化状态，再喷入黏合剂（或中药提取物）液体，使粉末聚结成粒，继续流化干燥获得干颗粒的方法。由于将混合、制粒、干燥等操作在一台设备内完成，又称为一步制粒。主要制粒设备有流化床干燥制粒机（图4-3-21，图4-3-22）。

该法制得的颗粒，粒度较均匀，完整，流动性较好，简化了工序，适用于对湿和热敏感的药物制粒。缺点是动力消耗大，药物粉末飞扬，极细粉不易全部回收。

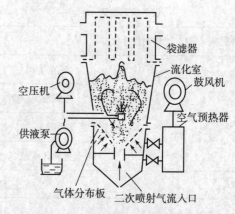

图 4-3-21　流化喷雾制粒设备

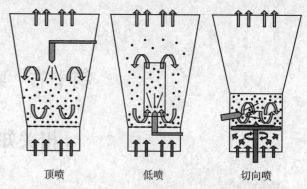

顶喷　　　　低喷　　　　切向喷

图 4-3-22　药液或黏合剂喷雾方式示意图

3. 干法制粒的方法与设备

干法制粒是靠压缩力使粒子间产生结合力，基本原理为重压成粒的过程，无需加热干燥过程。将药物提取物与辅料混合均匀后，依靠重压或辊压机挤压成薄片状，再经过磨碎和过筛，制成预定大小的颗粒。常用于热敏性、遇水易分解、易压缩成形的物料的制粒。主要设备有干法制粒机，示意图如下（图4-3-23）。

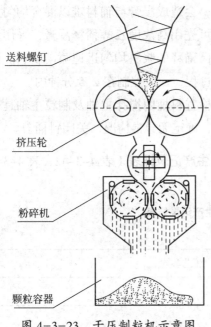

送料螺钉

挤压轮

粉碎机

颗粒容器

图 4-3-23 干压制粒机示意图

4. 其他制粒的方法与设备

（1）**喷雾干燥制粒** 将药物浓缩液（或黏合剂）送至雾化喷嘴后与压缩空气混合形成雾滴喷

入干燥室中，在热气流的作用下使雾滴的水分迅速蒸发以直接获得球状的干燥颗粒。主要制粒设备有喷雾制粒机。

（2）**滚转法制粒** 将浸膏或半浸膏细粉与适宜的辅料混匀，置包衣锅或适宜的容器中转动，在滚转中将润湿剂乙醇或水呈雾状喷入，使润湿黏合成粒，继续滚转至颗粒干燥即得。主要制粒设备有转动制粒机。

（3）**离心转动制粒** 在制粒容器中，物料在高速旋转的圆盘作用下受到离心作用而向器壁靠拢并旋转，并在圆盘的周边吹出气流使物料向上运动同时在重力作用下落入圆盘中心，落下的粒子重新受到离心作用，使物料不停地做旋转运动，有利于形成球形颗粒，将黏合剂向物料层斜面上部的表面定量喷雾，靠颗粒的激烈运动使颗粒表面均匀润湿，使药粉或辅料均匀附着在颗粒表面，如此反复操作可得所需大小的球形颗粒。主要制粒设备有离心滚圆制粒机。

技能要求

技能要点

1. 使用高速搅拌制粒设备制颗粒。

2. 使用沸腾制粒设备制颗粒。

3. 使用干法制粒设备制颗粒。

一、使用高速搅拌制粒机制颗粒

1. 技能考核点

（1）通过搅拌桨、制粒刀速度及时间的调整来达到所制的粒度要求。

（2）根据颗粒情况，调整黏合剂的加入方式及用量。

（3）按要求拆装搅拌桨、制粒刀。

2. 操作程序、操作规程及注意事项

（1）**操作程序** 开机前的准备工作→投料→搅拌→加黏合剂制粒→停机→清场→填写记录

（2）**操作规程**

①接通电源，开启压缩空气控制阀。

②将顶盖打开，投入物料，关上顶盖。

③打开"制粒"开关，设定混合制粒时间。

④调节搅拌气流、切割气流至量程的 2/3 位置。

⑤开启低速搅拌档，从加液斗中加入黏合剂的同时开启切割低速档。

⑥根据工艺要求，低速搅拌、切割一定时间后，切换为高速档至规定时间。

⑦停止制粒，开启出料缸，低速搅拌档出料。

（3）**注意事项**

①注意搅拌、制粒程序及时间先后的控制。在搅拌桨转动时，锅内的物料呈三维空间翻滚，同时形成物料从锅底沿锅壁旋转抛起，形成连续的波峰将软材推向快速切割的制粒刀，切割成大小不同的圆棱状颗粒，随着颗粒间相互翻滚，小颗粒棱角被磨圆逐渐呈球形。根据此原理可以

通过对两桨的速度及时间的调整来达到所需的粒度。

②无论是浓浸膏经稀释后作为浆料，还是采用糊精或其他黏合剂作为浆料，一般做小片颗粒时浆料的浓度要低，做大片颗粒时浆料浓度则稍高。对于重质物料黏合剂要少放，对于轻质物料黏合剂要稍许增加。

③中药浸膏制粒。如直接把浸膏加入到搅拌锅内，会造成浸膏与辅料难以混合均匀及结块现象，可先用高浓度乙醇稀释浸膏，采用多孔喷头，把已稀释的浆料均匀迅速喷向物料。同时缩短制粒过程，一般控制在 2~5 分钟内。

④检查料桶内搅拌主轴及制粒主轴是否有密封气压，确定无异常情况，关闭料桶盖。

3. 生产记录样表（表 4-3-42，表 4-3-43）

表 4-3-42　高速搅拌制粒机制粒生产记录样表

开始时间：　　　　　　　　　　　　结束时间：

操作指令	工艺参数									
将物料均匀送入物料斗中，开机后进行制粒	转速：									
	时间：									
	润湿剂或黏合剂：									
物料名称　　锅次	本批产品分　　锅投料，每锅投料量在下表填写									
	1	2	3	4	5	6	7	8	9	10
药物（kg）：										
辅料Ⅰ（kg）：										
辅料Ⅱ（kg）：										
备注：										
操作人：	复核人：									
备注：										

表 4-3-43　高速搅拌制粒机制粒生产现场质量控制记录样表

工序	监控点	监控项目	频次	检查情况
制粒	颗　粒	外观、粒度	每批	□ 正常　□ 异常
结论	中间过程控制检查结果（是　否）符合规定要求			
说明				
工序负责人	技术主管			

二、使用沸腾制粒机制颗粒

1. 技能考核点

（1）通过进风温度与风量的调节，控制物料流化程度。

（2）根据黏合剂浓度和颗粒度要求调节雾化压力，调整黏合剂用量。

2. 操作程序、操作规程及注意事项

（1）操作程序　开机前的准备工作→投料→物料流化→喷黏合剂制粒→干燥→停机→清场→

填写记录

（2）操作规程

①启动控制柜电源，调节气源压力 0.6~0.7MPa。

②开顶升开关，密封主机。将调风门调至 2/3 位置。

③启动风机，待风机电流平衡后，打开风门。

④根据物料工艺设定，调节进风温度。

⑤调节风量，观察物料流化至中筒体视镜位置为佳。

⑥待物料温度上升并混合 10 分钟后，根据黏合剂浓度和颗粒度调节雾化压力至 0.2~0.4MPa。

⑦启动蠕动泵调节喷液速度。

⑧按要求间隔一定时间（一般 30 分钟）取样检查颗粒情况。

⑨制粒完毕后，关闭蠕动泵进行干燥。

⑩干燥过程中，观察出风温度，待出风温度 50℃上下（视物料和经验而定），停止风机。

⑪调节气雾至 0MPa。开顶升，卸料。

（3）注意事项

①设备的功率因数要合适，最好功率因数控制在 90%~95%，避免设备的损耗和浪费。

②机器必须保持清洁，以免造成机器损蚀。

③根据物料工艺设定调节进风温度、调节风量。观察物料流化至中筒体视镜位置为佳。待物料温度上升并混合 10 分钟后，根据黏合剂浓度和颗粒度要求调节雾化压力。黏合剂需经过 40 目筛网滤过，以防止块状物料堵塞喷枪。

④启动蠕动泵调节喷液速度、喷雾频率；黏性大，干燥速率小的物料，喷雾频率应低。每隔 30 分钟取样检查颗粒大小。

⑤制粒完毕后，关闭蠕动泵进行干燥。干燥过程中观察和调节出风温度。测定颗粒含水量。

⑥设备运转时，不要进行与正常无关的操作，避免造成人身伤害。

3. 生产记录样表（表 4-3-44，表 4-3-45）

表 4-3-44　沸腾制粒机制粒记录

开始时间：　　　　　　　　结束时间：

操作指令	工艺参数									
将物料均匀送入物料斗中，开机后进行制粒	进风温度：									
	进风量：									
	雾化压力与喷雾频率：									
物料名称　　　锅次	本批产品分　　锅投料，每锅投料量在下表填写									
	1	2	3	4	6	7	8	9	10	10
药物（kg）										
辅料Ⅰ（kg）										
辅料Ⅱ（kg）										
颗粒外观（√）										
颗粒含水量（%）										
备注：										
操作人：					复核人：					
备注：										

表 4-3-45　沸腾制粒机制粒现场质量控制记录样表

工序	监控点	监控项目	频次	检查情况
制粒	颗　粒	外观、粒度、含水量	每批	□ 正常　□异常
结论	中间过程控制检查结果（是　否）符合规定要求			
说明				
工序负责人		技术主管		

三、使用干法制粒机制颗粒

1. 技能考核点

（1）合理调节制片的压力；刮刀与压轮的间隙。

（2）进行颗粒抽样检查，并判断颗粒是否符合要求。

（3）简单问题的处理和填写相关记录。

2. 操作程序、操作规程及注意事项

（1）操作程序　开机前的准备工作→投料→干压制片→破碎制粒→停机→清场→填写记录

（2）操作规程

①按要求选用适宜的筛网，选择合适的压力。

②启动顺序：接通电源，按下启动按钮，启动制粒变频器、启动压片变频器、启动送料变频器。关机则按相反顺序。

③空载运转正常后，将物料加入漏斗，根据片料的软硬、松紧程度调整油缸压力及压片电机送料电机转速、调节制粒电机转速。

（3）注意事项

①物料中不得混有金属物质，以免损坏螺杆叶片、压轮及筛网。

②及时调整油缸压力及压片电机、送料电机转速，使三要素达到较好组合状态。同时调节制粒电机转速。通过送料螺杆旋转产生的压力将干粉挤至两压轮中。

③刮刀与压轮的间隙调整：一般对于粘辊的材料，刮刀与压轮的间隙一般控制在 0.2~0.5mm，对于不粘辊的材料刮刀与压轮的间隙一般控制在 0.5~1mm。

④注意冷却水温度：普通药品温度在 10℃左右，热敏药品温度在 5℃左右。

⑤液压调整：液压系统一般设置在 3~4MPa，压轮压力的调整要视各种药品的耐压能力而定，不易压合的矿物质等压力相对要调得高一些。对生物类及中药而且对热与压力都较敏感的药品其压力就要尽量调低，一般 2~3MPa 即可。

⑥生产过程中按规定时间抽样检查颗粒情况。

⑦常出现的问题：片料太松，可加压，或降低压片电机转速或加快送料电机转速；片料太硬，可降低压力，或加快压片转速，或降低送料电机转速；产量太低，可同步按比例加快送料及压片电机转速；经调整后仍压不成片，可增加物料湿度和喷药用乙醇等；油压上升困难或压力降 > 0.5MPa/10min，应检查液压系统是否正常。

送料有困难时，检查物料配比及含水量，是否太湿太黏，然后进行处理；成品率不理想时，检查压片是否太松，制粒转笼转速是否合理，网安装是否适当，是否阻卡，是否破网，然后进行解决；粉尘飞扬太多时，检查除尘风机运转是否正常，布袋是否堵塞，积料桶定期回收清理；压片较好，但制粒后细粉太多，检查转笼是否堵料，制粒速度是否太快，转笼与筛网间的间隙为 0.5~1mm 为佳。

3. 生产记录样表（表 4-3-46，表 4-3-47）

表 4-3-46　干压制粒机制粒生产记录样表

开始时间：　　　　　　　　　结束时间：

操作指令	工艺参数									
将物料均匀送入物料斗中，开机后进行压片、制粒	压力：									
	刮刀与压轮的间隙：									
	冷却水温度：									
	黏合剂：									
	本批产品分　　锅投料，每锅投料量在下表填写									
锅次	1	2	3	4	5	6	7	8	9	10
药物（kg）										
辅料Ⅰ（kg）										
辅料Ⅱ（kg）										
颗粒外观（√）										
颗粒含水量（%）										
备注：										
操作人：					复核人：					
备注：										

表 4-3-47　干压制粒机制粒现场质量控制记录样表

工序	监控点	监控项目	频次	检查情况
制粒	颗　粒	外观、粒度、含水量	每批	□正常　□异常
结论	中间过程控制检查结果（是　否）符合规定要求			
说明				
工序负责人		技术主管		

第十一节　软胶囊剂制备

相关知识要求

知识要点

1. 软胶囊胶液、填充物的制备方法与设备。

2. 软胶囊压制、滴制及选丸、脱油的方法、设备及操作。

类。在初级工、中级工部分，介绍了胶囊剂的含义、特点、分类、质量要求，混合、抛光、干燥的方法与设备等，在此基础上，介绍软胶囊胶液、填充物的制备方法与设备、软胶囊压制、滴制、选丸等的方法、设备及操作等。

胶囊剂系指原料药物或适宜辅料充填于空心胶囊或密封于软质囊材中制成的固体制剂，根据囊壳的差别，通常可分为硬胶囊和软胶囊两大

一、胶液的制备方法与设备

工业化生产采用化胶设备制备软胶囊的胶液，通常为带夹层加热的真空密闭罐。一般取明

胶、甘油、水置化胶设备中,在真空下搅拌,待混匀后,加热至70~80℃,使明胶熔融,静置待泡沫上浮后保温滤过,检验合格后待用。根据需要,也可在胶液中加入色素等。

化胶设备的操作规程参见本节技能部分"一、使用化胶罐制备囊材胶液,脱去气泡",操作设备如下(图4-3-24)。

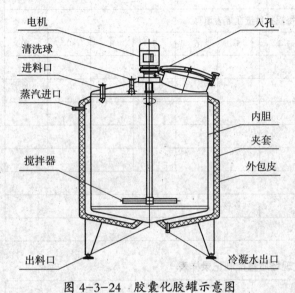

图4-3-24 胶囊化胶罐示意图

二、填充物的制备方法与设备

由于软胶囊的囊壁以明胶为主,因此其填充物应是对蛋白质性质无影响的药物和附加剂。一般来说,各种油类或对明胶无溶解作用的液体药物或混悬液、甚至固体药物均可填充。药物含水量超过5%,或含低分子量水溶性或挥发性有机物如乙醇、丙酮、羧酸、胺类或酯类等,均能使软胶囊软化或溶解,因而此类物质不宜填充。O/W型乳剂可使乳剂失水破坏,醛类可使明胶变性,也不能填充。液体药物可用磷酸盐、乳酸盐等缓冲液调整,使pH值控制在4.5~7.5之间,因强酸性可引起明胶的水解而漏泄,强碱性可引起明胶变性而影响溶解释放。

软胶囊的填充物制备方法因药物性质而异。如果是脂溶性药物,可以直接将药物溶解在油中制成药物溶液即可填充。如果药物是亲水的,可在药物中保留3%~5%的水分。如果填充物为混悬液和乳浊液,则是将药物粉碎成细粉,混悬分散在油状基质介质(植物油或挥发油)或非油状基质(聚乙二醇、聚山梨酯80、丙二醇和异丙醇等)中,还应加入助悬剂。对于油状基质,通常使用的助悬剂是10%~30%的油蜡混合物,其组成为:氢化大豆油1份、黄蜡1份、短链植物油(熔点33~38℃)4份;对于非油状基质,则常用1%~15%聚乙二醇4000或聚乙二醇6000。有时还可加入抗氧剂、表面活性剂来提高软胶囊剂的稳定性与生物利用度。O/W型乳剂可使乳剂失水破坏,均不能制成软胶囊剂,只能填充W/O乳浊液。含油类药物的胶囊尽可能使其含水量降低,防止制备贮藏时影响软胶囊质量,这类药物加入食用纤维素往往能克服水分的影响。一般采用带加热装置的配液设备制备软胶囊填充物。

配液设备的操作规程参见本节技能部分"二、使用配液罐制备软胶囊填充物",配液设备示意图如下(图4-3-25)。

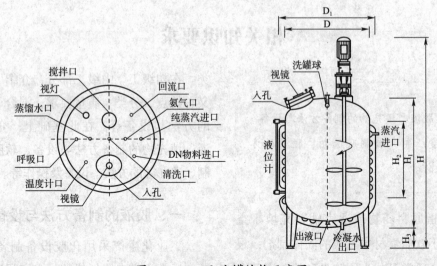

图4-3-25 配液罐结构示意图

三、软胶囊制备的方法与设备

1. 压制法

压制法系将明胶、甘油与水混合溶解后制成厚薄均匀的胶带，再将药液置两层胶带之间，用钢板模或旋转模压制成软胶囊的方法。

压制的设备有自动旋转轧囊机（图4-3-26）。此机可连续不断地将胶液与带状胶片，自两侧向相对方向移动，部分被加压黏合同时由填充泵灌注药物于两胶片之间经旋转模而轧成胶丸。

剩余的胶带即自动切断分离。药液的数量由填充泵准确控制。此种旋转模压机产量大，计量精确，物料耗损极小。装量差异不超过理论量的±1%~3%。

轧囊设备的操作规程参见本节技能部分"三、使用自动旋转轧囊机压制软胶囊""四、调节轧囊设备的胶液容器、药液容器与涂胶机厢的温度""七、使用振动筛筛选软胶囊""八、监控轧囊过程中的装量差异"。

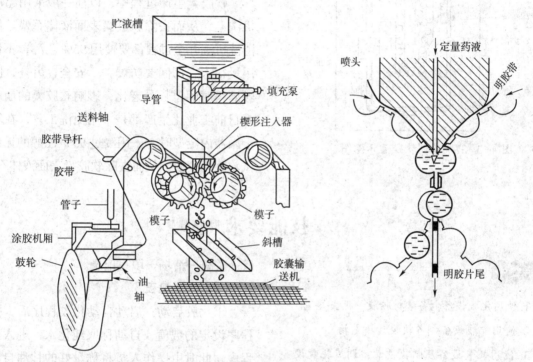

图4-3-26 轧囊机示意图

2. 滴制法

滴制法系指通过滴丸机制备软胶囊剂的方法。利用两个同心套管喷嘴滴头分别向外定时、定量地排出药液和胶液，借助于承接液体与其自身的液体表面张力作用和自重、浮力等，自然形成球体囊滴，在承接冷却液体中冷却定形，成为大小均匀的无缝圆形软胶囊。软胶囊滴制生产中一般采用双层滴头的滴丸机（图4-3-27）。将油状药液加入药液贮槽，明胶液加入胶液贮槽中，并保持一定温度。冷却管中放入冷却液，根据每一胶丸内含药量多少，调节好出料口和出胶口。

利用明胶液与油状药液为两相，将明胶液、药液先后以不同的速度从同心管出口滴出，使一定量的明胶液将定量的药液包裹后，滴入与明胶液不相混溶的冷却液中，由于表面张力作用而使之形成球形，并逐渐冷却、凝固而形成无缝胶丸。滴制法制备软胶囊成品率高，装量差异小，产量大，成本低。

滴制设备的操作规程参见本节技能部分"五、使用滴制设备滴制软胶囊""六、调节滴制设备的胶液容器、药液容器与冷却厢的温度""七、使用振动筛筛选软胶囊""九、监控滴制过程中的装量差异"。

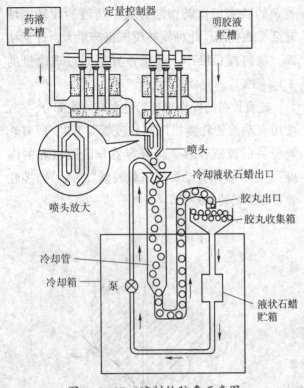

图 4-3-27　滴制软胶囊示意图

四、选丸的方法与设备、操作规程

选丸系指挑选剔除不合格胶丸的过程。一是在适度的光照条件下，通过目视检查将外形、合缝不合格的胶囊挑选出来；二是采用适宜的筛网，筛去大小不合格的胶丸。

选丸设备的操作规程参见本节技能部分"七、使用振动筛筛选软胶囊"。

五、脱油设备的操作规程

软胶囊生产过程中，以前一般采用超声清洗机洗丸，从而去除软胶囊表面液体石蜡。但超声清洗机洗丸全过程都要使用 95% 乙醇，不仅乙醇用量很大，房间要防爆，不安全；另外，胶皮接触酒精时间过长易老化，影响软胶囊的崩解。因此目前工业化生产都是采用免洗工艺，在转笼式干燥器内定型时，采用浸过 95% 乙醇的无纺布擦拭软胶囊表面，从而去除软胶囊表面液体石蜡。

技能要求

1. 使用化胶设备制备囊材胶液，脱去气泡。

2. 使用配液设备制备软胶囊填充物。

3. 使用轧囊设备压制软胶囊，调节轧囊设备的胶液容器、药液容器与涂胶机厢的温度。

4. 使用滴制设备滴制软胶囊，调节滴制设备的胶液容器、药液容器与冷却厢的温度。

5. 监控轧囊、滴制过程中装量差异。

一、使用化胶罐制备囊材胶液，脱去气泡

1. 技能考核点

（1）用化胶罐制备囊材胶液，脱去气泡。

（2）选择合适投水量及关真空泵时间。

2. 操作程序、操作规程及注意事项

（1）操作程序　参数设置→化胶启动→放胶→关机→清场→填写记录。

（2）操作规程

①化胶启动：启动自动化胶程序后，按化胶程序设定的数值，自动称取纯化水，进入加甘油程序，此时由操作人员将称量好的甘油自动吸取到化胶罐内，搅拌电机自动开启进行搅拌，设定合适转速。自动启动热水循环泵加热，达到适当温度后明胶自动吸取到化胶罐内开始溶胶，溶胶结束，开始抽真空，液位检测延时结束后，继续抽真空一定时间，化胶完成。

②放胶：胶液经滤网过滤至保温的胶桶内，明胶胶液在胶桶保温时间在 4 小时以上，使放胶操作过程中产生的气泡排出。

（3）注意事项

①根据产品生产要求设定合适的生产参数。

②放胶前务必检查胶液是否有密集如针的气泡；放胶前应依次关闭搅拌、热水、真空等，打开必要的阀等，安全规范操作。

③明胶桶保温夹套内有保温水，定期换加。

④注意投料量及比例、化胶温度与搅拌时间、胶液保存温度。

⑤注意投水量及何时关闭真空泵。

3. 生产记录样表（表4-3-48）

表4-3-48　胶囊化胶罐使用记录样表

产品名称		批号		规格	
起止时间		月　日　时　分 ——		月　日　时　分	
化胶罐编号		第（　　　）号		第（　　　）号	
设备状态确认		正常□　异常□		正常□　异常□	
甘油量（kg）					
明胶量（kg）					
纯水量（kg）					
温度℃					
压力（MPa）					
搅拌速度（r/min）					
搅拌时间	开始	月　日　时　分		月　日　时　分	
	结束	月　日　时　分		月　日　时　分	
成品情况					
外观性状					
黏度					
操作人			复核人/日期		
备注					

二、使用配液罐制备软胶囊填充物

1. 技能考核点

（1）配液的投料量、混合比例、搅拌时间等关键质量控制点。

（2）选择合适水量及合理控制温度。

2. 操作程序、操作规程及注意事项

（1）操作程序　开机前的准备工作→开机→加水→加料→搅拌→关机→清场→填写记录

（2）操作规程

①打开投料口阀门，注入物料，开启搅拌器电源开关，边投入边进行搅拌。

②配液过程中如需加热保温时，则应先开启蒸汽排水阀，排除冷凝水，再慢开蒸汽在5~10分钟内达到0.15~0.20MPa，工作压力不得超过0.3MPa。

③配液检验合格后，关闭搅拌电机，关闭蒸汽停止加热；开启出料阀及输料泵，将罐内物料泵入储液罐内。

（3）注意事项

①投料量、混合比例及搅拌时间、混油。

②温度控制。

3. 生产记录样表（表4-3-49）

表4-3-49　配液罐制备软胶囊填充物记录样表

产品名称		批号		规格	
起止时间		月　日　时　分 ——		月　日　时　分	
配液罐编号		第（　　　）号		第（　　　）号	
设备状态确认		正常□　异常□		正常□　异常□	

温度（℃）			
药物量（kg）			
植物油 /PEG400（kg）			
黄蜡（kg）			
PEG4000（kg）			
搅拌速度（r/min）			
搅拌时间	开始	月 日 时 分	月 日 时 分
	结束	月 日 时 分	月 日 时 分
成品情况			
外观性状			
pH			
操作人		复核人 / 日期	
备注			

三、使用自动旋转轧囊机压制软胶囊

1. 技能考核点

（1）调节药液装量及判断胶丸质量。

（2）调节明胶盒的加热前板与胶皮轮的间隙控制胶皮厚度，调节装量控制旋钮调整药液装量。

2. 操作程序、操作规程及注意事项

（1）操作程序　参数设置→上胶液、药液前准备→胶皮的制备→压丸→过程监控→关机→清场→填写记录

（2）操作规程

① 胶皮的制备：调整明胶盒的加热前板与胶皮轮的间隙完全接触，即间隙为 0mm，然后调整明胶盒加热前板高度，查看测厚表显示数值符合要求后开启主机，制备胶皮；打开润滑油路开关将左右胶皮从胶皮轮上剥离，通过左右上胶转轴经过润滑转轴送至两模具之间，同时打开液体石蜡开关给胶皮润滑。

②压丸操作：待胶皮行走正常后，放下喷体，待喷体温度达到设定要求时，旋紧模具加压手轮，检查胶皮壳接缝正常后，给主机供料，推合喷体供料组合板开关，即可压出胶丸。取出一排模具所压制出的数粒胶丸，称重检查是否均匀，调节装量控制旋钮调整药液装量至工艺要求范围，合格后即可打开输送机，将合格胶丸送出。

③过程监控：随时用测厚规测量两侧胶皮厚度，使胶皮厚度在规定范围内，且均匀一致，每30分钟对胶皮测量一次。压丸过程中每隔30分钟检查装量；压丸过程中要关注左右明胶盒的胶液装量不可过量漫出，导致产出不合格胶皮。压丸过程要取样观察胶丸接缝，当出现封口不好时要做相应处理。关注检查模具是否完好，喷体温度是否适当。

（3）注意事项

①制丸操作时操作人员应采取相应的劳动保护措施。不要把手伸入设备的转动部位。

②不要让模具之间、模具和喷体之间直接接触；不要将异物掉入两模具之间，不要让硬的物体接触模具和喷体。

③压丸时间应控制在 12 小时以内。

④注意控制胶皮厚度、药液装量。

3. 生产记录样表（表 4-3-50）

表 4-3-50　自动旋转轧囊机压制软胶囊记录样表

产品名称		批号		规格	
起止时间		月　日　时　分 ——		月　日　时　分	
轧囊机编号		第（　　　）号		第（　　　）号	
设备状态确认		正常□　异常□		正常□　异常□	
药物量（kg/L）					
胶皮厚度					
药液装量（ml）					
温度（℃）		胶液：　药液：　涂胶机：		胶液：　药液：　涂胶机：	
压力（MPa）					
压制速度（粒/分）					
压制时间	开始	月　日　时　分		月　日　时　分	
	结束	月　日　时　分		月　日　时　分	
成品情况					
外观性状					
胶丸接缝					
操作人		复核人/日期			
备注					

四、调节轧囊设备的胶液容器、药液容器与涂胶机厢的温度

1. 技能考核点

调节胶桶、胶盒和冷风机到合适温度。

2. 操作注意事项

①轧囊机上胶液容器包括胶桶和轧囊机左右两个明胶盒。胶桶外有夹层保温装置，电加热器通电加热水使胶桶的温度一般在 50~60℃之间，确保胶液有较好的流动性。左右两个明胶盒的温度通过明胶盒底部两根长的加热管来控制。两根长的加热管分别安装在明胶盒底部的加热孔内（加热管贯穿明胶盒），加热孔下方靠近胶盒支臂一侧的温度感应孔中安装有温度感应器，一般设定温控表温度范围为 50~60℃，提前预热，压制时胶盒温度一般控制在 60~66℃。

②轧囊机上药液的温度控制主要是喷体温度控制。喷体底部的加热孔内安装有两根长的加热管，温度感应孔中安装有温度感应器，通过电加热控制温度，一般喷体温度设定为 39~45℃。

③涂胶机厢的温度通过冷风机控制，冷风机温度一般控制在 15~20℃。

3. 生产记录样表（表 4-3-51）

表 4-3-51　调节轧囊设备胶液容器、药液容器与涂胶机厢的温度记录样表

产品名称		产品规格		产品批号		生产日期	
仪器状态确认		正常□			异常□		
检查时间	胶桶温度（℃）		胶盒温度（℃）			冷风机温度（℃）	

备注	
结论	
操作人		审核人		车间主任	

五、使用滴制设备滴制软胶囊

1. 技能考核点

（1）调节合适的药液、胶液及滴盘冷却温度滴制软胶囊。

（2）判断滴液是否符合工艺要求。

2. 操作程序、操作规程及注意事项

（1）操作程序　开机前的准备工作→投料→滴制→停机→清场→填写记录

（2）操作规程

①设置参数：包括制冷温度、油浴温度、药液温度、胶液温度和滴盘温度。

②依次开启制冷、油泵、油浴加热、滴盘加热开关，启动空气压缩机，压力达 0.7MPa。

③滴制：将熔融的药液和胶液分别加入滴罐，打开滴头开关进行滴制。

④过程监控：滴制过程中，注意调节面板上的气压或真空旋钮，使滴液符合滴制工艺要求，药液稠时调节气压旋钮，药液稀时调节真空旋钮。

（3）注意事项

注意药液、胶液及滴盘及冷却温度控制，滴液质量控制。

3. 生产记录样表（表 4-3-52）

表 4-3-52　滴制设备滴制软胶囊记录样表

产品名称			批号			规格		
起止时间			月　日　时　分 ——— 月　日　时　分					
胶囊填充机编号			第（　　）号			第（　　）号		
设备状态确认			正常□　异常□			正常□　异常□		
药物量（kg）								
装量（g）								
滴制速度（粒/分）								
温度（℃）	制冷温度							
	油浴温度							
	药液温度							
	滴盘温度							
滴制时间	开始		月　日　时　分			月　日　时　分		
	结束		月　日　时　分			月　日　时　分		
成品情况								
外观性状								
胶囊量（kg；粒数）								
操作人			复核人/日期					
备注								

六、调节滴制设备的胶液容器、药液容器与冷却厢的温度

1. 技能考核点

调节滴制设备的胶液容器、药液容器与冷却厢的温度。

2. 操作程序及注意事项

（1）操作程序　开机前的准备工作→开启冷

却介质循环系统→调节冷却厢温度→设定胶液容器、药液容器温度→开启续料→滴制→停机→清场→填写记录

（2）注意事项

①仪器清洁状态、温度。

②判断滴液是否符合工艺要求。

3. 生产记录样表（表4-3-53）

表4-3-53　调节滴制设备的胶液容器、药液容器与冷却厢的温度记录样表

产品名称		产品规格		产品批号		生产日期	
仪器状态确认			正常□			异常□	
检查时间		胶液容器温度（℃）		药液容器温度（℃）		冷却厢温度（℃）	
备注							
结论							
操作人		审核人			车间主任		

七、使用振动筛筛选软胶囊

1. 技能考核点

（1）根据物料筛选的特性要求，在断电的情况下，调节振动电机偏心块的间距。

（2）正确操作振荡筛进行筛分软胶囊。

（3）根据软胶囊粒度要求选择适当的筛网目数。

2. 操作程序及注意事项

（1）操作程序　开机前检查→安装筛网→试运行→加料筛分→关机→清场→填写记录

（2）注意事项

①振动筛一般用于筛选滴制法制备软胶囊。

②检查从车间器具清洗室取来的筛网，看其目数是否符合此次生产的要求，筛网是否有破损。观察振动筛的振动是否平衡，运动件无撞击和摩擦的地方。

③给料必须均匀，不能超载或有过大冲击力。

④停机前先停止给料，待筛面上的物料排净后再停机。

⑤设备运行时应下部无振动，噪音低且密封，若出现异常应迅速停止进料，关闭机器，切断电源进行检查或上报。

⑥筛网需严格按照生产工艺的要求进行选择和安装，并在生产前后检查筛网有无破损，保证筛分软胶囊符合要求。

3. 生产记录样表（表4-3-54）

表4-3-54　使用振动筛筛选软胶囊记录样表

产品名称		批号		规格	
生产工序起止时间		月　日　时　分	——	月　日　时　分	
振动筛编号		第（　　　）号		第（　　　）号	
设备状态确认		正常□　异常□		正常□　异常□	

振动频率（Hz）			
上层筛网目数			
下层筛网目数			
加料量（kg）			
筛分时间	开始	月　日　时　分	月　日　时　分
	结束	月　日　时　分	月　日　时　分
成品情况			
外观性状			
软胶囊量（kg）			
操作人		复核人/日期	
备注			

八、监控轧囊过程中的装量差异

1. 技能考核点

（1）合理调节装量，保障装量差异符合要求。

（2）测定装量差异。

2. 操作规程及注意事项

（1）操作规程

①取样方法：每间隔30分钟取样一次，每次取样20粒。

②装量差异的测定方法：装量差异检查用天平为千分之一电子天平，其计算应精确到小数点后3位。用95%乙醇将待测软胶囊洗净，用丝光毛巾将表面乙醇擦去后，放入电子天平称量盘上，读取并记录其总重量A，再倾出内容物（不得损失囊壳），并用95%乙醇清洗干净，用丝光毛巾将囊皮表面乙醇擦去后，放入电子天平称量盘上，读取并记录其重量B，待测胶囊的装量即为：A-B得出每粒的装量。

③当个别胶丸装量不合格，按胶丸编号调整供料泵对应的活塞行程，当装量超出规定范围时，调节装量控制旋钮，减小对应的活塞行程，以达到调节装量的目的；当装量低于规定范围时，增加对应的活塞行程，以达到调节装量的目的，使之符合规定。

（2）注意事项

①每粒装量与平均装量相比较，装量差异限度应在±6%以内。

②根据装量差异现象合理调节装量、取样时间点，以保证装量差异限度符合要求。

3. 生产记录样表（表4-3-55）

表4-3-55　软胶囊轧囊过程中的装量差异记录样表

批号								班次/日期					
取样时间	外观性状	装量差异											
		毛重											
		囊重											
		净重											
		装量差异					RSD（%）						

		毛重							
		囊重							
		净重							
		装量差异					RSD（%）		

性状：共检查　　次　　粒，整洁、无畸丸、无粘连、无气泡、无漏液的　　粒，不整洁　　粒，畸丸　　粒，粘连　　粒，气泡　　粒，漏液　　粒；

装量差异：共检查　　次　　粒，装量差异合格的　　粒，装量差异不合格的　　粒

操作人：		日期：	
检查人签名：	确认结果：	日期：	

九、监控滴制过程中的装量差异

1. 技能考核点

（1）合理调节装量，保障装量差异符合要求。

（2）测定装量差异。

2. 操作规程及注意事项

（1）操作规程

①装量差异的测定方法：装量差异检查所用天平为千分之一电子天平，其计算应精确到小数点后3位。用95%乙醇将待测软胶囊洗净，用丝光毛巾将表面乙醇擦去后，放入电子天平称量盘上，读取并记录其总重量 A，再倾出内容物（不得损失囊壳），并用95%乙醇清洗干净，用丝光毛巾将囊皮表面乙醇擦去后，放入电子天平称量盘上，读取并记录其重量 B，待测胶囊的装量即为：A–B，得出每粒的装量。

②取样方法：每间隔30分钟取样一次，每次取样20粒。

③滴丸机滴制过程中通过调节滴速、药液温度来调整装量至工艺要求范围。

（2）注意事项

每粒装量与平均装量相比较，装量差异限度应在 ±6% 以内。

3. 生产记录样表（表4-3-56）

表4-3-56　软胶囊滴制过程中的装量差异记录样表

批号						班次/日期			
取样时间	外观性状					装量差异：			
		毛重							
		囊重							
		净重							
		装量差异					RSD（%）		
		毛重							
		囊重							
		净重							
		装量差异					RSD（%）		

性状：共检查 次 粒，整洁、无畸丸、无粘连、无气泡、无漏液的 粒，不整洁 粒，畸丸 粒，粘连 粒，气泡 粒，漏液 粒； 装量差异：共检查 次 粒，装量差异合格的 粒，装量差异不合格的 粒，
操作人：　　　　　　　　　　　　　　　日期：
检查人签名：　　　　确认结果：　　　　日期：

第十二节　片剂制备

相关知识要求

知识要点

> 1. 冲模的种类与规格。
> 2. 片重的计算。
> 3. 糖衣的包衣材料、包衣的方法与设备。

片剂是原料药物与适宜的辅料制成的圆形或异形的片状固体制剂。片剂以口服普通片为主，另有含片、舌下片、口腔贴片、咀嚼片、分散片、可溶片、泡腾片、阴道片、阴道泡腾片、缓释片、控释片、肠溶片与口崩片等。在初级工、中级工部分中，介绍了片剂的含义、特点、分类、辅料、制粒、压片的方法、设备及操作，干颗粒的质量要求，片剂脆度、崩解时限、装量差异，薄膜包衣的方法、设备及操作等内容，在此基础上，介绍冲模的种类与规格，片重的计算，糖衣的包衣材料、包衣的方法与设备等。

一、压片

（一）片重的计算

1. 已知每批药料应制的片数及每片重量，所制的干颗粒重应恰等于片数与片重之积。

干颗粒总重量（主药＋辅药）＝片重 × 片数

2. 药料的片数与片重未定时，可先称出颗粒总重量（相当于若干单服重量），再根据单服重量的颗粒重来决定每服的片数。

$$单服颗粒重量 = \frac{干颗粒总重量}{单服次数}$$

$$片重 = \frac{单服颗粒重量}{单服片数}$$

3. 生产中部分饮片提取浓缩成膏，另一部分饮片粉碎成细粉混合制成半浸膏片。

$$片重 = \frac{干颗粒重量 + 压片前加入的辅料重量}{理论片数}$$

$$= \frac{（成膏固体重量 + 原粉重量）+ 压片前加入的辅料重量}{原药材总重量 / 每片原药材重量}$$

$$= \frac{（药材重量 × 收膏率 × 膏中总固体百分含量 + 原粉重量）+ 压片前加入的辅料重量}{原药材总重量 / 每片原药材重量}$$

4. 若已知每片主药的含量时，可通过测定颗粒中主药含量再确定片重。

$$片重 = \frac{每片含主药量}{干颗粒测得的主药百分含量}$$

（二）压片机冲模的种类与规格

1. 种类

按使用的设备不同，有单冲压片机冲模、旋转式压片机冲模、花篮式压片机冲模以及压力机冲模。

按制造的材料不同，有合金钢冲模、硬质合金冲模、陶瓷冲模、镀铬冲模、镀钛冲模。

按标准不同，有 ZP 标准（GB12253.90）冲模、IPT 国际标准冲模、EU 标准冲模以及各种非标准的专用压片机冲模及电池环冲模。

2. 规格

根据不同需求，冲模有不同直径、片型面尺寸的圆形冲模，如浅弧圆冲、深弧圆冲、斜平圆冲、纯平圆冲等；异形冲模，如椭圆形、键形（胶囊形）、三角形等。

二、糖衣

1. 包衣材料

蔗糖为主要包糖衣的主要材料。糖衣是历史最悠久的包衣类型，目前仍广泛应用。常用的包衣物料有糖浆、胶浆、滑石粉、白蜡等。

（1）糖浆　用于黏合粉衣层和包糖衣层。浓度为 65%~75%（g/g）。包有色糖衣时，可在糖浆中加入 0.03% 左右可溶性食用色素。包衣时颜色要由浅到深，使包衣色调均一无花斑。

（2）胶浆　用于包隔离衣。胶浆因具有黏性和可塑性，能增加衣层的固着能力和防潮性，对含有酸性、易溶或易吸潮成分的片芯起保护作用。常用的胶浆有 15% 左右明胶浆、30% 左右阿拉伯胶浆、10% 玉米朊溶液等。

（3）滑石粉　用于包粉衣层，使用前应通过六号筛。起到消除棱角及有利于包衣的作用。

（4）白蜡　即四川产的米心蜡，又名虫蜡。多用作打光剂，可增加包衣片的光洁度和抗湿

性。使用前粉碎，通过五号筛，备用。

2. 糖衣的包衣方法与设备

（1）包衣方法　包糖衣常用方法主要为滚转包衣法。工序流程如下：

片芯→隔离层→粉衣层→糖衣层→有色糖衣层→打光

①隔离层：含有酸性、水溶性及含引湿性药物的片芯，均需先包隔离层，可避免包糖衣层时糖浆被酸性药物水解以及糖浆中的水分被片芯吸收，而造成糖衣被破坏或药物吸潮而变质。包隔离层使用胶浆或其他隔离材料，同时加入少量滑石粉。

②粉衣层：消除药片原有的棱角，将片面包平，为包糖衣打基础。不需要包隔离层的片剂可直接包粉衣层。包粉衣层使用糖浆、滑石粉。

③糖衣层：增加衣层的牢固性和美观性。包糖衣层使用糖。

④有色糖衣层：使片剂美观，便于识别，并有遮光作用。包有色糖衣层使用有色糖浆（即糖浆中加入不同颜色的色素）。

⑤打光：使片剂表面光亮美观，兼防潮作用。打光使用白蜡。

（2）设备　包糖衣常采用滚转包衣法，常用设备为包衣机、高效包衣机。将药片放置锅体内进行预热，此时锅体不转或点动，减少药片的磨损，待药片达到工艺要求的温度时，旋转锅体并打开喷枪，将配好的含有包衣材料的液体雾化喷洒在药片的表面，使衣膜在片剂表面分布均匀后，通入热风将喷洒在药片表面的液体干燥形成保护膜。根据需要重复操作数次直至将配好的液体喷洒完毕。

①包衣机：包衣机包括包衣锅、动力部分、加热器及鼓风设备。包衣锅是用紫铜或不锈钢等化学活性较低、传热较快的金属制成。包衣锅有两种形式，一种为荸荠形；另一种为球形（莲蓬形）。包衣锅的转速根据锅的大小与包衣物的性质而定。

②高效包衣机：片芯在密闭的包衣滚筒内连续地作特定的复杂运动，由微机程序控制，按工

艺顺序和选定的工艺参数将包衣液由喷枪洒在片芯表面，同时送入洁净热风对药片包衣层进行干燥，废气排出，快速形成坚固、细密、光整圆滑的包衣膜。其特点是密闭性好，符合 GMP 要求；自动化程度高，产品质量重现性好；生产效率高，一批只需 2~3 小时即可完成；对喷洒有机溶剂的溶液则已采取防爆措施，适用于有机薄膜、水溶性薄膜、糖衣、缓释性薄膜的包衣。设备原理如下（图 4-3-28）。

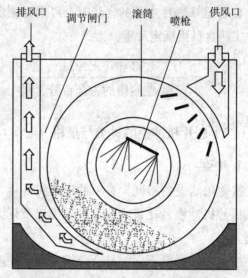

图 4-3-28　高效包衣机原理图

技能要求

1. 能选择冲模。

2. 能使用包衣设备包糖衣，按质量控制点监控糖衣质量。

一、选择冲模

1. 技能考核点

根据品种的片型需求选择合适冲模。

2. 操作注意事项

（1）正确选择片型是压片冲模成功的第一步。

（2）冲模的分类如下：①按使用的设备不同，有单冲压片机冲模、旋转式压片机冲模、花篮式压片机冲模以及压力机冲模。②按制造的材料不同，有合金钢冲模、硬质合金冲模、陶瓷冲模、镀铬冲模、镀钛冲模。国产冲模最常见的合金钢材料为：GCr15、Crl2MoV、CrWuMn、9Mn2V、9CrSi；进口冲模最常见的材料为：A2、O1、S1、S7、PHG.S、PHG-P。③按标准不同，有 ZP 标准（GB12253.90）冲模、IPT 国际标准冲模、EU 标准冲模以及各种非标准的专用压片机冲模及电池环冲模。④按形状的不同，有圆形的、异形的、浅凹的、深凹的、斜边的、刻字的、刻线的、环形的。⑤按用途的不同，有药片冲模、泡腾片专用冲模以及电池环冲模等。

（3）冲模是非常精密的，药厂应该建立专门的冲模储存和保管制度，最好有专门的储存房间，室内应保持干燥。

3. 生产记录样表（表 4-3-57）

表 4-3-57　选择冲模记录样表

产品名称		批号		规格	
拆装时间		月　日　时　分　——		月　日　时　分	
压片机型号					
冲模规格	冲杆直径				
冲模规格	冲模直径				
	冲模厚度				

压片规格			
操作人		复核人／日期	
备注			

二、使用包衣机包糖衣

1. 技能考核点

（1）根据片床温度、片子外观微调进风温度、浆料输送速度和压缩空气压力。

（2）熟练调整喷头位置及角度。

（3）正确操作包衣机进行包糖衣。

2. 操作程序及注意事项

（1）操作程序　片芯→包隔离层→包粉衣层→包糖衣层→包有色衣层→打光

（2）注意事项

①包衣液配制一定要严谨、规范，避免有结块出现。

②将素片加入包衣机内时动作要轻，降低片子撞击力，减少残粉、残片。

③按规定量将未上衣素片放入锅内，片剂在锅内翻滚，然后均匀加入包衣物料。按工艺规定启动热风，注意先开风机，后开电热器。

④依次将隔离层液及有色层液均匀喷于片子上，要求喷液流量由最大逐渐减小。随时观察锅壁，控制药片不粘片、不粘连。

3. 生产记录样表（表4-3-58）

表4-3-58　包衣机包糖衣生产记录样表

产品名称		批号		规格	
生产工序起止时间		月　日　时　分 ——		月　日　时　分	
包衣机编号		第（　　　）号		第（　　　）号	
设备状态确认		正常□　异常□		正常□　异常□	
素片量（kg/粒数）					
片床温度（℃）					
喷雾压力（MPa）					
包衣锅转速（r/min）					
隔离层	胶浆浓度				
	滑石粉（kg）				
粉衣层	糖浆浓度				
	滑石粉（kg）				
糖衣层	糖浆浓度				
有色糖衣	糖浆浓度				
	色素量（%）				
打光	虫蜡（kg）				
成品情况					
外观性状					
包衣总量（kg/片数）					
操作人		复核人/日期			
备注					

三、按质量控制点监控糖衣质量

1. 技能考核点

（1）按质量控制点监控糖衣质量的检查。

（2）操作前后是否有检查操作及生产中遇故障处理措施。

2. 操作规程及注意事项

（1）操作规程

①检查外观：无粘连、无花斑、无色差。片面光滑，完整光洁，色泽均匀。

②测定崩解时限：按照崩解时限检查法检查，应符合规定。

③测定水分：按照水分测定法检查，应符合规定。

（2）注意事项

①如果测得的结果在控制限度内，通知操作工，压片可继续进行。测得结果恰好在限度上或有接近限度的趋势，则须立即通知操作工对机器进行适当的调整，调整后另取样品再进行测定。

②一旦测得的结果超出记录的控制限度，则须重新取样测定以证实结果。

③检查包衣片应按规定进行盛装保存，并应附有标志。

3. 生产记录样表（表4-3-59）

表4-3-59　按质量控制点监控糖衣质量记录样表

批号		班次/日期	
取样时间	外观	崩解时限	水分

外观：　　　共检查　　　次；
崩解时限：　　　共检查　　　次；
水分：　　　共检查　　　次

操作人：		日期：
检查人签名：	确认结果：	日期：

第十三节　滴丸剂制备

相关知识要求

知识要点

1. 滴头的规格与选用。

2. 滴制的方法、设备及操作。

滴丸剂系指固体或液体药物与适宜的基质加热熔融后，再滴入不相混溶、互不作用的冷凝液中，由于表面张力的作用使液滴收缩成球状而制成的制剂。滴法制丸的过程，实际上是将固体分散体制成滴丸的形式。目前滴制法不仅能制成球形丸剂，也可以制成椭圆形、橄榄形或圆片形等异形丸剂。在初级工、中级工部分，介绍了滴丸剂的含义、特点、分类、质量要求，滴丸剂的基质与冷却剂、选丸的方法、设备及操作，装袋设备、装瓶设备、化料设备的操作、装量差异检查法、最低装量检查法等，在此基础上，介绍滴头的规格与选用，滴制的方法、设备及操作。

一、滴头的规格与选用

滴头规格大多按滴嘴内径尺寸分级，常见的滴嘴内径在1.5~2.5mm。规格的选择可依照产品物料特性和丸重控制要求，通过反复试制测试，确定最佳的滴头规格。

滴丸的丸重受滴头内径大小、滴头壁厚、长度等因素影响。滴头内径越大，丸重越大；滴头的壁越薄，丸重越大。一般根据药液的黏度和产品种类来选择合适的滴头；根据料液情况，一般可生产出5~60mg的滴丸产品，采用气压脉冲滴制和自动控制滴制，可以制备100~400mg的滴丸。

当滴头内径尺寸固定时，滴丸重主要受料液黏度、料液温度、料液在保温罐中的高度、滴制速度影响。料液越黏，滴制越慢，料液在滴口上附着力越大，滴丸的丸重就越大。

二、滴制的方法、设备及操作

滴丸剂的滴制操作是将料液通过一定规格滴头滴制形成液滴，液滴在自由落体状态依靠液滴表面张力收缩成球形，并在滴落的瞬间冷却凝结，然后落入低温冷却介质进一步冷却成为固态药物制剂的过程。在实际生产过程中，重点控制料液温度、黏度、滴速、滴头至冷却介质液面的高度、冷却介质温度和冷却介质的循环方向和速度。

滴丸机的基本构造由保温储液系统、均质系统、滴制系统、冷却系统和分离系统构成。保温系统包括加热器、导热油、保温层，均质系统包括储液罐和搅拌，在设计上这两部分密不可分，可以合称为保温储液罐。滴制系统包括滴盘、滴头及相关配套设备。各厂所设计的滴丸机多不相同，但机理都是一样的，一般是从上部投入药液与基质，加热熔融、过滤，滴入冷却液中。一般滴制法装置示意图如下（图4-3-29）。

滴制法的操作规程参见本节技能部分"二、使用滴制机制丸"。

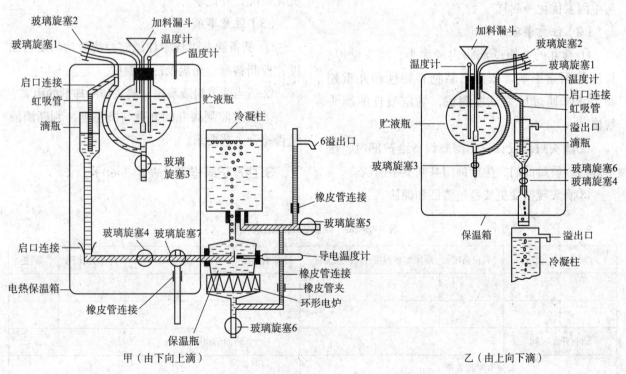

图4-3-29 滴丸滴制法装置示意图

技能要求

技能要点

1. 能选择滴头的规格。

2. 使用滴制设备制丸，在滴制过程中监控滴制设备的冷却温度、加热温度、药液温度与滴速、重量差异、圆整性、色泽。

一、选择滴头的规格

1. 技能考核点

（1）进行滴头关键参数的优选实验设计，进行试验，并依照实验结果进行量化统计分析。

（2）滴丸制备基本技能。具备小试、中试和大型滴丸机的基本操作能力，并独立完成滴制试验，采集相关过程数据。

2. 操作程序及注意事项

（1）操作程序　材质选择→多因素参数优选→小试确认→中试测试和单因素优化→放大测试与单因素优化→封样

（2）注意事项

①滴丸的丸重受滴头内径大小、滴头壁厚、长度等因素影响。依照产品物料特性和丸重控制要求，通过反复试制测试，确定最佳的滴头规格。

②滴头封样设计稿，需要设备维护部门、技术部门、质量部门、生产部门共同签字确认。

③滴头规格变更要经过验证和确认。

二、使用滴制机制丸

1. 技能考核点

（1）滴制操作基本流程熟练程度。

（2）控制和调节丸重的能力。

2. 操作程序、操作规程及注意事项

（1）操作程序　开机前的准备工作→加料→开始滴制→关机→清场→填写记录

（2）操作规程

①开启冷却介质循环系统，调节限流阀使液面上升至规定高度，保持冷却介质温度控制在适宜范围。

②开启续料，将化好的料液转入滴制保温灌，开启搅拌并控制温度至所需范围。

③开始滴制，控制续料速度和料液高度至适合范围，直至料液滴丸完成为止。滴制过程中，按规定进行百丸重量抽查，适度掌握和控制丸重变化情况，并记录。

（3）注意事项

① 制备滴丸过程中注意监控滴液均匀度与黏度，控制料液、滴盘及冷却温度。

②适当调节料液滴速、滴头与冷却剂的距离。

③注意监测滴丸的丸重与圆整度，判断滴液是否符合工艺要求。

3. 生产记录样表（表4-3-60）

表4-3-60　滴制机滴制记录样表

时间	序号	料位高度	滴灌加热温度	料液温度	冷却液温度	平均丸重（mg/丸）	异形丸比例	备注
滴制开始时间					滴制结束时间			
批滴丸平均丸重（mg/丸）								
滴速（丸/分）								
生产操作人/日期					QA检查人/日期			

三、监控滴制过程中滴制设备的冷却温度、加热温度、药液温度与滴速

1. 技能考核点

（1）温度监测的及时性和准确率。

（2）异常趋势的判断能力。

（3）异常趋势的分析和纠正能力。

2. 操作程序及注意事项

（1）操作程序

①开始滴制后，每隔固定时间间隔，读取并记录温度参数。

②固定时间点重复监测直至滴制完成。

（2）注意事项

①温度应在工艺要求的控制范围内。

②出现异常或者异常趋势及时调整参数设定或参数控制程序。

③出现长时间异常情况应作为过程偏差进行记录，并请求偏差小组进行偏差调查评估。

3. 生产记录样表（表4-3-61）

表4-3-61　监控滴制过程中滴制设备的冷却温度、加热温度、药液温度与滴速记录样表

时间	序号	料位高度	滴灌加热温度	料液温度	冷却液温度	平均丸重（mg/丸）	异形丸比例	备注
滴制开始时间					滴制结束时间			
批滴丸平均丸重（mg/丸）								
滴速（丸/分）								
生产操作人/日期					QA检查人/日期			

四、监控滴制过程中滴丸的重量差异、圆整性、色泽

1. 技能考核点

（1）过程质量指标出现异常趋势的判断分析能力。

（2）在线调节控制能力。

（3）过程偏差的分析判断和纠偏能力。

2. 操作注意事项

（1）重量差异

①控制料液稳定维持在稳定的范围，避免出现较大波动。

②滴头一致性要满足要求，避免尺寸不合格或有残缺的滴头使用。

③料位高度应保持基本一致。

④料液分散度始终要均匀一致。

（2）圆整度

料液温度、冷凝剂温度、料液黏度及滴头至冷凝剂液面距离满足工艺要求。

（3）色泽

①料液温度控制严格按工艺要求。

②化料工序搅拌和均质系统运行和操作满足要求。

③料液保温时长及滴丸水分控制满足工艺要求。

3. 生产记录样表（表4-3-62）

表 4-3-62　监控滴制过程中重量差异、圆整性、色泽记录样表

批号			班次 / 日期		
取样时间	色泽 / 圆整性		滴丸重量		
	重量差异			RSD（%）	
	重量差异			RSD（%）	
生产操作人 / 日期			QA 检查人 / 日期		

第十四节　泛制丸与丸剂包衣

相关知识要求

> **知识要点**
>
> 1. 泛制丸的辅料、制备方法、设备及操作。
> 2. 丸剂包衣的方法、设备及操作。

丸剂系指药物加适宜的黏合剂或其他辅料制成的球形或类球形制剂。在初级工、中级工部分介绍了丸剂的含义、特点、分类，混合、烘干、选丸的方法与设备及操作，塑制丸与泛制丸的制备方法、设备及质量要求等，在此基础上，介绍泛制丸的辅料、制备方法、设备及操作，丸剂包衣的方法、设备及操作。

泛丸设备的操作规程参见本节技能部分"一、使用泛丸锅起模""二、使用泛丸锅成型""三、使用泛丸锅盖面"。包衣设备的操作规程参见本节技能部分"四、使用包衣机包药物衣"。

一、泛制丸

（一）辅料

1. 水

水是泛丸中应用最广、最主要的赋形剂。水本身虽无黏性，但能润湿溶解药物中的黏液质、糖、淀粉、胶质等，润湿后产生黏性，即可泛制

成丸，应选用新煮沸放冷的水、去离子水或蒸馏水。多数中药的细粉吸水性好，以水为赋形剂则易成型。含强心苷类的药物，如洋地黄等，不宜用水作湿润剂，因为水能使原药粉中的酶逐渐分解强心苷；含有引湿性或可溶性成分以及毒性药等，应先溶解或混匀于少量水中，以利分散，再用其他药物混匀泛丸。水泛丸后应立即干燥。

2. 酒

常用黄酒（含醇量约为 12%~15%）和白酒（含醇量约为 50%~70%），也可以用相当浓度的药用乙醇代替。酒穿透力强，有活血通络、引药上行及降低药物寒性的作用，故舒筋活血之类的处方常以酒作赋形剂泛丸。酒是一种润湿剂，但酒润湿药粉产生的黏性比水弱，当用水为润湿剂致黏合力太强而泛丸困难者常以酒代之。同时，酒也是一种良好的有机溶剂，有助于药粉中生物碱、挥发油等溶出，以提高疗效。酒还具有防腐作用，可防止药物霉变。易于挥发而使制品容易干燥。

3. 醋

药用以米醋为多，含醋酸为 3%~5%。醋能散瘀活血，消肿止痛。入肝经散瘀止痛的处方制丸常以醋作赋形剂。醋可使药物中生物碱变成

盐,从而有利于药物中碱性成分的溶解,增强疗效。

4.药汁

处方中某些药物不易制粉或体积过大,可制成液体作赋形剂泛丸,有利于保障疗效的同时减少剂量。具下列性质的药材可用此法。

①处方中含有纤维丰富(大腹皮、丝瓜络、千年健)、质地坚硬的矿物(磁石、自然铜)、树脂类(阿魏、乳香、没药)、浸膏(儿茶、芦荟)、黏性大(大枣、熟地)、胶质(阿胶、龟胶、鳖甲胶)等难以粉碎成粉的药物,可溶性盐类(如芒硝、青盐),可取其煎汁或加水烊化作赋形剂。

②含有乳汁、牛胆汁、熊胆、竹沥汁等液体药物时,可加适量水稀释成混悬液,作为泛丸的赋形剂。

③含有生姜、大葱或其他鲜药时,可将鲜药捣碎榨取其汁,作为赋形剂泛丸。

(二)制备方法与设备

1.起模

起模多以水作润湿剂,将药粉制成直径0.5~1.0mm的模子,是泛丸制备的关键工序。模子的形状直接影响丸剂的圆整度,模子的粒度差和数目决定丸剂成型过程中筛选的次数及丸粒的规格。起模用粉应有适宜黏性。黏性过强易粘结,无黏性则模子不易成型。

(1)起模子的常用方法

①粉末泛制起模:在泛丸机中,喷刷少量水,使泛丸机湿润,均匀撒上少量药粉,转动泛丸机,刷下附着的粉末,再喷水湿润,再撒少量药粉,反复多次。期间不断进行揉、撞、翻等操作,使模子逐渐增大至直径在0.5~1.0mm的球形小颗粒,经筛选得到合格的模子。该方法制备的模子紧密,结实,但费时,操作技术性高,只适用于小批量生产。

②湿法制粒起模:将少量水与药粉混合均匀,制成手握成团、触之即散的软材,用8~10目筛制成颗粒。制得的颗粒,再经泛丸机旋转摩擦,撞去棱角成为丸模。该方法制备的模子成型

率高,模子较均匀,机器操作便捷,适用于大批量生产,但模子较松散。

(2)起模用粉量 起模用粉量应根据药粉的性质和丸粒的规格决定。手工起模用粉量应控制在总药粉的1%~5%,大生产起模适用下列经验公式计算:

$$X=0.6250\times\frac{D}{C}$$

式中:C为成品水丸100粒干重(g);D为药粉总重(kg);0.6250为标准丸模100粒的湿重(g)。

(3)模子筛选 制成的模子,必须经过筛选,方可泛制,模子应达到大小均匀一致,否则影响成品规格。

2.成型

成型是将筛选合格的模子,在泛丸机中逐渐加大至接近成品规格的操作过程。成型的方法和泛制起模相同,通过反复多次加水、加粉,至工艺要求的湿丸重规格,操作时应注意:

①每次加水、加粉量应适宜。加水量以丸粒表面润湿而不粘连为度,加粉量以能被润湿的丸粒完全吸附为宜。加粉过多易在下一次润湿时产生新的模子,加水量过多易发生黏结。随着泛制丸粒的逐渐增大,加水量及加粉量也应随着加大。泛制水蜜丸、糊丸、浓缩丸时,所用黏合剂的浓度应随着丸粒的增大而提高。

②每次加水、加粉应均匀,防止黏结及成品规格不均匀。

③在增大成型的过程中,要注意适当保持丸粒的硬度和圆整度,滚动时间应适当,以丸粒坚实致密而不影响溶散为宜。

④在起模和成型过程中产生的颗粒、粉块、废粒等,应随时用水调成糊状泛在丸粒上。保证丸粒所含生药量的准确。

⑤处方中若含有芳香性、特殊气味以及刺激性较大的药物时,应选择分别粉碎,并泛于丸粒内层,可避免挥发性成分损失、掩盖不良气味、减少对肠胃的刺激。

3.盖面

盖面是将药物细粉或水或药水混悬液分别

泛制于筛选合格的丸粒上，使丸粒表面致密、光洁、色泽一致。常用的盖面方法有干粉盖面、清水盖面、清浆盖面等。

二、丸剂的包衣方法与设备

1. 药物衣

水丸（水蜜丸、糊丸、浓缩丸）包衣多用滚转包衣法。将干燥的水丸置包衣锅，转动，加黏合剂均匀润湿，缓缓撒入作为药物衣的极细粉。反复操作数次，至规定量的丸粒包严为止。取出，晾干。再置于包衣锅内打光，即加入适量虫蜡粉，转动包衣锅，使丸粒在锅内转动摩擦，至表面光亮。

2. 糖衣、薄膜衣、肠溶衣

（1）包衣方法　常用的包衣方法主要有滚转包衣法、流化包衣法及压制包衣法等。

①滚转包衣法：将药片放置锅体内进行预热，此时锅体不转或点动，减少药片的磨损，待药片达到工艺要求的温度时，旋转锅体并打开喷枪，将配好的含有包衣材料的液体雾化喷洒在药片的表面，使衣膜在片剂表面分布均匀后，通入热风将喷洒在药片表面的液体干燥形成保护膜。根据需要重复操作数次直至将配好的液体喷洒完毕。

包衣后多数薄膜衣还需在室温或略高于室温条件下自然放置6~8小时使薄膜固化完全。使用有机溶剂时，为避免溶剂残留，一般还要在50℃以下继续干燥12~24小时。

②流化包衣法：又称喷雾包衣。根据包衣液喷入方式分为底喷式、顶喷式和侧喷式。片芯置于流化床中，通入气流，借急速上升的气流使片芯悬浮于包衣室中处于流化状态，将包衣液雾化喷入，使片剂表面黏附包衣液。

③压制包衣法：将一部分包衣物料填入冲模孔作为底层，置入片芯，再加入包衣物料填满模孔压制成包衣片。可避免水分、高温对药物的不良影响，生产流程短、自动化程度高、劳动条件

好，但对设备精密度要求较高。

（2）设备　滚转包衣法常用设备为包衣机、高效包衣机（在片剂包糖衣中已介绍）；流化包衣法常用设备为空气悬浮包衣机；压制包衣法常用设备为干压包衣机、联合式干压包衣机。

①空气悬浮包衣机：系借急速上升的空气流使片剂悬浮于包衣室的空间上下翻动，同时另将包衣液喷在空中而落在片子上，迅速干燥而成衣膜。其原理与沸腾制粒基本相同。空气悬浮包衣机设备如下（图4-3-30）。

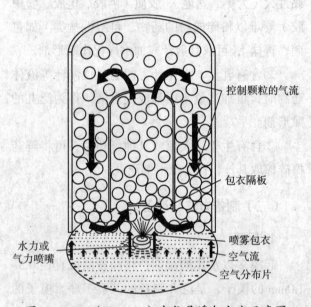

控制颗粒的气流

包衣隔板

喷雾包衣
空气流
空气分布片

水力或气力喷嘴

图4-3-30　（Wurster）空气悬浮包衣室示意图

②干压包衣机：是将两台旋转式压片机用单传动轴配成一套。包衣时，先用压片机压成片芯后，由一专门设计的传递机构将片芯传递到另一台压片机的模孔中，在传递过程中需用吸气泵将片外的细粉除去，在片芯到达第二台压片机之前，模孔中已填入部分包衣物料作为底层，然后片芯置于其上，再加入包衣物料填满模孔并第二次压制成包衣片。该设备还采用了一种自动控制装置，可以检查出不含片芯的空白片自动弃去，如果片芯在传递过程中被粘住不能置于模孔中时，则装置也可将它剔除。另外，还附有一种分路装置，能将不符合要求的片子与大量合格的片子分开。压制包衣机和干压包衣示意图如下（图4-3-31，图4-3-32）。

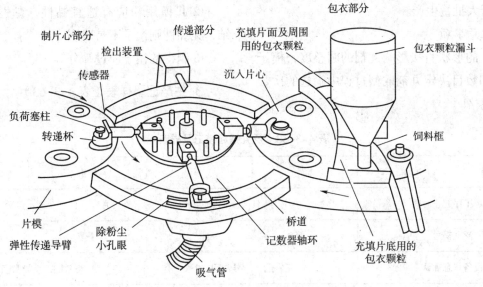

图 4-3-31 干压包衣机示意图

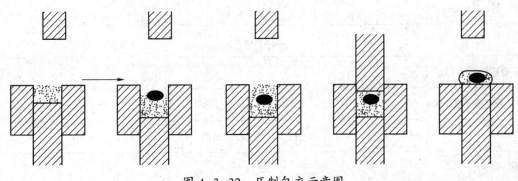

图 4-3-32 压制包衣示意图

技能要求

1. 使用泛丸设备起模、成型、盖面。
2. 使用包衣设备包药物衣。

一、使用泛丸锅起模

1. 技能考核点

（1）选择合适的起模方法。

（2）起模用粉量应适宜。

（3）正确操作泛丸机进行起模。

2. 操作程序、操作规程及注意事项

（1）操作程序　开机前的准备→开机→加料→加黏合剂→关机→清场→填写记录

（2）操作规程

①粉末泛制起模：在泛丸锅中，喷刷少量水，使泛丸锅湿润，均匀撒上少量药粉，转动泛丸机，刷下附着的粉末，再喷水湿润，再撒少量药粉，反复多次。泛制期间不断进行揉、撞、翻等操作，使模子逐渐增大至直径在 0.5~1.0mm 的球形小颗粒，经筛选得到合格的模子。该方法制备的模子紧密，结实，但费时，操作技术性高，只适用于小批量生产。

②湿法制粒起模：将少量水与药粉混合均匀，制成手握成团、触之即散的软材，用 8~10 目筛制成颗粒。制得的颗粒，再经泛丸机旋转摩擦，撞去棱角成为丸模。该方法制备的模子成型率高，模子较均匀，但模子较松散，机器操作便

捷，适用于大批量生产。

（3）注意事项

①模子的形状直接影响丸剂的圆整度，模子的粒度差和数目决定丸剂成型过程中筛选的次数及丸粒的规格。

②起模用粉应有适宜黏性，黏性过强易黏结，无黏性则模子不易成型。

③制得的模子应过筛分等。

3. 生产记录样表（表4-3-63）

表4-3-63 泛丸锅起模记录样表

产品名称		批号		规格	
生产工序起止时间		月　日　时　分 ——		月　日　时　分	
泛丸锅号		第（　　）号		第（　　）号	
设备状态确认		正常□　异常□		正常□　异常□	
药粉量（kg）					
转速（r/min）					
成品情况					
合格模子量（kg）					
不合格模子量（%）					
操作人		复核人/日期			
备注					

二、使用泛丸锅成型

1. 技能考核点

（1）合理控制加水、加粉量。

（2）制备的丸粒粒度、硬度和圆整度应适宜。

（3）正确操作泛丸机进行成型。

2. 操作程序、操作规程及注意事项

（1）操作程序　开机前的准备工作→开机→加模子→加黏合剂、加药粉→关机→清场→填写记录

（2）操作规程

①领取模粒时应核对品名、规格、批号、重量。

②按照工艺要求称取模粒，投入糖衣锅中，开动糖衣锅。

③将纯化水（或药液）均匀喷洒在模粒上，待模粒表面湿润，撒上药粉，待丸粒表面均匀黏附药粉后再喷洒纯化水（或药液），丸粒表面湿润后再加药粉。依次循环不断地进行，将丸粒加大。丸粒直径符合工艺要求后，继续转动至丸粒表面光滑、细腻。

（3）注意事项

①每次加水、加粉应均匀，防止黏结及成品规格不均匀。

②在增大成型的过程中，要注意适当保持丸粒的硬度和圆整度，滚动时间应适当。以丸粒坚实致密而不影响溶散为宜。

③在成型过程中产生的颗粒、粉块、废粒等，应随时用水调成糊状泛在丸粒上。保证丸粒所含生药量的准确。

④处方中若含有芳香性、特殊气味以及刺激性较大的药物时，应选择分别粉碎，并泛于丸粒内层。

3. 生产记录样表（表4-3-64）

表 4-3-64　泛丸锅成型记录样表

产品名称		批号		规格	
生产工序起止时间		月　日　时　分 ——		月　日　时　分	
泛丸锅号		第（　　　）号		第（　　　）号	
设备状态确认		正常□　异常□		正常□　异常□	
药粉量（kg）					
转速（r/min）					
成品情况					
合格丸量（kg）					
不合格丸量（%）					
操作人		复核人/日期			
备注					

三、使用泛丸锅盖面

1. 技能考核点

（1）制备的丸粒硬度和圆整度应适宜。

（2）合理选择盖面物料、判断盖面质量。

（3）正确操作泛丸机进行盖面。

2. 操作规程及注意事项

（1）**操作规程**　将药物细粉或水或药水混悬液分别泛制于筛选合格的丸粒上，使丸粒表面致密、光洁、色泽一致。

干粉盖面：采用最细粉。一次或分次将盖面的药粉均匀撒在丸上，滚动一定时间，至丸粒湿润光亮。

清水盖面：加清水使丸粒充分润湿，滚动一定时间。

清浆盖面：用药粉或废丸粒加水制成的药液为清浆，洒于丸粒充分润湿，滚动一定时间。

（2）**注意事项**

①每次加水或药粉应均匀，防止黏结及成品规格不均匀。

②要注意适当保持丸粒的硬度和圆整度，滚动时间应适当，以丸粒坚实致密而不影响溶散为宜。

3. 生产记录样表（表 4-3-65）

表 4-3-65　泛丸锅盖面记录样表

产品名称		批号		规格	
生产工序起止时间		月　日　时　分 ——		月　日　时　分	
泛丸锅号		第（　　　）号		第（　　　）号	
设备状态确认		正常□　异常□		正常□　异常□	
盖面药粉量（kg）					
转速（r/min）					
成品情况					
合格丸量（kg）					
不合格丸量（%）					
操作人		复核人/日期			
备注					

四、使用包衣机包药物衣

1. 技能考核点

（1）根据包衣工艺调整适宜的温度、转速、负压、供风量、压缩空气压力和蠕动泵转速等参数。

（2）判断包衣质量。

2. 操作程序、操作规程及注意事项

（1）操作程序 开机前的准备工作→开机→加料→停机→清场→填写记录

（2）操作规程

①领取素丸、配制包衣液。

②按工艺规定启动热风，注意先开风机，后开电热器。

③将规定量的素丸放入锅内，启动包衣设备使丸剂在锅内以一定速度匀速、均匀翻滚。

④均匀喷加包衣物料。随时检查包丸的外观。调整转速、喷液速度与角度。

（3）注意事项

①进料过程中，打开排风功能使包衣机内形成负压。

②生产过程中，如需调整锅体的倾角时则需先旋松蜗轮箱两侧压盖螺栓，转动机身前方手轮，即可使锅体转至所需角度，然后再旋紧压盖螺栓即可。

③在启动出料过程前，一定要将卸料器正确安装到位。

④设备在使用时，需经常注意电机、轴承及电器控制系统工作是否有温度过高或异常响声等现象。

⑤随时检查丸的外观，衣色应均匀；关注包衣机的温度、转速、喷液情况。

3. 生产记录样表（表4-3-66）

表 4-3-66 包衣机包药物衣记录

产品名称		批号		规格	
生产工序起止时间		月　日　时　分 ——		月　日　时　分	
包衣机号		第（　　）号		第（　　）号	
设备状态确认		正常□　异常□		正常□　异常□	
素丸量（kg）					
温度（℃）					
药物衣粉量（kg）					
转速（r/min）					
成品情况					
合格丸量（kg）					
不合格丸量（%）					
操作人		复核人/日期			
备注					

第十五节　胶剂制备

相关知识要求

知识要点

1. 煎取胶汁、浓缩收胶的方法、设备与操作。
2. 胶剂的辅料。
3. 相对密度检查法。

　　胶剂系指用动物皮、骨、甲、角等为原料，以水煎取胶质，浓缩成稠胶状，经干燥后制成的固体块状内服剂型。其主要成分为动物胶原蛋白及其水解产物，尚含多种微量元素。

　　在初级工、中级工部分，介绍了胶剂的含义、特点、分类、质量标准，胶剂的原料及处理方法，擦胶、印字的方法，胶液滤过、凝胶、切胶、晾胶、闷胶的方法、设备及操作等，在此基础上，介绍煎取胶汁与浓缩收胶的方法、设备与操作、胶剂的辅料、相对密度检查法。

一、辅料

　　在制备胶剂时，需加入辅料，目的是为矫正不良气味，辅助成型。辅料质量直接影响胶剂的质量。

（一）冰糖

　　以色白洁净无杂质者为优。冰糖可增加胶剂的透明度和硬度，并有矫味作用。如无冰糖也可用白糖代替。

（二）油类

　　系指食用植物油，可用花生油、豆油、麻油，质量以纯净无杂质的新油为佳。酸败者禁用。油可降低胶块的黏度，便于切胶，且在浓缩收胶时，油可促进锅内气泡的逸散，起消泡作用。

（三）酒类

　　多用黄酒，以绍兴黄酒为佳。浓缩收胶时加入黄酒，可借酒的挥散之性促使胶剂在浓缩过程中生成的胺类物质挥散，起到矫味、矫臭作用，同时有利于气泡的逸散。

（四）明矾

　　以白色纯净者为佳，用明矾主要是沉淀胶液中的泥沙及杂质，以保证胶块成型后具有洁净的澄明度。

（五）阿胶

　　加入少量阿胶，可增加黏度，易于成型，并发挥药效协同作用。

二、制备

（一）煎取胶汁

1. 方法与设备

　　煎取胶汁传统采用直火煎煮法，现多采用蒸球加压煎煮法。直火煎煮法生产工具简单，劳动强度大，卫生条件差，生产周期长，目前应用很少。蒸球加压煎煮法可提高工效、降低能耗、提高出胶率。蒸球加压煎煮法系将处理好的原料置蒸球内，加水煎煮，操作关键是控制适宜的压力、时间和加水量。

　　蒸汽压力：以 0.08MPa（表压）为佳。若压力过大，温度过高，胶原蛋白分解的氨基酸可部分发生分解反应，使挥发性盐基氮（又称挥发性碱性总氮）的含量增高，臭味增加。

　　煎提时间：时间因原料不同而异，一般煎提时间 8~48 小时，反复 3~7 次，直至煎出液中胶质甚少为止，收集全部煎液。若水解时间短，胶原蛋白水解程度受到影响，平均分子量偏高，黏度大，凝胶切块时易发生黏刀现象；同时，由于胶液中易混有较多的大质点颗粒，使胶的网状结构失去均衡性，干燥后易碎裂成不规则的小胶块。

加水量：一般每次浸提加水量应浸没原料。

提取设备的操作规程参见本节技能部分"一、使用提取罐煎取胶汁""二、监控提取设备的蒸汽压力、提取温度、提取时间与加水量"。球形提取罐示意图如下（图4-3-33）。

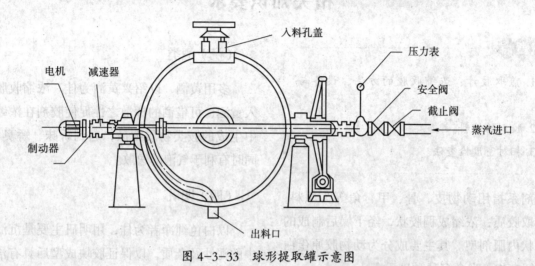

图4-3-33 球形提取罐示意图

（二）浓缩收胶

1.方法与设备

浓缩是使胶原蛋白继续水解，进一步除去杂质及水分的过程。随着胶原蛋白的逐渐水解，颗粒质点变小，分子量变小，疏水性成分与亲水性成分也逐步分离，且混悬于胶液中。由于浓缩时水分不断蒸发，胶液中金属离子浓度增大，离子的电性可中和疏水胶体离子的电性，使其聚合成疏松的离子团，相对密度较小而上浮。浓缩过程不断打沫，就是除去此类水不溶性杂质。

不同胶剂的浓缩程度各异，如鹿角胶应防止浓缩过"老"（太稠），否则成品不光泽，易碎裂；龟甲胶、鳖甲胶浓缩程度应比阿胶浓稠，否则不易凝胶。

浓缩后的胶液在常温下应能凝固。判断浓缩的程度是制备胶剂成型的关键。收胶时胶液稀，则成品干燥时间长、易变形；收胶时胶液过浓，则成品光泽不佳并易碎裂，所以需要根据不同品种掌握好浓缩收胶程度，即收胶时水分的控制。

一般使用蒸汽夹层锅浓缩收胶。

2.相对密度检查

收胶过程中需要进行相对密度的检查。对于相对密度的测定，一般有比重瓶法、韦氏比重秤法、密度计法等，但在实际生产操作中，若胶液密度较大或者黏稠度较高并存有气泡时，用比重瓶法、韦氏比重秤法、密度计法测定其相对密度均比较困难，常见的方法还有快速水分测定仪法、垂砣法、质量体积密度测定法。需要注意的是密度测定时，要注意胶液的温度。

快速水分测定仪法是通过对样品相对密度与水分含量进行相关性研究，测定水分含量达到相对密度的控制的方法。垂砣法则是用一般药厂常备的通用天平替代精密弹簧秤称量垂砣的拉力，用简易大垂砣和一般塑料细线绳替代不锈钢垂砣和白金丝，可对相对密度进行简便、快速、准确的测定。质量体积密度测定法是根据密度的定义 $\rho = m/V$，通过测定胶液的质量和体积，从而计算出相对密度。

浓缩设备的操作规程参见本节技能部分"三、使用蒸汽夹层锅浓缩收胶"。

技能要求

 技能要点

1. 使用提取设备煎取胶汁，按工艺要求监控提取设备的蒸汽压力、提取温度、提取时间与加水量。

2. 使用浓缩设备浓缩收胶，按工艺要求监控浓缩设备的蒸汽压力，防止粘锅、溢锅。

3. 能将辅料加入胶液内混匀。

4. 能测定胶液的相对密度。

一、使用提取罐煎取胶汁

1. 技能考核点

（1）煎取胶汁过程中的各个关键环节，并严格按工艺要求进行设置和判断。

（2）定时排气及操作方法。

2. 操作程序、操作规程及注意事项

（1）操作程序　开机前的准备工作→开机→煎取胶汁→放液、出渣→关机→清场→填写记录

（2）操作规程及注意事项

①提取罐煎取胶汁：投驴皮（洗去油脂并切制成块的驴皮）、加水、加热、排气、煎煮、放液、出渣，依照提取次数要求重复加水、加热、煎煮、放液过程。

②加水量：煎取胶汁的重要因素。按照工艺要求进行加水；加水量可以用水表读取，也可以用定量泵定量加水。

③加热：大多数提取加热方式为蒸汽直接加热。应采用纯饱和蒸汽加热，减少冷凝水的量，减轻浓缩工序的负担。

④排气：提取过程中要定时排气，减小阿胶的异臭味；另外有空气存在时，压力表显示压力为空气与蒸汽混合压力，不利于温度升温。

⑤煎煮：根据工艺要求，控制煎煮时间和煎煮温度。在时间控制上，要清楚计时开始的判断标准。

⑥放液：明确放液放尽的判断标准。

⑦出渣：出渣时观察毛渣是否提取充分，与其他批次做对比。

3. 生产记录样表（表4-3-67）

表4-3-67　煎取胶汁生产记录样表

品名：		代号：		生产岗位：				批号：
接收净皮重量：　　kg		接收人：		生产日期：　　年　月　日				页数：
第一次提取	加水量：　　m³					操作人/日期：		
	提取时间：　月　日　时　分至　月　日　时　分					复核人/日期：		
	时间							
	蒸球压力MPa							
	提取温度℃							
	加水量（L）							
第二次提取	加水量：　　m³					操作人/日期：		
	提取时间：　月　日　时　分至　月　日　时　分					复核人/日期：		
	时间							
	蒸球压力MPa							
	提取温度℃							
	加水量（L）							

续表

	加水量：　　　m³		操作人／日期：	
第次提取	提取时间：　月　日　时　分至　月　日　时　分		复核人／日期：	
	时间			
	蒸球压力 MPa			
	提取温度℃			
	加水量（L）			
出渣	打开蒸球排水阀门，待蒸球内压力为"0"时，将毛渣从加料口倾出，运至规定的存放点			
	出渣时间：　月　日　时　分至　月　日　时　分			
过程监督：合格□　　　不合格□			现场 QA／日期：	

二、监控提取设备的蒸汽压力、提取温度、提取时间与加水量

1. 技能考核点

（1）提取设备的蒸汽压力、提取温度、提取时间与加水量等参数对提取胶汁的影响。

（2）在生产过程中进行正确的监控和设置各项参数。

2. 操作规程及注意事项

①提取胶汁以将驴皮进行分解，将毛渣、角质层、脂肪层与胶原蛋白分离。

②蒸汽压力以 0.08MPa（表压）为佳。若压力过大，温度过高，胶原蛋白分解的氨基酸可部分发生分解反应，使挥发性盐基氮（又称挥发性碱性总氮）的含量增高，臭味增加。

③提取温度：温度越高，提取效率越高，但是温度过高会使阿胶中的部分氨基酸产生脱羧，生成游离氨，形成异臭味，另外温度过高，晾胶片易碎裂，再者提取温度高会造成水不溶物含量增加。

④煎提时间：时间因原料不同而异，一般煎提时间 8~48 小时，反复 3~7 次，直至煎出液中胶质甚少为止，收集全部煎液。若温度过高，水解时间短，胶原蛋白水解程度受到影响，平均分子量偏高，特性黏度大，凝胶切块时易发生黏刀现象；同时，由于胶液中混有较多的大质点颗粒，使胶的网状结构失去均衡性，干燥后易碎裂成不规则的小胶块。

⑤加水量：加水量越多，溶液中浓度梯度越大，越利于扩散提取。但加水量过多会增加浓缩时间，增加生产成本。

⑥提取过程中要定时排气，减小阿胶的异臭味，另外有空气存在时，压力表显示压力为空气与蒸汽混合压力，不利于温度升温。大多数提取加热方式为蒸汽直接加热，所以应采用纯饱和蒸汽，杜绝蒸汽带来的重金属污染，减少冷凝水的量，减轻浓缩工序的负担。

3. 生产记录样表（表 4-3-68）

表 4-3-68　提取设备监控记录样表

批号			班次／日期	
设备编号			设备状态	
监控时间	蒸汽压力（MPa）	温度（℃）		水量（L）

结论：

操作人：		日期：	
检查人签名：	确认结果：		日期：

三、使用蒸汽夹层锅浓缩收胶

1. 技能考核点

（1）判断浓缩终点。

（2）判别浓缩过程中出现的问题并加以解决。

2. 操作程序、操作规程及注意事项

（1）操作程序　开机前的准备工作→开机→初浓→续浓提沫→加辅料→收胶→关机→清场→填写记录

（2）操作规程

①检查机组各单元是否已清洁及运行状态良好；检查各部位运转是否正常；检查安全阀、压力表是否正常；设备开机前进行设备点检，并填写《设备点检表》。

②提沫：打开进料阀门，往夹层锅内加入适量胶液后关闭物料阀门，通过观察口观察胶液情况，当需要提沫时，升起锅盖，当锅盖上锁后进行提沫，提沫完毕后降下锅盖；打开蒸汽阀门，使蒸汽压力维持在规定范围内；操作过程中随时观察蒸汽压力及胶液状态，如有异常情况及时调整蒸汽压力阀门；提沫结束后，关闭蒸汽阀门。

③打沫：将澄清的胶汁用减压浓缩罐浓缩，蒸发除去大部分水分后，再转移到夹层蒸汽锅中继续常压浓缩，此时蒸汽压力不应太大，保持微沸即可，并随时除去胶液表面生成的白沫（俗称打沫）。

④胶汁浓缩至胶液不透纸（将胶液滴于滤纸上，四周不见水迹），使含水量26%~30%，相对密度为1.25左右时，加入豆油，搅匀，再加入糖，搅拌使全部溶解。

⑤将胶汁再继续浓缩，同时不断搅拌，促进蒸发并防止糊化，浓缩至"挂旗"（用木棒挑起胶汁成片状垂落），强力搅拌下入黄酒。此时锅底产生大气泡，俗称发锅，至胶液无水蒸气逸出即可出锅。

（3）注意事项

①操作过程中随时观察蒸汽压力及胶液状态，如有异常情况及时调整蒸汽压力阀门。

②由于浓缩时水分不断蒸发，胶液中金属离子浓度增大，离子的电性可中和疏水胶体离子的电性，使其聚合成疏松的粒子团，相对密度较小而上浮。浓缩过程需不断打沫，以除去此类水不溶性杂质。

3. 生产记录样表（表4-3-69）

表4-3-69　蒸汽夹层锅浓缩出胶记录样表

品名		代号：		生产岗位：浓缩出胶岗位	批号：		页数：
称量	称量前检查：计量器具符合要求 □；设备、容器具清洁完好 □						
	称量时间	物料名称	物料进厂编号	重量（kg）	操作人 / 日期：		
		冰糖			复核人 / 日期：		
打液	冰糖投入洁净的夹层锅中，加入水化开制成冰糖液，过120目筛				加入时间：　月　　日　　时　　分		
	夹层锅编号：		加水量：　　kg	滤网目数：120目	操作人 / 日期：		
	打液时间：　月　　日　　时　　分至　月　　日　　时　　分				复核人 / 日期：		

续表

	称量前检查：计量器具符合要求 □；设备、容器具清洁完好 □					
称量	称量时间	物料名称	物料进厂编号	重量（kg）	操作人/日期：	
		豆油				
		黄酒			复核人/日期：	
续浓	开始时间： 月 日 时 分 蒸汽压力： MPa					
	豆油	物料进厂编号：	重量： kg	滤网目数： 目	操作人/日期：	
		加入时间： 月 日 时 分			复核人/日期：	
	黄酒	物料进厂编号：	重量： kg	滤网目数： 目	操作人/日期：	
		加入时间： 月 日 时 分			复核人/日期：	
出胶	出胶时间： 月 日 时 分		出胶箱数： 箱		操作人/日期：	
	取样重量： kg				复核人/日期：	
	过程监控：合格 □ 不合格 □				现场QA/日期：	
	移交数量： 箱	移交人/日期：			接收人/日期：	
偏差						
偏差处理						
备注：						

四、监控蒸汽夹层锅的蒸汽压力，防止粘锅、溢锅

1.技能考核点

（1）监控并调节蒸汽夹层锅的蒸汽压力。

（2）分析粘锅、溢锅现象产生的原因并有效解决。

2.操作及注意事项

①将胶汁再继续浓缩，同时不断搅拌，促进蒸发并防止糊化。

②监控并调节蒸汽夹层锅的蒸汽压力。续浓提沫的过程中压力不宜过大，以锅边胶液微沸、锅中心不翻沸腾波浪为宜；胶液不宜过稠或过稀，否则不利于杂质的提出，同时防止粘锅或溢锅现象。

③在提沫过程中，易出现蒸汽压力表示数大，但锅内胶汁不沸腾现象，此时为夹层锅夹套内冷凝水不能通过疏水阀及时排出，应开启直通迅速将冷凝水排出。

五、收胶（将辅料加入胶液内混匀）

1.技能考核点

（1）正确收胶。

（2）判断收胶质量。

2.收胶的操作程序及注意事项

（1）操作程序 准备工作→初浓→续浓提沫→加辅料→收胶→清场→填写记录

（2）操作规程

①初浓：把胶汁中的水分蒸发，适当提高胶汁的浓度。现初浓工艺分为常压蒸发与减压蒸

发。常压蒸发为夹层锅与提沫机。减压浓缩多采用双效、三效、MVR。

②续浓提沫：胶汁提纯，胶原蛋白进一步水解为胨、肽、多肽、氨基酸等。续浓提沫的设备多采用夹层锅，续浓提沫的过程中压力不宜过大，以锅边胶液微沸、锅中心不翻沸腾波浪为宜，胶液不宜过稠或过稀，否则不利于杂质的提出，同时防止粘锅或溢锅现象。根据经验判断提沫终点。

③加辅料出胶：包括挂珠、砸油、吊猴、发锅。

④收胶：根据检验结果，核对批号、数量，晾胶人员检查胶块外观质量后，将胶块从胶床上拾起排放在周转箱内，查清数量，挂牌标示，填写晾胶生产记录《胶剂车间进出库台账》和《胶剂车间交接记录》，与擦胶工序进行交接。

（3）注意事项

①浓缩收胶的程度是制备胶剂成型的关键。

②收胶时胶液稀，则成品干燥时间长、易变形；收胶时胶液过浓，则成品光泽不佳并易碎裂，所以需要根据不同品种掌握好浓缩收胶程度，即收胶时水分的控制。

③从加入辅料开始，根据经验控制蒸汽压力，同时搅拌，防止压力过大，造成焦化。

④提沫终点的判断多为经验判断无量化指标。

3. 生产记录样表（表 4-3-70）

表 4-3-70　收胶生产记录样表

设备名称：可倾式夹层锅		设备编号：		操作参数：蒸汽压力 0.05~0.25 MPa			
初浓	月　　日　　时　　分至　月　　日　　时　　分						操作人 / 日期：
	每小时（h）记录一次蒸汽压力，压力控制在 0.05~0.15 MPa						
	：	：	：	：	：	：	复核人 / 日期：
	：	：	：	：	：	：	
	过程监控：合格 □　不合格□						现场 QA/ 日期：
提沫	月　　日　　时　　分至　月　　日　　时　　分						
	每小时记录一次蒸汽压力，压力控制在 0.05~0.10 MPa						
	：	：	：	：	：	：	
	：	：	：	：	：	：	操作人 / 日期：
	：	：	：	：	：	：	
	过程监控：合格　□　不合格 □						现场 QA/ 日期：

六、测定胶液的相对密度

1. 技能考核点

（1）胶液相对密度的测定原理。

（2）胶液相对密度的测定方法。

2. 操作程序及注意事项

（1）操作程序　准备工作→胶液相对密度测定→填写记录

（2）注意事项

①测定胶液的相对密度为收胶提供参考，但密度测定时间要短，否则收胶后再出结果就失去了参考意义。

②常用的方法有密度计法、快速水分测定仪法和质量体积密度测定仪法。

③测定相对密度作为生产中的参考，可以防止因收胶水分过大而产生的塌顶现象。密度测定时，要注意胶液的温度，温度对密度的影响大。

第十六节　膏药制备

相关知识要求

> 1. 炸料的方法与设备，炼油的方法、设备及操作。
> 2. 下丹成膏的方法与设备。

膏药是指药物、食用植物油与红丹（铅丹）或宫粉（铅粉）炼制成膏料，滩涂于裱背材料上制成的供皮肤贴敷的外用制剂。在初级工、中级工部分，介绍了膏药的含义、特点与分类，原辅料的选择，红丹的处理方法、去"火毒"的方法，贵重细料药的处理方法，筛分设备、粉碎设备、化料设备、滩涂设备、包装设备的操作、膏药的质量要求等，在此基础上，介绍炸料、炼油的方法、设备及操作，下丹成膏的方法与设备。

一、炸料

炸料是中药饮片的高温提取过程，系将植物油加热，加入用植物油浸泡了一定时间的药料，炸料一般控制200℃以上温度。炸至药料表面深褐色，内部焦黄，捞去药渣，即得。

炸料设备多为带有排风管的规格不同的炸料锅，炸料锅带有加热和温度指示器。

二、炼油

油温控制在270~320℃，药油经高温炼制，发生复杂的氧化、聚合反应，黏度逐渐增大，达到"滴水成珠"的程度。炼油是制备膏药的关键，过老则膏药质脆，黏着力小，易脱落；过嫩则膏药质软，贴于皮肤易于移动。

炼油锅底部有加热装置，带有强制排风口连接油烟分离系统，炼油油温由温度计进行控制，油烟由油烟分离系统排出。

炼油设备的操作规程参见本节技能部分"三、使用炼油器炼油"。炼油设备示意图如下（图4-3-34）。

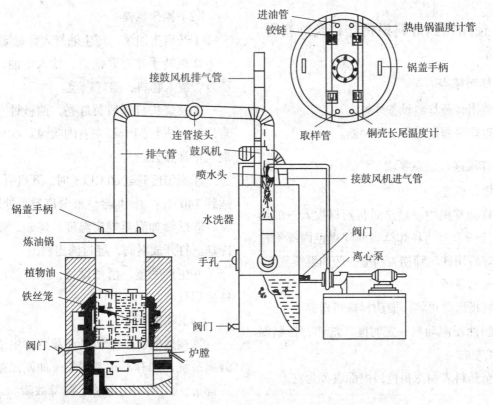

图 4-3-34　炼油器示意图

三、下丹成膏

在炼成的油中加入红丹反应生成脂肪酸铅盐，脂肪酸铅盐促使油脂进一步氧化、聚合、增稠而成膏状。操作时用泵将贮油罐药油输送到计量罐，将计量罐内的药油放入化合锅内，加热，开启搅拌浆。开启引风机，使油烟经气液分离器等处理后排出。当温度升到 160~190℃时，缓缓加入红丹，继续加热至 300~320℃时熄火，由取样口取少量药脂，检查其软化点是否符合规定。一般每 500g 药油用红丹 150~210g。

下丹时温度高，烟雾大。应注意安全和加强排风。

技能要求

技能要点

1. 能按饮片性质、质地的不同判断炸料顺序。

2. 能使用膏药炸料设备炸料，并控制提取温度。能判断药料的炸料程度。

3. 能使用炼油设备炼油，并控制炼油温度。

4. 能判断药油的炼油程度。

5. 能使用下丹器下丹成膏，能控制下丹温度。

6. 能判断膏药的老嫩程度。

一、判断炸料顺序

药料的提取按其质地有先炸后下之分，少量制备可用铁锅，工厂生产一般用炼油器。将药料中质地坚硬的药材、含水量高的肉质类、鲜药类药材（根、茎、骨、肉、坚果等）先炸，油温一般控制在 200~220℃；次下枝、梗、种子类；质地疏松的花、草、叶、皮类等药材宜在上述药料炸至枯黄后入锅。

二、使用膏药炸料设备炸料及炸料程度的判断

1.技能考核点

（1）使用膏药炸料设备炸料。

（2）对炸料程度进行准确判断。

2.操作程序及注意事项

（1）操作程序

取植物油置锅中→微热后将药料投入→加热并不断搅拌→直至药料炸至表面深褐色内部焦黄为度→炸好后用铁丝筛捞去药渣→药油继续熬炼

（2）注意事项

①药料提取时可将一般药料适当切碎。

②植物油浸泡药料一定时间，加热，控制温度在200℃左右。

③炸至药料表面深褐色，内部焦黄为宜。

三、使用炼油器炼油

1.技能考核点

（1）操作炼油器进行炼油。

（2）了解炼油对膏药制备的影响。

（3）判断炼油的程度。

2.操作程序、操作规程及注意事项

（1）操作程序　开机前的准备工作→加入油料→加热升温→炼制→出料→清场→填写记录

（2）操作规程

①开启生油泵，将生油打入计量罐。

②旋转手轮打开锅盖，放入生油，启动电动葫芦，放入物料，盖好锅盖。

③燃烧机打开后黄灯亮，两秒钟左右风机正常启动，进行四十秒左右的吹风。吹风结束，燃烧机正常点火。

④当温度升至60℃以上时，开启引风机，温度达到140℃时，油烟经气液分离器等处理后排出。

⑤继续加温至规定温度，炼制，熄火，自然冷却。打开放料阀，经过滤出料。

⑥生产完毕，清理设备，保持洁净，填写设备使用日志。

（3）注意事项

①接通电源，空转电动葫芦、生油泵、油烟分离系统，如有不正常现象（如剧烈振动、异常声音），应立即停止检查，排除故障。

②炼油的实质是油经高温炼制，发生了复杂的氧化、聚合反应，黏度逐渐增大，从而达到制膏的要求。油温控制在270~320℃，油脂在高温下增稠，达到"滴水成珠"的程度。

③炼油为制备膏药的关键。炼油过嫩则膏药质软，贴于皮肤易移动；炼油过老则膏药质脆，黏着力小，易脱落。

3.生产记录样表（表4-3-71）

表4-3-71　炼油器炼油生产记录样表

产品名称		批号		规格	
起止时间		月　日　时　分		月　日　时　分	
炼油器编号		第（　　）号		第（　　）号	
设备状态确认		正常□　异常□		正常□　异常□	
生油量（kg/L）					
炼制温度					
炼制时间	开始	月　日　时　分		月　日　时　分	
	结束	月　日　时　分		月　日　时　分	
成品情况					
外观性状					
炼油程度					
操作人		复核人/日期			
备注					

四、判断药油的炼油程度

炼油达到要求时即停止炼制，如继续加热则易导致油脂氧化聚合过度，变成脆性固体，影响黏附性能。常用以下标准进行判别：

（1）滴水成珠　炸料炼油过程中在取样口取少量药油，滴入冷水中，油呈水珠状，用手挥之不散（滴水成珠）。

（2）油烟　开始为浅青色，逐渐转黑而浓，进而又变为白色浓烟（撩油时更明显），以看到白色浓烟为度。

（3）油花　沸腾开始时，油花多在锅壁周边附近，当油花向锅中央集聚时为度。

五、使用下丹器下丹成膏

1. 技能考核点

判断膏的老嫩程度。

2. 操作程序及注意事项

（1）操作程序　开机前的准备工作→下丹→搅拌→检查炼制稠度→停机→清场→填写记录

（2）注意事项

①炼油及下丹成膏过程中有大量刺激性浓烟产生，应注意通风、防火；开启引风机，使油烟经气液分离器等处理后排出。通常有火上下丹法、离火下丹法。

②每500g油用红丹约150~210g。当油温达到300℃时，在不断搅拌下，缓缓加入红丹，使油与红丹在高温下充分反应，直到成为黑褐色稠厚状液体。

③为检查熬炼程度，可取反应物少许滴入水中数秒后取出，若膏黏手，拉之有丝则过嫩，应继续熬炼；若拉之有脆感则过老；膏不黏手，稠度适中，则表示合格。亦可用软化点测定仪测定以判断其老嫩程度。

3. 生产记录样表（表4-3-72）

表4-3-72　下丹器生产记录样表

产品名称		批号		规格	
起止时间		月　日　时　分 ——		月　日　时　分	
炼油器编号		第（　　）号		第（　　）号	
设备状态确认		正常□　异常□		正常□　异常□	
炼油量（kg/L）					
炼制温度					
红丹量（kg）					
搅拌速度（r/min）					
成膏时间	开始	月　日　时　分		月　日　时　分	
	结束	月　日　时　分		月　日　时　分	
成品情况					
外观性状					
膏药稠度/黏性					
操作人			复核人/日期		
备注					

六、判断膏药的老、嫩程度

若药油用量偏大，炼制不够，丹不纯、用量少，则膏药偏嫩；若丹的用量偏大，加热时油温过高，时间过长，油的泡沫太多，则膏药偏老。判断膏药的老、嫩程度的标准，常采用下列方法：

① 将膏药滴入水中，手搓成团，不黏手，不拉丝。

② 熬炼时白烟冒尽，药油由棕褐色变为黑褐色。

③ 采用软化点测定仪测定。合格膏药的软化点大多在 45~65℃，同一品种不超过 ±3℃。

第十七节　制剂与医用制品灭菌

相关知识要求

　　1. 气体灭菌的含义、特点与适用范围。
　　2. 环氧乙烷灭菌的方法、设备及操作，影响环氧乙烷灭菌的因素。
　　3. 常用的化学消毒剂。

灭菌对保证制剂质量至关重要，是制备合格制剂所必需的操作单元之一。在初级工、中级工部分，介绍了灭菌法的含义、分类，干热灭菌、湿热灭菌、紫外线灭菌、滤过除菌的含义、特点、适用范围、方法、设备及操作等，在此基础上，介绍气体灭菌的含义、特点、适用范围，常用的化学消毒剂，环氧乙烷灭菌的方法、设备及操作，影响环氧乙烷灭菌的因素。

一、气体灭菌含义、特点与适用范围

气体灭菌法系指用化学消毒剂形成的气体杀灭微生物的方法。主要用于玻璃制品、磁制品、金属制品、橡胶制品、塑料制品、纤维制品等，还可用于设施、设备或粉末状的医药品等。使用气体灭菌时，其被灭菌的物品以未变质为前提条件。

（一）环氧乙烷灭菌的特点

环氧乙烷沸点 10.9℃，常温下气态。环氧乙烷是一种广谱灭菌剂，可在常温下杀灭各种微生物，包括芽孢、结核杆菌、细菌、病毒、真菌等。环氧乙烷、水溶性大，易穿透塑料、纸板、固体粉末（穿透力强），易从灭菌物中消散；具可燃性，与空气混合（空气含量 3.0%）即爆炸。应用时可用 CO_2 或氟利昂稀释；吸入毒性与氨相似（损害皮肤、黏膜，产生水泡或结膜炎），无氨味；灭菌作用快，对细菌芽胞、真菌和病毒均有杀灭作用。

环氧乙烷灭菌适于环境消毒以及不耐加热灭菌的固体药物、纸或塑料包装的药物、医用器具等。有些固体药物或者辅助材料在灭菌气体中性质稳定，亦采用气体灭菌法进行灭菌，但应注意灭菌剂的残留以及与药物可能发生的相互作用，同时应注意灭菌气体的可燃易爆性、致畸性和残留毒性等。不适用于含氯化合物及能吸附环氧乙烷的物品。

（二）环氧乙烷灭菌的方法、设备及操作

样品置灭菌器内，抽出空气，减压下输入环氧乙烷，浓度 850~900mg/L，45℃维持 3 小时（或 450mg/L，45℃维持 5 小时），相对湿度 40%~60% 为宜。达到预定灭菌时间后，通混合气（环氧乙烷 12%，氟利昂 88%；或环氧乙烷 10%，CO_2 90%）清除灭菌柜内环氧乙烷气体、解析以去除灭菌物品内环氧乙烷的残留。

设备：环氧乙烷灭菌器等。环氧乙烷属烷化剂，细菌蛋白质分子、酶、核酸中的氨基、羟

基、羧基或巯基与环氧乙烷相结合，对菌体细胞的代谢产生不可逆性的破坏。环氧乙烷灭菌器设备图如下（图4-3-35）。

环氧乙烷灭菌设备的操作规程参见本节技能部分"一、使用环氧乙烷灭菌柜灭菌物料"。

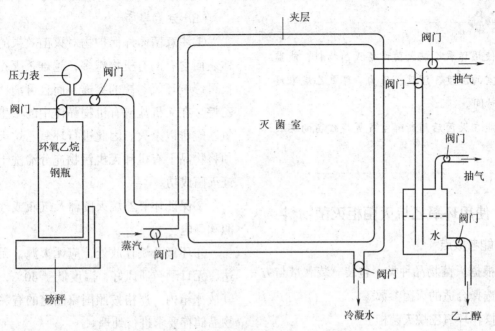

图4-3-35　环氧乙烷灭菌器示意图

（三）影响环氧乙烷灭菌效果的因素

1. 温度

在灭菌空间内，温度升高可使气体分子活动加剧，从而提高灭菌效率。一般温度每升高10℃，芽孢杀灭率提高1倍。但超过一定温度后，灭菌效率上升不明显，且温度过高可能会影响药品质量，因而通常为40~60℃。在灭菌期间，温度保持在±3℃。

2. 压力

真空度影响残留空气的多少，进而影响环氧乙烷气体、热量、湿气到达被灭菌物品的内部，因此灭菌过程中真空度对灭菌效果影响很大。

3. 湿度

一般控制在30%~80%相对湿度。水能加速环氧乙烷的穿透，缩短环氧乙烷的穿透速率，从而促进其杀灭微生物的作用，缩短达到设定灭菌温度的时间；但水量太多，环氧乙烷被稀释和水解，影响灭菌效果。

4. 浓度

在一定温湿度条件下，环氧乙烷浓度的提高，可提高灭菌效率。常用浓度范围为300~1000mg/L。

5. 时间

气体灭菌需要足够的时间才能完成对微生物的作用。作用时间受温湿度、生物负载、包装材料、装载数量与方式等影响。

二、常用的化学消毒剂

化学消毒剂包括可采用其气体灭菌的消毒剂和液体灭菌的消毒剂。

（1）采用形成的气体杀灭微生物的消毒剂有：环氧乙烷、甲醛、臭氧、过氧化氢。加热熏蒸法还可以用丙二醇、乳酸、过氧乙酸等。

（2）采用液体灭菌的消毒剂有：含氯消毒剂、氧化消毒剂、碘类消毒剂、醛类消毒剂、杂环类气体消毒剂、酚类消毒剂、醇类消毒剂、季胺类消毒剂等。

技能要求

> 1. 使用环氧乙烷灭菌设备灭菌物料，能监控灭菌室的温度、湿度、压力、环氧乙烷浓度与灭菌时间。
> 2. 能在灭菌后用新鲜空气置换残留的环氧乙烷。

一、使用环氧乙烷灭菌柜灭菌物料

1. 技能考核点

（1）根据灭菌物品种类、包装、装载量与方式不同，选择合适的灭菌参数。

（2）操作环氧乙烷灭菌柜。

（3）处理紧急事故。

2. 操作程序、操作规程及注意事项

（1）操作程序　开机前的准备工作→开机→预热、预湿→抽真空→通入气化环氧乙烷达到预定浓度→维持灭菌时间→清除灭菌柜内环氧乙烷气体→关机→清场→填写记录

（2）操作规程

①灭菌前物品准备与包装：需灭菌的物品必须彻底清洗干净，注意不能用生理盐水清洗，灭菌物品上不能有水滴或水分太多，以免造成环氧乙烷稀释和水解。

②灭菌物品装载：灭菌柜内装载物品上下左右均应有空隙（灭菌物品不能接触柜壁），物品应放于金属网状篮筐内或金属网架上；物品装载量不应超过柜内总体积的80%。

③灭菌处理：应按照环氧乙烷灭菌器生产厂家的操作使用说明书的规定执行；根据灭菌物品种类、包装、装载量与方式不同，选择合适的灭菌参数。

（3）注意事项

①注意菌体外保护物对灭菌效果的影响：菌体表面含有的有机物越多，越难杀灭；有机物不仅可影响环氧乙烷的穿透，而且可消耗部分环氧乙烷。在无机盐或有机物晶体中的微生物，用环氧乙烷难以杀灭。因此进行环氧乙烷灭菌前，必须将物品上有机和无机污物充分清洗干净，以保证灭菌成功。

②保证环氧乙烷灭菌器及气瓶或气罐远离火源和静电。

③环氧乙烷存放处，应无火源，无转动之马达，无日晒，通风好，温度低于40℃，但不能将其放冰箱内。严格按照国家制定的有关易燃易爆物品储存要求进行处理。

④环氧乙烷几乎可用于所有医疗用品的灭菌，但不适用于食品、液体、油脂类、滑石粉和动物饲料等的灭菌。适合于环氧乙烷灭菌的包装材料有纸、复合透析纸、布、无纺布、通气型硬质容器、聚乙烯等；不能用于环氧乙烷灭菌的包装材料有金属箔、聚氯乙烯、玻璃纸、尼龙、聚酯、聚偏二氯乙烯、不能通透的聚丙烯。改变包装材料应作验证，以保证被灭菌物品灭菌的可靠性。

⑤环氧乙烷灭菌时可采用100%纯环氧乙烷或环氧乙烷和二氧化碳混合气体。禁止使用氟利昂。

⑥投药及开瓶时不能用力太猛，以免药液喷出。

⑦对环氧乙烷工作人员进行专业知识和紧急事故处理的培训。如过度接触环氧乙烷，应迅速将患者移离中毒现场，立即吸入新鲜空气；皮肤接触后，用水冲洗接触处至少15分钟，同时脱去脏衣服；眼接触液态环氧乙烷或高浓度环氧乙烷气体至少冲洗眼10分钟，同时尽快就诊。

3. 生产记录样表（表4-3-73）

表 4-3-73　环氧乙烷灭菌记录样表

设备名称			设备编号	
产品名称			规格型号	
生产批号		数量		灭菌批号
温度（℃）		相对湿度（%）		压力（MPa）
灭菌日期			保温时间	
加药起止时间			环氧乙烷浓度	
灭菌起止时间			置换气时间	
灭菌过程			设备运行状况	
操作人 / 日期			复核人 / 日期	

二、监控灭菌室的温度、湿度、压力、环氧乙烷浓度与灭菌时间

1. 技能考核点

灭菌室的温度、湿度、压力、环氧乙烷浓度与灭菌时间的监控。

2. 操作程序及注意事项

（1）操作程序　准备→检查→清场→填写记录

（2）注意事项

①浓度、温度、压力和灭菌时间的关系：在一定范围内，温度升高、浓度增加、压力增大，可使灭菌时间缩短。在使用环氧乙烷灭菌时必须合理选择温度、浓度和时间参数。

②控制灭菌环境的相对湿度和物品的含水量：细菌本身含水量和灭菌物品含水量，对环氧乙烷的灭菌效果均有显著影响。一般情况下，以相对湿度在 60%~80% 为最好。含水量太少，影响环氧乙烷的渗透和环氧乙烷的烷基化作用，降低其杀菌能力；含水量太多，环氧乙烷被稀释和水解，也影响灭菌效果。为了达到理想的湿度水平，第一步是灭菌物必须先预湿，一般要求灭菌物放在 50% 相对湿度的环境条件下至少 2 小时以上；第二步可用加湿装置保证柜室内理想的湿度水平。

3. 生产记录样表（表 4-3-74）

表 4-3-74　监控灭菌室的温度、湿度、压力、环氧乙烷浓度与灭菌时间记录样表

检查日期		灭菌室编号	
温度（℃）			
相对湿度（%）			
压力（MPa）			
环氧乙烷浓度			
灭菌起止时间		时　分——　　时　分	
灭菌过程		设备运行状况	

三、灭菌后残留环氧乙烷的空气置换

1. 技能考核点

（1）对灭菌后残留环氧乙烷进行空气置换。

（2）置换后残留环氧乙烷的限度要求。

2. 操作程序及注意事项

（1）操作程序　灭菌完毕→空气置换→残留量检测→清场→填写记录

（2）注意事项

①环氧乙烷灭菌最大问题在于灭菌后残留的环氧乙烷气体及其二次生成物氯乙醇（ECH）或乙二醇（EG）等的毒性。因此，灭菌处理后要进行空气置换，彻底除去残留气体，同时极力减少灭菌作业者在作业环境中曝露于有害气体中的可能性。灭菌物品中残留环氧乙烷应低于 15.2mg/m³；灭菌环境中环氧乙烷的浓度应低于 2mg/m³。

②应有专门的排气管道系统。排气管材料必须为环氧乙烷不能通透的，如铜管等。距排气口 7.6m 范围内不得有任何易燃物和建筑物的入风口（如门或窗）；若排气管的垂直部分长度超过 3m 时必须加装集水器，勿使排气管有凹陷或回圈，避免造成水气聚积或冬季时结冰，阻塞管道；排气管应导至室外，并于出口处反转向下，以防止水气留在管壁或造成管壁阻塞；应由专业的安装工程师，并结合环氧乙烷灭菌器生产厂商的要求进行安装。如环氧乙烷向水中排放，整个排放系统（管道、水槽等）必须密封，否则大量带热的环氧乙烷会由水中溢出，污染周围的工作环境。

③解析可以在环氧乙烷灭菌柜内继续进行，也可以放入专门的通风柜内，不应采用自然通风法。

④由于对环氧乙烷的排放要求越来越严格，一般情况下采用吸收处理并不能合规，故国外同类行业大部分采用针对性焚烧处理的方式进行废气净化。

3. 生产记录样表（表 4-3-75）

表 4-3-75　残留环氧乙烷的空气置换记录样表

灭菌后残留环氧乙烷的空气置换						
地点						
日期	空气置换时间	结束时间	持续时间	残留量检测	操作人	负责人
备注						

第四章　清场

第一节　设备与容器具清理

相关知识要求

> 清洁剂、消毒剂的配制方法及注意事项。

一、清洁剂、消毒剂的配制方法

常用的清洁剂有饮用水、纯化水、注射用水、氢氧化钠和洗洁精等，其中饮用水、纯化水和注射用水无需配置，可直接使用。

常用的消毒剂有双氧水、乙醇溶液、新洁尔灭溶液等。

（一）清洁剂的配制与使用

1. 饮用水

饮用水直接用于一般区域工艺设备、生产器具和环境卫生的清洁；也用于 D 级洁净区域工艺设备、生产器具的初洗。

2. 纯化水

纯化水主要用于 D 级洁净区域设备、生产器具的最后淋洗；也用于 C 级洁净区域的工艺设备、生产器具的初洗和环境卫生清洁。

3. 注射用水

注射用水主要用于 C 级洁净区域工艺设备、生产器具的最后洗涤。

4. 氢氧化钠溶液

一般配制 1%~2% 浓度的溶液，按配制量选取相应精度的衡器，称取氢氧化钠，加水至适量，搅拌均匀，即得。一定浓度的氢氧化钠溶液常用于提取罐、浓缩罐和配制罐等的清洁，可采用加热方式进行搅拌清洗。

5. 洗洁精

洗洁精的配制方法是：取洗洁精原液约 1 份，加饮用水约 600 份，搅拌均匀即可。主要用于配制清洁溶液，用于车间环境、工艺设备表面擦拭及容器具等清洁。

6. 枸橼酸溶液

一般配制 1%~2% 浓度的溶液，按配制量选取相应精度的衡器，称取 10~20g 枸橼酸，加水至 1000ml，搅拌均匀，即得。用于提取罐、浓缩罐的清洁。

（二）消毒剂的配制与使用

1. 1% 与 3% 双氧水

双氧水可以杀灭细菌和孢子。适应于洁净区域内的工艺设备、生产器具的消毒和灭菌，并且无残留，其稀释液用于口服制剂的设备和环境消毒，但对设备的腐蚀性强。主要用于注射剂 A、B 级区域环境的消毒灭菌。

1% 双氧水溶液的配制：按 35%（g/g）的双氧水 1g 与 34ml 纯化水的比例配制，混匀。主要用于口服制剂工艺设备的消毒灭菌。

3% 双氧水的配制：按 35%（g/g）的双氧水 3g 与 32ml 纯化水的比例配制，混匀。主要用于洁净区的地漏消毒。

2. 75% 乙醇溶液

95% 乙醇 100ml，加入 26.5ml 纯化水，混匀，

必要时，无菌过滤。主要用于人员的手消毒和口服制剂洁净区域的容器具、工艺设备消毒灭菌。

3. 0.1% 与 0.3% 新洁尔灭溶液

取 5% 的新洁尔灭原液 100ml，加入纯化水 4900ml（制成 0.1% 新洁尔灭溶液）或 1567ml（制成 0.3% 新洁尔灭溶液），混匀，必要时无菌过滤。一般应用于各个级别洁净区域内的环境、工艺设备外表面、生产器具外表面消毒灭菌。

4. Bacteranios 溶液

一般按照 Bacteranios 消毒剂原液 20ml 与纯化水 8L 比例配制，混匀。主要用于生产容器具和环境消毒。

5. Surfanios 溶液

一般按照 Surfanios 消毒剂原液 20ml 与纯化水 8L 比例配制，混匀。主要用于生产容器具和环境消毒。

6. 纯蒸汽

直接从纯蒸汽管道引入使用，主要用于注射剂工艺设备和管道的无菌杀灭。

二、清洁剂、消毒剂配制的注意事项

① 应注意清洁剂、消毒剂原溶液（或固体）的含量标示，避免换算错误。

② 使用量具和衡器的精度满足量取或称量的精度要求，并且已校验合格。

③ 配制应有记录，消毒剂配制必须有人复核，以确保配制正确。

④ 配制的消毒剂，应采用无菌过滤，以保证消毒剂的无菌性，消除消毒剂的使用带来微生物污染的风险。

⑤ 配制清洁剂和消毒剂时，操作人员要按照安全操作规程要求，佩戴好防护眼镜、防护手套，轻拿轻放。避免泼洒，确保安全。

⑥ 配制过程中如有乙醇洒漏，应立即用吸水纸或吸水棉吸附，防止大面积挥散，吸附有大量乙醇的吸附纸/棉按危险废弃物处理，不可随意丢弃。乙醇洒漏较多时不得直接冲洗排入地漏。

⑦ 1% 双氧水消毒液不得长期存放，最好临用现配。双氧水原液搬运、使用过程中应轻拿轻放，防止撞击。

技能要求

> 1. 配制清洁剂、消毒剂。
> 2. 收集各种生产记录，移交下一工序。

药品生产包括许多生产单元与环节，每一单元与环节的操作完成后，为有效防止污染、差错和混淆，按照《药品生产质量管理规范》的要求，需要对生产现场的环境、设备、容器等进行清理、清洁并进行记录。

清场应安排在生产操作之后尽快进行。清场涉及至少四个方面：①物料（原辅料、半成品、包装材料等）、成品、剩余的材料、散装品、印刷的标志物；②生产指令、生产记录等书面文字材料；③生产中的各种状态标志等；④清洁卫生工作。

一、清洁剂、消毒剂配制

1. 常用的清洁剂配制与应用（表 4-4-1）

表 4-4-1　常用的清洁剂配制与应用列表

清洁剂	配制方法	应用区域
饮用水	直接使用	一般区域工艺设备、生产器具和环境卫生的清洁；也用于 D 级洁净区域工艺设备、生产器具的初洗

清洁剂	配制方法	应用区域
纯化水	直接使用	D级洁净区域设备、生产器具的最后淋洗；也用于C级洁净区域的工艺设备、生产器具的初洗和环境卫生清洁
注射用水	直接使用	C级洁净区域工艺设备、生产器具的最后洗涤
氢氧化钠溶液	一般配制1%~2%浓度的溶液，按配制量选取相应精度的衡器，按称取10g氢氧化钠，加水至1000ml，搅拌均匀，即得	提取罐、浓缩罐和配制罐
洗洁精	洗洁精原液约1份，加饮用水约600份，搅拌均匀即可	车间环境、工艺设备外表面擦拭及容器具外表面
枸橼酸溶液	一般配制1%~2%浓度的溶液，按配制量选取相应精度的衡器，按称取10g枸橼酸，加水至1000ml，搅拌均匀，即得	提取罐、浓缩罐和配制罐

2.消毒剂的配制与应用（表4-4-2）

表4-4-2　消毒剂的配制与应用列表

清洁剂	配制方法	应用区域
1%双氧水	按35%（g/g）的双氧水1g与34ml纯化水的比例配制，混匀	口服制剂工艺设备；双氧水主要用于注射剂A、B级区域
75%乙醇	一般按体积配制。取95%乙醇75ml，加水20ml，混匀即得；或取无水乙醇75ml，加水25ml即得	各个级别洁净区域内的人员皮肤、工艺设备、生产器具
0.1%与0.3%新洁尔灭溶液	5%的新洁尔灭原液100ml，加入纯化水4900ml（制成0.1%新洁尔灭溶液）或1567ml（制成0.3%新洁尔灭溶液），混匀	各个级别洁净区域内的环境、工艺设备外表面、生产器具外表面
Bacteranios溶液	Bacteranios消毒剂原液20ml与纯化水8L比例配制，混匀	生产容器具外表面和环境
Surfanios溶液	Surfanios消毒剂原液20ml与纯化水8L比例配制，混匀	生产容器具外表面和环境消毒
纯蒸汽	直接从纯蒸汽管道引入使用	注射剂工艺设备

二、清场记录

清场记录作为批生产记录的文件之一，进行客观、完整、规范的填写后，按要求收集、整理和归档。

第二节　物料清理

相关知识要求

知识要点

1. 原辅料、标签、包装材料处理相关规定。

2. 物料平衡计算的相关知识。

一、原辅料、标签、包装材料处理相关规定

原辅料、与药品直接接触的包装材料和印刷包装材料的接收应当有操作规程，所有到货物料

均应当检查，以确保与订单一致，并确认供应商已经由质量管理部门批准。物料的外包装应当有标签，并注明规定的信息。必要时，还应当进行清洁，发现外包装损坏或其他可能影响物料质量的问题，应当向质量管理部门报告并进行调查和记录。

原辅料、标签、包装盒、说明书等印刷包装材料处理：

① 每日生产结束后，复核该岗位有关物料的批号、数量，放置于指定区域或房间。剩余的原辅料暂存到指定区域或原辅料存放间、剩余的包装材料存放到指定区域，所有剩余物料做好标识管理。统计生产过程中异常的原辅料和包装材料数量，并单独存放，待批生产结束后一并做退库处理。

② 每批生产结束后，将半成品转入指定区域或房间，清点、整理该岗位有关物料放置于指定区域或房间。多余的原辅料暂存到原辅料间，做好标识管理，如果换品种需要做退库处理，生产过程中异常原辅料按照不合格品处理。多余的包装材料，如已打印了批号、日期、有效期等标记的，连同残损的印刷包装材料，分别计数，一起做报废销毁处理；未打印批号的，则分类清点后分别放入容器中，封口，贴上物料标签，注明名称、批号、数量，在"备注"栏注明"剩余"。

③ 大清场时，将半成品和该岗位有关物料全部转入指定区域或房间。废弃物通过缓冲间及时转移到垃圾回收区。大清场结束，物料处理参照批清场结束流程执行。

④ 每批生产结束后，保证岗位所在区域内没有当批物料残留。

⑤ 所有物料的处理必须按照相关文件执行，填写相关表单。

二、物料平衡计算的相关知识

《药品生产质量管理规范》中将物料平衡定义为：产品或物料实际产量或实际用量及收集到的损耗之和与理论产量或理论用量之间的比较，并考虑可允许的偏差范围。系指在药品生产过程中，同批产品的产量和数量所应保持的平衡程度。如有显著误差，必须查明原因，确认无潜在质量事故后，方可按正常事故处理。物料平衡是产品质量的控制性指标。

1. 总体要求

药品生产过程中的制剂工序产品、待包装产品、印刷包装材料要有明确的物料平衡的计算方法和限度规定。

2. 计算范围

原则上药品生产过程中所有制剂产品、待包装产品、原辅料、印刷包装材料必须计算物料平衡，其他包含在产品物料清单中的生产性物料没有特殊要求可以不计算物料平衡。物料平衡的计算与限度要求在符合规定的前提下，需要结合具体生产工艺进行。

3. 计算公式

通用物料平衡计算公式 =（实际产量 + 抽样量 + 损耗量）/ 理论产量 × 100%，其中：理论产量为按照所用的原料量在生产中无任何损失或差错的情况下得出的最大量。实际产量为生产过程实际产出量。

4. 制定物料平衡时的注意事项

物料平衡制定的如何，直接影响到生产以及QA监控。如果制定的有失偏颇，将会面对大量的偏出处理或者物料平衡的调查。因此物料平衡的制定在很多药品生产企业都是复杂和困难的。制定时应考虑：

（1）偏差范围　根据物料平衡的定义，物料平衡允许适宜的偏差范围，因此偏差是制定物料平衡的关键因素。在提取过程中，提取物的得率范围，会由于加入的药材饮片、溶剂量、浸泡时间、提取方式与参数控制以及设备与管道残留、浓缩的程度、干燥的方式与参数控制等多因素影响，因此应进行综合判断分析，找出其中影响的关键点进行控制与测算；液体灌装、压片、胶囊填充、颗粒分装等均涉及装量工序，都有相应的装量限度要求，物料平衡可以根据此要求设计合理的限度空间，从而制定出适宜的物料平衡范围。

（2）损耗　药品生产是由多环节、多步骤、多人员参与的群体活动，其中的每个操作都有产生损耗的可能。在生产过程中发生物料的损耗是在所难免的。但物料损耗的合理空间是需要在多批生产的基础上进行设计和制定的。最终制定的物料平衡范围应是符合生产实际、设备性能和操作能力的。

（3）**数据来源**　不同规模的生产，由于量的差异易产生工艺参数的变动，难以充分反应实际情况，据此制定的物料平衡将失去实际意义。多批次实际生产过程的进行会使设备得到较为充分的磨合，设备性能趋于稳定，操作人员对工艺流程、设备操作、检验与检测等也更加熟练。同时对生产工艺进行季度或年度回顾性分析与验证时，会收集到大量的数据，在分析这些数据基础上确定的物料平衡范围，将更接近于企业的实际水平。

技能要求

1. 按规定处理原辅料、标签、包装材料。
2. 计算物料平衡。

一、原辅料、标签、包装材料处理的注意事项

清场过程中对物料的处理要注意以下内容：
① 避免对可再利用物料造成损坏。
② 注意顺序一致、摆放整齐。
③ 存放不同批次要进行有效隔离，用不同包装或区域划分。
④ 所有物料处理需要详实记录品名、数量、批次等信息。
⑤ 临近有效期或者复验期的原辅料，应做好提示，优先使用。
⑥ 标签等印刷类包装材料，如有破损影响正常使用的，需要按照不合格品处理。

二、物料平衡计算方法

批生产结束后，按照规定需要计算原辅料、包装材料和工序产品的物料平衡情况。

（1）按照该物料的物料平衡计算要求，在批生产记录上填写实际使用量、销毁量、损耗量、取样量、剩余量、领入量和上批剩余量等数据。

（2）按照计算公式，由物料管理员核算该物料的物料平衡。

（3）计算结果要经过生产人员和现场质量管理员双重复核，确保物料平衡计算结果准确无误。

（4）计算出的物料平衡如果超限，在批记录中做解释说明，并按照偏差管理要求提报GMP事件，分析原因，制定预防纠正措施，确定无风险后再放行。

（5）常用物料平衡计算公式举例（表4-4-3~表4-4-5）：

表 4-4-3　原辅料、工序产品、包装材料等常用物料平衡计算公式

物料	物料平衡计算公式	平衡限度（参考）
原辅料	$\dfrac{实际使用量+销毁量}{领入量}\times100\%$	$95\leqslant限度\leqslant100\%$
制剂产品	$\dfrac{实际使用量+损耗量+取样量}{实际投料量}\times100\%$	$95\leqslant限度\leqslant100\%$
包装材料	$\dfrac{实际使用量+退库量+销毁量+剩余量}{领入量+上批剩余}\times100\%$	$100\pm0.10\%$

表 4-4-4 制粒阶段物料平衡计算样表

名称			重量（kg）
理论投入物料总和（辅料、药物等）			
①	成品颗粒		
②	抽样	过程控制	
③		其他	
④	销毁		
产出总计［B=①+②+③+④］			
物料平衡%（B/A×100%）			

表 4-4-5 压片阶段物料平衡计算样表

名称			重量（kg）	相当的片数（片）
投入颗粒总量（A）				
①	成品药片量			
②	样品量	过程控制		
③		QC		
④		其他		
⑤	销毁量	药片		
⑥		药粉		
产出总计［B=①+②+③+④+⑤+⑥］				
物料平衡%（B/A×100%）			以重量计算	以片数计算

第五章　设备维护

第一节　提取物设备维护

　　多功能提取设备、初滤设备、精滤设备、薄膜蒸发设备、多效蒸发设备、喷雾干燥设备的工作原理。

　　初滤设备和精滤设备的维护保养规程、工作原理及调试在浸出药剂设备维护、液体制剂设备维护、注射液设备维护、气雾剂与喷雾剂设备维护保养与调试中也有应用，后续章节中不再重复论述。

一、多功能提取罐的工作原理

　　多功能提取罐用于中药材提取。根据物料的不同，可以水提取也可以使用有机溶媒提取。可常压提取、也可以正压提取。

　　多功能提取罐结构包括底盖、罐体、上封头、冷凝器、油水分离器、消泡器、过滤器、切线循环泵、温度压力仪表、控制系统等。

　　工作原理：溶媒和中药材通过上封头进料口装入提取罐内，通过给底盖与罐体夹层通入高温蒸汽加热，进行热交换使罐内溶液升温至沸腾，保持罐内沸腾，维持时间根据提取工艺规定而定；浸提过程中沸腾产生的蒸汽通过冷凝器冷凝后返回罐中，也可通过油水分离系统回收挥发油。浸提过程中可以通过循环泵把浸提液从提取罐底部经过上切线管输送至上部进行循环，产生一种动态效果，可使上浮的饮片中药物成分快速溶解在溶媒中，提高药材的提取效率。浸提完成后，浸提液通过带筛网的底部药液管道，转移入储液罐。借气阀打开底盖将药渣排放。

二、初滤设备的工作原理

　　中药浸提液一般采用套筒式管道过滤器初滤。套筒式管道过滤能固定在药液过滤管路中，通过快接头连接，一般采用100支300目的过滤筒，可以除去泥土、泥沙和药液中的细粉药渣等。

　　主要构件包括：套筒、过滤筒、进出料口等。

　　工作原理：通过输液泵将药液从套筒式管道过滤器入口输送至过滤器，借助泵动力或者真空将药液透过过滤筒（100~300目，可随时更换），实现粗滤。粗滤后的药液从过滤筒外侧的药液出口管路输送到贮液罐中，达到对浸提药液粗滤的目的。

三、精滤设备的工作原理

1. 板框式过滤器的工作原理

　　在中药提取浸提液或醇沉上清液的过滤中，常使用板框式过滤器，将滤纸或深层过滤板安装至不锈钢过滤夹板中，过滤材质的孔径在400目至微孔滤膜之间（um 以下），过滤夹板间均有进出液口，通过泵动力或真空动力将药液通过过滤器滤材，实现精密过滤的目的，一般过滤后药液澄清度较好。药液一般要经过初滤如300目滤材的过滤后，再进行精滤，以保证过滤的顺畅性。

2. 套筒式精滤过滤器的工作原理

　　套筒式精滤过滤器的工作原理与套筒式初滤过滤器的工作原理相同，区别主要在于初滤过滤器一般采用金属筛网，而精滤多采用精密制造的带固定件的有机膜过滤组件，一般都是在微米级如 0.45um 和 0.2um 的过滤组件，价格相对较贵。能重复使用，但只能单向清洗。

四、薄膜蒸发设备的工作原理

薄膜蒸发浓缩器用于对浸提药液的真空浓缩。该设备将加热后的料液在蒸发换热室管壁或器壁上分散成液膜的形式流动，从而使蒸发面积大大增加。类型包括升膜式、降膜式和刮膜式蒸发器。

薄膜浓缩器降膜结构包括列管式蒸发换热室（上部立式列管换热器、底部罐体）、二次蒸汽分离器、二次蒸汽压缩机、药液预热换热器、药液加热换热器、降膜循环泵、冷凝器、真空泵等组成。

工作原理：料液由料液泵输送至预加热换热器（热媒由二次蒸汽提供）、加热换热器（热媒由工厂蒸汽提供）加热料液至蒸发温度后进入蒸发换热室一效底部，药液通过一效降膜循环泵输入至蒸发换热室顶部后，受重力作用由列管内部形成薄膜流向底部，进行蒸发浓缩。一效物料达到较高浓度后通过蒸发换热式底部的溢流进入二效浓缩，过程与一效相同。药液比重达到工艺标准要求后，由出料泵输送至相应储罐。蒸发室的热媒提供包括工厂蒸汽和二次蒸汽。蒸发室药液的二次蒸汽通过压缩机压缩升温后进入蒸发室夹套进行热量再利用，二次蒸汽形成的冷凝水输送至药液预加热换热板进行热量再利用。药液尾气通过冷凝换热器与真空系统排出。

五、多效蒸发器设备的工作原理

用于对提取药液的浓缩，设备外加热自然循环与真空负压蒸发相结合，效率高、节能。

多效蒸发器结构包括加热器、蒸发室、冷凝冷却器、溶媒回收罐等，另外真空系统可以使用公用真空或浓缩设备单独配置。由一组加热器蒸发室组成的设备为单效浓缩器，由两组组成的为双效浓缩器，由三组组成的为三效浓缩器。

工作原理：通过真空系统将药液吸入浓缩器罐内。上料完毕后向加热器夹套内通入高温蒸汽，与浓缩药液进行热交换使药液升温至沸点后沸腾，在沸腾的作用下，药液由加热器上管口喷入蒸发室上部，蒸发室内药液由与蒸发器底部连接的下管口流入加热器形成循环，循环过程中溶媒蒸汽会在真空作用下进入下一组加热蒸发模块或直接通过冷凝进入回收罐。双效、三效浓缩器第二、三组的加热蒸发模块的加热介质是由第一组蒸发室产生的二次蒸汽提供的。在循环蒸发过程中溶媒蒸汽在冷凝器内冷凝成液体，在真空作用下不断进入回收罐，药液比重逐渐增加达到浓缩的效果。

六、喷雾干燥设备的工作原理

利用高速离心或高压气流喷头将物料雾化为细小颗粒状，通过热风将雾化药液迅速干燥，最终使产品含水率达到工艺要求。

喷雾干燥机结构包括物料预热罐、进料泵、喷雾装置、送排风系统、旋涡分离器、除湿机。

工作原理：物料在预热罐加热降低黏度以便于喷雾，热的物料通过可调节流量输送泵输送至喷雾头变为雾状进入喷雾干燥机干燥床内。雾状物料在高温气流带动下由喷雾区域进入旋涡分离装置。干燥的物料沉于旋风分离底部，水分蒸发在高温气流中由排风设备排出干燥机。排出的含尘气体利用喷淋除尘系统进行除尘处理。干燥的物料在除湿机除湿后的气流保护下，可避免物料的返潮。

技能要求

 技能要点

维护保养及调试多功能提取设备、初滤设备（钛滤器）、精滤设备（微孔滤膜滤器）、薄膜蒸发设备、多效蒸发设备、喷雾干燥设备。

一、多功能提取罐的维护保养与调试

1. 技能考核点

（1）（恢复）正常生产前的多功能提取罐的状态检查确认。

（2）能够按清洁规程要求对多功能提取罐进行清洁。

（3）仪表检定的周期要求，能反馈需要检定的信息，检定后能够确认检定标识的符合性。

（4）按规定要求规范和完整填写相关记录。

2. 多功能提取罐的维护保养

（1）（恢复）正常生产前检查、维护和保养

①日常检查阀门开闭是否正常，阀门无泄漏。

②日常检查管道、管件无泄漏。

③日常检查仪表显示正常，在校验期内。

④日常检查循环泵运转正常，无泄漏。

⑤日常检查底盖气缸运行正常，气缸控制正常。

⑥日常检查底盖出液管有无损坏。

⑦日常检查过滤器无损坏。

⑧日常检查蒸汽冷凝水阀运行正常。

（2）生产结束后维护保养

①按清洁规程，对设备进行清洁。检查合格后换挂合格标识。

②定期检测循环泵电机振动烈度、温度、电阻值。

③定期循环泵电机润滑。定期更换循环泵机械密封。

④定期更换阀门。

⑤定期更换气缸密封。

⑥定期清洗冷凝器列管及夹套。

⑦定期更换出液软管。

⑧定期校准仪表。

⑨定期紧固控制系统电气接线端子。

⑩定期检查电气指示灯是否正常。

3. 多功能提取罐的调试

①调试前检查：清理现场；检查各部位安装无误；检查各运动部位无异物、各润滑点加注了润滑油；确认阀门、管道、管件、循环泵、底盖出液管等无泄漏；确认仪表显示正常；确认底盖气缸控制正常、蒸汽冷凝水阀运行正常。

②调试操作：空载试车时，首先开启压缩空气阀门，检查排渣门动作是否可靠；排渣门的开闭是否自如，有无别劲、卡死现象；电器互锁是否有效。然后检查设备的管路是否畅通，各部阀门开关是否灵活。最后提取罐内加水至上封头焊缝处，检验排渣门密封处是否有泄漏现象。一切正常后方可负载试车，在压力、温度、溶媒用量等符合规定的前提下投料，随时调节底部、夹层蒸汽压力，以保持提取液处于充分沸腾状态；药液达到工艺要求的沸腾温度后进入保沸过程，观察药液处于正常沸腾及回流状态，并控制蒸汽阀门调节蒸汽压力维持。提取时间到达工艺要求后，关闭进蒸汽阀门，开始放液。利用多功能提取罐进行挥发油提取过程中，适当调节夹层及底部蒸汽阀门，保证收油过程中，回流量始终符合工艺要求。

③调试验收：运行质量符合机器操作的SOP要求，试车合格，检修记录及试车记录齐全、准确，可通过验收交付生产。

4. 注意事项

①严格按多功能提取罐生产前的要求检查确认，完成其性能状态检查确认，满足要求后方可正式生产。

②仪表检定周期一般为一年，合格周期内可用于生产。

③设备清洁是日常维护保养的重要内容，生产结束后应严格按多功能提取罐生产后的清洁要求完成清洁。

二、钛滤器的维护保养与调试

1. 技能考核点

（1）（恢复）正常生产前的钛滤器的状态检查确认内容，并能够进行检查确认。

（2）钛滤器清洁规程的内容和要求，能够按清洁规程要求进行清洁。

（3）仪表检定的周期要求，能反馈需要检定的信息，检定后能够确认检定标识的符合性。

（4）按规定要求规范和完整填写相关记录。

2. 钛滤器的维护保养

（1）每天使用后，将滤器抬出置于滤器架口，轻轻取下，冲洗干净，并检查气密性。

（2）清洗后的滤器要灭菌处理（热压灭菌）。

（3）有破损或漏气，马上更换。

（4）每天生产完须将滤器内清洗干净。

3. 钛滤器的调试

设备运行前需要进行调试，设定过滤时间和清洗转换时间；正常使用时，至少有 3~5 分钟的低压启动时间，其相对压差应控制在 0.5MPa 以下，然后将工作压力逐渐调到正常需要（最高压力不超过 0.7MPa）；工作运行到一定周期后，可能由于过滤元件堵塞，致使压力升高流量降低，需要反冲或反洗再生。再生周期视额定的压力和流量而定；钛棒过滤器在使用中其工作压力不应超过额定工作压力。

三、微孔滤膜滤器的维护保养与调试

1. 技能考核点

（1）（恢复）正常生产前的套筒式微孔滤膜过滤器的状态检查确认内容，并能够进行检查确认。

（2）套筒式微孔滤膜过滤器清洁规程的内容和要求，能够按清洁规程要求进行清洁；

（3）仪表检定的周期要求，能反馈需要检定的信息，检定后能够确认检定标识的符合性。

（4）按规定要求规范和完整填写相关记录。

2. 微孔滤膜滤器的维护保养

（1）（恢复）正常生产前检查、维护和保养

①日常检查过滤器与管道连接的快接头是否泄漏。

②日常检查安装至套筒式过滤器中的有机滤芯及目数是否符合要求。

③日常过滤滤芯安装后应进行完整性测试。

④日常检查药液过滤前过滤器是否清洁到位。

⑤日常检查输液泵是否正常。

（2）生产结束后维护保养

①按清洁规程，对套筒式微孔滤膜过滤器进行清洁。

②检查合格后换挂合格标识。

（3）定期检查维护和保养

①定期检查套筒式微孔滤膜过滤器中的滤芯是否损坏。

②定期检查输液泵机械密封。

③定期对套筒式微孔滤膜过滤器进行灭菌操作，以控制微生物的滋生。

3. 微孔滤膜滤器的调试

新滤膜在使用前先在新鲜的纯化水内浸润24小时，以使滤膜充分温润。将处理后的滤膜装入过滤器内，检查合格后方能正式使用。打开过滤系统的阀门及给压泵，将需过滤的溶液或气体经压泵加压经过滤后即可，随时观察压力大小，压力异常时排查原因。测试过滤后的滤膜仍须作起泡点测试检验，以明确过滤过程中的质量可靠性。

4. 注意事项

①严格按套筒式粗过滤器生产前的要求检查确认，检查确认其性能状态满足要求，方可正式生产。

②使用前应确认滤芯完整性测试符合要求，方可用于生产，以保证过滤效果。

③套筒式滤芯属于精密耗件，使用后应及时清洗，以保证清洁到位。

④生产结束后，按清洁规程完成套筒式过滤器的清洁保养维护。

⑤微孔滤膜滤芯清洗时只能单向清洗，不能反向冲洗，避免滤芯损坏。

四、薄膜蒸发设备的维护保养与调试

1.技能考核点

（1）（恢复）正常生产前的薄膜蒸发浓缩设备的状态检查确认内容，并能够进行检查确认。

（2）薄膜蒸发浓缩设备清洁的内容和要求，能够按清洁规程要求进行清洁维护保养。

（3）薄膜蒸发浓缩设备的工作原理，能够根据药液浓缩生产的状态，通过真空调度调节控制药液的浓缩速度和状态，达到节能快速，保持维护设备的顺畅运行。

（4）仪表计量检定周期，能够及时反馈检定信息，并确认设备运行中的仪表的符合性。

（5）按规定要求规范和完整填写相关设备记录。

2.薄膜蒸发设备的维护保养

（1）（恢复）正常生产前检查、维护和保养

①日常检查阀门开闭是否正常，阀门无泄漏。

②日常检查管道管件无泄漏。

③日常检查仪表显示正常，在校验期内。

④日常检查出液泵运转正常，无泄漏。

⑤日常检查蒸汽凝水阀运行正常。

⑥日常检查压缩机油位是否正常。

⑦日常检查冷却水温度是否正常。

（2）生产结束后维护保养

①按清洁规程，对薄膜蒸发浓缩设备进行清洁。

②检查合格后换挂合格标识。

（3）定期检查维护和保养

①定期检测循环泵电机振动烈度、温度、电阻值。

②定期润滑循环泵电机，定期更换循环泵机械密封。

③定期检查电气指示灯是否正常。

④定期更换阀门。

⑤定期清洗加热器列管及夹套。

⑥定期校准仪表。

⑦定期压缩机换油。

⑧定期压缩机更换过滤器。

⑨定期压缩机更换传送带。

⑩定期紧固控制系统电气接线端子。

3.薄膜蒸发设备的调试

①调试前检查：确认电动机转向与指示方向一致；检查各部位螺栓连接有无松动，接通各断开的管线；刮板式薄膜蒸发设备应手动盘车使刮板装置转动一周以上，转动应灵活，无异常声响。

②试压试漏：a.在设备静止的情况下，将筒体抽真空，直至绝压降到0.67kPa，2小时后绝压值低于0.93kPa为合格；b.进行水压试验，夹套内试验压力为1.32MPa，设备内为0.34MPa（机械密封前），以不降压，无泄漏，无可见的异常变形及无异常声响为合格，注意进行夹套水压试验时，设备内要保持0.34MPa压力。

③负荷试车：设备不允许空负荷试车，设备内必须按规定以水代料试车，试车2小时，按下列内容检查设备运行情况：a.设备运行平稳，无异常。刮板式薄膜蒸发设备刮板装置运转时无刮壁杂音；b.减速机和轴承温度不超过70℃；c.真空操作时密封不泄漏；运转电流不超过额定值，仪表运行正常；根据药液浓缩生产的状态，通过真空调度调节控制药液的浓缩速度和状态，达到节能快速，保持维护设备的顺畅运行；现场试车后，一切正常可以认为试车合格。

④调试验收：运行质量符合机器操作的SOP要求，试车合格，检修记录及试车记录齐全、准确，可通过验收交付生产。

4.注意事项

①严格按薄膜蒸发浓缩设备生产前的要求，检查确认其性能状态满足要求，方可正式生产。

②薄膜蒸发浓缩设备所用仪表较多，仪表检定周期一般为一年，合格周期内可用于生产。

③薄膜蒸发浓缩设备的蒸发浓缩量极大，应特别注意冷却水系统符合要求。

④浓缩时，应注意真空度匹配，保证控制好浓缩药液温度。

⑤生产结束后，按清洁规程完成薄膜蒸发浓缩设备的清洁保养维护。

五、多效蒸发浓缩器的维护保养与调试

1. 技能考核点

（1）（恢复）正常生产前的多效浓蒸发缩器的状态检查确认内容，并能够进行检查确认。

（2）多效浓蒸发缩器清洁的内容和要求，能够按清洁规程要求进行清洁维护保养。

（3）多效浓蒸发缩器的工作原理，能够根据药液浓缩生产的状态，通过真空调度调节控制药液的浓缩速度和状态，达到节能快速，保持维护设备的顺畅运行。

（4）仪表计量检定周期，能够及时反馈检定信息，并确认设备运行中的仪表的符合性。

（5）按规定要求规范和完整填写相关设备记录。

2. 多效蒸发浓缩器的维护保养

（1）（恢复）正常生产前检查、维护和保养

①日常检查阀门开闭是否正常，阀门无泄漏。

②日常检查管道管件无泄漏。

③日常检查仪表显示正常，在校验期内。

④日常检查出液泵运转正常，无泄漏。

⑤日常检查蒸汽凝水阀运行正常。

⑥日常检查压缩机油位是否正常。

⑦日常检查冷却水温度是否正常。

（2）生产结束后维护保养

①按清洁规程，对多效蒸发浓缩设备进行清洁。

②检查合格后换挂合格标识。

（3）定期保养维护

①定期检测循环泵电机振动烈度、温度、电阻值。

②定期循环泵电机润滑。

③定期更换循环泵机械密封。

④定期更换阀门。

⑤定期清洗加热器列管及夹套。

⑥定期校准仪表。

⑦定期紧固控制系统电气接线端子。

⑧定期检查电气指示灯是否正常。

3. 多效蒸发浓缩器的调试

①调试前检查：清理现场；检查各部位安装无误；检查各运动部位无异物、各润滑点加注了润滑油；确认电动机转向与指示方向一致；检查各部位螺栓连接有无松动，接通各断开的管线。

②调试操作：设备不允许空负荷试车，必须按规定以水代料试车。a. 阀门调试。根据各效蒸发器中药液液位和出料情况，调试各效的进料阀门，确认能使各效液位保持在合理位置。b. 真空度与温度调试。浓缩时各效真空与温度显示正常，真空调度调节正常，以保障控制药液的浓缩速度和状态。c. 视镜调试。视镜观察良好，通过观察浓缩过程中液面高度和状态，控制真空度以避免出现暴沸及药液溢出的情况。

③调试验收：运行质量符合机器操作的 SOP 要求，试车合格，检修记录及试车记录齐全、准确，可通过验收交付生产。

4. 注意事项

①严格按多效蒸发浓缩器生产前的要求，检查确认其性能状态满足要求，方可正式生产。

②多效蒸发浓缩器所用仪表较多，仪表检定周期一般为一年，合格周期内可用于生产。

③浓缩时，应注意一效、二效或三效浓缩床内的真空度匹配，保证控制好浓缩药液温度的同时，保持多效蒸发浓缩器安全顺畅的运行。

④生产结束后，按清洁规程完成薄膜蒸发浓缩设备的清洁保养维护。

六、喷雾干燥机的维护保养与调试

1. 技能考核点

（1）（恢复）正常生产前的喷雾干燥机的状态检查确认内容，并能够进行检查确认。

（2）喷雾干燥机的清洁内容和要求，能够按清洁规程要求进行清洁维护保养。

（3）喷雾干燥机的工作原理，能够根据药液浓缩生产的状态，通过物料喷雾速度与进、出风

量及温度的平衡调节，控制药液的浓缩速度和状态，达到节能快速，保持喷雾干燥机的顺畅运行。

（4）仪表计量检定周期，能够及时反馈检定信息，并确认设备运行中仪表的符合性。

（5）按规定要求规范和完整填写相关设备记录。

2. 喷雾干燥机的维护保养

（1）（恢复）生产前的维护/保养要求

①日常清洁雾化器。

②日常雾化器加油润滑。

③日常检查雾化器冷却水是否正常。

④日常检查送风过滤器是否正常。

⑤日常检查风机是否正常。

⑥日常检查送料泵应无泄漏。

⑦日常设备表面清洁。

（2）生产结束后维护保养

①按清洁规程，对喷雾干燥设备进行清洁。

②检查合格后换挂合格标识。

（3）定期维护保养

①定期更换雾化器滚动轴承润滑油。

②定期检测电机振动烈度、温度、电阻值。

③定期风机电机润滑。

④定期更换送风过滤器。

⑤定期校准仪表。

⑥定期紧固控制系统电气接线端子。

⑦定期检查电气指示灯是否正常。

3. 喷雾干燥机的调试

①调试前检查：清理现场；检查各部位安装无误；检查各运动部位无异物、各润滑点加注了润滑油；检查各部位螺栓连接有无松动，接通各断开的管线。

②调试操作：a.进行空运转。检查电机皮带转向是否正确，电机电流是否大于额定电流，当

发现有不正确情况时应查明原因，方可试机；测量风量、风速，当风速不均匀时应调节风筒。检查排风系统的联结部位是否有漏气现象，如有漏气现象应及时排除，水试雾化器雾化情况，雾角在65~70℃之间雾面均匀，不得有线状流，无异常现象后将喷嘴装入干燥室；干燥室进入预热升温状态，使进、出风温度符合工艺要求；干燥室预热升温时，应密切观察升温状况，当设备进、出风温度达到工艺要求后，开启雾化器，空载运行1分钟，雾化器无异响具备进料条件。b.负载运行。缓慢匀速进料，先通过旋钮将进料速度调整，从喷干舱内观察物料性状，如喷干粉细腻、无挂壁，可将蠕动泵进料速度逐渐提升使雾化器进入喷料稳定状态；生产设备若有气锤或吹扫功能，可以在控制界面开启气锤或吹扫，观察粘壁干粉是否能顺利脱落；进出风温度以及进料速度调节顺畅；引风机排风口如有粉尘排出，可向水箱内加注半箱自来水，然后打开除尘管路相关手阀，点击触摸屏内的水泵按钮，开启水泵来进行管路除尘。

③调试验收：运行质量符合机器操作的SOP要求，试车合格，检修记录及试车记录齐全、准确，可通过验收交付生产。

4. 注意事项

①严格按喷雾干燥机生产前的要求，检查确认其性能状态满足要求，方可正式生产。

②喷雾干燥机所用仪表较多，仪表检定周期一般为一年，合格周期内可用于生产。

③喷头在使用过程中如有杂声和震动，应立即停车取出雾化头，检查喷雾盘内是否有残留物质，如有应及时清洗，保证喷雾头顺畅使用。

④生产结束后，按清洁规程完成喷雾干燥机的清洁保养维护。

第二节 浸出药剂与液体制剂设备维护

> 干燥灭菌设备、初滤设备、精滤设备、灌装设备的工作原理及维护保养。

在浸出制剂与液体制剂中涉及到的设备一致，因此合并在一起论述。

"初滤设备和精滤设备的维护保养、工作原理及调试"已在本章第一节理论部分"二、初滤设备的工作原理；三、精滤设备的工作原理"和第一节技能部分"二、钛滤器维护保养与调试；三、微孔滤膜滤器维护保养与调试"中介绍过，本节不再重复论述，详细参见本章第一节。干燥灭菌设备、灌装设备的维护保养与调试参见本节技能部分。

一、干燥灭菌设备的工作原理

用热源加热，使灭菌腔迅速达到预设温度。采用空气涡流机及特殊风道的设计，实现强制对流，使得温度更均衡。灭菌介质为被灭菌品所处环境下的热空气。

将物料放入干燥灭菌箱内，启动可编程序控制系统，内循环风机工作、加热、蝶阀同时开启、干燥箱迅速升温。在内循环风机作用下，热空气通过耐高温高效过滤器进入箱体，在微孔调节下形成一个均匀分布空气向箱体内传递。干燥空气吸收物料表面的水分，进入加热通道蒸发排出、干空气在风机作用下定向循环流动，水蒸气排出。随着水蒸气逐渐减少、同时间歇性补充新鲜过滤空气，箱体内呈微正压状态，恒温结束，过程控制完毕。开启送风或（进水）强制冷却，自动蝶阀进入关闭状态，声光提示开门出物料。

二、灌装设备的工作原理

灌装机为全自动活塞式灌装机。通过气缸带动一个活塞来抽取和打出物料。用单向阀控制物料流向，用磁簧开关控制气缸的行程调节灌装量。

当输送带处于工作状态时，每次灌装只需放空瓶到输送带上，便可自动进瓶灌装，输送带上的光电头就会自动感应空瓶。空瓶在灌装头下方时会自动发出灌装信号，机械转盘随之转向，当指定空瓶到位时即开始灌装，达到调定的灌装量，灌装动作停止。进瓶电眼感应有空瓶进时，机械方可转动。当工作完成，需要清理灌装好的容器时，可用手感应电眼，使容器逐一从瓶转盘卡位上送出。工作完成后，应立即切断电源开关或按急停键，使灌装程序归零。

> 维护保养及调试干燥灭菌设备、初滤设备、精滤设备、灌装设备。

一、干燥灭菌设备（隧道灭菌箱和干燥灭菌箱）的维护保养与调试

1.技能考核点

（1）（恢复）正常生产前的干燥灭菌设备的状态检查确认内容，并能够进行检查确认。

（2）干燥灭菌设备的维护保养与调试内容和要求，并能够按清洁规程要求进行清洁维护保养。

2.隧道灭菌箱的维护保养与调试

（1）维护保养

①检查箱体各开口处、连接处的密封装置。

②检查网带的边缘及串条焊点，如有损坏情况，必要时更换。

③检查网带跑偏情况，调整或修理调偏装置。

④检查网带拉紧情况，调整拉紧装置，更换磨损零件。

⑤清洁电热器、紧固电热器接线铜排、电导线接点螺钉。

⑥检查传动系统的轴承、链条、联轴器。

⑦紧固网带回程托辊轴支架螺钉，箱体固定和拉紧螺栓。

⑧检查冷却、净化系统，更换零件。

⑨检查、更换高效过滤器，中、高效过滤器须有检测合格证，周边密封不得泄漏，送风管道应清理洁净，需用无毛白布擦拭，无任何灰尘、污渍。

⑩检查、更换损坏的石英电热管。

（2）调试

①调试前检查：清除机体周围障碍物；检查各部螺栓无松动，防护罩可靠；点动检查电动机的旋转方向正确；检查电气系统，启动和制动正常；干燥箱体出口应在洁净空气之下。

②调试操作

常温空载试车：空载试车由低速逐步到高速，在额定转速下连续时间应不少于2小时；减速器装置工作正常；运转应无碰擦、噪音和异常振动；电器设备的绝缘和耐压符合GB5226规定。

加热空载试车：在常温空载试车正常条件下，依次将电热自控仪表、风机开关打开，使其升温达100℃，启动主电动机传送网带；烘箱体内升温时间，由送电起至达到各段规定温度止，不得超过40分钟；箱内各段测温点的温度范围符合设定要求；各传动部位温升正常。

负载试车：负载试车应在空载试车合格后，在额定转速下进行，时间不少于1小时；运转平稳，无异常振动，噪声不大于80dB（A）；推瓶机构工作正常，运转网带不跑偏；高温区温度不低于320℃，药瓶在高温区停留时间不少于5分钟；药瓶出隧道机的温度小于35℃；药瓶干燥后质量符合要求，灭菌符合要求；各控制装置、仪表可靠；生产能力符合设计规定，或满足生产要求；试车结束，先切断加热电源，待箱体内温度降到70℃，方准停止网带运行。

③调试验收：运行质量符合机器操作的SOP要求，试车合格，检修记录及试车记录齐全、准确，可通过验收交付生产。

3.干燥灭菌箱的维护保养与调试

（1）日常检查

①每次使用前检查打印机中是否有纸。

②每次使用前检查空气无菌过滤器的显示（进口、循环、出口）。

③每次使用前检查信号灯的状况（通过指示灯测试按钮）。

④每次使用前检查确认门的垫片未被小车损坏。

⑤每次使用前检查使用硅油或凡士林油润滑门的垫片是否完好。

⑥每次使用前检查箱门密封垫是否平整且与箱门紧密连接。

（2）每月预防性维护

①每月检查无菌空气过滤器的状况和效率。

②每月检查安全装置。

③每月检查门的限位开关工作状况，检查插入点。

④每月给电机加润滑油。

⑤每月打开冷却水管最低点卡箍，看里面是否有水流出，若有请及时处理管道，以免发生危险。

⑥每月检查风压管是否有堵塞。

（3）调试

①调试前检查：清除机体周围障碍物；检查各部螺栓无松动；点动检查电动机的旋转方向正确；检查电气系统，启动和制动正常；干燥箱体出口应在洁净空气之下。

②箱门密封性完好，风压管正常，无碰擦、噪音和异常振动；加热空载试车时，箱内各段测温点的温度范围符合设定要求。各传动部位温升正常；负载试车时，运转平稳，无异常振动；箱内温度不低于规定温度，调节剂显示符合规定；试车结束，先切断加热电源，待箱体内温度降到室温，方准停止运行。

③调试验收：运行质量符合机器操作的 SOP 要求，试车合格，检修记录及试车记录齐全、准确，可通过验收交付生产。

二、灌装机的维护保养与调试

1. 技能考核点

（1）维护保养要求及注意点。

（2）维护保养结果评价。

2. 灌装机的维护保养

液体自流定量灌装机的维护保养应照《设备的使用与维护保养管理规程》规定进行维护保养，保证设备安全、有效性，并延长其使用寿命。不得擅自拆卸，以防影响设备性能的工作部件。

（1）日常保养

①指定专人操作、保管和维修，并定期检查维护，以保证设备正常运转，设备主体及部件应保持清洁、干燥。设备周围，操作现场要经常打扫，保持清洁。

②检查设备各运动部件是否灵活可靠，发现问题通知设备检修人员对设备进行检修，及时修复。

③使用完毕关闭电源，及时清洁设备及连接药液输送部件。

（2）一级保养（每三个月进行一次）

①清扫、检查、调整电器部分，检查电器接触是否良好，接线是否牢固，更换性能不良的电器元件。

②检查整机内外表面和死角部位，清除表面活动毛刺。

③检查调整出液管、进瓶机构、出口机构；更换已损出液管的 U 型管，进液管；调整进瓶机构的螺旋杆和拔盘；出瓶机构的拔盘。

④检查、调整传动装置，修复轻微磨毛的蜗轮、齿轮和进瓶螺杆。

⑤传送带调整：使传送带的传送速度在理想状态。

（3）二级保养（每年进行一次）

①完成一级保养的全部检查内容。

②检查进瓶传动部件，修复或更换磨损严重的进瓶拔盘。

③检查传送带机构，修复或更换损坏严重的传送带机构控制皮带。

④检查出瓶机构，修复或更换磨损严重的出瓶拔盘及传动部件。

⑤检查蠕动泵、齿轮，修复或更换磨损严重的齿轮。

⑥清洗电机轴承，更换润油脂；更换损坏电机轴承；检查电机绝缘。

⑦整理电器线路，做到线路整齐安全，接地符合规定，更换已坏或性能不良的电控线和电器元件。

3. 灌装机的调试

①调试前检查：清除机体周围障碍物；检查各部螺栓无松动；按所灌瓶型更换装配合适的配件，调整好各部件，包括进瓶螺杆和导杆间距、侧护板安全开关、星形拨轮、贮液箱和压盖头高度的调整等；彻底清洗贮液箱、液料管道和气体管道，确保没有异物。

②调试操作：对贮液箱和管道同时作水压试验；检查电器控制箱的接线是否正确，以手动方式转动设备无卡紧现象后才能开启主开关。以点动方式启动设备检查有无异常；低速启动机器，检查起动、刹车、急停和调速性能。低速输入一个空瓶，检查能否顺利通过进瓶螺杆、导杆和星轮等，各个控制碰块能否灵敏响应。检查落盖是否通畅顺利，封盖是否严密；按灌装要求调整液气控制柜上的各仪表的数值；检查贮液箱液位和压力，作灌装试验，调整灌装头，控制好装瓶液位。

③调试验收：运行质量符合机器操作的 SOP 要求，试车合格，检修记录及试车记录齐全、准确，可通过验收交付生产。

第三节　注射剂设备维护

相关知识要求

> **知识要点**
>
> 干燥灭菌设备、初滤设备、精滤设备、灌封设备、冷冻干燥设备、粉末分装设备的工作原理。

"干燥灭菌设备和灌装设备的维护保养、工作原理及调试"已在第二节理论部分"一、干燥灭菌设备的工作原理；二、灌装设备的工作原理"和技能部分"一、干燥灭菌设备的维护保养与调试；二、灌装机的维护保养与调试"中介绍过，本节不再重复论述，详细参见本章第二节。

初滤设备和精滤设备的维护保养、工作原理及调试"已在本章第一节理论部分"二、初滤设备的工作原理；三、精滤设备的工作原理"和第一节技能部分"二、钛滤器维护保养与调试；三、微孔滤膜滤器维护保养与调试"中介绍过，本节不再重复论述，详细参见本章第一节。

一、冷冻干燥设备的工作原理

冷冻干燥是利用升华作用进行干燥的一种技术，是将被干燥的物质在低温下快速冻结，然后在适当的真空干燥环境下，使冻结的水分子直接升华成为水蒸气逸出的过程。冷冻干燥得到的产物称作冻干物，该过程称作冻干。物质在干燥前始终处于低温（冻结）状态，同时冰晶均匀分布于物质中，升华过程不会因脱水而发生浓缩现象，避免了由水蒸气产生泡沫、氧化等副作用。干燥物质呈干海绵多孔状，体积基本不变，极易溶于水而恢复原状。在最大程度上防止干燥物质的理化性质和生物性质的改变。

二、粉末分装设备的工作原理

粉末性质，如流动性、堆密度、产尘、湿敏感性和分装容器的种类，决定分装机的构造。

无菌粉末分装机主要分为气流分装和螺杆分装两种。气流分装机利用经过过滤的无菌气体进行粉末分装，依靠体积计量原理，通过真空和压缩空气配合操作完成非最终灭菌无菌粉末分装，触摸屏内置有先进软件程序具备生产参数设置、在线称量系统数据设置及报警信息记录、机器运行功能状态诊断、生产配方储存、实现无产品残留的功能。其速度和准确性好，自动化程度高，被广泛采用。

技能要求

> **技能要点**
>
> 维护保养及调试干燥灭菌设备、初滤设备、精滤设备、灌封设备、冷冻干燥设备、粉末分装设备。

一、真空冷冻干燥机的维护保养与调试

1. 技能考核点

（1）不同维护间隔期应进行的预防性维修事项。

（2）制冷系统检漏、抽真空。

（3）制冷剂充注。

（4）真空泵换油。

（5）导热流体充注和循环系统排气。

2. 冻干机的预防性维护内容

制冷系统、真空系统、循环系统、液压系统、气动系统、SIP 系统、CIP 系统、电器控制系统。

3. 预防性维护间隔期（表 4-5-1）

表 4-5-1　冻干机的预防性维护间隔期

	预防性维护间隔期	运行小时
D	每天	每次操作
W	每周	
2W	每两周	运行 500 小时后
M	每月	运行 1000 小时后
2M	每两月	
3M	每季度	运行 2000 小时后
6M	每半年	运行 4000 小时后
A	每年	
2A	每两年	
O	偶尔	

4. 预防性维护事项（表 4-5-2）

表 4-5-2　冻干机的预防性维护事项

周期	预防性维修事项	备注
2W	在门密封的地方用酒精清洗并涂上真空脂	
6M	手动锁门，检查锁的情况是否正常	
6M	检查无菌室和机房之间的密封情况	
6M	检查视镜（无泄漏）	
6M	检查并清洁冻干箱和捕水器内部（压塞，损坏的小瓶）	
6M	清洁压缩空气入口处的过滤器并检查疏水器状态	
6M	观察冻干箱和捕水器的保温	
A	检查冻干箱和捕水器之间蝶阀的密封圈	
W	检查硅油压力表的读数	
M	在真空泵开启和关闭的两种情况下，检查平衡桶硅油的液位（每次检查都必须在相同温度环境下进行）	
6M	检查保温情况	
6M	检查循环泵的运行情况	
6M	检查在法兰、阀门和接头处是否有泄漏的迹象	
6M	检查循环系统电加热器的耗电量	
6M	检查金属软管末端接头处，排除泄漏迹象	

周期	预防性维修事项	备注
A	检查温度继电器开关的运行情况	
A	检查硅油温度探头的校准度	
A	清洁过滤器（硅油过滤器）	
O	更换硅油循环系统的 O 型密封圈	
D	在真空泵运转并无空气进入的情况下检查真空泵	
D	检查真空泵油的洁净度	
W	气镇口打开运行真空泵 30 分钟	
6M	清洁真空泵的过滤网罩	
6M	查证真空泵组的功效，检查整个系统（包括冷凝器）达到所需真空度的时间	
6M	检测冻干箱的密封性，看是否有可能泄漏	
A	检查真空系统里的密封圈	
2A	更换真空泵的密封圈及封条	
2A	更换真空阀的密封圈	
O	更换旋片式真空泵的排气过滤器滤芯	
W	检查制冷系统压力表的读数（需要注意的是这些读数要在相同的步骤下作比较，在最低温度下进行）	
W	检查压缩机视油镜，观察油位及状态	
M	通过检查回油管路的温度来检查油分离器的功能	
3M	检查油分离器回油管路上视镜中油的流动情况 .	
6M	如果出现液体制冷剂液位有明显变化（降低）应做泄漏测试	
6M	检查管路系统的保温情况	
6M	通过检查板层和捕水器的降温时间验证制冷系统的效率	
6M	检查所有压力表，压力继电器管件的扩口情况及附件	
A	检查所有电磁阀的功能及安全程度	
A	进行无负载的冷冻循环检查降温曲线并和以前的记录作比较	
A	压缩机工作较长时间或冷冻油的颜色变暗时需要更换压缩机冷冻油	
O	如果视液镜上显示系统带水，应更换过滤器滤芯	
O	调整制冷剂的充注量	
M	检查所有指示灯是否正常（测试指示灯）	
6M	使用吸尘器清洁电气柜和控制柜内部	
6M	确定柜子的通风口没有被堵塞，清洁电脑，键盘，屏幕和控制柜面板	
6M	检查 UPS 的运行和充电情况	
6M	检查所有的控制电缆连接情况	
6M	检查所有的电力电缆连接情况	
6M	检查电流接触器的情况，是否有电火花腐蚀征兆	

周期	预防性维修事项	备注
A	检查电气柜及控制台的电气插头是否紧密	
A	对所有重要的探头做校准测试	
3M	检查液压组的油位	
3M	在压塞操作情况下检查液压系统的油压	
6M	肉眼检查全部液压管路的接口是否有泄漏	
6M	检查液压油的状态	
2A	更换液压缸的密封圈	
2	更换液压泵上的过滤器	
2A	更换液压缸上的密封圈	
6M	检查（CIP，SIP）排放口是否堵塞	
A	校验安全阀	
2A	更换真空容器（冻干箱，捕水器）排放阀的密封圈	

5. 预防性维护操作方法

（1）制冷系统检漏

①将系统中的制冷剂排放干净，并将真空泵管道连接到气液分离器上面对系统进行抽真空5小时以上（抽真空时打开所有阀门，包括电磁阀）。

②给系统打压，用氮气充至1.4MPa，待高、中、低、油四个压力表平衡后（约15分钟），记录各个表的读数，保持压力数小时（一般为24小时以上）后，观察各压力表的读数是否下降，若下降则说明系统有漏点，用肥皂水涂抹可疑点检漏。

（2）制冷系统抽真空

①检测好制冷系统后，用抽气管或加液管把真空系统管道上的抽气接口和制冷系统上的气液分离器上的抽气接口或加液接口连接起来。

②开启真空泵，确保抽气管路无泄漏。

③打开制冷系统抽气接口上的截止阀，对制冷系统抽真空。一般情况下，抽真空时间为24小时。

（3）充注制冷剂

①检测好制冷系统无泄漏后，打开冷凝器上的放气阀（也可打开制冷系统上的其他放气阀

门，以方便操作和放气效果好为原则），放掉打压检漏的气体，然后关闭此放气阀对制冷系统抽真空。

②连接加液管和制冷剂钢瓶，打开少许制冷剂钢瓶上的阀门，确保无泄漏。

③松掉一点连接加液管和气体分离器上的充液接口，打开少许制冷钢瓶上的阀门，排净加液管内的空气后，紧密连接加液管和气体分离器上的充液接口，打开制冷剂钢瓶上的阀门，确保无泄漏，然后打开气体分离器上的截止阀，开始充注制冷剂。

④制冷剂刚开始由于制冷系统的真空，被主动吸入，当低压表压力到0.3MPa左右时，开启压缩机，使制冷剂被吸入制冷系统。

⑤充注好之后，依次关闭气体分离器上的截止阀、压缩机、制冷剂钢瓶；然后拆下加液管。

（4）真空泵换油

①排出废油：打开加油堵头，然后拧开排油堵头，用相应的容器接住排出的废油，请勿污染周围环境，排放干净后，拧上排油堵头。

②加入新鲜的真空泵油，只要使油位稍微露出视镜即可。运行真空泵5秒后，停止真空泵，重复排出废油的操作步骤。

③如果排出的油仍然很脏，可以考虑重新对

真空泵进行清洗；加入真空泵油，油面应保持在两条油位指示线之间的1/2，具体操作参见真空泵使用说明书。

④启动真空泵进行测试，等到泵温升高后，判断其抽真空性能。

（5）导热流体充注和循环系统排气

①用透明塑料管把最上端的排气接口和平衡桶顶上接口连接起来，从平衡桶顶上接口处注入导热载体。

②当导热流体的液位为1/4处时，打开排气阀。

③开启循环泵，使导热油和空气通过该管道进入平衡桶，边充液边排气，导热油在循环系统中循环，循环系统的空气被排掉。

④当充液至平衡桶液面计的1/3~1/2处不再下降时，导热油充注完成。

⑤当压力表指针稳定、透明塑料管道上无明显气泡时，排气完成。

6. 真空冷冻干燥机的调试

①调试前检查：清理现场；检查各部位安装无误；检查各运动部位无异物、各润滑点加注了润滑油；确认控制系统的所有开关都复位；根据需要设置制冷、加热温度及速率等。

②调试操作：手动运行设备，调整机器工况，使机器工况处以最佳状态。a. 安全报警以及相关连锁测试，按照相应的报警列表进行测试；b. 对前箱进行制冷。预先将隔板温度探头紧贴在板层上（用胶布粘贴），粘贴在不同板层上相对应的位置，调整板冷膨胀阀，初步确定制冷速率和制冷极限温度，并作好相关记录。在降温过程中，前箱导热油进出口温差不应超过12℃，到达−50℃以后，导热油进出口温差不应超过3℃。在整个降温过程中，要比较隔板温度探头之间的温度差值，确保不应超过5℃。c. 对冷凝器进行制冷：调节冷凝膨胀阀，初步确定制冷速度和制冷极限温度。冷凝器盘管测温探头要与实际情况测试一致，在控制画面上一号探头与一号机显示温度一致，盘管测温要准确可靠。d. 对箱体进行分步骤抽真空。首先对泵头进行抽真空，确定泵头没有泄漏，然后打开小蝶阀对后箱进行抽真空，确保后箱没有泄漏以及中隔阀，最后打开中隔阀，对整个箱体进行抽真空。箱体抽真空后，检查箱门、箱门外包壳有无明显变形，并作好相关记录。e. 掺气和掺冷的控制测试：分别进行掺气和掺冷的控制，调整好掺气微调阀、掺冷膨胀阀的大小，使掺气、掺冷达到最佳效果。f. 将箱体抽好真空后，对箱体的整体泄漏率进行计算，泄漏率要保证小于 0.003 或 0.005Pa·m^3/s，体积应该计算前后箱的体积之和，同时要求在后箱温度在 −65±1℃停止压缩机，开始计算真空泄漏率，同时具体根据任务书要求。g. 对前箱进行加热，测试全功率加热速率以及 PID 加热控制，并做好记录。h. 机器重要数据的检测，应以手动控制为主。将隔板测温探头贴紧在隔板上，采取连续和一次成功的办法，争取一次运行数据能够较好地反映机器性能。i. 整理机器运行数据，与相对应的指标进行对比，要确保每一项指标均能达到要求。

空载自动运行测试，设定一个冻干工艺，按照设定好的工艺参数进行自动测试。a. 自动运行目的是测试程序的可靠性和稳定性，测试的参数包括所有与冷冻干燥有关的功能，并设置相关报警，观察机器实际运行情况；b. 程序自动运行后，确保机器自动程序稳定可靠，各个步骤应按实际设定值运行。若运行过程中出现问题，请及时记录和反馈，由程序设计人员进行修正，修正好后再次运行，直到自动程序稳定运行；c. 根据标准自动空载曲线分析机器运行的稳定性、冻干曲线与标准曲线对比，确认设备自动运行是否稳定可靠。

进行自动满载测试，目的是测试机器满载性能的稳定性、压缩机工况的稳定性以及机器结霜情况，测试机器长时间运行的可靠性，运行中注意适时调整，做好性能分析。观察机器实际运行情况。在满载自动运行过程中对以下情况进行重点管控：a. 观察满载测试前后压缩机高压压力变化；b. 将前箱板层升到顶以后，按照规定的负荷量在板层托盘内加水，测量最上层隔板的上平面到箱顶的距离 d_1，在测试上隔板上平面到箱顶

的距离 d_2，d_2-d_1 差值应小于 2mm，否则为不合格，即油缸下滑达不到要求。c.根据标准自动空载工艺曲线，分析机器运行的稳定性、冻干曲线与标准曲线对比，确认设备自动运行是否稳定可靠。d.在机器长时间运行后，检查压缩机、真空泵、循环泵、电加热运行状态是否稳定可靠。特别要注意压缩机工况的稳定性，在长时间运行时应确保压缩机没有油压差、电子热保护等报警。e.满载运行时，应检查循环泵、电加热法兰处无漏油，压缩机各喇叭口有无泄漏问题，检查平衡桶有无漏油现象。f.满载运行时，要检查箱体保温以及箱门保温情况，在箱体两侧外包壳和箱门处不能有积露现象。g.满载运行过程中，机器的掺气和掺冷工作可靠，中压掺气工作可靠。h.对于普通型机器，捕水测试结束将托盘拿出后，应仔细检查板层和上下集管法兰处，确认板层和集管法兰没有漏油现象。i.前后箱无明显压差。j.满载运行结束后，将结霜照片提交到质保部。

③调试验收：运行质量符合机器操作的 SOP 要求，试车合格，检修记录及试车记录齐全、准确，可通过验收交付生产。

二、无菌粉末分装机的维护保养与调试

1.技能考核点

（1）日常预防性维护内容。

（2）小、中、大修内容。

（3）无菌粉末分装机的调试。

2.日常预防性维护

（1）每班生产前检查张紧运动传送链、机器卸载传送带是否张紧。

（2）每班生产结束后，先关闭和挂锁压缩空气，切断电源。用经灭菌的清洁抹布清除机器操作部件的表面，清洁传送带上的定位器和导轨，清空上下端下料漏斗内部所有粉末并仔细清除粘在部件上的粉末，清洁粉盘，清洁剂量分配盘以及吹粉和吸粉装置、清洁压塞系统、清洁瓶塞进给系统、清洁称量系统上可以取下的部件，用注射用水清洗吸尘装置过滤器的过滤网袋。

（3）每班生产结束，将可拆除的不锈钢部件及可灭菌部件清洁后放入湿热灭菌柜灭菌 45 分钟。

（4）每班生产结束检查驱动部件的磨损情况，将齿轮、驱动轴、凸轮等涂抹润滑脂，机械密封的结合处要加入适量硅油润滑，一般用注射器注入 1~2 滴即可。

（5）每周检测安全门上的安全微动开关触点上有无灰尘和污垢，用带有中性肥皂水的软布清理安全门，并检查安全门锁紧装置的螺丝是否牢固，检查安全门是否有裂缝、裂纹和洞。

3.小修

（1）检查，紧固各部螺栓。

（2）检查，调整或修理传送带。

（3）清洗传动链系统，并调整其相关位置和松紧程度。

（4）更换部分连接易损件。

（5）检查真空、压气咀与分量盘的接触压力，检查各个气动连接管，必要时予以更换。当流经压缩空气过滤器的阻力大于规定阻力一倍时，应拆下清洗或更换。

（6）检查，更换密封圈和润滑油（脂）。

（7）检修真空、压气系统管路，检查气路系统过滤器是否完好。

（8）检查轴承（包括滚动轴承、滑动轴承）的损伤状况。

（9）使用干净的抹布清洁将要润滑的部件凸轮、运动齿轮和下部粉盘的传动箱，然后将油涂在指定点上，松开锁紧螺丝，取出安装在其前端和后端的保护盖，使用手动润滑泵将少量的油脂注入灌装塔每个预用的润滑器中。每月需润滑链和传送带驱动齿轮。检查传动机各零件磨损状况，必要时修理或更换。

（10）检查分装头配合表面的磨损状况。

4.中修

（1）检测瓶塞接收终端轴衬 松开螺丝，取出板、移动滑块，检查轴衬是否完好，否则更换。

（2）检测瓶塞接收终端弹簧 松开螺母和放松螺母，松开螺丝，移动滑块，检查弹簧是否完好。

（3）检测瓶塞接收终端凸轮 松开螺丝检测凸轮有无磨损，否则更换。

5. 大修

（1）包括小修、中修内容。

（2）拆洗传动机所有零件，并检查其损伤情况，更换损坏件。

（3）更换压塞机的同步带和易损件。

（4）检查、修理或更换分量盘主轴。

（5）检查电气系统，更换损坏的元件。

（6）检查、修理制动、定位及保险装置。

（7）检查、修理送瓶机构倒轨间隙，必要时更换滑块。

（8）检查、修理或更换间歇轮、制动盘、间歇盘等零件。

（9）检查、更换滚动轴承。

6. 设备调试

①调试前检查：清理现场；检查各部位安装无误；检查各运动部位无异物、各润滑点加注了润滑油；检查所有活动部件是否活动自由，即输送装置的辊道、升降装置、隔离门、定位气缸等，这些部件必须能给自由活动且不受干涉。

②调试操作：手动调试气缸（调节气缸时必须两个调速阀同时调整，完毕后拧紧锁紧螺母），松开调速阀上的锁紧螺母，调节头往里调，气缸速度变慢，调节头往外调，气缸速度变快。需要根据压缩空气压力及调速阀实际状态加以调整，以能迅速移动且不产生冲击振动为佳；定量秤需要静态调试，将5kg槽型砝码分别放在秤台的四个角上，同时观察仪表所显示的重量数值是否与所挂砝码重量值相符。如果有一个分度值以上的偏差，首先检查软连接是否与夹袋装置呈柔性连接，然后确认升降装置是否受到其他物体的干涉，否则须将秤重新标定后，再次用砝码检测，直至偏差在一个分度值以内。

③调试验收：运行质量符合机器操作的SOP要求，试车合格，检修记录及试车记录齐全、准确，可通过验收交付生产。

第四节　气雾剂与喷雾剂设备维护

相关知识要求

知识要点

初滤设备、精滤设备、压力灌装设备、灌封设备、气雾剂检漏设备工作原理。

"初滤设备和精滤设备的维护保养、工作原理及调试"已在本章第一节理论部分"二、初滤设备的工作原理；三、精滤设备的工作原理"和第一节技能部分"二、钛滤器维护保养与调试，三、微孔滤膜滤器维护保养与调试"中介绍过，本节不再重复论述，详细参见本章第一节。

一、压力灌装设备的工作原理

压力灌装机是一种在高于大气压力下进行灌装的设备。可分为两种：一种是贮液缸内的压力与瓶中的压力相等，靠液体自重流入瓶中而灌装，称为等压灌装；另一种是贮液缸内的压力高于瓶中的压力，液体靠压差流入瓶内，这种叫高压灌装，高速生产线多采用这种方法。

对气雾剂生产而言，按生产工艺的不同，灌装工艺分为一步法灌装和两步法灌装两种方式。一步法是将气雾剂阀门封装在气雾剂容器上，将气雾剂处方量的药液（包括抛射剂）定量高压灌装到已经封口的气雾剂容器中；两步法是将处方量的药液常压灌入气雾剂容器内，然后将气雾剂阀门封装在气雾剂容器上，再将抛射剂定量等压灌装到封好口的气雾剂容器内。

二、灌封设备的工作原理

灌封设备包括灌装、封口两个工序。

（1）灌装　按照设备的定量原理不同，常见的灌装定量方式有：蠕动泵、定量杯、时间压力计量等。

蠕动泵：通过转子旋转挤压软管，使药液向前移动，控制转子旋转速度和时间，实现每次药液的计量。

定量杯法：由动力控制活塞往复运动，将物料从贮料缸吸入活塞缸，再压入灌装容器中，每次灌装量等于活塞缸内物料的容积。

时间压力计量法：药液进入一个恒压的缓冲罐内，通过控制阀门的开启时间实现每次灌装的计量。

（2）封口　封口是通过专用轧阀头将阀门压到容器顶部，使阀门的密封圈与容器口密封，然后轧阀头内的抓手内收或外扩，将阀门固定在容器上，即实现封口。该步骤一般和药液灌装、充填抛射剂在同一设备上实现。

三、气雾剂检漏设备的工作原理

气雾剂产品一般通过水浴方式检漏。检漏设备的检漏槽内盛装检漏用水，通过加热装置如电发热管，将水加热至一定温度。然后将产品没入水中，产品在水中加热后，由于抛射剂的作用压力升高，如有泄漏会有气泡从封口处冒出。通过人工目测的方式将泄漏的产品检出。

该方式是目前比较可靠的气雾剂产品检漏方法。水浴加热温度和检查时间的选择，需考虑产品工艺方面的耐热性，同时考虑产品受热压力过高造成的安全风险，应综合确定。

技能要求

维护保养及调试初滤设备、精滤设备、压力灌装设备、灌封设备、气雾剂检漏设备。

一、压力灌装机的维护保养与调试

1. 技能考核点

（1）设备日常和定期保养的主要内容。

（2）设备调试的要点。

（3）检修记录及试车记录的规范性和准确性。

2. 压力灌装机的维护保养

气雾剂生产中用压力罐装设备填充抛射剂。该设备通常和灌装、封帽处于同一操作平台。应充分了解压力罐装设备的性能，能按照设备维护保养的 SOP 与说明书对设备进行例行保养和定期保养维护；掌握设备的操作规程以及安全防护知识，具备设备的调试运行能力；做好相应的记录。

（1）日常维护保养

①检查各装置的紧固性，发现有松动的及时紧固。

②检查各装置的运行情况。

③检查抓手的磨损情况，及时清理，涂抹润滑脂。

④放空油水分离器内水分。

⑤检查油杯润滑油并及时添加润滑油

（2）定期维护保养

①每三个月检查充气、药液计量腔密封件，检查药液灌装头、充气头密封件，检查落阀托台滑块。

②每六个月检查转盘系统润滑，检查药液循环泵机械密封，轨道减速机及循环泵注油润滑。

③每年检查气动逻辑阀、换向阀、行程阀。

3. 压力灌装机的调试

①调试前检查：清理现场；检查各部位安装无误；检查各运动部位无异物、各润滑点加注了润滑油；确认设备配备的灌装星盘、理瓶盘与预定的产品尺寸相匹配；确认轨道宽度及高度符合要求；准备符合标准要求的容器、试验用液体和抛射剂。

②调试操作：空载试车时从最低转速逐渐

调节至最大转速，运转过程中确认各转动装置的运行状况应稳定，无异常声响、磨损、跑冒滴漏等情况；负载试车时，使用预定生产的产品包材（气雾剂罐、阀门），以及相配套的灌装星盘、理瓶盘，并调节灌装头高度、抛射剂充填装置高度、封口装置至符合要求时，封口装饰封口效果符合要求，产品在轨道上运行正常；灌装药液量及灌装精度符合预定要求；抛射剂的充填量及充填精度符合预定要求；器密封性能达到预定的效果。

③调试验收：运行质量符合机器操作的 SOP 要求，试车合格，检修记录及试车记录齐全、准确，可通过验收交付生产。

二、灌封设备的维护保养与调试

1. 技能考核点

（1）设备例常和定期保养的主要内容。

（2）设备调试的要点。

（3）检修记录及试车记录的完整性和准确性。

2. 灌封设备的维护保养

灌封设备除和理瓶系统外，还和落阀装置、抓阀装置和抛射剂填充装置等部件处于同一平台。充分了解灌封设备的性能，能按照设备维护保养的 SOP 与说明书对设备进行例行保养和定期保养维护；掌握设备的操作规程以及安全防护知识，具备设备的调试运行能力；做好相应的记录。

（1）日常维护保养

①检查灌装管路是否存在泄漏，发现异常及时处理。

②检查灌装泵、分液器、灌装管路单向阀是否存在泄漏，发现异常及时更换泄漏件。

③检查滚轮是否清洁干燥。

④检查灌针针头是否堵塞和变形，观察灌针的对中状态是否正常，否则进行调整。

⑤检查理瓶传送是否正常，发现异常及时处理。

（2）定期维护保养

①每三个月检查理瓶传送系统，检查计量泵计量是否精确，检查针头插入对中状态，检查旋

轧盖头、调整力矩，保证旋轧盖紧无松动，且不伤盖，给凸轮、齿轮、滑轨处、减速器等部位加注润滑脂。

②每六个月检查灌药装置是否正常灌药，灌药时间是否准确，否则调整或更换。检查各输液管（硅胶管）是否老化，是否失去弹性，是则更换；检查全部喷针并进行校直或更换。更换绞龙、拨轮、栏栅、靠板等易损件。

③每年整体解体并清洗。检查、修理或更换凸轮、齿轮、轴承、轴衬、滑轨等和传动相关的部件。

3. 灌封设备的调试

①调试前检查：清理现场；检查各部位安装无误；检查各运动部位无异物、各润滑点加注了润滑油；准备符合标准要求的灌封容器和试验用封装液体。

②调试操作：空载试车时机器运行平稳、无异常振动和运转杂音；负载试车时灌封质量、破损率和生产能力符合要求。

③调试验收：质量符合机器操作的 SOP 要求，试车合格，检修记录及试车记录齐全、准确，可通过验收交付生产。

三、气雾剂检漏设备的维护保养与调试

1. 技能考核点

（1）日常维护保养与定期维护保养事项。

（2）设备调试内容。

2. 气雾剂检漏设备的维护保养

气雾剂检漏设备通常包括加热系统和检漏槽两部分。应充分了解检漏设备的性能，能按照设备维护保养的 SOP 与说明书对设备进行例行保养和定期保养维护；掌握设备的操作规程以及安全防护知识，具备设备的调试运行能力；做好相应的记录。

（1）日常维护保养

①检查检漏槽的给排水管路是否存在泄漏，发现异常及时处理。

②检查检漏槽是否有锈蚀情况，如有应及时除锈。

（2）定期维护保养

①每三个月检查电加热管是否能正常加热，检查电加热的控制系统是否控温准确。

②每年整体解体并清洗。检查检漏设备的热分布是否合格。

3.气雾剂检漏设备的调试

①调试前检查：清理现场，检查检漏设备的温度设定按钮、加热管正常，给排水管线、阀门安装无误。

②调试操作：将水加入检漏槽，设定加热温度，开启加热管将水加热，检查是否能达到设定的加热温度并保持稳定。

③开启检漏设备的排水阀，检查排水是否正常，排水时是否存在泄漏情况。

④调试验收。质量符合机器操作的SOP要求，试车合格，检修记录及试车记录齐全、准确，可通过验收交付生产。

第五节　软膏剂与乳膏剂设备维护

相关知识要求

知识要点

真空乳化搅拌设备、软膏灌装设备的工作原理。

一、真空乳化搅拌设备的工作原理

真空乳化搅拌设备采用同轴三重搅拌器，均质搅拌头运用高速剪切涡流乳化方式，刮壁搅拌器可以自动紧贴罐底和罐壁慢速搅拌，并采用真空吸料，整个操作工序在真空状态下进行，防止物料在高速搅拌中产生气泡。常用于配制固体物含量较高、黏度较大或油、水两相的内容物。

目前大规模生产采用新型真空均质制膏机，内有三组搅拌装置。主搅拌（20r/min）、溶解搅拌（1000r/min）、均质搅拌（3000r/min）。

主搅拌是刮板式搅拌器，装有可活动的聚四氟乙烯刮板，可避免软膏黏附于罐壁而过热、变色，同时影响传热。主搅拌速度较慢，既能混合软膏剂各种成分，又不影响乳化；溶解搅拌能快速将各种成分粉碎、搅混，有利于投料时固体粉末的溶解；均质搅拌高速转动，内带转子和定子起到胶体磨作用，在搅拌叶带动下，膏体在罐内上下翻动，把膏体中颗粒打得很细，搅拌得更均匀。制成的膏体细度在2~5μm之间，且大部分

接近2μm，而老式简单的制膏罐所制膏体细度在20~30μm。新型制膏机制成得到的膏体更为细腻，外观光泽度更亮。

另一种真空制膏机在结构上有些不同，其均质器置于罐底，整体结构较紧凑，多用于容积较大的制膏机和固体量较大的膏体上。其工作原理：物料通过乳化锅内上部的中心搅拌桨、聚四氟乙烯刮板始终迎合搅拌锅形体，扫净挂壁黏料，使被刮取的物料不断产生新界面，再经过叶片与回转叶片的剪切、压缩、折叠，使其搅拌、混合而向下流往锅体下方的均质机处，物料再通过高速旋转的切割轮与固定的切割套之间所产生的强力的剪切、冲击、乱流等过程，物料在剪切缝中被切割，迅速破碎成200nm~2μm的微粒，由于乳化罐内处于真空状态，物料在搅拌过程中产生的气泡被及时抽走，使生产的制品在搅拌过程中不再混入气泡，从而保证可制造出均匀细腻及延展性良好的膏剂。

二、软膏灌装设备的工作原理

膏体灌装机是利用压缩空气作为动力，由精密气动元件构成一个自动灌装系统，结构简单、动作灵敏可靠、调节方便，适应各种液体、黏稠流体、膏体灌装。

软膏灌装机按自动化程度可分为手工灌装机、半自动灌装机和自动灌装机；按膏体定量装置可分为活塞式和旋转泵式容积定量；按膏体开关装置可分为旋塞式和阀门式；按软管操作工位可分为直线式和回转式；按软管材质可分为金属管、塑料管和通用灌装机；按灌装头数可分单头、双头或多头灌装机。目前多分为自动灌装机（活塞泵阀式）和齿轮泵式自动灌装机。

软膏灌装机按功能可分为五个组成部分：上管机构、灌装机构、光电对位装置、封口机构、出管机构。

自动灌装机主要是通过活塞的往复运动，把定量膏体吸入泵内，再压出灌进管子里。活塞行程可微量调节，以达到调节灌装量目的。该机上的活塞泵还有回吸的功能，使灌装喷嘴上的残料不会碰到管壁尾部，而影响下道轧尾工序。

齿轮泵式灌装机的组成与一般自动灌装机相似，但其灌装机构采用一对间歇旋转的齿轮。用于软膏灌装时，可调范围较大。物料贮存于上部的锥形料斗内，齿轮泵的转子由棘轮机构带动间歇旋转，进行膏体计量，并将膏体压入灌装阀。灌装容量调整可由棘轮进给齿数调节，也可由喷头阀门开启时间、灌注压力进行调节。

全自动超声波软膏灌封机则是一种功能齐全的软膏灌封机。从上管到排料全部可自动完成，可对各种塑胶软管或复合软管进行膏状液体的灌装和封尾，并有温控及搅拌等辅助功能。

技能要求

 技能要点

维护保养及调试真空乳化搅拌设备、软膏灌装设备。

一、真空均质制膏机的维护保养与调试

1. 技能考核点

（1）检查各部件是否运行正常、日常问题的判别。

（2）按照维护保养要求进行清洁维护保养。

2. 真空均质制膏机的维护保养

（1）定期检查各部件及轴承内的润滑油及油脂，及时更换干净的润滑油及油脂。

（2）保持均质器的清洁。每次要停止使用或更换物料时，都应清洗均质器与工作液接触的部分，特别是其头部的切割轮切割套、均质轴套内的滑动轴承及轴套。清洗重新组装后手转叶轮应无卡滞现象，锅体与锅盖两法兰相对固定后点动均质器电机转向正确，无其他异常，方可启动运转。

（3）根据用户使用的介质不同，对进出口过滤器必须作定期清洁以免进料量减少而影响生产效益。进入工作腔内物料必须是流体，不允许有干粉料、团块的物料直接进入机内，否则，会造成闷机而损坏乳化机。

（4）定期检查定子、转子，发现磨损过大、应及时更换相应的部件以保证分散、乳化的效果。

3. 真空均质制膏剂的调试

（1）调试前检查　检查各开关、阀门是否处于原始位置；检查均质部分、搅拌桨、刮缸器等转动部位是否安全可靠牢固；检查电源电压、仪表、指示灯是否正常；检查加热夹层是否有水，液面低于加热棒时不得开机。

（2）调试操作　乳化机接通机封冷却水后，启动电机，确认电机转向应与主轴的转向标志一致方可运转工作，严禁反转；调试时，可用水代替物料，加料后，再分别打开对应的控制开关控制均质器的运转以及刮板搅拌的运转。均质器切割轮转向为面对割轮看逆转；均质搅拌转向为面对搅拌看（上向下看）逆转。调试时应点动试转，

确认无误时再正式让均质器运转。搅拌启动前也应点动，检查搅拌刮壁是否有异常，如有应即刻排除；运转中发现轴处有液体渗漏现象，则必须在停机后调节机封的压力。

（3）调试验收 运行质量符合机器操作的SOP要求，试车合格，检修记录及试车记录齐全、准确，可通过验收交付生产。

4. 注意事项

（1）生产结束后将乳化机清净干净，能保持定子、转子的工作效率也能起到保护乳化机密封的作用。必要时在乳化机外围附近设计安装一套清洗循环装置。

（2）严禁金属屑或坚硬的难以破碎的杂物进入乳化机工作腔体内，以免造成工作定子、转子及设备毁灭性的损坏。

（3）在使用乳化机时，液态物料必须连续输入或在容器内保持一定量。避免空机运转，以免使物料在工作内产生高温或结晶固化而使设备受损。

（4）运转过程中一旦出现异常声音或其他故障时，应立即停机检查，待排除故障后再运转。停机后应将工作腔内及定、转子清洗干净。

二、软膏灌封机的维护保养与调试

1. 技能考核点

（1）检查各部件的密封性。

（2）检查各部件润滑状态及加润滑剂。

2. 软膏灌封机的维护保养

（1）日常维护保养

①检查灌装管路是否存在泄漏，发现异常及时处理。

②检查灌装泵、分液器、灌装管路单向阀是否存在泄漏，发现异常及时更换泄漏件。

③铝管在灌装前需进行紫外线灯无菌照射和

75%酒精杀菌。

④料阀的锥形阀体是精密部件，一旦拆下重新装上，必须重新检查其密封度。

⑤料缸底部的计量电机导杆应经常涂抹润滑油，以保持灵活。

⑥料缸气缸下部的螺杆应抹入足量的润滑脂，起润滑和密封作用。

⑦灌装操作区域的空气洁净级别达到规定要求。

（2）定期维护保养

①检查电加热管是否能正常加热，检查电加热的控制系统是否控温准确。

②每年整体解体并清洗。检查检漏设备的热分布是否合格。

3. 软膏灌封机的调试

①调试前检查：清理现场；检查各部位安装无误；检查各运动部位无异物；检查储油箱的液位不超过视镜的2/3，润滑油涂抹阀杆和导轴；用75%乙醇溶液对贮料罐、喷头、活塞、连接管等进行消毒后按从下到上的顺序安装，安装计量泵时方向要准确、扭紧，紧固螺母时用力要适宜；检查抛管机械手是否安装到位；检查铝管，表面应平滑光洁，内容清晰完整，光标位置正确，铝管内无异物，管帽与管嘴配合。

②调试操作：每次开车前，用手轮转动机器主轴，手动调试二至三圈，保证安装、调试到位，观察是否有异常现象，确认正常后方可开车运行；装上批号板，点动灌封机，空车运行检查有无异常响动、震动，并在各运行部位加润滑油，观察灌封机运转是否正常，检查密封性、光标位置和批号。

③调试验收：运行质量符合机器操作的SOP要求，试车合格，检修记录及试车记录齐全、准确，可通过验收交付生产。

第六节　贴膏剂设备维护

相关知识要求

> 涂布设备、覆膜设备、装袋设备的工作原理。

装袋设备的工作原理在滴丸剂设备维护保养与调试、泛制丸与塑制丸设备维护保养与调试中也有应用，后续章节中不再重复论述。

一、涂布设备的工作原理

贴膏剂涂布设备主要分为隧道烘干涂布设备和涂布头加热式涂布设备。涂布方法主要有直接涂布法和转移涂布法。涂布过程均是首先将含药胶浆均匀涂布于背衬布或防粘层材料上，经过冷却后，进行无张力收卷，再进行下一工序操作。采用隧道式涂布设备时，胶浆是在完成涂布后，再加热挥发溶剂，最后冷却；采用涂布头加热涂布设备时，胶浆需要先加热，完成涂布后，再冷却，本方法无需挥发性溶剂参与。

橡胶贴膏涂布设备主要工作原理是将成卷的背衬或防粘层材料涂覆一层含药胶体，经干燥、冷却后收卷。涂胶面应该平整光滑，无异物、折皱，含膏量应能稳定在一定的范围内。

随着无溶剂化技术的发展，有的涂布设备已不需要配备烘干部件。另外，转移法涂布技术的发展，使涂布和覆膜工序可以同时进行。涂布设备主要有由放卷轴、供胶装置、涂布头、控制系统、接膜装置、纠偏装置、分切收卷装置等组成。涂布时，先将背衬或防粘层材料通过导辊贯穿前后车，胶浆通过供胶装置和涂布头，均匀地涂于背衬或防粘层上，转移至后车，进行分切收卷。

二、覆膜设备的工作原理

贴膏剂覆膜设备主要作用是在涂布完成之后，在含药物膏面上复合一层防粘层材料，一方面便于后续生产，另一方面保护产品，同时便于使用。工作过程中，通过覆膜主动轮的带动，将膏卷黏性面与防粘层材料防黏面进行同步复合，确保无跑偏，无皱缩，无卷曲，完成覆膜过程。

橡胶贴膏的覆膜工序一般在涂布之后进行，传统的方法中，涂布之后的膏卷，需要覆盖一层防粘材料，以利于生产和使用。覆膜机在工作中，需要通过主轴带动，将膏卷黏性面和防粘材料同步复合，复合过程需要保证膏卷和防粘层材料所受张力的一致性，防止覆合后出现皱缩现象，导致最终膏片不平整，或尺寸不合格。复合设备有半自动设备和全自动设备，半自动设备运行时，需要靠脚点动开关，双手控制膏卷和防粘层的位移，操作费力，需要操作人员熟练操作；自动覆膜设备具有双面膏卷同步复合、自动纠偏、快速接膜等优势，生产效率和成品率有很大提高。

三、装袋设备的工作原理

装袋设备运转过程中，首先需要将袋材按要求安装到位，设备运行时，通过计数装置完成膏片的计数，机械手推送膏片至袋材中间位置，再实施四边热封、转移、打印信息、裁切、输送等操作，最后还需要进行装量的检查，剔除装量不够、不规范的产品，完成装袋工序。

橡胶贴膏自动装袋设备集膏片计数、制袋、装产品、打印批号、四边封口、开撕裂口、切袋、输送全部一次性完成。

装袋工作中，裁切并计数后的膏片经过输送机传递至上下包材之间，随后，运行至四边封口工位，通过对袋材的压合实现四周密封，封口之后，完成包装的内袋经过裁切滚刀，实现内袋之间的分离，通过输送带输送至下一道工序。该设备使装袋实现自动化。

技能要求

维护保养及调试涂布设备、覆膜设备、装袋设备。

一、涂布设备的维护保养与调试

1. 技能考核点

（1）维护保养过程的安全操作要求。

（2）维护保养周期和内容。

（3）设备出现异常的判断与原因分析。

2. 涂布设备的维护保养

（1）日常维护保养

①对机身进行擦洗，要求机身无积灰、无油渍、死角无污物。

②检查气路、传动及冷却部分是否漏气、漏油、漏水。

③检查清洁各功能性导辊。

④检查清洁静电棒。

⑤检查吻涂上胶压辊压合是否正常。

⑥清洁牵引压辊和钢棍表面，检查辊面是否有划伤。

⑦清洁收料压辊。

⑧清洁贴合钢棍、贴合胶辊，检查辊面有无划伤。

⑨检查管路及接头有无漏气现象。

（2）定期维护保养

①每三个月：添加润滑油和润滑脂，以确保正常的油位，检查和清洁每个功能导辊，检查啮合安全杆装置是否牢固，检查紧急拉线开关是否可靠，检查被动导辊的轴承润滑情况，检查纠偏器与电机风扇工作是否正常；检查各传动部分是否良好，运转是否正常，检查刮刀刀片是否有损坏，检查涂布装置的传动部分是否可靠，检查辊面是否有划伤，检查张力和压力调节是否正常、清洁，检查气动元件动作是否正常，检查压缩空

气是否符合技术要求，检查各压力表减压阀工作是否正常，检查电磁阀、手动阀和电气比例阀是否工作正常，检查各操作面板指示灯、按钮、限位开关、冷却风扇是否正常。

②每六个月：检查并清洗胶槽、胶泵，检查吻涂上胶压辊的胶层表面情况，检查各传动部分是否良好，运转是否正常，检查料辊驱动传动机构动作是否可靠，对储料装置所有导辊及直线导辊、滚珠等加润滑油或相应润滑脂，检查储料升降行程是否正常。

③每年：对整机进行润滑油和润滑脂保养，检查和清洁每个功能性导辊，检查各部分的磨损情况，有损坏应及时更换，检查气动部分执行是否可靠，检查安全杆啮合装置是否牢固，检查整机被动导向辊转动灵活性和轴承润滑情况，检查胶辊老化和磨损情况，更换整机所有传动电机减速机油，对整机接地装置进行检查和测量。

3. 涂布设备的调试

①调试前检查：用水平仪检查机器是否平整；检查各部位安装无误；检查各运动部位无异物、各润滑点加注了润滑油；通电前关闭本机电源总开关，检查电源连接是否正确，检查无误后方可接通电源；接通电源，打开开关。所有主传动部分，转动方向是否与走膜方向一致，转速是否正常，电机，传动部分是否有噪音、震动及联结松动的情况。检查机台所有导辊的灵活度，气源压力及气源干燥程度是否达到要求。

②调试操作：空载试车时从最低速度逐渐调节至最大转速，运转过程中确认各转动装置的运行状况应稳定，无异常声响、磨损、跑冒滴漏等情况；负载试车时，首先判断基材是否有折痕、碰伤、斑点等问题。调整基材的走带情况，若出现单边、打皱等情况时，应适当调节产生打皱前后的调整辊。通过调整辊之间的间隙调整合适的涂布厚度，根据涂布量、涂布速度调试烘箱温度；涂布量厚、涂布速度较快时，适当提高干燥

温度。根据涂层厚度调整整机张力大小，保证基材不被拉伸和起皱以保证基材涂抹的均匀。

③调试验收：运行质量符合机器操作的SOP要求，试车合格，检修记录及试车记录齐全、准确，可通过验收交付生产。

4. 注意事项

（1）操作人员持证上岗操作。非本岗位人员禁止操作该设备。

（2）佩戴规定的劳动保护用品。有毒有害的场合，要配备好防护器具，作应急之用。

（3）在未断开电源的情况下，不可随意拆卸、清洗设备。配电柜在打开电源后，禁止再次随意开合柜门。

（4）设备有异常情况下，应在断电的情况下再进行检修；设备出现异响、膏面跑偏、张力明显变化应立即检查。

（5）设备的转动齿轮、链条应经常检查，定期润滑。

（6）安装盖衬材料或背衬材料时小心压手。

（7）操作中，手和身体任何部位不得放置到转动的滚筒处，以免造成机械伤害。

（8）在涂胶收卷处，设备运转时手不得靠近或接触切刀口，以免切伤。

（9）设备属于异型不规则外形设备，注意人体或头部与机器发生碰撞。

二、覆膜机维护保养与调试

1. 技能考核点

（1）维护保养过程的安全操作要求。

（2）维护保养周期和内容。

（3）当设备出现异常时，能及时判断问题原因，并进行维修保养。

2. 覆膜机的维护保养

（1）日常维护保养

①清洗黏附在机器上肉眼可见的胶体、油污和粉尘，做到设备内外、台面见本色，周围环境清洁、一目了然。

②清洁切膜刀，清洁完毕后，要为其戴上安全罩。

③检查输送带上方压轮的压力，应做到两压轮的压力一致。

④检查薄膜支承轴两端的位置，应做到上下、前后位置一致。

⑤给机器蜗轮箱油孔和调压轴与铜套磨合处补加润滑油。

⑥填好当日的设备维护记录本，字迹清晰、工整，内容客观、详实。

（2）定期维护保养

①每3个月对齿轮箱内的润滑油进行检查，发现油量不够时应及时添加。给所有外露发黑件与钢辊端面加防锈油，齿轮和齿轮啮合处加润滑脂进行润滑。

②每6个月检查供胶辊、压力辊的轴承，清洗并加油，若锈蚀严重、影响精度，应及时更换新轴承并加油。检查供电系统、变频调速系统、电器控制系统、配电箱、电机要进行除尘、擦拭，检查真空泵、真空表工作状态，检查真空管路的气密性。检查并清洗齿轮箱。

③每年检查并调整设备的安装水平、机器的同步性。检测机器的精度，并对影响覆膜质量的零部件进行更换。

3. 覆膜机的调试

①调试前检查：检查各部位安装无误；检查各运动部位无异物、各润滑点加注了润滑油；现场干净整齐，按照相应的线号，连接外围单元与电控箱的线路，连接真空管路，检查电源电压；确认覆膜机转轴是否固定完好；机台周围原材料（覆膜胶、各种规格的膜）摆放整齐；检查电动机的转向是否顺时针方向，各紧固件有无松动，是否处在完好、已清洁状态；准备符合标准要求的容器及生产用原料。

②调试操作：空载时确认各转动装置的运行状况应稳定，无异常声响、磨损、跑冒滴漏等情况；开机调试、调整真空表与温控表，将真空度和温度设置在所需范围。打开电热开关使设备通电加热，通过面板的电流表再次确认三相电流是否平稳，加热控制是否正常；将设备空运转，检查电器控制系统及机械传动部分的动作是否正

常、可靠。启动机器后先低速使机器怠速运转一定时间后，再将速度逐渐调至所需的速度，点动真空泵开关一两次，查看电机转向是否正确。负载时，随时检查产品质量、机器运转情况、胶流量大小、膜运转情况。

③调试验收：设备运转完毕，将机器清洗干净时，机器前压力辊应处于松压状态并且关闭总电源。运行质量符合机器操作的 SOP 要求，记录齐全、准确，可通过验收交付生产。

三、装袋设备的维护保养与调试

1. 技能考核点

（1）润滑油加注、称重感应器的保养重点。

（2）不同部位维护保养周期和内容。

2. 装袋机的维护保养

（1）对机身进行擦洗，要求机身无积灰、无油渍、死角无污物。

（2）检查气路、传动部分是否漏气、漏油。

（3）检查各紧固件及其他零部件是否紧固、正常。

（4）检查给冲压主副轴处的润滑油，应每日定时加油。

（5）检查其他机械部件处润滑油情况。

（6）填好当日的设备交接班记录本，字迹清晰、工整，内容客观、详实。

（7）检查并调整设备同步性，对影响装袋机运行的紧固件及零部件进行更换。

（8）定期检查供电系统、电器控制系统、配电箱工作是否正常。

（9）定期检查主副轴磨损情况、定位针的工作位置是否准确，真空泵、真空表工作是否正常，定期更换密封圈，检查螺栓是否移位、松动。

（10）定期对真空管道、气源管清洗或更换。

（11）定期进行除尘、擦拭。

（12）定期对电线进行更换，对控制柜及接线箱内接线端子进行检查并紧固，定期检查接近开关和光电开关与设备感应距离是否合适，及时调整。电线如需有接头，整根线只允许有一个接头。

（13）每周对称重感应器紧固螺丝进行检查、校准。短时间停用，应每周检查试运行一次，长时间停用，应每月试运行一次保持备用状态。

3. 装袋机的调试

①调试前检查：清理现场；检查各部位安装无误；检查各运动部位无异物、各润滑点加注了润滑油；检查设备电源线必须接漏电保护器且安全接地，保证用电安全；检查各操作机构、转动部位、档位、限位开关等位置是否正常。

②调试操作：调试时先开启真空泵，真空泵工作后，真空室抽真空，包装袋内同时抽真空，检查真空表指针读数，是否达到额定真空度。在真空室工作的同时，热封气室抽真空，热压架保持原位。热封气室充气膨胀，检查热压架下移位置是否能正好压住袋口，检查加热条封口情况。电磁阀控制回气，真空表指针回到零，检查热压架是否在复位弹簧作用下能复位。仔细聆听设备各部位是否异响，观察理片、送片、装袋、封口工位是否异常。最后检查机器四边热封产品是否达到生产要求。

③调试验收：设备运转完毕，将机器清洗干净时，设备应处于定位状态，锁好电控门。运行质量符合机器操作的 SOP 要求，记录齐全、准确，可通过验收交付生产。

第七节　栓剂与膜剂设备维护

▌相关知识要求▐

知识要点

涂膜设备、制栓设备、铝塑泡罩包装设备的工作原理。

一、涂膜设备的工作原理

药物与成膜材料、增塑剂、分散剂、溶剂混合制成具有一定黏度的料浆，料浆从料斗流下，被刮刀以一定厚度刮压涂敷在专用基带上，经干燥、固化后从上剥下成为薄膜，然后根据需要作冲切、层合等加工处理，制成成品。具有成本低、质量高、无毒害、生产工艺简单等优点。

二、制栓设备的工作原理

全自动栓剂灌装生产线具有稳定高效的预热模具、加热模具、成型模具、制带、灌装、冷冻、封口等生产工序可以完成制栓全部过程，生产能力强。

制模：将成卷包材（PVC、PVC/PE）经夹持机构进入成型区经预热模具→加热模具→成型模具→吹气模具→吹泡成形→三角刀切边工艺（切底边）→虚线刀切（打撕口线）。

灌装：埋入式灌装一次性对成型栓剂进行灌装，灌装精度 ±2%，灌装料桶装有电加热保温系统，顶端配有搅拌电机以使药物处于均匀状态，料桶中的药物经高精度灌装泵进入灌装头，一次灌装后剩余药物通过另一端循环至原料桶再做下次灌装。

冷却定型：整排灌装完毕的栓剂进入冷却厢，冷却厢外部配有冷水机组，冷却风通过冷却厢中的冷凝器对冷却厢里的栓剂进行冷却。

封尾剪切：被冷却后的固态栓剂进入封口区：预热模具（预热）→封口模具（封口）→打码模具（打批号）→滚刀（修剪上边）→计数剪切。

三、铝塑泡罩包装设备的工作原理

平板式泡罩包装机工作原理：成型膜经平板式加热装置加热软化，在平板式成型装置中利用压缩空气将软化的薄膜吹塑成泡罩，充填装置将被包装物充填入泡罩内，然后送至平板式封合装置，在合适的温度及压力下将覆盖膜与成型膜封合，再经打字压印装置打印上批号及压出折断线，最后冲切装置冲切成规定尺寸的产品板块。

▌技能要求▐

技能要点

维护保养及调试涂膜设备、制栓设备、铝塑泡罩包装设备。

一、涂膜设备的维护保养与调试

1. 技能考核点

（1）检查各部件是否运行正常。

（2）检查各部件润滑状态及加润滑剂。

2. 涂膜设备的维护保养

（1）日常维护保养

①清洁设备，去除残余物，不能使用具有腐蚀性的清洁剂。

②对于有加热部位的设备，每班生产结束后，切断电源，待加热部位温度下降至室温后方能关水，关气。

③检查电线端有无脱落，电线表皮有无破损，设备接地检查。

④检查电晕机、辊轴、张力辊等有无擦伤、破损现象。

⑤检查马达传动联接与主动轴、被动轴是否配合完好。

⑥刮刀每次使用完后即时分离清洗刀口，保持平滑；工作完毕将刮刀升到较高位置，避免弹簧因长时间拉伸而导致拉力下降。

⑦每班开机前需要对设备各处加油嘴加油。

（2）定期维护保养

①每季度维修人员需对设备进行预防性维护维修，检修、清洁，固定设备电器部位，检修、疏通水、气管路，更换破损件。

②每年对设备进行预防性维护维修。每年维修维护包含每半年度所有维护维修内容，每两年对设备进行大中修。

3. 涂膜设备的调试

（1）调试前检查　部件无磨损、无松动、完整安全、机器上无任何异物，调试合理，方可合闸开机。检查各紧固螺钉有无脱落、松动现象；检查有无堵塞现象等。

（2）调试操作　空载调试，轻按开始键，推力杆会以一定速度向左移动，到达终点后缓冲停止；再按开始按键，推力杆会从终点返回原点停止，至此一个运行过程完成；加载调试，将刮刀组件扣在推力杆上，要确认扣牢，刮刀底部完全接触玻璃平台，观察动作是否平稳，顺畅；检查运行过程中有无异响。

（3）调试验收　运行质量符合机器操作的SOP要求，试车合格，检修记录及试车记录齐全、准确，可通过验收交付生产。

二、制栓设备的维护保养与调试

1. 技能考核点

（1）检查各部件是否运行正常。

（2）检查各部位控温情况。

（3）制栓设备的维护保养方法与调试方法。

2. 制栓设备的维护保养

（1）日常维护保养

①对于有加热部位的设备，每班生产结束后，切断电源，待加热部位温度下降至室温后方能关水、关气。

②每班开机前需要对设备各处加油嘴加油。使用润滑剂时不能把两种润滑剂混合在一起，每次使用同品牌、同类型和品质的润滑剂。

③及时更换损坏或磨损的部件。出现故障，由机修人员维修排除，禁止乱调乱拆。

（2）定期维护保养

①每季度维修人员需对设备进行预防性维护维修、检修、清洁，固定设备电器部位，检修、疏通水气管路，更换破损件。

②每年对设备进行预防性维护维修。每年维修维护包含每半年度所有维护维修内容，每两年对设备进行大中修。

3. 制栓设备的调试

（1）调试前检查　设备开机前必须检查各部件无磨损、无松动、完整安全、机器上无任何异物，方可合闸开机。检查各部件是否完好无损，检查校准仪器、仪表，检查电器系统是否连接正确，有无可靠的接地措施，检查搅拌器工作是否正常，检查灌注开关工作是否正常，检查气动系统是否正常，气动动作部位工作是否可靠。

（2）调试操作　负载运行，确认各转动装置的运行状况应稳定，无异常声响、磨损等情况。检查灌注速度是否达到技术要求，检查灌注量是否符合生产要求，准确率及重量差异是否在规定的范围内。

（3）调试验收　运行质量符合机器操作的SOP要求，试车合格，检修记录及试车记录齐全、准确，可通过验收交付生产。

4. 注意事项

（1）栓剂模必须放在平坦的桌面或地面上进行操作。

（2）操作时将螺丝拧紧后再进行操作，以免出现栓剂重量差异。

（3）栓剂模操作后不能直接用水进行清洗。

（4）栓剂模应保存在干燥通风，清洁的地方。

（5）模具不能放在阳光下进行操作，存放。

（6）模具不能放在潮湿，带有腐蚀性气体的环境中。

三、铝塑泡罩包装设备的维护保养与调试

1. 技能考核点

（1）检查各部件清洁状态。

（2）检查各部件润滑状态和添加润滑剂。

（3）当设备出现异常，能及时判断问题原因，并进行维修保养。

2. 铝塑泡罩包装设备的维护保养

（1）日常维护保养

①清洁设备，去除残余物，不能使用具有腐蚀性的清洁剂。

②各模具立柱的直线轴承、除维修更换加注润滑脂外每次滴注机油润滑；气夹牵引凸轮每班次涂抹润滑脂一次；送料摆杆机件每班加注润滑油。

③对于有加热部位的设备，每班生产结束后，切断电源，待加热部位温度下降至室温后方能关水、关气。

④设备使用的循环水应为软化水，避免水碱以及杂质对设备零部件的损坏。每周需更换软化水，清洁水箱。若因维修或其他原因，设备短时间内无法使用，需将机内水路中的冷却水排干净。

⑤及时更换损坏或磨损的链条，清洗完毕后上润滑剂，调整链条张力适当位置。对泡罩包装机加热点清洁时不要使用尖锐的工具，可使用工业酒精清洁。每天清洁设备切刀，避免设备受潮。

⑥每班开机前放尽储气罐或油水分离器中的积水。

⑦每班检查配电箱是否有积尘，接线端是否污损氧化并及时处理。

⑧对气动、蒸汽压力和液压系统进行拆除清洗时，必须进行泄压。每天操作前检查微动开关、光电开关及一些感应开关有无偏位并校正，对机

器上的传感器部位进行清洁时用软布或棉毛球擦拭，不能用坚硬的物品刮拭，避免造成损坏。

⑨出现故障，由有关机修人员维修排除，禁止乱调乱拆。

（2）定期维护保养

①每季度维修人员需对设备进行预防性维护维修，检修、清洁、固定设备电器部位，检修、疏通水、气管路，更换破损件。季度维护维修包含日常保养内容。

②每半年维修人员需对设备进行预防性维护维修，检修、更换磨损件，检修联动、紧固件，检修润滑系统、电路系统。半年维修维护包含每季度所有维护维修内容。

③每年对设备进行预防性维护维修，检查电机、减速器部分。每年维修维护包含每半年度所有维护维修内容。每两年对泡罩包装连线各设备进行大中修。

3. 铝塑泡罩包装设备的调试

①调试前检查：检查各开关、阀门是否处于原始位置；设备开机前必须检查各部件无磨损、无松动、完整安全、机器上无任何异物，方可合闸开机。

②调试操作：启动前先用手盘动电机皮带轮，观察有无卡阻现象，以免造成意外损失，然后打开电源开关，按下点动开关启动电机，从皮带轮端观察，顺时针方向旋转为接线正确，检查完毕后准备试机；先搬动吸塑加热、热封加热、打字加热三个开关，进入预热状态，同时对这三个开关控制的三只温控表，按各自的要求设定温度，然后打开水源，以确保吸塑模具辊在恒温状态下正常工作：吸塑加热 145℃~155℃，热封加热 190℃~200℃，打字加热 100℃左右；将 PVC 硬片 PTP 铝箔装在各自的支撑轴上；将模具压辊抬起使其离开吸塑模具辊。搬动热封辊框架上的离合手柄，使热封辊离开吸塑模具辊。运转过程中确认各转动装置的运行状况应稳定，无异常声响、磨损等情况。

③调试验收：运行质量符合机器操作的 SOP 要求，试车合格，检修记录及试车记录齐全、准确，可通过验收交付生产。

第八节　散剂、茶剂与灸熨剂设备维护

▰ 相关知识要求 ▰

知识要点

　　压茶设备、艾绒磨粉设备、装袋设备、自动卷艾条设备的工作原理。

　　"装袋设备的工作原理"已在本章第六节理论部分"三、装袋设备的工作原理"中介绍过，本节不再重复论述，详细参见本章第六节。

一、压茶设备的工作原理

　　压茶机是一种多功能的中小型液压机，由主机、油泵、传动装置等组成。具有手动和脚踏两种操作方式。

　　压茶机的机器行程、压力可在规定范围内调节。液压系统采用电磁换向阀，调速方便。液压系统设有压力预泄装置，液压冲击小。

二、艾绒磨粉设备的工作原理

　　艾绒磨粉机由主机、辅机、集管道、电控装置组成，辅机有旋风和布袋除尘器，主机内的离心分级装置，除可完成粉碎外，还具有分级功能，粉状颗粒可任意调节。

　　物料经料斗进入粉碎室，在高速旋转的活动齿盘与固定齿盘间受齿的冲击、剪切、摩擦及物料间相互撞击的作用下被粉碎。粉碎过程中产生的细粉被风机气流带走，经选粉机进行分级，符合细度的粉粒随气流经管道进入旋风集粉器内，进行分离收集，再经出粉管排出即为成品粉粒，艾渣可直接从主机下面流出。

三、自动卷艾条设备的工作原理

　　自动卷艾条机由开卷机构、浮动储纸机构、输纸机构、喷胶机构、卷布机构、下料机构、卷取机构、绞龙供料机构、上料机构、输送机构组成，自动完成艾条的供料、卷制、卷取。

　　工作时，输纸辊转动带动纸向前输送，到达喷胶位置时胶枪喷胶阀打开，开始喷胶上胶，卷布机构随后开始动作；上料机构吸风打开，将料吸到绞龙，绞龙转动输出卷一只艾条的艾绒，下料部件在气缸推动下沿着滑轨下落到位后，捣料部件在气缸推动下打开料仓，艾绒下落到卷取仓进行艾条的卷贴，由输送机输出艾条。

▰ 技能要求 ▰

技能要点

　　维护保养及调试压茶设备、艾绒磨粉设备、装袋设备、自动卷艾条设备。

一、压茶机的维护保养与调试

1. 技能考核点

（1）在规定时间内完成维护保养工作。

（2）设备调试操作规范、正确。

2. 压茶机的维护保养

（1）检查、确认部件齐全。

（2）保持设备内外干净，无油污、灰尘、铁锈、杂物。

（3）检查轴承、转动部件润滑状况，轴承加注润滑脂；其他转动部件加注润滑油。

（4）检查各部件配合间隙，紧固松动部位。

（5）清扫、检查电气部件。

（6）定期检查刀具、筛网是否损坏，如有损坏，应进行更换。

3. 压茶机的调试

（1）调试前检查　清理现场；使用前检查各运动部分的润滑油是否加足。开机前观察各运动部分有无摩擦、松动、撞击等，应清除故障后再开机。

（2）调试操作　生产前需调整压茶机压力及保压时间，并调整茶块位置。开机后观察各部件是否运转正常，有无异响；观察有无卡阻现象。试压压力是否正常，试压茶块硬度、表面光洁度、重量差异是否符合要求。

（3）调试验收　运行质量符合机器操作的SOP要求，试车合格，检修记录及试车记录齐全、准确，可通过验收交付生产。

二、艾绒磨粉机的维护保养与调试

1. 技能考核点

（1）在规定时间内完成维护保养工作。

（2）调试操作规范、正确。

2. 艾绒磨粉机的维护保养

（1）检查、确认部件齐全。

（2）保持设备内外干净，无油污、灰尘、铁锈、杂物。

（3）检查轴承、转动部件润滑状况，轴承加注润滑脂；其他转动部件加注润滑油。机器上的油杯应经常注入润滑油，保证机器正常运转。

（4）检查各部件配合间隙，紧固松动部位。

（5）清扫、检查电气部件。

（6）定期检查刀具同筛网是否损坏，如有损坏，应进行更换。

3. 艾绒磨粉机的调试

（1）调试前检查　清理现场；使用前，先检查机器所有紧固件是否拧紧，皮带是否张紧。检查各开关是否处于原始位置；主轴运转方向必须符合防护罩上所示箭头方向，否则将损坏机器。电器是否完整。机器粉碎室内有无金属等硬质杂物，否则会打坏刀具，影响机器运转。

（2）调试操作　生产前进行调试，物料在粉碎前一定要检查纯度，不允许有金属硬杂物混入，以免打坏刀具或引起燃烧等事故；开机调试时设备运行正常，无松动、异响；调整粉碎粒度、调整风机和主机间的排气管以达到气流的平衡。使用时机体会有微小振动，一定要将机盖连接手柄拧紧，避免事故发生。

（3）调试验收　运行质量符合机器操作的SOP要求，试车合格，检修记录及试车记录齐全、准确，可通过验收交付生产。

三、装袋机的维护保养与调试

1. 技能考核点

（1）在规定时间内完成维护保养工作。

（2）调试操作规范、正确。

2. 装袋机的维护保养

（1）检查、确认部件齐全。

（2）检查、紧固所有紧固件。特别是封合辊上部（上料机构）的一些紧固件不许有松动现象。检查、紧固密封件。

（3）检查、清理与包装材料有接触的部位、计量转盘及下料门。检查、清理封合辊黏附的包装材料残渣及被包装物。

（4）对润滑点加润滑油，润滑点包括导柱、导套、轴承、轴套等有相对运动的零部件。检查并加注减速机内齿轮箱油。检查并加注齿轮、链轮、链条润滑脂。对纵、横封辊两端滚针轴承加注高温润滑脂（HP-R380℃）。

（5）加油润滑时，不得将油撒在皮带上，以防皮带打滑。

（6）清扫、检查电气部件。

（7）定期为机上调节装置的转动部件、移动部件加稀润滑油。

（8）根据使用情况定期更换密封圈。

（9）定期检查螺栓是否松动、移位。

3. 装袋机的调试

（1）调试前检查　清理现场；检查各部位安装无误；检查各运动部位无异物、各润滑点加注了润滑油。检查电、气控制开关、旋转开关等是否安全可靠。膏卷安装牵引、袋材安装牵引正常。

（2）调试操作　生产前进行调试，调整成型器对应纵封滚轮相对位置、定量供应器的量杯容积、纵封温度、横封温度。负载运行：开启电源开关，设定灌装量。按下列顺序运行，注意观察整个运行周期中设备运行是否顺畅、成品是否符合要求、有无异常现象发生。灌装按钮开→袋盖架自动拔起→灌装头移动并对准袋口→灌装开始→达到容量灌装完毕→转向压盖对准袋口→压盖头进行袋口压盖→把袋取下放托盘上、袋从托盘上落在输送线上。遇到异常情况，按下启动/复位开关，机器返回待机状态。

（3）调试验收　运行质量符合机器操作的SOP要求，试车合格，检修记录及试车记录齐全、准确，可通过验收交付生产。

四、自动卷艾条设备的维护保养与调试

1. 技能考核点

（1）在规定时间内完成维护保养工作。

（2）调试操作符合规范、正确。

2. 自动卷艾条机的维护保养

（1）检查、确认部件齐全。

（2）检查、紧固所有紧固件。

（3）每班擦拭机台一次。过纸不锈钢板、切刀底板、踩脚底板每半天擦拭一次，确保清洁，以便纸顺利通过。气缸、气爪每半天保养一次，保证干净，动作顺畅。

（4）下料部、半圆弧、捣芯每半天擦拭一次，内部用风枪从内部向外吹，每半天一次。

（5）卷板、卷杠、卷侧板和片基每次停机时擦拭干净，开机过程中也要注意卷杠和卷板上是否有杂物，及时清理。

（6）胶枪在下班前必须清洗干净，确保上班时就能开机。

（7）运动部位（导轨、丝杠）每周加油一次，油杯低于下线时，及时加油。轴承每月加油一次。

（8）出风布袋每半天清理一次。

（9）及时排出压缩空气中的水。

3. 自动卷艾条机的调试

（1）调试前检查　清理现场；检查各部位安装无误；检查各运动部位无异物、各润滑点加注了润滑油；检查电、气控制开关、旋转开关等是否安全可靠；紧固所有紧固件。

（2）调试操作　生产前进行调试，调整卷轴和卷台之间的膜要两端均齐，调整卷条的速度、卷条直径，调整绞龙圈数；调整开始上胶位置及上胶线长度；调整纸张长度。负载运行，检查有无异常响动、震动，并在各运行部位加润滑油，观察卷艾条机运转是否正常，检查成品是否符合设定规格。

（3）调试验收　运行质量符合机器操作的SOP要求，试车合格，检修记录及试车记录齐全、准确，可通过验收交付生产。

4. 注意事项

（1）为便于操作可以将艾条机靠近卷轴一端的位置进行适当调整。

（2）为了避免卷制时艾绒对两端的挤压造成艾条两端粗大，可以将两端适当用力向中间挤压，以保证艾条整体美观。

第九节　颗粒剂设备维护

沸腾制粒设备、干法制粒设备、颗粒包装设备的工作原理。

"颗粒包装设备的维护保养及调试"已在本间第八节技能部分："三、装袋机的维护保养与调试"中介绍过，本节不再重复论述，详细参见本章第八节。

一、沸腾制粒设备的工作原理

将制粒用粉末物料投入流化床内，冷空气从主机后部加热室进入，经初效、中效过滤。加热器加热至进风所需温度后进入流化床，粉末在床内呈流态化，物料在流化的同时被低速搅拌，从而避免结块，适于含湿量偏高、有黏性物料。黏结剂由输液泵送入双流体雾化器，经雾化后喷向流化的物料。粉末间相互架桥聚集成粒并长大，水分挥发后由排风带出机外。此过程不断重复，从而形成理想的、均匀的多孔球状颗粒。沸腾制粒方法是喷雾技术和流化技术的综合运用，它使传统的混合、制粒、干燥过程在同一设备内一次完成，故又称"一步制粒"。

二、干法制粒设备的工作原理

将药物与辅料的粉末混合均匀后压成大片状或板状，然后再粉碎成所需大小的颗粒的方法。靠压缩力的作用使粒子间产生结合力。基本工作原理为重压成粒的物理过程。物料经机械压缩成型，不破坏物料的化学性能，不降低产品有效成分含量，适宜于热敏性物料和遇水易分解的药物。

操作时将干燥后的各种干粉物料从干法制粒机的顶部加入，经预压缩进入轧片机内，在轧片机双轮挤压下，物料变成片状，片状物料经破碎、整理、筛分等过程，制成所需大小的颗粒。

三、颗粒包装设备的工作原理

自动包装机通过振动盘、自动分选、检测、计数包装。工作时，被包装的物料由给料机构（气动闸门）加入称料斗，控制器收到传感器的重量信号后，按预先设定的程序值进行控制。开始时进行快速（快加、中加、慢加同时）给料，当重量≥（目标值–粗计量值）时，停止快加信号输出，进入中速（中加、慢加同时）给料；当重量≥（目标值–精计量值）时，停止中加信号输出，进入慢速（慢加）给料；当重量≥（目标值–过冲量值）时，停止慢加信号输出，给料门完全关闭，定值称量完成。夹袋信号输入后，称量斗卸料门自动开启，当重量≤零位设定值时，称量斗卸料门自动关闭，物料袋自动松开落入输送带上，被送到缝包机缝包之后进入下一工序，同时控制器进入下一控制循环。

维护保养及调试沸腾制粒设备、干法制粒设备、颗粒包装设备。

一、沸腾制粒设备的维护保养与调试

1. 技能考核点

（1）运用设备诊断技术，及时诊断和排除因设备劣化而造成的突发事故。

（2）设备的维护保养与调试方法。

2. 沸腾制粒机的维护保养

（1）日常维护保养

①设备的视觉检查

a. 检查物料容器及流化仓内有无划伤或变形；

b. 检查过风网有无异物，如有则进行清除；

c. 检查手摇绞车系统是否清洁、完好无损及是否有松动；

d. 检查沸腾制粒机电机同步带的磨损情况，更换破损同步带，调整传动带张紧机构，使之大小适度。

e. 沸腾制粒机减速器加入润滑油，油面应不低于油尺中线处。

f. 检查沸腾制粒机机箱内连接固定螺钉是否松动，并对油杯加上润滑脂。

g. 检查沸腾制粒机配电箱，对其除尘、紧固接线端子、检查变频器运行情况。

h. 沸腾制粒机多次操作会有堵塞的情况，须要注意清理。

②安全连锁检查

启动设备前，要检查安全联锁系统是否正确运行，在物料容器未到位的状态舱盖开启下无任何设备动作；无压缩空气状态下午任何设备动作；急停开关被按下无任何设备动作；检查所有接地线是否都已正确连接。

③检查紧急制动按钮操作

a. 操作之前，要检查所有的紧急制动按钮是否操作正确。

b. 确定设备已经可以进行操作之后，依次按下每个紧急制动按钮，然后尝试启动机器，每个测试后将紧急制动按钮复位。

c. 最初启动机器后，一次按下紧急制动按钮，确保机器能够正确制动，测试后将每个紧急制动按钮复位。

④气压检查

检查总进气压力不低于 0.4MPa；必要时进行调节。

⑤操作检查

启动本机，并执行以下运行检查：

a. 检查所有的设备和控制是否有异常的噪声或振动；

b. 检查风机电机电流不过载。

（2）定期维护保养

①月维护（每月或每运行 400 小时后，执行以下任务）

a. 基座与顶升、顶升与物料容器、物料容器与扩散室及扩散室与捕集带之间的密封检查。

b. 检查基座与顶升、顶升与物料容器、物料容器与扩散室及扩散室与捕集带密封处密封件有无永久形变，以保证密封。

c. 检查过风网有无形变。

d. 检查手摇绞车润滑油的液位线，如过低及不足，进行补充。

e. 安全联锁的清洁和检查。

f. 检查所有电机轴承有无异常噪声、振动和过热，如有必要更换有问题的轴承；

g. 检查所有紧固件的松紧程度和电路的连线，发现紧固件有松动，应重新拧紧；检查更换损坏、变质和过热的所有配线。

②年度维护（每年或每运行 5000 小时后，执行以下任务）

a. 为避免使用中的故障，对老化的软管和密封圈应取下更换，更换的软管和密封圈规格应一致。

b. 为避免使用中的故障，对登山绳、抖带进行检查，更换产生硬化磨损的登山绳及抖带。

c. 为避免使用中的故障，对中间继电器、接触器的触点、吸合情况进行检查，更换触点老化，吸合不稳定的继电器及接触器。

d. 为避免使用中的故障，对电磁阀、气动阀的阀芯进行检查，清除积垢。对动作不灵活的气动阀、电磁阀进行更换。

e. 为避免使用中的故障，对气缸进行检查，校正变形的气缸轴，更换磨损的气缸密封垫。

f. 检查钢丝绳有无毛刺、断裂现象，如有问题及时更换；彻底清洁变速箱内部，检查变速箱内部齿轮单元有无损坏或磨损，更换磨损严重及损坏的配件；重新装配完成后给变速箱加入润滑油。

g. 检查沸腾干燥滤布压差，清洗、更换堵塞、破损的滤布，检查收尘器内滤筒，清理筒体积尘，更换老化破损的滤筒。

h. 检查料仓的 120 目双层席型网，如有破损、抽丝现象及时更换。

3. 沸腾制粒机的调试

（1）调试前检查 清理现场；检查各部位安装无误；检查各运动部位无异物、各润滑点加注了润滑油；密封圈和密封垫及过滤布袋确认连接好；气源压力确认正常；检查有无漏气现象；检查各转动轴承转动是否灵活。

（2）调试操作

①空载试车

a. 推出原料容器，检查布袋是否正确安装。

b. 启动空气压缩机及配电柜内的电源开关，控制柜总电源开关可在现场内装设电源控制按钮。将捕集袋密封架对正后密封待用。

c. 启动风机按钮 1~2 秒后马上停止，检查风机旋向是否与蜗壳上的标记一致，如果旋向相反，应改变三相电源中的两相，使其叶轮旋向与蜗壳标记一致。

d. 上述各项均正常后，推入原料容器小车对正，将各仓室间的密封圈及滤芯密封圈充气密封。

e. 启动风机。

f. 开启加热按钮，调节电动风门，检查各测温点的温度传感器、温控仪及各气动执行器是否灵敏。

g. 以上全部过程检查完毕后，启动自动运行按钮，空载运行 2~4 小时。

②负载试车

a. 加入需要的物料于原料容器内，其量不能超过原料容器高度的三分之二，然后推入对正，将各仓室密封圈充气密封，启动风机及加热按钮，调节风机转速，按自动或手动程序进行操作，从原料容器上的视镜中观察粉末的流化状态，是否由低到高，如是则设备运行正常，反之则需检查各通风道是否有阻塞现象。

b. 以上各项动作都正常以后，当物料温度接近您要求的允许值时，便可进行干燥作业。

c. 在作业过程中，可通过取样器随时检查颗粒状态，如不合要求，可调节干燥机参数（风机转速、进风温度，冷风门动作温度）直到得到您满意的颗粒，一旦这些参数确定以后，不要轻易改变。

d. 原料容器内物料的温度由温控仪设定而自动控制，但主风道温度和出风温度都只是显示而没有控制，操作时应按物料的工艺要求，事先设定好物料的最高温度值。

e. 在干燥过程中，应经常视察物料的流化状态，一般流化高度在 800 毫米左右为宜，对温度适应范围小的物料，一旦发现原料容器内物料发生沟流、结块或塌床等现象时，应加快反吹节奏。

f. 可编程序控制器主机程序在出厂前已设定好，在工作过程中，不能改变可编程序控制器的程序。

g. 布袋应定期拆下清洗，否则会因粉尘过多造成阻塞，影响流化的效果，更换品种时，主机应清洗。

（3）调试验收 运行质量符合机器操作的SOP 要求，试车合格，检修记录及试车记录齐全、准确，可通过验收交付生产。

二、干法制粒设备的维护保养与调试

1. 技能考核点

（1）根据设备零件的使用寿命，预先编制具体的修理计划，明确规定设备的修理日期、类别和内容。

（2）运用设备诊断技术，及时诊断和排除因设备劣化而造成的突发事故。

（3）处理一般的设备故障。

2. 干法制粒设备的维护保养

经常检查各油管接头渗漏情况，如有则先查明渗漏点，再作必要的处理，切不可用大规格的扳手猛拧，以免损坏；设备内部各处的粉尘要定时清洗，并检查所有紧固处有无松动、移动，如有松动或移位，应加以固定；定期检查易损件的磨损情况，如有损坏应进行修复和更换。所有润滑点、油箱内的油应更换一次。

（1）中修（每运行一年一次）检查电器开关是否灵敏；检查机械传动是否磨损。

（2）检修前的准备

①技术准备：熟悉设备说明书有关技术标准、图纸等技术资料；分析设备运行记录、历次修理记录，了解设备缺陷，功能失常等技术状态。

②物质准备：拆卸工具及转速表、绝缘及耐压等检验测试仪器及设备；试车用的药粉；需更换的备件。

③安全准备：明确检修、试车等安全技术措施；切断电源。

④组织准备：安排好检修时间；明确检修责任人员。

（3）检修方法及质量标准

①电器开关正常，电机绝缘符合要求。

②检查各部件是否磨损，如磨损应及时更换。

③减速机油应定期更换。一般每运行半年更换一次。

3. 干法制粒设备的调试

①调试前准备：检查各开关、阀门是否处于原始位置；检查电源线连接是否正确；手拨各种转动件，检查是否有碰撞现象；检查油标和添加润滑油。

②调试操作：空载试车过程中，设备运转无异常震动和杂音，无发热现象；各紧固件无松动。空载试车合格后，进行负荷试车，负荷试车应达到说明书规定的各项的要求，各系统工作稳定、可靠；进料、压片、破碎等环节顺畅；调试制粒情况：a.以一定试验条件负载运行，负荷试车时间不少于30分钟；b.测试颗粒粒度；c.计算合格率。

③调试验收：检修质量符合要求，检修记录齐全准确，各部件、系统经试车合格，办理验收手续，交付生产使用。

第十节　胶囊剂设备维护

相关知识要求

轧囊设备、滴制设备、胶囊填充设备、装瓶设备、铝塑泡罩包装设备的工作原理。

"铝塑泡罩包装设备的维护保养、工作原理及调试"已在本章第七节理论部分"三、铝塑泡罩包装设备的工作原理"和第七节技能部分"三、铝塑泡罩包装设备的维护保养与调试"中介绍过，本节不再重复论述，详细参见本章第七节。

一、轧囊设备的工作原理

轧囊设备是由机器自动制出的两条胶带以连续不断的形式向相反方向移动，在达到旋转模之前逐渐接近，一部分经加压而结合，此时药液则从填充泵经导管由楔形注入管压入两胶带之间。由于旋转模的不停转动，遂将胶带与药液压入模的凹槽中，使胶带全部轧压结合，将药液包于其中而成软胶囊剂，剩余的胶带则自动切割分离，药液的数量由填充泵准确控制。

二、滴制设备的工作原理

滴丸机通常包括热熔及保温系统、均质和料液输送系统、滴制系统、冷却循环系统和分离系统五个部分，滴制软胶囊的滴丸机含有双层滴头。热熔及保温系统确保药液与胶液滴出之前均呈液态，分别经送料管道输送到双层滴头以不同速度滴出，使一定量的胶液将一定量的药液包裹后，滴入冷却柱内的冷却液中，胶液接触冷却剂在表面张力作用下成型，冷却液在磁力泵的作用下，从冷却柱内的上部向下部流动，胶丸在冷却液中坠落，并随着冷却液的循环，从冷却柱下端流入塑料钢丝螺旋管，并在流动中继续降温冷却变成球体，最后在螺旋冷却管的上端出口落到传送带上，滴丸被传送带送出，冷却液经过传送带和过滤装置流回到制冷箱中。

三、胶囊填充设备的工作原理

全自动胶囊充填机的结构由空胶囊下料装置、胶囊分送装置、粉剂下料装置、计量盘机构、胶囊充填封合机构、箱内主传动机构和电器控制系统等组成。一般采用自动间歇回转运动形式，机器运转时，胶囊料斗内的胶囊会在第一、二工位上。胶囊料桶内的胶囊会通过两个胶囊漏斗逐个竖直进入两个送囊板内，先由水平叉推至矫正块外端，再由垂直叉及真空吸力顺入模孔中，并将帽、体分离；第三工位下模块向外运动，上模块向上运动；第四工位粉剂充填，药室中的药粉经过五次充填压缩后推入胶囊体中；第五工位作为增加微丸或片剂灌装装置的预留工位；第六工位用吸尘管路将帽体未能分离的残次胶囊剔除并吸掉；第七工位下模块向内运动，上模块向下运动；第八工位锁合推杆上升使已充填的胶囊锁合；第九工位将锁好的胶囊推出、收集；第十工位吸尘机清理模孔后再次进入下一个循环。

四、装瓶设备的工作原理

瓶包装联动生产线设备包括自动理瓶、数粒、高速旋盖、铝箔封口、不干胶自动贴标等系统组成。通过微电脑设定装瓶的数量，电动机驱动皮带机运转，采用位置检测系统，皮带上的药瓶到达装瓶位置，皮带机停止运转。电磁阀打开装有胶囊的装置后，通过光电传感器，对进入药瓶的胶囊进行计数，当药瓶中的胶囊达到预先选定的数量后，电磁阀关闭，皮带机重新启动，使装瓶继续。

高速自动装瓶机基本可分为4个动作机构：主传动机构、数粒机构、自动供瓶机构和自动供盖封盖机构。通过以上4个机构的联动实现包装产品传动、高速计数、自动供瓶和自动供盖封盖等功能。生产中，主传动机构作为整个生产过程的运输链，连接所有的动作。供瓶、数粒、供盖封盖这三个生产过程都将在这条主传动机构上完成。其中供瓶机构为：从料斗中落下的瓶，通过电动震动器以及震动通道，依次进入落瓶通道，通道中有三组气缸联动，保证瓶子在设计时间内以正确的方向进入主传动链，之后运送到数粒机构。瓶子到了数粒机构后，开始数粒模块。数粒圆盘在步进电机带动下转动所设计的角度，从料斗中选出生产要求的药粒粒数，通过落粒通道落入瓶中。装有药粒的药瓶继续被传动链带至供盖封盖机构。盖子通过料斗和震动器、震动通道依次进入等待区域，钳盖用气缸组将盖子钳起，由步进电机带至药瓶上方，然后由该气缸组与压盖气缸组配合完成封盖动作。

技能要求

> 维护保养及调试轧囊设备、滴制设备、胶囊填充设备、装瓶设备、铝塑泡罩包装设备。

一、轧囊机的维护保养与调试

1. 技能考核点

（1）检查各部件清洁状态。

（2）正确安装滚模。

（3）准确调整供料泵的转动和滚模转动使其协调同步。

2. 轧囊机的维护保养

（1）每班检查设备、容器具应完好清洁：设备状态应完好，与物料接触的部位应已清洁、干燥；保持两侧胶皮轮上清洁无油，发现油垢及时清洁、擦拭，防止意外腐蚀；明胶盒和输胶管在停止使用时，必须及时清洁干净；定期清理进风口，保证干燥用风的清洁与通畅。

（2）每班要检查主机传动同步带、输送机输送带及送丸器输送带的张紧程度，发现过松则应及时调整，确认各控制部分（含电气、计量器仪表）正常；检查物料管道连接无误、可靠。

（3）定期检查电器系统中各组件和控制回路的绝缘电阻及接地的可靠性，以确保用电安全。

（4）滚模是由硬铝合金或铜铝金制成的精密零件，调整时一定注意保护，避免磕碰损伤，同时严禁将硬物掉入两滚模之间。不要让模具之间、模具和喷体之间直接接触。

（5）滚模安装后，在两滚模间没有胶膜情况下，严禁用加压手轮给滚模加压。

（6）为了生产安全及设备保障，新机器各机械传动部位未完全磨合时，滚模转速不宜超过3rpm。

（7）遇到石蜡油里有杂质或其他原因造成油滚轴滤套出油不畅时，可以将油滚轴端部的进油管从旋转接头上摘下，然后将杂质等从滤套上弄出后即可使用。

（8）严禁喷体在未与胶膜接触的情况下通电加热。

（9）生产时供料泵的转动必须和滚模转动协调同步，以保证喷体注射与滚膜上模腔对应。调整时放下供料组件，将喷体放在滚模上，喷体与滚模之间放一纸垫，以防相互损伤。

（10）胶盒前板底部的平面质量决定了胶膜的质量，因此必须保护好前板底部的平面及刀口，一旦发现损伤，应立即进行修复，方可使用。

（11）干燥机换向时必须待干燥机完全静止后方可换向，否则可能导致电器元件损坏。

（12）每周更换一次轧囊机传动伞齿轮润滑油。

（13）停机后严禁排空料斗，防止空气进入供料泵柱塞腔内，避免氧化腐蚀。

（14）一旦出现紧急情况，立即按下急停开关，所有设备将停止运转和加热。

3. 轧囊机的调试

（1）调试前检查　清理现场；检查各部位安装无误；检查各运动部位无异物、各润滑点加注了润滑油；与包容物、明胶液、明胶膜相接触的零部件应选用无毒、耐腐蚀且不污染的材料制造；轧囊机外表面应光滑、平整，无明显划痕和锈蚀；与包容物、明胶液、明胶膜相接触的零部件应表面光洁，便于清洗和消毒。

（2）调试操作　①按照平行度检测方法（任选一种）检验滚模轴的平行度；②用样块对照法检验展布轮外圆柱面的粗糙度，并检测其径向全跳动；③将展布轮、喷体、供胶保温桶的温度设定在50℃，待温度稳定后，目视观察相应的温度显示值；④软胶囊机空运转2小时，目视、耳听检验运转情况；⑤在滚模转速为最高转速、空载运转时，确认各转动装置的运行状况应稳定，无异常声响、磨损等情况；⑥在温度为18~26℃、相对湿度为20%~60%的环境条件下，以药用液态石蜡油为包容物，进行压制软胶囊和定型干燥试验。调整到正常工作状态后，运行30分钟，压制过程中，从输送机上剔除目视明显不合格的软胶囊；⑦进行下列检查：a. 检查装量差异；b. 检查剥丸器剥丸情况；c. 检查软胶囊合格率；d. 检查干燥机的工作情况。

（3）调试验收　运行质量符合机器操作的SOP要求，试车合格，检修记录及试车记录齐全、准确，可通过验收交付生产。

二、滴丸机的维护保养与调试

1. 技能考核点

（1）应能识别搅拌电机是否有异响。

（2）准确安装滴头。

（3）检查滴丸机压缩机的制冷剂压力是否符合要求。

2.滴丸机的维护保养

（1）开启化料罐与配液罐前必须检查罐体夹层加热介质是否充足。水作为加热介质的，每次大清场时最好排空或更换加热介质。

（2）开启搅拌时应识别搅拌电机是否有异响，如有异响及时维修。

（3）滴丸机滴头属于模具，按照模具进行管理，滴头由专人负责，每次领用或更换需填写模具领用台账。每次生产前检查滴头是否有损坏变形，如有损坏变形及时更换。滴头在一般正常使用过程中，如无异常两年更换一次。

（4）每次生产前检查滴丸机压缩机的制冷剂压力是否符合要求，如压力不足应及时报修。

（5）每次清场之后将滴丸机的零部件归置妥当，并清点零部件是否有缺失，每台滴丸机应有专人负责。

3.滴丸机的调试

（1）调试前检查 清理现场；检查各部位安装无误；检查各运动部位无异物、各润滑点加注了润滑油；用表面粗糙度比较样块及手感法检查与物料相接触的零部件表面，目测检查料桶结构无不能清洗的盲区；用目测检查设备外露表面锈蚀、划痕等外观缺陷，手感检测所有外露紧固件无松动、缺件。

（2）调试操作 在不滴制情况下空载试机，连续运转不少于 2 小时，检测整机运转的平稳性、各管道连接的坚固可靠性及是否有泄漏；用标定的温度传感器插入滴制桶加热系统和定型桶制冷系统温度验证口，检查温度控制偏差。在负载运行情况下，目测各滴头滴流是否正常；在机器满负荷正常滴制运行的情况下，确认各转动装置的运行状况应稳定，无异常声响、磨损等情况；滴丸质量试验：a.以一定试验条件负载运行，连续滴制时间不少于 30 分钟；b.测试滴丸重量差异；c.计算滴丸合格率。

（3）调试验收 运行质量符合机器操作的 SOP 要求，试车合格，检修记录及试车记录齐全、准确，可通过验收交付生产。

三、全自动胶囊填充机的维护保养与调试

1.技能考核点

（1）维护与调试内容。

（2）调试操作规范、准确。

2.全自动胶囊填充机的维护保养

（1）日常维护保养

①每日检查设备运行记录，以便排除故障。

②保持设备内外部清洁，比如轴承、齿轮、槽凸轮、轴衬等中不能进入粉尘和杂物，尤其凸轮是槽线内的滚动轴承，端面曲线的螺柱滚动轴承，中心盘的直线，必须清洁干净，定期清理，定期涂上润滑油脂。

③所有轴承、导柱和活块，一定周期后应注入润滑脂，凸轮、槽轮、滚子、齿轮、链条、链轮也要经常滴油或注入润滑脂。①更换模块时要用手柄转动机器，转动前必须取出调试杆。

④每周检查一次传动链条的松紧度．并调整，消除油污，涂润滑脂。

⑤更换药粉品种时用纱布蘸酒精清洗与药粉接触的零部件、上下囊板孔、台面及其他部件，并清除密封导向环及电控柜的粉尘；较长时间不更换药品品种时，亦应经常清理。

⑥对真空系统，每周换一次循环水桶中的循环水，保证真空泵的清洁；定期打开清理过滤器堵塞的污物。

⑦设备出现故障需要维修时，应切断设备主电源。

⑧在生产过程中若设备出现报警，应立即停机检查，待故障排除后，再开机操作。

（2）定期维护保养

①每季度清洗真空系统的过滤器；每季度对机器内部内外凸轮的滚轮工作面以及机器各连杆和轴承加油润滑；每季度调节传动链条松紧度，并涂润滑油或润滑脂。

②每半年拆卸 T 型轴、密封圈作全面清洗、更换、并加润滑油一次。

③每年更换主传动减速器润滑油；每年更换

各工位分度箱润滑油。

3. 全自动胶囊填充剂的调试

（1）调试前检查　清理现场；检查各部位安装无误；检查各运动部位无异物、各润滑点加注了润滑油，润滑剂不得接触药品或容器；充填机外表面平整、光洁、无明显划伤，无锈蚀；镀涂层色泽一致，不起泡，无脱落；工作室应与外界隔离，无污染，易拆卸，易清洗；与药品及胶囊直接接触的部位应表面光洁、平滑，不脱落，易清洗或消毒；与药品及胶囊直接接触的零件应由耐腐蚀且与药品不发生化学反应、不吸附药品的材料制成。

（2）调试操作　空载试车时间不少于4小时，传动部分运转平稳，无异常响声；电机、真空泵、减速器温升不超过40℃。以药用淀粉作为填充物进行装载试验，以最高转速的70%运转10分钟后再以最高转速运转10分钟，检测上机率及装量差异。

（3）调试验收　运行质量符合机器操作的SOP要求，试车合格，检修记录及试车记录齐全、准确，可通过验收交付生产。

四、高速自动装瓶机的维护保养与调试

1. 技能考核点

（1）维护与调试内容。

（2）调试操作规范、准确。

2. 高速自动装瓶机的维护保养

（1）每班工作结束，清洁设备各部位，使设备内外干净，无油污、锈迹、灰尘和杂物。

（2）设备操作人员在操作过程中，如发现异常声音和电路故障时应立即停机检查。

（3）维修人员每2个月对设备的紧固件进行

检查，防止松动。

（4）各运动部件每隔2个月由设备维修人员进行润滑检查。

（5）每月检查所有电器元件：如操作开关、按钮、热电偶、温湿表、调速旋钮以及线路连接后的可靠性，发现隐患立即处理。

（6）铝箔封口机每隔一个月更换冷却水，半年清除设备的积尘一次。

3. 高速自动装瓶机的调试

（1）调试前检查　检查各开关、阀门是否处于原始位置；装瓶机外部结构应简洁，无不易清洁的狭缝和死角；零部件外露结合面边缘应整齐均匀，不应有明显错位；铭牌、警示标志、功能识别标记和接地符号应清楚、齐全、经久耐用；对调试用灌装物中的破片、碎片、粉尘应进行预处理。

（2）调试操作　空载启动装瓶机，速度由低到高运行2小时，测定运行和控制的功能。运转应灵活、平稳、无阻滞，电气控制系统无异常现象。装瓶机空载试验合格后，进行负载试验，输入瓶子，模拟正常生产程序运行30分钟，运转时传送装置应确保输瓶到位，计数装瓶准确、及时。确认各机构动作的同步协调，检查计数装瓶质量，用转数表或秒表测数，测试调速效果和能力；负载运转确保传动部分运转平稳，无异常响声；用感官法检验计数功能；负载时用目测法检验灌装功能；模拟缺瓶状态，目测检验缺瓶不灌装功能；检验装量误差和装量误差率。

（3）调试验收　运行质量符合机器操作的SOP要求，试车合格，检修记录及试车记录齐全、准确，可通过验收交付生产。

第十一节　片剂设备维护

相关知识要求

知识要点

　　制粒设备、压片设备、包衣设备、装瓶设备、铝塑泡罩包装设备的工作原理。

　　"制粒设备的维护保养、工作原理及调试"已在本章第九节理论部分"一、沸腾制粒设备的工作原理"和第九节技能部分"沸腾制粒设备的维护保养与调试"中介绍，本节不再重复论述，详细参见本章第九节。

　　"装瓶设备的维护保养、工作原理及调试"已在第十节理论部分"四、装瓶设备的工作原理"和第十节技能部分"四、高速自动装瓶机的维护保养与调试"中介绍，本节不再重复论述，详细参见本章第十节。

　　"铝塑泡罩包装设备的维护保养、工作原理及调试"已在本章第七节理论部分"三、铝塑泡罩包装设备的工作原理"和第七节技能部分"三、铝塑泡罩包装设备的维护保养与调试"中介绍过，本节不再重复论述，详细参见本章第七节。

一、压片设备的工作原理

　　旋转式压片机基于单冲压片机的基本原理，针对单冲压片瞬时无法排出空气的缺点，变瞬时压力为持续且逐渐增减压力，从而保证了片剂的质量。旋转式压片机由于在转盘上设置多组冲模，绕轴不停旋转，对扩大生产有极大的优越性。物料由加料斗通过饲料器流入位于下方不停旋转平台之中的模圈中。当上冲与下冲转动到两个压轮之间时，将物料压成片。

二、包衣设备的工作原理

　　高效包衣机的工作原理：素片在洁净、密闭的旋转滚筒内，受流线型导流板的作用做复杂的轨迹运动。喷枪按工艺参数喷洒包衣材料。在负压状态下，热风由滚筒中心的气体分配管一侧导入，通过素片层，经密布的小孔汇集到气体分配管的另一侧排出，从而使喷洒在素片表面的包衣介质得到快速、均匀的干燥，在素片表面形成一层坚固、致密、平整、光滑的表面薄膜。

技能要求

技能要点

　　维护保养及调试制粒设备、压片设备、包衣设备、装瓶设备、铝塑泡罩包装设备。

一、旋转式压片机的维护保养与调试

1. 技能考核点

（1）冲模的保养。

（2）压片的调试及压力调节的方法。

2. 旋转式压片机的维护保养

　　（1）对压片室及时清场　旋转压片机在连续工作数小时后，压片室内会充满物料的细小粉末，这些细小粉末黏附在冲杆、冲杆孔及中模孔上，会造成塞冲、冲杆转动不灵活、噪声、甚至片重不稳及其他机械故障，如冲杆断裂打坏加料器等。所以在旋转压片机工作过程中应定期对压片室进行清场，建议每班次至少 1 次。

　　（2）定期检查保养易磨损工作件　轨导、压

轮、压片机冲模具等易磨损件应及时检查或润滑保养，做好设备的预防性维护。

（3）购置备件 冲模具、中模顶丝、过桥板、加料器、导轨组件、上下压轮及轴等零件应根据生产情况购置一定量的备件，以备急用。

3. 旋转式压片机的调试

①调试前检查：检查各开关、阀门是否处于原始位置；清理现场；检查各部位安装无误；检查各运动部位无异物、各润滑点加注了润滑油；工作室应与外界隔离，无污染，易拆卸，易清洗。

②调试操作：a.将颗粒加入斗内，先用手转动转盘使颗粒填入模孔内；b.压片前粗略调整厚控手轮和填充手轮，使药片厚度和重量接近预定值，然后开启电源启动按钮；c.充填调节：按由少到多原则进行，直到标准片重；d.压力调节：按先松后紧原则，逐步增加压力，调到符合该品种质量要求为佳；e.根据平均压力及上下偏差值设定平均压力值、标准偏差值及单值上下限值，通常标准偏差设置为5~10，单位值上下限为平均压力值加/减5~10。f.根据物料性质分段按动升降按钮至正常生产速度。在机器负荷正常运行下，确认各转动装置的运行状况应稳定，无异常声响、磨损等情况。

③调试验收：运行质量符合机器操作的SOP要求，试车合格，检修记录及试车记录齐全、准确，可通过验收交付生产。

二、高效包衣机的维护保养与调试

1. 技能考核点

（1）空气过滤器、离心式风机的维护保养。

（2）包衣机的调试。

2. 高效包衣机的维护保养

（1）日常维护保养

①检查减速机油位；检查密封条是否损坏；检查各紧固件是否松动；检查各气、液管路是否有泄露；检查有无异常震动及杂音；经常清除设备的油渍及尘埃；包衣锅及包衣介质喷（滴）系统工作后，应及时处理干净；定期用干布擦净电器开关探头。

②排风装置内离心式风机设备应定期清洗，清除风机和气管内尘埃、杂物、水及其他杂质以防腐蚀。

③整套电气设备每工作50小时需进行检查和保养。

④系统中主元件如接触器、继电器和PLC安装时全部为插板或插件式，维修方便。如需大修时应视情况更换所有的接触器和继电器，定期调节热继电器。

⑤热风装置内离心式风机在正常使用情况下，需定期进行常规检查和维修，检查轴承有无损坏，叶片有无脱漆，或电线有无损伤。

⑥离心式风机运转时，注意异常声响、振动或过电流。如有异常，需立刻停机检修。

⑦重新使用长时间搁置不用的热风装置时，应进行全面检查连接部件是否牢固安全，试运转后再投入使用。

⑧排风装置内离心式风机设备应定期清洗，清除风机和气管内尘埃、杂物、水及其他杂质以防腐蚀。

⑨风机在正常工作下，如发现过流或短时间内需要小一点的流量，可用进出风阀门进行调整。

⑩启动、停止或运转风机时，如果发生不正常现象，应立即停机检查，找出原因后予以排除。故障未排除之前，不得运行。

（2）定期维护保养

①包衣机主机中的摆线针轮减速机用油浸式润滑，推荐使用150号工业齿轮油。首次加注润滑油经100~250小时运转之后，应更换新油，以后每运转1000小时再更换润滑油。

②热风装置内空气过滤器应定期清洗更换。在正常的工作环境下，一般在2500个工作时后进行维护，从热风柜中取出过滤器，清洗或更换。

③减速箱内润滑油和滚动轴承内腔润滑脂应定期更换。

④包衣锅如长期不用应擦洗干净，并在其表面涂油以防锅体铜材氧化或受潮后产生有毒性的铜化合物。

⑤蜗杆轴端的防油密封圈应定期检查更换（一般不超过 6 个月）。

⑥一般隔 6 个月，将振打清灰电机罩拆下，对偏心套轴承加注黄油，并检查橡胶密封膜是否损坏，若已损坏应更换。

⑦热风柜的空气过滤器应定期清洗及更换，在正常环境下（即生产环境符合"GMP"标准）一般初、中效过滤器每工作 720 小时清洗一次，高效过滤器每工作 1440 小时更改一次。

⑧排风柜内扁布袋过滤器应定期检查磨损情况，如发现损坏需及时修补或更换布袋；根据实际情况定期清洗布袋，一般连续使用 3 个月需清洗一次。

⑨蠕动泵的无级变速机应每工作 12~18 个月更换一次润滑油，蠕动泵的减速齿轮应每工作 5 个月加注黄油。

3. 高效包衣机的调试

①调试前检查：清理现场；检查各部位安装无误；检查各种管线连接是否正确；手拨各种转动件，检查是否有碰撞现象；检查油标和添加润滑油。

②调试操作：按照所包"衣片"的工艺要求进行机电联动试车，时间不少于 4 小时；设备运转应无异常震动和杂音；各紧固件无松动；气、液、电系统工作正常，各阀门、仪表动作可靠；控制系统能按工艺参数、设备运动参数的要求，各种开关、功能键、指示器工作可靠；包衣锅转速能在使用说明书规定的范围内无级调速。负载试车应达到规定的要求，各系统工作准确可靠；减速机轴承处温度不超过 70℃；负载试车时间不少于 4 小时。

③调试验收：运行质量符合机器操作的 SOP 要求，试车合格，检修记录及试车记录齐全、准确，各部件、系统经试车合格，可通过验收交付生产。

第十二节 滴丸剂设备维护

相关知识要求

> 滴制设备、装袋设备、装瓶设备、铝塑泡罩包装设备的工作原理。

"滴制设备和装瓶设备的维护保养、工作原理及调试"已在本章第十节理论部分"二、滴制设备的工作原理；四、装瓶设备的工作原理"和第十节技能部分"二、滴丸机的维护保养与调试；四、高速自动装瓶机的维护保养与调试"中介绍过，本节不再重复论述，详细参见本章第十节。

技能要求

> 维护保养及调试滴制设备、装袋设备、装瓶设备、铝塑泡罩包装设备。

"装袋设备设备的维护保养、工作原理及调试"已在本章第六节理论部分"三、装袋设备的工作原理"和第八节技能部分"三、装袋机的维护保养与调试"中介绍过，本节不再重复论述，详细参见本章第六、八节。

　　"铝塑泡罩包装设备的维护保养、工作原理及调试"已在本章第七节理论部分"三、铝塑泡罩包装设备的工作原理"和第七节技能部分"三、

铝塑泡罩包装设备的维护保养与调试"中介绍过，本节不再重复论述，详细参见本章第七节。

第十三节　泛制丸与塑制丸设备维护

相关知识要求

> 塑丸设备、包衣设备、泛丸设备、装袋设备、装瓶设备、铝塑泡罩包装设备的工作原理。

　　"包衣设备的维护保养、工作原理及调试"在本章第十一节理论部分"二、包衣设备的工作原理"和第十一节技能部分"三、高效包衣机的维护保养与调试"中介绍过，本节不再重复论述，详细参见本章第十一节。

　　"装袋设备设备的维护保养、工作原理及调试"在本章第六节理论部分"三、装袋设备的工作原理"和第八节技能部分"三、装袋机的维护保养与调试"中介绍过，本节不再重复论述，详细参见本章第六、八节。

　　"装瓶设备的维护保养、工作原理及调试"在本章第十节理论部分"四、装瓶设备的工作原理"和第十节技能部分"四、高速自动装瓶机的维护保养与调试"中介绍，本节不再重复论述，详细参见本章第十节。

　　"铝塑泡罩包装设备的维护保养、工作原理及调试"在本章第七节理论部分"三、铝塑泡罩包装设备的工作原理"和第七节技能部分"三、铝塑泡罩包装设备的维护保养与调试"中介绍过，本节不再重复论述，详细参见本章第七节。

一、塑丸设备的工作原理

　　槽型混合机工作原理：

　　①S式搅拌合坨机：通过机械转动，使S式搅拌桨旋转，推动物料往复翻动，均匀混合，操作时采用电器控制，可设定混合时间，到时自动停机，从而提高每批物料的混合质量。

　　②双桨合坨机：采用双搅拌桨可调转速，同时混合桶逆方向旋转，配有混合时间选择定时器。双搅拌桨可连同锅盖和支承臂由液压缸转角升起，然后分体结构的混合锅和支承小车可以拉出。这种行星式搅拌结构，使搅拌桨和混合锅时时相对转动，使物料在行星式搅拌桨作用下，得到充分的混合，在搅拌过程中无死角及盲区，无泄漏点，是一种较新的搅拌结构及运动轨迹，特别是对于黏度大的物质的混合，效果更好。

　　③行星式双桨合坨机：采用行星式双桨搅拌结构，螺旋双搅拌桨除本身自传外，还绕中心公转，使物料得到充分的混合。在搅拌过程中无死角及盲区，是一种较新的搅拌结构及运动轨迹。搅拌料桶下部有活动底板，搅拌好的黏药料在料桶内停放一昼夜，使之充分渗透后，第二天用挤料机将药料挤出，直接供大丸机打丸，既提高了产品质量，又减轻了劳动强度。

二、泛丸设备的工作原理

　　包衣锅由机架、涡轮减速器、不锈钢包衣锅、热风装置及不锈钢外罩和变频控制器组成。由主电机通过三角皮带驱动涡轮而带动包衣锅旋转。加入包衣锅内的丸药在离心力的作用下，在锅体内不停地翻转、摩擦，通过不断地喷黏合剂和撒入药粉的操作，丸粒不断长大，直到达到符合要求的粒径和重量为止。

技能要求

维护保养及调试塑丸设备、包衣设备、泛丸设备、装袋设备、装瓶设备、铝塑泡罩包装设备。

一、全自动中药制丸机的维护保养与调试

1. 技能考核点

（1）维护与调试内容。

（2）调试操作规范、准确。

2. 全自动中药制丸机的维护保养

（1）日常维护保养

①要经常检查各部件情况，一旦有异常现象要及时修理；检查接线是否正确；检查整机各部分油位是否达到润滑标准；检查电控系统是否正常无误；检查堆料系统是否安装正确，同心紧固；检查制丸系统制丸刀是否对正，紧固；检查自控系统是否灵敏可靠；检查酒精系统是否流动正常，有无漏酒精现象，酒精嘴流出量是否一致；检查加热系统是否加热；接地线是否牢靠。

②拆装时先将推条部分整体转过90°，以方便清洗或拆装。

a. 出条片的拆装：用专用勾搬子卸下出条片的锁紧螺母，启动推料开关，利用出药筒内的尾料压力将出条片推出。安装时先将出药筒前端的药料清净，然后装入出条片，再装上锁紧螺母。

b. 推料部分的拆装（必须先关闭电源）：先将药筒内的药物清理干净，用左手拔出转位定位销，右手向操作者身体方向扳转存料盘，同时松开左手，转动90°后，定位销自动复位；松开出条嘴紧固螺母（用随机勾扳手）后，用手拉出推料器；卸下填料箱紧固螺栓，打开填料箱，取出出料压板；安装时注意推进器后尾扁口要与推进轴的扁口方向一致，才能将推进器安上。然后再安上紧锁螺栓，将推进器与推进轴之间锁紧。

c. 制丸刀拆卸方法：从制丸机的正面看，制丸刀轴的螺纹为右旋螺纹，而制丸刀轴上齿轮体与齿轮连接左旋螺母，以免齿轮体与齿轮脱离。卸下制丸刀螺母后，用专用卸刀手柄与制丸刀拧紧后，再拧卸刀手柄的顶丝，方可退出制丸刀。（注意：在安装左侧制丸刀时，制丸刀锁紧螺母旋紧力适宜，切不可用力过紧，以免使齿轮体与齿轮脱离。）

d. 弹簧拆卸方法及方向：卸掉制丸刀，用扳手卡住刀轴，在正面看右侧刀轴上的联结螺纹为右旋螺纹。左侧则为左旋螺纹，卸掉刀轴法兰座上的螺栓后，旋转刀轴，使齿轮体与齿轮脱离，然后握住刀轴向外抽，可将法兰座、齿轮体、刀轴及弹簧一次抽出。去掉法兰座，齿轮体方可去掉弹簧，弹簧分左右旋，左侧为右旋弹簧，右侧为左旋弹簧。

（2）定期维护保养

①机器运行过程中，须保证油箱的油面高度，油面低于油窗中心线应加油，一般6个月更换一次新油。

②减速机和方箱内的机油应保持在油标位置上。正常运行3~5个月更换新油。

③每半年向推料轴承体内注入润滑油。

3. 全自动中药制丸机的调试

（1）调试前检查　检查变速箱的油位是否达到标准位置；检查料斗上的油杯是否加满油；检查制丸机是否对正、拧紧；酒精系统是否畅通，并调整适量。用酒精对导轮、导向架、制丸刀等作消毒处理，打开电加热。

（2）调试操作　空运转试验时间不少于60分钟，在空运转试验中，检查各传动件的转动，制丸机构的稳定性和可靠性，确保推料、搓丸、切丸正常运行。在空运转时，用千分表测量刀轴径向跳动量和刀轴的平行度，使其符合要求。负荷试验应在空运转试验以后进行，试验时间不少于120分钟。药料加入料箱后，用目测检验送料系

统、出条系统是否均匀、同步；根据药条出条速度，调整切丸转速，使其完成自控。将酒精调整至不粘刀为准。

（3）调试验收　运行质量符合机器操作的SOP要求，试车合格，检修记录及试车记录齐全、准确，可通过验收交付生产。

二、泛丸设备的维护保养与调试

1. 技能考核点

（1）维护与调试内容。

（2）调试操作规范、准确。

2. 泛丸设备的维护保养

（1）日常维护保养

①检查基础螺栓及各部位安装螺栓的拧紧情况，如发现有松动应紧固。

②检查锅体内是否有残余物料，运转是否正常。

③检查电器系统是否正常。

④检查筛网的磨损情况并及时清理筛网上的杂质。

（2）定期维护保养

①泛丸锅在运行三个月后，应对其各旋转部位处的润滑，基础螺栓和安装螺栓的松紧情况进行仔细检查，根据情况予以调整或更换。

②每年检修轴承、电机并更换润滑脂。

③蜗轮箱应加注 20#~30# 机油。第一次运转50小时后应换新油一次，以后每运转1000小时换油一次；蜗轮轴前端盖应每季度加润滑脂一次。

3. 泛丸设备的调试

①调试前检查：清理现场；检查各部位安装无误；检查各运动部位无异物、各润滑点加注了润滑油；确认泛丸设备已清理干净；核对检查领取原辅料、已处理合格的容器具等。

②调试操作：空载试车运转过程中，注意电机、轴承及电器控制系统工作是否正常，如发现温度过高或异常响声等现象，应立即停车。故障排除后，先试车，正常后再投入生产，切勿带病运转；负载试车时，按照工艺要求投料泛丸，控制加水加粉量，滚动时间应适当。

③调试验收：运行质量符合机器操作的SOP要求，试车合格，检修记录及试车记录齐全、准确，可通过验收交付生产。

第十四节　胶剂设备维护

相关知识要求

　　提取设备、切胶设备的维护保养规程及工作原理。

一、提取设备的工作原理

　　胶剂提取设备多采用球形煎煮罐，其组成包括阻料板、球壳、轴头、轴头夹腔、喷料管、旋转接头、球体、电动机、减速机、制动器、装料孔、排污管、筛板等部分。

　　球形煎煮罐（又称蒸球）是可旋转的球形蒸煮器，内部采用阻料板结构，保证物料蒸煮均匀；球壳与轴头采用焊接结构，蒸汽经旋转接头通入轴头夹腔。物料蒸煮完成后借助球内的汽压通过喷料管经旋转接头喷放式卸料；球体全部重量通过轴头压在两个轴承座上。球体传动侧设置有大齿轮，通过电动机、减速机和小齿轮使其旋转，在电动机和减速箱之间的联轴器上设有制动器，可使球体停在任何位置；球壳上设有装料孔，下部设有排污管，在排污管的上部设有筛板以防止杂物进入排污管。该设备容量大，可旋转，蒸煮时间短，蒸煮效果均匀，装料卸料方便快速。

二、切胶设备的工作原理

全自动切胶机由切片机和切块机组成直线平台式的主体机组。物料在工作台上先切片再经过圆刀组切块，完成整个切胶工艺过程。分别由2台电机控制水平推进器和垂直切刀，无级变速电动机控制输送带和圆刀保证同步转动，整个过程通过微电脑程序控制，参数调整方便，实用性强。

技能要求

维护保养及调试提取设备、切胶设备。

一、球形煎煮罐（蒸球）的维护保养与调试

1. 技能考核点

（1）球形煎煮罐维护与调试内容。

（2）常见问题判断与处理。

2. 球形煎煮罐（蒸球）的维护保养

（1）日常维护保养

①全面检查电气线路、控制系统是否正确。控制箱中针型阀开度必须合适，应使出渣门缓慢平衡打开，以避免由于排渣门开启时产生的冲力使气缸活塞杆受损。

②全面检查设备其他各机件、仪表是否完整无损，动作灵敏，各气路是否畅通；检查各气路及气路安全装置，要保证设备工作压力不得超压；检查投料门与排渣门的密封性能可通过调整橡胶密封圈及调节螺钉来达到；当本设备带压操作时或设备内残余压力尚未泄放完之前，严禁开启投料门及排渣门。

③随时检查疏水器是否畅通，及时清除污垢，在安装疏水器时要加管道视镜和旁通；检查管路上的阀门、输水阀、放液阀、排污阀是否完好；清洁灯镜、视镜，并保持干净；检查打液泵是否运行正常，有没有不安全的因素；每班使用后，应清扫各部位附着的药物及杂质，设备保持清洁。

④旋转煎药机手柄丝母、丝杆用一段时间后，加油，使操作更加灵活，防止磨损，排液软管定期用清水冲洗内壁；为安全生产，应经常检查空压机、真空泵接地是否良好；压缩空气管路应经常除水、调压后才能使用，以保证控制阀和气缸的正常工作。

（2）定期维护保养

①使用1~3个月后停机一次，检修设备各部件、检查各仪器仪表，清理电气部分粉尘，检查电气安全装置。

②每年对安全阀、每半年对压力表安全附件装置进行检验，确保设备安全运行。

③对冷却冷凝器换热管无水垢清理，可以保持冷却效果，应定期（每年）用6%盐酸缓冲液清洗水垢一次。

④三个月进行一次轴承加润滑油。

3. 球形煎煮罐（蒸球）的调试

（1）调试前检查　清理现场；检查各部位安装无误；检查各种管线连接是否正确；开启压缩空气阀门，检查排渣门动作是否可靠；排渣门的开闭是否自如，有无别劲、卡死现象；电器互锁是否有效。然后检查设备的管路是否畅通，各部阀门开关是否灵活。最后煎煮罐内加水至上封头焊缝处，检验排渣门密封处是否有泄漏现象。

（2）调试操作

①空载试车：初始状态，所有阀门开关正常，且均处于关闭状态；出渣门启闭正常，定位准确，密封性好，无泄漏；提取罐入孔启闭正常，可以正常投料，无障碍，密封性好，无泄漏。

②负载试车：可以正常加水（或溶媒介质），无障碍；温度能达到工艺参数要求；冷凝水排放正常，无堵塞；保温效果好；出液顺畅，无堵塞，无残留；排渣气缸运行流畅，无异响，排渣顺畅；清洗装置安装到位，清洗过程顺利，清洗完毕后排水，排水顺畅，无堵塞，无污水残留；记录过程中，温度计，压力表显示温度及压力均正常，于与设备连接密封，无泄漏；加水负载试车时间不少于4小时。按标准操作规程进行提取操作，观察煎煮罐的提取情况。要求运行平稳，无异常噪声和撞击声，各条管道无滴漏现象。

（3）调试验收　运行质量符合机器操作的SOP要求，试车合格，检修记录及试车记录齐全、准确，各部件、系统经试车合格，可通过验收交付生产。

二、全自动切胶机的维护保养与调试

1. 技能考核点

（1）全自动切胶机维护与调试内容。

（2）检查各部件是否可正常运行，控制被切制物料的软硬度。

2. 全自动切胶机的维护保养

（1）日常维护保养

①根据机器的运行时间和润滑状况定期向各润滑点加注润滑油（或脂）；检查各装置的紧固性，发现有松动的及时紧固。

②为延长切刀使用寿命，应控制被切制物料的软硬度。过硬会发生崩刀，损坏切刀，过软会发生粘刀，影响切制精度。

③检查切胶刀限位开关是否紧固，其位置调整是否正确；检查切刀是否磨损，刀槽内软铅是否更换。

④检查电气系统是否安全可靠，各机械传动机构磨损情况，各连接螺栓是否紧固可靠，并及时做好维修换件工作。

⑤对设备做任何调整、维修或保养时，一定要切断电源。

⑥严禁将手直接伸到切刀下方，必要时应放置专用垫铁后方可。

⑦机器在工作完毕后，应及时清除机器上的碎屑等，并将机器表面擦拭干净，检查设备周边及落刀槽是否保持清洁。

⑧机器长期不用时，需对传动机构和支架等非不锈钢部位进行防腐处理。

⑨机器的传感器需每隔一段时间进行检查，防止传感器坏掉造成机械事故。

（2）定期维护保养

①每两周给设备加注一次黄油；

②定期更换切刀及落刀槽内软铅；

③液压油箱新设备使用200小时后清洗、更换，正常生产时，半年清洗更换；

④定期检查油缸和活塞杆有无拉伤；

⑤定期修理或更换电机弹性联轴器橡胶圈、油泵、液压阀、电磁阀、机架两侧的导轨。

3. 全自动切胶机的调试

①调试前检查：检查设备是否具有手动及半自动控制装置，是否有工作压力调节及显示装置；切胶机主工作缸的活塞杆在有效行程范围内与立柱导轨面的平行度是否符合要求；切胶机左右立柱安装的平面是否处于同一平面，其差值是否符合规定；切胶机是否有紧急停车装置，是否能在任意位置上停止运行或立即恢复至起始点的联动装置；切胶机外露旋转运动件应设有防护装置，其安全阀、绝缘电阻电器耐压试验都应符合要求。

②调试操作：空运转试验时，切刀运行次数不少于10次，并应检查气路系统、各管路系统、液压系统以及空负荷运转时的噪声是否符合要求；负荷运转试验时须检查工作压力；液压油箱内最高油温应不超过50℃；用秒表测量切胶行程时间并按规定检测负荷运转时的噪声声压级，二者均应符合要求。

③调试验收：运行质量符合机器操作的SOP要求，试车合格，检修记录及试车记录齐全、准确，可通过验收交付生产。

第十五节　膏药设备维护

▰ 相关知识要求 ▰

> 炸料设备、摊涂设备、膏药包装设备的工作原理。

一、炸料设备的工作原理

炸料炼油锅底部有加热装置，锅盖上有强制排风口连接油烟分离系统。植物油加入锅内，提取药材有效成分。油温由温度计进行控制，油烟由油烟分离系统排出。

炸料是药料提取（熬枯去渣）过程，取植物油置锅中，微热后将药料投入，加热并不断搅拌，直至药料炸至表面深褐色内部焦黄为度。此时温度可达220℃，炸好后可用铁丝筛捞去药渣，去渣后的油为药油。取药油继续熬炼，待油温度上升到320℃，改用中火。药油炼成后，下丹，熬制成黏稠的膏体。

生产中常用的炸药罐、下丹罐为一体机，节约设备成本，占地面积小。最高设计加热温度可达450℃。锅盖上有强制排风口连接油烟分离系统。设备装有微电脑控温装置，高于设定温度自动停止加热，低于设定温度自动进行加热。

二、摊涂设备的工作原理

黑膏药摊涂机由膏滋储存装置、自动称量装置、压缩空气装置、温控装置、自动吹断装置、自动控制系统等构成。其工作原理：膏滋储存装置具有加热保温自动控制和承受一定压力的功能，一定温度的膏滋经过电动阀门和喷嘴注入自动称量装置上的裱被材料表面可以达到规定的重量。由自动控制系统控制，并由自动吹断装置将残留膏滋形成的影响外观的膏滋丝吹断。摊涂过程中不需要人工参与，完全摆脱了用手工生产黑膏药的方法，避免膏药加热时人与膏药的接触。一台机器可完成膏药的覆膜、摊涂、剪装、废料回收等多道工序。涂制的膏药面积、薄厚均匀，剂量一致，表面光滑，外形美观。

三、膏药包装设备的工作原理

传统黑膏药的包装有手工包装和设备包装两种方式。包装设备有膏药四边封包装机，整机运行稳定、操作便捷、自动化程度高。其原理是包装机的横封（端封）。一般是在封口的同时利用模具中间安装的刀片将袋子切断。

▰ 技能要求 ▰

> 维护保养及调试炸料设备、摊涂设备、膏药包装设备。

一、炸料设备的维护保养与调试

1. 技能考核点

（1）检查各部件密封情况，并校对温度表。

（2）定期维护保养及清洁内容，能够按清洁规程要求进行清洁维护保养。

（3）调试操作规范、准确。

2. 炸料设备的维护保养

（1）检查阀门开闭是否正常，阀门无泄漏；检查管道、管件无泄漏；检查仪表显示正常，在校验期内。

（2）检查风机运转正常；检查搅拌装置运转正常；检查过滤器装置无损坏变形；检查锅盖手柄旋转正常；检查加热装置正常。

（3）定期检查电控设备的接线端子，以防电气故障；定期检测电机振动烈度、温度、电阻值并更换电机内机油。

（4）定期检查并校验仪表；定期检查各指示灯是否正常。

（5）定期更换过滤器；定期更换各种易损部件。

（6）定期给各运动部件加润滑脂。

（7）定期打扫电控箱内的粉尘，以防接触不良等故障。

3. 炸料设备的调试

（1）调试前检查 清理现场；检查各阀门、管路无滴漏现象；检查各润滑点加注了润滑油；检查搅拌装置、风机运行正常；准备符合标准要求的生油。

（2）调试操作 空载试车时机器运行平稳、无异常振动和运转杂音；负载试车时检查温度是否符合要求，各实验参数是否达标，生产能力是否符合要求。

（3）调试验收 质量符合机器操作的 SOP 要求，试车合格，检修记录及试车记录齐全、准确，可通过验收交付生产。

二、摊涂设备的维护保养与调试

1. 技能考核点

（1）设备维护保养与调试的内容。

（2）正确打开锅盖，并检查其密封性。

（3）正确使用天平并及时清理。

2. 摊涂设备的维护保养

（1）检查阀门开闭是否正常，阀门无泄漏。

（2）检查压力表是否完好无损、反应灵敏；检查电子秤是否准确无误且在校验期内。

（3）检查固定减速机、搅拌浆的紧固螺丝螺母，防止松动。

（4）检查牵引主传动和被传动调节顶丝和上下压轴顶丝无损坏变形；检查电机是否正常及其

油位是否符合规定；检查悬挂支架和光轴及挡纸座是否正常；检查加热装置温控是否正常。

（5）注意锅盖打开的步骤，并检查锅盖的密封材料有无开裂损伤等情况，如有开裂损伤等要对锅盖的密封材料进行更换。

（6）称药天平属于敏感元件，不能称超过 500g 的物体，不能受冲击力，用力过大容易造成传感元件的损坏。

（7）摊涂时要保持天平的干净整洁，若天平上沾上膏药，需用松节油或汽油进行清洗。

（8）定期给各轴承、链条、链轮、齿轮等加润滑脂；定期检查并校验仪表；定期检测电机振动烈度、温度、电阻值；定期更换阀门；定期检查指示灯是否正常；定期更换传送带。

3. 摊涂设备的调试

①调试前检查：清理现场；检查防粘纸、无纺布安装无误；检查各运动部位无异物、各润滑点加注了润滑油。

②调试操作：空载试车时从最低牵引速度逐渐调节至最大牵引速度，运转过程中确认各转动装置的运行状况应稳定，无异常声响、剧烈震动、磨损、跑冒滴漏等情况，加热温控系统及降温系统运行正常；负载试车时，使用预定生产的产品包材（防粘纸、无纺布），并调节压轴厚度、摊涂宽度至符合要求，产品在轨道上运行正常且符合生产要求。

③调试验收：运行质量符合机器操作的 SOP 要求，试车合格，检修记录及试车记录齐全、准确，可通过验收交付生产。

三、膏药包装设备的维护保养与调试

1. 技能考核点

（1）维护保养与调试的内容。

（2）常见问题的判断与处理。

2. 膏药包装设备的维护保养

（1）对机器传动系统中互相咬合的齿轮和链条给油润滑；对横封轴给油润滑，检查传动部件的链条和皮带张紧情况，必要时将其调整。

（2）机器上的输送皮带绝对禁止加油润滑。

（3）检查各部件的螺栓或螺母松动情况，必要时将其压紧；检查传动皮带和输送带磨损情况，必要时换新；检查各种易损件，注意及时更换。

（4）检查并紧固电器接线，并用压缩空气清洁各电器组件上的灰尘。

（5）定期检测电机振动烈度、温度、电阻值并更换电机内机油。

（6）定期检查并校验仪表。

3. 膏药包装设备的调试

（1）调试前检查　清理现场；检查电、气控制开关、旋转开关等是否安全、可靠；各操作机构、传动部位、挡块、限位开关等位置是否正常、灵活有无失效；检查包装材料安装无误；检查各运动部位无异物、各润滑点加注了润滑油。

（2）调试操作　空载试车时确认各转动装置的运行状况应稳定，无异常声响、剧烈震动、磨损等情况；负载试车时，使用预定生产的产品包材，并调节包装牵引设备牵引速度、加热温控装置加热温度、热封器体开闭速度、包装切割装置切割速度至符合要求，确保包装符合要求。

（3）调试验收　运行质量符合机器操作的SOP要求，试车合格，检修记录及试车记录齐全、准确，可通过验收交付生产。

第十六节　制剂与医用制品灭菌设备维护

相关知识要求

　　湿热灭菌设备、过滤除菌设备、环氧乙烷灭菌设备的工作原理。

一、湿热灭菌设备的工作原理

　　湿热灭菌的原理是用饱和水蒸气使微生物的蛋白质及核酸变形导致其死亡。这种变形首先是分子中的氢键分裂，当氢键断裂时，蛋白质及核酸内部结构被破坏，进而丧失了原有功能。

　　饱和水蒸气灭菌具有穿透力强，传导快，能使微生物的蛋白质较快变性或凝固，作用可靠，操作简便的优势。湿热灭菌温度与时间的关系如下：115 ℃（68kPa）/30min、121 ℃（98kPa）/20min、126 ℃（137kPa）/15min。

二、过滤除菌设备的工作原理

　　过滤除菌是利用细菌不能通过致密具孔材料而被物理阻留的方法。通过特定的无菌滤器，可以去除介质中活的或死的微生物。常用于热不稳定的药品溶液或原料的除菌。属于机械除菌方法。为了有效地除去微生物，滤器孔必须小于芽孢的大小。

三、环氧乙烷灭菌设备的工作原理

　　环氧乙烷（EO）是一种广谱灭菌剂，可在常温下杀灭各种微生物，包括芽孢、结核杆菌、细菌、病毒、真菌等。EO 可以与蛋白质上的羧基（-COOH）、氨基（-NH$_2$）、硫氢基（-SH）和羟基（-OH）发生烷基化作用，造成蛋白质失去反应基因，阻碍蛋白质的正常化学反应和新陈代谢，也可以抑制生物酶活性，从而导致微生物死亡。环氧乙烷灭菌器是在一定的温度、压力和湿度条件下，用环氧乙烷气体对封闭在灭菌室内的物品进行熏蒸灭菌的专用设备。

技能要求

技能要点

维护保养及调试湿热灭菌设备、过滤除菌设备、环氧乙烷灭菌设备。

一、柜式热压灭菌器的维护保养与调试

1. 技能考核点

（1）维护保养与调试的内容。

（2）常见问题的判断与处理。

2. 柜式热压灭菌器的维护保养

湿热灭菌柜作为压力容器，应按照国家法律法规进行定期检验（如安全阀、压力表、外观检查等）。

（1）设备所有人和维护人按照《设备重要等级评估工具使用规程》进行可靠性等级评估，并据此进行相应等级的管理。

（2）预防性维护方案应根据经验和评估进行调整、更新和完善。

（3）维护前，生产和维修人员根据计划准备好相关资源，确保计划执行。维修后，由维修人员和设备所有人共同确认维修结果；先切断并挂牌锁住设备的电源开关，关闭压缩空气、纯化水、注射用水等阀门，确保维护人员的人身安全。

（4）维修前，确保腔体和夹套排干蒸汽，并降温以防烫伤；排放气体破真空，以防带压操纵而产生危险。对于维护中遇到有必要增加或减少的维修事项，需反馈给维修负责人，决定是否更新相应维护内容。

（5）每次灭菌结束，需对灭菌室进行清理，去除柜内、滤污网上的污物。

（6）每天灭菌结束，手控操作界面排放柜底存水，对灭菌室进行清洗。

（7）长时间不用，需将腔室擦洗干净，保持干燥清洁，并将双门关闭。

（8）安全阀是保证设备在设计压力安全运行的重要部件，每月应反复提拉数次，保证其灵活状态。

（9）管路各滤网应每天清洗，确保畅通。

（10）压力表、测温探头应每年校验一次。

（11）每天排放压缩空气管路分水过滤器内存水。

（12）密封圈表面保持清洁，及时消除异物，如有残损应及时更换。

（13）锁紧机构应每月检查一次，无松动、卡住现象，发现及时调整。

（14）设备在生产运行中如有异常情况应立即停机检查，待检修正常后再开机。

3. 柜式热压灭菌器的调试

（1）调试前检查　对安全阀、压力表、温度计、外观检查等进行检查。检查各开关、阀门是否处于原始位置。

（2）调试操作　①空载调试：连续调试3次，每次用预先编号的温度探头，按规定布点，调节蒸汽进汽阀，使灭菌柜温差符合标准。

②负载调试：按照最大装载方式，装入待灭菌的物品，探头放置方式同空载调试，记录装载物品的数量、放置方式。按照工艺规程进行灭菌操作，每5分钟记录一次温度，直到灭菌结束，找出最高和最低点温度。按照工艺条件重新进行验证，在最高、最低温度点和灭菌柜中部，排汽口处，灭菌柜上下前后各放置生物指示剂（BI）。按照原工艺控制条件进行灭菌操作，记录温度。并进行去热原检查，用标准细菌内毒素确认湿热灭菌柜去热原的有效性。

（3）调试验收　灭菌结束后，用镊子（经过75%酒精或0.1%的新洁尔灭消毒液消毒）取出生物指示剂，按照无菌试验操作要求，将非致病性嗜热脂肪杆菌芽孢ATCC7953菌片放入含有溴甲酚紫蛋白胨培养基的试管中，盖好塞，制成生物指示剂。取一支未灭菌的非致病性嗜热脂肪杆菌芽孢ATCC7953菌片按照无菌操作接入灭菌好的

空白培养基中，作为阳性对照品，统一编号后在恒温培养箱中（50~60℃）培养48小时，观察生物指示剂颜色变化，颜色变黄为阳性。若对照为阳性，其余生物指示剂均为阴性为合格。连续运行三次以检查其重现性。灭菌结束后，进行去热原检查。

二、除菌过滤器的维护保养与调试

1. 技能考核点

（1）除菌过滤器维护与调试内容。

（2）除菌滤器完整性判别、过滤器的滤芯更换。

2. 除菌过滤器的维护保养

（1）制定除菌过滤器的维护保养制度或操作规程。规定除菌过滤器使用次数。除菌过滤器完整性测试记录登记滤芯的原始序列号，检测记录与实际滤芯的信息一致。将除菌过滤器滤芯生产企业提供的滤芯泡点限值纳入除菌过滤器管理相关文件。

（2）擦拭清洁机壳。

（3）冲洗更换过滤网。操作时防止压力冲击，禁止反向加压。

（4）清洗滤芯，晾干或浸泡在合适灭菌溶液中；过滤器上、下游之间的压力降大于0.3MPa或流量明显下降时，应考虑更换滤芯。

（5）排尽蒸汽管路中的冷凝水。

（6）如果过滤器暂不工作，不要将滤芯晾干，而应将其浸泡在合适的灭菌溶液中（或在壳体内注入此种溶液），重新使用前应将灭菌溶液冲洗干净。

（7）如果对过滤器进行蒸汽灭菌，首先必须排尽蒸汽管路中的冷凝水，蒸汽压力不要超过0.1MPa，同时过滤器上、下游之间的压力降不要超过0.015MPa。如果对湿态的滤芯进行蒸汽灭菌，通入蒸汽前应先用干净的压缩空气将滤芯所吸的液体排尽，否则通入蒸汽时会损坏滤芯。

3. 除菌过滤器的调试

（1）调试前检查　确认调试设备的滤膜型号；检查各部位安装无误；检查除菌过滤器的洁净状态。

（2）调试操作　空载时检查各部阀门性能，确定压力表正常运转；负载时，按操作流程将液体充满套筒，并滤过。结束后进行工艺特定验证，包括生存性实验、细菌挑战试验、最差条件选择等，保证滤过效率。

（3）调试验收　运行质量符合机器操作的SOP要求，试车合格，检修记录及试车记录齐全、准确，可通过验收交付生产。所有的待验证除菌级过滤器和对照过滤器同时进行验证，待验证除菌级过滤器和对照过滤器必须通过挑战前和挑战后的完整性测试。

三、环氧乙烷灭菌器的维护保养与调试

1. 技能考核点

（1）设备维护与调试内容。

（2）常见问题判别与处理。

2. 环氧乙烷灭菌器的维护保养

（1）日常维护保养

①检查排气管道及加湿系统。

②使用专用清洁剂对真空文秋里泵进行清洁。

③检查门锁电磁阀及组件。

④检查气瓶穿刺电磁阀及组件。

⑤检查真空单向阀，运行真空测漏试验。

⑥每次灭菌前应对门封上油，以保证门封不漏气和使用时间更长。

⑦应保持灭菌器的箱体和电气控制柜清洁，每星期进行清洁。

（2）定期维护保养

①每半个月对一些机械运动部位进行加油润滑，以减少机械磨擦。

②每月检查各仪表是否正常，通知计量员对快到周检期的仪表安排检测；检查各水、气接头是否有泄漏。

③每季度更换循环系统内的用水；检查电气控制柜和箱体气密性；检查相应的电气控制柜主要开关及水、气阀门。

3. 环氧乙烷灭菌器的调试

（1）调试前检查　确认设备相关技术资料；

计量器具校准；设备安装环境确认；管道的安装确认；电器控制系统安装确认。

（2）调试操作

真空速率试验：在空载的情况下，将灭菌柜温度升到 50℃±3℃，保持温度恒定，将灭菌柜门关好，封闭柜门，启动真空泵，将真空阀开关推向"开"的状态，真空度达到 -50kPa 时，记录时间（t2），同时关闭真空阀，保持 60 分钟。

正压泄漏试验：在空载的情况下、将灭菌柜温度升到 50℃±3℃，保持温度恒定，将灭菌柜门关好，封闭柜门，打开气泵，向柜内加压至 50KPa，保持 60 分钟。

负压泄漏试验：在空载、温度恒定的条件下（50℃±3℃），封闭柜门，启动真空泵，将真空阀开关推向"开"的状态，抽真空至 -50KPa，保压 60 分钟。

蒸汽发生器试验：在空载条件下，保持灭菌室温度恒定（50℃±3℃），将蒸汽发生器的电源开关打开，当蒸汽发生器压力达到 50KPa 时，打开加湿开关，向柜内加蒸汽。

（3）调试验收 运行质量符合机器操作的 SOP 要求，试车合格，检修记录及试车记录齐全、准确，可通过验收交付生产。

第六章 培训指导与技术管理

第一节 培训

相关知识要求

> 1.培训指导的目的、培训质量的考核标准。
>
> 2.讲授法的含义、特点及教学要求。

一、培训指导的目的

高级工、技师和高级技师在培训和指导低一级别的学员时，首先要了解本行业的现状与发展趋势，熟悉相应级别的岗位要求，掌握相关剂型的生产处方、工艺规程和设备工作原理，掌握生产的关键控制点，能按照GMP要求和药物制剂工职业标准要求进行，能熟练操作和维护设备，能解决工作中出现的一些问题，能进行相应的培训指导。

理论培训时主要以讲为主，能给学员讲清楚工艺、原理、操作方法和GMP要求、关键控制点的分析等；指导时主要以操作为主，能示范标准操作，能纠正学员的错误，能通过一定的方法让学员学会和掌握基本技能，能教会正确处理关键控制点，使学员生产出合格的产品以及能按GMP要求进行并完成岗位职责（生产前准备、配料、制备、清洁、设备维护、清场、验证等）。

培训指导的目的是通过培训和指导，使学员能够掌握药物制剂工不同等级相关的职业知识，能够达到该工种不同等级的技能水平，提高职业素养，强化职业道德、改进工作态度、提高工作效率和保证药品质量。

二、讲授法的含义、特点

讲授法是培训者通过口头语言向学员描绘情境、叙述事实、解释概念、论证原理和阐明规律的教学方法。它是培训者使用最早的、应用最广的教学方法，既可用以传授新知识，也可用于巩固旧知识。其他教学方法的运用，几乎都需要同讲授法结合进行。

讲授法的特点：

1. 信息量大

能使学员通过培训者的说明、分析、论证、描述、设疑、解疑等教学语言，短时间内获得大量的职业知识，因此适用于传授新知识和阐明学习目的、教会学习方法和进行职业教育等教学范围的运用。

2. 灵活性大，适应性强

无论是课堂教学还是实践教学，也无论是知识学习或技能操作，讲授法都可运用。使学员通过感知、理解、应用而达到巩固掌握，在培训进程中便于调控，且随时可与实践教学等环节结合。

3. 利于培训者主导作用的发挥

培训者在教学过程中要完成传授知识、培养能力、进行职业教育，同时要通过说明培训目的、激发兴趣、教会方法、启发自觉学习等以调动学员的积极性，这些都需要通过适宜的讲授方法来体现培训者的意图，表达培训者的思想。讲授法也易于反映培训者的知识水平、教学能力、人格修养、教学的态度等，这些又对学员的培训成绩和持续发展起着不可估量的作用。

4. 讲授法是培训者讲，学员听

以单项沟通为主，学员处于被动地位，缺乏学员直接实践和及时做出反馈的机会，有时会影响学员积极性的发挥和忽视个别差异的存在。在讲授的同时增加互动环节，启发引导学员进行思考、分析，会提高讲授法的学习效果。

5. 多媒体技术的应用可以丰富讲授内容，活跃授课气氛

图表、动画、视频的引入，为培训内容的展示提供了无限空间，能够极大地调动学习的兴趣和积极性。

三、讲授法的教学要求

1. 培训者要认真备课，熟练掌握培训内容，对讲授的知识点、技能点和相互联系等做到胸有成竹、出口成章、熟能生巧，讲起来才精神饱满、充满信心，同时要注意学员反馈，调控培训活动的进行。

2. 培训者的教学语言要准确规范，符合职业标准术语。有严密的科学性、逻辑性、针对性和指示性。语言精练、用词简要，没有非教学语言。吐字清晰，音调适中，速度及轻重音适宜；生动、形象、有感染力，注意感情投入。培训者的语言表达能力直接影响着讲授法的效果，应在平时加强基本功训练，使之规范化。

3. 培训者要充分贯彻启发式教学原则，讲授的内容须是培训教材中的重点、难点和关键，使学员随着教师的讲解或讲述开动脑筋思考问题，讲中有导，讲中有练。学员主体作用表现突出，表现为愿学、愿想，才能使讲授法进行得生动活泼，而不是注入式。

4. 讲授的内容宜具体形象，教授新知识要联系旧知识。对比较抽象的概念原理，要尽量结合其他方法如多媒体演示法，使之形象化，易于理解。对培训内容要进行精心组织，使之条理清楚，主次分明，重点突出。

5. 讲授过程中采用信息化教学手段。多媒体培训课件要结合板书，板书可提示教学要点，显示教学进程，使讲授内容形象化、具体化。充分利用多媒体课件中的图片、图表、动画和视频等，边讲边演示，以加深对讲授内容的理解。

四、培训质量的考核标准

培训质量的考核包括课堂教学培训质量、技能操作培训质量的考核，以是否达到培训目标作为制定考核标准的依据。培训质量的考核标准分如下几个方面：

1. 组织教学

培训管理制度健全；根据培训对象和培训任务，准备培训计划、学员名单、场地、设施和教具，合理安排培训时间。

2. 培训者备课

调查学员培训需求，准备培训资料，熟练掌握培训内容，选择恰当培训方式。

3. 培训者讲课

围绕培训目标，保持切题；有效表达；教学语言规范、严谨，语言精练，吐字清晰，音调适中，语速适宜，讲课生动、形象，有感染力；教学方法和手段多样、恰当。

4. 培训评估

（1）**学员反馈**　采用问卷调查、学员评价、面对面对学员进行询问等方式获得反馈信息。另外也要在已参加过培训的学员那里获得一些反馈。

（2）**自我评价**　培训者对自己的授课行为进行评价，以助于未来的改进。

（3）**总结**　根据学员反馈和自我评价，进行培训总结和效果评估，找出问题，制定改进措施。

5. 学员考证

学员报名档案资料齐全，学员考证通过率理论知识初考合格率以 80% 为基准，技能操作初考合格率以 70% 为基准。

技能要求

1. 培训初、中级工相关理论知识。
2. 评定培训质量。

根据培训质量的考核标准，制定培训质量考核标准评分细则（表4-6-1），能按照评分细则进行培训质量的评定。

表4-6-1 培训质量考核标准的评分细则

序号	项目	方法	分值	考核内容与标准	得分
1	组织教学	抽查与检查记录	20	1. 培训管理制度健全，不齐全每检查一次扣5分/次 2. 培训计划、学员名单齐全，不齐全每检查一次扣5分/次 3. 培训场地、设施和教学用具准备充分。不齐全每检查一次扣5分/次 4. 培训时间符合培训要求，不得低于培训标准的学时。不符合要求每检查一次扣5分/次	
2	培训者备课	检查记录与抽查	15	1. 学员培训需求调查表。没有的每检查一次扣5分/次 2. 培训资料文本齐全（培训大纲、方案和讲义等）。不齐全每检查一次扣5分/次 3. 试讲，把授课或培训的所有内容提前试讲，可以使用音频、视频以及在其他人面前试讲，以获得改进建议。试讲资料没有的每检查一次扣5分/次	
3	培训者讲课	抽查与现场检查	25	1. 围绕培训目标，保持切题。偏离主题的每检查一次扣5分/次 2. 有效表达，教学语言规范、严谨。不符合要求的每检查一次扣5分/次 3. 语言精练，吐字清晰，音调适中，语速适宜。不符合要求的每检查一次扣5分/次 4. 教态端庄，讲课生动、形象，有感染力。不符合要求的每检查一次扣5分/次 5. 教学方法和手段多样、恰当；讲授中有启发引导，配合演示、小组讨论等，有多媒体课件和板书等。单纯注入式讲课方式、无课件、无板书每检查一次扣5分/次	
4	培训评估	抽查与检测记录	15	1. 学员填写的评估反馈表。没有的每检查一次扣5分/次 2. 培训者填写的自我评价表。没有的每检查一次扣5分/次 3. 培训后的总结及效果评估。没有的每检查一次扣5分/次	
5	学员考证	现场检查与抽查	25	1. 学员报名档案资料齐全。不齐全每检查一次扣10分/次 2. 学员考证通过率。理论知识初考合格率以80%为基准，技能操作初考合格率以70%为基准，各科初考每降低一个百分点，扣5分，扣完为止	
6	合计		100	得分总计	

第二节　指导

相关知识要求

知识要点

1. 演示法的含义、特点及教学要求。
2. 指导质量的考核标准。

一、演示法的含义、特点

1. 演示法的含义

培训者通过展示各种实物、模型、仪器和设备，进行示范性实验或操作，或通过信息化教学手段，如计算机虚拟仿真实训软件练习，指导学员获取技能和相应知识的教学方法。

演示法常配合讲授法、谈话法一起使用，其目的是为学习新技术和新技能提供感性材料或事实依据。它对提高学员的学习兴趣、拓展观察能力和抽象思维能力，减少学习中的困难有重要作用。

2. 演示法的特点

（1）**历史悠久**　宋代王唯一于 1026 年撰《铜人腧穴针灸图经》，并铸成铜人模型，该模型是世界上最早的一座医学演示教学模型。

（2）**直观性**　培训者通过演示，使所有的学员都能清楚、准确地感知演示对象，并引导他们在感知过程中进行综合分析。不仅能帮助学员认知、理解基本知识，也是学生获得知识、信息、技术技能的重要来源。

（3）**多样性**　随着自然科学和现代技术的发展，演示手段和种类日益繁多。根据演示材料的不同，可分为实物、标本、模型的演示；图片、照片、图画、图表、动画的演示；实验演示；幻灯、录像、录音、教学视频的演示以及计算机虚拟仿真软件的演示等。以演示内容和要求的不同，可分为事物现象的演示和以形象化手段呈现事物内部情况及变化过程的演示。

二、演示法的教学要求

1. 规范组织教学

培训与指导过程中要做好组织教学工作，有良好的教学环境和纪律，有计划有组织地进行教学工作。

2. 精选演示内容

演示内容要符合培训的需要和学员的实际情况；要使学员明确演示的目的、要求与过程，主动、积极、自觉地投入观察与思考。

3. 做好演示前的准备

适宜的演示材料和演示手段有助于培训者引导学员进行观察，把学员的注意力集中于对象的主要特征、主要方面或事物的发展过程。

4. 入门指导、巡回指导与结束指导相结合

入门指导是一个新培训指导课程开始时最关键的环节，包括：检查复习、讲解新课、示范操作、分配任务四部分。检查复习的目的在于引导学员运用已学过的理论知识和操作技能，加强新旧知识的联系，用以指导新课程的实践。检查复习的方法有问答法、分析法和讲述法。讲解新课的目的，在于使学员掌握新知识、新技能。讲授新课阶段要求教师做到：目的明确、内容具体、方法正确、语言简练、重点突出、条理清楚。示范操作的目的在于使学员获得感性知识，加深对学习内容的印象，把理论知识和实际操作联系起来。示范操作是重要的直观教学形式，也是技能培训的重要步骤，可以使学员具体、生动、直接地感受到所学的动作技能和技巧是怎样形成的。示范操作要求做到：步骤清晰可辨，动作准确无误。讲解和操作示范后，要给学员分配训练工位

和训练物料，并要求学员对使用工具、物料、设备、操作记录等进行全面检查，做好操作前的准备。

巡回指导是在课程讲解与示范的基础上，在学员进行训练操作的过程中，有计划、有目的地对学员的技能作全面的检查和指导。通过这种具体指导，使学员的操作技能和技巧不断提高。这个阶段的指导应根据不同层次、不同程度、不同学习内容分别进行。在这个阶段主要是检查指导学员的操作姿势和操作方法，安全文明操作及产品制备质量。在指导中既注意共性的问题，又要注意个别差异。共性问题采取集中指导，个性问题作个别指导。

结束指导是在技能指导教学结束时，由指导教师验收学员产品，检查学员在课程进行时，是否按规范要求操作，清洗设备、工具、容器和清场。对于学员在整个训练过程中各方面的表现进行成绩考核和讲评，对学员起促进和鼓励作用。

以上的教学环节，虽有划分，但必须紧密联系、相辅相成。培训教师应根据每一培训等级及内容的不同，分别选择不同的教学环节，正确合理地运用教学环节，对研究指导教学规律，提高培训质量是极为重要的。

三、指导质量的考核标准

指导质量的考核标准侧重于技能培训教学过程中的质量考核标准，主要从以下几个方面进行：

①组织教学是否规范，技能培训的目的、要求与实施过程是否明确。

②技能培训前的准备是否充分。

③技能培训内容是否符合培训需求和学员的实际情况。

④教学方法是否恰当，演示是否与讲授等其他教学方法相结合，入门指导、巡回指导与结束指导是否有机结合，相辅相成。

⑤学员反馈：学员对技能培训课程的反馈，作为指导质量考核标准中的一项评价指标。

技能要求

技能要点

1. 指导初、中级工相关技能操作。
2. 评定指导质量。

培训者能根据指导质量考核标准制定评分细则，并能够按照评分细则（表4-6-2）进行评定。

表4-6-2　指导质量考核标准的评分细则

序号	项目	方法	分值	考核内容与标准	得分
1	组织教学	抽查与检查记录	15	1. 技能培训目的清晰。不清晰每检查一次扣5分/次 2. 技能培训要求明确。不明确每检查一次扣5分/次 3. 实施过程明晰。不明晰每检查一次扣5分/次	
2	培训前的准备	现场检查	20	1. 演示场所设施齐全。不齐全每检查一次扣5分/次 2. 多媒体教学设备齐全。不齐全每检查一次扣5分/次 3. 实验材料与设备齐全。不齐全每检查一次扣5分/次 4. 培训资料文本齐全（指导计划、方案、大纲和讲义等）。不齐全每检查一次扣5分/次	
3	培训内容	抽查与现场检查	20	1. 技能培训内容与培训目的一致。不一致每检查一次扣5分/次 2. 技能培训内容与学员需求符合。不符合每检查一次扣5分/次 3. 示范操作准确、规范。不符合要求每检查一次扣10分/次	

序号	项目	方法	分值	考核内容与标准	得分
4	教学方法	现场检查	20	1. 演示与讲授等方法结合。未对演示内容及时讲解、提问与讨论的，每检查一次扣 10 分 / 次 2. 入门指导、巡回指导与结束指导有机结合，相辅相成。不符合要求每检查一次扣 10 分 / 次	
5	学员反馈	抽查与检测记录	25	1. 能在工作中使用这些技巧。不确定的每检查一次扣 5 分 / 次 2. 很容易领会所示范的内容和问题。不确定的每检查一次扣 5 分 / 次 3. 培训者准备充分。不充分的每检查一次扣 5 分 / 次 4. 指导材料很有用。不确定的每检查一次扣 5 分 / 次 5. 培训者密切关注学习者的需求和问题。未关注的每检查一次扣 5 分 / 次	
6	合计		100	得分总计	